TRAITÉ
GÉOMÉTRIE ANALYTIQUE
(DEUX DIMENSIONS)
(SECTIONS CONIQUES)

CONTENANT
UN EXPOSÉ DES MÉTHODES LES PLUS IMPORTANTES DE LA GÉOMÉTRIE
ET DE L'ALGÈBRE MODERNES

Par G. SALMON

TRADUIT DE L'ANGLAIS
PAR MM. H. RESAL ET O. VAUCHERET

TROISIÈME ÉDITION FRANÇAISE

PAR M. O. VAUCHERET

PARIS

TRAITÉ
DE
GÉOMÉTRIE ANALYTIQUE
A
DEUX DIMENSIONS.

5664 B. — PARIS, IMPRIMERIE GAUTHIER-VILLARS ET FILS,
55, quai des Grands-Augustins.

TRAITÉ
DE
GÉOMÉTRIE ANALYTIQUE
A
DEUX DIMENSIONS,
(SECTIONS CONIQUES)

CONTENANT

UN EXPOSÉ DES MÉTHODES LES PLUS IMPORTANTES DE LA GÉOMÉTRIE
ET DE L'ALGÈBRE MODERNES,

Par G. SALMON,
Professeur à l'Université de Dublin.

OUVRAGE TRADUIT DE L'ANGLAIS
Par MM. H. RESAL et V. VAUCHERET.

TROISIÈME ÉDITION FRANÇAISE
(conforme à la deuxième)
PUBLIÉE D'APRÈS LA SIXIÈME ÉDITION ANGLAISE,
Par M. V. VAUCHERET,
Lieutenant-Colonel d'Artillerie, Professeur à l'École supérieure de Guerre.

PARIS,
GAUTHIER-VILLARS ET FILS, IMPRIMEURS-LIBRAIRES
DU BUREAU DES LONGITUDES, DE L'ÉCOLE POLYTECHNIQUE,
Quai des Grands-Augustins, 55.

1897

(Tous droits réservés.)

AVERTISSEMENT
DE LA DEUXIÈME ÉDITION.

Nous publions aujourd'hui la deuxième édition française du *Traité de Géométrie analytique à deux dimensions* de M. G. Salmon. Cet Ouvrage forme avec le *Traité des courbes planes* et le *Traité de Géométrie analytique à trois dimensions* du même auteur un traité complet de Géométrie analytique. On y trouve non seulement le résumé des principales recherches auxquelles a donné lieu la *théorie des courbes du deuxième degré*, mais encore l'exposé à peu près complet des *principes fondamentaux* de la Géométrie analytique, et toutes les données essentielles de l'*emploi des coordonnées cartésiennes, trilinéaires* et *tangentielles*.

L'examen de la table des matières suffit amplement pour donner une idée de la richesse des matériaux qu'il renferme et de l'ordre méthodique suivant lequel ils sont distribués. Nous nous contenterons de citer ici : la *théorie des notations abrégées* et ses nombreuses applications; la *théorie des systèmes de cercles;* l'étude analytique et géométrique du *principe de dualité ;* la *théorie des polaires réciproques;* l'exposé des *propriétés harmoniques et anharmonique des coniques ;* les principales applications de la *méthode des projections* et de la *méthode des infiniment petits;* et enfin la *théorie des invariants et covariants des systèmes de coniques* qui transporte, dans le domaine géométrique, toutes les ressources fécondes de la théorie des formes algébriques.

Mais ce que ne dit point la table des matières et ce que nous tenons à noter, ce sont les qualités qui font, de cet Ouvrage du savant professeur de Dublin, un livre éminemment *classique :* la sage progression avec laquelle sont exposées les théories, le choix gradué de nombreux Exercices, l'emploi systématique de problèmes numériques pour préciser les applications, et surtout la netteté des démonstrations et la hauteur vraiment philosophique des aperçus généraux.

La deuxième édition française du *Traité de Géométrie analytique à deux dimensions* ne diffère de la première que par les développements, peu étendus du reste, donnés à la théorie des coniques confocales, à la théorie des systèmes de coniques, et à l'exposé des recherches concernant l'hexagone de Pascal. Elle a été faite d'après la sixième édition anglaise, dont elle est la reproduction aussi exacte que possible, le traducteur ayant cherché avant tout à rendre fidèlement toute la pensée de l'auteur, et rien que la pensée de l'auteur.

Aussi espérons-nous que le public voudra bien continuer à cette deuxième édition le bienveillant accueil qu'il a fait à la première.

G.-V.

TABLE DES MATIÈRES [1].

CHAPITRE PREMIER.
DU POINT.

§ I. — *Coordonnées rectilignes.*

Pages.

Système de coordonnées indiqué par Descartes, pour représenter la position d'un point sur un plan 1
Règle des signes 2
Distance de deux points 4
Signe à donner à cette distance 6
Coordonnées du point qui divise cette distance dans un rapport donné.

§ II. — *Transformations des coordonnées.*

Déplacer les axes parallèlement à eux-mêmes 9
Changer la direction des axes 10
La transformation des coordonnées ne change pas le degré d'une équation 15

§ III. — *Coordonnées polaires.*

Passer des coordonnées polaires aux coordonnées rectilignes et réciproquement 16
Distance de deux points 17

CHAPITRE II.
DE LA LIGNE DROITE.

Deux équations représentent un ou plusieurs points 19
Une seule équation représente un lieu géométrique 20

---

[1] On trouvera l'exposé des théories les plus essentielles de la Géométrie analytique dans les Chapitres I, II, V, VI, X, XI, XII; nous avons marqué d'un astérisque les numéros que l'on peut y passer à une première lecture.

TABLE DES MATIÈRES.

	Pages.
Représentation géométrique des équations............................	22
Équation d'une droite parallèle à l'un des axes.....................	24
Équation d'une droite passant par l'origine.........................	25
Équation d'une droite quelconque	26
Signification géométrique des constantes de l'équation d'une droite ..	28
Équation d'une droite en fonction des segments qu'elle détermine sur les axes...	29
Équation d'une droite en fonction de la perpendiculaire abaissée de l'origine sur cette droite et des angles que cette perpendiculaire fait avec les axes..	31
Expressions des angles qu'une droite fait avec les axes	32
Angle compris entre deux droites..................................	34
Équation de la droite qui joint deux points donnés.................	37
Condition pour que trois points soient en ligne droite..............	39
Coordonnées de l'intersection de deux droites......................	39
Les milieux des diagonales d'un quadrilatère sont en ligne droite (*voir* aussi p. 106)...	42
Équation de la perpendiculaire à une droite........................	42
Équations des hauteurs d'un triangle	43
Équations des perpendiculaires élevées sur les milieux des côtés d'un triangle...	43
Équation d'une droite qui en rencontre une autre sous un angle donné.	44
Distance d'un point à une droite....	45
Équations des bissectrices de l'angle formé par deux droites.........	48
Aire d'un triangle en fonction des coordonnées de ses sommets......	49
Aire d'un polygone quelconque.....................................	50
Condition pour que trois droites soient concourantes (*voir* aussi p. 55)...	51
Aire du triangle formé par trois droites	52
Équation d'une droite passant par l'intersection de deux autres......	53
Critérium pour reconnaître si les droites représentées par trois équations sont concourantes..	55
Relation entre les segments déterminés sur les côtés d'un triangle :	
1° Par une transversale...	58
2° Par les droites menées d'un même point aux trois sommets.....	59
Équation polaire de la ligne droite	59

CHAPITRE III.

PROBLÈMES SUR LA LIGNE DROITE.

Marche à suivre pour la recherche des lieux géométriques :..........	62
1° Lorsque ces lieux sont des droites.............................	63

	Pages.
2° Lorsque ces lieux sont représentés par des équations d'un degré supérieur au premier...	78
Problèmes où il s'agit de démontrer qu'une droite mobile passe par un point fixe...	80
Centre des distances proportionnelles.............................	83
Une droite passe par un point fixe lorsque les constantes de son équation vérifient une relation linéaire...........................	84
Des lieux géométriques en coordonnées polaires	85

CHAPITRE IV.

APPLICATION DE LA MÉTHODE DES NOTATIONS ABRÉGÉES A L'ÉQUATION DE LA LIGNE DROITE.

Signification du coefficient k dans l'équation $\alpha - k\beta = 0$............	90
Les bissectrices des angles d'un triangle concourent en un même point.	91
Il en est de même des médianes, des hauteurs, etc..................	92
Équations de deux droites également inclinées sur α et β............	93
Rapport anharmonique d'un faisceau de quatre droites..............	94
Expression algébrique de ce rapport...............................	95
Systèmes de droites homographiques...............................	97
Équation d'une droite en fonction de trois autres	97
Démonstration des propriétés harmoniques d'un quadrilatère (*voir* aussi p. 538)..	98
Triangles homologiques. Centre et axe d'homologie	100
Condition pour que deux droites soient perpendiculaires............	101
Distance d'un point à une droite...................................	102
Les perpendiculaires élevées sur les milieux des côtés d'un triangle sont concourantes...	102
Angle compris entre deux droites	103
Coordonnées trilinéaires	103
Équation trilinéaire de la parallèle à une droite donnée............	105
Les milieux des diagonales d'un quadrilatère sont en ligne droite....	106
Équation trilinéaire de la droite qui joint deux points	106
Dans un triangle, le point de concours des hauteurs, celui des médianes et celui des perpendiculaires élevées sur les milieux des côtés sont en ligne droite...	109
Équation d'une droite située à l'infini	109
Les équations en coordonnées cartésiennes ne sont qu'un cas particulier des équations en coordonnées trilinéaires..................	110
Coordonnées tangentielles...	111
Théorèmes réciproques..	112

CHAPITRE V.

DES ÉQUATIONS D'UN DEGRÉ SUPÉRIEUR AU PREMIER REPRÉSENTANT DES LIGNES DROITES.

	Pages.
Interprétation d'une équation qui peut se décomposer en facteurs....	113
L'équation homogène du $n^{\text{ième}}$ degré représente n droites............	113
Des droites imaginaires	116
Angle compris entre deux droites définies par une seule équation....	117
Équation des bissectrices des angles formés par ces droites..........	118
Condition pour qu'une équation du second degré représente deux droites (*voir* aussi p. 249, 253, 257, 449).........................	120
Nombre de conditions à remplir pour qu'une équation d'un degré quelconque n représente n lignes droites............................	124
Nombre des termes d'une équation de degré n........................	125

CHAPITRE VI.

DU CERCLE.

Équation du cercle..	126
Conditions pour que l'équation générale du second degré représente un cercle..	127
Coordonnées du centre et rayon......................................	127
Condition pour que deux cercles soient concentriques...............	129
Condition pour qu'une courbe passe par l'origine...................	129
Coordonnées des points d'intersection d'une droite avec un cercle....	129
Points imaginaires...	130
Définition générale des tangentes....................................	131
Condition pour qu'un cercle soit tangent à l'un des axes	132
Équation de la tangente menée à un cercle par un point donné.....	133
Condition pour qu'une droite soit tangente à un cercle.............	137
Équation de la polaire d'un point par rapport à un cercle ou à une conique...	139
Longueur de la tangente menée au cercle par un point.............	141
Toute droite menée par un point est divisée harmoniquement par le point, le cercle et la polaire du point...........................	143
Équation du couple de tangentes menées au cercle par un point donné.	143
Cercle passant par trois points (*voir* aussi p. 217)	144
Condition pour que quatre points appartiennent à une même circonférence; sa signification géométrique............................	146
Équation du cercle en coordonnées polaires.........................	146

CHAPITRE VII.

THÉORÈMES ET PROBLÈMES SUR LE CERCLE.

	Pages.
Des lieux géométriques qui sont des cercles....................	148
Condition pour que le segment déterminé sur une droite par un cercle soit vu sous un angle droit d'un point donné.....................	153
Lorsqu'un point A est sur la polaire de B, le point B appartient à la polaire de A	154
Triangles polaire et autopolaire..................................	154
Les triangles polaires sont homologiques..........................	155
Lorsque deux cordes se coupent en un point, les droites qui joignent transversalement leurs extrémités se coupent sur la polaire de ce point	156
Les distances de deux points au centre sont proportionnelles aux distances de ces mêmes points à leurs polaires....................	157
Expression des coordonnées d'un point du cercle au moyen d'un angle auxiliaire...	158
Problèmes relatifs aux droites qui touchent constamment un cercle..	160
Emploi des coordonnées polaires pour la résolution des problèmes relatifs au cercle...	161

CHAPITRE VIII.

PROPRIÉTÉS D'UN SYSTÈME DE DEUX OU D'UN PLUS GRAND NOMBRE DE CERCLES.

Équation de l'axe radical de deux cercles...........................	166
Lieu du point tel, que les tangentes menées par ce point à deux cercles soient dans un rapport donné...................................	168
Centre radical de trois cercles....................................	168
Propriétés d'un système de cercles ayant même axe radical..........	169
Points limites du système..	170
Propriétés des cercles coupant deux cercles fixes sous un angle droit, ou sous un angle constant......................................	172
Équation du cercle coupant orthogonalement trois cercles donnés, (*voir* aussi p. 217, 616)..	172
Tangente commune à deux cercles.................................	175
Centres de similitude de deux cercles..............................	177
Axes de similitude..	182
Lieu des centres des cercles qui coupent trois cercles donnés sous des angles égaux..	183

Les cercles qui coupent trois cercles sous le même angle ont pour axe radical commun l'un des axes de similitude (*voir* aussi p. 221).... 184
Décrire un cercle tangent à trois cercles donnés (*voir* aussi p. 191, 225, 492).. 185
Relation entre les tangentes communes à quatre cercles qui en touchent un cinquième... 189
Méthode des courbes inverses.. 191
Quantités qui ne changent pas dans l'inversion........................ 191

CHAPITRE IX.

APPLICATION DE LA MÉTHODE DES NOTATIONS ABRÉGÉES A L'ÉQUATION DU CERCLE.

Équation du cercle circonscrit à un quadrilatère..................... 195
Équation du cercle circonscrit à un triangle $\alpha \beta \gamma$................ 198
Interprétation géométrique de cette équation........................ 199
Lieux du point tel, que l'aire du triangle formé par ses projections sur les côtés d'un triangle, soit égale à une quantité donnée....... 199
Équation de la tangente menée au cercle circonscrit par un sommet du triangle... 200
Nouvelle équation du cercle circonscrit à un quadrilatère........... 200
Équation tangentielle du cercle circonscrit à un triangle............ 202
Conditions pour que l'équation générale en α, β, γ représente un cercle... 203
Axe radical de deux cercles, en coordonnées trilinéaires............. 204
Équation trilinéaire du cercle inscrit dans un triangle............... 205
Équation tangentielle du même cercle.................................... 208
Déduire l'équation du cercle inscrit, de l'équation du cercle circonscrit. 210
Théorème de Feuerbach. Les quatre cercles qui touchent les trois côtés d'un triangle sont tangents à un même cercle (*voir* aussi p. 532, 612).. 212
Longueur de la tangente menée d'un point à un cercle, en coordonnées trilinéaires... 212
Équation tangentielle d'un cercle étant donnés son centre et son rayon. 215
Distance de deux points en coordonnées trilinéaires (*voir* aussi p. 223). 215
De l'emploi des *déterminants*.. 216
Expression en déterminant de l'aire du triangle formé par trois droites. 217
Équations en déterminant du cercle passant par trois points, ou coupant trois cercles sous un angle droit....................................... 218
Condition pour que quatre cercles aient même cercle orthogonal.... 220
Relation entre les distances mutuelles de quatre points sur un plan.. 224
Démonstration des théorèmes de M. Casey............................... 225

CHAPITRE X.

CLASSIFICATION ET PROPRIÉTÉS COMMUNES DES COURBES REPRÉSENTÉES PAR L'ÉQUATION GÉNÉRALE DU DEUXIÈME DEGRÉ.

	Pages.
Nombre de conditions nécessaires pour déterminer une conique......	227
Ce que devient l'équation du deuxième degré lorsqu'on déplace les axes parallèlement à eux-mêmes..................................	228
Discussion de l'équation du second degré qui détermine les points où une droite rencontre une conique.....................................	229
Équation des droites qui rencontrent une conique à l'infini..........	231
Classification des coniques : ellipse, hyperbole, parabole............	232
Coordonnées du centre d'une conique.............................	237
Équations des diamètres	239
Les diamètres de la parabole rencontrent la courbe à l'infini........	240
Diamètres conjugués..	242
Équation de la tangente...	243
Équation de la polaire..	244
Ce qu'on entend par classe d'une courbe..........................	244
Propriétés harmoniques des polaires (*voir* aussi p. 502).............	246
Propriétés polaires du quadrilatère inscrit (*voir* aussi p. 541).......	247
Équation du couple de tangentes menées par un point à une conique (*voir* aussi p. 454)...	248
Les rectangles construits sur les segments de deux cordes parallèles sont dans un rapport constant..................................	250
Cas où une des droites rencontre la courbe à l'infini	251
Condition pour qu'une droite donnée soit tangente à une conique (*voir* aussi p. 449, 580)...	252
Lieu des centres des coniques passant par quatre points (*voir* aussi p. 427, 452, 458, 543)...	254

CHAPITRE XI.

DE L'ELLIPSE ET DE L'HYPERBOLE.

§ I. — *Réduction de l'équation générale du deuxième degré.*

Transformation de l'équation générale en prenant le centre pour origine.	256
Condition pour que cette équation représente deux droites...........	257
Le centre est le pôle de la droite à l'infini (*voir* aussi p. 500)........	259
Asymptotes de la courbe	258
Équations des axes...	259

TABLE DES MATIÈRES.

Pages.

Fonctions des coefficients qui ne changent pas lorsqu'on transforme les axes de coordonnées.. 261
La somme des carrés des inverses des demi-diamètres qui se coupent à angle droit est constante.. 265
La somme des carrés de deux demi-diamètres conjugués est constante. 265
Équation polaire de l'ellipse, le centre étant pris pour pôle.......... 267
Forme de l'ellipse.. 268
Construction géométrique des axes (*voir* aussi p. 286, 293).......... 268
Les ordonnées de l'ellipse sont proportionnelles aux ordonnées d'un cercle concentrique.. 269
Équation polaire de l'hyperbole, le centre étant pris pour pôle...... 270
Forme de l'hyperbole.. 270
Hyperbole conjuguée.. 271
Définition des asymptotes (*voir* aussi p. 258)...................... 272
Excentricité de la conique définie par l'équation générale.......... 273

§ II. — *Tangentes et diamètres conjugués.*

Équation de la tangente, de la polaire.............................. 274
Angle compris entre deux tangentes (*voir* aussi p. 314)............ 276
Lieu de l'intersection des tangentes qui se coupent sous un angle donné. 277
Diamètres conjugués : leurs propriétés (*voir* aussi p. 265)........ 277
Propriétés de l'hyperbole équilatère................................ 280
Distance du centre à la tangente à une conique...................... 280
Angle compris entre deux diamètres conjugués........................ 281
Lieu du sommet des angles droits circonscrits (*voir* aussi p. 277, 455, 602).. 284
Cordes supplémentaires.. 284
Construire deux diamètres conjugués comprenant un angle donné..... 284
Relation entre les segments déterminés sur deux tangentes fixes et parallèles, par une tangente variable (*voir* aussi p. 485, 506)...... 285
Relation entre les segments déterminés par une tangente mobile sur deux diamètres conjugués.. 286
Étant donnés deux diamètres conjugués, construire les axes (*voir* aussi p. 293).. 286

§ III. — *Normale.*

Propriétés de la normale.. 287
Sous-normale et sous-tangente....................................... 288
Mener une normale par un point donné (*voir* aussi p. 569).......... 290
Les cordes, qui sont vues sous un angle droit d'un point donné d'une conique, passent par un point fixe de la normale au point donné (*voir* aussi p. 457).. 290
Coordonnées de l'intersection de deux tangentes, de deux normales.. 291

§ IV. — *Foyers et directrices.*

	Pages.
Définition des foyers	294
La somme ou la différence des rayons vecteurs issus des foyers est constante	295
Décrire une ellipse ou une hyperbole d'un mouvement continu	296
Définition de la directrice	297
Le produit des distances des foyers à une tangente est constant	299
Les rayons vecteurs qui joignent les foyers au point de contact sont également inclinés sur la tangente	300
Deux coniques confocales se coupent à angle droit	301
Les deux tangentes menées à une conique par un point P d'une conique confocale sont également inclinées sur la tangente en P	302
Lieu des projections d'un foyer sur les tangentes	303
L'angle sous lequel une corde est vue d'un foyer a pour bissectrice la droite menée par le foyer au pôle de la corde (*voir* aussi p. 352, 397)	305
La droite qui joint un foyer au pôle d'une corde focale est perpendiculaire à cette corde	305
Équation polaire de l'ellipse et de l'hyperbole, le foyer étant pris pour pôle	307
La moyenne harmonique des segments de toute corde focale est constante	308
Origine des noms : ellipse, hyperbole, parabole (*voir* aussi p. 558)	310

§ V. — *Coniques confocales.*

Équation des coniques confocales à l'ellipse qui a pour demi-axes a et b	310
Définition d'un point par les axes des coniques confocales qui se coupent en ce point	313
Angle compris entre deux tangentes à une ellipse	315

§ VI. — *Asymptotes.*

Détermination des asymptotes	316
Les portions d'une sécante comprises entre l'hyperbole et ses asymptotes sont égales	318
Équation de l'hyperbole rapportée à ses asymptotes	319
L'aire du triangle formé par les asymptotes et une tangente est constante	320
Les droites qui joignent deux points fixes de l'hyperbole à un point quelconque de la courbe déterminent sur l'asymptote un segment de longueur constante	320
Description mécanique de l'hyperbole	322

CHAPITRE XII.

DE LA PARABOLE.

Ier. — *Réduction de l'équation générale.*

Réduction de l'équation générale à la forme $y^2 = px$	324
Expression du paramètre de la parabole définie par l'équation générale.	327
Paramètre de la parabole en fonction des longueurs de deux tangentes et de l'angle qu'elles comprennent (*voir* aussi p. 359)	329
Forme de la parabole	331
La parabole est la limite vers laquelle tend une ellipse dont un foyer s'éloigne à l'infini	332

§ II. — *Tangente et normale.*

Équation de la tangente	333
La sous-tangente est double de l'abscisse	333
Le segment que les polaires de deux points déterminent sur l'axe est égal au segment que les perpendiculaires abaissées de ces points interceptent sur le même axe	334
Équation de la normale	335
La sous-normale est constante	335

§ III. — *Diamètres.*

Équation de la parabole rapportée à un diamètre quelconque	336
Paramètre correspondant à un diamètre quelconque	337

§ IV. — *Foyer et directrice.*

Définition du foyer et de la directrice	337
La tangente est également inclinée sur l'axe et sur le rayon vecteur	339
Lieu des projections du foyer sur les tangentes	340
Lieu du sommet des angles droits circonscrits à la parabole (*voir* aussi p. 481, 602)	341
L'angle compris entre deux tangentes est la moitié de l'angle sous-tendu au foyer par leur corde de contact	341
Le cercle circonscrit au triangle formé par trois tangentes à une parabole passe par le foyer (*voir* aussi p. 300, 483, 543)	344
Équation polaire de la parabole	344

CHAPITRE XIII.

THÉORÈMES ET PROBLÈMES SUR LES SECTIONS CONIQUES.

§ Ier. — *Problèmes divers.*

	Pages.
Lieux géométriques	346
Propriétés focales	349
Lieu du pôle d'une droite fixe par rapport à une série de coniques confocales	349
Lorsque dans une conique on mène une corde par un point fixe O, le produit $\tan\frac{1}{2}$ PFO.$\tan\frac{1}{2}$ P'FO est constant (*voir* aussi p. 564)	351
Lieu de l'intersection des normales menées aux extrémités d'une corde focale (*voir* aussi p. 569)	353
Angle compris entre deux tangentes à l'ellipse	354
La différence des inverses des segments déterminés par la courbe sur une sécante est constante, lorsque la sécante passe par le foyer	354
PROBLÈMES SUR LA PARABOLE. — Les hauteurs du triangle formé par trois tangentes se coupent sur la directrice (*voir* aussi p. 414, 466, 491, 584)	355
Aire du triangle circonscrit	356
Rayon du cercle circonscrit au triangle inscrit ou circonscrit	357
Lieu de l'intersection des tangentes qui se coupent sous un angle donné (*voir* aussi p. 431, 482)	357
Lieu des projections du foyer sur les normales	358
Coordonnées de l'intersection de deux normales	358
Lieu de l'intersection des normales menées aux extrémités des cordes qui passent par un point fixe (*voir* aussi p. 569)	359
L'hyperbole équilatère circonscrite à un triangle passe par le point de concours des hauteurs de ce triangle (*voir* aussi p. 491)	360
Le cercle circonscrit à un triangle autopolaire par rapport à une hyperbole équilatère passe par le centre de l'hyperbole (*voir* aussi p. 547)	361
Lieu de l'intersection des tangentes qui déterminent un segment donné sur une droite fixe	362
Lieu des centres des coniques inscrites dans un quadrilatère (*voir* aussi p. 427, 452, 579)	362
Lieu des centres des coniques tangentes à trois droites et dont les axes a et b satisfont à la relation $a^2 + b^2 = k^2$	364
Les quatre points de concours des hauteurs du triangle que l'on peut former avec quatre droites sont en ligne droite (*voir* aussi p. 413)	365
Lieu des foyers des coniques circonscrites à un quadrilatère	365

§ II. — *De l'angle excentrique.*

Pages.
Angle excentrique dans l'ellipse 366
Construction du diamètre conjugué d'un diamètre donné 368
Équation d'une corde, d'une tangente.. 369
Rayon du cercle circonscrit à un triangle inscrit (*voir* aussi p. 566). 371
Aire du triangle formé par trois tangentes, trois normales 371
Angle excentrique dans l'hyperbole... 374

§ III. — *De la similitude dans les sections coniques.*

Conditions pour que deux coniques soient semblables et semblablement placées.. 376
Propriétés des coniques homothétiques... 377
Condition pour que deux coniques soient semblables 379

§ IV. — *Du contact des sections coniques.*

Des ordres de contact... 381
Des coniques ayant un double contact... 382
Définition du cercle osculateur.. 383
Expression et construction du rayon de courbure (*voir* aussi p. 395, 406, 639)... 385
Lorsqu'un cercle rencontre une conique, les cordes d'intersection font des angles égaux avec l'axe (*voir* aussi p. 395)...................... 386
Condition pour que quatre points d'une conique soient situés sur une même circonférence... 386
Relation entre les trois points de la conique dont les cercles osculateurs passent par un même point... 387
Coordonnées du centre de courbure.. 389
Développées des coniques (*voir* aussi p. 576)............................. 391

CHAPITRE XIV.

APPLICATION DE LA MÉTHODE DES NOTATIONS ABRÉGÉES AUX SECTIONS CONIQUES.

§ Ier. — *Propriétés générales.*

Signification de l'équation $S = kS'$... 391
Il y a trois valeurs de k pour lesquelles cette équation représente deux droites.. 393
Équation de la conique passant par cinq points donnés.............. 394
Équation du cercle osculateur.. 394
Équation des coniques ayant un double contact........................... 396
La parabole a une tangente située tout entière à l'infini (*voir* aussi p. 559).. 397

	Pages.
Deux coniques homothétiques se coupent toujours en deux points à l'infini...	398
Deux coniques homothétiques et concentriques se touchent en deux points à l'infini...	400
Tous les cercles passent par les deux mêmes points imaginaires situés à l'infini (*voir* aussi p. 553)..	401
Forme de l'équation d'une conique rapportée à un triangle autopolaire (*voir* aussi p. 425)...	401
Relation entre les distances d'un point d'une conique aux côtés d'un quadrilatère inscrit..	402
Propriété anharmonique des points d'une conique (*voir* aussi p. 422, 488, 540)...	403
Extension de la propriété fondamentale du foyer et de la directrice..	404
Résultat de la substitution des coordonnées d'un point dans l'équation d'une conique..	404
Diamètre du cercle circonscrit au triangle formé par deux tangentes et leur corde de contact...	405
Propriété harmonique des cordes d'intersection de deux coniques ayant un double contact avec une troisième..	406
Les diagonales d'un quadrilatère inscrit et du quadrilatère circonscrit correspondant passent par un même point.........................	407
Lorsque trois coniques ont un double contact avec une quatrième, leurs cordes d'intersection passent trois à trois par le même point.	408
Théorème de Brianchon (*voir* aussi p. 473, 536)......................	409
Lorsque trois coniques ont une corde commune, leurs trois autres cordes d'intersection se coupent en un même point..............	410
Théorème de Pascal (*voir* aussi p. 473, 512, 536, 541, 647).........	412
Théorème de Steiner sur l'hexagone de Pascal (*voir* aussi p. 647)...	413
Les cercles circonscrits aux quatre triangles formés par quatre points passent par un même point..	413
Étant données cinq droites, les foyers des cinq paraboles tangentes à quatre d'entre elles appartiennent à un même cercle.............	414
Étant données cinq tangentes d'une conique, trouver leurs points de contact...	414
Génération des coniques d'après la méthode de Mac Laurin (*voir* aussi p. 416, 507)...	415
Étant donnés cinq points d'une conique, la construire, trouver son centre et mener la tangente en un quelconque de ses points.......	415

§ II. — *Des équations rapportées à deux tangentes et à leur corde de contact.*

Emploi d'une seule variable μ pour représenter un point d'une conique.	416
Équation de la tangente, de la polaire, d'un point μ...................	417

	Pages.
Points correspondants...	418
Les cordes correspondantes de deux coniques se coupent sur une de leurs cordes d'intersection (*voir* aussi p. 409)...	419
Lieu du sommet d'un triangle circonscrit à une conique et dont deux sommets glissent sur des droites fixes (*voir* aussi p. 541, 596)...	419
Inscrire dans une conique un triangle dont les côtés passent par trois points donnés (*voir* aussi p. 462, 475, 510)...	420
Généralisation de la méthode de Mac Laurin pour la génération des coniques (*voir* aussi p. 508)...	420
Propriété anharmonique des points d'une conique, de ses tangentes (*voir* aussi p. 403, 488, 540)...	422
Le rapport anharmonique de quatre points est égal au rapport anharmonique des quatre points correspondants...	424
Enveloppe de la corde joignant deux points correspondants de deux systèmes homographiques pris sur une conique (*voir* aussi p. 514).	425

§ III. — *Des équations rapportées aux côtés d'un triangle autopolaire.*

Emploi d'une seule variable...	426
Équation de la tangente, de la polaire...	426
Lieu du pôle d'une droite donnée par rapport aux coniques passant par quatre points fixes (*voir* aussi p. 254, 453, 458, 513)...	427
Même lieu par rapport aux coniques tangentes à quatre droites fixes (*voir* aussi p. 451, 469, 475, 544, 579)...	427
Propriétés focales des coniques...	428
Les coniques qui ont un foyer commun ont deux tangentes imaginaires communes (*voir* aussi p. 544, 603)...	428
Méthode pour déterminer les coordonnées des foyers...	428
Lieu de l'intersection des tangentes à la parabole se coupant sous un angle donné (*voir* aussi p. 357, 482)...	431
Deux coniques quelconques admettent toujours un triangle autopolaire commun (*voir* aussi p. 595, 616)...	431
Dans quel cas il est réel, imaginaire...	432
Lieu du troisième sommet d'un triangle circonscrit à une conique, et dont deux sommets glissent sur une autre conique (*voir* aussi p. 598)...	432

§ IV. — *Des courbes enveloppes.*

Marche à suivre dans la détermination des enveloppes...	433
Exemples...	436
Étant donnée l'équation tangentielle d'une conique, en déduire l'équation trilinéaire...	439
Problème inverse...	440

	Pages.
Critérium pour reconnaître si un point est situé à l'intérieur ou à l'extérieur d'une conique.	440
Discriminant de l'équation tangentielle.	441
Lorsqu'une conique passant par deux points fixes a un double contact avec une conique donnée, la corde de contact passe par un point fixe.	441
Équation d'une conique ayant un double contact avec deux coniques données.	442
Equation d'une conique tangente à quatre droites.	443
Lieu du point tel, que la somme ou la différence des tangentes menées par ce point à deux cercles soit constante.	443
Problème de Malfatti.	444

§ V. — *Équation générale du second degré.*

	Pages.
Équation d'une tangente en coordonnées trilinéaires.	446
Équation de la polaire d'un point quelconque.	447
Discriminant de l'équation générale (*voir* aussi p. 120, 249, 253, 257).	449
Coordonnées du pôle d'une droite donnée.	449
Condition pour qu'une droite soit tangente à une conique (*voir* aussi p. 251, 580).	450
Condition pour que deux droites soient conjuguées.	450
Condition pour que deux droites se coupent sur une conique.	451
Méthode de M. Hearn pour trouver le lieu des centres des coniques assujetties à quatre conditions.	451
Équation du couple de tangentes issu d'un point donné (*voir* aussi p. 248).	453
Relation entre les sinus des angles d'un hexagone circonscrit (*voir* aussi p. 489).	456
Condition pour que trois couples de droites touchent la même conique.	456
Équations des droites qui joignent un point donné aux intersections de deux courbes.	456
Les cordes qui, dans une conique, sont vues sous un angle droit d'un point donné de la courbe passent par un point fixe.	457
Lieu décrit par ce dernier point lorsque le premier se déplace sur la courbe.	457
Enveloppe des cordes d'une conique qui sont vues sous un angle constant d'un point quelconque du plan, ou sous un angle droit d'un point de la conique.	457
Les polaires d'un point fixe, prises par rapport aux coniques circonscrites à un même quadrilatère, passent par un point fixe.	458
Lieu de l'intersection des lignes correspondantes de deux faisceaux homographiques.	458
Enveloppe de la polaire d'un point par rapport à un système de coniques ayant un double contact avec deux coniques données.	459

b

Le rapport anharmonique de quatre points est égal au rapport anharmonique de leurs quatre polaires.................................. 459
Équation des asymptotes d'une conique définie par l'équation générale (*voir* aussi p. 580).. 460
Une conique est circonscrite à un triangle, l'une de ses asymptotes passe par un point fixe, trouver l'enveloppe de l'autre asymptote.. 460
Inscrire dans une conique un triangle dont les côtés passent par trois points fixes (*voir* aussi p. 420, 475, 510)........................ 462
Équation d'une conique tangente à cinq droites...................... 464
Relation entre les coordonnées des foyers d'une conique inscrite dans un triangle... 465
Lieu des foyers des paraboles inscrites dans un triangle............. 465
Les directrices de ces paraboles passent par l'intersection des hauteurs du triangle (*voir* aussi p. 355, 414, 491, 584).............. 466
Lieu des foyers des coniques inscrites dans un quadrilatère (*voir* aussi p. 469)... 466

CHAPITRE XV.

DU PRINCIPE DE DUALITÉ ET DE LA MÉTHODE DES POLAIRES RÉCIPROQUES.

Principe de dualité.. 467
Lieu du point où une tangente variable rencontrant deux tangentes fixes est divisée dans un rapport donné........................... 468
Lieu des centres des coniques inscrites dans un quadrilatère........ 469
Lieu des foyers des coniques inscrites dans un quadrilatère......... 469
Les cercles directeurs des coniques inscrites dans un même quadrilatère ont même axe radical..................................... 470
Les cercles décrits sur les trois diagonales d'un quadrilatère complet comme diamètres ont même axe radical.......................... 470
Courbes réciproques : définition................................... 472
Degré de la polaire réciproque d'une courbe donnée................ 473
Les théorèmes de Pascal et de Brianchon sont réciproques.......... 473
Axes de similitude et centres radicaux des coniques doublement tangentes à une conique donnée..................................... 476
Courbe réciproque d'un cercle par rapport à un cercle.............. 477
Transformation par voie réciproque des théorèmes relatifs aux angles qui ont leur sommet au foyer...................................... 480
Enveloppe des asymptotes des hyperboles ayant une directrice et un foyer communs.. 481
Les coniques réciproques de cercles égaux ont même paramètre..... 483

TABLE DES MATIÈRES.   XIX

Pages.

Relation entre les distances d'une tangente aux sommets d'un quadrilatère circonscrit.. 484
Équation tangentielle de la conique réciproque d'une conique donnée. 486
Équation trilinéaire d'une conique définie par un foyer et trois points, ou trois tangentes.. 487
Transformation, par voie réciproque, des propriétés anharmoniques.. 488
Théorème de Carnot sur l'intersection d'une conique et d'un triangle (*voir* aussi p. 540).. 489
Condition pour que la réciproque d'une conique soit une ellipse, une hyperbole, ou une parabole.. 489
Condition pour que cette réciproque soit une hyperbole équilatère... 491
Détermination des axes de la conique réciproque d'une autre conique. 491
Propriétés des coniques confocales considérées comme réciproques d'un système de cercles.. 492
Décrire un cercle tangent à trois cercles donnés....................... 492
Équation de la réciproque d'une conique par rapport au centre de cette conique.. 493
Étant donnée l'équation de la réciproque d'une conique par rapport à l'origine, trouver l'équation de la réciproque de cette même courbe par rapport à un point quelconque........................ 494
Des réciproques par rapport à une parabole........................... 496

CHAPITRE XVI.

PROPRIÉTÉS HARMONIQUES ET ANHARMONIQUES DES SECTIONS CONIQUES.

Expression du rapport anharmonique de quatre points lorsqu'un des points est à l'infini... 498
Le centre d'une conique est le pôle de la droite à l'infini............ 500
Le faisceau formé par les asymptotes et deux diamètres conjugués quelconques est un faisceau harmonique........................... 501
Division déterminée sur la parallèle à une asymptote, par les droites qui joignent deux points fixes de la courbe à un point variable.... 503
Division déterminée sur un diamètre par les parallèles menées aux asymptotes par un point de la courbe.............................. 505
Propriété anharmonique des tangentes à une parabole............... 506
Segments déterminés sur deux tangentes fixes et parallèles par une tangente variable.. 506
Démonstration, par les propriétés anharmoniques, des modes de génération des coniques, de Mac Laurin et de Newton................. 507
Extension donnée par Chasles à ces théorèmes....................... 508
Inscrire dans une conique un polygone dont les côtés passent par des points fixes.. 510

Pages.
Décrire une conique ayant un double contact avec une conique donnée, et tangente à trois droites données (*voir* aussi p. 613) 512
Démonstration du théorème de Pascal............................. 512
Lieu des centres des coniques circonscrites à un quadrilatère 513
Enveloppe des droites qui joignent les points correspondants de deux divisions homographiques.. 514
Critérium pour reconnaître lorsque deux divisions sont homographiques (*voir* aussi p. 656).. 516
Condition analytique pour que deux couples de points forment une division harmonique 518
Lieu d'un point tel, que les tangentes menées de ce point à deux coniques données forment un faisceau harmonique (*voir* aussi p. 588). 519
Condition pour qu'une droite soit divisée harmoniquement par deux coniques... 520
Involution.. 521
Propriétés du point central de l'involution......................... 523
Propriétés des points doubles....................................... 524
Deux couples de points suffisent pour déterminer une involution.... 525
Condition pour que six points ou six droites forment un système en involution.. 526
Les coniques passant par quatre points fixes déterminent sur une transversale quelconque un système de points en involution....... 528
Les couples de tangentes menées par un point fixe aux coniques inscrites dans un quadrilatère forment un faisceau en involution.. 529
Démonstration, par la théorie de l'involution, du théorème de Feuerbach relatif au cercle mené par les milieux des côtés d'un triangle.. 532

CHAPITRE XVII.

MÉTHODE DES PROJECTIONS.

§ Ier. — *Projections coniques.*

Définitions 533
Tous les points à l'infini peuvent être considérés comme appartenant à une même droite 535
Propriétés projectives... 536
Propriétés harmoniques du quadrilatère............................. 538
On peut toujours projeter deux coniques suivant deux cercles....... 539
Démonstration du théorème de Carnot, par projection (*voir* aussi p. 489) 540
Démonstration, par projection, du théorème de Pascal............... 541

Pages.
Transformation des propriétés relatives aux foyers.................. 542
Les six sommets de deux triangles circonscrits à une conique donnée
    sont situés sur une même conique (*voir* aussi p. 585)............. 543
Transformation, par projection, des relations angulaires, lorsque les
    angles sont droits.. 545
Lieu du pôle d'une droite fixe par rapport à un système de coniques
    confocales... 546
Les six sommets de deux triangles autopolaires par rapport à une
    conique donnée sont situés sur une même conique (*voir* aussi p. 582). 547
La droite qui joint les extrémités de deux cordes aboutissant à un
    point donné d'une conique passe par un point fixe, lorsque ces
    cordes sont également inclinées sur une droite fixe................ 548
Transformation des relations angulaires dans le cas le plus général... 549
Lieu du point où le segment déterminé sur une tangente variable par
    deux tangentes fixes est divisé dans un rapport constant........... 550
Base analytique de la méthode des projections...................... 551
Principe de continuité... 553

§ II. — *Des sections planes du cône.*

Les sections faites dans un cône par des plans parallèles sont sem-
    blables... 554
La section d'un cône à base circulaire est une ellipse, une hyperbole,
    ou une parabole... 555
Origine de ces dénominations....................................... 558
La parabole a une tangente à l'infini............................... 559
On peut toujours projeter une conique suivant un cercle, de telle sorte
    qu'une droite de son plan se projette à l'infini.................... 562
Détermination des foyers d'une section conique...................... 563
Lieu du sommet des cônes droits sur lesquels on peut placer une
    conique donnée... 564
Méthode pour déduire les propriétés des courbes planes des propriétés
    des courbes sphériques... 564

§ III. — *Projections orthogonales.*

Définitions et propriétés... 564
Rayon du cercle circonscrit au triangle inscrit dans une conique.... 566

CHAPITRE XVIII.

INVARIANTS ET COVARIANTS DES SYSTÈMES DE CONIQUES.

Équation des cordes d'intersection de deux coniques................ 569

	Pages.
Lieu de l'intersection des normales menées à une conique par les extrémités d'une corde passant par un point fixe	569
Définition des invariants	571
Condition pour que deux coniques se touchent	573
Critérium pour reconnaître lorsque deux coniques se coupent en deux points réels, en deux points imaginaires, ou ne se coupent pas	573
Équation de la courbe parallèle à une conique	575
Équation de la développée d'une conique	576
Signification des invariants lorsqu'une conique se réduit à deux droites.	577
Critérium pour reconnaître lorsque six droites sont tangentes à une même conique	578
Équation du couple de tangentes corespondant à une corde de contact donnée	579
Équation des asymptotes d'une conique définie par l'équation générale en coordonnées trilinéaires	580
Condition pour qu'un triangle autopolaire par rapport à une conique puisse être inscrit dans une autre conique, ou lui être circonscrit..	580
Les six sommets de deux triangles autopolaires par rapport à une conique donnée appartiennent à une même conique	582
Le cercle circonscrit à un triangle autopolaire coupe à angle droit le cercle directeur	582
Le centre du cercle inscrit dans un triangle autopolaire par rapport à une hyperbole équilatère se trouve sur la courbe	583
Lieu de l'intersection des hauteurs d'un triangle inscrit dans une conique et circonscrit à une autre	583
Condition pour qu'il soit possible de construire un pareil triangle	584
Équation tangentielle des quatre points d'intersection de deux coniques	586
Équation des quatre tangentes communes à deux coniques	587
Les huit points de contact appartiennent à une même conique	588
Condition pour que deux coniques aient un double contact	589
Définition des covariants et des contrevariants	591
Discriminant du covariant F; dans quel cas il s'évanouit	592
Trouver les équations des côtés du triangle autopolaire commun à deux coniques (*voir* aussi p. 616)	595
Enveloppe du troisième côté d'un triangle inscrit dans une conique et dont deux côtés touchent une autre conique	597
Lieu du sommet libre d'un polygone dont tous les côtés touchent une conique, et dont tous les sommets moins un glissent sur une autre conique	599
Condition pour que les droites qui joignent aux sommets opposés les points où une conique rencontre les côtés d'un triangle, forment deux faisceaux de droites concourantes	600

TABLE DES MATIÈRES. XXIII

Pages.

Équation générale des points cycliques en coordonnées tangentielles. 601
Toute droite passant par un des points cycliques est à elle-même sa perpendiculaire 601
Condition pour que l'équation générale du second degré en coordonnées trilinéaires représente une hyperbole équilatère, une parabole 602
Équation générale du cercle directeur................................. 602
Équation de la directrice de la parabole définie par l'équation générale en coordonnées trilinéaires................................... 602
Coordonnées des foyers de la conique représentée par l'équation générale 603
Extension de la relation qui exprime que deux droites sont perpendiculaires 605
Équation du système réciproque de deux coniques ayant un double contact 608
Condition pour que deux coniques ayant un double contact avec une conique fixe soient tangentes entre elles............................ 609
Mener une conique qui ait un double contact avec S, et qui soit tangente à trois coniques ayant un double contact avec S 609
Les quatre coniques qu'on peut mener par trois points fixes, ou tangentiellement à trois droites, de telle sorte qu'elles aient un double contact avec une conique donnée, sont tangentes à quatre coniques... 612
Condition pour que trois coniques aient un double contact avec une même conique.. 613
Jacobien d'un système de trois coniques............................. 613
Points correspondants du Jacobien................................... 614
La droite qui joint deux points correspondants est divisée en involution par les trois coniques... 614
Équation générale du Jacobien....................................... 615
Faire passer par quatre points une conique qui soit tangente à une conique donnée.. 615
Jacobien de trois coniques ayant deux points communs 615
Équation du cercle coupant orthogonalement trois autres cercles.... 616
Jacobien de trois coniques lorsque l'une d'elles se réduit à deux droites qui coïncident 616
Former les équations des côtés du triangle autopolaire commun à deux coniques.. 616
Aire du triangle autopolaire commun à deux coniques.............. 618
Covariants mixtes.. 618
Condition pour qu'une droite soit divisée en involution par trois coniques... 620
Invariants d'un système de trois coniques........................... 621
Condition pour que trois coniques passent par un même point....... 623

XXIV   TABLE DES MATIÈRES.

                                                                      Pages.
Condition pour que $LU + mV + nW$ soit un carré parfait 624
Discriminant du système réciproque de trois coniques 624
On peut déduire trois coniques d'une même cubique 626
Formation de l'équation de cette cubique 627

CHAPITRE XIX.

MÉTHODE DES INFINIMENT PETITS.

Tracé des tangentes aux sections coniques......................... 629
Aires des sections coniques....................................... 633
Toute tangente à une conique détermine dans une conique homothétique et concentrique une aire constante........................ 637
Comment est divisée par son enveloppe : 1° la droite qui intercepte un arc de longueur constante sur une courbe donnée; 2° la droite de longueur constante dont les extrémités glissent sur une courbe fixe 638
Détermination des rayons de courbure............................. 639
Quand on mène deux tangentes à une ellipse par un point d'une ellipse confocale, l'excès de la somme de ces tangentes sur l'arc qu'elles interceptent est constant................................ 643
Si l'on mène deux tangentes à une ellipse par un point d'une hyperbole confocale, la différence des arcs est égale à la différence des longueurs des tangentes... 644
Théorème de Fagnano... 645
Lieu du sommet libre d'un polygone circonscrit à une conique et dont tous les sommets moins un glissent sur des coniques confocales.... 645

NOTES.

Sur le théorème de Pascal.. 647
Des systèmes de coordonnées tangentielles........................ 656
Sur l'expression des coordonnées d'un point d'une conique à l'aide d'un seul paramètre.. 662
Sur l'équation d'une conique ayant un double contact avec une conique fixe, et tangente à trois autres coniques.................. 665
Sur le tracé d'une conique définie par cinq conditions.............. 667
Sur les systèmes de coniques assujetties à quatre conditions......... 670

FIN DE LA TABLE DES MATIÈRES.

TRAITÉ
DE
GÉOMÉTRIE ANALYTIQUE
A
DEUX DIMENSIONS.

CHAPITRE PREMIER.
DU POINT.

§ I. — Coordonnées rectilignes.

1. La position d'un point sur un plan peut se déterminer de bien des manières différentes. La méthode suivante est la plus fréquemment employée : elle a été indiquée par *Descartes*, qui l'a exposée dans sa *Géométrie* en 1637.

Soient XX', YY' (*fig.* 1) deux droites fixes se coupant en

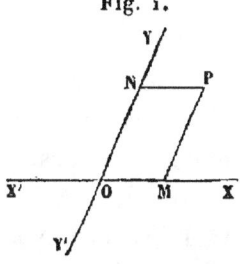

Fig. 1.

O, et P un point appartenant au plan de ces deux droites. Par ce point P, menons les parallèles PM et PN aux droites fixes YY' et XX'. Quand le point P est donné de position,

S. — *Géom. à deux dim.*

les longueurs PM et PN de ces parallèles se trouvent complètement déterminées; et réciproquement, quand ces longueurs sont connues, on a tous les éléments nécessaires pour fixer la position du point P.

Étant donnés, par exemple, $PN = a$, $PM = b$, il suffit, pour trouver le point P, de prendre $OM = a$, $ON = b$, et de mener les droites MP et NP parallèlement à OY et à OX; l'intersection de ces droites est le point cherché P.

On représente habituellement par la lettre y la parallèle PM à OY, par la lettre x la parallèle PN à OX. On dit alors que le point P est déterminé par les deux équations $x = a$, $y = b$.

2. Les parallèles PM et PN s'appellent les *coordonnées* du point P; PN, qui est égal au segment OM, déterminé sur OX par PM, porte plus particulièrement le nom d'*abscisse*, et MP celui d'*ordonnée*.

Les deux droites fixes XX' et YY' sont les *axes de coordonnées* : la première est l'*axe des x*, la deuxième l'*axe des y*; le point O, où les axes se coupent, prend le nom d'*origine*. Les axes sont *rectangulaires* ou *obliques*, suivant qu'ils se rencontrent sous un angle droit ou sous un angle différent d'un angle droit.

Il est facile de voir que les coordonnées du point M (*fig.* 1) sont $x = a$, $y = 0$; celles du point N, $x = 0$, $y = b$; et celles de l'origine, $x = 0$, $y = 0$.

3. Pour que les équations $x = a$, $y = b$ ne représentent qu'*un seul point*, il faut faire intervenir dans la construction indiquée au numéro précédent non seulement la *grandeur*, mais encore le *signe* des coordonnées.

Lorsqu'on fait abstraction du signe des coordonnées, on peut prendre (*fig.* 2) $OM = a$ et $ON = b$, aussi bien d'un côté de l'origine que de l'autre, et les coordonnées de l'un quelconque des quatre points P, P_1, P_2, P_3, que l'on obtient ainsi, satisfont aux équations $x = a$, $y = b$. Mais il est facile d'établir une distinction algébrique entre les segments, tels que OM et OM', qui ont même longueur et qui doivent être mesurés suivant des directions opposées; il suffit pour cela

Fig. 2.

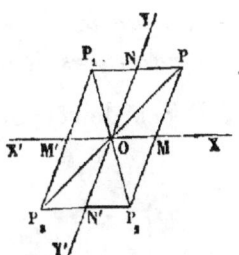

de donner à ces segments des signes contraires, ce qui revient, en règle générale, à considérer comme positifs tous les segments qui doivent être mesurés dans un même sens convenu, et comme négatifs, tous ceux qui doivent être mesurés en sens contraire. La direction suivant laquelle doivent être portées les longueurs positives est complètement arbitraire; toutefois l'usage a prévalu d'attribuer le signe $+$ à toutes les longueurs OM et ON, mesurées en allant de gauche à droite sur l'axe des x, ou en montant de bas en haut sur l'axe des y.

Ces conventions présentent la plus grande analogie avec celles qui sont adoptées en Trigonométrie. En les appliquant aux coordonnées des points P, P_1, P_2, P_3, on trouve pour leurs valeurs respectives

$$x = +a, \quad y = +b; \quad x = -a, \quad y = +b;$$
$$x = +a, \quad y = -b; \quad x = -a, \quad y = -b;$$

ce qui permet de distinguer facilement ces quatre points l'un de l'autre.

Remarque. — On désigne souvent, pour abréger, par point (a, b), point (x', y'), les points qui ont pour coordonnées $x = a, y = b$ ou $x = x', y = y'$.

Il résulte de ce que nous avons dit plus haut que les points

$(+a, +b)$ et $(-a, -b)$ se trouvent sur une même droite passant par l'origine, sont également distants de l'origine et sont situés dans des régions opposées par rapport à cette origine.

4. *Trouver l'expression de la distance δ des deux points (x', y'), (x'', y''), les coordonnées étant rectangulaires.*

Soient P et Q (*fig*. 3) ces deux points; PM et QM' leurs

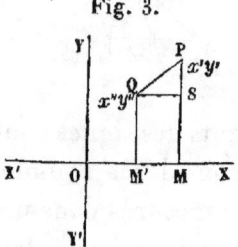

Fig. 3.

ordonnées. Le triangle PQS, formé en menant QS parallèlement à OX, donne, pour la distance PQ,

$$\overline{PQ}^2 = \overline{PS}^2 + \overline{QS}^2;$$

et comme

$$PS = PM - QM' = y' - y'',$$
$$QS = OM - OM' = x' - x'',$$

on a

$$\delta^2 = \overline{PQ}^2 = (x' - x'')^2 + (y' - y'')^2.$$

En faisant $x'' = 0$, $y'' = 0$ dans l'équation précédente, on obtient la relation

$$\delta^2 = x'^2 + y'^2,$$

qui donne la distance du point (x', y') à l'origine.

5. Les coordonnées rectangulaires sont celles qu'on emploie le plus fréquemment, en raison de la simplicité relative des formules qui s'y rapportent; il y a cependant un certain nombre de cas où il est plus avantageux de se servir de coordonnées obliques ; aussi donnerons-nous les principales formules de la Géométrie sous leur forme la plus générale.

Lorsque l'angle YOX (*fig.* 3) est quelconque, on a, en désignant par ω sa valeur,

$$\widehat{PSQ} = 180° - \omega,$$

et par suite

$$\overline{PQ}^2 = \overline{PS}^2 + \overline{SQ}^2 - 2 PS.SQ \cos\widehat{PSQ};$$

d'où l'on déduit pour la distance des deux points (x', y'), (x'', y'')

$$\overline{PQ}^2 = (y' - y'')^2 + (x' - x'')^2 + 2(y' - y'')(x' - x'')\cos\omega.$$

La distance d'un point (x', y') à l'origine s'obtient en faisant $x'' = 0$, $y'' = 0$ dans l'équation précédente; ce qui donne

$$\delta^2 = x'^2 + y'^2 + 2x'y'\cos\omega.$$

Dans les applications, il faut apporter la plus grande attention à donner aux coordonnées le signe qui leur convient. Ainsi, par exemple, quand le point Q se trouve dans l'angle XOY', il faut donner à y'' le signe —, puisque la ligne PS est alors la *somme* et non la *différence* de y' et y''. Pour éviter toute difficulté, il suffit du reste, après avoir écrit les coordonnées avec leurs signes, de bien prendre pour PS la différence *algébrique* des ordonnées, et pour QS la différence *algébrique* des abscisses.

Exercices.

1. *Trouver les longueurs des côtés du triangle dont les sommets ont pour coordonnées*

$$x' = 2, \quad y' = 3; \quad x'' = 4, \quad y'' = -5; \quad x''' = -3, \quad y''' = -6,$$

les axes étant rectangulaires.

Réponse. $\sqrt{68}$, $\sqrt{50}$, $\sqrt{106}$.

2. *Mêmes données, les axes faisant un angle de 60°.*

Réponse. $\quad\sqrt{52},\quad \sqrt{47},\quad \sqrt{151}.$

3. *Exprimer que la distance du point (x,y) au point $(2,3)$ est égale à 4.*

Réponse. $\quad (x-2)^2+(y-3)^2=16.$

4. *Exprimer que le point (x,y) est à égale distance des points $(2,3)$ et $(4,5)$.*

Réponse.
$$(x-2)^2+(y-3)^2=(x-4)^2+(y-5)^2 \quad \text{ou}\quad x+y=7.$$

5. *Trouver le point (x,y) situé à égale distance des points $(2,3)$, $(4,5)$ et $(6,1)$.*

En opérant comme dans l'Exemple précédent, on obtient, pour déterminer les inconnues x et y, les deux équations
$$x=\frac{13}{3},\quad y=\frac{8}{3};$$
la distance de ce point à chacun des trois autres est égale à $\dfrac{\sqrt{50}}{3}$.

6. La distance de deux points étant exprimée par une racine carrée peut recevoir le double signe, et nous savons que si la longueur PQ, mesurée dans le sens PQ, reçoit le signe $+$, la longueur QP, mesurée dans le sens contraire QP, reçoit le signe $-$. Lorsqu'il s'agit simplement de la distance entre deux points, il n'y a pas lieu de se préoccuper du signe, puisque ce signe ne sert qu'à indiquer si cette distance doit s'ajouter à une autre distance, ou s'en retrancher; mais il n'en est pas de même lorsqu'il y a plusieurs distances à considérer. Quand, par exemple, on se donne trois points en ligne droite P, Q, R, et les deux distances PQ, QR, on a PR = PQ + QR; et, d'après ce qui a été dit plus haut, cette équation reste toujours vraie, que le point R soit ou non entre P et Q. Car s'il est en dehors de P et Q, PQ et QR se trouvent mesurées en sens contraire, et leur différence arithmétique est encore égale à leur somme algébrique.

Le cas où les droites sont parallèles à l'un des axes est le seul pour lequel il ait été établi une convention sur la direction qui doit être regardée comme positive.

7. *Trouver les coordonnées du point* R *qui divise dans le rapport* $m : n$ *la droite joignant les deux points* P *et* Q.

Menons les ordonnées QN, RS, PM (*fig.* 4), et soient x, y;

Fig. 4.

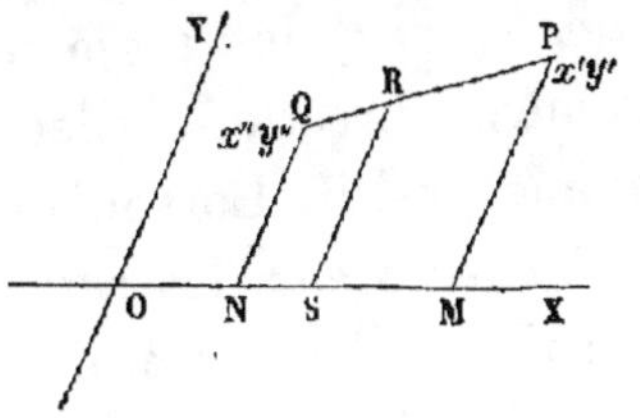

x', y'; x'', y'' les coordonnées des points R, P et Q; nous aurons

$$m : n :: PR : RQ :: MS : SN,$$

ou

$$m : n :: x' - x : x - x'',$$

c'est-à-dire

$$mx - nx'' = nx' - nx\,;$$

d'où

$$x = \frac{mx'' + nx'}{m + n}.$$

Nous trouverions de même

$$y = \frac{my'' + ny'}{m + n}.$$

Quand le point R, au lieu d'être situé entre les points P et Q, se trouve en dehors de ces points, autrement dit, lorsque la droite PQ doit être divisée *extérieurement* dans le rapport

de m à n, on a
$$m:n::x-x':x-x'',$$
et par suite
$$x=\frac{mx''-nx'}{m-n}, \quad y=\frac{my''-ny'}{m-n}.$$

Ces formules ne diffèrent des précédentes que par le signe de n, ou, ce qui revient au même, par le signe du rapport $m:n$. Cette particularité s'explique aisément. Quand la droite PQ est divisée *intérieurement*, les segments PR et RQ sont mesurés suivant la même direction, et leur rapport (n° 6) doit être considéré comme positif. Lorsqu'au contraire la droite PQ est divisée *extérieurement*, les segments PR et RQ se trouvent mesurés suivant des directions opposées, et leur rapport doit être considéré comme négatif.

Exercices.

1. *Trouver les coordonnées du milieu de la droite joignant les points* (x', y') *et* (x'', y'').

 Réponse. $\quad x=\dfrac{x'+x''}{2}, \quad y=\dfrac{y'+y''}{2}.$

2. *Trouver les coordonnées des milieux des côtés du triangle ayant pour sommets les points* $(2, 3)$, $(4, -5)$, $(-3, -6)$.

 Réponse. $\quad \dfrac{1}{2}, -\dfrac{11}{2}; \quad -\dfrac{1}{2}, -\dfrac{3}{2}; \quad 3, -1.$

3. *On divise en trois parties égales la droite joignant* $(2, 3)$, $(4, -5)$; *trouver les coordonnées du point de division le plus voisin du premier point.*

 Réponse. $\quad x=\dfrac{8}{3}, \quad y=\dfrac{1}{3}.$

4. *Les coordonnées des sommets d'un triangle sont* x', y'; x'', y''; x''', y'''; *une des médianes est divisée en trois parties égales*;

trouver les coordonnées du point de division le plus éloigné du sommet d'où part la médiane.

Réponse. $x = \dfrac{x' + x'' + x'''}{3}$, $y = \dfrac{y' + y'' + y'''}{3}$.

5. Trouver les coordonnées de l'intersection des médianes du triangle de l'Exemple 2.

Réponse. $x = 1$, $y = -\dfrac{8}{3}$.

6. On joint au sommet d'un triangle [le point qui divise le côté opposé dans le rapport de $m : n$; trouver les coordonnées du point qui divise la droite de jonction dans le rapport de $m + n : l$.

Réponse. $x = \dfrac{lx' + mx'' + nx'''}{l + m + n}$, $y = \dfrac{ly' + my'' + ny'''}{l + m + n}$.

§ II. — Transformation des coordonnées.

8. On appelle *transformation des coordonnées* l'opération à laquelle on est conduit lorsque, connaissant les coordonnées x et y d'un point P par rapport à un système d'axes rectilignes Ox et Oy, on veut déterminer les coordonnées X et Y de ce même point P par rapport à un autre système d'axes $O'X$ et $O'Y$.

Nous examinerons successivement trois cas.

1° *Les nouveaux axes sont parallèles aux anciens.*

Soient (*fig.* 5) Ox, Oy les anciens axes; $O'X$, $O'Y$ les

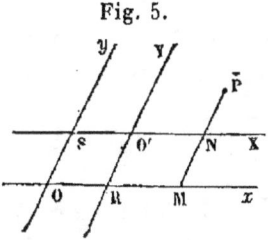

Fig. 5.

nouveaux; $x' = O'S$, $y' = O'R$ les coordonnées de la nouvelle origine O' par rapport aux anciens axes ; $x =$ OM, $y =$ PM les anciennes coordonnées du point P; $X =$ O'N et $Y =$ PN les nouvelles ; on aura

$$OM = OR + RM, \quad PM = PN + NM,$$

c'est-à-dire

$$x = x' + X, \quad y = y' + Y.$$

Ces formules sont évidemment indépendantes de l'angle que les axes font entre eux.

9. — 2° *On change la direction des axes sans déplacer l'origine.*

Soient (*fig.* 6) Ox, Oy les anciens axes ; OX, OY les nou-

Fig. 6.

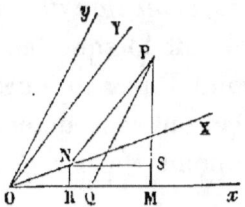

veaux ; $OQ = x$ et $PQ = y$ les coordonnées du point P par rapport aux anciens axes ; $ON = X$, $PN = Y$ les nouvelles coordonnées. Désignons par α et β les angles que OX et OY font respectivement avec l'ancien axe des x; par α' et β' les angles que ces mêmes droites font avec l'ancien axe des y. Si ω est l'angle yOx compris entre les anciens axes, nous aurons évidemment $\alpha + \alpha' = \omega$, puisque $\widehat{XOx} + \widehat{XOy} = \widehat{xOy}$; et de même $\beta + \beta' = \omega$.

Pour obtenir facilement les formules de transformation, il suffit d'exprimer, en fonction des anciennes et des nouvelles coordonnées, les longueurs des perpendiculaires abaissées du point P sur les axes primitifs. Pour cela, menons à Ox les perpendiculaires PM, NR et la parallèle NS.

Nous avons
$$PM = PQ \sin \widehat{PQM},$$
ou
$$PM = y \sin \omega.$$
Mais
$$PM = NR + PS = ON \sin \widehat{NOR} + PN \sin \widehat{PNS};$$
donc
$$y \sin \omega = X \sin \alpha + Y \sin \beta.$$
Nous trouverions de même
$$x \sin \omega = X \sin \alpha' + Y \sin \beta',$$
ou
$$x \sin \omega = X \sin(\omega - \alpha) + Y \sin(\omega - \beta).$$

Dans la *fig.* 6, les angles α, β et ω sont tous mesurés du même côté de Ox; et les angles α', β' et ω tous du même côté de Oy : si l'un de ces angles se trouvait mesuré de l'autre côté de Ox ou de Oy, on devrait lui donner le signe $-$. Si, par exemple, OY se trouvait à gauche de Oy, l'angle β serait plus grand que ω, $\beta' = (\omega - \beta)$ serait négatif, et par suite le coefficient de Y dans l'expression de $x \sin \omega$ le serait aussi; c'est ce qui arrive dans le cas suivant, qui se présente assez souvent, et auquel nous consacrerons une figure spéciale.

Passer d'un système de coordonnées rectangulaires à un autre système de coordonnées rectangulaires, les axes du nouveau système faisant un angle θ avec les axes de l'ancien.

Nous avons, dans ce cas,
$$\alpha = \theta, \quad \beta = 90° + \theta, \quad \alpha' = 90° - \theta, \quad \beta' = -\theta,$$

et les formules générales deviennent

$$y = X \sin\theta + Y \cos\theta,$$
$$x = X \cos\theta - Y \sin\theta.$$

On peut démontrer directement ces formules : soient en effet (*fig.* 7) Ox, Oy les anciens axes, et OX, OY les nouveaux;

Fig. 7.

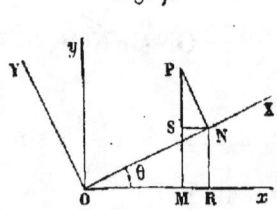

menons PM et NR perpendiculairement à Ox, NS parallèlement au même axe, et PN perpendiculairement à OX; nous aurons

$$y = \mathrm{PM} = \mathrm{PS} + \mathrm{NR}, \quad x = \mathrm{OM} = \mathrm{OR} - \mathrm{SN};$$

et ces formules se ramènent aux précédentes, puisque

$$\mathrm{PS} = \mathrm{PN}\cos\theta, \quad \mathrm{NR} = \mathrm{ON}\sin\theta; \quad \mathrm{OR} = \mathrm{ON}\cos\theta, \quad \mathrm{SN} = \mathrm{PN}\sin\theta.$$

Le cas suivant se présente assez fréquemment dans la pratique :

Passer d'un système de coordonnées obliques à un système de coordonnées rectangulaires ayant le même axe des x.

On peut déduire les formules à employer des formules générales, en y faisant

$$\alpha = 0, \quad \beta = 90°, \quad \alpha' = \omega, \quad \beta' = \omega - 90°.$$

Mais il est plus simple de les déterminer directement.

Soient PQ et OQ les anciennes coordonnées (*fig.* 8), PM

Fig. 8.

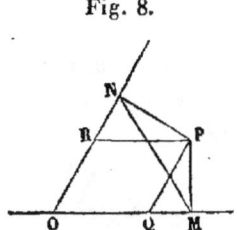

et OM les nouvelles; nous aurons, puisque $\widehat{PQM} = \omega$,

$$Y = y \sin\omega, \quad X = x + y \cos\omega.$$

et par suite, pour exprimer les anciennes coordonnées en fonction des nouvelles,

$$y \sin\omega = Y, \quad x \sin\omega = X \sin\omega - Y \cos\omega.$$

10. — 3° *On change à la fois l'origine et la direction des axes.*

La combinaison des formules obtenues dans les deux numéros précédents permet de trouver les coordonnées d'un point par rapport à un nouveau système d'axes occupant une position quelconque. On calculera d'abord (n° 8) les coordonnées du point par rapport à un système d'axes parallèles aux anciens et passant par la nouvelle origine, puis ensuite (n° 9) les coordonnées de ce point par rapport au système donné.

Les formules générales de transformation s'obtiennent évidemment en ajoutant les coordonnées x' et y' de la nouvelle origine par rapport aux anciens axes aux valeurs de x et de y données au n° 9.

Exercices.

1. *Les coordonnées d'un point satisfont à la relation*

$$x^2 + y^2 - 4x - 6y = 18;$$

que devient cette relation quand on transporte l'origine au point $(2, 3)$?

Réponse. $\qquad X^2 + Y^2 = 31.$

2. *Les coordonnées d'un point, par rapport à des axes rectangulaires, satisfont à la relation* $y^2 - x^2 = 6$. *Que devient cette relation lorsqu'on prend pour axes les bissectrices des angles formés par les anciens ?*

Réponse. $\qquad XY = 3.$

3. *L'équation* $2x^2 - 5xy + 2y^2 = 4$ *se rapporte à des axes faisant entre eux un angle de* 60°; *la transformer, en prenant pour nouveaux axes les bissectrices des angles formés par les anciens.*

Réponse. $\qquad X^2 - 27 Y^2 + 12 = 0.$

4. *Transformer l'équation de l'Exemple précédent en prenant les nouveaux axes rectangulaires et en conservant le même axe des* x.

Réponse. $\qquad 3 X^2 + 10 Y^2 - 7 XY \sqrt{3} = 6.$

5. Il est évident qu'en passant d'un système rectangulaire à un autre ayant même origine, on a toujours $x^2 + y^2 = X^2 + Y^2$, puisque l'un et l'autre terme de cette équation représentent le carré de la distance d'un même point à l'origine. Vérifier cette proposition en élevant au carré et ajoutant les valeurs de X et Y données au n° 9.

6. *Vérifier de même qu'on a, en général,*

$$x^2 + y^2 + 2xy \cos\widehat{xOy} = X^2 + Y^2 + 2XY \cos\widehat{XOY}.$$

Si l'on pose

$$X \sin\alpha + Y \sin\beta = L, \quad X \cos\alpha + Y \cos\beta = M,$$

les formules du n° 9 peuvent s'écrire

$$y \sin\omega = L, \quad x \sin\omega = M \sin\omega - L \cos\omega;$$

d'où

$$\sin^2\omega (x^2 + y^2 + 2xy \cos\omega) = (L^2 + M^2) \sin^2\omega.$$

On a d'ailleurs

$$L^2 + M^2 = X^2 + Y^2 + 2XY \cos(\alpha - \beta) \quad \text{et} \quad \alpha - \beta = \widehat{XOY}.$$

11 *La transformation des coordonnées ne change pas le degré d'une équation existant entre les coordonnées d'un point.*

La transformation ne peut *augmenter* le degré de l'équation, puisque les termes x^m, y^m, ... du degré le plus élevé dans l'équation donnée se trouvent remplacés dans l'équation transformée par les termes

$$[x' \sin \omega + x \sin(\omega - \alpha) + y \sin(\omega - \beta)]^m,$$
$$(y' \sin \omega + x \sin \alpha + y \sin \beta)^m,$$

qui ne contiennent pas x et y à un degré supérieur à m.

La transformation ne peut pas non plus *diminuer* le degré de l'équation, car il faudrait alors que la transformation inverse augmentât le degré de l'équation, ce qui est impossible, comme on vient de le voir.

§ III. — Coordonnées polaires.

12. On détermine quelquefois la position d'un point P (*fig.* 9) par sa distance $\rho = OP$ à un point fixe O, et par

Fig. 9.

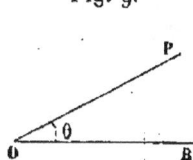

l'angle θ que fait la droite OP avec une droite fixe OB passant par le point O.

La droite OP porte le nom de *rayon vecteur;* le point fixe, celui de *pôle*. La distance ρ et l'angle θ sont les *coordonnées polaires* du point P.

La relation qui existe entre les coordonnées rectilignes

$x = $ OM, $y = $ PM d'un point P (*fig.* 10) et ses coordon-

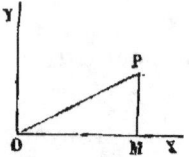
Fig. 10.

nées polaires $\rho = $ OP et $\theta = \widehat{POM}$ s'obtient assez facilement lorsque le pôle coïncide avec l'origine.

1° *La droite fixe coïncide avec l'axe des x.* Le triangle POM donne la proportion

$$\text{OP} : \text{PM} :: \sin\widehat{PMO} : \sin\widehat{POM};$$

d'où l'on déduit, en observant que $\widehat{PMO} = 180° - \omega$,

$$\text{PM} = y = \frac{\rho \sin\theta}{\sin\omega}.$$

On trouverait de même

$$\text{OM} = x = \frac{\rho \sin(\omega - \theta)}{\sin\omega}.$$

Quand les coordonnées sont rectangulaires, ce qui est le cas le plus général, ω est égal à 90°, et l'on a simplement

$$x = \rho\cos\theta, \quad y = \rho\sin\theta.$$

2° *La droite fixe* OB (*fig.* 11) *fait avec l'axe des x un angle* α.

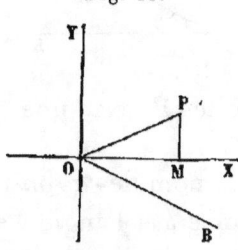
Fig. 11.

On a alors

$$\widehat{POB} = 0, \quad \widehat{POM} = \theta - \alpha,$$

et il suffit de remplacer θ par $\theta - \alpha$ dans les formules précédentes pour obtenir les relations cherchées.

Dans le cas des coordonnées rectangulaires,

$$x = \rho \cos(\theta - \alpha), \quad y = \rho \sin(\theta - \alpha).$$

Exercices.

1. *Rapporter à des coordonnées polaires les équations suivantes, relatives à des coordonnées rectangulaires :*

$$x^2 + y^2 = 5mx, \quad x^2 - y^2 = a^2.$$

Réponse. $\quad \rho = 5m \cos\theta, \quad \rho^2 \cos 2\theta = a^2.$

2. *Rapporter à des coordonnées rectangulaires les équations suivantes, relatives à des coordonnées polaires :*

$$\rho^2 \sin 2\theta = 2a^2, \quad \rho^2 = a^2 \cos 2\theta,$$
$$\rho^{\frac{1}{2}} \cos \frac{1}{2}\theta = a^{\frac{1}{2}}, \quad \rho^{\frac{1}{2}} = a^{\frac{1}{2}} \cos \frac{1}{2}\theta.$$

Réponse.
$$xy = a^2, \quad (x^2 + y^2)^2 = a^2(x^2 - y^2),$$
$$x^2 + y^2 = (2a - x)^2, \quad (2x^2 + 2y^2 - ax)^2 = a^2(x^2 + y^2).$$

13. *Exprimer la distance δ de deux points en fonction des coordonnées polaires de ces points.*

Fig. 12.

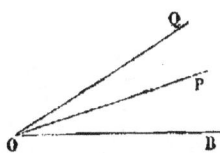

Soient P et Q (*fig.* 12) les deux points, O le pôle et OB la droite fixe.

S. — *Géom. à deux dim.*

Le triangle PQO donne

$$\overline{PQ}^2 = \overline{OP}^2 + \overline{OQ}^2 - 2\,OP.OQ\cos\widehat{POQ};$$

et si l'on fait

$$OP = \rho', \quad \widehat{POB} = \theta',$$
$$OQ = \rho'', \quad \widehat{QOB} = \theta'',$$

on trouve pour la distance cherchée

$$\delta^2 = \rho'^2 + \rho''^2 - 2\,\rho'\rho''\cos(\theta'' - \theta').$$

CHAPITRE II.

DE LA LIGNE DROITE.

14. *Deux équations quelconques en x et y représentent géométriquement un ou plusieurs points.*

Lorsque ces équations sont toutes deux du premier degré, comme dans l'Exemple 5 du n° 5, elles représentent un seul point. En les résolvant par rapport à x et y, on obtient en effet deux équations de la forme $x = a$, $y = b$, et ces équations, ainsi que nous l'avons démontré dans le Chapitre précédent, ne déterminent qu'un seul point.

Quand les équations données sont d'un degré plus élevé, elles représentent plusieurs points. Soient, en effet, $\alpha_1, \alpha_2, \alpha_3, \ldots$ les racines de l'équation en x que l'on obtient en éliminant y entre les deux équations, et $\beta_1, \beta_2, \beta_3, \ldots$ les valeurs que l'on trouve pour y en faisant successivement $x = \alpha_1, x = \alpha_2, \ldots$ dans l'une ou l'autre de ces deux équations. Le système des valeurs $x = \alpha_1$, $y = \beta_1$ satisfait aux équations primitives. Le point (α_1, β_1) qu'il définit (n° 3) est donc l'un des points représentés par ces équations, et il en est de même des autres points $(\alpha_2, \beta_2), (\alpha_3, \beta_3), \ldots$. Les deux équations données représentent donc autant de points que l'on peut trouver de systèmes de valeurs de x et de y satisfaisant à la fois à ces deux équations.

Exercices.

1. *Quel est le point représenté par les équations*
$$3x + 5y = 13, \quad 4x - y = 2?$$
Réponse. $\quad x = 1, \quad y = 2.$

2. *Quels sont les points représentés par les deux équations*
$$x^2 + y^2 = 5, \quad xy = 2?$$
Éliminant y entre ces équations, on obtient l'équation
$$x^4 - 5x^2 + 4 = 0,$$
qui a pour racines $x^2 = 1$, $x^2 = 4$, et donne pour x les quatre valeurs
$$x = +1, \quad x = -1, \quad x = +2, \quad x = -2.$$
Substituant successivement ces valeurs dans la deuxième équation de l'énoncé, on trouve, pour les valeurs correspondantes de y,
$$y = +2, \quad y = -2, \quad y = +1, \quad y = -1.$$
Les deux équations données représentent donc les quatre points
$$(+1, +2), \quad (-1, -2), \quad (+2, +1), \quad (-2, -1).$$

3. *Quels sont les points représentés par les équations*
$$x - y = 1, \quad x^2 + y^2 = 25?$$
Réponse. $\quad (4, 3), \quad (-3, -4)$.

4. *Quels sont les points représentés par les équations*
$$x^2 - 5x + y + 3 = 0, \quad x^2 + y^2 - 5x - 3y + 6 = 0?$$
Réponse. $\quad (1, 1), \quad (2, 3), \quad (3, 3), \quad (4, 1)$.

15. *Une seule équation entre les coordonnées représente un lieu géométrique.*

Il est évident qu'une seule équation est insuffisante pour déterminer les deux inconnues x et y, et qu'elle peut être vérifiée par un nombre indéfini de systèmes de valeurs de x et de y, sans que, cependant, elle le soit par un système de valeurs pris au hasard. L'ensemble des points dont les coordonnées satisfont à l'équation donnée forme un *lieu* qui est considéré comme la représentation géométrique de cette équation.

Soit, par exemple, l'équation
$$(x - 2)^2 + (y - 3)^2 = 16.$$
Cette équation, ainsi que nous l'avons vu (n° 5, Ex. 3),

exprime que la distance du point (x, y) au point $(2, 3)$ est égale à 4; elle est vérifiée par les coordonnées d'un point quelconque du cercle qui a $(2, 3)$ pour centre et 4 pour rayon, et elle n'est vérifiée que par les coordonnées de ces points. Ce cercle peut donc être considéré comme le lieu représenté par cette équation.

L'exemple suivant, plus simple encore, montre également qu'une seule équation entre les coordonnées d'un point représente un lieu géométrique. Rappelons-nous le procédé à l'aide duquel (n° 1) nous avons déterminé la position d'un point P (*fig.* 13), en partant des deux équations $x = a$ et $y = b$.

Fig. 13.

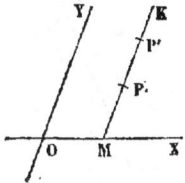

Nous avons d'abord pris $oM = a$, puis mené MK parallèlement à OY; et c'est en portant sur cette parallèle une longueur $MP = b$, à partir du point M, que nous avons obtenu le point cherché P. Avec les données $x = a$, $y = b'$, qui ne diffèrent des précédentes que par la valeur de y, on obtiendrait encore, en procédant de la même manière, un point P' de la droite MK, mais ce point ne serait pas situé à la même distance de M que le point P. Lorsque les données se réduisent à une seule équation $x = a$, et que la valeur de y reste indéterminée, le point P appartient toujours à la droite MK; il est situé *quelque part* sur cette ligne, mais il est impossible de déterminer à quelle distance il se trouve du point M. La droite MK est donc le lieu de tous les points représentés par l'équation $x = a$, puisque, quel que soit le point que l'on prenne sur cette ligne MK, l'abscisse x de ce point est toujours égale à a.

16. En général, étant donnée une équation d'un degré quelconque entre les coordonnées x et y, on peut toujours en déduire, pour y, un certain nombre de valeurs $b, b_1, b_2, \ldots$, correspondantes à une valeur particulière a de x; il suffit, pour cela, de résoudre cette équation par rapport à y, après y avoir fait $x = a$. Chacun des points $p, q, r, \ldots$ (*fig.* 14),

Fig. 14.

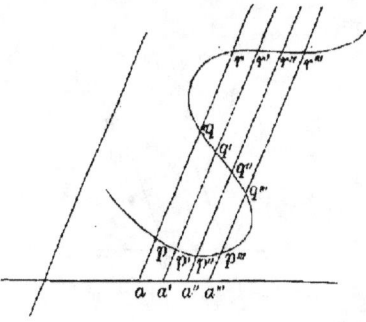

ayant pour abscisse a et pour ordonnées $b, b_1, b_2, \ldots$, vérifie cette équation. Il en est encore de même de chacun des points $p', q', r', \ldots, p'', q'', r'', \ldots$, que l'on trouve en donnant successivement à x les valeurs $x = a'$, $x = a''$, …. L'ensemble de tous les points obtenus, comme il vient d'être dit, en attribuant à x toutes les valeurs possibles, forme un *lieu* dont chaque point satisfait à l'équation donnée, et qui est par conséquent la représentation géométrique de cette équation.

En appliquant le procédé que nous venons d'indiquer à une équation quelconque, on peut déterminer autant de points qu'il est nécessaire pour figurer la forme du lieu qu'elle représente.

DE LA LIGNE DROITE. 23

Exercices.

1. *Représenter graphiquement* ([1]) *une série de points satisfaisant à l'équation* $y = 2x + 3$.

Donnant à x les valeurs — 2, — 1, 0, 1, 2, ..., on trouve, pour y, — 1, 1, 3, 5, 7, ..., et l'on voit alors que les points correspondants sont en ligne droite.

2. *Représenter le lieu correspondant à l'équation*
$$y = x^2 - 3x - 2.$$

Aux valeurs de x : $-1, -\frac{1}{2}, 0, \frac{1}{2}, 1, \frac{3}{2}, 2, \frac{5}{2}, 3, \frac{7}{2}, 4$, correspondent les valeurs de y : $2, -\frac{1}{4}, -2, -\frac{13}{4}, -4, -\frac{17}{4}, -4, -\frac{13}{4}, -2, -\frac{1}{4}, 2$. Ces points sont assez nombreux pour indiquer la forme de la courbe; on peut du reste les multiplier en donnant à x des valeurs positives ou négatives plus grandes.

3. *Représenter la courbe* $y = 3 \pm \sqrt{20 - x - x^2}$.

A chaque valeur de x correspondent deux valeurs de y : aucune partie de la courbe ne se trouve à droite de la ligne $x = 4$, ni à gauche de la ligne $x = -5$, puisqu'en donnant à x des valeurs positives ou négatives plus grandes la valeur de y devient imaginaire.

17. Toute la Géométrie analytique est fondée sur la corrélation qui, ainsi que nous venons de le montrer, existe entre une équation et un lieu géométrique. De là deux séries de problèmes à résoudre. Une courbe étant définie par une propriété géométrique, déduire de cette propriété l'équation à laquelle doivent satisfaire les coordonnées des points de la courbe; c'est ainsi, par exemple, qu'après avoir défini le cercle : le

---

([1]) Nous recommandons au lecteur de se servir pour cet objet de papier quadrillé.

lieu des points (x, y) dont la distance à un point fixe (a, b) est constante et égale à r, on trouve (n° 4) pour l'*équation du cercle* en coordonnées rectangulaires

$$(x-a)^2 + (y-b)^2 = r^2.$$

Et inversement, étant donnée une équation, déterminer la forme de la courbe qu'elle représente, ainsi que les propriétés géométriques de cette courbe. Pour procéder avec ordre à cette détermination, nous classerons les équations d'après leur degré, et nous étudierons les lieux qu'elles représentent, en commençant par les équations du degré le moins élevé.

Le degré d'une équation se définit par la plus grande valeur de la somme des exposants de x et de y prise dans chacun de ses termes. Ainsi l'équation $xy + 2x + 3y = 4$ est du second degré, puisqu'elle renferme le terme xy. Si ce terme n'existait pas, elle serait du premier degré. On dit qu'une courbe est du degré n lorsque l'équation qui la représente est elle-même du degré n.

Nous étudierons d'abord l'équation du premier degré : nous ferons voir qu'elle représente toujours une *ligne droite*, et que, réciproquement, l'équation d'une ligne droite est toujours du premier degré.

18. Nous avons déjà examiné (n° 15) un cas très simple de

Fig. 15.

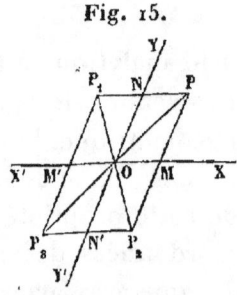

l'équation du premier degré, celui de l'équation $x = a$. En s'appuyant sur les mêmes considérations, on voit facilement que l'équation $y = b$ représente une droite PN parallèle à l'axe OX (*fig.* 15), et coupant l'axe OY à une distance de l'origine ON $= b$. Quand b devient nul, l'équation se réduit à $y = 0$ et représente l'axe OX; on verrait de même que l'équation $x = 0$ représente l'axe OY.

Passons à un cas un peu moins simple, et cherchons la relation à laquelle doivent satisfaire les coordonnées d'un point P (*fig.* 15), pour que ce point soit situé sur une droite OP passant par l'origine.

Les coordonnées PM et OM varient avec la position du point P, mais leur rapport

$$\sin \widehat{POM} : \sin \widehat{MPO}$$

est constant, puisqu'il ne dépend que de la direction de la droite OP. Les coordonnées de tous les points de cette droite satisfont donc à la relation

$$y = \frac{\sin \widehat{POM}}{\sin \widehat{MPO}} x,$$

qui peut dès lors être considérée comme l'équation de la droite OP.

Réciproquement, si nous cherchons quelle est la ligne représentée par l'équation

$$y = mx,$$

nous voyons, en mettant cette équation sous la forme $\frac{y}{x} = m$, que cela revient à « trouver le lieu d'un point P tel, que le rapport PM : PN des deux droites menées par ce point parallèlement à deux droites fixes soit constant ». Ce lieu est évidemment une droite OP passant par l'intersection O des droites fixes, et divisant l'angle qu'elles forment de telle sorte que

$$\sin \widehat{POM} = m \sin \widehat{PON}.$$

Quand les axes sont rectangulaires, on a $\sin \widehat{PON} = \cos \widehat{POM}$, et $m = \tang \widehat{POM}$. L'équation $y = mx$ représente alors une droite passant par l'origine et faisant avec l'axe des x un angle dont la tangente est m.

19. Une équation de la forme $y = + mx$ représente une droite OP située dans les angles YOX, Y'OX'; cette équation exprime en effet qu'à toute valeur positive de x correspond une valeur positive de y, et qu'à toute valeur négative de x répond une valeur négative de y. Les points qu'elle représente ont donc leurs deux coordonnées à la fois positives ou à la fois négatives, et, par suite, ne peuvent se trouver (n° 4) que dans les angles YOX, Y'OX'.

Pour que l'équation $y = - mx$ soit vérifiée, il faut, au conraire, que y soit négatif ou positif suivant que x est positif ou négatif. Cette condition ne peut être remplie que par des points dont les coordonnées sont de signes *différents* : la droite que représente cette équation se trouve donc (n° 3) dans les angles Y'OX, YOX'.

20. Cherchons maintenant l'équation de la droite PQ (*fig.* 16) située d'une manière quelconque par rapport aux axes.

Fig. 16.

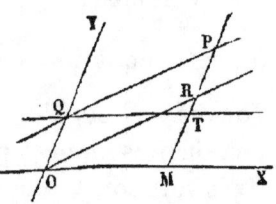

Menons par l'origine une parallèle OR à QP, et soit R le point de rencontre de OR et de l'ordonnée PM. Il est évident (n° 18) que le rapport RM : OM est constant (on aura, par exemple,

RM $= m.$ OM); et comme l'ordonnée PM diffère de RM de la quantité constante PR $=$ OQ $= b$, on peut écrire

$$PM = RM + PR \quad \text{ou} \quad PM = m.\,OM + PR,$$

c'est-à-dire

$$y = mx + b.$$

Cette équation, étant vérifiée par tous les points de la droite QP, doit être considérée comme l'équation de cette droite.

Il résulte du numéro précédent que m sera positif ou négatif suivant que la parallèle OR à QP se trouvera dans l'angle YOX ou dans l'angle Y'OX. D'autre part, b sera positif ou négatif suivant que le point Q, où la droite rencontre l'axe des y, sera au-dessus ou au-dessous de l'origine.

Réciproquement, l'équation $y = mx + b$ représente toujours une ligne droite. En mettant, ce qui est possible, cette équation sous la forme

$$\frac{y-b}{x} = m,$$

et menant QT parallèlement à OM, on aura

$$TM = b,$$

et, par suite,

$$PT = y - b.$$

La proposition ci-dessus revient donc à « trouver le lieu d'un point tel, qu'en menant par ce point P une parallèle PT à OY jusqu'à la rencontre de la droite fixe QT, on détermine un segment PT qui soit à QT dans un rapport constant ». Et ce lieu est évidemment une droite PQ passant par le point Q.

L'équation la plus générale du premier degré

$$Ax + By + C = 0$$

peut évidemment se ramener à la forme $y = mx + b$; il suffit pour cela de la résoudre par rapport à y, ce qui donne

$$y = -\frac{A}{B}x - \frac{C}{B}.$$

Elle représente donc *toujours* une ligne droite.

21. Nous pouvons maintenant préciser la signification géométrique des constantes qui se trouvent dans l'équation de la ligne droite. Quand la droite représentée par l'équation $y = mx + b$ fait un angle α avec l'axe des x et un angle β avec l'axe des x, on a (n° 18)

$$m = \frac{\sin\alpha}{\sin\beta},$$

et, si les axes sont rectangulaires,

$$m = \tang\alpha.$$

D'ailleurs (n° 20), b est le segment déterminé par la droite sur l'axe des y.

Lorsque l'équation est donnée sous la forme générale

$$Ax + By = C = 0,$$

on peut la ramener, comme précédemment, à la forme $y = mx + b$; et l'on trouve alors

$$-\frac{A}{B} = \frac{\sin\alpha}{\sin\beta},$$

ou, si les axes sont rectangulaires,

$$-\frac{A}{B} = \tang\alpha;$$

quant au rapport $-\frac{C}{B}$, il représente le segment que la droite détermine sur l'axe des y.

Corollaire. — Quand $m = m'$, les droites $y = mx + b$, $y = m'x + b'$ font toutes deux les mêmes angles avec les axes et sont parallèles. De même les droites $Ax + By + C = 0$, $A'x + B'y + C' = 0$ sont parallèles lorsque

$$\frac{A}{B} = \frac{A'}{B'}.$$

Les formes $Ax + By + C = 0$ et $y = mx + b$ ne sont pas les seules sous lesquelles on puisse mettre l'équation d'une ligne droite; il en est encore deux autres qui sont d'un usage assez fréquent, et que nous allons faire connaître.

22. *Trouver l'équation d'une droite* MN (*fig.* 17) *en fonction des segments* $OM = a$, $ON = b$ *qu'elle détermine sur les axes.*

Fig. 17.

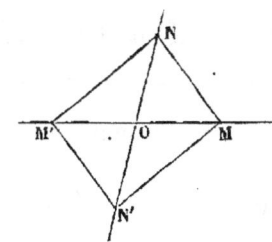

On peut déduire cette équation de l'équation générale du n° 20

$$Ax + By + C = 0 \quad \text{ou} \quad \frac{A}{C}x + \frac{B}{C}y + 1 = 0,$$

en observant que les coordonnées de tous les points de la droite et, par suite, celles des points M et N, doivent satisfaire à cette équation. En substituant aux coordonnées courantes x et y de l'équation générale les coordonnées $x = a$, $y = 0$ (n° 2) du point M, on a

$$\frac{A}{C}a + 1 = 0, \quad \frac{A}{C} = -\frac{1}{a},$$

et, en leur substituant les coordonnées $x = 0, y = b$ du point N,

$$\frac{B}{C} = -\frac{1}{b}.$$

Portant ces valeurs dans l'équation générale, on trouve pour l'équation cherchée

$$\frac{x}{a} + \frac{y}{b} = 1.$$

Cette équation est indépendante de l'angle que font entre eux les axes de coordonnées.

La position de la droite varie évidemment avec les signes des quantités a et b. Ainsi, à l'équation $\frac{x}{a} + \frac{y}{b} = 1$, qui donne des quantités positives pour les segments faits sur les axes, correspond la droite MN, tandis qu'à l'équation $\frac{x}{a} - \frac{y}{b} = 1$, qui donne un segment positif sur l'axe des x et un segment négatif sur l'axe des y, correspond la droite MN'.

On verrait de même que l'équation $-\frac{x}{a} + \frac{y}{b} = 1$ représente la droite NM', et l'équation $-\frac{x}{a} - \frac{y}{b} = 1$ la droite M'N'.

Une équation du premier degré peut toujours se ramener à l'une des quatre formes précédentes; il suffit pour cela de diviser tous ses termes par le terme constant.

Exercices.

1. *Examiner la position des droites suivantes, et trouver les segments qu'elles déterminent sur les axes*

$$2x - 3y = 7, \quad 3x + 4y + 9 = 0,$$
$$3x + 2y = 6, \quad 4y - 5x = 20.$$

2. *On prend deux des côtés d'un triangle pour axes; trouver l'équation de la droite qui joint les extrémités des segments*

obtenus en prenant sur chacun de ces deux côtés leur $m^{\text{ième}}$ partie, et démontrer (n° 21) que cette droite est parallèle au troisième côté.

Réponse. $\quad \dfrac{x}{a} + \dfrac{y}{b} = \dfrac{1}{m}.$

23. *Exprimer l'équation d'une droite* MN (*fig.* 18) *en*

Fig. 18.

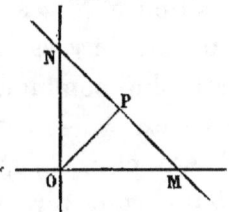

fonction de la longueur de la perpendiculaire abaissée de l'origine sur cette droite, et des angles que cette perpendiculaire fait avec les axes.

Soient $OP = p$ la longueur de cette perpendiculaire; $POM = \alpha$ l'angle qu'elle fait avec l'axe des x; $PON = \beta$ celui qu'elle fait avec l'axe des y; $OM = a$, $ON = b$.

En multipliant par p l'équation de la droite MN (n° 22)

$$\frac{x}{a} + \frac{y}{b} = 1,$$

on a

$$\frac{p}{a} x + \frac{p}{b} y = p,$$

et, en observant que $\dfrac{p}{a} = \cos\alpha$, $\dfrac{p}{b} = \cos\beta$, on trouve pour l'équation cherchée

$$x \cos\alpha + y \cos\beta = p.$$

Quand les coordonnées sont rectangulaires, ce qui est le cas le plus fréquent, $\beta = 90° - \alpha$, et l'équation de la droite devient

$$x \cos\alpha + y \sin\alpha = p.$$

Lorsqu'on admet que α peut recevoir toutes les valeurs comprises entre zéro et 360°, cette équation présente quatre cas particuliers correspondant à ceux de l'équation du n° 22. Quand la droite a la position NM' (*fig.* 17), α se trouve compris entre 90° et 180°, et le coefficient de x est négatif; lorsqu'elle a la position M'N', α est compris entre 180° et 270°, les coefficients de x et de y sont tous deux négatifs; enfin, quand elle a la position MN', α se trouve compris entre 270° et 360°, et le coefficient de y est seul négatif. Dans les deux derniers cas, il est plus commode d'écrire l'équation sous la forme $x \cos\alpha + y \sin\alpha = -p$, et de regarder α comme l'angle, compris entre zéro et 180°, que le *prolongement* de la perpendiculaire fait avec la direction positive de l'axe des x. Par suite, dans l'emploi de la formule

$$x \cos\alpha + y \sin\alpha = p,$$

nous supposerons p susceptible de recevoir le double signe, et nous prendrons pour α l'angle, toujours inférieur à 180°, que la direction positive de l'axe des x fait avec la perpendiculaire ou avec son prolongement.

On peut facilement ramener à la forme $x \cos\alpha + y \sin\alpha = p$ l'équation générale $Ax + By + C = 0$; en divisant en effet tous ses termes par $\sqrt{A^2 + B^2}$, on a

$$\frac{A}{\sqrt{A^2 + B^2}} x + \frac{B}{\sqrt{A^2 + B^2}} y + \frac{C}{\sqrt{A^2 + B^2}} = 0,$$

et l'on peut prendre

$$\frac{A}{\sqrt{A^2 + B^2}} = \cos\alpha, \quad \frac{B}{\sqrt{A^2 + B^2}} = \sin\alpha,$$

puisque la somme des carrés de ces quantités est égale à l'unité.

On voit donc que $\dfrac{A}{\sqrt{A^2 + B^2}}$ et $\dfrac{B}{\sqrt{A^2 + B^2}}$ représentent respectivement le sinus et le cosinus de l'angle que la perpendiculaire abaissée de l'origine sur la droite $Ax + By + C = 0$ fait avec l'axe des x, et que $\dfrac{C}{\sqrt{A^2 + B^2}}$ est la longueur de cette perpendiculaire.

*24. *Ramener l'équation $Ax + By + C = 0$ à la forme $x \cos \alpha + y \cos \beta = p$, lorsque les coordonnées sont obliques.*

Supposons qu'en multipliant l'équation par un certain facteur R on la ramène à la forme demandée; on aura alors
$$RA = \cos \alpha, \quad RB = \cos \beta,$$
et, par suite,
$$R^2 (A^2 + B^2 - 2AB \cos \omega) = \sin^2 \omega,$$
puisque, α et β étant deux angles dont la somme est égale à ω, on a
$$\cos^2 \alpha + \cos^2 \beta - 2 \cos \alpha \cos \beta \cos \omega = \sin^2 \omega.$$

L'équation ramenée à la forme demandée est donc
$$\frac{A \sin \omega}{\sqrt{A^2 + B^2 - 2AB \cos \omega}} x + \frac{B \sin \omega}{\sqrt{A^2 + B^2 - 2AB \cos \omega}} y + \frac{C \sin \omega}{\sqrt{A^2 + B^2 - 2AB \cos \omega}} = 0.$$

On voit ainsi que les expressions
$$\frac{A \sin \omega}{\sqrt{A^2 + B^2 - 2AB \cos \omega}}, \quad \frac{B \sin \omega}{\sqrt{A^2 + B^2 - 2AB \cos \omega}}$$
représentent respectivement les cosinus des angles que la perpendiculaire abaissée de l'origine sur la droite
$$Ax + By + C = 0$$
fait avec l'axe des x et avec l'axe des y, et que
$$\frac{C \sin \omega}{\sqrt{A^2 + B^2 - 2AB \cos \omega}}$$

S. — *Géom. à deux dim.*

exprime la longueur de cette perpendiculaire. Cette longueur peut également s'obtenir en divisant le double (ON.OM. $\sin\omega$) de l'aire du triangle NOM (*fig.* 18) par la longueur du côté MN dont on connaît l'expression.

Le radical qui se trouve au dénominateur doit recevoir le double signe, puisque l'équation peut se ramener à l'une ou à l'autre des formes

$$x \cos\alpha + y \cos\beta - p = 0,$$
$$x \cos(\alpha + 180°) + y \cos(\beta + 180°) + p = 0.$$

25. *Trouver l'angle compris entre deux droites données par leurs équations en coordonnées rectangulaires.*

L'angle formé par les deux droites est évidemment égal à l'angle compris entre les perpendiculaires abaissées de l'origine sur ces droites; si donc ces perpendiculaires font avec l'axe des x les angles α et α', nous aurons (n° 23), $Ax + By + C = 0$, $A'x + B'y + C' = 0$ étant les équations des deux droites,

$$\cos\alpha = \frac{A}{\sqrt{A^2 + B^2}}, \quad \sin\alpha = \frac{B}{\sqrt{A^2 + B^2}},$$
$$\cos\alpha' = \frac{A'}{\sqrt{A'^2 + B'^2}}, \quad \sin\alpha' = \frac{B'}{\sqrt{A'^2 + B'^2}};$$

d'où

$$\sin(\alpha - \alpha') = \frac{BA' - AB'}{\sqrt{A^2 + B^2} \cdot \sqrt{A'^2 + B'^2}},$$
$$\cos(\alpha - \alpha') = \frac{AA' + BB'}{\sqrt{A^2 + B^2} \cdot \sqrt{A'^2 + B'^2}},$$

et, par suite,

$$\tang(\alpha - \alpha') = \frac{BA' - AB'}{AA' + BB'}.$$

Corollaire I. — L'angle formé par les deux droites devient nul, et les deux droites sont parallèles, lorsque $BA' - AB' = 0$ (n° 21).

Corollaire II. — La tangente de l'angle compris entre les deux droites devient infinie quand $AA' + BB' = 0$; les deux droites sont alors perpendiculaires.

Quand les équations des droites sont données sous la forme

$$y = mx + b, \quad y = m'x + b',$$

les tangentes des angles qu'elles font avec l'axe des x sont m et m' (n° 21); et comme l'angle qu'elles comprennent est égal à la différence de ces angles, on a pour sa tangente

$$\frac{m - m'}{1 + mm'}.$$

Les droites sont parallèles quand $m = m'$, et perpendiculaires lorsque $1 + mm' = 0$.

*26. *Trouver l'angle compris entre deux droites, les coordonnées étant obliques.*

Partant des expressions du n° 24, et procédant comme ci-dessus, on trouve successivement, en désignant par ω l'angle que forment les axes,

$$\cos \alpha = \frac{A \sin \omega}{\sqrt{A^2 + B^2 - 2AB \cos \omega}},$$

$$\cos \alpha' = \frac{A' \sin \omega}{\sqrt{A'^2 + B'^2 - 2A'B' \cos \omega}},$$

$$\sin \alpha = \frac{B - A \cos \omega}{\sqrt{A^2 + B^2 - 2AB \cos \omega}},$$

$$\sin \alpha' = \frac{B' - A' \cos \omega}{\sqrt{A'^2 + B'^2 - 2A'B' \cos \omega}}.$$

et, par suite,

$$\sin(\alpha - \alpha') = \frac{(BA' - AB')\sin\omega}{\sqrt{A^2 + B^2 - 2AB\cos\omega} \cdot \sqrt{A'^2 + B'^2 - 2A'B'\cos\omega}},$$

$$\cos(\alpha - \alpha') = \frac{BB' + AA' - (AB' + A'B)\cos\omega}{\sqrt{A^2 + B^2 - 2AB\cos\omega} \cdot \sqrt{A'^2 + B'^2 - 2A'B'\cos\omega}},$$

$$\tang(\alpha - \alpha') = \frac{(BA' - AB')\sin\omega}{BB' + AA' - (AB' + A'B)\cos\omega}.$$

Corollaire I. — Les droites sont parallèles lorsque

$$BA' = AB'.$$

Corollaire II. — Les droites sont perpendiculaires quand

$$AA' + BB' = (AB' + BA')\cos\omega.$$

27. *On peut toujours trouver une droite satisfaisant à deux conditions.*

Toutes les formes sous lesquelles nous avons donné l'équation de la ligne droite renferment deux constantes. Ainsi les formes $y = mx + b$, $x\cos\alpha + y\sin\alpha = p$ renferment les constantes m et b, α et p. La seule forme

$$Ax + By + C = 0$$

semble en renfermer un plus grand nombre; mais, dans ce cas, il n'y a pas lieu de se préoccuper de la valeur absolue des coefficients A, B et C, il suffit de connaître leurs rapports. Le lieu que représente une équation ne change pas en effet lorsqu'on multiplie ou qu'on divise tous les termes de cette équation par un même facteur; on peut donc diviser par C tous les termes de l'équation $Ax + By + C = 0$, et la ramener ainsi à n'avoir que deux constantes $\frac{A}{C}$ et $\frac{B}{C}$.

L'équation de la ligne droite renfermant toujours deux constantes, il faut nécessairement deux conditions pour déterminer une ligne droite. Ces conditions étant données, il suffira de les introduire dans l'équation générale de la ligne droite, $y = mx + b$ par exemple, pour en déduire la valeur des constantes, et obtenir par suite l'équation de la droite cherchée. L'examen des problèmes étudiés dans les n°s 28, 29, 32 et 33 indiquera plus en détail la marche à suivre en pareil cas.

28. *Trouver l'équation d'une droite menée par un point (x', y') parallèlement à une droite donnée $y = mx$.*

La droite cherchée devant être parallèle à une droite donnée, la contante m de son équation $y = mx + b$ se trouve déterminée (n° 21, *Cor.*); cette droite étant, en outre, assujettie à passer par le point (x', y'), son équation, qui doit être vérifiée par les coordonnées d'un quelconque de ses points, le sera par x', y'; on aura donc pour déterminer b

$$y' = mx' + b$$

et l'équation cherchée sera

$$y = mx + y' - mx' \quad \text{ou} \quad y - y' = m(x - x').$$

Lorsque, dans cette dernière équation, on considère m comme indéterminée, on a l'équation générale des droites passant par un point donné.

29. *Trouver l'équation de la droite passant par les deux points (x', y'), (x'', y'').*

L'équation générale (n° 28) d'une droite passant par un point donné (x', y') peut s'écrire

$$\frac{y - y'}{x - x'} = m,$$

m étant une indéterminée. Pour qu'elle représente une droite passant par le point (x'', y''), il faut qu'elle se vérifie lorsqu'on y remplace x et y par x'' et y''. On a ainsi

$$\frac{y'' - y'}{x'' - x'} = m,$$

ce qui donne, pour l'équation cherchée,

$$\frac{y - y'}{x - x'} = \frac{y'' - y'}{x'' - x'}.$$

Cette forme d'équation se grave facilement dans la mémoire. En chassant les dénominateurs, on obtient l'équation suivante, qui est d'un usage assez fréquent,

$$(y' - y'')x - (x' - x'')y + x'y'' - y'x'' = 0.$$

On peut mettre aussi cette équation sous la forme

$$(x - x')(y - y'') = (x - x'')(y - y'),$$

qui représente une droite, puisque les termes en xy s'entre-détruisent; on voit du reste immédiatement qu'elle est vérifiée par l'une ou l'autre des hypothèses $x = x', y = y'$; $x = x''$, $y = y''$; et, en développant, on retombe sur le résultat précédent.

Corollaire. — L'équation de la droite joignant l'*origine* au point (x', y') est

$$y'x = x'y.$$

Exercices.

1. *Écrire les équations des côtés du triangle ayant pour sommets les points* $(2, 1)$, $(3, -2)$, $(-4, -1)$.

   Réponse. $x + 7y + 11 = 0$, $3y - x = 1$, $3x + y = 7$.

2. *Même problème, les sommets étant* $(2, 3)$, $(4, -5)$, $(-3, -6)$.

   Réponse. $x - 7y = 39$, $9x - 5y = 3$, $4x + y = 11$.

3. *Trouver l'équation de la droite joignant les points*

$$(x', y'), \quad \left(\frac{mx' + nx''}{m + n}, \frac{my' + ny''}{m + n} \right).$$

Réponse. $(y'-y'')x - (x'-x'')y + x'y'' - x''y' = 0$.

4. *Écrire l'équation de la droite joignant*
$$(x', y') \quad \text{à} \quad \left(\frac{x''+x'''}{2}, \frac{y''+y'''}{2}\right).$$

Réponse.
$(y''+y'''-2y')x - (x''+x'''-2x')y + x''y' - y''x' + x'''y' - y'''x' = 0$.

5. *Former les équations des médianes du triangle de l'Exemple* 2.
Réponse. $17x - 3y = 25$, $\quad 7x + 9y + 17 = 0$, $\quad 5x - 6y = 21$.

6. *Écrire l'équation de la droite joignant*
$$\left(\frac{lx'-mx''}{l-m}, \frac{ly'-my''}{l-m}\right) \quad \text{à} \quad \left(\frac{lx'-nx'''}{l-n}, \frac{ly'-ny'''}{l-n}\right).$$

Réponse.
$x[l(m-n)y' + m(n-l)y'' + n(l-m)y''']$
$- y[l(m-n)x' + m(n-l)x'' + n(l-m)x''']$
$= lm(y'x'' - x'y'') + mn(y''x''' - x''y''') + nl(y'''x' - x'''y')$.

30. *Trouver la condition pour que trois points* (x_1, y_1), (x_2, y_2), (x_3, y_3) *soient en ligne droite.*

Il suffit, pour résoudre cette question, d'exprimer que les coordonnées du troisième point satisfont à l'équation (n° 29) de la droite joignant les deux premiers. On obtient ainsi la relation
$$(y_1 - y_2)x_3 - (x_1 - x_2)y_3 + (x_1 y_2 - x_2 y_1) = 0,$$
qui peut se mettre sous la forme plus symétrique
$$y_1(x_2 - x_3) + y_2(x_3 - x_1) + y_3(x_1 - x_2) = 0 \quad (^1).$$

31. *Trouver les coordonnées du point d'intersection de deux droites données par leurs équations.*

Chacune de ces équations exprimant une condition à laquelle doivent satisfaire les coordonnées du point cherché,

---

(^{1}) En employant cette formule, et d'autres semblables que nous rencontrerons plus loin, on doit avoir soin de prendre les coordonnées constamment

on trouvera ces coordonnées en résolvant les deux équations par rapport à x et y.

Nous avons dit (n° 14) qu'un point était déterminé lorsqu'on avait deux équations entre ses coordonnées; nous voyons maintenant que chaque équation représente un lieu sur lequel le point doit se trouver, et par suite que ce point est l'intersection des deux lieux représentés par ces équations. Les équations les plus simples pour la détermination d'un point, $x = a, y = b$, sont elles-mêmes les équations de deux parallèles aux axes de coordonnées, et le point qu'elles définissent est l'intersection de ces deux parallèles. Lorsque les équations sont toutes deux du premier degré, elles ne représentent qu'un seul point, puisque chaque équation est celle d'une droite, et que deux droites ne peuvent se couper qu'en un seul point. Dans le cas, plus général, où les équations sont d'un degré supérieur, les lieux correspondants, qui sont des courbes, se coupent en plusieurs points.

Exercices.

1. *Trouver les sommets du triangle dont les côtés ont pour équations*
$$x + y = 2, \quad x - 3y = 4, \quad 3x + 5y + 7 = 0.$$
Réponse. $\left(-\dfrac{1}{14}, -\dfrac{19}{14}\right)$, $\left(\dfrac{17}{2}, -\dfrac{13}{2}\right)$, $\left(\dfrac{5}{2}, -\dfrac{1}{2}\right)$.

---

dans le même ordre (*voir* la figure ci-après). Ainsi, par exemple, quand,

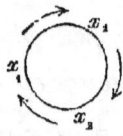

pour avoir le deuxième terme de la formule ci-dessus, on remplace dans le premier y_1 par y_2, x_2 par x_3 et x_3 par x_1, il faut, pour obtenir le troisième, procéder dans le même ordre, et remplacer dans le deuxième terme y_2 par y_3, x_3 par x_1 et x_1 par x_2.

DE LA LIGNE DROITE.

2. *Trouver les coordonnées des intersections des droites*

$$3x + y - 2 = 0, \quad x + 2y = 5, \quad 2x - 3y + 7 = 0.$$

Réponse. $\left(\dfrac{1}{7}, \dfrac{17}{7}\right)$, $\left(-\dfrac{1}{11}, \dfrac{25}{11}\right)$, $\left(-\dfrac{1}{5}, \dfrac{13}{5}\right)$.

3. *Trouver les coordonnées des intersections des droites*

$$2x + 3y = 13, \quad 5x - y = 7, \quad x - 4y + 10 = 0.$$

Réponse. — Ces droites se coupent au point $(2, 3)$.

4. *Trouver les coordonnées des sommets et les équations des diagonales du quadrilatère dont les côtés sont*

$$2x - 3y = 10, \quad 2y + x = 6, \quad 16x - 10y = 33, \quad 12x + 14y + 29 = 0.$$

Réponse.

$$\left(-1, \dfrac{7}{2}\right), \quad \left(3, \dfrac{3}{2}\right), \quad \left(\dfrac{1}{2}, -\dfrac{5}{2}\right), \quad \left(-3, \dfrac{1}{2}\right);$$
$$6y - x = 6, \quad 8x + 2y + 1 = 0.$$

5. *Trouver les intersections des côtés opposés du même quadrilatère et l'équation de la droite qui joint ces points d'intersection.*

Réponse. $\left(83, \dfrac{259}{2}\right)$, $\left(-\dfrac{71}{5}, \dfrac{101}{10}\right)$; $162y - 199x = 4462$.

6. *Trouver les diagonales du parallélogramme formé par*

$$x = a, \quad x = a', \quad y = b, \quad y = b'.$$

Réponse.

$(b-b')x - (a-a')y = a'b - ab'$, $(b-b')x + (a-a')y = ab - a'b'$.

7. *On prend pour axes la base d'un triangle et la médiane correspondante; trouver les équations des autres médianes et les coordonnées de leur point d'intersection, les coordonnées du sommet opposé à la base étant $0, y'$, celles des autres sommets $x', 0$ et $-x', 0$.*

Réponse.

$$3x'y - y'x - x'y' = 0, \quad 3x'y + y'x - x'y' = 0; \quad \left(0, \dfrac{y'}{3}\right).$$

8. *On prend pour axes les côtés opposés d'un quadrilatère, et les autres côtés ont pour équations*

$$\frac{x}{2a} + \frac{y}{2b} = 1, \quad \frac{x}{2a'} + \frac{y}{2b'} = 1;$$

trouver les milieux des diagonales.

Réponse. (a, b'), (a', b).

9. *Mêmes données; trouver les coordonnées du point milieu de la droite qui joint les points d'intersection des côtés opposés.*

Réponse. $\dfrac{a'b.a - ab'.a'}{a'b - ab'}$, $\dfrac{a'b.b' - ab'.b}{a'b - ab'}$.

La forme de ces expressions montre (n° 7) que ce point appartient à la droite passant par les milieux des diagonales et la divise extérieurement en deux segments qui sont dans le rapport $a'b : ab'$.

32. *Trouver, en coordonnées rectangulaires, l'équation de la perpendiculaire abaissée d'un point donné* (x', y') *sur la droite* $y = mx + b$.

La condition pour que deux droites soient perpendiculaires impliquant la relation $mm' = -1$ (n° 25), on a pour l'équation cherchée

$$y - y' = -\frac{1}{m}(x - x').$$

On trouverait de même, pour la perpendiculaire abaissée du point (x', y') sur la droite $Ax + By + C = 0$, l'équation

$$A(y - y') = B(x - x'),$$

qui peut se déduire de celle de la droite donnée *en y permutant les coefficients de* x *et de* y, *et en y changeant le signe de l'un d'eux*.

Exercices.

1. *Trouver les équations des hauteurs du triangle* $(2, 1), (3, -2), (-4, -1)$.

Les équations des côtés sont (29, Ex. 1)
$$x + 7y + 11 = 0, \quad 3y - x = 1, \quad 3x + y = 7,$$
et celles des hauteurs
$$7x - y = 13, \quad 3x + y = 7, \quad 3y - x = 1.$$
Le triangle est rectangle.

2. *Trouver les équations des perpendiculaires élevées sur les milieux des côtés du même triangle.*

Les points milieux étant
$$\left(-\frac{1}{2}, -\frac{3}{2}\right), \quad (-1, 0), \quad \left(\frac{5}{2}, -\frac{1}{2}\right),$$
les perpendiculaires ont pour équations
$$7x - y + 2 = 0, \quad 3x + y + 3 = 0, \quad 3y - x + 4 = 0,$$
et elles se coupent au point $\left(-\dfrac{1}{2}, -\dfrac{3}{2}\right)$.

3. *Trouver les équations des hauteurs du triangle* $(2, 3)$, $(4, -5)$, $(-3, -6)$ (29, Ex. 2).

Réponse. $7x + y = 17, \quad 5x + 9y + 25 = 0, \quad x - 4y = 21.$

Ces droites se coupent au point $\left(\dfrac{89}{29}, -\dfrac{130}{29}\right)$.

4. *Trouver les équations des perpendiculaires élevées sur les milieux des côtés du même triangle.*

Réponse. $7x + y + 2 = 0, \quad 5x + 9y + 16 = 0, \quad x - 4y = 7.$

Ces droites se coupent au point $\left(-\dfrac{1}{29}, -\dfrac{51}{29}\right)$.

5. *Trouver les équations des hauteurs du triangle ayant* (x', y'), (x'', y''), (x''', y''') *pour sommets.*

Réponse.
$$(x'' - x''')x + (y'' - y''')y + (x'x'' + y'y'') - (x'x''' + y'y''') = 0,$$
$$(x''' - x')x + (y''' - y')y + (x''x''' + y''y''') - (x''x' + y''y') = 0,$$
$$(x' - x'')x + (y' - y'')y + (x'''x' + y'''y') - (x'''x'' + y'''y'') = 0.$$

6. *Trouver les équations des perpendiculaires élevées sur les milieux des côtés du même triangle.*

CHAPITRE II.

Réponse.

$$(x''-x''')x+(y''-y''')y = \frac{1}{2}(x''^2-x'''^2)+\frac{1}{2}(y''^2-y'''^2),$$

$$(x'''-x')x+(y'''-y')y = \frac{1}{2}(x'''^2-x'^2)+\frac{1}{2}(y'''^2-y'^2),$$

$$(x'-x'')x+(y'-y'')y = \frac{1}{2}(x'^2-x''^2)+\frac{1}{2}(y'^2-y''^2).$$

7. *On prend pour axes la base d'un triangle et la hauteur correspondante; trouver l'équation des deux autres hauteurs et les coordonnées de leur point d'intersection. Les coordonnées des extrémités de la base sont $(x'', 0)$, $(-x''', 0)$, et celles du sommet opposé, $(0, y')$.*

Réponse.

$$x'''(x-x'')+y'y=0, \quad x''(x+x''')-y'y=0, \quad \left(0, \frac{x''x'''}{y'}\right).$$

8. *Mêmes données; trouver les équations des perpendiculaires élevées sur les milieux des côtés, et les coordonnées de leur intersection.*

Réponse.

$$2(x''x+y'y)=y'^2-x''^2, \quad 2(x'''x-y'y)=x'''^2-y'^2, \quad 2x=x''-x''',$$

$$\left(\frac{x''-x'''}{2}, \frac{y'^2-x''x'''}{2y'}\right).$$

9. *Trouver l'équation de la perpendiculaire abaissée du point (x', y') sur la droite $x\cos\alpha + y\sin\alpha = p$, et les coordonnées du pied de cette perpendiculaire.*

Réponse. $\quad y-y' = \tan\alpha\,(x-x'),$

$$x'+(p-x'\cos\alpha-y'\sin\alpha)\cos\alpha, \quad y'+(p-x'\cos\alpha-y'\sin\alpha)\sin\alpha.$$

10. *Trouver la longueur de cette perpendiculaire.*

Réponse. $\quad \pm(p-x'\cos\alpha-y'\sin\alpha).$

33. *Trouver en coordonnées rectangulaires l'équation d'une droite passant par un point donné (x', y'), et faisant un angle φ avec la droite $y = mx+b$.*

Soit
$$y-y'=m'(x-x')$$

l'équation cherchée, nous aurons (n° 25)

$$\tang\varphi = \frac{m-m'}{1+mm'},$$

d'où

$$m' = \frac{m-\tang\varphi}{1+m\tang\varphi}.$$

34. *Trouver la distance d'un point (x',y') à la droite* $x\cos\alpha + y\cos\beta = p$.

Nous avons déjà résolu (n° 32, Ex. 9 et 10) cette question ; nous indiquerons ici comment on peut utiliser les considérations géométriques pour arriver au même résultat. Soient MN (*fig.* 19) la droite donnée, OR la perpendiculaire abaissée

Fig. 19.

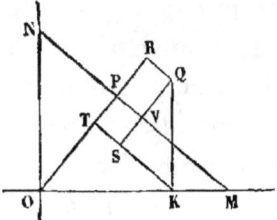

de l'origine sur cette droite, $QK = y'$ l'ordonnée du point donné Q.

Menons à la droite donnée les parallèles QR et KT, et la perpendiculaire QS. Nous aurons

$$OK = x', \quad OT = x'\cos\alpha;$$

et, en observant que $SQK = \beta$,

$$RT = QS = y'\cos\beta,$$

ce qui donne, en définitive,

$$x'\cos\alpha + y'\cos\beta = OR.$$

Retranchant de chaque membre la distance $OP = p$ de l'origine à la droite, on a, pour la distance cherchée,

$$x'\cos\alpha + y'\cos\beta - p = PR = QV.$$

Si l'on avait pris dans la figure le point Q du même côté de la droite que l'origine, OR eût été plus petit que OP, et l'on aurait trouvé $p - x'\cos\alpha - y'\cos\beta$ pour la valeur de la distance cherchée; cette distance change donc de signe suivant que le point se trouve situé d'un côté ou de l'autre de la droite. Lorsqu'il ne s'agit que d'une seule distance, on peut ne considérer que sa valeur absolue, abstraction faite du signe; mais quand on a à comparer les distances de deux points, tels que Q et S, il faut nécessairement (n° 6) tenir compte des signes de ces distances QV et SV, puisqu'elles se trouvent mesurées suivant des directions opposées. Le sens positif étant en soi arbitraire, on peut prendre, pour représenter la distance d'un point à une droite, l'expression $(p - x'\cos\alpha - y'\cos\beta)$, soit avec le signe $+$, soit avec le signe $-$. En la prenant avec le signe $+$, autrement dit en supposant le terme constant positif, on considère comme positives les distances des points situés du même côté de la droite que l'origine, et comme négatives les distances des points qui se trouvent de l'autre côté. Si l'on prenait l'expression avec le signe $-$, ce serait l'inverse qui arriverait.

Quand l'équation de la droite est donnée sous la forme

$$Ax + By + C = 0,$$

il suffit de la ramener (n° 24) à la forme

$$x\cos\alpha + y\cos\beta - p = 0$$

pour obtenir la distance cherchée. On trouve ainsi, pour la distance du point (x', y') à la droite $Ax + By + C = 0$,

$$\frac{Ax' + By' + C}{\sqrt{A^2 + B^2}} \quad \text{ou} \quad \frac{(Ax' + By' + C)\sin\omega}{\sqrt{A^2 + B^2 - 2AB\cos\omega}},$$

suivant que les axes sont rectangulaires, ou obliques sous l'angle ω. En comparant les distances respectives de la droite au point (x', y') et à l'origine, on voit que le point (x', y') se trouve du même côté de la droite que l'origine lorsque $Ax' + By' + C$ a le même signe que C, et inversement.

La condition nécessaire pour qu'un point (x', y') se trouve sur une droite $Ax + By + C = 0$ s'obtient évidemment en exprimant que ses coordonnées x' et y' satisfont à l'équation de cette droite, ce qui donne

$$Ax' + By' + C = 0.$$

Cette condition, d'après ce qui précède, peut être considérée comme la traduction algébrique de ce fait : que la distance du point à la droite est nulle.

Exercices.

1. *Trouver la distance de l'origine à la droite* $3x + 4y + 20 = 0$, *les axes étant rectangulaires.*

   Réponse. 4.

2. *Trouver la distance du point* $(2, 3)$ *à la droite* $2x + y - 4 = 0$.

   Réponse. $\dfrac{3}{\sqrt{5}}$. Le point n'est pas situé du même côté que l'origine.

3. *Trouver les hauteurs du triangle* $(2, 1), (3, -2), (-4, -1)$.

   Réponse. $2\sqrt{2}, \sqrt{10}, 2\sqrt{10}$. L'origine est à l'intérieur du triangle.

4. *Trouver la distance de* $(3, -4)$ *à* $4x + 2y = 7$, *l'angle des axes étant de* 60°.

   Réponse. $\dfrac{3}{4}$. Le point est du même côté que l'origine.

5. *Trouver la distance de l'origine à la droite*
$$a(x - a) + b(y - b) = 0.$$

   Réponse. $\sqrt{a^2 + b^2}$.

35. *Trouver l'équation de la bissectrice de l'angle compris entre les deux droites*

$$x \cos \alpha + y \sin \alpha - p = 0,$$
$$x \cos \beta + y \sin \beta - p' = 0.$$

Le moyen le plus simple de trouver cette équation consiste à exprimer algébriquement la propriété connue : *Les points de la bissectrice d'un angle sont à égale distance des côtés de cet angle.* On obtient ainsi l'équation

$$x \cos \alpha + y \sin \alpha - p = \pm(x \cos \beta + y \sin \beta - p'),$$

où chacun des membres exprime la distance d'un des points du lieu à l'une des droites données (34).

Quand les équations des droites sont données sous la forme $Ax + By + C = 0$, $A'x + B'y + C' = 0$, on trouve pour l'équation de la bissectrice

$$\frac{Ax + By + C}{\sqrt{A^2 + B^2}} = \pm \frac{A'x + B'y + C'}{\sqrt{A'^2 + B'^2}}.$$

Le double signe montre qu'il y a deux bissectrices. Les points de la première sont à égale distance de l'une des droites, dans la région que nous considérons comme positive, et de l'autre droite dans sa région négative; les points de la deuxième sont à égale distance des deux droites prises à la fois dans leurs régions positives ou dans leurs régions négatives.

En choisissant le signe de telle sorte que les deux termes constants soient de même signe, on a (n° 34) la bissectrice de l'angle dans lequel se trouve l'origine; en prenant, au contraire, le signe de manière que les deux termes constants aient des signes différents, on obtient la bissectrice de l'angle supplémentaire.

Exercices.

1. *Ramener les équations des bissectrices des angles formés par les deux droites de l'énoncé du n° 35 à la forme*
$$x\cos\alpha + y\sin\alpha = p.$$

Réponse.

$$x\cos\left[\frac{1}{2}(\alpha+\beta)+90°\right] + y\sin\left[\frac{1}{2}(\alpha+\beta)+90°\right] = \frac{p-p'}{2\sin\frac{1}{2}(\alpha-\beta)};$$

$$x\cos\frac{1}{2}(\alpha+\beta) + y\sin\frac{1}{2}(\alpha+\beta) = \frac{p+p'}{2\cos\frac{1}{2}(\alpha-\beta)}.$$

2. *Trouver les équations des bissectrices des angles formés par les droites*
$$3x + 4y - 9 = 0, \quad 12x + 5y - 3 = 0.$$

Réponse. $\quad 7x - 9y + 34 = 0, \quad 9x + 7y = 12.$

36. *Trouver l'aire du triangle formé par les trois points* $(x_1, y_1), (x_2, y_2), (x_3, y_3)$.

Le double de l'aire de ce triangle peut s'obtenir, en multipliant la longueur de la droite joignant les deux points (x_1, y_1) et (x_2, y_2) par la distance de cette droite au troisième point (x_3, y_3). Cette distance, lorsque les axes sont rectangulaires, est égale (n°s 29, 34) à

$$\frac{(y_1 - y_2)x_3 - (x_1 - x_2)y_3 + x_1 y_2 - x_2 y_1}{\sqrt{(y_1 - y_2)^2 + (x_1 - x_2)^2}},$$

et comme le dénominateur de cette fraction exprime la longueur de la ligne joignant (x_1, y_1) à (x_2, y_2), le numérateur, ou, ce qui revient au même (n° 30), la quantité

$$y_1(x_2 - x_3) + y_2(x_3 - x_1) + y_3(x_1 - x_2)$$

représente le double de l'aire du triangle formé par les trois points.

Nous trouverions, en répétant le même raisonnement et en

S. — *Géom. à deux dim.*

employant les formules relatives aux axes obliques, que, dans le cas de deux axes faisant entre eux un angle ω, il suffit de multiplier l'expression précédente par sin ω pour obtenir l'aire cherchée.

A la rigueur, nous devrions faire précéder cette expression du double signe, puisque nous l'obtenons en extrayant une racine carrée. Dans le cas où il n'y a qu'une seule aire à considérer, et où, par suite, il ne saurait être question que de grandeur absolue, c'est chose inutile. Mais il n'en est plus de même lorsqu'on a à comparer deux triangles dont les sommets (x_3, y_3), (x_4, y_4) ne se trouvent pas du même côté de la droite qui joint (x_1, y_1), (x_2, y_2) et sert de base commune aux deux triangles; il faut alors donner des signes différents aux aires de ces triangles; la surface du quadrilatère formé par ces quatre points est la somme, et non la différence, de ces deux triangles.

Corollaire I. — Le double de l'aire du triangle formé par les points (x_1, y_1), (x_2, y_2) et par l'origine s'obtient en faisant $x_3 = 0$, $y_3 = 0$ dans l'expression précédente; elle a pour valeur $y_1 x_2 - y_2 x_1$.

Corollaire II. — Considérée au point de vue géométrique, la condition (n° 30) pour que trois points soient en ligne droite exprime que l'aire du triangle formé par ces trois points est nulle.

37. *Exprimer l'aire d'un polygone en fonction des coordonnées de ses sommets.*

Joignons un point quelconque (x, y), pris dans l'intérieur du polygone à tous les sommets (x_1, y_1), (x_2, y_2), (x_3, y_3),...; la somme des aires des triangles ainsi formés sera évidemment égale à l'aire du polygone. En appliquant à ces triangles la formule du numéro précédent, on trouve successivement pour le double de l'aire de chacun d'eux

$$x(y_1-y_2)-y(x_1-x_2)+x_1y_2-x_2y_1,$$
$$x(y_2-y_3)-y(x_2-x_3)+x_2y_3-x_3y_2,$$
$$\dots\dots\dots\dots\dots\dots\dots\dots\dots\dots\dots\dots\dots;$$
$$x(y_{n-1}-y_n)-y(x_{n-1}-x_n)+x_{n-1}y_n-x_ny_{n-1}.$$
$$x(y_n-y_1)-y(x_n-x_1)+x_ny_1-x_1y_n.$$

Ajoutant toutes ces valeurs, et observant que dans la somme obtenue les coefficients de x et de y sont identiquement nuls (ainsi que cela doit être, puisque l'aire du polygone est indépendante de la manière dont elle a été divisée en triangles), on trouve pour le double de l'aire du polygone

$$(x_1y_2-x_2y_1)+(x_2y_3-x_3y_2)+\dots$$
$$+(x_{n-1}y_n-x_ny_{n-1})+(x_ny_1-x_1y_n),$$

expression qui peut s'écrire

$$x_1(y_2-y_n)+x_2(y_3-y_1)+x_3(y_4-y_2)+\dots+x_n(y_1-y_{n-1}),$$

ou bien encore

$$y_1(x_n-x_2)+y_2(x_1-x_3)+y_3(x_2-x_4)+\dots$$
$$+y_n(x_{n-1}-x_1).$$

Exercices.

1. *Trouver l'aire du triangle* $(2, 1), (3, -2), (-4, -1)$.
   Réponse. 10.

2. *Trouver l'aire du triangle* $(2, 3), (4, -5), (-3, -6)$.
   Réponse. 29.

3. *Trouver l'aire du quadrilatère* $(1, 1), (2, 3), (3, 3), (4, 1)$.
   Réponse. 4.

38. *Trouver la condition pour que les trois droites*

$$Ax+By+C=0, \quad A'x+B'y+C'=0,$$
$$A''x+B''y+C''=0$$

concourent en un même point.

Pour exprimer que ces droites se coupent en un même point, il suffit d'écrire que les coordonnées de l'intersection de deux d'entre elles satisfont à l'équation de la troisième.

Les coordonnées de l'intersection des deux premières sont
$$\frac{BC' - B'C}{AB' - A'B}, \quad \frac{CA' - C'A}{AB' - A'B};$$

et, en les substituant dans la troisième équation, on trouve pour la condition cherchée
$$A''(BC' - B'C) + B''(CA' - C'A) + C''(AB' - A'B) = 0;$$

cette condition peut encore s'écrire des deux manières suivantes :
$$A(B'C'' - B''C') + B(C'A'' - C''A') + C(A'B'' - A''B') = 0,$$
$$A(B'C'' - B''C') + A'(B''C - BC'') + A''(BC' - B'C) = 0.$$

*39. *Trouver l'aire du triangle formé par les trois droites*
$$Ax + By + C = 0, \quad A'x + B'y + C' = 0,$$
$$A''x + B''y + C'' = 0.$$

Les coordonnées des sommets du triangle s'obtiendront en éliminant successivement x et y entre ces équations prises deux à deux. En substituant leurs valeurs dans la formule du n° 36, on trouve pour le double de l'aire

$$\frac{BC' - B'C}{AB' - BA'} \left(\frac{A'C'' - C'A''}{B'A'' - A'B''} - \frac{A''C - C''A}{B''A - A''B} \right)$$
$$+ \frac{B'C'' - B''C'}{A'B'' - B'A''} \left(\frac{A''C - C''A}{B''A - A''B} - \frac{AC' - CA'}{BA' - AB'} \right)$$
$$+ \frac{B''C - BC''}{A''B - B''A} \left(\frac{AC' - CA'}{BA' - AB'} - \frac{A'C'' - C'A''}{B'A'' - A'B''} \right).$$

Si l'on réduit, dans chacune des parenthèses, les deux

fractions qu'elles comprennent au même dénominateur, on obtient une série de fractions ayant pour numérateurs la quantité

$$A''(BC' - B'C) + A(B'C'' - B''C') + A'(B''C - C''B),$$

multipliée respectivement par A'', A et A', et il vient pour le double de l'aire

$$\frac{[A(B'C'' - B''C') + A'(B''C - BC'') + A''(BC' - B'C)]^2}{(AB' - BA')(A'B'' - B'A'')(A''B - B''A)}$$

Lorsque les trois droites sont concourantes, cette expression s'annule (n° 38); quand deux des droites sont parallèles, elle devient infinie (n° 25).

40. *Trouver l'équation d'une droite passant par l'intersection de deux droites données.*

On peut résoudre cette question en substituant à x' et y', dans l'équation $y - y' = m(x - x')$ du n° 28, les coordonnées de l'intersection des deux droites, déterminées d'après le n° 31. Mais on arrive plus facilement au résultat en s'appuyant sur le principe suivant, qui est d'une grande importance.

Les équations $S = 0$, $S' = 0$ *étant celles de deux lieux quelconques, le lieu représenté par l'équation* $S + kS' = 0$ *(dans laquelle k est une constante), passe par les points communs aux lieux* S *et* S'.

Il est évident, en effet, que tout couple de coordonnées qui satisfait à la fois aux équations $S = 0$, $S' = 0$ satisfait aussi à l'équation $S + kS' = 0$.

Ainsi, en particulier, l'équation

$$(Ax + By + C) + k(A'x + B'y + C') = 0,$$

qui est du premier degré, représente une droite passant par

l'intersection des deux droites
$$Ax + By + C = 0, \quad A'x + B'y + C' = 0.$$

Les coordonnées du point d'intersection de ces deux droites satisfont, en effet, à l'équation
$$(Ax + By + C) + k(A'x + B'y + C') = 0,$$

puisqu'elles annulent séparément chacun des deux termes dont elle se compose.

Exercices.

1. *Trouver l'équation de la droite joignant à l'origine l'intersection des droites*
$$Ax + By + C = 0, \quad A'x + B'y + C' = 0.$$

Multipliant la première équation par C', la seconde par C, et soustrayant, on obtient l'équation cherchée
$$(AC' - A'C)x + (BC' - CB')y = 0.$$

La droite qu'elle représente passe en effet par l'origine (n° 18) et par l'intersection des deux droites (n° 40).

2. *Trouver l'équation de la droite menée par l'intersection de ces deux mêmes droites parallèlement à l'axe des x.*

Réponse. $\quad (BA' - AB')y + CA' - AC' = 0.$

3. *Trouver l'équation de la droite passant par le point d'intersection de ces deux mêmes droites et par le point (x', y').*

En déterminant dans l'équation générale donnée ci-dessus la constante k, de manière que cette équation soit vérifiée par x', y', on trouve pour l'équation cherchée
$$(Ax + By + C)(A'x' + B'y' + C') = (A'x + B'y + C')(Ax' + By' + C).$$

4. *Trouver l'équation de la droite joignant le point $(2, 3)$ à l'intersection des deux droites* $2x + 3y + 1 = 0, \ 3x - 4y = 5.$

Réponse.
$$11(2x + 3y + 1) + 14(3x - 4y - 5) = 0, \quad \text{ou} \quad 64x - 23y = 59.$$

41. Le principe établi au numéro précédent donne, pour

reconnaître si trois droites se coupent en un même point, un criterium souvent plus commode dans la pratique que celui du n° 38 :

Trois droites $Ax + By + C = 0$, $A'x + B'y + C' = 0$, $A''x + B''y + C'' = 0$ *passent par un même point,* lorsque la somme des produits obtenus, en multipliant l'équation de chacune d'elles par un facteur constant, est identiquement nulle; autrement dit, quand la relation suivante, dans laquelle l, m, n représentent trois constantes, est vraie, quels que soient x et y,

$$l(Ax + By + C) + m(A'x + B'y + C') \\ + n(A''x + B''y + C'') = 0;$$

dans ce cas, en effet, les valeurs de x et de y, qui annulent séparément les deux premiers termes de cette dernière équation, annulent nécessairement le troisième.

Exercices.

1. *Les trois médianes d'un triangle se coupent en un même point.*

Les équations de ces médianes sont (29, Ex. 4)

$$(y'' + y''' - 2y')x - (x'' + x''' - 2x')y \\ + (x''y' - y''x') + (x'''y' - y'''x') = 0,$$

$$(y''' + y' - 2y'')x - (x''' + x' - 2x'')y \\ + (x'''y'' - y'''x'') + (x'y'' - y'x'') = 0,$$

$$(y' + y'' - 2y''')x - (x' + x'' - 2x''')y \\ + (x'y''' - y'x''') + (x''y''' - y''x''') = 0.$$

La somme de ces équations est identiquement nulle; les droites qu'elles représentent se coupent donc en un seul point, dont les coordonnées

$$\frac{1}{3}(x' + x'' + x'''), \quad \frac{1}{3}(y' + y'' + y''')$$

s'obtiennent en éliminant x et y entre les équations de deux quelconques des médianes.

2. *Démontrer le même théorème en prenant pour axes les deux côtés du triangle qui ont pour longueurs a et b.*

Réponse. $\dfrac{2x}{a} + \dfrac{y}{b} - 1 = 0, \quad \dfrac{x}{a} + \dfrac{2y}{b} - 1 = 0, \quad \dfrac{x}{a} - \dfrac{y}{b} = 0.$

3. *Les hauteurs d'un triangle se coupent en un même point. Il en est de même des perpendiculaires élevées sur les milieux des côtés.*

La somme des équations de l'Exemple 5 (n° 32) est identiquement nulle; il en est de même de la somme des équations de l'Exemple 6.

4. *Les bissectrices des angles d'un triangle se coupent en un même point.*

Elles ont, en effet, pour équations

$$(x\cos\alpha + y\sin\alpha - p) - (x\cos\beta + y\sin\beta - p') = 0,$$
$$(x\cos\beta + y\sin\beta - p') - (x\cos\gamma + y\sin\gamma - p'') = 0,$$
$$(x\cos\gamma + y\sin\gamma - p'') - (x\cos\alpha + y\sin\alpha - p) = 0.$$

42. Trouver les coordonnées de l'intersection de la droite $Ax + By + C = 0$ avec la droite menée par les points (x', y'), (x'', y'').

On peut résoudre ce problème en partant des indications du n° 31; mais on arrive plus rapidement au résultat en prenant pour inconnue auxiliaire le rapport des segments que la droite $Ax + By + C = 0$ détermine sur la droite joignant les points (x', y'), (x'', y''). Les coordonnées d'un point quelconque de cette dernière droite peuvent se mettre sous la forme (n° 7)

$$x = \frac{mx'' + nx'}{m + n}, \quad y = \frac{my'' + ny'}{m + n},$$

et, en écrivant qu'elles vérifient l'équation de la première droite, on obtient la relation

$$A\frac{mx'' + nx'}{m + n} + B\frac{my'' + ny'}{m + n} + C = 0,$$

qui donne, pour le rapport des segments,
$$\frac{m}{n} = -\frac{Ax' + By' + C}{Ax'' + By'' + C}.$$

On en déduit successivement, pour les coordonnées cherchées,
$$x = \frac{(Ax' + By' + C)x'' - (Ax'' + By'' + C)x'}{(Ax' + By' + C) - (Ax'' + By'' + C)},$$
$$y = \frac{(Ax' + By' + C)y'' - (Ax'' + By'' + C)y'}{(Ax' + By' + C) - (Ax'' + By'' + C)}.$$

Cette méthode permet évidemment de déterminer le point où un lieu quelconque rencontre la droite joignant deux points donnés ; nous aurons souvent occasion de l'employer dans la suite.

Dans le cas actuel, on peut obtenir géométriquement le rapport $\frac{m}{n}$ des segments, en observant que ce rapport est égal à celui des distances
$$\frac{Ax' + By' + C}{\sqrt{A^2 + B^2}}, \quad \frac{Ax'' + By'' + C}{\sqrt{A^2 + B^2}} \quad (n^o\ 34),$$
des points (x', y'), (x'', y'') à la droite donnée
$$Ax + By + C = 0.$$

Le signe — qui se trouve dans l'expression de $\frac{m}{n}$ obtenue plus haut tient à ce que, dans le cas où la droite joignant les deux points est divisée intérieurement, cas auquel correspond le signe + pour le rapport $\frac{m}{n}$ (n° 7), les points (x', y'), (x'', y'') ne se trouvent pas du même côté de la droite $Ax + By + C = 0$, et que, par suite, les distances de ces points à cette droite doivent être prises avec des signes contraires (n° 34).

58   CHAPITRE II.

Lorsqu'une droite rencontre les côtés BC, CA, AB *d'un triangle* ABC (*fig.* 20) *aux points* L, M, N, *on a, entre*

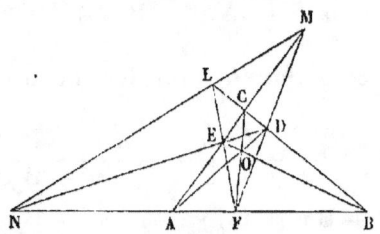

Fig. 20.

les segments qu'elle détermine sur ces côtés, la relation

$$\frac{\text{BL} \cdot \text{CM} \cdot \text{AN}}{\text{LC} \cdot \text{MA} \cdot \text{NB}} = -1.$$

En désignant les coordonnées des sommets du triangle par (x', y'), (x'', y''), (x''', y'''), et en représentant par

$$Ax + By + C = 0$$

la droite LM, on a en effet

$$\frac{\text{BL}}{\text{LC}} = -\frac{Ax'' + By'' + C}{Ax''' + By''' + C},$$

$$\frac{\text{CM}}{\text{MA}} = -\frac{Ax''' + By''' + C}{Ax' + By' + C},$$

$$\frac{\text{AN}}{\text{NB}} = -\frac{Ax' + By' + C}{Ax'' + By'' + C};$$

ce qui démontre le théorème.

43. Trouver le rapport $\frac{m}{n}$ suivant lequel la droite menée par les deux points (x_1, y_1), (x_2, y_2) est divisée par la droite joignant les deux autres points (x_3, y_3), (x_4, y_4).

L'équation de cette dernière ligne étant (n° 29)

$$(y_3 - y_4) x - (x_3 - x_4) y + x_3 y_4 - x_4 y_3 = 0,$$

on a, d'après le numéro précédent,

$$\frac{m}{n} = -\frac{(y_3 - y_4)x_1 - (x_3 - x_4)y_1 + x_3 y_4 - x_4 y_3}{(y_3 - y_4)x_2 - (x_3 - x_4)y_2 + x_3 y_4 - x_4 y_3}.$$

On peut remarquer (n° 36) que ce rapport est égal à celui des surfaces des deux triangles ayant respectivement pour sommets (x_1, y_1), (x_3, y_3), (x_4, y_4) et (x_2, y_2), (x_3, y_3), (x_4, y_4); ce qui, d'ailleurs, est géométriquement évident.

Les droites menées d'un même point O *aux trois sommets* A, B *et* C *d'un triangle* (*fig.* 20) *rencontrent les côtés opposés à ces sommets,* BC, CA, AB *en trois points* D, E, F, *tels que l'on a la relation*

$$\frac{BD \cdot CE \cdot AF}{DC \cdot EA \cdot FB} = +1.$$

On a, en effet, en désignant par (x_4, y_4) le point donné, et par (x_1, y_1), (x_2, y_2), (x_3, y_3) les sommets du triangle,

$$\frac{BD}{DC} = \frac{x_1(y_2 - y_4) + x_2(y_4 - y_1) + x_4(y_1 - y_2)}{x_1(y_4 - y_3) + x_4(y_3 - y_1) + x_3(y_1 - y_4)},$$

$$\frac{CE}{EA} = \frac{x_2(y_3 - y_4) + x_3(y_4 - y_2) + x_4(y_2 - y_3)}{x_1(y_2 - y_4) + x_2(y_4 - y_1) + x_4(y_1 - y_2)},$$

$$\frac{AF}{FB} = \frac{x_1(y_4 - y_3) + x_4(y_3 - y_1) + x_3(y_1 - y_4)}{x_2(y_3 - y_4) + x_3(y_4 - y_2) + x_4(y_2 - y_3)}.$$

44. *Équation de la ligne droite en coordonnées polaires.*
Considérons d'abord le cas où l'axe fixe OP (*fig.* 21) est

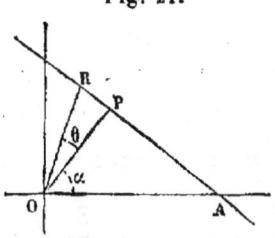

Fig. 21.

perpendiculaire à la droite, et soit OR un rayon vecteur

quelconque mené du pôle O à la droite donnée PR. Le triangle rectangle OPR fournit la relation

$$OP = OR \cos \widehat{ROP},$$

qui, en y faisant

$$OP = p, \quad OR = \rho, \quad \widehat{ROP} = \theta,$$

donne pour l'équation de la droite

$$\rho \cos \theta = p.$$

Quand l'axe fixe OA fait un angle α avec la perpendiculaire, on a

$$\widehat{ROA} = \theta,$$

et l'équation de la ligne droite en coordonnées polaires devient

$$\rho \cos(\theta - \alpha) = p;$$

on peut aussi obtenir cette équation en partant de l'équation du n° 23

$$x \cos \alpha + y \sin \alpha = p,$$

et en y remplaçant x par $\rho \cos \theta$, et y par $\rho \sin \theta$ (n° 12). On trouve ainsi

$$\rho (\cos \theta \cos \alpha + \sin \theta \sin \alpha) = p,$$

ce qui revient à

$$\rho \cos(\theta - \alpha) = p.$$

L'équation

$$\rho (A \cos \theta + B \sin \theta) = C,$$

à laquelle on arrive en effectuant les mêmes substitutions dans l'équation générale de la ligne droite (n° 20), se ramène facilement à la forme $\rho \cos(\theta - \alpha) = p$; en la divisant par $\sqrt{A^2 + B^2}$, on peut poser en effet (n° 23) :

$$\cos \alpha = \frac{A}{\sqrt{A^2 + B^2}}, \quad \sin \alpha = \frac{B}{\sqrt{A^2 + B^2}}, \quad p = \frac{C}{\sqrt{A^2 + B^2}}.$$

Exercices.

1. *Trouver en coordonnées rectangulaires l'équation du lieu*
$$\rho = 2a \sec\left(\theta + \frac{\varpi}{6}\right).$$

Réponse. $\quad x \cos \dfrac{\varpi}{6} - y \sin \dfrac{\varpi}{6} = 2a.$

2. *Trouver les coordonnées polaires de l'intersection des deux droites*
$$\rho \cos\left(\theta - \frac{\varpi}{2}\right) = 2a, \quad \rho \cos\left(\theta - \frac{\varpi}{6}\right) = a,$$
et l'angle ω qu'elles forment entre elles.

Réponse. $\quad \rho = 2a, \quad \theta = \dfrac{\varpi}{2}, \quad \omega = \dfrac{\varpi}{3}.$

3. *Trouver l'équation polaire de la droite passant par les deux points dont les coordonnées polaires sont $(\rho', \theta'), (\rho'', \theta'')$.*

Réponse. $\rho'\rho'' \sin(\theta' - \theta'') + \rho''\rho \sin(\theta'' - \theta) + \rho\rho' \sin(\theta - \theta') = 0.$

CHAPITRE III.

PROBLÈMES SUR LA LIGNE DROITE.

45. Dans le Chapitre précédent, nous avons exposé les principes qui permettent de définir algébriquement la position d'un point ou d'une droite quelconque ; dans celui-ci, nous indiquerons, par des exemples, comment on peut appliquer ces principes à la solution des problèmes de Géométrie. Nous engageons le lecteur à étendre, de lui-même, le champ des applications jusqu'à ce qu'il se soit suffisamment familiarisé avec les procédés de la Géométrie analytique.

Les expressions algébriques, qui se rencontrent dans la solution des problèmes de géométrie, sont plus ou moins compliquées, suivant que les axes de coordonnées affectent telle ou telle position. En général, ces expressions se simplifient lorsqu'on prend pour axes deux des lignes les plus importantes de la figure; toutefois, il arrive assez souvent, qu'en donnant aux axes une position tout à fait indépendante de cette même figure, les formules gagnent en symétrie plus qu'elles ne perdent en simplicité. On peut comparer, à ce point de vue, les deux démonstrations que nous avons données (n° 41, Ex. 1 et 2) du même théorème. La première est la plus longue, mais elle présente cet avantage, que, l'équation de l'une des médianes du triangle étant déterminée, on peut écrire immédiatement, et sans faire de nouveaux calculs, les équations des autres médianes.

Il convient, en général, de faire usage de coordonnées rec-

PROBLÈMES SUR LA LIGNE DROITE.

tangulaires toutes les fois qu'il y a lieu de se préoccuper de la grandeur des angles; on évite ainsi les expressions compliquées qui résulteraient de l'emploi des coordonnées obliques.

46. *Lieux géométriques*. — La Géométrie analytique se prête avec une facilité toute particulière à la recherche des lieux géométriques. Tout se réduit en effet, dans cette recherche, à déterminer les conditions auxquelles les données de la question assujettissent les coordonnées du point dont on veut trouver le lieu : la traduction algébrique de ces conditions donne immédiatement l'équation du lieu cherché.

Exercices.

1. *On donne la base* AB, *et la différence* m^2 *des carrés des côtés* AC *et* CB *d'un triangle* ABC; *trouver le lieu décrit par le sommet* C.

Prenons la base du triangle pour axe des x, et la perpendiculaire élevée sur le milieu de cette base pour axe des y. Désignons par c (*fig.* 22) la moitié de la base, et par x, y les coordonnées du sommet.

Fig. 22.

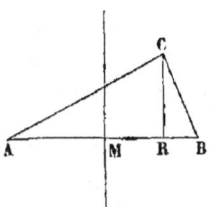

Nous aurons alors

$$\overline{AC}^2 = y^2 + (c+x)^2 \,(^*), \quad \overline{CB}^2 = y^2 + (c-x)^2,$$
$$\overline{AC}^2 - \overline{BC}^2 = 4cx,$$

(*) Cette expression se déduit de la formule générale du n° 4 en observant que $c + x$ est la différence algébrique des abscisses des points A et C. Les commençants font souvent le raisonnement suivant : le segment AR se compose de deux parties, AM $= -c$ et MR $= x$, ce qui donne AR $= -c + x$, et non AR $= c + x$; on a donc $\overline{AC}^2 = y^2 + (x - c)^2$. Ce raisonnement est

ce qui donne pour l'équation du lieu $4cx = m^2$. Cette équation représente une perpendiculaire élevée à la base du triangle en un point distant du milieu de cette base de la quantité $x = \dfrac{m^2}{4c}$. Il est facile de voir que la différence des carrés des segments que ce point détermine sur la base est égale à la différence des carrés des côtés.

2. *On donne la base* AB *et la quantité* $\cot A + m \cot B = p$ (*fig.* 22); *trouver le lieu du sommet.*

Il est évident, d'après la figure, que

$$\cot A = \frac{AR}{CR} = \frac{c+x}{y}, \quad \cot B = \frac{c-x}{y}.$$

L'équation cherchée est donc

$$c + x + m(c - x) = py.$$

Elle représente une ligne droite.

3. *On donne la base* AB *et la somme m des deux autres côtés du triangle* (*fig.* 22); *on prolonge la hauteur* RC *au delà du sommet* C, *de telle sorte qu'elle devienne égale à un des côtés; trouver le lieu décrit par l'extrémité de la hauteur ainsi prolongée.*

Prenons les mêmes axes que dans l'Exemple 1, et cherchons la relation à laquelle doivent satisfaire les coordonnées du point dont on demande le lieu. L'abscisse de ce point est évidemment MR, et son ordonnée est, par hypothèse, égale à AC; on aura donc

$$BC = m - y;$$

introduisant cette valeur dans la relation

$$\overline{BC}^2 = \overline{AB}^2 + \overline{AC}^2 - 2 AB \cdot AR,$$

---

inexact : le signe attribué au segment compris entre deux points d'une droite indique le sens dans lequel on doit le mesurer, et nullement la position qu'il occupe par rapport à l'origine. Pour mesurer AR, autrement dit, pour aller de A à R, il faut, en suivant la direction considérée comme positive, prendre d'abord AM $= c$, puis MR $= x$, ce qui donne AR $= c + x$. Pour mesurer RB, il faut, au contraire, prendre d'abord dans le sens négatif RM $= -x$, puis dans le sens positif MB $= c$; on a donc RB $= c - x$.

on obtient pour l'équation du lieu
$$(m-y)^2 = 4c^2 + y^2 - 4c(c+x),$$
ou, en réduisant,
$$2my - 4cx = m^2;$$
c'est l'équation d'une ligne droite.

4. *Deux droites fixes* OA, OB *sont coupées par une parallèle* AB *à une troisième droite fixe* OC; *trouver le lieu des points* P *qui divisent les droites* AB *dans un rapport donné, c'est-à-dire tel que* PA $= n$ AB.

Prenons OA et OC pour axes (*fig.* 23), et soit $y = mx$ l'équation de OB.

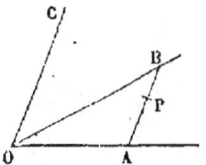

Fig. 23.

Le point B se trouvant sur cette droite, on aura
$$AB = m.OA,$$
et par suite
$$AP = m.n.OA.$$

Mais AP est l'ordonnée y du point P, OA en est l'abscisse x; le lieu du point P est donc une ligne droite passant par l'origine et ayant pour équation
$$y = mnx.$$

5. *La droite* PA, *parallèle à* OC, *comme ci-dessus, rencontre un certain nombre de droites fixes aux points* B, B', B'',...; *on prend* PA *proportionnel à la somme des ordonnées* BA, B'A,...; *trouver le lieu des points* P.

Les équations des droites fixes étant
$$y = mx, \quad y = m'x + n', \quad y = m''x + n''...,$$
celle du lieu sera
$$ky = mx + (m'x + n') + (m''x + n'') + ...$$

S. — *Géom. à deux dim.*

CHAPITRE III.

6. *On donne la somme m^2 des aires d'un certain nombre de triangles ayant un sommet commun; on donne, en outre, dans chaque triangle, la longueur et la direction du côté opposé à ce sommet; trouver le lieu décrit par ce sommet.*

Soient a, b, c les longueurs des côtés, et

$$x \cos\alpha + y \sin\alpha - p = 0, \quad x \cos\beta + y \sin\beta - p' = 0, \ldots$$

leurs équations. La quantité (n° 34) $x \cos\alpha + y \sin\alpha - p$ représentant la distance du sommet (x, y) à la première droite, $a(x \cos\alpha + y \sin\alpha - p)$ exprimera le double de l'aire du premier triangle, etc. L'équation du lieu sera donc

$$a(x \cos\alpha + y \sin\alpha - p) + b(x \cos\beta + y \sin\beta - p') + \ldots = 2m^2;$$

et comme elle ne contient x et y qu'au premier degré, elle représente une ligne droite.

7. *On donne l'angle O d'un triangle (fig. 24) et la somme s*

Fig. 24.

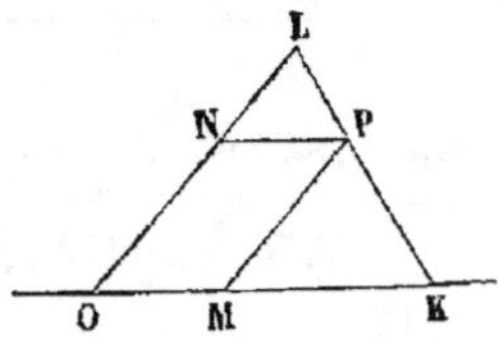

des côtés OL et OK qui le comprennent; trouver le lieu du point P, où le côté opposé à cet angle est partagé dans un rapport donné.

Prenons pour axes les côtés qui comprennent l'angle; menons les coordonnées du point P, et soit $\dfrac{m}{n} = \dfrac{PL}{PK}$ le rapport donné. La similitude des triangles LOK, LNP et PMN fournit les relations :

$$OK = \frac{(m+n)x}{m}, \quad OL = \frac{(m+n)y}{n}.$$

Le lieu cherché est donc la droite ayant pour équation

$$\frac{x}{m} + \frac{y}{n} = \frac{s}{m+n}.$$

8. *D'un point* P *on abaisse des perpendiculaires* PM, PN *sur deux droites fixes* OM, ON *se coupant sous l'angle* ω (*fig.* 25);

Fig. 25.

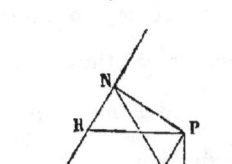

trouver le lieu des points P, *tels que*

$$OM + ON = \text{const.}$$

En prenant les droites fixes pour axes, on a évidemment

$$OM = x + y \cos\omega, \quad ON = y + x \cos\omega;$$

ce qui donne pour l'équation du lieu

$$x + y = \text{const.}$$

9. *Trouver le lieu des points* P *dans le cas où* MN *est parallèle à une droite fixe.*

Réponse. $\quad y + x \cos\omega = m(x + y \cos\omega).$

10. *Trouver le lieu des points* P *dans le cas où* MN *est divisé en deux parties égales (ou dans un rapport donné) par la droite* $y = mx + n.$

Les coordonnées du point milieu de la droite MN, exprimées en fonction des coordonnées x et y du point P, sont

$$\frac{1}{2}(x + y \cos\omega), \quad \frac{1}{2}(y + x \cos\omega),$$

et puisqu'elles satisfont à l'équation de la droite $y = mx + n$, les coordonnées du point P vérifient l'équation

$$y + x \cos\omega = m(x + y \cos\omega) + 2n.$$

11. *Le point* P *glisse le long d'une droite* $y = mx + n$; *trouver le lieu du point milieu de* MN.

Si α et β sont les coordonnées du point P, x et y celles du point milieu, on a

$$2x = \alpha + \beta \cos\omega, \quad 2y = \beta + \alpha \cos\omega;$$

d'où

$$\alpha \sin^2\omega = 2x - 2y\cos\omega, \quad \beta \sin^2\omega = 2y - 2x\cos\omega,$$

et comme α et β vérifient la relation

$$\beta = m\alpha + n,$$

il vient pour l'équation du lieu

$$2y - 2x\cos\omega = m(2x - 2y\cos\omega) + n\sin^2\omega.$$

47. On représente habituellement par x et y les coordonnées du point mobile dont on cherche le lieu, et par les mêmes lettres accentuées les coordonnées des points fixes. Mais il arrive souvent que, pour obtenir l'équation du lieu, on est obligé d'écrire les équations de certaines lignes liées à cette recherche; de là une confusion possible entre les coordonnées courantes x et y de ces lignes et les coordonnées x et y du point mobile. Il convient alors, pour éviter toute ambiguïté, de représenter par d'autres lettres, telles que α et β, les coordonnées de ce dernier point, jusqu'à ce qu'on soit arrivé à la relation qu'elles doivent vérifier. Une fois l'équation du lieu trouvée, rien n'empêche d'y remplacer α et β par x et y, de manière à la ramener à la forme habituelle, où x et y représentent les coordonnées courantes.

Exercices.

1. *On donne la base* CD *d'un triangle* PCD (*fig.* 26), *et le rapport k des segments* AM *et* NB *que les prolongements des côtés* PC, PD *déterminent sur une droite fixe* AB *parallèle à la base; trouver le lieu du sommet* P.

Prenons pour axes la droite AB et la perpendiculaire menée à AB par le point A; tout se réduit à exprimer AM, NB, en fonction des coordonnées α, β du point P. Soient $x'y'$, x'', y' les coordonnées de

C et de D. (Ces points ont même ordonnée, puisqu'ils sont sur une

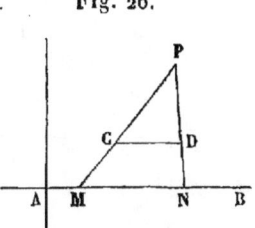

Fig. 26.

parallèle CD à AB.) L'équation de la droite PC, qui joint les points (α, β), (x', y'), peut s'écrire (n° 29)

$$(\beta - y')x - (\alpha - x')y = \beta x' - \alpha y'.$$

Cette équation étant vérifiée par les coordonnées de tous les points de PC le sera par celles du point M qui sont $y = 0$, $x = AM$; en y faisant $y = 0$, on aura

$$AM = \frac{\beta x' - \alpha y'}{\beta - y'}.$$

On trouverait de même

$$AN = \frac{\beta x'' - \alpha y'}{\beta - y'}.$$

Et si $AB = c$, la relation $AM = k.BN$ devient

$$\frac{\beta x' - \alpha y'}{\alpha - y'} = k\left(c - \frac{\beta x'' - \alpha y'}{\beta - y'}\right).$$

On a exprimé ainsi les conditions du problème en fonction des coordonnées du point P; toute confusion étant devenue impossible, on peut remplacer α et β par x et y, et, en chassant les dénominateurs, on trouve, pour l'équation du lieu,

$$yx' - xy' = k[c(y - y') - (yx'' - xy')].$$

2. *Deux sommets du triangle* ABC (*fig.* 27) *glissent sur deux droites fixes* LM *et* LN, *tandis que les trois côtés passent par trois points fixes* O, P, Q, *situés en ligne droite; trouver le lieu décrit par le troisième sommet* C.

Prenons pour axe des x la droite OP sur laquelle se trouvent les trois points fixes, et pour axe des y la ligne OL joignant au point O

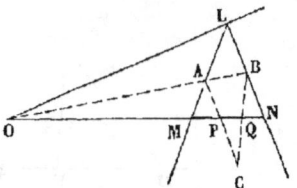

Fig. 27.

l'intersection des deux droites fixes. Désignons par α, β les coordonnées du point C, et soient

$$OL = b, \quad OM = a, \quad ON = a', \quad OP = c, \quad OQ = c'.$$

Les équations de LM et LN sont évidemment

$$\frac{x}{a} + \frac{y}{b} = 1, \quad \frac{x}{a'} + \frac{y}{b} = 1.$$

L'équation de CP, qui passe par (α, β) et P ou $(0, c)$, peut s'écrire

$$(\alpha - c)y - \beta x + \beta c = 0,$$

et l'on a pour les coordonnées de l'intersection A de CP avec LM

$$x_1 = \frac{ab(\alpha - c) + ac\beta}{b(\alpha - c) + a\beta}, \quad y_1 = \frac{b(\alpha - c)\beta}{b(\alpha - c) + a\beta}.$$

Les coordonnées du point B s'obtiendront en accentuant les lettres a et c dans les équations précédentes, ce qui donne

$$x_2 = \frac{a'b(\alpha - c') + a'c'\beta}{b(\alpha - c') + a'\beta}, \quad y_2 = \frac{b(\alpha - c')\beta}{b(\alpha - c') + a'\beta},$$

et les deux points (x_1, y_1), (x_2, y_2) se trouveront sur une droite passant par l'origine si l'on a (n° 30)

$$\frac{y_1}{x_1} = \frac{y_2}{x_2};$$

c'est-à-dire

$$\frac{b(\alpha - c)\beta}{ab(\alpha - c) + ac\beta} = \frac{b(\alpha - c')\beta}{a'b(\alpha - c') + a'c'\beta}.$$

Nous avons ainsi déduit des conditions du problème une relation qui doit être vérifiée par les coordonnées α, β du point C; en y remplaçant α, β par x, y, nous aurons l'équation du lieu sous la forme ordinaire. Chassant les dénominateurs, on trouve

$$(a - c)[a'b(x - c') + a'c'y] = (a' - c')[ab(x - c) + acy],$$

ce qui revient à
$$\frac{(ac'-a'c)x}{cc'(a-a')-aa'(c-c')}+\frac{y}{b}=1,$$

équation d'une droite passant par le point L.

3. *Les points* P *et* Q *du problème précédent sont sur une droite passant, non plus par le point* O, *mais par le point* L; *trouver le lieu du sommet* C.

Nous examinerons d'abord le cas où les points P et Q ont une position quelconque. Prenons les droites fixes LM, LN pour axes, et désignons respectivement par x', y'; x'', y''; x''', y'''; α, β, les coordonnées des points P, Q, O, C. La condition que nous avons à exprimer est que la droite AB, menée par les points A et B où les droites CP et CQ rencontrent les axes, passe par le point O.

L'équation de CP est
$$(\beta-y')x-(\alpha-x')y=\beta x'-\alpha y',$$

et le segment LA que cette droite détermine sur l'axe des x a pour valeur
$$LA=\frac{\beta x'-\alpha y'}{\beta-y'}.$$

On trouverait de même, pour le segment LB, que CQ détermine sur l'axe des y
$$LB=\frac{\alpha y''-\beta x''}{\alpha-x''}.$$

On a ainsi, pour l'équation de la droite AB,
$$\frac{x}{LA}+\frac{y}{LB}=1 \quad \text{ou} \quad \frac{x(\beta-y')}{\beta x'-\alpha y'}+\frac{y(\alpha-x'')}{\alpha x''-\beta y''}=1.$$

D'après les conditions du problème, cette équation doit être vérifiée par les coordonnées x''', y''' du point O; il faut donc que les coordonnées α et β du point C satisfassent à la relation
$$\frac{x'''(\beta-y')}{\beta x'-\alpha y'}+\frac{y'''(\alpha-x'')}{\alpha y''-\beta x''}=1.$$

L'équation que l'on obtient en chassant les dénominateurs renferme en général les coordonnées α et β au deuxième degré. Mais si l'on suppose que les points (x', y'), (x'', y'') se trouvent sur une même droite, $y = mx$ passant par l'origine, on pourra, en observant que l'on a $y' = mx'$ $y'' = mx''$, mettre la relation précédente sous la forme

$$\frac{x'''(\beta - y')}{x'(\beta - \alpha m)} + \frac{y'''(\alpha - x'')}{x''(\alpha m - \beta)} = 1;$$

chassant les dénominateurs, remplaçant α, β par x, y, on trouve pour le lieu cherché une droite ayant pour équation

$$x''' x''(y - y') - y''' x'(x - x'') = x' x''(mx - y).$$

48. Il est souvent plus commode d'écrire les conditions du problème, en prenant comme intermédiaires quelques-unes des lignes de la figure, que de les exprimer directement en fonction des coordonnées du point dont on cherche le lieu. Pour trouver l'équation de ce lieu, il n'y a plus alors qu'à éliminer les indéterminées que l'on a introduites, ce qui oblige à obtenir au préalable un nombre suffisant d'équations entre ces indéterminées et les coordonnées du point. Les exemples suivants indiquent plus explicitement la marche à suivre en pareil cas.

Exercices.

1. *Trouver le lieu des centres O des rectangles* FSKL (*fig.* 28) *inscrits dans un triangle* ABC.

Fig. 28.

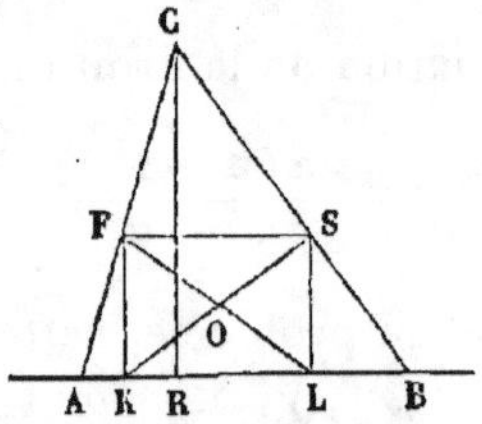

Prenons la base AB et la hauteur CR pour axes, et soient

$$CR = p, \ BR = s, \ AR = s';$$

les équations de AC et de BC pourront s'écrire

$$\frac{y}{p} - \frac{x}{s'} = 1, \ \frac{y}{p} + \frac{x}{s} = 1.$$

PROBLÈMES SUR LA LIGNE DROITE.   73

Menons une parallèle FS à la base, à une distance $FK = k$ de cette base; on trouvera les abscisses des points F et S, où cette parallèle rencontre AC et BC, en faisant $y = k$ dans les équations de AC et de BC. On tire ainsi de la première

$$\frac{k}{p} - \frac{x}{s'} = 1, \quad x = RK = -s'\left(1 - \frac{k}{p}\right),$$

et de la seconde

$$\frac{k}{p} + \frac{x}{s} = 1, \quad x = RL = s\left(1 - \frac{k}{p}\right).$$

Des abscisses de F et S, on déduit facilement (n° 7) celle du milieu de FS, $x = \frac{s - s'}{2}\left(1 - \frac{k}{p}\right)$, qui est évidemment l'abscisse du centre du rectangle; d'ailleurs l'ordonnée de ce centre est $y = \frac{1}{2}k$. Pour trouver la relation qui subsiste entre cette abscisse et cette ordonnée, quel que soit k, il suffit d'éliminer k entre leurs expressions. En portant la valeur $k = 2y$, tirée de la seconde, dans la première, on obtient pour l'équation du lieu cherché

$$2x = (s - s')\left(1 - \frac{2y}{p}\right) \quad \text{ou} \quad \frac{2x}{s - s'} + \frac{2y}{p} = 1.$$

Cette équation représente la droite joignant le milieu de la hauteur au milieu de la base, ainsi qu'il est facile de le voir en examinant les segments qu'elle détermine sur les axes.

2. *On mène une parallèle* FS *à la base* AB *d'un triangle* (*fig.* 28), *et l'on joint par des droites* FT *et* SV *les points* F *et* S, *où cette parallèle rencontre les côtés* CA *et* CB, *à deux points fixes* T, V *de la base; trouver le lieu de l'intersection de ces droites.*

Prenons les mêmes axes et les mêmes notations que dans l'exemple précédent. Soient $m, o; n, o$ les coordonnées respectives des points fixes T et V de la base.

L'équation de FT sera

$$\left[s'\left(1 - \frac{k}{p}\right) + m\right]y + kx - km = 0,$$

et celle de SV

$$\left[s\left(1 - \frac{k}{p}\right) - n\right]y - kx + kn = 0.$$

Le point dont on demande le lieu se trouvant sur les deux lignes FT et SV, chacune des équations précédentes exprime une relation à laquelle doivent satisfaire ses coordonnées ; et comme ces équations renferment k, elles ne sont vraies que pour le point particulier du lieu correspondant au cas où on a mené la parallèle FS à une distance k de la base. Si donc nous éliminons entre ces équations l'indéterminée k, nous trouverons une relation ne renfermant que les coordonnées du point et des quantités connues, et qui, étant vérifiée, quelle que soit la position de la parallèle FS, sera l'équation du lieu.

Pour éliminer k, il suffit de diviser, membre à membre, les équations de FT et de SV, après les avoir mises sous la forme

$$(s' + m)y = k\left(\frac{s'}{p}y - x + m\right),$$
$$(s - n)y = k\left(\frac{s}{p}y + x - n\right).$$

On trouve ainsi, pour le lieu cherché, l'équation

$$(s - n)\left(\frac{s'}{p}y - x + m\right) = (s' + m)\left(\frac{s}{p}y + x - n\right),$$

qui représente une ligne droite, puisqu'elle ne contient x et y qu'au premier degré.

3. *On mène une parallèle* FS *à la base* AB *d'un triangle* (*fig.* 28), *et l'on joint par des transversales les points* F *et* S, *où cette parallèle coupe les côtés* CA *et* CB, *aux extrémités* B *et* A *de la base ; trouver le lieu du point d'intersection de ces transversales.*

Ce problème n'est qu'un cas particulier du précédent ; mais on peut en trouver facilement une solution directe en prenant pour xes les côtés CA et CB du triangle. Soient a, b les longueurs de ces côtés ; $\mu a, \mu b$ les segments proportionnels interceptés par la parallèle. Les équations des transversales seront alors

$$\frac{x}{a} + \frac{y}{\mu b} = 1, \quad \frac{x}{\mu a} + \frac{y}{b} = 1.$$

Retranchant ces équations l'une de l'autre, et divisant le résultat par $\left(1 - \frac{1}{\mu}\right)$, on a, pour l'équation du lieu,

$$\frac{x}{a} - \frac{y}{b} = 0.$$

Cette équation, ainsi que nous l'avons vu (n° 41, Ex. 2), représente la médiane de la base du triangle.

4. *On donne deux points fixes* A *et* B, *l'un sur l'axe* OA, *l'autre sur l'axe* OB; *on prend sur ces axes les points* A' *et* B', *de telle sorte que* OA' + OB' = OA + OB; *trouver le lieu de l'intersection des droites* AB' *et* A'B.

Soient OA = a, OB = b, OA' = $a + k$; d'après les conditions mêmes du problème, on a

$$OB' = b - k.$$

Les équations de AB' et de A'B sont respectivement

$$\frac{x}{a} + \frac{y}{b-k} = 1, \quad \frac{x}{a+k} + \frac{y}{b} = 1,$$

ou

$$bx + ay - ab + k(a - x) = 0,$$
$$bx + ay - ab + k(y - b) = 0,$$

et, en éliminant k, on trouve pour l'équation du lieu

$$x + y = a + b.$$

5. *Sur la base* AB *d'un triangle* ABC (*fig*. 29), *et à chacune*

Fig. 29.

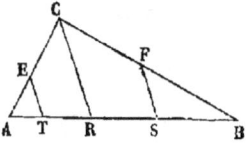

de ses extrémités, on prend des segments AT, BS, *dont le rapport est constant et égal à* m; *par les points* T, S, *on mène des parallèles* TE, SF *à une droite fixe* RC; *trouver le lieu de l'intersection* O *des droites* EB *et* FA.

Prenons AB et CR pour axes, et soient AT = k, BR = s, AR = s', CR = p; on aura ainsi

$$BS = mk, \quad RS = s - mk, \quad RT = s' - k;$$

76   CHAPITRE III.

ce qui donne, pour les équations des droites TE et SF,

$$x = -(s'-k), \quad x = s - mk,$$

et pour les coordonnées des intersections E et F de ces droites, avec les droites BC et AC,

$$x = -(s'-k), \quad y = \frac{pk}{s'},$$

$$x = s - mk, \quad y = \frac{mpk}{s}.$$

Les équations des transversales EB, AF seront alors

$$(s+s'-k)y + \frac{pk}{s'}x - \frac{pks}{s'} = 0,$$

$$(s+s'-mk)y - \frac{mpk}{s}x - \frac{mpks'}{s} = 0;$$

en les retranchant l'une de l'autre et en divisant par k le résultat obtenu, on trouve pour l'équation du lieu

$$(m-1)y + \left(\frac{mp}{s} + \frac{p}{s'}\right)x + \left(\frac{mps'}{s} - \frac{ps}{s'}\right) = 0.$$

Ce lieu est une ligne droite.

6. *On mène aux deux côtés* AB, AC *d'un parallélogramme deux parallèles quelconques* PP', QQ': *trouver le lieu de l'intersection des droites* PQ *et* P'Q'.

Prenons ces deux côtés pour axes, et soient a, b leurs longueurs (*fig.* 30); soient en outre AQ' = m, AP = n. Les coordonnées des

Fig. 30.

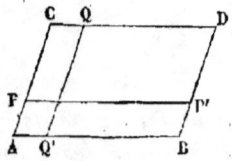

points P, Q, P', Q' seront respectivement $0, n$; m, b; a, n; $m, 0$; et l'on aura, pour les équations de PQ et de P'Q',

$$(b-n)x - my + mn = 0, \quad nx - (a-m)y - mn = 0.$$

Ces équations renferment deux indéterminées m et n, et l'on ne saurait *a priori* affirmer la possibilité de les éliminer. Toutefois, en ajoutant ces deux équations, m et n disparaissent à la fois, et l'on trouve pour le lieu l'équation

$$bx - ay = 0,$$

qui représente la diagonale du parallélogramme.

7. *On donne un point et deux droites fixes; par le point, on mène deux droites quelconques, et l'on joint transversalement les points où elles coupent les droites fixes; trouver le lieu de l'intersection des transversales.*

Prenons les droites fixes pour axes, et soient

$$\frac{x}{m} + \frac{y}{n} = 1, \quad \frac{x}{m'} + \frac{y}{n'} = 1$$

les équations des droites menées par le point fixe (x', y'). Ces équations devant être vérifiées par les coordonnées du point fixe, on aura

$$\frac{x'}{m} + \frac{y'}{n} = 1, \quad \frac{x'}{m'} + \frac{y'}{n'} = 1,$$

et, par soustraction,

$$x'\left(\frac{1}{m} - \frac{1}{m'}\right) + y'\left(\frac{1}{n} - \frac{1}{n'}\right) = 0.$$

On aura de même, en partant des équations

$$\frac{x}{m} + \frac{y}{n'} = 1, \quad \frac{x}{m'} + \frac{y}{n} = 1,$$

qui représentent les transversales,

$$x\left(\frac{1}{m} - \frac{1}{m'}\right) - y\left(\frac{1}{n} - \frac{1}{n'}\right) = 0.$$

Éliminant $\left(\frac{1}{m} - \frac{1}{m'}\right)$ et $\left(\frac{1}{n} - \frac{1}{n'}\right)$ entre cette équation et celle obtenue plus haut, il vient, pour l'équation du lieu,

$$x'y + y'x = 0.$$

C'est celle d'une droite passant par l'origine.

8. *Par un point de la base d'un triangle, on mène, parallèlement à une droite donnée, une droite de longueur fixe, de manière qu'elle soit divisée par la base dans un rapport*

donné; trouver le lieu de l'intersection des transversales qui joignent ses extrémités à celles de la base.

49. Quelle que soit la condition géométrique à laquelle un point soit assujetti, cette condition peut toujours se traduire par une équation correspondante entre les coordonnées de ce point. C'est là l'idée fondamentale de la Géométrie analytique, et il importe de bien s'en pénétrer. Les commençants ne sauraient faire trop d'efforts pour arriver à écrire rapidement l'équation qui correspond à une condition géométrique déterminée. Aussi ajouterons-nous ici, comme exercices, quelques problèmes concernant les lieux géométriques, et conduisant à des équations d'un degré supérieur au premier. L'interprétation de ces équations fera l'objet d'autres Chapitres; mais la méthode à employer, la seule chose que nous ayons actuellement en vue, est exactement la même que celle dont on fait usage lorsque le lieu est une ligne droite. Au surplus, le degré de l'équation qui donne la solution d'un problème reste, en général, inconnu jusqu'au moment où l'on arrive à cette solution.

Les Exercices suivants ont été choisis de manière que l'on puisse en calquer la solution sur celle des problèmes qui viennent d'être exposés. Ils sont disposés suivant le même ordre, et, dans tous ceux qui se correspondent, on a conservé les mêmes axes et les mêmes notations.

Exercices.

1. On donne la base d'un triangle et la somme des carrés des deux autres côtés; trouver le lieu du sommet.

Réponse. $\qquad x^2 + y^2 = \dfrac{1}{2} m^2 - c^2.$

2. On donne la base, et m fois le carré d'un côté $\pm$ n fois le carré de l'autre.

Réponse. $(m \pm n)(x^2 + y^2) + 2(m \mp n)cx + (m \pm n)c^2 = p^2.$

3. *On donne la base et le rapport des côtés.*

4. *On donne la base et le produit des tangentes des angles à la base. Pour la solution de ce problème et des quatre suivants, on exprimera les tangentes des angles à la base, comme il a été dit au* n° 46 (Ex. 2).

Réponse. $\qquad y^2 + m^2 x^2 = m^2 c^2.$

5. *On donne la base et l'angle au sommet, ou, en d'autres termes, la somme des angles à la base.*

Réponse. $\qquad x^2 + y^2 - 2xy \cot C = c^2.$

6. *On donne la base et la différence* D *des angles à la base.*

Réponse. $\qquad x^2 - y^2 + 2xy \cot D = c^2.$

7. *On donne la base : un des angles à la base est double de l'autre.*

Réponse. $\qquad 3x^2 - y^2 + 2cx = c^2.$

8. *On donne la base et* $\tang C = m \tang B.$

Réponse. $\qquad m(x^2 + y^2 - c^2) = 2c(c-x).$

9. *La droite* PA, *parallèle à* OC (n° 46, Ex. 4), *rencontre deux droites fixes en* B *et* B'; *on prend* $\overline{PA}^2 = PB \cdot PB'$; *trouver le lieu du point* P.

Réponse. $\quad mx(m'x + n') = y(mx + m'x + n').$

10. *On prend pour* PA *la moyenne harmonique entre* AB *et* AB'.

Réponse. $\quad 2mx(m'x + n') = y(mx + m'x + n').$

11. *On donne l'angle* ω *au sommet d'un triangle; trouver le lieu du point* P *où la base est divisée dans un rapport donné* $m : n$, *lorsque l'aire du triangle est constante.*

Réponse. $\qquad xy = $ const.

12. *Trouver le lieu du point* P *lorsque la base* b *est constante.*

Réponse. $\qquad \dfrac{x^2}{m^2} + \dfrac{y^2}{n^2} - \dfrac{2xy \cos \omega}{mn} = \dfrac{b^2}{(m+n)^2}.$

13. *Trouver le lieu du point* P *lorsque la base passe par un point fixe* (x', y').

Réponse. $\quad\dfrac{mx'}{x} + \dfrac{ny'}{y} = m + n.$

14. *Trouver le lieu du point* P (n° 46, Ex. 8) *lorsque* MN *est constant.*

Réponse. $\quad x^2 + y^2 + 2xy\cos\omega = \text{const.}$

15. *Trouver le lieu de ce même point* P *lorsque* MN *passe par un point fixe* (x', y').

Réponse. $\quad\dfrac{x'}{x + y\cos\omega} + \dfrac{y'}{y + x\cos\omega} = 1.$

16. *Trouver le lieu de l'intersection des parallèles menées aux axes par les points* M *et* N *lorsque* MN *passe par un point fixe* (x', y').

Réponse. $\quad\dfrac{x'}{x} + \dfrac{y'}{y} = 1.$

17. *Trouver le lieu du point* P (n° 47, Ex. 1), *dans le cas où* CD *n'est pas parallèle à* AB.

18. *On donne la base* CD *d'un triangle* PCD, *et le segment* AB *que ses côtés* PC, PD *déterminent sur une droite donnée; trouver le lieu du sommet* P.

Réponse.

$(x'y - y'x)(y - y'') - (x''y - y''x)(y - y') = c(y - y')(y - y'').$

50. *Problèmes où il faut démontrer qu'une droite mobile passe par un point fixe.*

Nous avons vu (n° 40) que la droite représentée par l'équation

$$Ax + By + C + k(A'x + B'y + C') = 0,$$

dans laquelle k est une indéterminée, ou, ce qui revient au même, par la suivante :

$$(A + kA')x + (B + kB')y + C + kC' = 0,$$

passe par un point fixe, qui est l'intersection des droites
$$Ax + By + C = 0, \quad A'x + B'y + C' = 0.$$

Donc, toute droite, dont l'équation contient une indéterminée au premier degré, passe par un point fixe.

Exercices.

1. *On donne, dans un triangle, un des angles et la somme $\frac{1}{m}$ des inverses des côtés qui le comprennent; prouver que le côté opposé à l'angle donné passe par un point fixe.*

Prenons pour axes les côtés qui comprennent l'angle; l'équation du côté opposé sera, en désignant par a et b la longueur des autres côtés,
$$\frac{x}{a} + \frac{y}{b} = 1;$$
et comme on a, par hypothèse,
$$\frac{1}{a} + \frac{1}{b} = \frac{1}{m} \quad \text{ou} \quad \frac{1}{b} = \frac{1}{m} - \frac{1}{a},$$
l'équation ci-dessus se réduit à
$$\frac{x}{a} + \frac{y}{m} - \frac{y}{a} = 1,$$
ou bien encore à
$$\frac{1}{a}(x - y) + \frac{y}{m} - 1 = 0.$$

Elle renferme l'indéterminée $\frac{1}{a}$; la droite qu'elle représente passe donc toujours par un point fixe, qui est l'intersection des deux droites
$$x - y = 0, \quad y = m.$$

2. *Les trois sommets d'un triangle ABC glissent sur trois droites fixes OA, OB, OC, issues d'un même point O; deux de ses côtés AC, CB passent par deux points fixes (x', y'), (x'', y''); démontrer que le troisième côté AB passe aussi par un point fixe.*

Prenons pour axes les droites OA et OB (*fig.* 31), sur lesquelles glissent les sommets A et B ; l'équation de OC sera

$$y = mx.$$

Soit a l'abscisse du sommet C dans une position quelconque, l'or-

Fig. 31.

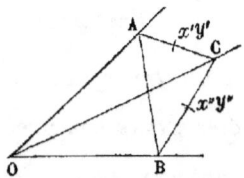

donnée correspondante sera ma. L'équation de AC sera alors

$$(x' - a)y - (y' - ma)x + a(y' - mx') = 0,$$

celle de BC sera de même

$$(x'' - a)y - (y'' - ma)x + a(y'' - mx'') = 0.$$

Si l'on fait $x = 0$ dans l'équation de AC, on trouve, pour la longueur de OA,

$$y = \text{OA} = -\frac{a(y' - mx')}{x' - a}.$$

On obtient de même pour la longueur de OB, en faisant $y = 0$ dans l'équation de BC,

$$x = \text{OB} = \frac{a(y'' - mx'')}{y'' - ma}.$$

L'équation de AB est donc

$$x\frac{y'' - ma}{y'' - mx''} + y\frac{x' - a}{y' - mx'} = a.$$

Puisque a est une indéterminée et n'entre qu'au premier degré dans cette équation, la droite AB passe toujours par un point fixe. En mettant l'équation sous la forme

$$\frac{y''}{y'' - mx''}x - \frac{x'}{y' - mx'}y - a\left(\frac{mx}{y'' - mx''} - \frac{y}{y' - mx'} + 1\right) = 0,$$

on voit que le point fixe se trouve à l'intersection des deux droites

$$\frac{y''}{y'' - mx''}x - \frac{x'}{y' - mx'}y = 0, \quad \frac{mx}{y'' - mx''} - \frac{y}{y' - mx'} + 1 = 0.$$

3. *La droite sur laquelle glisse le sommet* C *de l'Exemple* n° 2 *ne passe plus par le point* O ; *à quelle condition doivent satisfaire les autres données du problème pour que le côté* AB *passe toujours par un point fixe.*

Conservons les mêmes axes et les mêmes notations que ci-dessus : l'équation de la droite sur laquelle glisse le sommet C sera $y = mx + n$, et les coordonnées du point C dans l'une quelconque de ses positions seront a, $ma + n$. L'équation de AC sera

$$(x' - a)y - (y' - ma - n)x + a(y' - mx') - nx' = 0,$$

et celle de BC

$$(x'' - a)y - (y'' - ma - n)x + a(y'' - mx'') - nx'' = 0;$$

d'où

$$OA = -\frac{a(y' - mx') - nx'}{x' - a}, \quad OB = \frac{a(y'' - mx'') - nx''}{y'' - ma - n}.$$

L'équation de AB est donc

$$x \frac{y'' - ma - n}{a(y'' - mx'') - nx''} - y \frac{x' - a}{a(y' - mx') - nx'} = 1.$$

En chassant les dénominateurs, on obtient une équation dans laquelle a entre au second degré : le côté AB ne passera donc pas, en général, par un point fixe. Mais si *les points* (x', y'), (x'', y'') *sont sur une droite* $(y = kx)$ *passant par le point* O, on peut remplacer, dans les dénominateurs, y' par kx', et y'' par kx''; l'équation devient alors

$$x \frac{y'' - ma - n}{x''} - y \frac{x' - a}{x'} = a(k - m) - n,$$

et ne renferme plus l'indéterminée a qu'au premier degré : dans ce cas particulier, le côté AB passe donc par un point fixe.

4. *Toute droite, déterminée par la condition que la somme de ses distances à un certain nombre de points fixes* (x', y') (x'', y''), ..., *multipliées respectivement par les constantes* m', m'', ..., *soit nulle, passe par un point fixe.*

Soit $x \cos\alpha + y \sin\alpha - p = 0$ l'équation de la droite dans l'une de ses positions; la distance du point (x', y') à cette droite aura pour valeur

$$x' \cos\alpha + y' \sin\alpha - p,$$

et l'équation suivante exprimera les conditions du problème :

$$m'(x'\cos\alpha + y'\sin\alpha - p) + m''(x''\cos\alpha + y''\sin\alpha - p) + \ldots = 0.$$

En posant, pour abréger (¹),

$$\Sigma(mx') = m'x' + m''x'' + m'''x''' + \ldots,$$
$$\Sigma(my') = m'y' + m''y'' + m'''x''' + \ldots,$$
$$\Sigma(m) = m' + m'' + m''' + \ldots,$$

on peut mettre cette équation sous la forme

$$\Sigma(mx')\cos\alpha + \Sigma(my')\sin\alpha - p\Sigma(m) = 0;$$

et si l'on porte la valeur de p, qu'on en déduit, dans l'équation primitive de la droite mobile, on trouve

$$x\Sigma(m)\cos\alpha + y\Sigma(m)\sin\alpha - \Sigma(mx')\cos\alpha - \Sigma(my')\sin\alpha = 0,$$

ou bien

$$x\Sigma(m) - \Sigma(mx') + [y\Sigma(m) - \Sigma(my')]\tang\alpha = 0.$$

Cette équation renferme l'indéterminée $\tang\alpha$ au premier degré; la droite qu'elle représente passe donc par un point fixe, qui est l'intersection des droites

$$x\Sigma(m) - \Sigma(mx') = 0, \quad y\Sigma(m) - \Sigma(my') = 0,$$

et qui, par suite, a pour coordonnées

$$x = \frac{m'x' + m''x'' + m'''x''' + \ldots}{m' + m'' + m''' + \ldots}, \quad y = \frac{m'y' + m''y'' + m'''y''' + \ldots}{m' + m'' + m''' + \ldots}.$$

Ce point s'appelle quelquefois *centre des distances proportionnelles*.

51. La droite représentée par l'équation

$$(Ax' + By' + C)x + (A'x' + B'y' + C')y + A''x' + B''y' + C'' = 0,$$

ou, par toute autre équation analogue renfermant les coor-

(¹) Les sommes indiquées par les abréviations $\Sigma(m)$, $\Sigma(mx')$, $\Sigma(my')$ sont des sommes *algébriques;* car plusieurs des quantités m', m'',... peuvent être négatives.

données d'un point (x',y') au premier degré, pivote autour d'un point fixe, lorsque le point (x',y') glisse le long d'une ligne droite. Quand cette dernière condition est remplie, les coordonnées de ce point satisfont en effet à une équation de la forme

$$L x' + M y' + N = 0,$$

et en éliminant x' entre cette équation et la précédente, on retombe sur une équation qui ne renferme plus qu'une indéterminée y', au premier degré, et qui par suite représente une droite passant par un point fixe (n° 50).

Plus généralement, lorsque les coefficients de l'équation $Ax + By + C = 0$ vérifient la relation $aA + bB + cC = 0$, dans laquelle a, b et c sont des constantes, et A, B et C des variables, la droite qu'elle représente passe par un point fixe.

La relation donnée nous permet, en effet, d'éliminer C et de mettre l'équation de la droite sous la forme

$$(cx - a)A + (cy - b)B = 0,$$

qui montre bien qu'elle représente une droite passant constamment par le point $\left(x = \dfrac{a}{c},\ y = \dfrac{b}{c}\right)$.

52. *Coordonnées polaires.* — On emploie généralement les coordonnées polaires toutes les fois qu'il s'agit de trouver le lieu des extrémités des droites menées par un point fixe suivant une loi déterminée.

Exercices.

1. *A et B sont deux points fixes; par le point B on mène une droite quelconque BP, sur laquelle on abaisse une perpendiculaire AP du point A; on prolonge AP jusqu'en Q, de telle sorte que le rectangle AP.AQ soit constant et égal à k^2; trouver le lieu du point Q.*

Prenons AB pour axe fixe (*fig.* 32), et A pour pôle; AQ = ρ sera

Fig. 32.

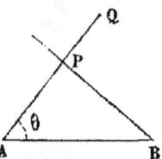

le rayon vecteur, et $\widehat{QAB} = \theta$ l'angle que ce rayon vecteur fait avec l'axe fixe.

Le triangle rectangle APB donne, en désignant par c la distance constante AB, $AP = c\cos\theta$; et comme, d'après les conditions du problème, $AP \cdot AQ = k^2$, on a, pour l'équation du lieu,

$$\rho c \cos\theta = k^2 \quad \text{ou} \quad \rho \cos\theta = \frac{k^2}{c};$$

cette équation représente une droite perpendiculaire à AB, passant à une distance $\dfrac{k^2}{c}$ du point A (n° 44).

2. *On donne les angles* α, β, γ *d'un triangle* ABC; *le sommet* A *est fixe, tandis que le sommet* B *glisse le long d'une droite* BP; *trouver le lieu du troisième sommet* C.

Prenons pour pôle le sommet fixe A (*fig.* 33), et pour axe la per-

Fig. 33.

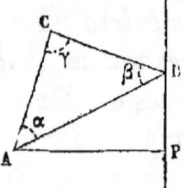

pendiculaire AP à la droite fixe BP; on a alors

$$AC = \rho, \widehat{CAP} = \theta \text{ et } \widehat{BAP} = \theta - \alpha.$$

Les angles du triangle étant donnés, le rapport m de AB à AC est constant; le triangle BAP donne

$$AP = AB \cos\widehat{BAP} = m \cdot AC \cos\widehat{BAP};$$

et si l'on fait $AP = a$, on a, pour l'équation du lieu,
$$m\rho \cos(\theta - \alpha) = a;$$
c'est une ligne droite (n° 44), faisant un angle α avec la droite donnée, et passant à une distance $\dfrac{a}{m}$ du point A.

2. *On donne la base* $AB = c$ *d'un triangle* ABC, *et la somme* $AC + CB = m$ *des deux autres côtés; à l'extrémité* B *de la base, on élève la perpendiculaire* BP *au côté adjacent* BC; *trouver le lieu du point* P *où cette perpendiculaire rencontre la bissectrice extérieure* CP *de l'angle* ACB.

Prenons pour pôle le point B (*fig.* 34), et pour axe le prolonge-

Fig. 34.

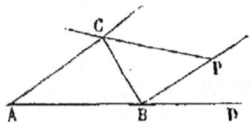

ment BD de la base; on aura $BP = \rho$, $\widehat{PBD} = \theta$. Désignons en outre par a, b, c les côtés du triangle opposés aux angles A, B, C. L'angle CPB est égal à $\dfrac{1}{2}C$, et l'on a, en observant que $BC = a$,
$$a = \rho \tang\dfrac{1}{2}C.$$

Le triangle ABC fournit d'ailleurs la relation
$$b^2 = a^2 + c^2 - 2ac\cos B,$$
qui, en raison des conditions du problème,
$$b = m - a, \quad \cos B = \sin\theta,$$
se réduit à
$$m^2 - 2am + a^2 = a^2 + c^2 - 2ac\sin\theta;$$
et donne
$$a = \dfrac{m^2 - c^2}{2(m - c\sin\theta)}.$$

Nous avons ainsi deux expressions de a : l'une en fonction de θ et des constantes du problème; l'autre en fonction de ρ et de $\tang\dfrac{1}{2}C$;

il suffit donc d'exprimer $\tang\frac{1}{2}C$ en fonction de θ et des constantes du problème pour éliminer a et trouver l'équation du lieu. On a identiquement
$$\tang\frac{1}{2}C = \frac{b\sin C}{b(1+\cos C)},$$
et comme
$$b\sin C = c\sin B = c\cos\theta, \quad b\cos C = a - c\cos B = a - c\sin\theta,$$
il vient
$$\tang\frac{1}{2}C = \frac{c\cos\theta}{m - c\sin\theta}.$$

L'équation du lieu peut donc s'écrire :
$$\frac{m^2 - c^2}{2(m - c\sin\theta)} = \frac{\rho c.\cos\theta}{m - c\sin\theta},$$
ou
$$\rho\cos\theta = \frac{m^2 - c^2}{2c}.$$

Elle représente une droite perpendiculaire à la base du triangle et passant à une distance $\dfrac{m^2 - c^2}{2c}$ du point B.

On trouverait, en suivant la même marche, le lieu du point P, dans le cas où CP serait la bissectrice *intérieure,* et où l'on donnerait la différence au lieu de la somme des côtés.

4. *On donne n droites fixes et un point fixe* O; *par ce point, on mène un rayon vecteur qui coupe les droites en* $r_1, r_2, r_3, \ldots, r_n,$ *et l'on prend sur ce rayon vecteur un point* R, *tel que*
$$\frac{n}{\overline{OR}} = \frac{1}{\overline{Or_1}} + \frac{1}{\overline{Or_2}} + \frac{1}{\overline{Or_3}} + \ldots + \frac{1}{\overline{Or_n}};$$
trouver le lieu du point R.

Les équations des droites étant mises sous la forme
$$\rho\cos(\theta - \alpha) = p_1, \quad \rho\cos(\theta - \beta) = p_2, \ldots,$$
on obtient immédiatement l'équation du lieu
$$\frac{n}{\rho} = \frac{\cos(\theta - \alpha)}{p_1} + \frac{\cos(\theta - \beta)}{p_2} + \ldots.$$

Cette équation représente une ligne droite (n° 44). Ce théorème n'est qu'un cas particulier d'un théorème plus général que nous démontrerons par la suite.

Nous ajouterons ici, comme au n° 49, un petit nombre de problèmes conduisant à des équations de degré plus élevé.

5. *Soit* BP *une droite fixe* (*fig.* 32) *ayant pour équation* $\rho \cos\theta = m$; *sur chaque rayon vecteur* AQ, *on prend une longueur constante* PQ $= d$; *trouver le lieu des points* Q.

Par hypothèse, AP $= \dfrac{m}{\cos\theta}$; donc AQ $= \rho = \dfrac{m}{\cos\theta} + d$.

Cette équation, rapportée à des cordonnées rectangulaires, devient
$$(x-m)^2(x^2+y^2) = d^2 x^2.$$

6. *Trouver le lieu des points* Q, *lorsque le point* P *décrit, non plus une droite* BP, *mais un lieu ayant pour équation en coordonnées polaires* $\rho = \varphi(\theta)$.

La longueur AP est égale au rayon vecteur ρ du lieu cherché, diminué de d; l'équation s'obtiendra donc en remplaçant, dans celle du lieu du point P, ρ par $\rho - d$; on trouve ainsi
$$\rho - d = \varphi(\theta).$$

7. *Le point* P *décrit le lieu* $\rho = \varphi(\theta)$; *on prolonge* AP *jusqu'en* AQ, *de manière que* AQ $= 2$AP; *trouver le lieu du point* Q.

Il suffit de remplacer, dans l'équation du lieu de P, ρ par $\dfrac{1}{2}\rho$ pour avoir l'équation cherchée.

8. *On mène la bissectrice* AP' *de l'angle* PAB, *et, sur cette bissectrice, on prend un point* P', *tel que* $\overline{AP'}^2 = m \cdot AP$; *trouver le lieu du point* P', *lorsque* P *décrit la droite* $\rho \cos\theta = m$.

L'angle PAB étant égal au double de la coordonnée angulaire θ du lieu, on a AP $= \dfrac{m}{\cos 2\theta}$, et, par suite, pour l'équation du lieu,
$$\rho^2 \cos 2\theta = m^2.$$

CHAPITRE IV.

APPLICATIONS DE LA MÉTHODE DES NOTATIONS ABRÉGÉES A L'ÉQUATION DE LA LIGNE DROITE.

53. Nous avons vu (n° 40) que l'équation

$$x \cos\alpha + y \sin\alpha - p - k(x \cos\beta + y \sin\beta - p') = 0$$

représente une droite passant par l'intersection des deux lignes

$$x \cos\alpha + y \sin\alpha - p = 0, \quad x \cos\beta + y \sin\beta - p' = 0.$$

En désignant, pour abréger, par α et β les quantités

$$x \cos\alpha + y \sin\alpha - p,$$
$$x \cos\beta + y \sin\beta - p',$$

on peut énoncer plus brièvement ce théorème, et dire : l'équation $\alpha - k\beta = 0$ représente une droite passant par l'intersection des deux lignes définies par les équations $\alpha = 0$, $\beta = 0$. Pour simplifier, nous appellerons α et β ces dernières lignes, et (α, β) leur point d'intersection.

On peut adopter des abréviations analogues pour les équations de la forme $Ax + By + C = 0$; mais il convient alors, pour éviter toute ambiguïté, de se servir de lettres romaines, et de réserver les lettres grecques pour le cas exclusif où les équations sont de la forme $x \cos\alpha + y \sin\alpha - p = 0$.

54. Cherchons maintenant la signification du coefficient k

de l'équation $\alpha - k\beta = 0$. La quantité α, ou ce qui revient au même, $x\cos\alpha + y\sin\alpha - p$ mesure (n° 34) la distance PA (*fig.* 35) du point (x, y) à la droite OA, que nous supposons

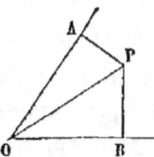

Fig. 35.

représentée par α; de même β mesure la distance PB du point (x, y) à la droite OB, ou β. L'équation

$$\alpha - k\beta = 0$$

exprime donc que si, d'un point du lieu qu'elle représente, on abaisse des perpendiculaires PA, PB sur les droites OA, OB, le rapport de ces perpendiculaires PA : PB est constant et égal à k. Ce lieu est évidemment une ligne droite passant par le point O, et l'on a

$$k = \frac{\text{PA}}{\text{PB}} = \frac{\sin \text{POA}}{\sin \text{POB}}.$$

En se reportant aux conventions faites sur les signes (n° 34), on voit que $\alpha + k\beta = 0$ représente une droite divisant *extérieurement* l'angle AOB en deux parties telles, que $\frac{\sin \text{POA}}{\sin \text{POB}} = k$. Il est d'ailleurs bien entendu, dans ce que nous venons de dire, que les perpendiculaires PA et PB sont celles que nous sommes convenu de regarder comme positives; celles qui se trouvent dans les régions situées de l'autre côté de α ou de β étant considérées comme négatives.

Exercices.

1. *Démontrer, en employant ces notations, que les trois bissectrices des angles d'un triangle se coupent en un même point.*

Les équations des trois bissectrices du triangle formé par les droites α, β et γ sont évidemment (n°s 35, 54)

$$\alpha - \beta = 0, \quad \beta - \gamma = 0, \quad \gamma - \alpha = 0,$$

et leur somme est identiquement nulle (n° 41).

2. *Les bissectrices extérieures de deux des angles d'un triangle se rencontrent sur la bissectrice intérieure du troisième angle.*

En se reportant à la convention relative aux signes, on voit que $\alpha + \beta = 0$, $\alpha + \gamma = 0$ sont les équations des bissectrices extérieures ; si on les retranche l'une de l'autre, on trouve $\beta - \gamma = 0$, équation de la bissectrice intérieure du troisième angle.

3. *Les trois hauteurs d'un triangle se coupent en un même point.*

Désignons respectivement par A, B, C les angles opposés aux côtés α, β, γ. La hauteur passant par le sommet C divise l'angle C en deux autres, qui sont respectivement complémentaires des angles B et A ; son équation sera donc (n° 54)

$$\alpha \cos A - \beta \cos B = 0.$$

On trouverait de même pour les autres hauteurs :

$$\beta \cos B - \gamma \cos C = 0, \quad \gamma \cos C - \alpha \cos A = 0.$$

Ces trois droites se coupent évidemment en un même point.

4. *Les trois médianes d'un triangle se coupent en un même point.*

Le rapport des distances du milieu du côté γ aux deux autres côtés α et β est $\sin A : \sin B$. Les équations des médianes seront donc

$$\alpha \sin A - \beta \sin B = 0, \quad \beta \sin B - \gamma \sin C = 0, \quad \gamma \sin C - \alpha \sin A = 0.$$

Leur somme est identiquement nulle.

5. *Les longueurs des côtés α, β, γ, δ d'un quadrilatère étant a, b, c, d, former l'équation de la droite qui joint les milieux des diagonales.*

Cette équation est

$$a\alpha - b\beta + c\gamma - d\delta = 0;$$

en effet, la droite qu'elle représente passe par l'intersection des droites $a\alpha - b\beta$ et $c\gamma - d\delta$, qui, d'après l'Exercice précédent, sont les médianes de la base commune aux deux triangles formés par une diagonale dans le quadrilatère; elle passe aussi par l'intersection des droites $a\alpha - d\delta$ et $c\gamma - b\beta$, qui se coupent au milieu de l'autre diagonale.

6. *Trouver l'équation de la perpendiculaire élevée sur la base β d'un triangle et à son extrémité C.*

Réponse. $\qquad\qquad \alpha + \gamma \cos B = 0.$

7. *Lorsque deux triangles sont tels, que les perpendiculaires abaissées des sommets du premier sur les côtés du second se coupent en un même point; réciproquement, les perpendiculaires abaissées des sommets du second sur les côtés du premier se coupent en un même point.*

Soient α, β, γ; α', β', γ' les côtés des triangles; désignons par $(\alpha\beta)$ l'angle compris entre α et β; nous aurons respectivement, pour les équations des perpendiculaires abaissées de (α, β) sur γ', de (β, γ) sur α', de (α, γ) sur β',

$$\alpha \cos(\beta\gamma') - \beta \cos(\alpha\gamma') = 0,$$
$$\beta \cos(\gamma\alpha') - \gamma \cos(\beta\alpha') = 0,$$
$$\gamma \cos(\alpha\beta') - \alpha \cos(\gamma\beta') = 0.$$

Pour exprimer que ces trois droites se coupent en un même point, il suffit d'écrire que le résultat obtenu en éliminant β entre les deux premières équations est identique à la troisième. On a ainsi

$$\cos(\alpha\beta')\cos(\beta\gamma')\cos(\gamma\alpha') = \cos(\alpha'\beta)\cos(\beta'\gamma)\cos(\gamma'\alpha).$$

La symétrie de cette équation montre qu'elle exprime également la condition pour que les perpendiculaires abaissées des sommets du second triangle sur les côtés opposés du premier se rencontrent en un même point.

55. La droite $\alpha - k\beta = 0$ fait évidemment, avec la ligne α, le même angle que la droite $k\alpha - \beta = 0$ avec β; les deux droites $\alpha - k\beta$ et $k\alpha' - \beta$ sont donc également inclinées sur la bissectrice $\alpha - \beta = 0$.

Exercice.

Par les sommets d'un triangle, on mène trois droites se coupant en un même point, et trois droites faisant, avec les bissectrices des angles du triangle, les mêmes angles que les premières; les trois dernières droites se coupent aussi en un même point.

Les côtés du triangle étant α, β, γ, les trois premières droites ont pour équations

$$l\alpha - m\beta = 0, \quad m\beta - n\gamma = 0, \quad n\gamma - l\alpha = 0;$$

puisqu'elles se coupent en un même point (n° 40) et passent respectivement par les points (α, β), (β, γ), (γ, α). D'après ce que nous avons dit plus haut, les trois autres droites auront pour équations

$$\frac{\alpha}{l} - \frac{\beta}{m} = 0, \quad \frac{\beta}{m} - \frac{\gamma}{n} = 0, \quad \frac{\gamma}{n} - \frac{\alpha}{l} = 0,$$

ce qui (n° 40) démontre le théorème.

56. *Lorsqu'un faisceau de quatre droites* OA, OP, OP', OB, *issues d'un même point* O, *est coupé par une transversale en quatre points* A, P, P', B, *le rapport* $\dfrac{AP \cdot P'B}{AP' \cdot PB}$, *que l'on appelle rapport anharmonique du faisceau, est constant, quelle que soit la position de la transversale.*

En effet, soit p la distance du point O à la transversale (*fig.* 36); on aura les égalités

$$p \cdot AP = OA \cdot OP \sin AOP, \quad p \cdot P'B = OB \cdot OP' \cdot \sin P'OB,$$
$$p \cdot AP' = OA \cdot OP' \sin AOP', \quad p \cdot PB = OB \cdot OP \cdot \sin POB,$$

Fig. 36.

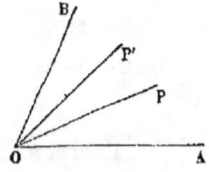

puisque, dans chacune d'elles, les deux termes expriment le

double de la même aire. On en déduit successivement

$$p^2.\text{AP}.\text{P}'\text{B} = \text{OA}.\text{OP}.\text{OP}'.\text{OB}.\sin\text{AOP}.\sin\text{P}'\text{OB},$$
$$p^2.\text{AP}'.\text{PB} = \text{OA}.\text{OP}'.\text{OP}.\text{OB}.\sin\text{AOP}'.\sin\text{POB},$$
$$\frac{\text{AP}.\text{P}'\text{B}}{\text{AP}'.\text{PB}} = \frac{\sin\text{AOP}.\sin\text{P}'\text{OB}}{\sin\text{AOP}'.\sin\text{POB}}.$$

Ce dernier rapport est constant et indépendant de la position de la transversale.

57. Lorsque deux droites sont définies par les équations $\alpha - k\beta = 0$, $\alpha - k'\beta = 0$, le rapport $\frac{k}{k'}$ est égal au *rapport anharmonique* du faisceau formé par les quatre droites $\alpha, \beta, \alpha - k\beta, \alpha - k'\beta$; en représentant ces quatre droites par OA, OB, OP, OP', on a en effet, d'après le n° 54,

$$k = \frac{\sin\text{AOP}}{\sin\text{POB}}, \quad k' = \frac{\sin\text{AOP}'}{\sin\text{P}'\text{OB}},$$

et, par suite,

$$\frac{k}{k'} = \frac{\sin\text{AOP}.\sin\text{P}'\text{OB}}{\sin\text{AOP}'.\sin\text{POB}}.$$

Quand le rapport $\frac{k}{k'}$ devient égal à -1, on dit que le faisceau est un *faisceau harmonique*; l'angle AOB est alors divisé, intérieurement et extérieurement, par les droites OP et OP', de telle sorte que les sinus des angles déterminés par l'une des droites OP soient dans le même rapport que les sinus des angles formés par l'autre OP'. De là ce théorème important :

Les deux droites ayant pour équations $\alpha - k\beta = 0$, $\alpha + k\beta = 0$ *forment avec* α *et* β *un faisceau harmonique.*

58. En général, le rapport anharmonique des quatre

droites $\alpha - k\beta$, $\alpha - l\beta$, $\alpha - m\beta$, $\alpha - n\beta$, ou OK, OL, OM et ON, est égal à

$$\frac{(n-l)(m-k)}{(n-m)(l-k)}.$$

En effet, la parallèle KN à β (*fig.* 37) rencontrant ces

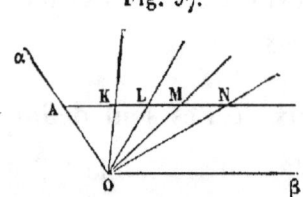

Fig. 37.

droites aux points K, L, M et N, le rapport anharmonique du faisceau a pour valeur

$$\frac{\text{NL.MK}}{\text{NM.LK}}.$$

Mais ces quatre points ont même β, puisqu'ils se trouvent sur une parallèle à la droite β; leurs distances à α (en raison des équations des droites OK, OL, ...) sont donc proportionnelles à k, l, m, n; et il en est évidemment de même des longueurs AK, AL, AM, AN. Par suite, les longueurs NL, MK, NM et LK sont proportionnelles à $n-l$, $m-k$, $n-m$ et $l-k$.

59. Les théorèmes que nous avons démontrés dans les deux numéros précédents subsistent encore lorsque les équations des droites sont données sous la forme $P - kP'$, $P - lP'$, ..., où P et P' représentent les expressions $ax + by + c$, $a'x + b'y + c'$. Si l'on remarque, en effet, qu'il suffit de diviser P par une certaine quantité (n° 23) pour le ramener à la forme α, ou $x\cos\alpha + y\sin\alpha - p$, on voit immédiatement que les équations $P - kP' = 0$, $P - lP' = 0$, ... représentent les mêmes droites que les équations $\alpha - k\rho\beta = 0$,

$\alpha - l\rho\beta = 0, \ldots$, où ρ désigne le rapport des quantités par lesquelles on doit diviser respectivement P et P' pour les ramener aux formes α et β. Et comme la valeur du rapport anharmonique ne change pas lorsqu'on y remplace k, l, m et n par $k\rho$, $l\rho$, $m\rho$ et $n\rho$, il s'ensuit que le rapport anharmonique des quatre droites $P - kP'$, $P - lP'$, $P - mP'$, $P - nP'$ s'exprime à l'aide des coefficients k, l, m et n de la même manière que celui des droites $\alpha - k\beta$, $\alpha - l\beta, \ldots$.

Lorsque *deux systèmes* de droites, partant chacun d'un point différent, sont définis par les équations

$$P - kP', \quad P - lP', \ldots,$$
$$Q - kQ', \quad Q - lQ', \ldots,$$

on donne le nom de *droites correspondantes* aux droites telles que $P - kP'$, $Q - kQ'$, et, comme le rapport anharmonique de quatre droites ne dépend que des coefficients k, l, m, n de leurs équations, on a le théorème suivant :

Le rapport anharmonique de quatre droites quelconques du premier système est égal à celui des quatre droites correspondantes du second.

Ces systèmes, que nous aurons souvent occasion de considérer par la suite, s'appellent *systèmes homographiques*.

60. *Les trois droites* α, β, γ *formant un triangle* ([1]), *on peut toujours ramener l'équation d'une droite* $ax + by + c = 0$ *à la forme*

$$l\alpha + m\beta + n\gamma = 0.$$

([1]) Nous disons : *formant un triangle*, car si les lignes α, β, γ passent par un même point, $l\alpha + m\beta + n\gamma$ représente une droite passant par ce même point, les valeurs des coordonnées qui annulent séparément α, β, γ annulant aussi $l\alpha + m\beta + n\gamma$.

S. — *Geom. à deux dim.*

98   CHAPITRE IV.

L'équation $l\alpha + m\beta + n\gamma = 0$ devient, en y remplaçant α, β et γ par les expressions équivalentes en x et y

$$(l\cos\alpha + m\cos\beta + n\cos\gamma)x$$
$$+ (l\sin\alpha + m\sin\beta + n\sin\gamma)y - (lp + mp' + np'') = 0;$$

pour qu'elle soit identique à l'équation donnée, il faut que l'on ait

$$l\cos\alpha + m\cos\beta + n\cos\gamma = a, \quad l\sin\alpha + m\sin\beta + n\sin\gamma = b,$$
$$lp + mp' + np'' = -c;$$

et il est évidemment toujours possible de déterminer l, m et n, de manière à satisfaire à ces conditions.

Les Exercices suivants ne sont qu'une application du principe que nous venons de démontrer.

Exercices.

1. *Démontrer analytiquement les propriétés du quadrilatère complet.*

Soient

$$\alpha = 0, \quad \beta = 0, \quad \gamma = 0, \quad l\alpha - m\beta = 0, \quad m\beta - n\gamma = 0$$

les équations des droites

AC, AB, BD, AD, BC,

en fonction desquelles nous allons chercher à exprimer toutes les autres lignes de la figure (*fig.* 38).

Fig. 38.

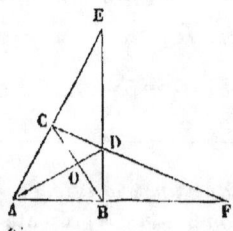

L'équation de CD sera
$$l\alpha - m\beta + n\gamma = 0,$$

puisque cette droite passe par l'intersection D des deux droites $l\alpha - m\beta$ et γ, et par l'intersection C de $m\beta - n\gamma$ et α. De même $l\alpha - n\gamma = 0$ est l'équation de OE, puisque OE passe par E ou (α, γ), et par O ou $(l\alpha - m\beta, m\beta - n\gamma)$.

La droite EF joint le point E (α, γ) au point F $(l\alpha - m\beta + n\gamma, \gamma)$; son équation sera donc

$$l\alpha + n\gamma = 0.$$

Les quatre lignes EA, EO, EB, EF forment un faisceau harmonique (n° 57), puisqu'elles ont pour équations

$$\alpha = 0, \quad \gamma = 0, \quad l\alpha \pm n\gamma = 0.$$

La droite FO joint le point F, $(l\alpha + n\gamma, \beta)$, au point O

$$(l\alpha - m\beta, m\beta - n\gamma);$$

son équation est donc

$$l\alpha - 2m\beta + n\gamma = 0.$$

Les quatre lignes FE, FC, FO et FA forment aussi un faisceau harmonique (n° 57), puisqu'elles sont représentées par

$$l\alpha - m\beta + n\gamma = 0, \quad \beta = 0, \quad l\alpha - m\beta + n\gamma \pm m\beta = 0.$$

Les quatre droites OC, OE, OD, OF constituent aussi un faisceau harmonique, puisqu'elles ont pour équations

$$l\alpha - m\beta = 0, \quad m\beta - n\gamma = 0, \quad l\alpha - m\beta \pm (m\beta - n\gamma) = 0.$$

2. *Discuter les propriétés du système de droites formé en menant, par les sommets d'un triangle ABC, trois droites AD, BE, CF, qui se coupent en un même point O.*

Soient α, β, γ les côtés BC, AC et AB du triangle (*fig.* 39).

Fig. 39.

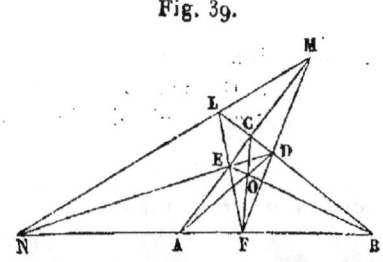

$m\beta - n\gamma$, $n\gamma - l\alpha$, $l\alpha - m\beta$ les droites AO, BO, CO (*voir* n° 55).

Les équations des lignes EF, DF, DE qui joignent deux à deux les points où les droites issues des sommets viennent rencontrer les côtés s'obtiennent facilement. Ainsi EF, qui passe par les points E, ou $(\beta, n\gamma - l\alpha)$, et F, ou $(\gamma, m\beta - l\alpha)$, a pour équation

$$m\beta + n\gamma - l\alpha = 0.$$

On trouverait de même, pour l'équation de DF,

$$l\alpha - m\beta + n\gamma = 0,$$

et pour celle de DE,

$$l\alpha + m\beta - n\gamma = 0.$$

Les points L, M, N, où les droites EF, DF, DE rencontrent les côtés CB, AC, AB du triangle qui leur sont respectivement opposés, sont sur une droite qui a pour équation

$$l\alpha + m\beta + n\gamma = 0;$$

cette ligne passe, en effet, par les points N ou $(l\alpha + m\beta - n\gamma, \gamma)$, M ou $(l\alpha - m\beta + n\gamma, \beta)$, L ou $(m\beta + n\gamma - l\alpha, \alpha)$.

L'équation $l\alpha + m\beta = 0$, qui représente une droite passant par le point (α, β) ou C, représente en même temps une droite passant par le point N, puisqu'on peut la mettre sous la forme

$$(l\alpha + m\beta - n\gamma) + n\gamma = 0;$$

c'est donc l'équation de la droite CN.

Le côté BN du triangle est divisé harmoniquement par les droites CN, CA, CF, CB, puisqu'elles ont pour équations

$$\alpha = 0, \quad \beta = 0, \quad l\alpha - m\beta = 0, \quad l\alpha + m\beta = 0.$$

On rencontre assez souvent des cas où l'on peut se servir des équations précédentes. Ainsi (n° 54, Ex. 3), l'équation de la droite joignant les pieds de deux des hauteurs est $\alpha \cos A + \beta \cos B - \gamma \cos C = 0$; et la droite $\alpha \cos A + \beta \cos B + \gamma \cos C = 0$ passe par les points d'intersection des lignes joignant les pieds des hauteurs, avec les côtés opposés du triangle. De même (n° 54, Ex. 4), la droite $\alpha \sin A + \beta \sin B - \gamma \sin C$ est celle qui joint les milieux de deux des côtés du triangle, etc.

3. *On dit que deux triangles sont homologiques lorsque leurs côtés correspondants se coupent deux à deux sur une même droite qui est l'axe d'homologie; prouver que les trois droites qui joignent les sommets correspondants de deux triangles homologiques se coupent en même point.*

Soient α, β, γ les côtés du premier triangle, $l\alpha + m\beta + n\gamma$ l'axe d'homologie; l'équation du côté du deuxième triangle passant par l'intersection de α avec cet axe sera de la forme $l'\alpha + m\beta + n\gamma = 0$, et l'on aura de même, pour les deux autres côtés,

$$l\alpha + m'\beta + n\gamma = 0, \quad l\alpha + m\beta + n'\gamma = 0.$$

Les lignes qui joignent les sommets correspondants auront ainsi pour équations

$$(l - l')\alpha = (m - m')\beta, \; (m - m')\beta = (n - n')\gamma,$$
$$(n - n')\gamma = (l - l')\alpha;$$

et il est évident qu'elles passent par un même point. Ce point s'appelle le *centre d'homologie*.

61. *Trouver la condition pour que les deux droites $l\alpha + m\beta + n\gamma$, $l'\alpha + m'\beta + n'\gamma$ soient perpendiculaires entre elles.*

En remplaçant, comme au n° 60, α, β et γ par les expressions équivalentes en x et y, et en ayant égard à la relation (AA$'$ + BB$'$ = 0), obtenue au n° 25, Corollaire II, on trouve, pour la condition cherchée,

$$ll' + mm' + nn' + (mn' + m'n)\cos(\beta - \gamma)$$
$$+ (nl' + n'l)\cos(\gamma - \alpha) + (lm' + l'm)\cos(\alpha - \beta) = 0;$$

d'ailleurs, β et γ étant les angles que font, avec l'axe des x, les perpendiculaires abaissées sur les droites β et γ, $\beta - \gamma$ représente l'angle compris entre ces perpendiculaires, et par suite est égal à l'angle compris entre les deux droites elles-mêmes ou à son supplément. Lorsque l'origine se trouve à l'intérieur du triangle formé par les droites α, β, γ, et que A, B, C représentent les angles de ce triangle, l'angle $\beta - \gamma$ est le supplément de A, et la condition pour que les droites soient perpendiculaires peut s'écrire

$$ll' + mm' + nn' - (mn' + m'n)\cos A$$
$$- (nl' + n'l)\cos B - (lm' + l'm)\cos C = 0.$$

Ainsi la droite $l\alpha + m\beta + n\gamma$ est perpendiculaire à γ, quand on a
$$n = m \cos A + l \cos B.$$

En partant de la formule du n° 34, on trouverait de même que la distance du point (x', y') à la droite $l\alpha + m\beta + n\gamma$ est donnée par l'expression

$$\frac{l\alpha' + m\beta' + n\gamma'}{\sqrt{l^2 + m^2 + n^2 - 2mn\cos A - 2nl\cos B - 2lm\cos C}},$$

où l'on a fait, conformément au système d'abréviations adopté,
$$\alpha' = x' \cos\alpha + y' \sin\alpha - p, \ldots.$$

Exercices.

1. *Trouver l'équation de la perpendiculaire menée à la droite γ par le point B, où elle rencontre la droite α.*

Cette équation est de la forme $l\alpha + n\gamma = 0$; la condition de perpendicularité donne $n = l \cos B$, B étant l'angle des droites α et γ. (*Voir* n° 54, Ex. 6.)

2. *Trouver l'équation de la perpendiculaire élevée sur le milieu de γ.*

Le point milieu de γ est l'intersection de γ avec $\alpha \sin A - \beta \sin B$, α, β, γ, A, B, C ayant la signification indiquée ci-dessus; l'équation cherchée sera donc de la forme $\alpha \sin A - \beta \sin B + n\gamma = 0$, avec la condition
$$n = \sin(A - B).$$

3. *Les trois perpendiculaires élevées sur les milieux des côtés d'un triangle se coupent en un même point.*

Les équations de deux de ces droites sont
$$\alpha \sin A - \beta \sin B + \gamma \sin(A - B) = 0,$$
$$\beta \sin B - \gamma \sin C + \alpha \sin(B - C) = 0.$$

En éliminant successivement α, β, γ entre ces deux équations, on trouve, pour les lignes qui joignent l'intersection de ces deux droites aux trois sommets, $\dfrac{\alpha}{\cos A} = \dfrac{\beta}{\cos B} = \dfrac{\gamma}{\cos C}$; la symétrie de ces équations montre que les trois perpendiculaires se coupent en un même point. On peut, du reste, observer qu'en ajoutant les équations des trois perpendiculaires, après les avoir multipliées respectivement par $\sin^2 C$, $\sin^2 A$, $\sin^2 B$, on obtient une somme identiquement nulle.

4. *Trouver, d'après le n° 25, le sinus, le cosinus et la tangente de l'angle compris entre les deux droites* $l\alpha + m\beta + n\gamma$, $l'\alpha + m'\beta + n'\gamma$.

5. *Prouver que* $\alpha \cos A + \beta \cos B + \gamma \cos C$ *est perpendiculaire à*

$\alpha \sin A \cos A \sin(B - C)$
$+ \beta \sin B \cos B \sin(C - A) + \gamma \sin C \cos C \sin(A - B)$.

6. *Trouver l'équation de la droite menée par le point* $(\alpha', \beta', \gamma')$ *perpendiculairement à la droite* γ.

Réponse.

$\alpha(\beta' + \gamma' \cos A) - \beta(\alpha' + \gamma' \cos B) + \gamma(\beta' \cos B - \alpha' \cos A) = 0$.

62. Nous avons vu qu'on peut toujours mettre l'équation d'une droite sous la forme

$$l\alpha + m\beta + n\gamma = 0,$$

et résoudre un certain nombre de problèmes, par une série d'équations en α, β, γ, sans faire aucune mention directe de x et de y. Mais on peut envisager à un autre point de vue le principe exposé au n° 60, et, au lieu de considérer α simplement comme abréviation de la quantité $x \cos \alpha + y \sin \alpha - p$, le regarder comme exprimant la distance d'un point à une droite α. Nous nous trouvons ainsi conduits à faire usage d'un système de *coordonnées trilinéaires*, dans lequel la position d'un point est définie par ses distances à trois droites fixes, que nous appellerons *lignes de référence*, et la position d'une droite par une équation homogène entre les distances de ses points aux lignes de référence, équation de la forme

$$l\alpha + m\beta + n\gamma = 0.$$

Dans les coordonnées cartésiennes, ou coordonnées ordinaires en x et y, la plus grande simplification à laquelle on puisse arriver consiste à choisir pour axes deux des lignes les plus remarquables de la figure; dans les coordonnées trilinéaires, et c'est là leur avantage, on peut espérer une simplification plus grande, puisqu'on peut prendre trois des lignes de la question pour lignes de référence α, β, γ. Pour se convaincre de ce qui précède, il suffit de comparer les expressions données au n° **54** à celles qui leur correspondent dans le Chapitre II.

63. Les distances d'un point quelconque O aux droites de référence α, β, γ sont assujetties à la relation

$$a\alpha + b\beta + c\gamma = M,$$

dans laquelle on a désigné par a, b, c les longueurs des côtés, et par M le double de l'aire du triangle ABC de référence. Cette relation est évidente, puisque les produits $a\alpha$, $b\beta$, $c\gamma$ représentent respectivement le double de l'aire des triangles OBC, OCA, OAB, et il est facile de voir qu'elle subsiste toujours, que le point O soit ou non dans l'intérieur du triangle ABC. Rappelons-nous, en effet, que, lorsque le point O sort du triangle et passe de l'autre côté d'une des lignes de référence, de α par exemple, sa distance à cette ligne (n° 34) prend le signe —; la quantité $a\alpha + b\beta + c\gamma$ devient alors le double de OCA $+$ OAB $-$ OBC, et par suite représente encore le double de l'aire du triangle de référence.

Les longueurs a, b, c étant proportionnelles à $\sin A$, $\sin B$, $\sin C$, la quantité

$$\alpha \sin A + \beta \sin B + \gamma \sin C$$

est une constante. On peut, d'ailleurs, le démontrer directement en mettant cette quantité sous la forme

$$\alpha \sin(\beta - \gamma) + \beta \sin(\gamma - \alpha) + \gamma \sin(\alpha - \beta),$$

et en y remplaçant α, β, γ par les expressions équivalentes en x et y; on voit alors que les termes en x et y s'évanouissent.

Le théorème que nous venons de démontrer permet de n'employer que des équations *homogènes* en α, β et γ : ainsi, par exemple, l'équation $\alpha = 3$ peut se mettre sous la forme homogène

$$M\alpha = 3(a\alpha + b\beta + c\gamma).$$

64. *Trouver en coordonnées trilinéaires l'équation d'une parallèle à la droite* $l\alpha + m\beta + n\gamma$.

En coordonnées cartésiennes, deux droites, $Ax + By + C$, $Ax + By + C'$ sont parallèles lorsque leurs équations ne diffèrent que par une constante. L'équation

$$l\alpha + m\beta + n\gamma + k(\alpha \sin A + \beta \sin B + \gamma \sin C) = 0$$

représente donc une parallèle à la droite $l\alpha + m\beta + n\gamma = 0$, puisqu'elle ne diffère de l'équation de cette droite que par une quantité qui est constante, ainsi que nous venons de le démontrer.

On verrait de même que l'équation

$$Ax + By + C + (Ax + By + C') = 0$$

représente une parallèle aux deux droites

$$Ax + By + C = 0,\ Ax + By + C' = 0,$$

située à égale distance de ces droites. Si donc deux équations $P = 0$, $P' = 0$ sont telles que P ne diffère de P' que par une constante, l'équation $P + P' = 0$ représente une parallèle à P et P', passant à égale distance de P et de P'.

Exercices.

1. *Trouver l'équation de la parallèle menée à la base γ d'un triangle par le sommet C.*

Réponse. $\qquad \alpha \sin A + \beta \sin B = 0.$

Cette droite passe en effet par (α, β), et son équation, qui peut s'écrire
$$\gamma \sin C - (\alpha \sin A + \beta \sin B + \gamma \sin C) = 0,$$
ne diffère de $\gamma = 0$ que par une constante.

Nous voyons ainsi que cette parallèle $\alpha \sin A + \beta \sin B$ et la médiane de la base $\alpha \sin A - \beta \sin B$ forment, avec α et β, un faisceau harmonique (n° 57).

2. La droite joignant les milieux de deux côtés d'un triangle est parallèle au troisième côté. En effet, son équation est (n° 60, Ex. 2)
$$\alpha \sin A + \beta \sin B - \gamma \sin C = 0,$$
ou
$$2\gamma \sin C = \alpha \sin A + \beta \sin B + \gamma \sin C.$$

3. La droite $a\alpha - b\beta + c\gamma - d\delta$ (n° 54, Ex. 5) passe par le milieu de la ligne joignant (α, γ), (β, δ). En effet, la quantité
$$(a\alpha + c\gamma) + (b\beta + d\delta)$$
est constante comme étant le double de l'aire du quadrilatère : les droites $a\alpha + c\gamma$ et $b\beta + d\delta$ sont donc parallèles; il en est de même de $(a\alpha + c\gamma) - (b\beta + d\delta)$ qui passe à égale distance des deux premières. Cette dernière droite divise donc en deux parties égales la droite qui joint les points (α, γ) et (β, δ) considérés comme appartenant respectivement à la première et à la seconde droite.

65. *Écrire sous la forme $l\alpha + m\beta + n\gamma = 0$ l'équation de la droite joignant les deux points (x', y'), (x'', y'').*

Désignons toujours par $\alpha', \beta', \ldots$, les quantités
$$x' \cos\alpha + y' \sin\alpha' - p, \ldots$$

La condition pour que les coordonnées x', y' satisfassent à l'équation
$$l\alpha + m\beta + n\gamma = 0$$

pourra s'écrire
$$l\alpha' + m\beta' + n\gamma' = 0,$$
et l'on aura de même
$$l\alpha'' + m\beta'' + n\gamma'' = 0.$$
Tirant de ces deux équations les valeurs des rapports $\dfrac{l}{n}, \dfrac{m}{n}$, et les portant dans l'équation primitive, on obtient pour l'équation de la droite qui joint les deux points
$$\alpha(\beta'\gamma'' - \beta''\gamma') + \beta(\gamma'\alpha'' - \gamma''\alpha') + \gamma(\alpha'\beta'' - \alpha''\beta') = 0.$$

On doit observer que les équations en coordonnées trilinéaires étant homogènes, il n'y a pas lieu de considérer les distances absolues d'un point aux lignes de référence, mais seulement leurs rapports; ainsi l'équation précédente n'est pas altérée quand on y remplace α', β', γ', par $\rho\alpha', \rho\beta', \rho\gamma'$. Lorsqu'un point est donné comme intersection des droites $\dfrac{\alpha}{l} = \dfrac{\beta}{m} = \dfrac{\gamma}{n}$, on peut donc prendre l, m et n pour ses coordonnées trilinéaires; si l'on désigne en effet par ρ la valeur de ces fractions, les distances du point aux lignes de référence seront $l\rho, m\rho, n\rho$, ρ étant donné par l'équation
$$al\rho + bm\rho + cn\rho = M;$$
et, ainsi qu'on vient de le voir, il n'y a pas lieu de déterminer ρ. En appliquant l'équation trouvée plus haut, on peut donc prendre pour les coordonnées de l'intersection des médianes du triangle ABC, $\sin B \sin C, \sin C \sin A, \sin A \sin B$; pour celles de l'intersection des hauteurs, $\cos B \cos C, \cos C \cos A, \cos A \cos B$; pour celles du centre du cercle inscrit, $1, 1, 1$; pour celles du centre du cercle circonscrit, $\cos A, \cos B, \cos C, \ldots$

Exercices.

1. *Trouver l'équation de la droite joignant l'intersection des hauteurs à celle des médianes.*

Réponse.

$$\alpha \sin A \cos A \sin(B - C) + \beta \sin B \cos B \sin(C - A)$$
$$+ \gamma \sin C \cos C \sin(A - B) = 0.$$

2. *Trouver l'équation de la ligne joignant les centres des cercles inscrit et circonscrit.*

Réponse.

$$\alpha(\cos B - \cos C) + \beta(\cos C - \cos A) + \gamma(\cos A - \cos B) = 0.$$

66. On peut démontrer, comme au n° 7, que lorsqu'une droite joignant deux points se trouve divisée par un troisième point dans le rapport $l : m$, la distance du point de division à la ligne α a pour expression $\dfrac{l\alpha' + m\alpha''}{l + m}$, α' et α'' représentant les distances des deux premiers points à cette même ligne. Les coordonnées trilinéaires du point qui divise, dans le rapport $l : m$, la droite joignant les points $(\alpha', \beta', \gamma')$, $(\alpha'', \beta'', \gamma'')$, seront donc $l\alpha' + m\alpha''$, $l\beta' + m\beta''$, $l\gamma' + m\gamma''$. Il est du reste évident que le point dont nous venons de donner les coordonnées appartient à la droite joignant les points donnés, puisque si α', β', γ', α'', β'', γ'' satisfont à la fois à l'équation $A\alpha + B\beta + C\gamma = 0$, il en sera de même de $l\alpha' + m\alpha''$, $l\beta' + m\beta''$, $l\gamma' + m\gamma''$.

Les propositions suivantes se démontrent sans difficulté :
Les quatre points $l\alpha' - m\alpha'', \ldots, l\alpha' + m\alpha'', \alpha'$ et α'' forment une division harmonique. Le rapport anharmonique des points $\alpha' - k\alpha''$, $\alpha' - l\alpha''$, $\alpha' - m\alpha''$, $\alpha' - n\alpha''$ a pour valeur

$$\frac{(n - l)(m - k)}{(n - m)(l - k)}.$$

Les deux systèmes de points

$$\alpha' - k\alpha'', \alpha' - l\alpha'', \ldots,$$
$$\alpha_3 - k\alpha_4, \alpha_3 - l\alpha_4, \ldots,$$

situés sur deux droites différentes, sont *homographiques*,

puisque le rapport anharmonique de quatre points quelconques de la première droite est égal au rapport anharmonique des quatre points correspondants de la seconde.

Exercice.

Dans un triangle, le point de concours des hauteurs, l'intersection des médianes et le centre du cercle circonscrit appartiennent à une même droite.

Les coordonnées de ces points sont en effet : $\cos B \cos C, \ldots$; $\sin B \sin C, \ldots$; $\cos A, \ldots$. Celles du dernier de ces points peuvent également s'écrire : $\sin B \sin C - \cos B \cos C, \ldots$; d'après ce qui précède, elles définissent un point de la droite menée par les deux autres. Le point dont les coordonnées sont : $\cos(B - C), \cos(C - A), \cos(A - B)$, appartient aussi à la même droite, et forme avec les trois autres points une division harmonique. Nous verrons plus loin que ce quatrième point est le centre du cercle passant par les milieux des côtés.

67. *Quelle est la ligne représentée par l'équation*

$$\alpha \sin A + \beta \sin B + \gamma \sin C = 0?$$

Cette équation, par sa forme, rappelle celle de la ligne droite; mais, ainsi que nous l'avons vu (n° **63**), la quantité

$$\alpha \sin A + \beta \sin B + \gamma \sin C$$

est constante et n'est jamais nulle. En nous reportant à l'équation générale de la ligne droite $Ax + By + C = 0$, nous voyons que les segments interceptés par cette droite sur les axes sont $-\dfrac{C}{A}, -\dfrac{C}{B}$; par conséquent, plus A et B sont petits, plus ces segments sont grands, et, par suite, plus grande est la distance à laquelle cette droite se trouve de l'origine. Si donc A et B sont nuls à la fois, les segments deviennent infinis, et la droite est à une distance infinie de l'origine. L'équation revient alors à celle-ci : $0.x + 0.y + C = 0$, et l'on voit que si elle ne peut être vérifiée par des valeurs finies de x et de y, elle peut l'être par des valeurs infinies, puisque le produit d'une quantité nulle par une quantité infinie est indéterminé et peut être fini. Donc *l'équation*

$$\alpha \sin A + \beta \sin B + \gamma \sin C = 0$$

représente une droite située tout entière à une distance infinie de l'origine. En coordonnées cartésiennes, l'équation d'une pareille droite est $0.x + 0.y + C = 0$; nous la représenterons, pour abréger, par $C = 0$.

68. Nous avons vu (n° 64) que l'équation $\alpha + C = 0$ représentait une parallèle à $\alpha = 0$; ce que nous venons de dire montre que cette déduction n'est qu'une extension du principe exposé au n° 40. Une parallèle à α peut en effet être considérée comme rencontrant α à l'infini, et l'équation $\alpha + C = 0$ représente (n° 40) une droite passant par l'intersection de $\alpha = 0$ et de $C = 0$, autrement dit par l'intersection de α avec une droite à l'infini (n° 67).

69. Les coordonnées cartésiennes ne sont qu'un cas particulier des coordonnées trilinéaires. Cependant il paraît exister au premier abord une différence essentielle entre les deux systèmes de coordonnées : les équations trilinéaires sont toutes homogènes, tandis que les équations cartésiennes, que nous avons rencontrées jusqu'ici, renferment un terme absolu, des termes du premier degré, du deuxième, etc. Mais un peu de réflexion montre que cette différence n'est qu'apparente, et que les équations cartésiennes sont homogènes en réalité, bien qu'elles ne le soient pas dans la forme. L'équation $x = 3$, par exemple, signifie que la ligne x est égale à 3 mètres, 3 décimètres, ou à trois fois une unité linéaire quelconque; l'équation $xy = 9$ exprime que le rectangle xy est égal à 9 mètres carrés, 9 décimètres carrés, ou à neuf fois le carré fait sur une certaine unité linéaire, et ainsi des autres.

Pour que les équations deviennent homogènes dans la

forme, comme elles le sont en réalité, il suffit de mettre en évidence l'unité linéaire. En représentant cette unité par z, l'équation de la droite peut s'écrire

$$A x + B y + C z = 0;$$

et si on la compare avec l'équation

$$A \alpha + B \beta + C \gamma = 0,$$

en observant (n° 67) que l'équation d'une ligne prend la forme $z = 0$, lorsque cette ligne est à l'infini, on voit que *les équations en coordonnées cartésiennes ne sont que la forme particulière prise par les équations en coordonnées trilinéaires, lorsque, deux des lignes de référence devenant axes de coordonnées, la troisième ligne de référence s'éloigne à l'infini.*

70. Nous terminerons ce Chapitre par quelques indications sur les systèmes de *coordonnées tangentielles*. Dans un pareil système, la position d'une droite est définie par des coordonnées, et celle d'un point par une équation; toutefois, dans ce Traité, nous le considérerons moins comme un nouveau système de coordonnées que comme une nouvelle manière d'interpréter les équations. L'équation d'une droite, en coordonnées trilinéaires ou cartésiennes, étant

$$\lambda x + \mu y + \nu z = 0,$$

la position de cette droite sera déterminée lorsque l'on connaîtra les quantités λ, μ, ν : nous pouvons dès lors appeler ces trois quantités, ou plutôt leurs rapports qui sont seuls à considérer, les *coordonnées tangentielles* de la ligne droite. Lorsque cette droite passe par un point fixe (x', y', z'), on a la relation $\lambda x' + \mu y' + \nu z' = 0$; une équation de la forme $a\lambda + b\mu + c\nu = 0$, entre les coordonnées λ, μ et ν d'une droite, exprime donc que cette droite passe par le point fixe

(a, b, c) ($n^\circ 51$), et peut s'appeler l'*équation du point* (a, b, c).

On peut employer des abréviations pour les équations de points, et représenter par α, β les quantités $x'\lambda + y'\mu + z'\nu$, $x''\lambda + y''\mu + z''\nu$; alors $l\alpha + m\beta = 0$ est l'équation du point qui divise dans un rapport donné la droite joignant les points α, β; $l\alpha = m\beta$, $m\beta = n\gamma$, $n\gamma = l\alpha$ sont les équations de trois points en ligne droite; $\alpha + k\beta$, $\alpha - k\beta$, représentent deux points qui forment avec α et β un système harmonique.

Nous reviendrons plus loin sur ces analogies, que nous ne faisons qu'indiquer ici; nous aurons alors occasion de montrer que les théorèmes respectivement relatifs aux points et aux droites ont une corrélation telle, que, les uns étant donnés, on peut en déduire les autres, et que souvent on peut les démontrer les uns et les autres en interprétant diversement les mêmes équations. Les théorèmes auxquels nous venons de faire allusion portent le nom de *théorèmes réciproques*.

Exercice.

Interpréter en coordonnées tangentielles les équations employées au n° 60 (Ex. 2).

Soient α, β, γ les équations des points A, B, C; $m\beta - n\gamma$, $n\gamma - l\alpha$, $l\alpha - m\beta$ celles des points L, M, N; on voit que $m\beta + n\gamma - l\alpha$, $n\gamma + l\alpha - m\beta$, $l\alpha + m\beta - n\gamma$ représentent les sommets du triangle formé par LA, MB, NC; $l\alpha + m\beta + n\gamma$ définit le point O où concourent les droites joignant les sommets de ce triangle aux sommets du triangle primitif; $m\beta + n\gamma$, $n\gamma + l\alpha$, $l\alpha + m\beta$ représentent D, E, F.

Il est dès lors facile de voir les points de la figure qui forment des divisions harmoniques.

CHAPITRE V.

DES ÉQUATIONS D'UN DEGRÉ SUPÉRIEUR AU PREMIER REPRÉSENTANT DES LIGNES DROITES.

71. Avant de nous occuper des courbes représentées par des équations d'un degré supérieur au premier, nous allons examiner quelques-uns des cas où ces équations représentent des lignes droites.

Lorsqu'on fait le produit d'un nombre quelconque d'équations $L = 0$, $M = 0$, $N = 0, \ldots$, on obtient une équation composée $LMN\ldots = 0$, qui représente l'ensemble de toutes les lignes correspondantes à chacun de ses facteurs, puisqu'elle est vérifiée par les valeurs des coordonnées qui annulent séparément chacun d'eux. Réciproquement : *Lorsqu'une équation d'un degré quelconque peut se décomposer en plusieurs équations de degré moindre, elle représente l'ensemble de tous les lieux définis par ces dernières équations.*

Ainsi, lorsqu'une équation du $n^{\text{ième}}$ degré peut se décomposer en n facteurs du premier degré, elle représente n droites.

72. *L'équation homogène du $n^{\text{ième}}$ degré en x et y représente n droites passant par l'origine.*

Soit
$$x^n - px^{n-1}y + qx^{n-2}y^2 - \ldots + ty^n = 0$$

cette équation ; en la divisant par y^n, il vient

$$\left(\frac{x}{y}\right)^n - p\left(\frac{x}{y}\right)^{n-1} + q\left(\frac{x}{y}\right)^{n-2} - \ldots = 0,$$

ou, en désignant par $a, b, c, \ldots$ les n valeurs qu'on en tire pour $\frac{x}{y}$,

$$\left(\frac{x}{y} - a\right)\left(\frac{x}{y} - b\right)\left(\frac{x}{y} - c\right) \ldots = 0;$$

L'équation primitive peut donc se mettre sous la forme

$$(x - ay)(x - by)(x - cy) \ldots = 0.$$

et l'on voit ainsi qu'elle représente n droites, $x - ay = 0, \ldots$, passant toutes par l'origine. En particulier, l'équation homogène

$$x^2 - pxy + qy^2 = 0$$

représente les deux droites $x - ay = 0$, $x - by = 0$, a et b étant les racines de l'équation du deuxième degré

$$\left(\frac{x}{y}\right)^2 - p\left(\frac{x}{y}\right) + q = 0.$$

On prouverait de la même manière que l'équation

$$(x-a)^n - p(x-a)^{n-1}(y-b)$$
$$+ q(x-a)^{n-2}(y-b)^2 + \ldots + l(y-b)^n = 0$$

représente n droites passant par le point (a, b).

Exercices.

1. *Que représente l'équation $xy = 0$?*

Les deux axes ; puisqu'elle est vérifiée par l'une ou l'autre des suppositions $x = 0$, $y = 0$.

2. *Que représente l'équation $x^2 - y^2 = 0$?*

Les bissectrices $x \pm y = 0$ des angles formés par les axes (n° 35).

3. *Que représente l'équation* $x^2 - 5xy + 6y^2 = 0$?

Réponse. $\quad x - 2y = 0, \quad x - 3y = 0.$

4. *Que représente l'équation* $x^2 - 2xy \sec\theta + y^2 = 0$?

Réponse. $\quad x = y \tang\left(45 \pm \frac{1}{2}\theta\right).$

5. *Quelles sont les lignes représentées par*
$$x^2 - 2xy \tang\theta - y^2 = 0?$$

6. *Quelles sont les lignes représentées par*
$$x^3 - 6x^2y + 11xy^2 - 6y^3 = 0?$$

73. Examinons plus en détail les trois cas qui peuvent se présenter dans la résolution de l'équation
$$x^2 - pxy + qy^2 = 0,$$
ou, ce qui revient au même, de
$$\left(\frac{x}{y}\right)^2 - p\left(\frac{x}{y}\right) + q = 0,$$
suivant que les racines a et b de cette dernière équation sont réelles et inégales, réelles et égales, ou imaginaires.

Le premier cas ne présente aucune difficulté : a et b sont les tangentes des angles que les droites font avec l'axe des y, les axes étant supposés rectangulaires; p est la somme de ces tangentes, et q est leur produit.

Dans le deuxième cas, où $a = b$, on dit habituellement que l'équation ne représente qu'une seule droite : $x - ay = 0$; mais alors le fait géométrique ne correspond pas à l'expression algébrique, et il y a tout avantage à faire disparaître ce désaccord. Nous regarderons donc, dans ce cas, l'équation comme représentant *deux droites qui coïncident*, et non pas comme ne représentant qu'une *seule droite;* de même que nous disons que l'équation a *deux racines égales,* et non pas qu'elle n'a qu'*une seule racine.*

Dans le troisième cas, les racines sont toutes les deux imaginaires, et l'on ne peut satisfaire à l'équation par aucunes coordonnées réelles autres que celles de l'origine $x = 0$, $y = 0$; aussi dit-on habituellement que l'équation ne représente plus un système de lignes droites, mais bien l'origine. Cette manière de s'exprimer soulève plusieurs objections : elle suppose en effet que, dans certains cas, une seule équation peut représenter un point; et cependant nous avons vu (n° 14) qu'il faut *deux* équations pour déterminer un point. Elle suppose, en outre, bien que nous ayons toujours considéré deux *équations différentes* comme ayant des *significations géométriques différentes,* qu'une quantité innombrable d'équations peuvent être regardées comme celles d'un *même point,* puisqu'il suffit, pour que les racines soient imaginaires, que p^2 soit inférieur à $4q$, quelles que soient, du reste, les valeurs particulières de p et de q. Pour parler en Géométrie le même langage qu'en Algèbre, ce qui nous paraît de beaucoup préférable, nous dirons donc que l'équation représente *deux droites imaginaires,* et non pas qu'elle ne représente aucune droite; de même que, dans le cas où p^2 est inférieur à $4q$, nous disons que l'équation a *deux racines imaginaires,* et non pas qu'elle n'a point de racines.

En résumé, l'équation $x^2 - pxy + qy^2 = 0$ pouvant, dans tous les cas, se mettre sous la forme $(x - ay)(x - by) = 0$, représente toujours, quels que soient a et b, deux droites passant par l'origine. Si a et b sont réels, les deux droites sont réelles; lorsque a est égal à b, les deux droites coïncident; enfin quand a et b sont imaginaires, les deux droites sont imaginaires. Il peut paraître, de prime abord, indifférent d'adopter telle ou telle manière de s'exprimer; mais nous verrons, par la suite, combien d'analogies importantes nous échapperaient si nous ne conformions pas notre langage aux principes que nous venons d'exposer.

De semblables remarques s'appliquent à l'équation

$$A x^2 + B xy + C y^2 = 0,$$

puisqu'on peut la ramener à la forme $x^2 - pxy + qy^2 = 0$, en divisant tous ses termes par le coefficient de x^2. Elle représente donc toujours deux droites passant par l'origine; ces droites sont réelles lorsque $B^2 - 4AC$ est positif, coïncident quand $B^2 - 4AC$ est nul, et enfin deviennent imaginaires lorsque $B^2 - AC$ est négatif.

C'est encore d'après les mêmes principes que nous interpréterons géométriquement les racines égales ou imaginaires qui peuvent se rencontrer dans la résolution de l'équation homogène du $n^{\text{ième}}$ degré.

74. *Trouver l'angle compris entre les droites représentées par l'équation* $x^2 - pxy + qy^2 = 0$.

Soit $(x - ay)(x - by) = 0$ la forme que prend cette équation lorsqu'on y met en évidence les droites qu'elle représente (n° 72). L'angle φ, compris entre ces deux droites, est défini par la relation (n° 25)

$$\tang \varphi = \frac{a - b}{1 + ab},$$

qui se réduit à

$$\tang \varphi = \frac{\sqrt{p^2 - 4q}}{1 + q},$$

en observant que, d'après la théorie des équations,

$$ab = q, \quad a - b = \sqrt{p^2 - 4q}.$$

Si l'équation avait été donnée sous la forme

$$A x^2 + B xy + C y^2 = 0,$$

on aurait trouvé,
$$\tang\varphi = \frac{\sqrt{B^2 - 4AC}}{A + C}.$$

Corollaire. — Les droites sont perpendiculaires lorsque $\tang\varphi$ devient infini, c'est-à-dire lorsque $q = -1$, ou $A + C = 0$, suivant que l'on considère la première ou la deuxième forme d'équation.

Quand les axes sont obliques, l'angle des deux droites est défini par la relation
$$\tang\varphi = \frac{\sin\omega\sqrt{B^2 - 4AC}}{A + C - B\cos\omega}.$$

Exercice.

Trouver les angles compris entre les droites
$$x^2 + xy - 6y^2 = 0, \quad x^2 - 2xy\sec\theta + y^2 = 0.$$

Réponse. $\quad\varphi = 45°, \quad \varphi = \theta.$

75. *Trouver l'équation des bissectrices des angles formés par les deux droites que représente l'équation*
$$Ax^2 + Bxy + Cy^2 = 0.$$

Soient $x - ay = 0, x - by = 0$ ces deux droites; $x - \mu y = 0$ l'équation d'une bissectrice. Pour déterminer μ, remarquons (n° 18) que μ est la tangente de l'angle compris entre la bissectrice et l'axe des y, et que cet angle est égal à la demi-somme des angles que les deux droites font avec cet axe; nous aurons ainsi
$$\frac{2\mu}{1 - \mu^2} = \frac{a + b}{1 - ab};$$

et par suite
$$\frac{2\mu}{1 - \mu^2} = -\frac{B}{A - C},$$

puisque, d'après la théorie des équations,

$$a + b = -\frac{B}{A}, \quad ab = \frac{C}{A}.$$

On obtient de cette manière, pour déterminer μ, l'équation du deuxième degré

$$\mu^2 - 2\frac{A-C}{B}\mu - 1 = 0.$$

L'une des racines représente la tangente de l'angle que la bissectrice *intérieure* des deux droites fait avec l'axe des y; l'autre, la tangente de l'angle que la bissectrice *extérieure* fait avec ce même axe. En remplaçant dans cette équation μ par sa valeur $\frac{x}{y}$, on trouve, pour l'équation composée des deux bissectrices,

$$x^2 - 2\frac{A-C}{B}xy - y^2 = 0 \quad (^1),$$

et il résulte de la forme de cette équation (n° 74) que ces bissectrices se coupent à angle droit.

On peut arriver au même résultat en posant (n° 35) les équations des bissectrices intérieure et extérieure de l'angle formé par les droites $x - ay = 0, x - by = 0$, et en les multipliant l'une par l'autre. En chassant les dénominateurs dans la relation ainsi obtenue

$$\frac{(x-ay)^2}{1+a^2} = \frac{(x-by)^2}{1+b^2},$$

(^{1}) Il y a lieu de remarquer que les racines de cette équation sont toujours réelles, même lorsque celles de l'équation primitive

$$Ax^2 + Bxy + Cy^2 = 0$$

sont imaginaires. De là cette proposition curieuse : « Les bissectrices des angles formés par un système de deux droites imaginaires sont réelles. » C'est dans l'existence de pareilles relations, entre des lignes réelles et des lignes imaginaires, que l'emploi des lignes imaginaires puise toute son utilité.

et en y remplaçant $a+b$ et ab par leurs valeurs en fonction des coefficients A, B et C, on retombe sur la même équation que ci-dessus.

76. Nous avons vu que l'équation du second degré *peut* représenter deux droites, autrement dit, se décomposer en deux facteurs du premier degré; pour qu'il en soit ainsi, il faut que ses coefficients satisfassent à une condition que nous allons déterminer.

L'équation générale du second degré

$$ax^2 + 2hxy + by^2 + 2gx + 2fy + c = 0 \quad (^1)$$

peut s'écrire

$$ax^2 + 2(hy+g)x + by^2 + 2fy + c = 0,$$

et, en la résolvant par rapport à x, on trouve

$$ax = -(hy+g) \pm \sqrt{(h^2-ab)y^2 + 2(hg-af)y + (g^2-ac)}.$$

Pour que cette expression puisse se ramener à la forme $x = my + n$, il faut que la quantité sous le radical soit un carré parfait, ce qui donne, pour la condition cherchée,

$$(h^2-ab)(g^2-ac) = (hg-af)^2,$$

(^{1}) Il pourrait paraître plus naturel d'écrire cette équation :
$$ax^2 + bxy + cy^2 + dx + ey + f = 0.$$
Mais, pour conserver une notation uniforme dans tout le cours de cet Ouvrage, nous avons cru devoir adopter, dès le commencement, la forme donnée dans le texte, dont nous aurons lieu, plus tard, d'apprécier la commodité et la symétrie. Nous verrons, en effet, que cette équation est liée intimement avec l'équation homogène à trois variables, à laquelle on a donné la forme symétrique :
$$ax^2 + by^2 + cz^2 + 2fyz + 2gzx + 2hxy = 0,$$
et dont elle se déduit en y faisant $z=1$. Le coefficient 2 qui se trouve dans plusieurs termes rend plus simples, et plus faciles à retenir, un certain nombre de formules auxquelles conduit l'emploi de cette équation.

ou, en développant et divisant par a,

$$abc + 2fgh - af^2 - bg^2 - ch^2 = 0 \quad (^1).$$

Lorsque cette condition est remplie, les équations des deux droites s'obtiennent en prenant le radical successivement avec le signe $+$ et avec le signe $-$.

Exercices.

1. *Vérifier que l'équation*

$$x^2 - 5xy + 4y^2 + x + 2y - 2 = 0$$

représente deux droites, et trouver ces droites.

En résolvant cette équation par rapport à x, comme il vient d'être dit, on trouve, pour les deux droites,

$$x - y - 1 = 0, \quad x - 4y + 2 = 0.$$

2. *Vérifier que l'expression suivante représente deux droites*

$$(\alpha x + \beta y - r^2)^2 = (\alpha^2 + \beta^2 - r^2)(x^2 + y^2 - r^2).$$

3. *Quelles sont les lignes représentées par l'équation*

$$x^2 - xy + y^2 - x - y + 1 = 0?$$

Les droites imaginaires $x + \theta y + \theta^2 = 0$, $x + \theta^2 y + \theta = 0$, θ étant une des racines cubiques imaginaires de l'unité.

4. *Déterminer h, de telle sorte que l'équation*

$$x^2 + 2hxy + y^2 - 5x - 7y + 6 = 0$$

représente deux droites.

En remplaçant les coefficients de l'équation générale par les valeurs qui leur correspondent dans l'équation donnée, on trouve,

---

(^{1}) Lorsque les coefficients des termes en xy, en x et en y de l'équation générale ne comportent pas de facteurs numériques, cette condition devient

$$4abc + fgh - af^2 - bg^2 - ch^2 = 0.$$

pour déterminer h, l'équation du second degré $12h^2 - 35h + 25 = 0$, dont les racines sont $\frac{5}{3}$ et $\frac{5}{4}$.

*77. La méthode exposée au numéro précédent est très simple lorsqu'il s'agit d'une équation du second degré, mais elle n'est pas applicable aux équations de degré supérieur: aussi donnerons-nous une autre solution du problème, en cherchant dans quelles conditions on peut identifier une équation du second degré avec le produit des équations de deux droites

$$(\alpha x + \beta y - 1)(\alpha' x + \beta' y - 1) = 0.$$

Pour cela, il suffit d'effectuer le produit indiqué et d'égaler le coefficient de chaque terme à celui du terme correspondant de l'équation générale du deuxième degré, après avoir préalablement divisé cette dernière par c, de manière à rendre le terme absolu égal à l'unité. On obtient ainsi cinq équations

$$\alpha\alpha' = \frac{a}{c}, \quad \alpha + \alpha' = -\frac{2g}{c}, \quad \beta\beta' = \frac{b}{c},$$
$$\beta + \beta' = -\frac{2f}{c}, \quad \alpha\beta' + \alpha'\beta = \frac{2h}{c};$$

quatre d'entre elles servent à déterminer les valeurs des inconnues α, α', β, β' en fonction des coefficients de l'équation générale; la condition cherchée se trouve en exprimant que ces valeurs satisfont à la cinquième.

Les quatre premières équations donnent, pour déterminer α, α', β, β', deux équations du deuxième degré qu'on peut aussi trouver en observant que les valeurs de α, α', β, β' sont les inverses des segments déterminés par les droites sur les axes. Ces segments sont donnés par les équations

$$ax^2 + 2gx + c = 0, \quad by^2 + 2fy + c = 0.$$

qui s'obtiennent en faisant alternativement $x = 0, y = 0$ dans l'équation générale.

Pour compléter la solution, nous n'avons plus qu'à tirer, de ces deux dernières équations, les valeurs de α, α', β et β' pour les porter dans la cinquième des équations données en premier lieu. Mais on peut opérer plus simplement, en remarquant que rien n'indique quelle est celle des racines α et α' de la première équation du deuxième degré qui doit être combinée avec la racine β de la seconde, et par suite que le rapport $\dfrac{2h}{c}$ peut avoir aussi bien la valeur $\alpha\beta' + \alpha'\beta$, que la valeur $\alpha\beta + \alpha'\beta'$. Il est facile, du reste, de se rendre compte géométriquement de cette particularité.

Si le lieu rencontre les axes aux points L, L', M, M', et s'il se compose de lignes droites, son équation peut aussi bien représenter les deux droites LM, L'M' que les deux droites LM', L'M ; elle doit par conséquent s'identifier avec l'une ou l'autre des équations

$$(\alpha x + \beta y - 1)(\alpha' x + \beta' y - 1) = 0,$$
$$(\alpha x + \beta' y - 1)(\alpha' x + \beta y - 1) = 0.$$

Cela étant, on a, pour la somme des deux quantités $\alpha\beta + \alpha'\beta'$, $\alpha\beta' + \alpha'\beta$,

$$\alpha\beta + \alpha'\beta' + \alpha\beta' + \alpha'\beta = (\alpha + \alpha')(\beta + \beta') = \frac{4fg}{c^2},$$

et pour leur produit

$$(\alpha\beta + \alpha'\beta')(\alpha'\beta + \alpha\beta') = \alpha\alpha'(\beta^2 + \beta'^2) + \beta\beta'(\alpha^2 + \alpha'^2)$$
$$= \frac{a}{c}\frac{4f^2 - 2bc}{c^2} + \frac{b}{c}\frac{4g^2 - 2ac}{c^2}.$$

Les valeurs de $\dfrac{h}{c}$ sont donc données par l'équation du deuxième degré

$$\frac{h^2}{c^2} - \frac{fg}{c^2} \cdot \frac{2h}{c} + \frac{af^2 + bg^2 - abc}{c^3} = 0,$$

qui se ramène facilement à la condition donnée précédemment.

Exercice.

Déterminer h, de manière que $x^2 + 2hxy + y^2 - 5x - 7y + 6 = 0$ représente deux droites (n° 76, Ex. 4).

Les segments déterminés sur les axes sont donnés par les équations
$$x^2 - 5x + 6 = 0, \quad y^2 - 7y + 6 = 0,$$
dont les racines sont
$$x = 2, \quad x = 3, \quad y = 1, \quad y = 6.$$

En formant les équations des droites qui joignent les points ainsi obtenus, on voit que, si l'équation donnée représente des droites, elle doit être de l'une ou de l'autre des formes
$$(x + 2y - 2)(2x + y - 6) = 0, \quad (x + 3y - 3)(3x + y - 6) = 0.$$

Effectuant les multiplications, on trouve facilement les valeurs de h.

*78. *Trouver le nombre des conditions auxquelles doivent satisfaire les coefficients de l'équation générale du $n^{ième}$ degré, pour qu'elle représente un système de n droites.*

Nous procéderons, comme au numéro précédent, en comparant le produit des équations des n droites
$$(\alpha x + \beta y - 1)(\alpha' x + \beta' y - 1)(\alpha'' x + \beta'' y - 1)\ldots = 0.$$
avec l'équation générale, dans laquelle nous aurons rendu le terme absolu égal à l'unité.

Les termes absolus étant identiques, on trouve ainsi $N - 1$ équations, N représentant le nombre des termes de l'équation générale; et comme $2n$ d'entre elles suffisent pour déterminer les $2n$ inconnues $\alpha, \alpha', \alpha'', \ldots$, il faudra $N - 1 - 2n$ conditions, qui s'obtiendront en éliminant $\alpha, \alpha', \alpha''\ldots$, entre les $N - 1$ équations.

En écrivant l'équation générale sous la forme

$$\begin{aligned}
& A \\
&+ Bx + Cy \\
&+ Dx^2 + Exy + Fy^2 \\
&+ Gx^3 + Hx^2y + Kxy^2 + Ly^3 \\
&+ \ldots\ldots\ldots\ldots\ldots\ldots\ldots\ldots\ldots = 0,
\end{aligned}$$

on voit immédiatement que le nombre des termes de cette équation est égal à la somme des termes d'une progression arithmétique, et que

$$N = 1 + 2 + 3 + \ldots + (n+1) = \frac{(n+1)(n+2)}{1.2},$$

formule d'où l'on déduit successivement

$$N - 1 = \frac{n(n+3)}{1.2}, \quad N - 1 - 2n = \frac{n(n-1)}{1.2}.$$

CHAPITRE VI.

DU CERCLE.

79. Nous croyons utile, avant de discuter l'équation générale du second degré, d'étudier d'abord le cercle, pour faire voir, par ce cas assez simple, comment on peut, de l'équation d'une courbe déduire toutes les propriétés de cette courbe, sans en avoir fait une étude préalable par les procédés géométriques.

L'équation en coordonnées rectangulaires du cercle qui a pour centre le point (α, β) et pour rayon r est (n° 17)

$$(x-\alpha)^2 + (y-\beta)^2 = r^2.$$

Quand le centre est à l'origine des coordonnées, on a $\alpha = 0, \beta = 0$, et l'équation se réduit à

$$x^2 + y^2 = r^2.$$

Lorsqu'on prend pour axe des x un diamètre, et pour axe des y une perpendiculaire à l'extrémité de ce diamètre, on a $\alpha = r, \beta = 0$, et l'équation devient

$$x^2 + y^2 = 2rx.$$

Ces deux derniers cas se rencontrent assez souvent dans les applications.

80. Dans l'équation du cercle en coordonnées rectangulaires, les coefficients de x^2 et de y^2 sont égaux, et le terme en xy manque. L'équation générale

$$ax^2 + 2hxy + by^2 + 2gx + 2fy + c = 0$$

ne peut donc représenter un cercle que si l'on a, à la fois, $a = b$, $h = 0$. Quand ces conditions sont remplies, on peut la ramener à la forme

$$(x - \alpha)^2 + (y - \beta)^2 = r^2,$$

en suivant un procédé analogue à celui qui est usité dans la résolution de l'équation du deuxième degré. Il suffit, après avoir ramené les coefficients de x^2 et de y^2 à l'unité, de faire passer dans le second membre le terme absolu, et de compléter les carrés en ajoutant aux deux membres la somme des carrés de la moitié des coefficients de x et de y.

En appliquant ce procédé à l'équation

$$a(x^2 + y^2) + 2gx + 2fy + c = 0,$$

on trouve

$$\left(x + \frac{g}{a}\right)^2 + \left(y + \frac{f}{a}\right)^2 = \frac{g^2 + f^2 - ac}{a^2},$$

ce qui donne

$$-\frac{g}{a}, -\frac{f}{a}$$

pour les coordonnées du centre, et

$$\frac{1}{a}\sqrt{g^2 + f^2 - ac}$$

pour le rayon.

Quand $g^2 + f^2$ est plus petit que ac, le rayon du cercle est imaginaire, et l'équation du cercle, qui se ramène alors à une équation de la forme

$$(x - \alpha)^2 + (y - \beta)^2 + r^2 = 0,$$

ne peut être vérifiée par aucune valeur réelle de x et de y.

Lorsque $g^2 + f^2$ est égal à ac, le rayon est nul, et l'équation du cercle, qu'on peut alors identifier avec l'équation

$$(x - \alpha)^2 + (y - \beta)^2 = 0,$$

n'est vérifiée que par les coordonnées du point (α, β). On désigne quelquefois cette équation sous le nom d'*équation du point* (α, β); mais pour des raisons déjà énoncées (n° 73), nous préférons la considérer comme l'équation d'*un cercle infiniment petit*. Nous avons vu aussi (n° 73) qu'on pouvait la regarder comme l'équation de deux droites imaginaires

$$(x - \alpha) \pm (y - \beta)\sqrt{-1} = 0$$

passant par le point (α, β). De même l'équation $x^2 + y^2 = 0$ peut être considérée comme celle d'un cercle infiniment petit ayant l'origine pour centre, ou bien comme celle des deux droites imaginaires $x \pm y\sqrt{-1} = 0$.

Exercice.

Ramener à la forme $(x - \alpha)^2 + (y - \beta)^2 = r^2$ *les équations*

$$x^2 + y^2 - 2x - 4y = 20, \quad 3x^2 + 3y^2 - 5x - 7y + 1 = 0.$$

Réponse.

$$(x - 1)^2 + (y - 2)^2 = 25, \quad \left(x - \frac{5}{6}\right)^2 + \left(y - \frac{7}{6}\right)^2 = \frac{62}{36}.$$

Les coordonnées du centre et le rayon sont, dans le premier cas, $(1, 2)$ et 5; et dans le second, $\left(\frac{5}{6}, \frac{7}{6}\right)$ et $\frac{1}{6}\sqrt{62}$.

81. L'équation du cercle en coordonnées obliques est peu usitée; on l'obtient en exprimant (n° 5) que la distance du centre à l'un quelconque des points du cercle est égale au rayon; on trouve ainsi

$$(x - \alpha)^2 + (y - \beta)^2 + 2(x - \alpha)(y - \beta)\cos\omega = r^2.$$

En comparant cette équation à l'équation générale du second degré, on voit que celle-ci ne peut représenter un cercle que si l'on a, à la fois, $a = b$, $h = a\cos\omega$. Lorsque ces conditions sont remplies, on peut identifier les deux équations, et l'on a, pour déterminer les coordonnées du centre et le rayon, les relations

$$\alpha + \beta\cos\omega = -\frac{g}{a}, \quad \beta + \alpha\cos\omega = -\frac{f}{a},$$

$$\alpha^2 + \beta^2 + 2\alpha\beta\cos\omega - r^2 = \frac{c}{a}.$$

Les deux premières suffisent pour déterminer α et β, et comme elles ne renferment pas c, il s'ensuit que *deux cercles sont concentriques lorsque leurs équations ne diffèrent que par une constante.*

Lorsque $c = 0$, le cercle passe par l'origine, puisque son équation est vérifiée par les coordonnées $x = 0, y = 0$ de cette origine. Cette remarque est générale, et *lorsqu'une équation n'a pas de terme absolu, la courbe qu'elle représente passe par l'origine.*

82. *Trouver les coordonnées des points où la droite* $x\cos\alpha + y\sin\alpha = p$ *rencontre le cercle* $x^2 + y^2 = r^2$.

En égalant l'une à l'autre les valeurs de y tirées de chacune des équations, on trouve, pour déterminer x,

$$\frac{p - x\cos\alpha}{\sin\alpha} = \sqrt{r^2 - x^2},$$

ou, en réduisant,

$$x^2 - 2px\cos\alpha + p^2 - r^2\sin^2\alpha = 0;$$

d'où

$$x = p\cos\alpha \pm \sin\alpha\sqrt{r^2 - p^2};$$

S. — *Géom. à deux dim.*

on trouverait de même

$$y = p \sin\alpha \mp \cos\alpha \sqrt{r^2 - p^2}.$$

Il est d'ailleurs facile de voir, en portant ces valeurs dans les équations données, que le signe — dans la valeur de y correspond au signe $+$ dans la valeur de x, et *vice versa*.

Nous avons trouvé, pour déterminer x, une équation du deuxième degré, c'est-à-dire une équation ayant deux racines réelles ou imaginaires ; nous devons en conclure, pour faire correspondre le fait géométrique à l'expression algébrique, qu'une droite *quelconque* rencontre un cercle en deux points réels ou imaginaires.

Lorsque p est plus grand que r, c'est-à-dire lorsque la distance de la droite au centre est plus grande que le rayon, la droite, considérée géométriquement, ne rencontre pas le cercle, et cependant l'analyse donne des valeurs imaginaires définies pour les coordonnées des points d'intersection. Aussi ne dirons-nous pas que la droite ne rencontre pas le cercle ; nous dirons qu'elle le rencontre en deux points imaginaires, et cela, parce que nous disons que l'équation du deuxième degré a deux racines imaginaires, et non point qu'elle n'a pas de racines. Par point imaginaire, nous n'entendons, du reste, pas autre chose qu'un point ayant une de ses coordonnées imaginaires, ou toutes les deux. C'est là une conception purement analytique que nous ne chercherons pas à représenter géométriquement, pas plus que nous n'attachons de signification arithmétique aux valeurs des racines imaginaires d'une équation. La considération des points imaginaires est nécessaire pour conserver aux raisonnements toute leur généralité ; il existe en effet, ainsi que nous le verrons bientôt, un grand nombre de propositions dans lesquelles la droite qui joint deux points imaginaires est réelle et jouit de toutes les propriétés géométriques de la droite qui lui correspond dans le cas où les points sont réels.

83. Lorsque $p = r$, la droite, ainsi qu'on le démontre en Géométrie, est tangente au cercle. L'Analyse conduit à la même conclusion; elle indique en effet que, dans ce cas, les deux valeurs de x, ainsi que celles de y, sont *égales* entre elles, et, par suite, que les points correspondant à ces valeurs particulières de x et de y coïncident, au lieu d'être distincts, comme ils le sont généralement. Nous ne dirons donc pas que la tangente ne rencontre le cercle qu'en un seul point; nous dirons qu'elle le rencontre en deux points qui coïncident, exactement comme nous disons que l'équation du deuxième degré, qui sert à déterminer ces points, a deux racines égales, et non pas qu'elle n'a qu'une seule racine. En résumé, la tangente au cercle, et plus généralement *la tangente à une courbe quelconque doit être considérée comme une droite joignant deux points infiniment voisins de cette courbe.*

On trouve de même une équation du deuxième degré, pour déterminer les points d'intersection de la droite $Ax + By + C$ avec le cercle donné par l'équation générale; et cette droite est tangente au cercle, lorsque l'équation du deuxième degré a ses racines égales.

Exercices.

1. *Trouver les coordonnées de l'intersection du cercle*
$$x^2 + y^2 = 65$$
avec la droite $3x + y = 25$.

Réponse. $(7, 4)$, $(8, 1)$.

2. *Trouver l'intersection du cercle* $(x - c)^2 + (y - 2c)^2 = 25c^2$ *avec la droite* $4x + 3y = 35c$.

La droite touche le cercle au point $(5c, 5c)$.

3. *Dans quel cas la droite* $y = mx + b$ *est-elle tangente au cercle* $x^2 + y^2 = r^2$?

Lorsque $b^2 = r^2(1 + m^2)$.

4. *Dans quel cas la droite $y = mx$ menée par l'origine touche-t-elle le cercle $a(x^2 + 2xy\cos\omega + y^2) + 2gx + 2fy + c = 0$?*

Les points d'intersection de cette droite et du cercle sont déterminés par l'équation

$$a(1 + 2m\cos\omega + m^2)x^2 + 2(g + fm)x + c = 0,$$

qui a ses racines égales lorsque

$$(g + fm)^2 = ac(1 + 2m\cos\omega + m^2);$$

ce qui donne une équation du deuxième degré pour déterminer m.

5. *Trouver les tangentes menées par l'origine au cercle*

$$x^2 + y^2 - 6x - 2y + 8 = 0.$$

Réponse. $\quad x - y = 0, \quad x + 7y = 0.$

84. Il est souvent plus commode, pour fixer la position d'un cercle donné par son équation, de calculer les segments que ce cercle détermine sur les axes, que de chercher son centre et son rayon. Pour tracer un cercle, il suffit d'en connaître trois points; mais il est évident qu'on aura une idée plus nette de sa position lorsqu'on pourra marquer les quatre points où il rencontre les axes. En faisant alternativement $y = 0$, $x = 0$ dans l'équation générale du cercle, on trouve, pour déterminer ces points, les deux équations du deuxième degré

$$ax^2 + 2gx + c = 0, \quad ay^2 + 2fy + c = 0.$$

L'axe des x est tangent au cercle lorsque les racines de la première équation sont égales, c'est-à-dire lorsque $g^2 = ac$; l'axe des y est tangent lorsque $f^2 = ac$.

Réciproquement, pour trouver l'équation d'un cercle déterminant des segments λ, λ' sur l'axe des x, il suffit de faire dans l'équation générale

$$2g = -(\lambda + \lambda'), \quad c = \lambda\lambda',$$

après y avoir toutefois ramené à l'unité le coefficient a.

On trouverait de même l'équation d'un cercle interceptant des segments μ et μ' sur l'axe des y, en faisant

$$2f = -(\mu + \mu'), \quad c = \mu\mu';$$

et, en comparant les valeurs obtenues pour c, dans les deux cas, on retombe sur le théorème connu $\mu\mu' = \lambda\lambda'$.

Exercices.

1. *Trouver les points où les axes sont coupés par le cercle*

$$x^2 + y^2 - 5x - 7y + 6 = 0.$$

Réponse. $\quad x = 3, \quad x = 2; \quad y = 6, \quad y = 1.$

2. *Quelle est l'équation du cercle tangent aux axes à une distance a de l'origine?*

Réponse. $\quad x^2 + y^2 - 2ax - 2ay + a^2 = 0.$

3. *Trouver l'équation d'un cercle en prenant pour axe des x une tangente, et pour axe des y une droite passant par le point de contact.*

Dans ce cas, λ, λ' et μ sont nuls; il est d'ailleurs facile de voir sur une figure que $\mu' = 2r\sin\omega$.

L'équation cherchée est donc $x^2 + 2xy\cos\omega + y^2 - 2ry\sin\omega = 0$.

85. *Trouver l'équation de la tangente menée à un cercle donné par un point (x', y') pris sur ce cercle.*

D'après la définition donnée au n° 83, la tangente à une courbe doit être considérée comme une droite joignant deux points infiniment voisins de cette courbe. L'équation de la tangente peut donc se déduire de l'équation de la corde passant par deux points quelconques (x', y'), (x'', y'') de la courbe, en y faisant $x' = x'', y' = y''$.

Supposons d'abord que le cercle ait son centre à l'origine, son équation sera

$$x^2 + y^2 = r^2,$$

et l'on aura, pour l'équation de la droite passant par les deux points (x', y'), (x'', y'') (n° 29),

$$\frac{y-y'}{x-x'} = \frac{y'-y''}{x'-x''}.$$

Lorsqu'on fait $x'=x''$, $y'=y''$ dans cette dernière équation, le second membre devient indéterminé ; cela tient à ce que nous n'avons pas encore exprimé que les points (x', y'), (x'', y'') se trouvent *sur le cercle;* en introduisant cette condition, on fait disparaître l'indétermination, car on a

$$r^2 = x'^2 + y'^2 = x''^2 + y''^2,$$

ce qui donne

$$x'^2 - x''^2 = y''^2 - y'^2,$$

et par suite

$$\frac{y'-y''}{x'-x''} = -\frac{x'+x''}{y'+y''}.$$

L'équation de la corde prend alors la forme

$$\frac{y-y'}{x-x'} = -\frac{x'+x''}{y'+y''},$$

et, en y faisant $x'=x''$, $y'=y''$, on a pour l'équation de la tangente

$$\frac{y-y'}{x-x'} = -\frac{x'}{y'},$$

qui devient, toutes réductions faites, et en observant que $x'^2 + y'^2 = r^2$,

$$xx' + yy' = r^2.$$

On peut encore arriver à cette équation de la manière suivante (¹) :

(¹) Cette méthode est due à M. Burnside.

L'équation de la corde joignant deux points (x', y'), (x'', y'') d'un cercle peut se mettre sous la forme

$$(x - x')(x - x'') + (y - y')(y - y'') = x^2 + y^2 - r^2;$$

en effet, cette équation représente une ligne droite, puisque les termes en x^2 et y^2 disparaissent après le développement; d'ailleurs, si l'on y fait $x = x'$, $y = y'$, le premier membre devient identiquement nul, et il en est de même du second, attendu que (x', y') est un point du cercle : cette droite passe donc par le point (x', y') du cercle; on verrait de même qu'elle passe par l'autre point (x'', y''). En faisant $x' = x''$, $y' = y''$ dans cette équation, on obtient pour celle de la tangente

$$(x - x')^2 + (y - y')^2 = x^2 + y^2 - r^2,$$

qui se ramène, comme plus haut, à la forme

$$xx' + yy' = r^2.$$

Si l'on veut rapporter les équations ci-dessus à une autre origine, de telle sorte que α et β deviennent les coordonnées du centre du cercle, il suffit d'y remplacer (n° 8) x, x', y, y' respectivement par $x - \alpha$, $x' - \alpha$, $y - \beta$, $y' - \beta$; on trouve ainsi, pour l'équation du cercle,

$$(x - \alpha)^2 + (y - \beta)^2 = r^2,$$

et pour celle de la tangente,

$$(x - \alpha)(x' - \alpha) + (y - \beta)(y' - \beta) = r^2,$$

équation qu'il est facile de se rappeler en raison de son analogie avec celle du cercle.

Corollaire. — La tangente $xx' + yy' = r^2$ est perpendiculaire au rayon $x'y - y'x = 0$ aboutissant au point de contact (n° 32).

86. La méthode indiquée à la fin du numéro précédent peut s'appliquer à l'équation générale (¹)

$$ax^2 + 2hxy + by^2 + 2gx + 2fy + c = 0,$$

et l'équation

$$a(x-x')(x-x'') + 2h(x-x')(y-y'') + b(y-y')(y-y'')$$
$$= ax^2 + 2hxy + by^2 + 2gx + 2fy + c$$

représente la corde passant par les deux points (x', y'), (x'', y'') de la courbe. Cette équation est, en effet, du premier degré, et elle est vérifiée par les coordonnées x', y', x'', y'' des deux points. En y faisant $x'' = x'$, $y'' = y'$, on trouve pour l'équation de la tangente

$$a(x-x')^2 + 2h(x-x')(y-y') + b(y-y')^2$$
$$= ax^2 + 2hxy + by^2 + 2gx + 2fy + c,$$

ou, en développant,

$$2ax'x + 2h(x'y + y'x) + 2by'y + 2gx + 2fy + c$$
$$= ax'^2 + 2hx'y' + by'^2,$$

et, si l'on ajoute de part et d'autre $2gx' + 2fy' + c$, en observant que (x', y') est un point de la courbe,

$$ax'x + h(x'y + y'x) + by'y + g(x+x')$$
$$+ f(y+y') + c = 0.$$

Cette équation de la tangente est facile à retenir; elle se déduit de celle de la courbe en y remplaçant respectivement x^2 et y^2 par $x'x$, $y'y$; $2xy$ par $x'y + y'x$; et enfin $2x, 2y$ par $x'+x, y'+y$.

(¹) Lorsque cette équation représente un cercle, on a évidemment $b = a$, $h = a\cos\omega$; mais la méthode étant indépendante des valeurs particulières de b ou de h, il y a tout avantage à obtenir dès à présent les formules dont nous aurons besoin plus tard dans la discussion de l'équation générale du deuxième degré.

Exercices.

1. *Former les équations des tangentes aux courbes* $xy = c^2$ *et* $y^2 = px$.

   Réponse. $x'y + y'x = 2c^2$, $2yy' = p(x + x)$.

2. *Trouver la tangente au point* $(5, 4)$ *du cercle*
$$(x-2)^2 + (y-3)^2 = 10.$$

   Réponse. $3x + y = 19$.

3. *Quelle est l'équation de la corde menée par les points* (x', y'), (x'', y'') *du cercle* $x^2 + y^2 = r^2$?

   Réponse. $(x' + x'')x + (y' + y'')y = r^2 + x'x'' + y'y''$.

4. *Trouver la condition pour que la droite* $Ax + By + C = 0$ *soit tangente au cercle* $(x-\alpha)^2 + (y-\beta)^2 = r^2$.

   Réponse. $\dfrac{A\alpha + B\beta + C}{\sqrt{A^2 + B^2}} = r$, puisque la distance de (α, β) à cette ligne doit être égale au rayon.

87. *Mener une tangente au cercle* $x^2 + y^2 = r^2$ *par un point donné* (x', y').

Soient x'', y'' les coordonnées du point de contact; par hypothèse, les coordonnées x', y' satisfont à l'équation de la tangente en (x'', y'') (n° 85); on a donc
$$x'x'' + y'y'' = r^2;$$
et, comme (x'', y'') se trouve sur le cercle, on a aussi
$$x''^2 + y''^2 = r^2.$$

Ces deux équations suffisent pour déterminer (x'', y''), et, en les résolvant, on trouve

$$x'' = \frac{r^2 x' \pm r y'\sqrt{x'^2 + y'^2 - r^2}}{x'^2 + y'^2}, \quad y'' = \frac{r^2 y' \mp r x'\sqrt{x'^2 + y'^2 - r^2}}{x'^2 + y'^2}.$$

Par un point quelconque, on peut donc mener *deux tangentes* à un cercle : ces tangentes sont réelles si $x'^2 + y'^2 > r^2$, c'est-à-dire quand le point est en dehors du cercle ; elles sont imaginaires si $x'^2 + y'^2 < r^2$, c'est-à-dire lorsque le point est à l'intérieur du cercle ; et enfin elles coïncident lorsque $x'^2 + y'^2 = r^2$, autrement dit quand le point est sur le cercle.

88. Puisque les coordonnées des points de contact s'obtiennent en résolvant par rapport à x et y les deux équations

$$xx' + yy' = r^2, \quad x^2 + y^2 = r^2,$$

on peut dire que, géométriquement, ces points se trouvent à l'intersection du cercle $x^2 + y^2 = r^2$, et de la droite $xx' + yy' = r^2$. Cette droite passe donc par les points de contact des tangentes menées par (x', y'), comme on peut du reste le vérifier en formant l'équation de la droite qui joint les deux points dont nous avons trouvé les coordonnées au numéro précédent (¹).

Quelle que soit la nature, réelle ou imaginaire, des tangentes menées par (x', y'), la droite $xx' + yy' = r^2$ qui joint leurs points de contact est une droite réelle. On dit que cette

---

(¹) En général, l'équation de la tangente à une courbe exprime une relation entre les coordonnées d'un point quelconque de la tangente et du point de contact. Pour trouver le point de contact de la tangente menée par un point donné, il suffit de considérer les coordonnées du point de contact comme coordonnées courantes dans l'équation de la tangente (en accentuant les coordonnées du point donné et en supprimant l'accent que portent les coordonnées du point de contact) ; on obtient ainsi une équation qui représente un lieu sur lequel se trouvent les points de contact, et qui, par suite, rencontre la courbe au point de contact cherché. Ainsi, par exemple, quand l'équation $xx'^2 + yy'^2 = r^3$ représente la tangente à une courbe en un point (x', y'), les points de contact des tangentes menées par un point quelconque (x', y') se trouvent sur la courbe $x'x^2 + y'y^2 = r^3$. Ce n'est que dans le cas des courbes du deuxième degré que l'équation qui détermine les points de contact est de même forme que celle de la tangente.

droite est la *polaire* du point (x', y') par rapport au cercle, et que le point (x', y') est le *pôle* de la droite $xx' + yy' = r^2$.

La polaire est évidemment perpendiculaire à la droite $x'y - y'x = 0$ qui joint le point (x', y') au centre du cercle, et elle passe à une distance $\dfrac{r^2}{\sqrt{x'^2 + y'^2}}$ de ce centre (n° 23). De là un procédé pour construire la polaire d'un point P; joindre ce point au centre C, et prendre sur PC un point M tel que $CM.CP = r^2$; la perpendiculaire élevée à PC en M est la polaire cherchée.

L'équation de la polaire est de même forme que celle de la tangente; elle n'en diffère que parce que le point (x', y'), dont elle renferme les coordonnées, n'est pas nécessairement sur le cercle; dans le cas où ce point s'y trouverait, elle serait alors identique à l'équation de la tangente; la polaire d'un point du cercle est donc la tangente menée au cercle en ce point.

89. *Trouver l'équation de la polaire du point* (x', y') *par rapport à la courbe*

$$ax^2 + 2hxy + by^2 + 2gx + 2fy + c = 0.$$

L'équation de la tangente (n° 86)

$$ax'x + h(x'y + y'x) + by'y + g(x' + x) + f(y' + y) + c = 0$$

exprime une relation entre les coordonnées x, y d'un point de la tangente et les coordonnées x', y' du point de contact. En donnant un accent aux coordonnées du premier de ces points, nous indiquerons que ces coordonnées sont connues; en supprimant en même temps l'accent qui se trouve sur les coordonnées du deuxième point, nous exprimerons que ce point est inconnu. Cette opération ne change rien à l'équation, puisque celle-ci est symétrique en x et x', y et y'.

L'équation rappelée ci-dessus, qui est celle de la tangente

en (x', y') lorsque le point (x', y') appartient à la courbe, représente donc, quand le point (x', y') n'est plus sur la courbe, la droite menée par les points de contact des tangentes réelles ou imaginaires issues du point (x', y'), ou, ce qui revient au même, la polaire de (x', y').

Lorsqu'on remplace, dans l'équation de la polaire, x, y par x', y', on obtient le même résultat qu'en substituant x', y' à x, y dans l'équation de la courbe; pour que le résultat de cette substitution soit nul, il faut donc que le point (x', y') appartienne à la courbe. La polaire d'un point ne passe donc par ce point que lorsqu'il est situé sur la courbe; et alors elle se confond avec la tangente.

Corollaire. — La *polaire de l'origine* a pour équation
$$gx + fy + c = 0.$$

Exercices.

1. *Trouver la polaire de* $(4, 4)$ *par rapport à*
$$(x-1)^2 + (y-2)^2 = 13.$$
Réponse. $\qquad 3x + 2y = 20.$

2. *Trouver la polaire de* $(4, 5)$ *par rapport à*
$$x^2 + y^2 - 3x - 4y = 8.$$
Réponse. $\qquad 5x + 6y = 48.$

3. *Trouver le pôle de* $Ax + By + C = 0$ *par rapport à*
$$x^2 + y^2 = r^2.$$

Les coordonnées de ce point $\left(-\dfrac{Ar^2}{C}, -\dfrac{Br^2}{C}\right)$ s'obtiennent facilement en identifiant l'équation donnée avec l'équation
$$xx' + yy' = r^2.$$

4. *Trouver le pôle de* $3x + 4y = 7$ *par rapport à* $x^2 + y^2 = 14$.
Réponse. $\qquad (6, 8).$

5. *Trouver le pôle de* $2x + 3y = 6$ *par rapport au cercle*
$$(x-1)^2 + (y-2)^2 = 12.$$
Réponse. $(-11, -16)$.

90. *Trouver la longueur de la tangente menée par un point quelconque au cercle* $(x-\alpha)^2 + (y-\beta)^2 - r^2 = 0$.

Le carré de la distance d'un point (x, y) au centre (α, β) du cercle a pour valeur
$$(x-\alpha)^2 + (y-\beta)^2,$$
et comme il est égal au carré de la longueur cherchée augmenté du carré du rayon, on trouvera le carré de la longueur de la tangente en substituant, dans le premier membre de l'équation du cercle
$$(x-\alpha)^2 + (y-\beta)^2 - r^2 = 0,$$
les coordonnées du point, par où elle est menée, aux coordonnées courantes.

En divisant par a l'équation générale
$$a(x^2 + y^2) + 2gx + 2fy + c = 0,$$
on peut (n° 80) la ramener à la forme
$$(x-\alpha)^2 + (y-\beta)^2 - r^2 = 0,$$
quand les coordonnées sont rectangulaires; on obtiendra donc le carré de la tangente, menée par un point quelconque, au cercle dont l'équation est donnée sous la forme la plus générale, en divisant cette équation par le coefficient a de x^2, et en y remplaçant les coordonnées courantes par les coordonnées du point donné.

Le carré de la tangente menée par l'origine s'obtient en faisant dans l'expression précédente $x = 0, y = 0$; il est donc égal au quotient du terme constant c par le coefficient a de x^2.

Le même raisonnement s'appliquerait au cas des coordonnées obliques.

*91. *Trouver le rapport suivant lequel la droite qui joint les deux points (x',y'), (x'',y'') est divisée par un cercle donné.*

Nous suivrons la marche indiquée au n° 42. Les coordonnées d'un point quelconque de la droite peuvent (n° 7) se mettre sous la forme

$$\frac{lx'' + mx'}{l+m}, \quad \frac{ly'' + my'}{l+m},$$

et, en substituant ces valeurs dans l'équation du cercle

$$x^2 + y^2 - r^2 = 0,$$

on trouve, toutes réductions faites, pour déterminer le rapport $\dfrac{l}{m}$, l'équation du deuxième degré

$$l^2(x''^2 + y''^2 - r^2) + 2lm(x'x'' + y'y'' - r^2) + m^2(x'^2 + y'^2 - r^2) = 0.$$

Les valeurs de $l:m$ qu'on en tire font connaître immédiatement les coordonnées des points où la droite rencontre le cercle. La symétrie de cette équation rend souvent cette méthode plus commode que celle indiquée au n° 82.

Lorsque le point (x'',y'') appartient à la polaire de (x',y'), on a (n° 88)

$$x'x'' + y'y'' - r^2 = 0,$$

et l'équation en l et m se décompose en deux facteurs $l + \mu m$, $l - \mu m$. La droite menée par (x',y') et (x'',y'') se trouve alors divisée intérieurement et extérieurement dans le même rapport, d'où ce théorème connu : *Toute droite menée par un point est divisée harmoniquement par le point, le cercle et la polaire du point.*

*92. *Former l'équation des tangentes menées par un point* (x', y') *à un cercle donné.*

Nous avons déjà obtenu (n° 87) les coordonnées des points de contact; en portant successivement leurs valeurs dans l'équation $xx'' + yy'' = r^2$, on trouve pour les équations des deux tangentes

$$r(xx' + yy' - x'^2 - y'^2) + (xy' - yx')\sqrt{x'^2 + y'^2 - r^2} = 0,$$
$$r(xx' - yy' - x'^2 - y'^2) - (xy' - yx')\sqrt{x'^2 + y'^2 - r^2} = 0;$$

et, en multipliant ces équations l'une par l'autre, on obtient l'équation des tangentes. Cette équation ne contient pas de radical, mais on peut la présenter sous une forme encore plus simple, en s'appuyant sur les données du numéro précédent. L'équation qui détermine le rapport $\dfrac{l}{m}$ a ses racines égales lorsque la droite joignant les points (x', y'), (x'', y'') est tangente au cercle; pour que le point (x'', y'') appartienne à l'une ou à l'autre des tangentes menées par (x', y'), il faut donc que ses coordonnées vérifient la relation

$$(x'^2 + y'^2 - r^2)(x^2 + y^2 - r^2) = (xx' + yy' - r^2)^2,$$

qui peut dès lors être considérée comme l'équation des tangentes issues du point (x', y'). Il est du reste facile de voir que cette équation est identique à celle qu'on obtient en multipliant les équations des deux tangentes.

Les méthodes indiquées dans ce numéro et le précédent s'appliquent également à l'équation générale. On a alors, pour déterminer le rapport $l:m$, l'équation du deuxième degré

$$l^2(ax''^2 + 2hx''y'' + by''^2 + 2gx'' + 2fy'' + c)$$
$$+ 2lm[ax'x'' + h(x'y'' + x''y')$$
$$+ by'y'' + g(x' + x'') + f(y' + y'') + c]$$
$$+ m^2(ax'^2 + 2hx'y' + by'^2 + 2gx' + 2fy' + c) = 0,$$

et de cette équation résulte, comme ci-dessus, que, si le point (x'',y'') se trouve sur la polaire de (x',y'), la droite joignant les points (x',y') (x'',y'') est divisée harmoniquement par la courbe, et que l'équation des tangentes menées par (x',y') peut s'écrire

$$(ax'^2 + 2hx'y' + by'^2 + 2gx' + 2fy' + c)$$
$$\times (ax^2 + 2hxy + by^2 + 2gx + 2fy + c)$$
$$= [ax'x + h(x'y + xy') + byy' + g(x+x') + f(y+y') + c]^2.$$

93. *Trouver l'équation du cercle passant par trois points donnés.*

Il suffit de substituer successivement, dans l'équation générale

$$x^2 + y^2 + 2gx + 2fy + c = 0,$$

les coordonnées de chacun des trois points, pour trouver trois équations qui déterminent les inconnues g, f, c. On peut aussi obtenir l'équation cherchée en déterminant les coordonnées du centre et le rayon, commme au n° 5 (Ex. 5).

Exercices.

1. *Trouver l'équation du cercle passant par les points* $(2,3)$, $(4,5)$ *et* $(6,1)$.

Réponse. $\left(x - \dfrac{13}{3}\right)^2 + \left(y - \dfrac{8}{3}\right)^2 = \dfrac{50}{9}$. (*Voir* n° 5, Ex. 5.)

DU CERCLE.   145

2. *Former l'équation du cercle passant par l'origine et par les points* $(2, 3)$, $(3, 4)$.

On a
$$c = 0, \quad 13 + 4g + 6f = 0, \quad 25 + 6g + 8f = 0,$$
d'où l'on tire
$$2g = -23, \quad 2f = 11.$$

3. *Trouver, en prenant les mêmes axes qu'au* n° 48 (Ex. 1), *l'équation du cercle passant par l'origine et par les milieux des côtés* CA, CB; *montrer que ce cercle passe aussi par le milieu du côté* AB.

Réponse. $2p(x^2 + y^2) - 2(s - s')x - (p^2 + ss')y = 0$.

*94. *Exprimer l'équation du cercle passant par les trois points* (x', y'), (x'', y''), (x''', y'''), *en fonction des coordonnées de ces points.*

En substituant (n° 93), dans l'équation
$$x^2 + y^2 + 2gx + 2fy + c = 0,$$
les valeurs de g, f, c tirées des relations
$$(x'^2 + y'^2) + 2gx' + 2fy' + c = 0,$$
$$(x''^2 + y''^2) + 2gx'' + 2fy'' + c = 0,$$
$$(x'''^2 + y'''^2) + 2gx''' + 2fy''' + c = 0,$$
on obtient pour l'équation cherchée ([1])

$$(x^2 + y^2)[x'(y'' - y''') + x''(y''' - y') + x'''(y' - y'')]$$
$$- (x'^2 + y'^2)[x''(y''' - y) + x'''(y - y'') + x(y'' - y''')]$$
$$+ (x''^2 + y''^2)[x'''(y - y') + x(y' - y''') + x'(y''' - y)]$$
$$- (x'''^2 + y'''^2)[x(y' - y'') + x'(y'' - y) + x''(y - y')] = 0.$$

―――――

([1]) Les lecteurs, auxquels la notation des déterminants est familière, verront immédiatement comment on peut écrire l'équation de ce cercle sous forme de déterminant.

S. — *Géom. à deux dim.*   10

Pour éliminer g, f, c entre les quatre premières équations, il suffit d'ajouter ces équations, après les avoir multipliées respectivement par les coefficients qui, dans l'équation écrite en dernier lieu, affectent les termes en (x^2+y^2), $(x'^2+y'^2)\ldots$; la somme des facteurs de g est identiquement nulle, et il en est de même de la somme des facteurs de f et de c.

La condition pour que quatre points appartiennent à un même cercle s'obtient en remplaçant, dans l'équation précédente, les coordonnées courantes x, y par les coordonnées x_4, y_4 du quatrième point. Cette condition peut s'interpréter géométriquement de la manière suivante : Lorsque quatre points A, B, C et D sont situés sur un même cercle, on a, en désignant par O un cinquième point quelconque pris dans le plan de ce cercle, et par ABC, ACD... les aires des triangles ABC, ACD...

$$\overline{OA}^2.BCD + \overline{OC}^2.ABD = \overline{OB}^2.ACD + \overline{OD}^2.ABC.$$

95. *Équation polaire du cercle.*

On peut trouver l'équation polaire du cercle en remplaçant x et y par $\rho\cos\theta$, $\rho\sin\theta$ (n° 12), dans l'une ou l'autre des équations connues

$$a(x^2+y^2)+2gx+2fy+c=0, \quad (x-\alpha)^2+(y-\beta)^2=r^2;$$

mais on peut aussi l'obtenir directement en partant de la définition même du cercle.

Soient en effet O le pôle (*fig.* 40), C le centre du cercle,

Fig. 40.

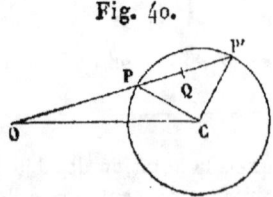

OC l'axe fixe, r le rayon et d la distance OC. Menons un rayon vecteur OP et joignons PC; on a

$$\overline{PC}^2 = \overline{OP}^2 + \overline{OC}^2 - 2\,OP.OC\cos POC,$$

ou, en faisant $OP = \rho$, $\widehat{POC} = \theta$,

$$r^2 = \rho^2 + d^2 - 2\rho d\cos\theta;$$

ce qui donne, pour l'équation polaire du cercle,

$$\rho^2 - 2\rho d\cos\theta + d^2 - r^2 = 0.$$

Lorsque le pôle est sur le cercle, on a $r^2 = d^2$, et l'équation se réduit à la forme plus simple

$$\rho = 2r\cos\theta.$$

On aurait pu arriver immédiatement à ce résultat, soit en observant que l'angle inscrit dans une demi-circonférence est droit, soit en remplaçant x et y, par leurs valeurs en coordonnées polaires, dans l'équation (n° 79)

$$x^2 + y^2 = 2rx.$$

Lorsque l'axe fixe ne coïncide pas avec OC, mais fait avec cette droite un angle α, on trouve (n° 44) pour l'équation du cercle

$$\rho^2 - 2\rho d\cos(\theta - \alpha) + d^2 - r^2 = 0.$$

CHAPITRE VII.

THÉORÈMES ET PROBLÈMES SUR LE CERCLE.

96. Dans le Chapitre précédent, nous avons fait voir comment on pouvait former les équations du cercle et celles des lignes les plus remarquables qui s'y rapportent; dans celui-ci, nous chercherons à faire ressortir par des exemples la signification de ces équations, en les appliquant à la démonstration de quelques-unes des propriétés les plus importantes du cercle.

Nous engageons le lecteur à reprendre auparavant l'examen des lieux géométriques qui font l'objet des exercices du n° 49. Lorsque ces lieux seront des cercles, il en reconnaîtra la position soit en cherchant leurs centres et leurs rayons (n° 80), soit en déterminant les points où ils rencontrent les axes (n° 84).

Les Exercices suivants se rapportent au même genre de questions.

Exercices.

1. *Dans un triangle* ABC, *on donne la base* AB *et l'angle* ACB *qui lui est opposé; trouver le lieu du sommet* C.

Soient x', y'; x'', y'' les coordonnées des extrémités de la base, et C l'angle donné. L'équation du côté AC étant

$$y - y' = m(x - x'),$$

celle du côté BC, qui fait avec lui un angle C, sera (n° 33)

$$(1 + m \tang C)(y - y'') = (m - \tang C)(x - x'');$$

THÉORÈMES ET PROBLÈMES SUR LE CERCLE.

et, en éliminant m, on trouve pour l'équation du lieu

$$\tang C [(y-y')(y-y'') + (x-x')(x-x'')] \\ + x(y'-y'') - y(x'-x'') + x'y'' - y'x'' = 0.$$

Lorsque l'angle C est droit, l'équation du côté BC prend la forme

$$m(y-y'') + (x-x'') = 0,$$

et on a pour le lieu

$$(y-y')(y-y'') + (x-x')(x-x'') = 0.$$

2. *On donne la base d'un triangle et l'angle qui lui est opposé; trouver le lieu des intersections des hauteurs du triangle.*

Conservons les mêmes notations; les équations des hauteurs sont

$$m(y-y'') + (x-x'') = 0,$$
$$(m - \tang C)(y-y') + (1 + m \tang C)(x-x') = 0,$$

et, en éliminant m, on trouve pour l'équation du lieu

$$\tang C [(y-y')(y-y'') + (x-x')(x-x'')] \\ = x(y'-y'') - y(x'-x'') + x'y'' - y'x''.$$

Cette équation ne diffère de celle de l'Exercice précédent que par le signe de $\tang C$; c'est celle qu'on trouverait si l'on cherchait le lieu des sommets correspondant à un angle ACB supplémentaire du premier, la base AB restant la même.

3. *On donne un certain nombre de points (x',y'), (x'',y''), ..., et l'on détermine un point (x,y) tel, qu'en ajoutant m' fois le carré de sa distance r' au point (x',y'), m'' fois le carré de sa distance r'' à (x'',y''), ..., on obtienne une somme constante; autrement dit, et en adoptant la notation du n° 50 (Ex. 4), tel que Σmr^2 soit une constante c; trouver le lieu des points (x,y).*

Le carré de la distance du point (x,y) au point (x',y') a pour valeur

$$(x-x')^2 + (y-y')^2.$$

Multipliant ce carré par m', et ajoutant ce produit aux produits correspondants obtenus pour la distance de (x,y) aux autres points

(x'',y''), (x''',y'''),..., on trouve pour l'équation du lieu

$$\Sigma(m)x^2 + \Sigma(m)y^2 - 2\Sigma(mx')x - 2\Sigma(my')y \\ + \Sigma(mx'^2) + \Sigma(my'^2) = c.$$

Ce lieu est un cercle dont le centre a pour coordonnées

$$x = \frac{\Sigma(mx')}{\Sigma(m)}, \quad y = \frac{\Sigma(my')}{\Sigma(m)},$$

et se confond avec le point que nous avons appelé centre des distances proportionnelles (n° 50, Ex. 4).

On a, du reste, pour déterminer la valeur du rayon R de ce cercle la relation

$$R^2 \Sigma(m) = \Sigma(mr^2) - \Sigma(m\rho^2),$$

dans laquelle ρ représente la distance d'un point quelconque du système au centre des distances proportionnelles, et, par suite, $\Sigma(m\rho^2)$ la somme de m' fois le carré de la distance de ce centre au premier point, etc.

4. *Par un point O on mène successivement, à chacun des côtés a, b, c d'un triangle, des parallèles qui coupent les autres côtés en B, C; C', A'; A'', B''; trouver le lieu des points O tels que la somme des rectangles*

$$BO.OC + C'O.OA' + A''O.OB''$$

soit constante et égale à m^2.

Si l'on prend les deux côtés a et b du triangle pour axes, on a pour l'équation du lieu

$$x\left(a - x - \frac{a}{b}y\right) + y\left(b - y - \frac{b}{a}x\right) + \frac{c^2 xy}{ab} = m^2,$$

ou, en désignant par C l'angle compris entre a et b,

$$x^2 + y^2 + 2xy\cos C - ax - by + m^2 = 0.$$

Ce lieu est un cercle concentrique au cercle circonscrit : les coordonnées α et β du centre sont données par les équations

$$2(\alpha + \beta\cos C) = a, \quad 2(\beta + \alpha\cos C) = b,$$

qui permettent de trouver le lieu des centres des cercles circonscrits, lorsque deux des côtés du triangle sont donnés de position, et que leurs longueurs sont assujetties à une relation déterminée.

5. *La droite qui joint le point O à un point fixe A détermine, sur l'axe des x, un segment égal à celui que détermine sur l'axe des y la perpendiculaire menée par le point O à la droite OA; trouver le lieu des points O.*

6. *On joint un point O aux sommets A, B, C d'un triangle, puis on mène par les sommets A, B, C des perpendiculaires aux droites OA, OB, OC; trouver le lieu des points O, tel que ces perpendiculaires se coupent en un même point.*

97. Les exercices suivants se rapportent au problème du n° 82 : trouver les coordonnées des points où une droite rencontre un cercle.

Exercices.

1. *Trouver le lieu des milieux des cordes menées dans un cercle parallèlement à une droite donnée.*

Soit $x\cos\alpha + y\sin\alpha - p = 0$ l'équation d'une de ces cordes : α est donné par hypothèse, et p est indéterminé. Les abscisses des points où cette droite rencontre le cercle sont les racines x' et x'' de l'équation (n° 82)

$$x^2 - 2px\cos\alpha + p^2 - r^2\sin^2\alpha = 0,$$

ce qui donne pour l'abscisse du milieu de la corde $\frac{1}{2}(x' + x'')$ (n° 7), ou, d'après la théorie des équations, $p\cos\alpha$. On trouverait de même $y = p\sin\alpha$ pour l'ordonnée du milieu de la corde. L'équation du lieu est donc $y = x\tan\alpha$: c'est celle de la perpendiculaire abaissée du centre sur la direction donnée.

2. *Former la condition pour que le segment déterminé par le cercle $x^2 + y^2 = r^2$ sur la droite $x\cos\alpha + y\sin\alpha - p = 0$ soit vu du point (x', y') sous un angle droit.*

Les droites qui joignent le point (x', y') aux points (x'', y'') et (x''', y''') sont perpendiculaires, lorsque les coordonnées de ces points vérifient la relation (n° 96, Ex. 1)

$$(x' - x'')(x' - x''') + (y' - y'')(y' - y''') = 0.$$

Soient (x'', y'') (x''', y''') les points où la droite donnée rencontre le cercle; on a, d'après l'Exercice précédent,

$$x'' + x''' = 2p\cos\alpha, \quad x''x''' = p^2 - r^2\sin^2\alpha$$
$$y'' + y''' = 2p\sin\alpha, \quad y''y''' = p^2 - r^2\cos^2\alpha,$$

et, en portant ces valeurs dans l'équation ci-dessus, on trouve, pour la condition cherchée,

$$x'^2 + y'^2 - 2px'\cos\alpha - 2py'\sin\alpha + 2p^2 - r^2 = 0.$$

3. *Trouver le lieu des milieux des cordes qui sont vues sous un angle droit d'un point donné* (x', y').

En désignant par x et y les coordonnées du milieu de l'une des cordes, on a (Ex. 1)

$$p\cos\alpha = x, \quad p\sin\alpha = y, \quad p^2 = x^2 + y^2,$$

et, en substituant ces valeurs dans la condition trouvée plus haut, il vient

$$(x - x')^2 + (y - y')^2 + x^2 + y^2 = r^2.$$

4. *On donne une droite* MN *et un cercle; trouver un point* O *tel, qu'en menant par ce point une corde* AB, *le produit des distances* AM, BN *des extrémités* A, B *de la corde à la droite* MN *soit constant.*

Prenons MN pour axe des x et la perpendiculaire menée à MN par le centre du cercle pour axe des y; soient en outre x' et y' les coordonnées du point cherché O.

On aura pour l'équation du cercle

$$x^2 + (y - \beta)^2 = r^2,$$

et pour l'équation d'une corde quelconque

$$y - y' = m(x - x');$$

en éliminant x entre ces deux équations, on trouve, pour déterminer y, une équation du deuxième degré dont le produit des racines a pour valeur

$$\frac{(y' - mx')^2 + m^2(\beta^2 - r^2)}{1 + m^2};$$

pour que ce produit, qui est égal à AM.BN, soit constant, il faut qu'il soit indépendant de m; ce qui ne peut arriver que si le numérateur est divisible par $1+m^2$, et alors $x'=0$, $y'^2=\beta^2-r^2$.

5. *Former la condition pour que le segment déterminé sur la droite* $x\cos\alpha+y\sin\alpha-p=0$ *par le cercle*

$$x^2+y^2+2gx+2fy+c=0$$

soit vu de l'origine sous un angle droit.

L'équation des droites qui joignent l'origine aux extrémités de ce segment peut s'obtenir en multipliant les termes du deuxième degré de l'équation du cercle par p^2, ceux du premier degré par $p(x\cos\alpha+y\sin\alpha)$, et le terme constant par $(x\cos\alpha+y\sin\alpha)^2$; en effet, l'équation à laquelle on arrive est homogène en x et y (n° 72), et elle est vérifiée par les points du cercle qui se trouvent sur la corde $x\cos\alpha+y\sin\alpha-p=0$. Cette équation, développée et ordonnée, devient

$$(p^2+2gp\cos\alpha+c\cos^2\alpha)x^2$$
$$+2(gp\sin\alpha+fp\cos\alpha+c\sin\alpha\cos\alpha)xy$$
$$+(p^2+2fp\sin\alpha+c\sin^2\alpha)y^2=0,$$

et les deux droites sont perpendiculaires lorsque (n° 74)

$$2p^2+2p(g\cos\alpha+f\sin\alpha)+c=0.$$

6. *On abaisse de l'origine des perpendiculaires sur les cordes qui sont vues de cette origine sous un angle droit; trouver le lieu des pieds de ces perpendiculaires.*

L'équation en p et α, à laquelle nous sommes arrivés dans l'Exemple précédent, représente le lieu cherché en coordonnées polaires; transformée en coordonnées rectangulaires, elle devient

$$2(x^2+y^2)+2gx+2fy+c=0,$$

et il est facile de voir qu'elle représente le même cercle que l'équation de l'Exemple 3.

7. *Par un point fixe* P, *pris sur le diamètre* AB *d'un cercle, on trace une corde quelconque, et on joint les extrémités* M *et* N *de cette corde à l'extrémité* A *du diamètre : les droites* AM, AN *déterminent, sur la tangente menée au cercle par l'autre extrémité* B *du diamètre, deux segments dont le rectangle est constant.*

Prenons le point A pour origine, le diamètre AB pour axe des x, et soient x', o les coordonnées du point P. On aura, pour l'équation du cercle, $x^2 + y^2 - 2rx = 0$, et pour l'équation de MN, $y = m(x - x')$. En formant, comme il a été indiqué à l'Exemple 5, l'équation des droites AM, AN, et en y faisant $x = 2r$, on obtiendra une équation du deuxième degré qui aura pour racines les segments déterminés sur la tangente en B par les droites AM, AN. Le produit de ces racines, qui a pour valeur $4r^2 \dfrac{x'-2r}{x'}$, est indépendant de m.

98. On peut déduire des équations du n° 88 un certain nombre de propriétés des pôles et des polaires.

Lorsqu'un point A, (x', y'), *est situé sur la polaire de* B, *le point* B, (x'', y''), *se trouve sur la polaire de* A.

Pour que (x', y') appartienne à la polaire de (x'', y''), il faut, en effet, que l'on ait $x'x'' + y'y'' = r^2$, et cette condition exprime aussi que le point (x'', y'') se trouve sur la polaire de (x', y'). Le même raisonnement s'applique à l'équation générale (n° 89), et il est facile de voir qu'en remplaçant, dans l'équation de la polaire de (x', y'), les coordonnées courantes par x'' et y'', on obtient le même résultat qu'en substituant x' et y' aux coordonnées courantes dans l'équation de la polaire de (x'', y''). On énonce quelquefois ce théorème ainsi qu'il suit : *Le lieu des points* B, *dont les polaires passent par un point fixe* A, *est la polaire du point fixe* A.

Ce théorème et les suivants sont vrais pour toutes les courbes du deuxième degré.

99. Étant donnés un cercle et un triangle ABC, si l'on prend par rapport au cercle les polaires de A, B, C, on forme un nouveau triangle A'B'C', qui est le *triangle polaire réciproque,* ou plus simplement, *le triangle polaire* de ABC, et dans lequel A', B' et C' sont respectivement les pôles de BC, CA et AB. Dans le cas particulier où les polaires de A, B, C sont respectivement BC, CA, AB, le second

triangle se confond avec le premier, auquel on donne alors le nom de *triangle autopolaire* (¹).

Les droites AA′, BB′, CC′, *qui joignent les sommets d'un triangle à ceux de son triangle polaire, se coupent en un même point.*

Soient (x', y'), (x'', y''), (x''', y''') les sommets A, B, C du premier triangle : l'équation de la droite AA′ qui joint le point A à l'intersection des polaires de B et de C, autrement dit, qui joint le point (x', y') à l'intersection de $xx'' + yy'' - r^2 = 0$, et de $xx''' + yy''' - r^2 = 0$, peut s'écrire (n° **40**, Ex. 3)

$$(x'x''' + y'y''' - r^2)(xx'' + yy'' - r^2)$$
$$- (x'x'' + y'y'' - r^2)(xx''' + yy''' - r^2) = 0;$$

on a de même, pour les équations de BB′ et CC′,

$$(x'x'' + y'y'' - r^2)(xx''' + yy''' - r^2)$$
$$- (x''x''' + y''y''' - r^2)(xx' + yy' - r^2) = 0,$$
$$(x''x''' + y''y''' - r^2)(xx' + yy' - r^2)$$
$$- (x'x''' + y'y''' - r^2)(xx'' + yy'' - r^2) = 0,$$

et il est facile de voir, en se reportant au n° **41**, que ces trois droites se coupent en un même point.

On peut également démontrer ce théorème en partant de l'équation générale. Représentons, pour abréger, par $P_1 = 0$ la polaire $axx' + h(xy' + yx') + \ldots = 0$ (n° **89**) de (x', y'), par P_2, P_3 les polaires de (x'', y''), (x''', y'''); représentons en outre par le symbole (1.2) le résultat

$$[ax'x'' + h(x''y' + y''x') + \ldots]$$

(¹) On appelle quelquefois ce triangle, *triangle polaire* ou *triangle conjugué*: c'est à la fois pour éviter une confusion et pour conserver l'heureuse symétrie de l'expression anglaise (*conjugate*, *self-conjugate*), que nous l'avons appelé triangle *autopolaire*.

obtenu en remplaçant dans l'équation de la polaire de (x', y'), les coordonnées courantes par x'' et y''. Les droites AA', BB', CC' ont alors pour équation

$$(1.3)P_2 = (1.2)P_3,$$
$$(1.2)P_3 = (2.3)P_1,$$
$$(2.3)P_1 = (1.3)P_2;$$

et il est évident (n° 41) qu'elles se coupent en un même point. Il s'ensuit (n° 60, Ex. 3) que les intersections des côtés correspondants du triangle et de son triangle polaire se trouvent en ligne droite.

Le théorème suivant n'est qu'un cas particulier de celui que nous venons de démontrer :

Dans tout triangle circonscrit à un cercle, les droites qui joignent le point de contact de chaque côté avec le sommet opposé se coupent en un même point.

100. *On joint deux à deux, directement et transversalement, les points où deux droites fixes issues d'un point* O *rencontrent un cercle; la droite* PQ, *menée par l'intersection* P *des droites directes, et par l'intersection* Q *des droites transverses, est la polaire du point* O.

Prenons les deux droites fixes pour axes, et soient λ, λ', μ et μ' les segments que le cercle détermine sur ces droites. On a alors pour les équations des lignes directes

$$\frac{x}{\lambda} + \frac{y}{\mu} - 1 = 0, \quad \frac{x}{\lambda'} + \frac{y}{\mu'} - 1 = 0;$$

et pour celles des droites transverses

$$\frac{x}{\lambda'} + \frac{y}{\mu} - 1 = 0, \quad \frac{x}{\lambda} + \frac{y}{\mu'} - 1 = 0.$$

Quant à l'équation de la ligne PQ, elle peut s'écrire

$$\frac{x}{\lambda} + \frac{x}{\lambda'} + \frac{y}{\mu} + \frac{y}{\mu'} - 2 = 0,$$

puisque (n° 40) la droite PQ passe par l'intersection des droites directes, et par l'intersection des droites transverses.

Lorsque l'équation du cercle est donnée sous la forme

$$ax^2 + 2hxy + by^2 + 2gx + 2fy + c = 0,$$

λ et λ' sont les racines de $ax^2 + 2gx + c = 0$ (n° 84), et l'on a

$$\frac{1}{\lambda} + \frac{1}{\lambda'} = -\frac{2g}{c};$$

on a de même

$$\frac{1}{\mu} + \frac{1}{\mu'} = -\frac{2f}{c},$$

et en portant ces valeurs dans l'équation de PQ, elle devient

$$gx + fy + c = 0;$$

la droite PQ est donc la polaire de l'origine O (n° 89). Lorsque, le point O restant fixe, on fait varier la position des deux droites, le lieu des points P et Q est la polaire du point O.

101. *Étant donnés deux points quelconques* A *et* B, *on prend leurs polaires par rapport à un cercle dont le centre est* O, *et on mesure les distances* AP *et* BQ *de chacun de ces points à la polaire de l'autre. Démontrer que l'on a la relation*

$$\frac{OA}{AP} = \frac{OB}{BQ}.$$

L'équation de la polaire de (x', y') étant

$$xx' + yy' - r^2 = 0,$$

on a pour la distance BQ du point B, (x'', y''), à cette polaire (n° 34)
$$\frac{x'x'' + y'y'' - r^2}{\sqrt{(x'^2 + y'^2)}},$$
et, comme $OA = \sqrt{(x'^2 + y'^2)}$, il vient
$$OA \cdot BQ = x'x'' + y'y'' - r^2.$$
On trouverait de même
$$OB \cdot AP = x'x'' + y'y'' - r^2,$$
ce qui démontre la relation
$$\frac{OA}{AP} = \frac{OB}{BQ}.$$

102. Il est souvent plus commode, pour étudier certaines questions relatives au cercle, de définir la position des points du cercle au moyen d'une seule variable indépendante, que de la fixer par deux coordonnées x' et y'. Lorsqu'on désigne par θ' l'angle que le rayon aboutissant au point (x', y') fait avec l'axe des x, on a, en prenant le centre du cercle pour origine,
$$x' = r\cos\theta', \quad y' = r\sin\theta',$$
et l'on peut simplifier un certain nombre de formules, en y remplaçant x' et y' par ces valeurs.

L'équation de la tangente en un point (x', y') prend ainsi la forme
$$x\cos\theta' + y\sin\theta' = r,$$
et celle de la corde joignant les points (x', y'), (x'', y''), qui est (n° 86)
$$x(x' + x'') + y(y' + y'') = r^2 + x'x'' + y'y'',$$
devient
$$x\cos\tfrac{1}{2}(\theta' + \theta'') + y\sin\tfrac{1}{2}(\theta' + \theta'') = r\cos\tfrac{1}{2}(\theta' - \theta''),$$

THÉORÈMES ET PROBLÈMES SUR LE CERCLE.   159

θ' et θ'' étant les angles que font avec l'axe des x les rayons menés aux extrémités de la corde.

Cette équation aurait pu se déduire directement de l'équation générale de la ligne droite (n° 23) $x\cos\alpha + y\sin\alpha = p$, en observant que l'angle compris entre l'axe des x et la perpendiculaire à la corde est égal à la demi-somme des angles formés avec le même axe par les rayons menés aux extrémités de la corde, et que la longueur de cette perpendiculaire est égale à

$$r\cos\tfrac{1}{2}(\theta' - \theta'').$$

Exercices.

1. *Trouver les coordonnées de l'intersection des tangentes menées au cercle en deux points donnés θ' et θ''.*

Les tangentes étant définies par les équations

$$x\cos\theta' + y\sin\theta' = r, \quad x\cos\theta'' + y\sin\theta'' = r,$$

on a pour les coordonnées de leur intersection

$$x = r\,\frac{\cos\tfrac{1}{2}(\theta' + \theta'')}{\cos\tfrac{1}{2}(\theta' - \theta'')}, \quad y = r\,\frac{\sin\tfrac{1}{2}(\theta' + \theta'')}{\sin\tfrac{1}{2}(\theta' - \theta'')}.$$

2. *Trouver le lieu décrit par l'intersection des tangentes menées aux extrémités des cordes de longueur constante.*

En effectuant la substitution indiquée plus haut dans l'équation

$$(x' - x'')^2 + (y' - y'')^2 = \text{const},$$

on trouve

$$\cos(\theta' - \theta'') = \text{const}, \quad \text{ou} \quad \theta' - \theta'' = \text{const}.$$

Lorsqu'on donne la longueur de la corde $2r\sin\delta$, on a $\theta' - \theta'' = 2\delta$, et les coordonnées trouvées à l'Exercice précédent satisfont à la relation

$$(x^2 + y^2)\cos^2\delta = r^2.$$

3. *Quel est le lieu des points qui divisent dans un rapport donné les cordes de longueur constante ?*

En écrivant (n° 7) les valeurs des coordonnées de l'un de ces points, on voit qu'elles satisfont à la relation

$$x^2 + y^2 = \text{const.}$$

103. Nous avons vu que la tangente au cercle $x^2 + y^2 = r^2$ a pour équation

$$x \cos\theta + y \sin\theta = r\,;$$

on verrait de même que celle de la tangente au cercle

$$(x-\alpha)^2 + (y-\beta)^2 = r^2$$

peut s'écrire

$$(x-\alpha)\cos\theta + (y-\beta)\sin\theta = r.$$

Réciproquement, toute droite, dont l'équation renferme une indéterminée θ sous la forme

$$(x-\alpha)\cos\theta + (y-\beta)\sin\theta = r,$$

est tangente au cercle $(x-\alpha)^2 + (y-\beta)^2 = r^2$.

Exercices.

1. *Toutes les cordes de longueur constante appartenant à un même cercle sont tangentes à un autre cercle.*

En effet, dans l'équation de l'une quelconque de ces cordes,

$$x\cos\tfrac{1}{2}(\theta'+\theta'') + y\sin\tfrac{1}{2}(\theta'+\theta'') = r\cos\tfrac{1}{2}(\theta'-\theta''),$$

l'angle $(\theta'-\theta'') = 2\delta$ est connu, et l'angle $(\theta'+\theta'')$ est indéterminé : cette corde est donc tangente au cercle $x^2 + y^2 = r^2\cos^2\delta$.

2. *On donne un certain nombre de points fixes $(x', y')(x'', y'')\ldots$ et un même nombre de facteurs constants m', m'',...; puis on détermine une droite par la condition que la somme des produits obtenus, en multipliant successivement chacune de ses distances aux points fixes par le facteur correspondant, soit égale à une*

quantité donnée. Démontrer que cette droite est tangente à un cercle fixe.

Cet énoncé ne diffère de celui du n° 50 (Ex. 4) qu'en ce que la somme est constante au lieu d'être nulle; en employant les mêmes notations, on trouve, pour l'équation de la droite,

$$[x\Sigma(m) - \Sigma(mx')]\cos\alpha + [y\Sigma(m) - \Sigma(my')]\sin\alpha = \text{const.}$$

Cette droite est constamment tangente au cercle

$$\left[x - \frac{\Sigma(mx')}{\Sigma(m)}\right]^2 + \left[y - \frac{\Sigma(my')}{\Sigma(m)}\right]^2 = \text{const,}$$

qui a pour centre, le centre des distances proportionnelles du système des points donnés.

104. Nous terminerons ce Chapitre par quelques problèmes relatifs à l'emploi des coordonnées polaires.

Exercices.

1. *Par un point fixe* O, *on mène une droite quelconque* OPP' *qui rencontre un cercle* C *en* P *et* P'; *démontrer que le rectangle* OP.OP' *est constant.*

Prenons le point fixe O pour pôle, et soit

$$\rho^2 - 2\rho d\cos\theta + d^2 - r^2 = 0$$

l'équation du cercle (n° 95); les racines de cette équation ne sont autre chose que les valeurs OP, OP' des rayons vecteurs correspondant à une valeur donnée de θ.

D'après la théorie des équations, on a OP.OP' $= d^2 - r^2$; et comme $d^2 - r^2$ est indépendant de θ, il s'ensuit que le rectangle OP.OP' est constant, quelle que soit la direction de la sécante. Quand le point O est en dehors du cercle, le rectangle devient égal au carré de la tangente ($d^2 - r^2$).

Le produit constant OP.OP' porte, d'après Steiner, le nom de *puissance du point* O par rapport au cercle C.

2. *Par un point fixe* O (*fig.* 41), *on mène à un cercle une sécante* OPP' *sur laquelle on prend une longueur* OQ *égale à la moyenne arithmétique des segments* OP. OP'; *trouver le lieu des points* Q.

S. — *Geom. à deux dim.*

L'équation du deuxième degré de l'exemple précédent donne $OP + OP' = 2d\cos\theta$; et comme, d'après l'énoncé,

$$OP + OP' = 2\,OQ = \rho,$$

on a, pour l'équation polaire du lieu,

$$\rho = d\cos\theta.$$

Cette équation représente un cercle décrit sur OC comme diamètre.

Le problème que nous venons de résoudre aurait pu s'énoncer ainsi : *Trouver le lieu des milieux des cordes qui passent par un point fixe.*

3. *On prend pour* OQ (*fig.* 41) *la moyenne harmonique* ([1])

Fig. 41.

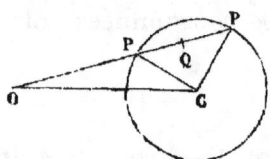

des segments OP *et* OP'; *trouver le lieu des points* Q.

On a alors, par hypothèse, $OQ = \dfrac{2\,.\,OP\,.\,OP'}{OP + OP'}$, et, en remplaçant $OP + OP'$ et $OP\,.\,OP'$ par leurs valeurs $2d\cos\theta$, $d^2 - r^2$, il vient pour l'équation polaire du lieu

$$\rho = \frac{d^2 - r^2}{d\cos\theta} \quad \text{ou} \quad \rho\cos\theta = \frac{d^2 - r^2}{d};$$

([1]) Quand on a n points $a, b, c,\ldots$ en ligne droite, si l'on prend sur la même ligne un point m, tel que la valeur inverse de sa distance Om, à un point déterminé O de la droite, soit égale à la moyenne arithmétique entre les valeurs inverses des distances $Oa, Ob, Oc, \ldots$ des points $a, b, c,\ldots$ au même point O, c'est-à-dire de manière que l'on ait, en grandeur et en signe,

$$\frac{n}{Om} = \frac{1}{Oa} + \frac{1}{Ob} + \frac{1}{Oc} + \cdots,$$

on dit, d'après Maclaurin, que la distance Om est la *moyenne harmonique* des distances $Oa, Ob, Oc,\ldots$, et, d'après Poncelet, que le point m est le centre des moyennes harmoniques des points $a, b, c,\ldots$ (*Voir* CHASLES, *Géométrie supérieure*, 2ᵉ édition, p. 41.)

cette équation représente une droite (n° 44) perpendiculaire à OC, passant à une distance $d - \dfrac{r^2}{d}$ du point O, et, par suite, à une distance $\dfrac{r^2}{c}$ du centre C du cercle. Le lieu des points Q est donc (n° 88) la *polaire* du point O.

On peut aussi résoudre cette question et d'autres semblables en partant de l'équation générale du cercle (n° 80)

$$a(x^2+y^2)+2gx+2fy+c=0.$$

Transformée en coordonnées polaires, cette équation prend la forme

$$\rho^2 + 2\left(\frac{g}{a}\cos\theta + \frac{f}{a}\sin\theta\right)\rho + \frac{c}{a} = 0,$$

et, en opérant comme ci-dessus, on trouve, pour l'équation polaire du lieu des moyennes harmoniques,

$$\rho = -\frac{c}{g\cos\theta + f\sin\theta}.$$

En revenant aux coordonnées primitives, cette équation devient

$$gx + fy + c = 0:$$

c'est celle que nous avons obtenue précédemment (n° 89) pour la polaire de l'origine.

4. *Étant donnés un point O et une droite* PM, *on prend sur le rayon vecteur* OP *de la droite une longueur* OQ *inverse de celle du rayon vecteur; trouver le lieu des points* Q. *Même problème en remplaçant la droite* PM *par un cercle.*

5. *Dans un triangle, on donne un sommet, l'angle* C *à ce sommet et le rectangle* k^2 *des côtés qui le comprennent; le deuxième sommet glisse sur une droite ou sur un cercle; trouver le lieu du troisième sommet.*

Prenons le sommet fixe pour pôle, et désignons par ρ et ρ' les côtés de l'angle donné, par θ et θ' les angles que ces côtés font avec l'axe fixe, on a

$$\rho\rho' = k^2, \quad \theta - \theta' = C.$$

En écrivant l'équation polaire du lieu que décrit le deuxième sommet, on obtiendra une relation entre ρ et θ; et, en y remplaçant ρ et θ par $\dfrac{k^2}{\rho'}$ et $(\theta' + C)$, on aura entre ρ' et θ' une relation qui sera l'équation du lieu décrit par le troisième sommet.

On résoudrait le problème de la même manière, si on donnait le rapport des côtés au lieu de leur rectangle.

6. *Par l'intersection de deux cercles, on mène une droite quelconque et on prend le milieu Q du segment que les cercles déterminent sur cette droite; trouver le lieu des points Q.*

Les équations des cercles pouvant se mettre sous la forme

$$\rho = 2r\cos(\theta - \alpha), \quad \rho = 2r'\cos(\theta - \alpha'),$$

on a pour l'équation du lieu

$$\rho = r\cos(\theta - \alpha) + r'\cos(\theta - \alpha'),$$

qui représente aussi un cercle.

7. *Par un point O pris sur un cercle donné, on mène trois cordes quelconques, et sur chacune d'elles, comme diamètre, on décrit un cercle. Les trois cercles ainsi obtenus, qui passent évidemment en O, se coupent en trois autres points qui sont en ligne droite* ([1]).

Prenons le point fixe pour pôle, et le diamètre mené par ce point fixe pour axe. Soit d le diamètre du cercle donné; soient, en outre, α, β, γ les angles compris entre chacune des cordes et l'axe polaire. L'équation du cercle donné pourra s'écrire (n° 95)

$$\rho = d\cos\theta.$$

Le diamètre du cercle construit sur la première corde sera $d\cos\alpha$, et l'on aura pour l'équation du cercle correspondant

$$\rho = d\cos\alpha.\cos(\theta - \alpha).$$

On aura de même, pour l'équation du cercle construit sur la deuxième corde,

$$\rho = d\cos\beta.\cos(\theta - \beta).$$

Les coordonnées polaires de l'intersection de ces deux cercles

---

[1] *Cambridge Mathematical Journal,* vol. I, p. 169.

s'obtiendront en cherchant la valeur de θ qui satisfait à la relation
$$\cos\alpha\cos(\theta-\alpha) = \cos\beta\cos(\theta-\beta),$$
et qui est évidemment $\theta = \alpha + \beta$; la valeur correspondante de ρ sera
$$\rho = d\cos\alpha\cos\beta.$$

On trouverait de même, pour les coordonnées polaires de l'intersection des cercles construits sur la première et sur la troisième corde,
$$\theta = \alpha + \gamma, \quad \rho = d\cos\alpha\cos\gamma.$$

L'équation polaire de la droite qui joint les deux points, dont on vient de trouver les coordonnées, s'obtiendra en substituant ces valeurs de ρ et de θ dans l'équation générale $\rho\cos(k-\theta) = p$ (n° 44). On a ainsi, pour déterminer p et k, les deux équations
$$p = d\cos\alpha\cos\beta\cos[k-(\alpha+\beta)] = d\cos\alpha\cos\gamma\cos[k-(\alpha+\gamma)];$$
d'où
$$k = \alpha + \beta + \gamma, \quad p = d\cos\alpha\cos\beta\cos\gamma.$$

La symétrie de ces valeurs montre que cette droite passe aussi par le point d'intersection des cercles construits sur la deuxième et sur la troisième corde.

CHAPITRE VIII.

PROPRIÉTÉS D'UN SYSTÈME DE DEUX OU D'UN PLUS GRAND NOMBRE DE CERCLES.

105. *Trouver l'équation de la corde d'intersection de deux cercles* : $S = 0, S' = 0$.

L'équation $S + kS' = 0$ représente un lieu passant par les points d'intersection des deux cercles S et S' (n° 40); ce lieu est en général un cercle, comme on peut le voir en substituant aux abréviations S et S' les équations équivalentes

$$S = (x - \alpha)^2 + (y - \beta)^2 - r^2 = 0,$$
$$S' = (x - \alpha')^2 + (y - \beta')^2 - r'^2 = 0,$$

et en observant que $S + kS'$ ne renferme pas de terme en xy, et que ses termes en x^2 et y^2 ont même coefficient.

Il y cependant un cas particulier où ce lieu est une ligne droite, c'est celui où $k = -1$. Dans ce cas, les termes du deuxième degré disparaissent, et l'équation $S + kS' = 0$, qui devient

$$S - S' = 2(\alpha' - \alpha)x + 2(\beta' - \beta)y$$
$$+ r'^2 - r^2 + \alpha^2 - \alpha'^2 + \beta^2 - \beta'^2 = 0,$$

représente alors la droite menée par les points d'intersection des deux cercles.

On peut encore énoncer ces résultats de la manière suivante (n° 50) : Tout cercle dont l'équation contient une indéterminée k au premier degré, et peut, par suite, se mettre sous la forme $S + kS' = 0$, passe par deux points fixes, qui sont les points d'intersection des deux cercles S et S'.

106. Les points communs aux deux cercles S et S' s'obtiennent en cherchant, comme il a été dit au n° 82, les points où la droite $S - S'$ rencontre l'un ou l'autre des cercles donnés. Ces points peuvent être réels, coïncidents ou imaginaires, suivant la nature des racines de l'équation qui sert à les déterminer ; mais il y a lieu de remarquer que l'équation de la corde d'intersection, $S - S' = 0$, représente toujours une droite réelle, et que les propriétés importantes dont cette droite jouit par rapport aux deux cercles ne cessent pas d'exister, alors même que les deux points qui la définissent deviennent imaginaires (n° 82).

On donne habituellement ([1]) à la droite $S - S'$ le nom d'*axe radical* des deux cercles ; cette dénomination est préférable à celle de *corde d'intersection,* qui peut paraître singulière lorsque, *géométriquement,* les cercles ne se rencontrent pas.

107. Le résultat que l'on obtient en remplaçant, dans l'équation d'un cercle $S = 0$, les coordonnées courantes par les coordonnées x et y d'un point quelconque, représente le carré de la tangente menée au cercle S par le point (x, y) (n° 90); l'équation $S - S' = 0$ de l'axe radical des deux cercles $S = 0$, $S' = 0$ exprime donc que :

Les tangentes menées à deux cercles par un point de leur axe radical sont égales.

Cette propriété de l'axe radical $S - S'$ est indépendante

([1]) D'après GAULTIER (de Tours), *Journal de l'École Polytechnique,* Cahier XVI, 1813.

de la nature des points d'intersection des deux cercles ; elle permet de le construire géométriquement lorsque ces points sont imaginaires : il est facile de voir en effet, en partant de cette propriété, que l'axe radical est perpendiculaire à la ligne des centres, et qu'il divise cette ligne en deux segments tels, que la différence de leurs carrés est égale à la différence des carrés des rayons des cercles.

Le lieu du point tel que les tangentes menées de ce point à deux cercles $S = 0$, $S' = 0$ soient dans un *rapport donné* k a pour équation $S - k^2 S' = 0$ (n° 90); c'est un cercle (n° 105) qui passe par les points d'intersection, réels ou imaginaires, de S et de S'. Quand les cercles S et S' ne se coupent pas *réellement*, on définit la situation de $S - k^2 S'$, par rapport à S et S', en disant que ces trois cercles ont même axe radical.

Exercice.

Trouver les coordonnées du centre et le rayon du cercle $kS + lS'$.

Le centre a pour coordonnées $\dfrac{k\alpha + l\alpha'}{k+l}$, $\dfrac{k\beta + l\beta'}{k+l}$, et par suite divise, dans le rapport $k : l$, la droite joignant les centres de S et de S'. Quant au rayon r'', il est donné par l'équation

$$(k+l)^2 r''^2 = (k+l)(kr^2 + lr'^2) - kl D^2,$$

où D représente la distance des centres de S et de S'.

108. *Les axes radicaux de trois cercles* S, S' *et* S", *considérés deux à deux, concourent en un même point qu'on appelle* centre radical *des trois cercles.*

Ces axes radicaux ont respectivement pour équation

$$S - S' = 0, \quad S - S'' = 0, \quad S'' - S = 0;$$

ils se coupent donc en un même point (n° 40).

Ce théorème conduit au suivant :

Les cordes d'intersection d'un cercle fixe C, *avec tous les cercles* O, O_1, O_2,... *qu'on peut mener par deux points donnés* AB, *passent par un point fixe.*

Considérons, en particulier, les cercles O, O_1 et C; les cercles O et O_1 ayant AB pour axe radical, la corde d'intersection de O avec C et celle de O_1 avec C doivent, d'après le théorème précédent, se rencontrer en un point de AB; les cordes d'intersection du cercle C avec les cercles O, O_1, O_2,... passent donc toutes par un point fixe situé sur AB.

Exercices.

1. *Trouver l'axe radical des deux cercles*

$$x^2 + y^2 - 4x - 5y + 7 = 0, \quad x^2 + y^2 + 6x + 8y - 9 = 0.$$

Réponse. $\quad 10x + 13y = 16.$

2. *Trouver le centre radical des trois cercles*

$$(x-1)^2 + (y-2)^2 = 7, \; (x-3)^2 + y^2 = 5, \; (x+4)^2 + (y+1)^2 = 9.$$

Réponse. $\quad \left(-\dfrac{1}{16}, -\dfrac{25}{16}\right).$

* 109. Le système formé par des cercles ayant le même axe radical, c'est-à-dire passant par deux points fixes, jouit de plusieurs propriétés remarquables qu'il est facile de démontrer en choisissant convenablement les axes coordonnés. En prenant pour axe des y l'axe radical commun et pour axe des x la ligne des centres, l'équation de l'un quelconque des cercles du système pourra s'écrire

$$x^2 + y^2 - 2kx \pm \delta^2 = 0,$$

δ^2 étant constant pour tous les cercles du système, k variant avec chacun d'eux. En effet, le cercle représenté par cette équation a son centre sur l'axe des x (n° 80), à une distance variable k de l'origine, et coupe l'axe des y en deux points fixes donnés par la relation $y^2 \pm \delta^2 = 0$, qui est indépendante de k; ces points sont réels ou imaginaires, suivant que δ^2 a le signe $-$ ou le signe $+$.

*110. *Les polaires d'un point (x', y'), par rapport à un système de cercles ayant même axe radical, passent par un point fixe.*

La polaire de (x', y'), par rapport à l'un quelconque des cercles du système $x^2 + y^2 - 2kx + \delta^2 = 0$, est définie (n° 89) par l'équation

$$xx' + yy' - k(x + x') + \delta^2 = 0,$$

qui renferme l'indéterminée k au premier degré; cette polaire passe donc par un point fixe, qui se trouve à l'intersection des droites $xx' + yy' + \delta^2 = 0$ et $x + x' = 0$.

*111. *On peut toujours trouver deux points dont les polaires, par rapport à un système de cercles ayant le même axe radical, soient des droites fixes.*

Pour que la polaire d'un point (x', y') soit fixe, il faut que son équation soit indépendante de k, ce qui ne peut arriver que si les équations $xx' + yy' + \delta^2 = 0$ et $x + x' = 0$ représentent la même droite. La polaire est alors définie par l'une ou l'autre de ces équations, et les coordonnées x' et y' du pôle satisfont aux relations

$$y' = 0, \; x'^2 = \delta^2 \quad \text{ou} \quad x' = \pm \delta.$$

Les deux points cherchés sont donc situés sur la ligne des centres des cercles du système, de chaque côté et à égale distance de l'axe radical commun : ils sont réels quand les deux points communs à tous les cercles sont imaginaires, et imaginaires dans le cas contraire. Ces points jouissent de plusieurs propriétés importantes dans la théorie des systèmes

DES SYSTÈMES DE CERCLES.   171

de cercles ayant le même axe radical; la polaire de l'un, prise par rapport à un quelconque des cercles, passe par l'autre, et coupe la ligne des centres sous un angle droit.

L'équation générale des cercles étant de la forme

$$y^2 + (x-k)^2 = k^2 - \delta^2,$$

ne peut représenter un cercle réel que dans le cas où k^2 est supérieur à δ^2; lorsque k^2 devient égal à δ^2, le rayon du cercle est infiniment petit (n° 80), et son centre a pour coordonnées $y = 0$, $x = \pm \delta$. Les points, qui ont pour polaires des droites fixes, peuvent donc être eux-mêmes considérés comme des cercles faisant partie du système; c'est pour cette raison que Poncelet (¹) leur a donné le nom de *points limites* du système.

*112. Les tangentes menées à tous les cercles ayant même axe radical, par un point de cet axe, ont même longueur (n° 107); le lieu de leurs points de contact est donc un cercle qui coupe orthogonalement tous les cercles du système, puisque ses rayons leur sont tangents.

L'équation de ce cercle s'obtient facilement, en observant que le carré de son rayon ou, ce qui revient au même, le carré de la tangente menée à l'un quelconque des cercles du système, $x^2 + y^2 - 2kx + \delta^2 = 0$, par un point $(0, h)$ de l'axe radical, est égal (n° 90) à $h^2 + \delta^2$.

On a ainsi, puisque le centre est au point $(0, h)$

$$x^2 + (y-h)^2 = h^2 + \delta^2,$$

ou

$$x^2 + y^2 - 2hy = \delta^2.$$

Quelle que soit, sur l'axe radical, la position du centre, autrement dit quelle que soit la valeur de h, ce cercle coupe tou-

---

(¹) PONCELET, *Traité des Propriétés projectives*, p. 41.

jours la ligne des centres aux points fixes $y = 0$, $x = \pm \delta$, que nous avons trouvés précédemment. Donc, *tout cercle, qui coupe orthogonalement un système de cercles ayant le même axe radical, passe par les points limites du système.*

Exercices.

1. *Trouver la condition pour que les deux cercles*

$$x^2 + y^2 + 2gx + 2fy + c = 0,$$
$$x^2 + y^2 + 2g'x + 2f'y + c' = 0$$

se coupent à angle droit.

En exprimant que le carré de la distance des centres de ces cercles est égal à la somme des carrés des rayons, on trouve

$$(g - g')^2 + (f - f')^2 = g^2 + f^2 - c + g'^2 + f'^2 - c',$$

ou, en réduisant,

$$2gg' + 2ff' = c + c'.$$

2. *Construire le cercle coupant orthogonalement trois cercles donnés.*

En s'appuyant sur le résultat obtenu dans l'Exercice précédent, on obtient trois équations du premier degré, qui permettent de déterminer les trois inconnues g, f et c, et, par suite, d'écrire l'équation du cercle cherché (n° 94).

On peut aussi construire ce cercle en observant que son centre est le centre radical des trois cercles, et que son rayon est égal à la tangente menée de ce centre à l'un quelconque des cercles donnés.

3. *Trouver le cercle coupant orthogonalement les trois cercles de l'Exercice 2* (n° 108).

Réponse. $\left(x + \dfrac{1}{16}\right)^2 + \left(y + \dfrac{25}{16}\right)^2 = \dfrac{1746}{256}.$

4. *Tout cercle S qui coupe orthogonalement les trois cercles S', S" et S'", rencontre à angle droit le cercle $kS' + lS'' + mS''' = 0$.*

La condition pour que S coupe orthogonalement

$$kS' + lS'' + mS''' = 0,$$

peut s'écrire

$$2g(kg' + lg'' + mg''') + 2f(kf' + lf'' + mf'')$$
$$= (k + l + m)c + kc' + lc'' + mc''';$$

et cette condition est remplie, puisque, d'après l'hypothèse, les coefficients de k, l et m sont tous séparément nuls.

On verrait de même que tout cercle qui coupe orthogonalement S′ et S″, rencontre à angle droit le cercle $kS' + lS''$.

5. *Tous les cercles qui coupent orthogonalement deux cercles S′ et S″ ont même axe radical.*

Ce théorème, déjà indiqué au n° 112, peut encore se démontrer de la manière suivante. Les équations

$$2gg' + 2ff' = c + c', \quad 2gg'' + 2ff'' = c + c'',$$

obtenues en écrivant (Ex. 1) que l'un quelconque de ces cercles rencontre S′ et S″ à angle droit, sont du premier degré en g, f et c. L'équation obtenue, en éliminant g et f entre ces équations et l'équation générale du cercle

$$x^2 + y^2 + 2gx + 2fy + c = 0,$$

ne renferme plus que l'indéterminée c, et comme elle est du premier degré en c, elle représente (n° 105) une série de cercles ayant même axe radical.

6. *La polaire de l'extrémité* A *du diamètre* AB *d'un cercle, prise par rapport à un cercle coupant orthogonalement le premier, passe par le point* B.

7. *Le carré de la tangente menée à un cercle, par un point quelconque d'un autre cercle, est proportionnel à la distance qui sépare ce point de l'axe radical des deux cercles.*

8. *Trouver l'angle* α *suivant lequel deux cercles se coupent.*

Soient R et r les rayons des cercles, D la distance de leurs centres, on aura

$$D^2 = R^2 + r^2 - 2Rr\cos\alpha,$$

puisque l'angle suivant lequel les cercles se coupent est égal à l'angle formé par les rayons qui aboutissent au point d'intersection.

Quand les deux cercles sont définis par l'équation générale, cette expression prend la forme

$$-2\mathrm{R}r\cos\alpha = 2\mathrm{G}g + 2\mathrm{F}f - \mathrm{C} - c.$$

Lorsque $\mathrm{S}=0$ est l'équation du cercle de rayon r, les coordonnées du centre du deuxième cercle vérifient la relation $\mathrm{R}^2 - 2\mathrm{R}r\cos\alpha = \mathrm{S}$, puisque (n° 90) $\mathrm{D}^2 - r^2$ est égal au carré de la tangente menée à S par le centre de ce deuxième cercle.

9. *Tout cercle mobile qui coupe deux cercles fixes sous des angles constants, coupe, sous des angles constants, tous les cercles ayant même axe radical que les deux cercles fixes.*

Soient $\mathrm{S}=0$, $\mathrm{S}'=0$ les équations des deux cercles fixes, r et r' leurs rayons, α et β les angles sous lesquels ils coupent le cercle mobile, R le rayon du cercle mobile; d'après l'Exercice précédent, les coordonnées du centre de ce cercle satisfont aux relations

$$\mathrm{R}^2 - 2\mathrm{R}r\cos\alpha = \mathrm{S}, \quad \mathrm{R}^2 - 2\mathrm{R}r'\cos\beta = \mathrm{S}'.$$

On en déduit

$$\mathrm{R}^2 - 2\mathrm{R}\frac{kr\cos\alpha + lr'\cos\beta}{k+l} = \frac{k\mathrm{S}+l\mathrm{S}'}{k+l},$$

ce qui est la condition pour que le cercle mobile coupe le cercle $k\mathrm{S}+l\mathrm{S}'$ sous l'angle constant γ; γ étant défini par l'expression

$$(k+l)r''\cos\gamma = kr\cos\alpha + lr'\cos\beta,$$

dans laquelle r'' est le rayon du cercle $k\mathrm{S}+l\mathrm{S}'$.

10. *Tout cercle qui coupe deux cercles fixes sous des angles constants est tangent à deux cercles fixes.*

On peut, en effet, déterminer le rapport $\dfrac{k}{l}$ de l'Exercice précédent, de telle sorte que $\gamma = 0$, autrement dit que $\cos\gamma = 1$; et en portant dans l'équation finale de cet Exercice la valeur de r'' qu'on déduit de l'expression (n° 107, Ex.) :

$$(k+l)^2 r''^2 = (k+l)(kr^2 + lr'^2) - kl\mathrm{D}^2,$$

on trouve, pour déterminer le rapport $\dfrac{k}{l}$, une équation du deuxième degré.

113. *Mener une tangente commune aux deux cercles* S *et* S′.

Soient
$$(x-\alpha)^2 + (y-\beta)^2 = r^2,$$
$$(x-\alpha')^2 + (y-\beta')^2 = r'^2,$$

les équations de ces deux cercles.

L'équation d'une tangente au premier cercle S est (n° 85)
$$(x-\alpha)(x'-\alpha) + (y-\beta)(y'-\beta) = r^2,$$
ou bien
$$(x-\alpha)\cos\theta + (y-\beta)\sin\theta = r;$$
en posant, comme au n° 102,
$$\frac{x'-\alpha}{r} = \cos\theta, \quad \frac{y'-\beta}{r} = \sin\theta;$$

on a de même, pour une tangente au deuxième cercle S′,
$$(x-\alpha')\cos\theta' + (y-\beta')\sin\theta' = r'.$$

L'équation de la tangente commune s'obtiendra en écrivant que les deux équations précédentes représentent une même droite. En égalant les coefficients de y, après avoir, dans chacune de ces équations, ramené le coefficient de x à l'unité, il vient
$$\tang\theta = \tang\theta',$$
ce qui donne
$$\theta = \theta', \quad \text{ou} \quad \theta = 180° + \theta';$$

et, en exprimant que l'une ou l'autre de ces conditions est remplie dans l'équation fournie par la comparaison des termes constants, on a, pour la relation cherchée,
$$(\alpha - \alpha')\cos\theta + (\beta - \beta')\sin\theta + r - r' = 0,$$

lorsque $\theta = \theta'$, et

$$(\alpha - \alpha')\cos\theta + (\beta - \beta')\sin\theta + r + r' = 0$$

dans le cas où $\theta = 180° + \theta'$.

Chacune de ces expressions conduit à une équation du deuxième degré pour déterminer θ. Les racines de la première de ces équations correspondent aux tangentes communes extérieures, ou directes, $Aa, A'a'$ (*fig.* 42); les racines de la

Fig. 42.

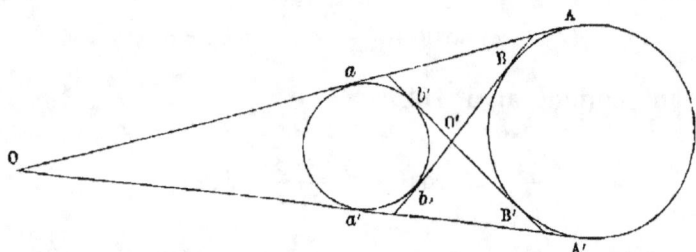

seconde, aux tangentes communes intérieures, ou inverses, $Bb, B'b'$.

Pour obtenir les coordonnées du point de contact du cercle S et de la tangente commune, il suffit de remplacer dans les expressions précédentes, $\cos\theta$ et $\sin\theta$ par leurs valeurs

$$\cos\theta = \frac{x' - \alpha}{r}, \quad \sin\theta = \frac{y' - \beta}{r};$$

on trouve ainsi, suivant le cas,

$$(\alpha - \alpha')(x' - \alpha) + (\beta - \beta')(y' - \beta) + r(r - r') = 0,$$
$$(\alpha - \alpha')(x' - \alpha) + (\beta - \beta')(y' - \beta) + r(r + r') = 0.$$

En combinant la première de ces équations avec celle du cercle S, on obtient une équation du deuxième degré qui a pour racines les coordonnées des points de contact A et A' des tangentes communes extérieures avec le cercle S (n° 88);

et l'équation

$$(\alpha' - \alpha)(x - \alpha) + (\beta' - \beta)(y - \beta) = r(r - r')$$

représente la corde de contact AA' de ces tangentes.

De même,

$$(\alpha' - \alpha)(x - \alpha) + (\beta' - \beta)(y - \beta) = r(r + r')$$

représente la corde de contact BB' des tangentes communes intérieures, considérées comme tangentes au cercle S.

Lorsque le centre du cercle S est pris pour origine, α et β s'annulent, et l'on a, pour les équations des cordes de contact dans le cercle S,

$$\alpha' x + \beta' y = r(r \mp r').$$

Exercices.

Trouver les tangentes communes aux cercles

$$x^2 + y^2 - 4x - 2y + 4 = 0, \quad x^2 + y^2 + 4x + 2y - 4 = 0.$$

Les cordes de contact des tangentes communes considérées comme tangentes au premier cercle sont

$$2x + y = 6, \quad 2x + y = 3.$$

La première rencontre le cercle aux points $(2, 2)$, $\left(\dfrac{14}{5}, \dfrac{2}{5}\right)$; ce qui donne, pour les tangentes menées par ces points,

$$y = 2, \quad 4x - 3y = 10;$$

la seconde rencontre le cercle aux points $(1, 1)$, $\left(\dfrac{7}{5}, \dfrac{1}{5}\right)$; et l'on a, pour les tangentes correspondantes,

$$x = 1, \quad 3x + 4y = 5.$$

114. Les points O et O', où se rencontrent respectivement les tangentes communes extérieures et intérieures, sont les *centres de similitude* des deux cercles. On verra plus loin la raison de cette dénomination.

S. — *Géom. à deux dim.*

Leurs coordonnées se trouvent facilement; car O est, par rapport au cercle S, le pôle de la corde de contact AA', qui a pour équation

$$\frac{(\alpha' - \alpha)r}{r - r'}(x - \alpha) + \frac{(\beta' - \beta)r}{r - r'}(y - \beta) = r^2.$$

En comparant cette équation avec celle de la polaire du point (x', y')

$$(x' - \alpha)(x - \alpha) + (y' - \beta)(y - \beta) = r^2,$$

on trouve, pour les coordonnées x', y' du point O,

$$x' - \alpha = \frac{(\alpha' - \alpha)r}{r - r'}, \quad y' - \beta = \frac{(\beta' - \beta)r}{r - r'},$$

ou bien

$$x' = \frac{\alpha' r - \alpha r'}{r - r'}, \quad y' = \frac{\beta' r - \beta r'}{r - r'}.$$

On trouverait de même, pour les coordonnées de O',

$$x = \frac{\alpha' r + \alpha r'}{r + r'}, \quad y = \frac{\beta' r + \beta r'}{r + r'}.$$

La forme des expressions obtenues montre (n° 7) que les centres de similitude sont les points où la droite qui joint les centres des cercles est divisée, extérieurement et intérieurement, dans le rapport des rayons.

Exercice.

Trouver les tangentes communes aux cercles

$$x^2 + y^2 - 6x - 8y = 0, \quad x^2 + y^2 - 4x - 6y = 3.$$

L'équation des tangentes menées au cercle

$$(x - \alpha)^2 + (y - \beta)^2 = r^2$$

par le point (x', y') est (n° 92)

$$[(x'-\alpha)^2+(y'-\beta)^2-r^2][(x-\alpha)^2+(y-\beta)^2-r^2]$$
$$=[(x-\alpha)(x'-\alpha)+(y-\beta)(y'-\beta)-r^2]^2.$$

Les coordonnées du centre extérieur de similitude étant $-2, -1$, les tangentes qui passent par ce centre ont pour équation

$$25(x^2+y^2-6x-8y)=(5x+5y-10)^2,$$

c'est-à-dire

$$xy+x+2y+2=0, \quad \text{ou} \quad (x+2)(y+1)=0.$$

Les cercles donnés se coupant en des points réels, les tangentes intérieures sont imaginaires; leur équation

$$40x^2+xy+40y^2-199x-278y+722=0$$

se trouve de la même manière que celle des tangentes extérieures en observant que le centre intérieur de similitude a pour coordonnées $\dfrac{22}{9}$ et $\dfrac{31}{9}$.

115. *Les droites menées par l'intersection des tangentes communes à deux cercles sont divisées en parties proportionnelles par ces cercles.*

Quand on prend sur un rayon vecteur OP, issu du point O et aboutissant au point P, un point Q, tel que $OP = m \cdot OQ$, on obtient les coordonnées du point Q en divisant par m celles du point P; si P décrit une courbe, Q en décrit une autre dont l'équation se trouve, en remplaçant x et y par mx et my, dans l'équation de la courbe décrite par P.

Prenons pour axes les tangentes communes, et représentons (*fig.* 42) Oa par a, OA par a'; les équations des deux cercles seront (n° 84, Ex. 2)

$$x^2+y^2+2xy\cos\omega-2ax-2ay+a^2=0,$$
$$x^2+y^2+2xy\cos\omega-2a'x-2a'y+a'^2=0.$$

La seconde équation se déduit de la première en y remplaçant x et y par $\dfrac{ax}{a'}, \dfrac{ay}{a'}$; elle représente donc le lieu que l'on obtiendrait en prolongeant, dans le rapport de a à a', chacun des rayons vecteurs menés au premier cercle.

Corollaire. — Le rectangle Oρ.Oρ' (*fig*. 43) étant constant (n° 104, Ex. 1), ainsi que le rapport OR : Oρ, les rectangles OR.Oρ', OR'.Oρ sont égaux et constants, quelle que soit la direction de la droite menée par le point O.

116. *Si, par un centre de similitude* O, *on mène deux droites coupant le premier cercle* (*fig*. 43) *aux points* R, R',

Fig. 43.

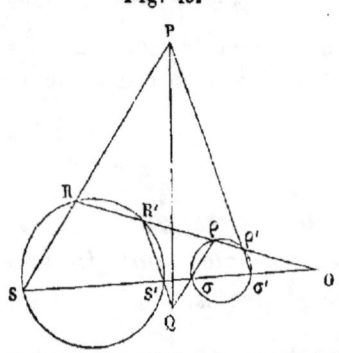

S, S', *et le second aux points* ρ, ρ', σ, σ', *les cordes* RS *et* $\rho\sigma$, R'S' *et* $\rho'\sigma'$ *sont parallèles, et les cordes* RS *et* $\rho'\sigma'$, R'S' *et* $\rho\sigma$ *se coupent sur l'axe radical* PQ *des deux cercles.*

Prenons OR et OS pour axes, et soit

$$a(x^2 + 2xy\cos\omega + y^2) + 2gx + 2fy + c = 0$$

l'équation du cercle $\rho\sigma$, $\rho'\sigma'$.

Le point O étant un centre de similitude, on aura (n° 115)

$$\mathrm{OR} = m.\mathrm{O}\rho, \quad \mathrm{OS} = m.\mathrm{O}\sigma,$$

ce qui donne pour l'équation du cercle RSR'S'

$$a(x^2 + 2xy\cos\omega + y^2) + 2m(gx + fy) + m^2 c = 0,$$

et pour l'équation de l'axe radical (n° 105)

$$2(gx+fy) + (m+1)c = 0.$$

Les équations de $\rho\sigma$ et de $\rho'\sigma'$ pouvant s'écrire

$$\frac{x}{a}+\frac{y}{b}=1, \quad \frac{x}{a'}+\frac{y}{b'}=1,$$

on a, pour les équations de RS et de R'S

$$\frac{x}{ma}+\frac{y}{mb}=1, \quad \frac{x}{ma'}+\frac{y}{mb'}=1.$$

et l'on voit immédiatement que RS est parallèle à $\rho\sigma$, et R'S' à $\rho'\sigma'$. Quant aux cordes RS et $\rho'\sigma'$, elles se coupent sur la droite

$$x\left(\frac{1}{a}+\frac{1}{a'}\right)+y\left(\frac{1}{b}+\frac{1}{b'}\right)=1+m;$$

c'est-à-dire sur l'axe radical des deux cercles, puisque cette équation peut se mettre sous la forme (n° 100)

$$2(gx+fy)+(m+1)c=0;$$

il en est de même pour les cordes R'S' et $\rho\sigma$.

Comme cas particulier de ce théorème, on voit que les tangentes en R et ρ sont parallèles, ainsi que celles en R' et ρ', et que les tangentes en R et ρ', en R' et ρ se coupent sur l'axe radical.

117. *Étant donnés trois cercles* S, S' *et* S", *la droite qui joint un des centres de similitude de* S *et de* S', *à un centre de similitude de* S *et de* S", *passe par un centre de similitude de* S' *et de* S".

Soient r, r', r'' les rayons de ces trois cercles; (α, β), (α', β'), (α'', β'') leurs centres. Les deux premiers centres de similitude ont pour coordonnées (n° 114)

$$\left(\frac{r\alpha'-\alpha r'}{r-r'},\frac{r\beta'-\beta r'}{r-r'}\right),\quad \left(\frac{r\alpha''-\alpha r''}{r-r''},\frac{r\beta''-\beta r''}{r-r''}\right),$$

et la droite qui les joint a pour équation (n° 29, Ex. 6)

$$[r(\beta'-\beta'')+r'(\beta''-\beta)+r''(\beta-\beta')]x$$
$$-[r(\alpha'-\alpha'')+r'(\alpha''-\alpha)+r''(\alpha-\alpha')]y$$
$$=r(\beta'\alpha''-\beta''\alpha')+r'(\beta''\alpha-\beta\alpha'')+r''(\beta\alpha'-\beta'\alpha).$$

La symétrie de cette équation montre que la ligne qu'elle représente passe aussi par le troisième centre de similitude

$$\left(\frac{r'\alpha''-r''\alpha'}{r'-r''},\frac{r'\beta''-r''\beta'}{r'-r''}\right);$$

cette droite s'appelle *axe de similitude* des trois cercles.

Chaque couple de cercles ayant deux centres de similitude, il y a en tout *six* centres de similitude S, S', S'', ... pour les trois cercles, et ces centres sont distribués *trois par trois sur quatre* axes de similitude, ainsi que le représente la figure suivante :

Fig. 44.

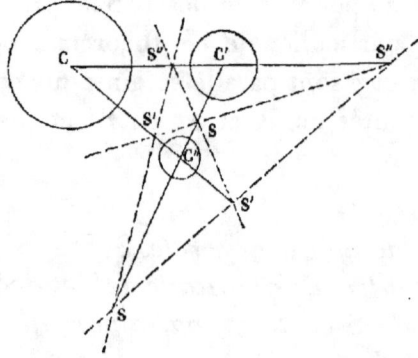

Les équations des trois autres axes s'obtiennent en changeant successivement les signes de r, r', r'' dans l'équation donnée plus haut.

Corollaire. — *Lorsqu'un cercle* Σ *est tangent aux deux cercles* S *et* S', *la droite qui joint les points de contact de* Σ *avec* S *et* S' *passe par l'un des centres de similitude de* S *et* S'. En effet, lorsque deux cercles se touchent, un de leurs centres de similitude coïncide avec le point de contact.

Quand Σ est tangent intérieurement, ou extérieurement, aux deux cercles S et S' à la fois, la droite qui joint les points de contact passe par le centre *extérieur* de similitude de S et S'; lorsque Σ est tangent intérieurement à l'un des cercles et extérieurement à l'autre, cette même droite passe par le centre *intérieur* de similitude.

*118. *Trouver le lieu des centres des cercles* Σ *qui coupent trois cercles donnés* S, S', S'' *sous le même angle.*

Lorsqu'un cercle Σ, de rayon R, coupe sous l'angle α les trois cercles S, S' et S'', les coordonnées de son centre (n° 112, Ex. 8) satisfont aux relations

$$S = R^2 - 2Rr\cos\alpha,$$
$$S' = R^2 - 2Rr'\cos\alpha, \quad S'' = R^2 - 2Rr''\cos\alpha;$$

et en éliminant R^2 et $R\cos\alpha$ entre ces trois équations, on aura l'équation du lieu cherché. On obtient successivement

$$S - S' = 2R(r' - r)\cos\alpha, \quad S - S'' = 2R(r'' - r)\cos\alpha;$$

d'où

$$(S - S')(r - r'') = (S - S'')(r - r').$$

Le lieu est donc une droite qui passe par le centre radical des trois cercles (n° 108). En remplaçant S, S' et S'' par leurs valeurs développées, on trouve pour les coefficients de x et de y,

$$-2[\alpha(r' - r'') + \alpha'(r'' - r) + \alpha''(r - r')],$$
$$-2[\beta(r' - r'') + \beta'(r'' - r) + \beta''(r - r')];$$

et en comparant ces coefficients aux coefficients de x et de y dans l'équation de l'axe de similitude (n° 117), on voit (n° 32) que le lieu est une perpendiculaire abaissée du centre radical sur un des axes de similitude.

Il est indifférent de prendre, pour angle des deux cercles, l'un ou l'autre des deux angles supplémentaires que forment les rayons aboutissant au point d'intersection. Les formules dont nous avons fait usage (n° 112) supposent que cet angle est celui sous lequel la distance des centres est vue du point d'intersection; dans cette hypothèse, le lieu dont on vient de trouver l'équation est une perpendiculaire à l'axe extérieur de similitude. Si l'on n'admet pas cette restriction, il faut substituer à la formule du n° 112 la suivante :

$$S = R^2 \pm 2Rr\cos\alpha;$$

ce qui revient à changer le signe de l'une ou l'autre des quantités r, r', r'' dans les expressions précédentes. Le lieu cherché peut donc (n° 117) être perpendiculaire à l'un quelconque des axes de similitude ([1]).

Lorsque deux cercles sont tangents intérieurement, l'angle sous lequel ils se coupent est nul, puisque les rayons qui abou-

---

([1]) Les cercles qui coupent, sous des angles égaux, trois cercles donnés S, S', S", de rayons r, r', r'', ont pour axe radical commun un des axes de similitude. Considérons en particulier les trois cercles $\Sigma, \Sigma', \Sigma''$, de rayons R, R', R", et soient α, β, γ les angles sous lesquels ils coupent respectivement les cercles donnés. Les coordonnées du centre de chacun des cercles S, S', S" satisfont aux conditions

$$\Sigma = r^2 - 2rR\cos\alpha, \quad \Sigma' = r^2 - 2rR'\cos\beta, \quad \Sigma'' = r^2 - 2rR''\cos\gamma;$$

d'où

$$(R\cos\alpha - R''\cos\gamma)(\Sigma - \Sigma') = (R\cos\alpha - R'\cos\beta)(\Sigma - \Sigma'').$$

Cette équation, qui paraît être celle d'une droite, est vérifiée par les coordonnées des centres de S, de S' et de S", bien que nous n'ayons pas supposé ces trois points en ligne droite. Il faut donc qu'elle se réduise à une relation identique de la forme $\Sigma = k\Sigma' + l\Sigma''$; autrement dit que les trois cercles Σ, Σ' et Σ'' aient le même axe radical.

tissent au point de contact coïncident; mais s'ils se touchent extérieurement, cet angle, en vertu des conventions faites précédemment, est égal à 180°, puisqu'un des rayons est situé dans le prolongement de l'autre. La perpendiculaire abaissée sur l'axe de similitude extérieur contient donc les centres des cercles qui touchent intérieurement, ou extérieurement, les trois cercles donnés. En changeant le signe de r dans l'équation de cette perpendiculaire, on obtient l'équation du lieu des centres des cercles tangents extérieurement à S, et intérieurement à S' et S'', ou inversement, et ce lieu est une perpendiculaire à l'un des autres axes de similitude. On peut donc mener huit cercles tangents à trois cercles donnés; les centres de ces huit cercles se trouvent, deux par deux, sur les perpendiculaires abaissées du centre radical sur les quatre axes de similitude.

*119. *Décrire un cercle Σ tangent à trois cercles donnés* S, S', S''.

Nous connaissons déjà (n° 118) un lieu sur lequel doit se trouver le centre du cercle cherché; on peut en déterminer un autre en éliminant le rayon R de ce cercle entre les deux équations
$$S = R^2 + 2rR, \quad S' = R^2 + 2r'R;$$
mais la courbe que l'on trouve ainsi n'est pas un cercle, et l'on obtient une solution plus élémentaire en cherchant, au lieu des coordonnées du centre du cercle tangent Σ, les coordonnées du point de contact de ce cercle avec un des cercles donnés. Ce point se trouvant sur un cercle, on a déjà une relation entre ses coordonnées; il suffira donc d'en trouver une autre pour qu'elles soient complètement déterminées [1].

---

[1] Cette solution a été donnée par M. Gergonne (*Annales de Mathématiques*, t. VII, p. 289).

Plaçons, pour simplifier, l'origine des coordonnées au centre du cercle S, dont on veut déterminer le point de contact avec Σ; et désignons par A et B les coordonnées du centre de Σ; par x et y les coordonnées du point de contact de S avec Σ.

Les coordonnées A et B vérifient les équations (n° 118)

$$S - S' = 2R(r - r'), \quad S - S'' = 2R(r - r'');$$

et l'on a, entre ces coordonnées et celles du point de contact, les relations

$$A = \frac{x(R+r)}{r}, \quad B = \frac{y(R+r)}{r}.$$

Pour trouver le résultat de la substitution de mx, my à x et y dans l'équation d'une droite, on peut multiplier toute l'équation par m et en retrancher $(m-1)$ fois le terme constant.

Lorsqu'on suppose les équations de S, S' et S'' mises sous la forme générale indiquée au n° 79, le terme constant de S — S' (n° 105) est égal à

$$r'^2 - r^2 - \alpha'^2 - \beta'^2;$$

puisque, d'après le choix des axes, on a à la fois $\alpha = 0$, $\beta = 0$: le résultat de la substitution de A et B à x et y dans $S - S' = 2R(r - r')$ sera donc

$$\frac{R+r}{r}(S - S') + \frac{R}{r}(\alpha'^2 + \beta'^2 + r^2 - r'^2) = 2R(r - r'),$$

ou

$$(R + r)(S - S') = R[(r - r')^2 - \alpha'^2 - \beta'^2].$$

On aura de même

$$(R + r)(S - S'') = R[(r - r'')^2 - \alpha''^2 - \beta''^2],$$

et en éliminant R entre ces deux équations, on voit que le

point de contact cherché se trouve à l'intersection du cercle S avec la droite

$$\frac{S - S'}{\alpha'^2 + \beta'^2 - (r - r')^2} = \frac{S - S''}{\alpha''^2 + \beta''^2 - (r - r'')^2}.$$

120. Pour compléter la solution géométrique du problème, il reste à montrer comment on peut construire la droite dont nous venons de trouver l'équation. Cette droite passe par le centre radical des cercles donnés; il suffit donc d'en trouver un deuxième point. En remplaçant $S - S'$, $S - S''$ par leurs valeurs développées (n° 105), son équation devient

$$\frac{2\alpha' x + 2\beta' y + r'^2 - r^2 - \alpha'^2 - \beta'^2}{\alpha'^2 + \beta'^2 - (r - r')^2}$$
$$= \frac{2\alpha'' x + 2\beta'' y + r''^2 - r^2 - \alpha''^2 - \beta''^2}{\alpha''^2 + \beta''^2 - (r - r'')^2};$$

ou, en ajoutant l'unité à chacun des termes,

$$\frac{\alpha' x + \beta' y + (r' - r) r}{\alpha'^2 + \beta'^2 - (r - r')^2} = \frac{\alpha'' x + \beta'' y + (r'' - r) r}{\alpha''^2 + \beta''^2 - (r - r'')^2};$$

ce qui exprime qu'elle passe par l'intersection des droites

$$\alpha' x + \beta' y + (r' - r) r = 0, \quad \alpha'' x + \beta'' y + (r'' - r) r = 0.$$

La première de ces droites est (n° 113), dans le cercle S, la corde de contact des tangentes communes aux cercles S et S'; autrement dit (n° 114), c'est la polaire par rapport à S du centre de similitude de S et S'; de même, la seconde droite est la polaire par rapport à S du centre de similitude de S et S''. L'intersection de ces droites est donc le pôle de l'axe de similitude des trois cercles, par rapport au cercle S.

De là résulte la construction suivante :

Tracer (*fig.* 45) un des quatre axes de similitude SS' des trois cercles C, C', C''; déterminer le pôle de cet axe successivement par rapport aux trois cercles, et joindre les points ainsi trouvés P, P' et P" au centre radical R. Les droites RP, RP', RP" rencontrent les cercles aux points a, b ; a', b' ; a'', b'' ;

Fig. 45.

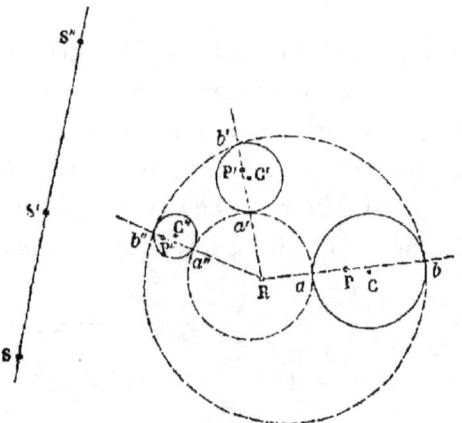

le cercle conduit par les points a, a', a'' sera l'un des cercles tangents cherchés, et le cercle mené par les points b, b', b'' en sera un autre.

En appliquant la même construction aux trois autres axes de similitude, on déterminera les six autres cercles tangents.

121. Il n'est pas sans intérêt de montrer comment on peut arriver au même résultat sans avoir recours au calcul algébrique.

1° Les lignes ab, $a'b'$, $a''b''$ passent toutes par le centre de similitude des cercles $aa'a''$, $bb'b''$ (n° 117, *Corollaire*);

2° Les droites $a'a''$, $b'b''$ se coupent en S centre de similitude de C' et de C" (n° 117);

3° Par suite (n° 116), les lignes transversales $a'b'$, $a''b''$ se coupent sur l'axe radical de C' et de C". De même, $a''b''$ et ab se coupent sur l'axe radical de C" et de C. Le point R, centre de similitude des cercles $aa'a''$, $bb'b''$ est donc en même temps le centre radical des trois cercles C, C' et C";

4° Puisque $a'b'$, $a''b''$ passent par le centre de similitude de $aa'a''$, $bb'b''$, les droites $a'a''$, $b'b''$ se rencontrent en S sur l'axe radical de ces deux cercles (n° 116). Les points S' et S" se trouvent ainsi sur ce même axe radical. Donc, *l'axe de similitude* SS'S" *des cercles* C, C', C" *est en même temps l'axe radical des cercles* $aa'a''$, $bb'b''$;

5° La droite $a''b''$ passant par le centre de similitude de $aa'a''$ et de $bb'b''$, les tangentes menées à ces cercles (n° 116), aux points où ils sont rencontrés par $a''b''$, se coupent sur l'axe radical SS'S" en un point qui est évidemment le pôle de $a''b''$ par rapport au cercle C"; le pôle de $a''b''$ se trouvant sur SS'S", le pôle de SS'S" par rapport à C" sera (n° 98) sur $a''b''$. On pourra donc construire $a''b''$ en joignant le centre radical R au pôle P de S'S" par rapport au cercle C";

6° Le centre de similitude de deux cercles appartenant à la ligne des centres, et l'axe radical étant perpendiculaire à cette ligne, la droite qui joint les centres des cercles $aa'a''$, $bb'b''$ est perpendiculaire à SS'S", et passe par le point R (n° 118).

121 (*a*). *Lorsque quatre cercles sont tangents à un cinquième cercle, les longueurs de leurs tangentes communes satisfont à la relation*

$$(12)(34) \pm (14)(23) \pm (13)(24) = 0,$$

dans laquelle (12) *représente la longueur de la tangente commune au premier et au deuxième cercle, etc.*

Ce théorème se démontre facilement à l'aide des propriétés du quadrilatère inscrit; il suffit d'exprimer la longueur de la tangente commune à deux cercles en fonction de la distance comprise entre les points où ces deux cercles touchent le cinquième cercle.

Soient R le rayon du cinquième cercle; O son centre (*fig.* 46); r et r' les rayons des cercles 1 et 2; A et B leurs centres; a et b leurs points de contact avec le cinquième. Le

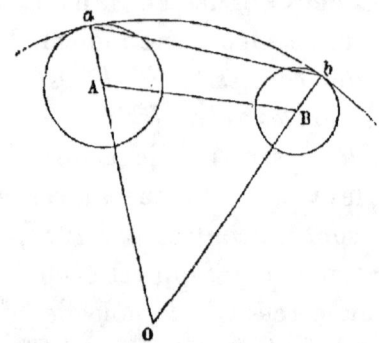

Fig. 46.

triangle aOb étant isoscèle donne, pour la distance de ces points de contact,

$$ab = 2R \sin\frac{1}{2} aOb;$$

on a d'ailleurs, dans le triangle AOB, qui a pour côtés $R - r$, $R - r'$ et $D = AB$,

$$\sin^2 \frac{1}{2} aOb = \frac{D^2 - (r - r')^2}{4(R - r)(R - r')};$$

et comme

$$(12)^2 = D^2 - (r - r')^2,$$

il vient

$$ab = \frac{R.(12)}{\sqrt{(R - r)(R - r')}}.$$

Dans le quadrilatère inscrit formé par les quatre points de contact a, b, c et d des quatre premiers cercles avec le cinquième, les côtés et les diagonales satisfont à la condition

$$ab.cd + ad.bc = ac.bd;$$

remplaçant, dans cette équation, chacune des cordes $ab, \ldots$ par sa valeur, trouvée précédemment, en fonction de la longueur (12),... de la tangente commune correspondante, et supprimant le facteur commun $\dfrac{R^2}{\sqrt{(R-r)(R-r')(R-r'')(R-r''')}}$, on obtient la relation qu'il fallait démontrer.

121 (*b*). On peut déduire de ce théorème une solution du problème posé au n° 119. Lorsque le quatrième cercle se réduit à un point, ce point appartient au cercle tangent aux trois premiers, et les expressions (41), (42) et (43) représentent les longueurs des tangentes menées par ce point à ces trois cercles. D'ailleurs, en désignant par S, S' et S'' les valeurs particulières que prennent les équations des trois premiers cercles lorsqu'on y remplace les coordonnées courantes par celles de ce point, on aura, d'après le n° 90,

$$(41) = \sqrt{S}, \quad (42) = \sqrt{S'}, \quad (43) = \sqrt{S''}.$$

Les coordonnées d'un point quelconque du cercle cherché satisfont donc à la relation

$$(23)\sqrt{S} \pm (31)\sqrt{S'} \pm (12)\sqrt{S''} = 0,$$

qui se transforme en une équation du quatrième degré lorsqu'on fait disparaître les radicaux. Dans le cas où (23), (31) et (12) sont les tangentes communes directes, elle se décompose en deux équations du second degré, qui représentent respectivement les cercles tangents intérieurement et extérieurement (*fig.* 45) aux trois cercles donnés.

Cette solution et le théorème d'où on la déduit sont dus à M. Casey.

121 (*c*). Ce théorème peut aussi se démontrer sans avoir recours aux propriétés du quadrilatère inscrit. En prenant, comme au n° 104 (Ex. 4), sur chaque rayon vecteur OP (*fig.* 41), mené par un point O à une courbe, une longueur

OQ inversement proportionnelle à OP, on obtient une nouvelle courbe qu'on appelle *inverse* de la courbe donnée. La figure inverse du cercle

$$x^2 + y^2 + 2gx + 2fy + c = 0,$$

par rapport à l'origine O, est définie par l'équation

$$c(x^2 + y^2) + 2gx + 2fy + 1 = 0,$$

qui représente un cercle, excepté dans le cas où $c = 0$. Lorsque c est nul, le cercle passe par l'origine O, et son inverse est une ligne droite. Réciproquement, la figure inverse d'une ligne droite est une circonférence passant par l'origine.

A un couple de cercles correspond, comme figure inverse, un autre couple de cercles, et le rapport du carré de la tangente commune au produit des rayons est le même pour l'un et l'autre couple ([1]). En remplaçant, en effet, g, f et c par $\frac{g}{c}, \frac{f}{c}, \frac{1}{c}$ dans l'équation $r^2 = g^2 + f^2 - c$, qui donne (n° 80) le rayon r d'un cercle, on obtient $\frac{r}{c}$ pour le rayon du cercle inverse. En effectuant la même substitution dans l'expression $c + c' - 2gg' - 2ff'$ qui représente la quantité $D^2 - r^2 - r'^2$ (n° 112, Ex. 1), on trouve

$$\frac{D^2 - r^2 - r'^2}{cc'}.$$

Le rapport de $D^2 - r^2 - r'^2$, au produit rr' des rayons, et, par suite, le rapport de $D^2 - (r \pm r')^2$ à rr' est donc le même pour chacun des couples.

---

[1] Cette proposition, qui a été indiquée par M. Casey, revient à dire (n° 112, Ex. 8), que l'angle sous lequel se coupent deux cercles quelconques est le même que celui sous lequel se coupent leurs inverses : théorème facile à établir géométriquement.

Considérons maintenant quatre cercles tangents à une même droite en quatre points. Les segments compris entre ces quatre points, segments qui ne sont autre chose que les longueurs des tangentes communes, satisfont à la relation

$$(12)(34) + (14)(32) = (13)(24),$$

comme il est facile de s'en assurer en partant de l'identité

$$(b-a)(d-c) + (d-a)(c-b) = (c-a)(d-b),$$

dans laquelle a, b, c, d représentent les distances de ces quatre points à un point quelconque de la droite pris pour origine.

L'inverse du système, par rapport à un point quelconque, se composera de quatre cercles tangents à un cinquième; et la relation précédente subsistera encore, puisque le rapport de chacun de ses termes à la racine carrée du produit des rayons des quatre premiers cercles ne change point quand on passe du premier système à son inverse.

La relation entre les tangentes communes étant ainsi établie directement, on peut en déduire, comme cas particulier, les propriétés relatives aux côtés et aux diagonales du quadrilatère inscrit. Il suffit, pour cela, de supposer que les quatre premiers cercles se réduisent à quatre points.

Cette démonstration fait voir, en outre, que par tangente commune à deux cercles il faut entendre, dans la relation donnée ci-dessus, la tangente commune directe lorsque les deux cercles touchent tous deux intérieurement, ou tous deux extérieurement le cinquième cercle, et la tangente commune inverse, quand les deux cercles sont situés, l'un à l'intérieur, l'autre à l'extérieur de ce cinquième cercle. Ainsi l'équation des quatre couples de cercles tangents à trois cercles donnés

$$(23)\sqrt{S} \pm (31)\sqrt{S'} \pm (12)\sqrt{S''} = 0$$

représente :

1° Les cercles tangents laissant du même côté, intérieur ou

extérieur, les trois cercles donnés lorsque (12), (23) et (31) désignent les tangentes communes directes; 2° les cercles touchant intérieurement le premier cercle et extérieurement les deux autres (ou inversement), lorsque, (23) étant une tangente directe, (31) et (12) représentent des tangentes inverses; 3° enfin les deux autres couples de cercles, quand on considère successivement l'une des tangentes (31) et (12) comme directe, et la troisième tangente comme inverse.

*CHAPITRE IX.

APPLICATION DE LA MÉTHODE DES NOTATIONS ABRÉGÉES A L'ÉQUATION DU CERCLE.

122. Pour reconnaître si une équation du deuxième degré, exprimée à l'aide des notations abrégées exposées au Chapitre IV, représente un cercle, il suffit de la ramener à une équation en x et y, en y remplaçant chacune des abréviations α par l'expression équivalente $x\cos\alpha + y\sin\alpha - p$, et de voir, dans cette équation transformée, si le terme en xy disparaît, et si les termes en x^2 et en y^2 ont même coefficient (n° 80). Les exemples suivants serviront d'éclaircissements.

Le produit des distances d'un point quelconque d'une courbe à deux côtés opposés d'un quadrilatère est dans un rapport constant k avec le produit des distances de ce même point aux deux autres côtés; trouver la condition pour que cette courbe soit un cercle.

Soient $\alpha, \beta, \gamma, \delta$ les quatre côtés du quadrilatère; l'équation générale de la courbe est évidemment de la forme

$$\alpha\gamma = k\beta\delta,$$

et comme elle est vérifiée par l'une ou l'autre des quatre suppositions

$$\alpha = 0, \quad \beta = 0; \quad \alpha = 0, \quad \delta = 0,$$
$$\beta = 0, \quad \gamma = 0; \quad \gamma = 0, \quad \delta = 0,$$

elle représente une courbe du second degré qui passe par les sommets du quadrilatère.

En substituant aux abréviations α, β, γ, δ les expressions équivalentes en x et y, on trouve pour l'équation transformée du lieu

$$(x\cos\alpha + y\sin\alpha - p)(x\cos\gamma + y\sin\gamma - p'')$$
$$= k(x\cos\beta + y\sin\beta - p')(x\cos\delta + y\sin\delta - p''');$$

et en écrivant que, dans cette équation, les coefficients de x^2 et de y^2 sont égaux, et que le coefficient de xy est nul, on obtient les relations

$$\cos(\alpha + \gamma) = k\cos(\beta + \delta),$$
$$\sin(\alpha + \gamma) = k\sin(\beta + \delta),$$

qui expriment que le lieu est un cercle.

Si l'on ajoute ces équations, après les avoir élevées au carré, il vient

$$k = \pm 1;$$

quand cette condition est remplie, on a

$$\alpha + \gamma = \beta + \delta, \quad \text{ou} \quad \alpha + \gamma = 180° + \beta + \delta,$$

et, par suite,

$$\alpha - \beta = \delta - \gamma, \quad \text{ou} \quad \alpha - \beta = 180° + \delta - \gamma.$$

L'angle $\alpha - \beta$ étant (n° 64) le supplément de celui des deux angles formés par les droites α et β qui comprend l'origine, cette condition est remplie lorsque le quadrilatère $\alpha, \beta, \gamma, \delta$ est inscriptible. Quand l'origine est à l'intérieur du quadrilatère, il faut faire $k = -1$, l'angle compris entre α et β est alors supplémentaire de l'angle formé par γ et δ; lorsque l'origine est en dehors du quadrilatère, il faut faire, au contraire, $k = 1$, et dans ce cas les angles opposés sont égaux.

123. *Le carré de la distance d'un point quelconque d'une courbe à la base d'un triangle est dans un rapport* constant k avec le produit des distances de ce même point aux deux autres côtés ; trouver la condition pour que cette courbe soit un cercle.

Soient α, β, γ les côtés du triangle ; l'équation générale de la courbe peut évidemment s'écrire

$$\alpha\beta = k\gamma^2.$$

En y faisant $\alpha = 0$, pour déterminer les points d'intersection du lieu et de la droite α, on obtient l'équation $\gamma^2 = 0$, dont le premier membre est un carré parfait ; la droite α rencontre donc le lieu en deux points qui coïncident, et par suite (n° 83) se confond avec la tangente au point (α, γ). De même, β est la tangente au point (β, γ). La droite γ est donc la corde de contact des deux tangentes α et β.

En remplaçant, comme au numéro précédent, les abréviations par leurs valeurs développées, et en écrivant que les conditions indiquées au n° 80 sont remplies, on trouve

$$\cos(\alpha + \beta) = k\cos 2\gamma, \quad \sin(\alpha + \beta) = k\sin 2\gamma,$$

et, par suite,

$$k = 1, \quad \alpha - \gamma = \gamma - \beta.$$

Pour que le lieu soit un cercle, il faut donc que le triangle soit isoscèle, résultat qui peut s'énoncer ainsi :

Le produit des distances d'un point quelconque d'une circonférence à deux tangentes est égal au carré de la distance de ce point à la corde de contact des deux tangentes.

Exercice.

Trouver la condition pour qu'un cercle soit le lieu des points tels, que la somme c^2 des carrés de leurs distances aux trois côtés d'un triangle $\alpha\beta\gamma$ soit constante.

L'équation du lieu, qui est de la forme $\alpha^2 + \beta^2 + \gamma^2 = c^2$, représente un cercle lorsqu'on a

$$\cos 2\alpha + \cos 2\beta + \cos 2\gamma = 0, \quad \sin 2\alpha + \sin 2\beta + \sin 2\gamma = 0,$$

et, par suite,

$$\cos 2\alpha = -2\cos(\beta+\gamma)\cos(\beta-\gamma), \sin 2\alpha = -2\sin(\beta+\gamma)\cos(\beta-\gamma).$$

En ajoutant ces équations, après les avoir élevées au carré, il vient

$$1 = 4\cos^2(\beta - \gamma), \quad \text{ou} \quad \beta - \gamma = 60°.$$

On verrait de même que chacun des autres angles doit être égal à 60°. Il faut donc que le triangle soit équilatéral.

124. *Trouver l'équation du cercle circonscrit au triangle formé par les droites* $\alpha = 0$, $\beta = 0$, $\gamma = 0$.

L'équation

$$l\beta\gamma + m\gamma\alpha + n\alpha\beta = 0$$

représente une courbe du second degré circonscrite à ce triangle, puisqu'elle est vérifiée par chacune des suppositions

$$\alpha = 0, \beta = 0; \quad \beta = 0, \gamma = 0; \quad \gamma = 0, \alpha = 0.$$

En suivant la marche indiquée au n° 122, on trouve, pour exprimer que cette courbe devient un cercle, les conditions

$$l\cos(\beta + \gamma) + m\cos(\gamma + \alpha) + n\cos(\alpha + \beta) = 0,$$
$$l\sin(\beta + \gamma) + m\sin(\gamma + \alpha) + n\sin(\alpha + \beta) = 0.$$

Mais lorsqu'on a deux équations de la forme

$$l\alpha' + m\beta' + n\gamma' = 0,$$
$$l\alpha'' + m\beta'' + n\gamma'' = 0,$$

les quantités l, m et n sont respectivement proportionnelles à $(\beta'\gamma'' - \beta''\gamma')$, $(\gamma'\alpha'' - \gamma''\alpha')$, $(\alpha'\beta'' - \alpha''\beta')$ (n° 65). Dans le cas actuel, l, m et n sont proportionnels à $\sin(\beta - \gamma)$, $\sin(\gamma - \alpha)$,

DU CERCLE. NOTATIONS ABRÉGÉES.

$\sin(\alpha - \beta)$, ou à $\sin A$, $\sin B$, $\sin C$ (n° 61); et l'on a, pour l'équation du cercle circonscrit,

$$\beta\gamma \sin A + \gamma\alpha \sin B + \alpha\beta \sin C = 0.$$

125. L'interprétation géométrique de cette équation n'est pas sans importance. Les perpendiculaires OQ, OP (*fig.* 47)

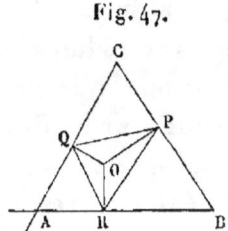

Fig. 47.

abaissées d'un point O sur les deux côtés α et β du triangle ABC ont précisément pour longueur α et β (n° 54); d'ailleurs l'angle QOP qu'elles comprennent est le supplément de l'angle C du triangle : le produit $\alpha\beta \sin C$ mesure donc le double de l'aire du triangle OPQ. De même $\gamma\alpha \sin B$, $\beta\gamma \sin A$ représentent respectivement le double de l'aire des triangles OPR, OQR, OR étant perpendiculaire à γ. La quantité

$$\beta\gamma \sin A + \gamma\alpha \sin B + \alpha\beta \sin C$$

est donc le double de l'aire du triangle PQR, et l'équation du numéro précédent exprime que, si le point O appartient au cercle circonscrit au triangle, l'aire PQR est nulle, c'est-à-dire (n° 36, *Corollaire II*) que les trois points P, Q, R sont en ligne droite.

Le lieu du point O, déterminant par ses projections sur les trois côtés du triangle ABC, un triangle PQR dont l'aire est constante, a pour équation

$$\beta\gamma \sin A + \gamma\alpha \sin B + \alpha\beta \sin C = \text{const.}$$

Cette équation ne diffère que par une constante de celle du

cercle circonscrit; elle représente donc (n° 81) un cercle concentrique au cercle circonscrit ([1]).

126. Reprenons l'équation $l\beta\gamma + m\gamma\alpha + n\alpha\beta = 0$, et mettons la sous la forme

$$\gamma(l\beta + m\alpha) + n\alpha\beta = 0;$$

la droite γ rencontre la courbe sur les droites α et β (n° 124), puisque l'équation ci-dessus se réduit à $\alpha\beta = 0$, lorsqu'on y fait $\gamma = 0$. Pour la même raison, la droite $l\beta + m\alpha$ rencontre la courbe en deux points situés sur les droites α et β; mais ces deux points coïncident, puisque $l\beta + m\alpha$ passe par l'intersection de α et β : la droite $l\beta + m\alpha$ rencontre donc la courbe en deux points qui coïncident, c'est-à-dire lui est tangente au point (α, β) (n° 83).

Cette conséquence de l'équation $l\beta\gamma + m\gamma\alpha + n\alpha\beta = 0$, ainsi que quelques autres dont l'exposé va suivre, ne supposent point aux coefficients l, m, n les valeurs particulières

---

([1]) L'équation du cercle circonscrit à un quadrilatère, défini par ses côtés α, β, γ, δ et l'une de ses diagonales ε, peut se mettre sous l'une ou l'autre des formes

$$\frac{\sin A}{\alpha} + \frac{\sin B}{\beta} + \frac{\sin E}{\varepsilon} = 0, \quad \frac{\sin C}{\gamma} + \frac{\sin D}{\delta} - \frac{\sin E}{\varepsilon} = 0,$$

où A représente l'angle inscrit dans le segment sous-tendu par α, et où l'on a donné à ε des signes différents pour indiquer que les triangles $\alpha\beta\varepsilon$ et $\gamma\delta\varepsilon$ ne se trouvaient pas du même côté de la diagonale ε. Tous les points du cercle vérifient donc l'équation

$$\frac{\sin A}{\alpha} + \frac{\sin B}{\beta} + \frac{\sin C}{\gamma} + \frac{\sin D}{\delta} = 0$$

qui est du troisième degré, comme il est facile de le voir en chassant les dénominateurs.

Cette équation représente à la fois le cercle circonscrit, et la droite menée par les points d'intersection de α avec γ, et de β avec δ. M. Casey a, du reste, démontré, en suivant la même marche, que tous les points du cercle circonscrit à un polygone d'un nombre quelconque de côtés devaient satisfaire à une relation analogue.

$\sin A$, $\sin B$, $\sin C$; elles s'appliquent donc non seulement à un cercle, mais à une courbe quelconque du deuxième degré circonscrite à un triangle.

Dans le cas du cercle, la tangente a pour équation

$$\alpha \sin B + \beta \sin A = 0,$$

et, comme $\alpha \sin A + \beta \sin B = 0$ représente la parallèle, menée par le sommet (α, β) au côté γ (n° 64), il en résulte que la tangente fait avec l'un des côtés α du triangle un angle égal à celui que la base γ fait avec l'autre côté β (n° 55).

En mettant les équations des tangentes menées par les trois sommets du triangle, sous la forme

$$\frac{\beta}{m} + \frac{\gamma}{n} = 0; \quad \frac{\gamma}{n} + \frac{\alpha}{l} = 0; \quad \frac{\alpha}{l} + \frac{\beta}{m} = 0,$$

on voit immédiatement que les trois points où ces tangentes coupent respectivement les côtés opposés du triangle sont situés sur la droite

$$\frac{\alpha}{l} + \frac{\beta}{m} + \frac{\gamma}{n} = 0;$$

En retranchant l'une de l'autre les équations des tangentes, on trouve, pour les droites qui joignent les sommets du triangle formé par les tangentes aux sommets correspondants du triangle primitif,

$$\frac{\beta}{m} - \frac{\gamma}{n} = 0, \quad \frac{\gamma}{n} - \frac{\alpha}{l} = 0, \quad \frac{\alpha}{l} - \frac{\beta}{m} = 0;$$

ces droites se coupent donc en un même point (n° 40) [1].

127. La droite, menée par deux points quelconques, α', β', γ'; α'', β'', γ'' d'une courbe du deuxième degré circon-

---

[1] Les théorèmes de ce numéro sont dus à Bobillier (*Annales de Mathématiques*, t. XVIII, p. 320). La première équation du n° 127 est de M. Hermes.

scrite au triangle $\alpha\beta\gamma$, a pour équation

$$\frac{l\alpha}{\alpha'\alpha''} + \frac{m\beta}{\beta'\beta''} + \frac{n\gamma}{\gamma'\gamma''} = 0;$$

cette équation se vérifie, en effet, lorsqu'on y remplace les coordonnées courantes α, β, γ par α', β', γ', puisque α'', β'', γ'' satisfont à l'équation de la courbe (n° 124) qui peut se mettre sous la forme

$$\frac{l}{\alpha} + \frac{m}{\beta} + \frac{n}{\gamma} = 0.$$

On verrait de même qu'elle est vérifiée par α'', β'', γ''. Il en résulte que l'équation de la tangente en un point quelconque (α', β', γ') peut s'écrire

$$\frac{l\alpha}{\alpha'^2} + \frac{m\beta}{\beta'^2} + \frac{n\gamma}{\gamma'^2} = 0;$$

et, réciproquement, que si $\lambda\alpha + \mu\beta + \nu\gamma = 0$ est l'équation d'une tangente, les coordonnées α', β', γ' du point de contact sont données par les relations

$$\frac{l}{\alpha'^2} = \lambda, \quad \frac{m}{\beta'^2} = \mu, \quad \frac{m}{\gamma'^2} = \nu.$$

En portant les valeurs qu'on en tire pour α', β', γ' dans l'équation de la courbe, qui doit être vérifiée par les coordonnées du point de contact, on trouve

$$\sqrt{l\lambda} + \sqrt{m\mu} + \sqrt{n\nu} = 0.$$

C'est la *condition pour que la droite* $\lambda\alpha + \mu\beta + \nu\gamma$ *soit tangente à la courbe* $l\beta\gamma + m\gamma\alpha + n\alpha\beta$, et on peut l'appeler (n° 70) l'*équation tangentielle* de la courbe. On obtient aussi cette équation tangentielle en éliminant γ entre l'équation de la droite et celle de la courbe, et en exprimant que l'équation résultante en $\frac{\alpha}{\beta}$ a ses racines égales.

128. *Trouver la condition pour que l'équation générale du deuxième degré en* α, β, γ

$$a\alpha^2 + b\beta^2 + c\gamma^2 + 2f\beta\gamma + 2g\gamma\alpha + 2h\alpha\beta = 0$$

représente un cercle (¹).

Cette condition se déduit facilement des résultats obtenus au n° 124. En coordonnées cartésiennes, les équations de deux cercles quelconques comportent les mêmes termes du deuxième degré, $x^2 + y^2$, et ne diffèrent que par une quantité linéaire; on pourra donc toujours, $S = 0$ représentant un cercle, mettre l'équation d'un cercle quelconque sous la forme

$$S + lx + my + n = 0;$$

il en sera évidemment de même en coordonnées trilinéaires, et pour trouver, dans ce système de coordonnées, l'équation d'un cercle quelconque, il suffira d'ajouter à l'équation d'un cercle connu la fonction linéaire $l\alpha + m\beta + n\gamma$, après l'avoir toutefois multipliée par la constante

$$\alpha \sin A + \beta \sin B + \gamma \sin C$$

pour conserver l'homogénéité.

En partant de l'équation trouvée au n° 124, on obtient ainsi pour l'équation d'un cercle quelconque

$$(l\alpha + m\beta + n\gamma)(\alpha \sin A + \beta \sin B + \gamma \sin C)$$
$$+ k(\beta\gamma \sin A + \gamma\alpha \sin B + \alpha\beta \sin C) = 0;$$

et si l'on compare les termes en $\alpha^2, \beta^2, \gamma^2$ de cette équation aux termes correspondants de l'équation générale, on voit que celle-ci ne représente un cercle que lorsqu'il est possible

---

(¹) Dublin, *Exam. Papers*, janvier 1857.

de la ramener à la forme

$$\left(\frac{a}{\sin A}\alpha + \frac{b}{\sin B}\beta + \frac{c}{\sin C}\gamma\right)(\alpha\sin A + \beta\sin B + \gamma\sin C)$$
$$= k(\beta\gamma\sin A + \gamma\alpha\sin B + \alpha\beta\sin C).$$

On déduit de là, pour les autres coefficients,

$$2f\sin B\sin C = c\sin^2 B + b\sin^2 C + k\sin A\sin B\sin C,$$
$$2g\sin C\sin A = a\sin^2 C + c\sin^2 A + k\sin A\sin B\sin C,$$
$$2h\sin A\sin B = b\sin^2 A + a\sin^2 B + k\sin A\sin B\sin C;$$

et en éliminant k, on trouve, pour les conditions cherchées,

$$b\sin^2 C + c\sin^2 B - 2f\sin B\sin C$$
$$= c\sin^2 A + a\sin^2 C - 2g\sin C\sin A$$
$$= a\sin^2 B + b\sin^2 A - 2h\sin A\sin B.$$

Les deux cercles, qui ont pour équations

$$(l\alpha + m\beta + n\gamma)(\alpha\sin A + \beta\sin B + \gamma\sin C)$$
$$+ k(\beta\gamma\sin A + \gamma\alpha\sin B + \alpha\beta\sin C) = 0,$$
$$(l'\alpha + m'\beta + n'\gamma)(\alpha\sin A + \beta\sin B + \gamma\sin C)$$
$$+ k(\beta\gamma\sin A + \gamma\alpha\sin B + \alpha\beta\sin C) = 0,$$

ont évidemment pour axe radical la droite

$$l\alpha + m\beta + n\gamma - (l'\alpha + m'\beta + n'\gamma) = 0,$$

et l'équation $l\alpha + m\beta + n\gamma = 0$ représente l'axe radical du premier de ces cercles et du cercle circonscrit au triangle.

Exercices.

1. *Vérifier que $\alpha\beta - \gamma^2$ représente un cercle lorsque* $A = B$ (n° 123).

Cette équation peut en effet se mettre sous la forme

$$\alpha\beta\sin C + \beta\gamma\sin A + \gamma\alpha\sin B - \gamma(\alpha\sin A + \beta\sin B + \gamma\sin C) = 0.$$

2. *Dans quel cas l'équation $a\alpha^2 + b\beta^2 + c\gamma^2 = 0$ représente-t-elle un cercle?*

3. *Les milieux des côtés d'un triangle et les pieds des hauteurs sont situés sur un même cercle.*

L'équation
$$\alpha^2 \sin A \cos A + \beta^2 \sin B \cos B + \gamma^2 \sin C \cos C$$
$$- (\beta\gamma \sin A + \gamma\alpha \sin B + \alpha\beta \sin C) = 0$$

représente une courbe du deuxième degré passant par les points en question; en y faisant $\gamma = 0$, on trouve en effet l'expression
$$\alpha^2 \sin A \cos A + \beta^2 \sin B \cos B - \alpha\beta (\sin A \cos B + \sin B \cos A) = 0,$$
qui se décompose en deux facteurs
$$\alpha \sin A - \beta \sin B \quad \text{et} \quad \alpha \cos A - \beta \cos B.$$

Cette courbe est un cercle, puisque son équation peut s'écrire
$$(\alpha \cos A + \beta \cos B + \gamma \cos C)(\alpha \sin A + \beta \sin B + \gamma \sin C)$$
$$- 2(\beta\gamma \sin A + \gamma\alpha \sin B + \alpha\beta \sin C) = 0.$$

L'axe radical de ce cercle et du cercle circonscrit a pour équation
$$\alpha \cos A + \beta \cos B + \gamma \cos C = 0,$$
qui est aussi celle de l'axe d'homologie du triangle donné et du triangle formé en joignant les pieds des hauteurs.

129. *Trouver l'équation du cercle inscrit dans le triangle formé par les droites* $\alpha = 0, \beta = 0, \gamma = 0$.

L'équation générale d'une courbe du deuxième degré tangente aux trois côtés du triangle est de la forme
$$l^2\alpha^2 + m^2\beta^2 + n^2\gamma^2 - 2mn\beta\gamma - 2nl\gamma\alpha - 2lm\alpha\beta = 0 \quad (^1);$$

(^{1}) A la rigueur, les doubles rectangles $\alpha\beta$, $\beta\gamma$,... pourraient avoir le double signe sans que la démonstration cessât de s'appliquer. Si l'on donne le signe $+$ à tous ces rectangles ou à l'un d'eux seulement (les deux autres ayant le signe $-$), l'équation ne représente plus une courbe du deuxième degré, mais bien le carré de l'une ou l'autre des lignes $l\alpha \pm m\beta \pm n\gamma$. La forme adoptée ici renferme le cas où un seul des rectangles est négatif, pourvu que l'on suppose que l, m et n emportent leurs signes avec eux.

en y faisant $\gamma = 0$, pour déterminer les points où la droite γ rencontre la courbe, on obtient, en effet, le carré parfait

$$l^2\alpha^2 + m^2\beta^2 - 2lm\alpha\beta = 0,$$

qui exprime que ces points coïncident. Le côté γ est donc tangent à la courbe, et il en est de même des autres côtés.

Cette équation peut aussi se mettre sous la forme

$$\sqrt{l\alpha} + \sqrt{m\beta} + \sqrt{n\gamma} = 0,$$

comme il est facile de s'en assurer en faisant disparaître les radicaux.

Avant de déterminer les valeurs de l, m et n, qui caractérisent un cercle, nous déduirons de ces équations quelques propriétés communes à toutes les courbes du second degré inscrites dans des triangles.

En écrivant la première équation sous la forme

$$n\gamma(n\gamma - 2l\alpha - 2m\beta) + (l\alpha - m\beta)^2 = 0,$$

on voit que la droite $(l\alpha - m\beta)$, qui passe par le point (α, β), passe aussi par le point où γ rencontre la courbe. Les trois lignes qui joignent les points de contact des côtés aux sommets opposés du triangle circonscrit ont donc pour équations

$$l\alpha - m\beta = 0, \quad m\beta - n\gamma = 0, \quad n\gamma - l\alpha = 0,$$

et, par suite, se coupent en un même point.

La droite $n\gamma - 2l\alpha - 2m\beta = 0$ est tangente à la courbe, puisque, en combinant son équation avec celle de la courbe pour déterminer leurs points d'intersection, on trouve le carré parfait $(l\alpha - m\beta)^2 = 0$; ce qui montre à la fois que ces points coïncident, et que la droite $l\alpha - m\beta$ passe par le point de contact. Les tangentes menées à la courbe aux points où elle est rencontrée, pour la deuxième fois, par les droites qui joignent les sommets du triangle aux points de contact des côtés opposés, sont donc définies par les équations

$$2l\alpha + 2m\beta - n\gamma = 0,$$
$$2m\beta + 2n\gamma - l\alpha = 0,$$
$$2n\gamma + 2l\alpha - m\beta = 0;$$

elles rencontrent d'ailleurs les côtés qui leur sont opposés en trois points situés sur la droite

$$l\alpha + m\beta + n\gamma = 0,$$

puisque cette droite passe par les intersections de la première tangente avec γ, de la deuxième avec α, et de la troisième avec β.

130. L'équation de la corde menée par les deux points $(\alpha', \beta', \gamma')$, $(\alpha'', \beta'', \gamma'')$ de la courbe peut s'écrire (Dr Hart)

$$\alpha\sqrt{l}(\sqrt{\beta'\gamma''} + \sqrt{\beta''\gamma'}) + \beta\sqrt{m}(\sqrt{\gamma'\alpha''} + \sqrt{\gamma''\alpha'})$$
$$+ \gamma\sqrt{n}(\sqrt{\alpha'\beta''} + \sqrt{\alpha''\beta'}) = 0;$$

en remplaçant en effet, dans cette équation, α, β, γ par α', β', γ', le premier membre devient

$$(\sqrt{\alpha'\beta'\gamma''} + \sqrt{\beta'\gamma'\alpha''} + \sqrt{\gamma'\alpha'\beta''})(\sqrt{l\alpha'} + \sqrt{m\beta'} + \sqrt{n\gamma'})$$
$$- \sqrt{\alpha'\beta'\gamma'}(\sqrt{l\alpha''} + \sqrt{m\beta''} + \sqrt{n\gamma''}),$$

et se réduit à zéro, puisque les deux points sont sur la courbe.

En égalant respectivement $\alpha'', \beta'', \gamma''$ à α', β', γ' dans l'équation de la corde, on obtient l'équation de la tangente, qui se ramène à la forme

$$\alpha\sqrt{\frac{l}{\alpha'}} + \beta\sqrt{\frac{m}{\beta'}} + \gamma\sqrt{\frac{n}{\gamma'}} = 0,$$

lorsqu'on la divise par $2\sqrt{\alpha'\beta'\gamma'}$.

Réciproquement, lorsque la droite $\lambda\alpha + \mu\beta + \nu\gamma$ est tangente à la courbe, les coordonnées α', β', γ' du point de contact satisfont aux relations

$$\sqrt{\frac{l}{\alpha'}} = \lambda, \quad \sqrt{\frac{m}{\beta'}} = \mu, \quad \sqrt{\frac{n}{\gamma'}} = \nu,$$

et, en portant les valeurs de α', β', γ', qu'on en tire, dans l'équation de la courbe, on trouve

$$\frac{l}{\lambda} + \frac{m}{\mu} + \frac{n}{\nu} = 0$$

pour exprimer la condition que la droite $\lambda\alpha + \mu\beta + \nu\gamma$ est tangente à la courbe : c'est l'*équation tangentielle* de la courbe.

Pour mieux faire ressortir la réciprocité qui existe entre l'équation ordinaire et l'équation tangentielle de la courbe, nous résoudrons le problème inverse : trouver l'équation de la courbe dont les tangentes satisfont à la condition

$$\frac{l}{\lambda} + \frac{m}{\mu} + \frac{n}{\nu} = 0.$$

Reprenons la marche indiquée au n° 127, et rappelons-nous (n° 70) que toute équation de la forme $A\lambda + B\mu + C\nu = 0$, exprimant que la droite

$$\lambda\alpha + \mu\beta + \nu\gamma = 0$$

passe par un certain point, est l'équation tangentielle de ce point. Lorsque les coefficients λ', μ', ν' ; λ'', μ'', ν'' des équations de deux droites satisfont à la condition indiquée ci-dessus, les droites $\lambda'\alpha + \mu'\beta + \nu'\gamma$; $\lambda''\alpha + \mu''\beta + \nu''\gamma$ sont tangentes à la courbe dont nous cherchons l'équation, et la relation

$$\frac{l\lambda}{\lambda'\lambda''} + \frac{m\mu}{\mu'\mu''} + \frac{n\nu}{\nu'\nu''} = 0,$$

qui est vérifiée par les coordonnées tangentielles des deux

droites, est l'équation tangentielle de leur point d'intersection.

En égalant respectivement λ', μ', ν' à λ'', μ'', ν'', on obtient l'équation de l'intersection de deux tangentes consécutives, autrement dit l'équation du point de contact d'une tangente. Cette équation peut s'écrire

$$\frac{l\lambda}{\lambda'^2} + \frac{m\mu}{\mu'^2} + \frac{n\nu}{\nu'^2} = 0;$$

et l'on a pour les coordonnées trilinéaires du point de contact

$$\alpha = \frac{l}{\lambda'^2}, \quad \beta = \frac{m}{\mu'^2}, \quad \gamma = \frac{n}{\nu'^2}.$$

En portant les valeurs de λ', μ', ν' qui leur correspondent dans la relation à laquelle ces valeurs doivent satisfaire par hypothèse, on obtient pour l'équation de la courbe cherchée

$$\sqrt{l\alpha} + \sqrt{m\beta} + \sqrt{n\gamma} = 0.$$

131. Pour que l'équation du n° 129 représente un cercle, il faut (n° 128) que ses coefficients vérifient les relations

$$m^2 \sin^2 C + n^2 \sin^2 B + 2mn \sin B \sin C$$
$$= n^2 \sin^2 A + l^2 \sin^2 C + 2nl \sin C \sin A$$
$$= l^2 \sin^2 B + m^2 \sin^2 A + 2lm \sin A \sin B,$$

ou, ce qui revient au même,

$$m \sin C + n \sin B = \pm (n \sin A + l \sin C)$$
$$= \pm (l \sin B + m \sin A).$$

En changeant les signes, on peut écrire ces équations de quatre manières différentes; il existe donc quatre cercles tangents aux trois côtés d'un triangle. Lorsqu'on prend à la fois tous les membres avec le signe $+$, on a les équations

$$l \sin C - m \sin C + n (\sin A - \sin B) = 0,$$
$$l \sin B + m (\sin A - \sin C) - n \sin B = 0,$$

S. — *Géom. à deux dim.*

d'où l'on tire (n° 124)

$$l = \sin A(\sin B + \sin C - \sin A),$$
$$m = \sin B(\sin C + \sin A - \sin B),$$
$$n = \sin C(\sin A + \sin B - \sin C).$$

Les angles d'un triangle étant assujettis à la relation

$$\sin B + \sin C - \sin A = 4\cos\tfrac{1}{2}A \sin\tfrac{1}{2}B \sin\tfrac{1}{2}C,$$

ces valeurs de l, m et n sont respectivement proportionnelles à $\cos^2\tfrac{1}{2}A$, $\cos^2\tfrac{1}{2}B$, $\cos^2\tfrac{1}{2}C$; et on a pour l'équation du cercle correspondant, cercle qui est *inscrit* dans le triangle,

$$\cos\tfrac{1}{2}A\sqrt{\alpha} + \cos\tfrac{1}{2}B\sqrt{\beta} + \cos\tfrac{1}{2}C\sqrt{\gamma} = 0 \quad (^1),$$

ou bien

$$\alpha^2\cos^4\tfrac{1}{2}A + \beta^2\cos^4\tfrac{1}{2}B + \gamma^2\cos^4\tfrac{1}{2}C - 2\alpha\beta\cos^2\tfrac{1}{2}A\cos^2\tfrac{1}{2}B$$
$$- 2\beta\gamma\cos^2\tfrac{1}{2}B\cos^2\tfrac{1}{2}C - 2\gamma\alpha\cos^2\tfrac{1}{2}C\cos^2\tfrac{1}{2}A = 0.$$

(¹) Le Dr Hart déduit, de la manière suivante, cette équation de celle du cercle circonscrit. Soient α', β', γ' les côtés du triangle formé en joignant les points de contact; A', B', C' les angles de ce triangle. L'équation cherchée peut s'écrire (n° 124)

$$\beta'\gamma'\sin A' + \gamma'\alpha'\sin B' + \alpha'\beta'\sin C' = 0;$$

et en observant que $A' = 90° - \tfrac{1}{2}A$, et que pour chaque point du cercle, on a (n° 123) $\alpha'^2 = \beta\gamma$, $\beta'^2 = \gamma\alpha$, $\gamma'^2 = \alpha\beta$, on retombe sur l'équation

$$\cos\tfrac{1}{2}A\sqrt{\alpha} + \cos\tfrac{1}{2}B\sqrt{\beta} + \cos\tfrac{1}{2}C\sqrt{\gamma} = 0.$$

En opérant de la même manière sur l'équation du cercle circonscrit au quadrilatère (n° 125, Note), on trouve que tous les points du cercle inscrit dans le quadrilatère $\alpha\beta\gamma\delta$ satisfont à la relation

$$\frac{\cos\tfrac{1}{2}(12)}{\sqrt{\alpha\beta}} + \frac{\cos\tfrac{1}{2}(23)}{\sqrt{\beta\gamma}} + \frac{\cos\tfrac{1}{2}(34)}{\sqrt{\gamma\delta}} + \frac{\cos\tfrac{1}{2}(41)}{\sqrt{\delta\alpha}} = 0,$$

où (12) représente l'angle compris entre α et β. On obtiendrait une relation analogue pour le cercle inscrit dans un polygone d'un nombre quelconque de côtés.

DU CERCLE. NOTATIONS ABRÉGÉES.

Il est, du reste, facile de s'assurer que cette équation représente un cercle, en la mettant sous la forme

$$\left(\alpha \frac{\cos^4 \frac{1}{2} A}{\sin A} + \beta \frac{\cos^4 \frac{1}{2} B}{\sin B} + \gamma \frac{\cos^4 \frac{1}{2} C}{\sin C}\right)(\alpha \sin A + \beta \sin B + \gamma \sin C)$$
$$- \frac{4 \cos^2 \frac{1}{2} A \cos^2 \frac{1}{2} B \cos^2 \frac{1}{2} C}{\sin A \sin B \sin C}(\beta\gamma \sin A + \gamma\alpha \sin B + \alpha\beta \sin C) = 0.$$

On trouverait de même pour l'équation d'un des cercles exinscrits

$$\alpha^2 \cos^4 \tfrac{1}{2} A + \beta^2 \sin^4 \tfrac{1}{2} B + \gamma^2 \sin^4 \tfrac{1}{2} C - 2\beta\gamma \sin^2 \tfrac{1}{2} B \sin^2 \tfrac{1}{2} C$$
$$+ 2\gamma\alpha \sin^2 \tfrac{1}{2} C \cos^2 \tfrac{1}{2} A + 2\alpha\beta \sin^2 \tfrac{1}{2} B \cos^2 \tfrac{1}{2} A = 0,$$

ou bien

$$\cos \tfrac{1}{2} A \sqrt{-\alpha} + \sin \tfrac{1}{2} B \sqrt{\beta} + \sin \tfrac{1}{2} C \sqrt{\gamma} = 0.$$

Le signe — de α tient à ce que ce cercle n'est pas du même côté de α que le cercle inscrit.

Exercice.

Trouver l'axe radical du cercle inscrit et du cercle passant par les milieux des côtés du triangle.

En employant la méthode du n° 128, on trouve pour l'équation de cet axe

$$2 \cos^2 \tfrac{1}{2} A \cos^2 \tfrac{1}{2} B \cos^2 \tfrac{1}{2} C (\alpha \cos A + \beta \cos B + \gamma \cos C)$$
$$= \sin A \sin B \sin C \left(\alpha \frac{\cos^4 \frac{1}{2} A}{\sin A} + \beta \frac{\cos^4 \frac{1}{2} B}{\sin B} + \gamma \frac{\cos^4 \frac{1}{2} C}{\sin C}\right);$$

divisant par $2 \cos \tfrac{1}{2} A \cos \tfrac{1}{2} B \cos \tfrac{1}{2} C$, le coefficient de α devient

$$\cos \tfrac{1}{2} A \left(2 \cos^2 \tfrac{1}{2} A \sin \tfrac{1}{2} B \sin \tfrac{1}{2} C - \cos A \cos \tfrac{1}{2} B \cos \tfrac{1}{2} C\right);$$

ou

$$\cos \tfrac{1}{2} A \sin \tfrac{1}{2} (A - B) \sin \tfrac{1}{2} (A - C);$$

par suite, l'équation peut s'écrire

$$\frac{\alpha\cos\frac{1}{2}A}{\sin\frac{1}{2}(B-C)}+\frac{\beta\cos\frac{1}{2}B}{\sin\frac{1}{2}(C-A)}+\frac{\gamma\cos\frac{1}{2}C}{\sin\frac{1}{2}(A-B)}=0.$$

La droite qu'elle représente est tangente (n° 130) au cercle inscrit, et les coordonnées du point de contact sont $\sin^2\frac{1}{2}(B-C)$, $\sin^2\frac{1}{2}(C-A)$ et $\sin^2\frac{1}{2}(A-B)$. Il résulte de ces valeurs (n° 66), que le point de contact se trouve sur la ligne joignant les deux centres qui ont pour coordonnées : 1, 1, 1 et $\cos(B-C)$, $\cos(C-A)$, $\cos(A-B)$.

On démontrerait de la même manière que le cercle passant par les milieux des côtés est tangent à tous les cercles qui touchent les côtés. Ce théorème a été indiqué par Feuerbach ([1]).

132. Lorsque l'équation d'un cercle en coordonnées trilinéaires correspond à une équation en coordonnées rectangulaires dans laquelle m est le coefficient de x^2+y^2, le

---

([1]) M. Casey a donné, du théorème de Feuerbach, une démonstration qui peut s'appliquer au théorème beaucoup plus général du Dr Hart : *Les cercles tangents à trois cercles donnés sont quatre par quatre tangents à un cinquième cercle.* Désignons par 1, 2 et 3 les cercles exinscrits, par 4 le cercle inscrit, par (12) et (12)' les longueurs respectives des tangentes directes et inverses communes aux cercles 1 et 2, et soient a, b, c les côtés du triangle rangés par ordre de grandeur. La droite a laissant d'un côté le cercle 1, et de l'autre les cercles 2, 3 et 4, on aura (n° 121 c)

$$(13)'(24) = (12)'(34) + (14)'(23);$$

et de même

$$(12)'(34) + (24)'(13) = (23)'(14),$$
$$(23)'(14) = (13)'(24) + (34)'(12);$$

ajoutant membre à membre, il vient

$$(24)'(13) = (14)'(23) + (34)'(12).$$

Le cercle inscrit et les trois cercles exinscrits à un triangle quelconque sont donc tangents à un cinquième cercle qui laisse le cercle inscrit d'un côté et les trois cercles exinscrits de l'autre côté.

ésultat obtenu, en y remplaçant les coordonnées courantes par les coordonnées d'un point, représente m fois le carré de la tangente menée au cercle par ce point. Pour déterminer cette constante m, il suffit donc de connaître la longueur de la tangente menée au cercle par un point convenablement choisi, ce à quoi on arrive généralement par de simples considérations géométriques. Cette constante étant une fois déterminée, on pourra s'en servir pour calculer la longueur de la tangente menée au cercle par un point quelconque.

L'équation obtenue, en formant la différence des équations de deux cercles, préalablement divisées par leurs constantes respectives m et m', représente l'axe radical des deux cercles; cette équation est donc toujours divisible par

$$\alpha \sin A + \beta \sin B + \gamma \sin C.$$

Exercices.

1. *Trouver la valeur de la constante m du cercle*

$$\alpha^2 \sin A \cos A + \beta^2 \sin B \cos B + \gamma^2 \sin C \cos C$$
$$- \beta\gamma \sin A - \gamma\alpha \sin B - \alpha\beta \sin C = 0$$

qui passe par les milieux des côtés du triangle de référence (n° 128, Ex. 3).

Ce cercle coupe le côté γ en deux points dont les distances au sommet A sont $\frac{1}{2}c$ et $b\cos A$; le carré de la tangente issue du point A est donc égal à $\frac{1}{2}bc\cos A$. En remplaçant, dans l'équation du cercle les coordonnées courantes par les coordonnées du point A

$$\alpha = b \sin c = c \sin B, \beta = 0, \gamma = 0,$$

on trouve d'autre part pour le carré de cette même tangente

$$bc \sin A \sin B \sin C \cos A,$$

ce qui donne
$$m = 2 \sin A \sin B \sin C.$$

2. *Déterminer la constante m pour le cercle circonscrit*

$$\beta\gamma \sin A + \gamma\alpha \sin B + \alpha\beta \sin C = 0.$$

Lorsqu'on retranche de l'équation de l'Exemple précédent les termes linéaires

$$(\alpha \cos A + \beta \cos B + \gamma \cos C)(\alpha \sin A + \beta \sin B + \gamma \sin C),$$

le coefficient de $x^2 + y^2$ ne change pas. La constante cherchée est donc

$$m = -\sin A \sin B \sin C.$$

Il en résulte que la constante d'un cercle, dont l'équation est donnée sous la forme indiquée à la fin du n° 128, est égale à

$$-k \sin A \sin B \sin C.$$

3. *Trouver la distance* D *du centre du cercle inscrit au centre du cercle circonscrit.*

Soient r et R les rayons de ces cercles : le carré de la tangente menée par le centre du cercle inscrit au cercle circonscrit est égal à $D^2 - R^2$; et comme il s'obtient également en substituant les coordonnées $\alpha = \beta = \gamma = r$ du centre du cercle inscrit dans l'équation (Ex. 2) du cercle circonscrit, on a

$$D^2 - R^2 = -\frac{r^2(\sin A + \sin B + \sin C)}{\sin A \sin B \sin C} = -2Rr,$$

et, par suite,

$$D^2 = R^2 - 2Rr.$$

4. *Trouver la distance* D *du centre du cercle inscrit au centre du cercle passant par les milieux des côtés.*

Soit ρ le rayon de ce dernier cercle; en employant la formule

$$\sin A \cos A + \sin B \cos B + \sin C \cos C = 2 \sin A \sin B \sin C,$$

on a

$$D^2 - \rho^2 = r^2 - Rr;$$

et comme $R = 2\rho$, on en déduit $D = r - \rho$; autrement dit, les cercles sont tangents.

5. *Trouver la constante m pour le cercle inscrit* (n° 131).

Réponse. $m = 4 \cos^2 \frac{1}{2} A \cos^2 \frac{1}{2} B \cos^2 \frac{1}{2} C.$

6. *Former l'équation tangentielle du cercle ayant* $(\alpha', \beta', \gamma')$ *pour centre et r pour rayon.*

En procédant comme au n° 86 (Ex. 4), et en se reportant à la formule du n° 61, on trouve pour l'équation cherchée

$$(\lambda\alpha' + \mu\beta' + \nu\gamma')^2$$
$$= r^2(\lambda^2 + \mu^2 + \nu^2 - 2\mu\nu\cos A - 2\nu\lambda\cos B - 2\lambda\mu\cos C).$$

L'équation correspondante en α, β, γ est la suivante :

$$r^2(\alpha\sin A + \beta\sin B + \gamma\sin C)^2$$
$$= (\beta\gamma' - \beta'\gamma)^2 + (\gamma\alpha' - \gamma'\alpha)^2 + (\alpha\beta' - \alpha'\beta)^2$$
$$- 2(\gamma\alpha' - \gamma'\alpha)(\alpha\beta' - \alpha'\beta)\cos A$$
$$- 2(\alpha\beta' - \alpha'\beta)(\beta\gamma' - \beta'\gamma)\cos B$$
$$- 2(\beta\gamma' - \beta'\gamma)(\gamma\alpha' - \gamma'\alpha)\cos C,$$

comme on peut s'en assurer en employant la méthode indiquée au n° 285.

Cette équation donne aussi une expression pour la distance de deux points.

7. *Les projections sur les côtés du triangle de référence des points* $(\alpha', \beta', \gamma')$ *et* $\left(\dfrac{1}{\alpha'}, \dfrac{1}{\beta'}, \dfrac{1}{\gamma'}\right)$ (n° 55) *sont sur un même cercle.*

En se reportant au n° 61 (Ex. 6), on voit que ce cercle a pour équation

$$(\beta\gamma\sin A + \gamma\alpha\sin B + \alpha\beta\sin C)(\alpha'\sin A + \beta'\sin B + \gamma'\sin C)$$
$$\times (\beta'\gamma'\sin A + \gamma'\alpha'\sin B + \alpha'\beta'\sin C)$$
$$= \sin A \sin B \sin C (\alpha\sin A + \beta\sin B + \gamma\sin C)$$
$$\times \left[\frac{\alpha\alpha'(\beta' + \gamma'\cos A)(\gamma' + \beta'\cos A)}{\sin A} + \frac{\beta\beta'(\gamma' + \alpha'\cos B)(\alpha' + \gamma'\cos B)}{\sin B}\right.$$
$$\left.+ \frac{\gamma\gamma'(\alpha' + \beta'\cos C)(\beta' + \alpha'\cos C)}{\sin C}\right].$$

8. Lorsque l'équation d'un cercle est donnée sous la forme (n° 128

$$(l\alpha + m\beta + n\gamma)(\alpha\sin A + \ldots) + k(\beta\gamma\sin A + \ldots)$$

on a, pour les coordonnées du centre,

$$\frac{R}{k}(k\cos A + l - m\cos C - n\cos B),\ \frac{R}{k}(k\cos B - l\cos C + m - n\cos A)$$

$$\frac{R}{k}(k\cos C - l\cos B - m\cos A + n),$$

et pour le rayon ρ

$$k^2\rho^2 = R^2[k^2 - 2k(l\cos A + m\cos B + n\cos C)$$
$$+ l^2 + m^2 + n^2 - 2mn\cos A - 2nl\cos B - 2lm\cos C],$$

R représentant le rayon du cercle circonscrit.

L'angle θ, sous lequel se coupent les deux cercles du n° 128, est donné par la relation

$$\frac{\rho\rho'\cos\theta}{R^2} = 1 + \frac{l\cos A + m\cos B + n\cos C}{k} + \frac{l'\cos A + m'\cos B + n'\cos C}{k'}$$
$$+ \frac{ll' + mm' + nn' - (mn' + m'n)\cos A - (nl' + n'l)\cos B - (lm' + l'm)\cos C}{kk'}.$$

Ces expressions ont été indiquées par M. Cathcart, qui les a obtenues en s'appuyant sur les principes suivants: le centre d'un cercle est le pôle de la droite à l'infini $\alpha\sin A + \beta\sin B + \gamma\sin C$; lorsque les termes en x^2 et en y^2 de l'équation d'un cercle ont l'unité pour coefficient, le carré du rayon s'obtient en changeant le signe du résultat auquel on arrive en substituant, dans cette équation, les coordonnées du centre aux coordonnées courantes.

132 (a). La notation des déterminants ([1]) est actuellement d'un usage assez fréquent, pour que nous puissions y avoir recours sans inconvénient dans les Chapitres les moins élémentaires de ce Traité.

Le double de l'aire du triangle formé par les trois points (x_1, y_1), (x_2, y_2), (x_3, y_3) (n° 36) est donné par le déter-

---

([1]) La théorie des déterminants a été exposée par M. Salmon dans ses *Leçons d'Algèbre supérieure*.

minant
$$\begin{vmatrix} x_1 & y_1 & 1 \\ x_2 & y_2 & 1 \\ x_3 & y_3 & 1 \end{vmatrix}.$$

L'équation (n° 29) de la droite joignant les deux points $(x',y')(x'',y'')$, et la condition (n° 38) pour que trois droites se coupent en un même point peuvent se mettre sous la forme

$$\begin{vmatrix} x & y & 1 \\ x' & y' & 1 \\ x'' & y'' & 1 \end{vmatrix} = 0, \qquad \begin{vmatrix} A & B & C \\ A' & B' & C' \\ A'' & B'' & C'' \end{vmatrix} = 0.$$

Exercices.

1. *Trouver l'aire du triangle formé par les droites*

$$l\alpha + m\beta + n\gamma, \quad l'\alpha + m'\beta + n'\gamma, \quad l''\alpha + m''\beta + n''\gamma.$$

En représentant par a, b, c les côtés et par Δ l'aire du triangle de référence, l'aire cherchée a pour expression.

$$\Delta.abc \cdot \frac{\begin{vmatrix} l & m & n \\ l' & m' & n' \\ l'' & m'' & n'' \end{vmatrix}^2}{\begin{vmatrix} a & b & c \\ l & m & n \\ l' & m' & n' \end{vmatrix} \begin{vmatrix} a & b & c \\ l' & m' & n' \\ l'' & m'' & n'' \end{vmatrix} \begin{vmatrix} a & b & c \\ l'' & m'' & n'' \\ l & m & n \end{vmatrix}}.$$

2. *Former l'équation de la perpendiculaire abaissée du point* $(\alpha', \beta', \gamma')$ *sur la droite* $l\alpha + m\beta + n\gamma$:

Réponse.
$$\begin{vmatrix} \alpha & \alpha' & l - m\cos C - n\cos B \\ \beta & \beta' & m - n\cos A - l\cos C \\ \gamma & \gamma' & n - l\cos B - m\cos A \end{vmatrix} = 0.$$

132 (*b*). Les équations du cercle passant par trois points (n° 94), et du cercle en coupant orthogonalement trois autres (n° 112, Ex. 2), sont respectivement

$$\begin{vmatrix} x^2+y^2 & x & y & 1 \\ x'^2+y'^2 & x' & y' & 1 \\ x''^2+y''^2 & x'' & y'' & 1 \\ x'''^2+y'''^2 & x''' & y''' & 1 \end{vmatrix} = 0, \quad \begin{vmatrix} x^2+y^2 & -x & -y & 1 \\ c' & g' & f' & 1 \\ c'' & g'' & f'' & 1 \\ c''' & g''' & f''' & 1 \end{vmatrix} = 0.$$

On peut aussi obtenir l'équation de ce dernier cercle en se basant sur le théorème du n° 116 (Ex. 6), et en le considérant comme le lieu du point dont les polaires, par rapport aux trois cercles donnés, passent par un même point; on trouve ainsi

$$\begin{vmatrix} x+g' & y+f' & g'x+f'y+c' \\ x+g'' & y+f'' & g''x+f''y+c'' \\ x+g''' & y+f''' & g'''x+f'''y+c''' \end{vmatrix} = 0;$$

nous discuterons plus loin l'équation à laquelle on arrive dans le cas de trois courbes du second degré.

132 (c). Lorsque le rayon d'un cercle devient nul, son équation prend la forme

$$(x-\alpha)^2 + (y-\beta)^2 = 0,$$

et la polaire

$$(x'-\alpha)(x-\alpha) + (y'-\beta)(y-\beta) = 0$$

d'un point quelconque (x', y') passe évidemment par le point (α, β). Il est d'ailleurs facile de voir que cette polaire est perpendiculaire à la droite qui joint (x', y'), (α, β).

Quand le cercle

$$x^2 + y^2 + 2gx + 2fy + c = 0$$

se réduit à un point, les coordonnées de ce point, qui sont données par les mêmes équations, $x + g = 0, y + f = 0$, que les coordonnées du centre, satisfont en outre à l'équation de la polaire de l'origine

$$gx + fy + c = 0.$$

DU CERCLE. NOTATIONS ABRÉGÉES.   219

Pour que $lS' + mS'' + nS'''$ représente un point, S', S'' et S''' étant trois cercles donnés, il faut donc que l'on puisse trouver un point dont les coordonnées satisfassent aux relations

$$l(x + g') + m(x + g'') + n(x + g''') = 0$$
$$l(y + f') + m(y + f'') + n(y + f''') = 0$$
$$l(g'x + f'y + c') + m(g''x + f''y + c'')$$
$$+ n(g'''x + f'''y + c''') = 0,$$

ou, ce qui revient au même, à l'équation obtenue en éliminant l, m et n entre ces relations. Cette dernière équation est identique à la troisième équation du numéro précédent; le cercle qui coupe orthogonalement trois cercles donnés est donc le lieu de tous les points qui peuvent être représentés par l'équation $lS' + mS'' + nS''' = 0$.

En se reportant à l'expression donnée au n° 112 (Ex. 8)

$$2rr'\cos\theta = 2gg' + 2ff' - c - c'$$

pour l'angle θ sous lequel se coupent deux cercles, et en calculant, comme il a été dit au n° 80, le rayon du cercle $lS' + mS'' + nS'''$, on obtient l'équation

$$(l+m+n)^2 r^2 = l^2 r'^2 + m^2 r''^2 + n^2 r'''^2$$
$$+ 2mn r'' r''' \cos\theta' + 2nl r''' r' \cos\theta'' + 2lm r' r'' \cos\theta''',$$

où θ', θ'' et θ''' sont les angles sous lesquels se coupent respectivement les cercles S'', S''' et S'.

Les coordonnées du centre du cercle $lS' + mS'' + nS'''$, qui sont

$$\frac{lg' + mg'' + ng'''}{l + m + n}, \quad \frac{lf' + mf'' + nf'''}{l + m + n},$$

représentent donc un point du cercle coupant orthogonalement les trois cercles donnés, toutes les fois que l, m et n vérifient la relation

$$l^2 r'^2 + m^2 r''^2 + n^2 r'''^2 + \ldots = 0;$$

et cette relation se réduit à ses trois premiers termes, lorsque les cercles donnés se coupent respectivement à angle droit ([1]).

132 (*d*). La condition, pour que quatre cercles puissent être coupés orthogonalement par un cinquième cercle, s'obtient en éliminant C, F, G entre les quatre équations

$$2Gg + 2Ff - C - c = 0$$
$$2Gg' + 2Ff' - C - c' = 0$$
$$\dots\dots\dots\dots\dots\dots\dots\dots,$$

ce qui donne

$$\begin{vmatrix} c & g & f & 1 \\ c' & g' & f' & 1 \\ c'' & g'' & f'' & 1 \\ c''' & g''' & f''' & 1 \end{vmatrix} = 0.$$

Cette condition peut s'interpréter géométriquement, en observant que, dans l'équation du premier cercle, c représente le carré de la tangente issue de l'origine, et que cette origine est en définitive un point quelconque. On voit ainsi (n° 94) que les tangentes, menées par un point quelconque, à quatre cercles ayant même cercle orthogonal, satisfont à la relation

$$\overline{OA}^2 . BCD + \overline{OC}^2 . ABD = \overline{OB}^2 . ACD + \overline{OD}^2 . ABC \quad ([2]).$$

132 (*e*). Lorsqu'un cercle

$$x^2 + y^2 + 2Gx + 2Fy + C = 0$$

rencontre trois cercles donnés sous le même angle θ, on a trois équations de la forme

$$c' + 2Rr'\cos\theta - 2Gg' - 2Ff' + C = 0,$$

---

[1] Casey, *Phil. Trans.*; 1871, p. 586.
[2] Ce théorème, indiqué par M. R.-J. Harvey, a été publié par M. Casey (*Trans. Royal Irish Acad.*, XXIV, 458).

et en éliminant G, F et C entre ces équations et la précédente, on obtient la relation

$$\begin{vmatrix} x^2+y^2 & -x & -y & 1 \\ c'+2Rr'\cos\theta & g' & f' & 1 \\ c''+2Rr''\cos\theta & g'' & f'' & 1 \\ c'''+2Rr'''\cos\theta & g''' & f''' & 1 \end{vmatrix} = 0 \quad (^1),$$

qui devient, en faisant $2R\cos\theta = \lambda$,

$$\begin{vmatrix} x^2+y^2 & -x & -y & 1 \\ c' & g' & f' & 1 \\ c'' & g'' & f'' & 1 \\ c''' & g''' & f''' & 1 \end{vmatrix} + \lambda \begin{vmatrix} 0 & -x & -y & 1 \\ r' & g' & f' & 1 \\ r'' & g'' & f'' & 1 \\ r''' & g''' & f''' & 1 \end{vmatrix} = 0.$$

L'équation obtenue, en égalant à zéro le premier déterminant, est, ainsi qu'on l'a vu au n° 132 (*b*), l'équation du cercle orthogonal ; celle qui est obtenue, en égalant à zéro le deuxième déterminant, représente l'axe de similitude des trois cercles donnés (n° 117). De là résulte le théorème suivant, déjà indiqué dans la note du n° 118 : *Tous les cercles, qui coupent sous un même angle trois cercles donnés, ont pour axe radical commun l'axe de similitude de ces trois cercles.* En changeant, dans le dernier déterminant, le signe de l'une ou l'autre des quantités r', r'' ou r''', on obtient les équations des trois autres axes de similitude.

Nous avons vu au n° 118 que l'on peut prendre pour angle de deux cercles l'un ou l'autre des angles supplémentaires que forment ces deux cercles ; nous voyons maintenant qu'en remplaçant, dans l'une des lignes quelconques du premier

---

(¹) Cette équation ne diffère de celle du cercle orthogonal que par la substitution de $c'+\lambda r'\ldots$ à $c'\ldots$; on peut donc, ainsi que le fait remarquer M. Cathcart, l'obtenir immédiatement sous une autre forme, en effectuant la même substitution dans le déterminant par lequel se termine le n° 132 (*b*).

déterminant, l'angle θ par son supplément, on obtient le même résultat qu'en changeant le signe du rayon r qui figure dans cette ligne. Les cercles, qui coupent sous un même angle trois cercles donnés, peuvent donc se répartir en quatre groupes, ayant chacun pour axe radical, l'un des axes de similitude des trois cercles.

En calculant, d'après les formules ordinaires, le rayon R du cercle dont nous avons donné plus haut l'équation, on arrive à une relation entre R et λ, qui se transforme facilement en une relation entre λ et θ, puisqu'on a $2\,\mathrm{R}\cos\theta = \lambda$; cette dernière relation est du deuxième degré en λ.

Exercices.

1. *Former la condition pour que les équations*

$$ax + by + c = a'x + b'y + c' = a''x + b''y + c'' = a'''x + b'''y + c'''$$

soient compatibles.

Soit λ la valeur commune de chacune de ces quantités. En éliminant x, y et λ entre les quatre équations $ax + by + c = \lambda, \ldots$, on trouve, pour la condition cherchée,

$$\begin{vmatrix} 1 & 1 & 1 & 1 \\ a & a' & a'' & a''' \\ b & b' & b'' & b''' \\ c & c' & c'' & c''' \end{vmatrix} = 0,$$

ou bien

$$\mathrm{A} + \mathrm{C} = \mathrm{B} + \mathrm{D},$$

A, B, C, D désignant les quatre déterminants mineurs obtenus en supprimant la première ligne, et successivement chacune des colonnes dans le déterminant qui précède.

La condition pour que quatre droites forment un quadrilatère circonscrit peut s'obtenir en exprimant que les équations $\alpha = \beta = \gamma = \delta$ sont compatibles. Dans ce cas, les déterminants mineurs A, B, C, D représentent respectivement le produit d'un côté du quadrilatère par les sinus des deux angles adjacents.

2. L'expression, donnée au n° 132 (Ex. 6), pour la distance de deux points peut se mettre sous la forme.

$$r^2(\alpha \sin A + \beta \sin B + \gamma \sin C)^2 = \begin{vmatrix} 0 & 0 & \alpha & \beta & \gamma \\ 0 & 0 & \alpha' & \beta' & \gamma' \\ \alpha & \alpha' & 1 & -\cos C & -\cos B \\ \beta & \beta' & -\cos C & 1 & -\cos A \\ \gamma & \gamma' & -\cos B & -\cos A & 1 \end{vmatrix}$$

et le déterminant qu'elle renferme est égal au produit des deux déterminants

$$\begin{vmatrix} \alpha & \alpha' & -1 \\ \beta & \beta' & e^{iC} \\ \gamma & \gamma' & e^{-iB} \end{vmatrix} \times \begin{vmatrix} \alpha & \alpha' & -1 \\ \beta & \beta' & e^{-iC} \\ \gamma & \gamma' & e^{iB} \end{vmatrix}$$

dans lesquels on a fait, suivant l'image, $i = \sqrt{-1}$.

3. *Trouver une relation entre les distances deux à deux de quatre points pris sur un cercle.*

En effectuant, d'après la règle connue, le produit des deux déterminants

$$\begin{vmatrix} x_1^2 + y_1^2 & -2x_1 & -2y_1 & 1 \\ x_2^2 + y_2^2 & -2x_2 & -2y_2 & 1 \\ x_3^2 + y_3^2 & -2x_3 & -2y_3 & 1 \\ x_4^2 + y_4^2 & -2x_4 & -2y_4 & 1 \end{vmatrix} \times \begin{vmatrix} 1 & x_1 & y_1 & x_1^2 + y_1^2 \\ 1 & x_2 & y_2 & x_2^2 + y_2^2 \\ 1 & x_3 & y_3 & x_3^2 + y_3^2 \\ 1 & x_4 & y_4 & x_4^2 + y_4^2 \end{vmatrix}$$

qui expriment tous deux la condition indiquée au n° 94, on trouve pour la relation cherchée

$$\begin{vmatrix} 0 & (12)^2 & (13)^2 & (14)^2 \\ (12)^2 & 0 & (23)^2 & (24)^2 \\ (13)^2 & (23)^2 & 0 & (34)^2 \\ (14)^2 & (24)^2 & (34)^2 & 0 \end{vmatrix} = 0,$$

dans laquelle $(12)^2$ représente le carré de la distance des deux points 1 et 2. Le développement du déterminant conduit à l'équation

$$(12)(34) \pm (13)(42) \pm (14)(23) = 0.$$

4. *Trouver une relation entre les distances deux à deux de quatre points sur un plan.*

Ajoutons une unité et des zéros aux deux déterminants dont nous avons fait le produit dans l'Exercice précédent, il vient

$$\begin{vmatrix} 1 & 0 & 0 & 0 \\ x_1^2 + y_1^2 & -2x_1 & -2y_1 & 1 \\ \cdots & & & \end{vmatrix} \times \begin{vmatrix} 0 & 0 & 0 & 1 \\ 1 & x_1 & y_1 & x_1^2 + y_1^2 \\ \cdots & & & \end{vmatrix}.$$

Nous avons maintenant cinq lignes horizontales et quatre colonnes seulement; le produit doit donc être nul. Mais ce produit n'est autre que le déterminant

$$\begin{vmatrix} 0 & 1 & 1 & 1 & 1 \\ 1 & 0 & (12)^2 & (13)^2 & (14)^2 \\ 1 & (12)^2 & 0 & (23)^2 & (24)^2 \\ 1 & (13)^2 & (23)^2 & 0 & (34)^2 \\ 1 & (14)^2 & (24)^2 & (34)^2 & 0 \end{vmatrix} = 0,$$

qui donne le développement

$$(12)^2(34)^2[(12)^2 + (34)^2 - (13)^2 - (14)^2 - (23)^2 - (24)^2]$$
$$+ (13)^2(24)^2[(13)^2 + (24)^2 - (12)^2 - (14)^2 - (23)^2 - (34)^2]$$
$$+ (14)^2(23)^2[(14)^2 + (23)^2 - (12)^2 - (13)^2 - (24)^2 - (34)^2]$$
$$+ (23)^2(34)^2(42)^2 + (31)^2(14)^2(43)^2 + (12)^2(24)^2(41)^2$$
$$+ (23)^2(31)^2(12)^2 = 0.$$

En remplaçant dans cette équation (23), (31), (12) par a, b, c; (14), (24), (34) par $R + r$, $R + r'$, $R + r''$, on obtient une équation du second degré en R, dont les racines représentent les rayons des cercles touchant à la fois extérieurement, ou intérieurement, les trois cercles ayant r, r', r'' pour rayons, et dont les centres forment un triangle ayant a, b et c pour côtés.

Les solutions des Exercices 2 et 3 sont dues à M. Cayley. (*Voir* les *Leçons d'Algèbre supérieure*, traduction française, p. 27.)

5. On peut obtenir une relation entre les longueurs des tangentes communes à cinq cercles, en suivant la même marche que dans l'Exercice précédent.

Écrivons les deux séries d'éléments

$$\begin{vmatrix} 1 & 0 & 0 & 0 & 0 \\ x'^2+y'^2-r'^2 & -2x' & -2y' & -2r' & 1 \\ x''^2+y''^2-r''^2 & -2x'' & -2y'' & -2r'' & 1 \\ \dots & \dots & \dots & \dots & \dots \end{vmatrix}$$

$$\begin{vmatrix} 0 & 0 & 0 & 0 & 1 \\ 1 & x' & y' & r' & x'^2+y'^2-r'^2 \\ 1 & x'' & y'' & r'' & x''^2+y''^2-r''^2 \\ \dots & \dots & \dots & \dots & \dots \end{vmatrix}$$

contenant chacune cinq lignes horizontales et six colonnes; leur produit doit être nul. On a donc, en suivant les règles indiquées pour la multiplication des déterminants, la relation

$$\begin{vmatrix} 0 & 1 & 1 & 1 & 1 & 1 \\ 1 & 0 & (12)^2 & (13)^2 & (14)^2 & (15)^2 \\ 1 & (12)^2 & 0 & (23)^2 & (24)^2 & (25)^2 \\ 1 & (13)^2 & (23)^2 & 0 & (34)^2 & (35)^2 \\ 1 & (14)^2 & (24)^2 & (34)^2 & 0 & (45)^2 \\ 1 & (15)^2 & (25)^2 & (35)^2 & (45)^2 & 0 \end{vmatrix} = 0,$$

dans laquelle (12) représente la longueur de la tangente commune aux deux premiers cercles. Si le cinquième cercle est tangent aux quatre premiers, les quantités (15), (25), (35), (45) s'annulent, et l'on retrouve ainsi, comme cas particulier de la relation précédente, le théorème de M. Casey (n° 121) qu'on peut alors exprimer sous la forme suivante :

$$\begin{vmatrix} 0 & (12)^2 & (13)^2 & (14)^2 \\ (12)^2 & 0 & (23)^2 & (24)^2 \\ (13)^2 & (23)^2 & 0 & (34)^2 \\ (14)^2 & (24)^2 & (34)^2 & 0 \end{vmatrix} = 0.$$

6. *Relation entre les angles sous lesquels quatre cercles se coupent.* Soient r, r', r'' et r''' les rayons de ces cercles. Les centres 1, 2, 3 et 4 de ces quatre cercles vérifient évidemment la relation de l'Exercice 4, et comme on a

$$(12)^2 = r^2 + r'^2 - 2rr'\cos(12),$$

S. — *Géom. à deux dim.*

il vient pour la relation cherchée

$$\begin{vmatrix} 0 & 1 & 1 & 1 & 1 \\ 1 & 0 & r'^2+r^2-2r'r\cos(21) & r''^2+r^2-2r''r\cos(31) & r'''^2+r^2-2r'''r\cos(41) \\ 1 & r^2+r'^2-2rr'\cos(12) & 0 & r''^2+r'^2-2r''r'\cos(32) & r'''^2+r'^2-2r'''r'\cos(42) \\ 1 & r^2+r''^2-2rr''\cos(13) & r'^2+r''^2-2r'r''\cos(23) & 0 & r'''^2+r''^2-2r'''r''\cos(43) \\ 1 & r^2+r'''^2-2rr'''\cos(14) & r'^2+r'''^2-2r'r'''\cos(24) & r''^2+r'''^2-2r''r'''\cos(34) & 0 \end{vmatrix} =$$

En retranchant des quatre dernières colonnes la première colonne multipliée successivement par r^2, r'^2, r''^2, r'''^2, et des quatre dernières lignes la première ligne multipliée successivement par les mêmes facteurs, ce déterminant prend la forme

$$\begin{vmatrix} 0 & \rho & \rho' & \rho'' & \rho''' \\ \rho & 1 & \cos(21) & \cos(31) & \cos(41) \\ \rho' & \cos(12) & 1 & \cos(32) & \cos(42) \\ \rho'' & \cos(13) & \cos(23) & 1 & \cos(43) \\ \rho''' & \cos(14) & \cos(24) & \cos(34) & 1 \end{vmatrix} = 0,$$

où, pour éviter les fractions, on a remplacé $\frac{1}{r}$ par ρ, $\frac{1}{r'}$ par $\rho'\ldots$

En y faisant $\cos(21) = \cos(31) = \cos(41) = \cos\theta$, on obtient l'équation du deuxième degré en λ, dont nous avons parlé à la fin du n° 132 (e).

CHAPITRE X.

CLASSIFICATION ET PROPRIÉTÉS COMMUNES DES COURBES REPRÉSENTÉES PAR L'ÉQUATION GÉNÉRALE DU DEUXIÈME DEGRÉ.

133. L'équation générale du deuxième degré entre deux variables x et y est de la forme

$$ax^2 + 2hxy + by^2 + 2gx + 2fy + c = 0;$$

elle renferme *six* constantes a, b, c, f, g, h; mais il suffit de *cinq* relations entre ces constantes pour déterminer une courbe du deuxième degré (¹).

La nature d'une courbe ne dépend pas, en effet, de la *grandeur absolue* des coefficients de son équation; elle dépend uniquement de leurs *rapports mutuels,* puisque, en multipliant ou en divisant tous les termes d'une équation par une quantité constante, on ne change pas la courbe qu'elle représente. On peut donc diviser par c tous les termes de l'équation du deuxième degré, de manière à ramener à l'unité le terme absolu; il ne reste plus alors que cinq constantes à déterminer.

(¹) Nous démontrerons plus loin que la section faite par un plan dans un cône à base circulaire est une courbe du deuxième degré, et que, réciproquement, toute courbe du deuxième degré peut être placée sur un pareil cône, et par suite être considérée comme une *section conique.* C'est du reste à ce point de vue que les courbes du deuxième degré furent étudiées d'abord par les géomètres. Aussi dirons-nous fréquemment, pour abréger : *section conique* et même *conique,* au lieu de *courbe du deuxième degré.*

Ainsi une conique est déterminée par *cinq points*, puisqu'en substituant aux coordonnées courantes, dans l'équation générale, les coordonnées x', y', ... des points par où doit passer la courbe, on obtient entre les coefficients cinq équations qui suffisent pour déterminer les cinq quantités $\dfrac{a}{c}$, $\dfrac{b}{c}$, ...

134. Nous aurons souvent à employer dans le cours de ce Chapitre la transformation des coordonnées, il convient donc de chercher ce que devient l'équation générale du second degré lorsqu'on transporte les axes parallèlement à eux-mêmes à une nouvelle origine (x', y').

En remplaçant, dans cette équation, x et y par $x + x'$ et $y + y'$ (n° 8), on obtient l'équation transformée

$$a(x+x')^2 + 2h(x+x')(y+y') + b(y+y')^2 \\ + 2g(x+x') + 2f(y+y') + c = 0,$$

et il est facile de voir, en développant et en ordonnant cette expression, que les coefficients a, $2h$ et b de x^2, xy et y^2 n'ont pas changé, et que les coefficients g, f, c ont pris les valeurs g', f', c' indiquées ci-après :

$$g' = ax' + hy' + g,$$
$$b' = hx' + by' + f,$$
$$c' = ax'^2 + 2hx'y' + by'^2 + 2gx' + 2fy' + c.$$

Donc, *si l'on rapporte à de nouveaux axes l'équation d'une courbe de deuxième degré, et si ces axes sont parallèles aux anciens, les coefficients des termes du degré le plus élevé ne changent pas, et le nouveau terme absolu est égal au résultat de la substitution, dans l'équation primitive, des coordonnées de la nouvelle origine aux coordonnées courantes* (¹).

135. *Une droite quelconque rencontre toujours une courbe du deuxième degré en deux points réels, coïncidents ou imaginaires.*

Ce théorème résulte (n° 82) de ce que, pour déterminer les points d'intersection d'une droite $y = mx + n$ avec une conique, on obtient toujours une équation du deuxième degré. C'est ainsi que les points où la conique rencontre les axes sont donnés par les équations (n° 84) du deuxième degré

$$ax^2 + 2gx + c = 0, \quad by^2 + 2fy + c = 0.$$

L'équation qui donne les points d'intersection s'abaisse au premier degré, lorsque l'équation de la conique ne contient pas de terme en x^2 ou en y^2. C'est ce qui arrive, par exemple, quand on cherche l'intersection de la courbe

$$xy + 2y^2 + x + 5y + 3 = 0$$

avec l'axe des x; ce cas semble faire exception au cas général, mais l'exception n'est qu'apparente, comme on va le voir.

Considérons, en effet, l'équation du deuxième degré

$$Ax^2 + 2Bx + C = 0;$$

quand le coefficient C s'annule, on ne dit pas que cette équation se réduit au premier degré, on la regarde comme une équation du deuxième degré, ayant pour racines $x' = 0$, $x'' = -\dfrac{2B}{A}$. En mettant l'équation du deuxième degré sous

---

(¹) Ce théorème est également vrai, et se démontre de la même manière pour les équations d'un degré quelconque.

la forme
$$C\left(\frac{1}{x}\right)^2 + 2B\left(\frac{1}{x}\right) + A = 0,$$

et en répétant le même raisonnement, on voit que si A devient nul, cette équation doit encore être considérée comme une équation du deuxième degré ayant pour racines $\frac{1}{x'} = 0$, $\frac{1}{x''} = -\frac{2B}{C}$, ou $x' = \infty$, $x'' = -\frac{C}{2B}$. On arrive d'ailleurs à la même conclusion en partant de la valeur générale de x, qui s'exprime par l'une ou l'autre des fractions

$$x = \frac{-B \pm \sqrt{B^2 - AC}}{A}, \quad x = \frac{C}{-B \mp \sqrt{B^2 - AC}},$$

suivant qu'on la déduit de l'équation en x ou de celle en $\frac{1}{x}$. La valeur du radical tend vers $\pm B$ à mesure que A diminue; et l'examen de la dernière fraction montre qu'il y a une des valeurs de x qui devient d'autant plus grande que A est plus petit; on doit donc considérer une des racines comme infinie lorsque A est égal à zéro.

Si donc on trouve, pour déterminer les points où une droite rencontre la courbe, une équation du premier degré, on peut regarder cette équation comme le cas limite

$$0.x^2 + 2Bx + C = 0,$$

auquel correspond une racine infinie, et dire qu'un des points d'intersection de la courbe avec la droite est situé à l'infini.

Ainsi, l'équation citée plus haut pour exemple, pouvant s'écrire

$$(y+1)(x+2y+3) = 0,$$

représente deux droites : l'une coupe l'axe des x à une distance finie de l'origine; l'autre rencontre cet axe à l'infini, puisqu'elle lui est parallèle.

Si, dans l'équation $Ax^2 + 2Bx + C = 0$, B et C s'évanouissent à la fois, les deux racines sont égales à 0; si B et A s'évanouissent, les deux racines deviennent infinies.

On voit donc qu'en tenant compte des points situés à l'infini, ainsi que des points imaginaires, on peut dire qu'une droite rencontre toujours en deux points une courbe du deuxième degré.

136. L'équation générale du deuxième degré, transformée en coordonnées polaires, est de la forme (¹)

$$(a\cos^2\theta + 2h\cos\theta\sin\theta + b\sin^2\theta)\rho^2$$
$$+ 2(g\cos\theta + f\sin\theta)\rho + c = 0,$$

et ses racines expriment les longueurs des rayons vecteurs qui correspondent à une valeur déterminée de l'angle θ. La condition pour qu'un de ces rayons vecteurs soit infini, c'est-à-dire pour qu'il rencontre la courbe à l'infini, s'obtiendra en écrivant que le coefficient de ρ^2 devient nul. On a ainsi, pour déterminer les valeurs de θ qui correspondent à ces rayons vecteurs, l'équation du deuxième degré

$$a + 2h\tan\theta + b\tan^2\theta = 0.$$

On peut donc toujours mener par l'origine deux droites réelles, coïncidentes ou imaginaires, qui rencontrent la courbe à l'infini.

(¹) Nous avons supposé l'équation générale rapportée à des cordonnées rectangulaires; mais on procéderait encore de la même manière si les coordonnées étaient obliques; tout se réduirait à remplacer x et y par

$$\frac{\sin\theta}{\sin\omega}\rho, \quad \frac{\sin(\omega-\theta)}{\sin\omega}\rho \quad (n° 12),$$

ce qui modifierait les expressions sans rien changer aux résultats énoncés.

Si, après avoir multiplié par ρ^2 l'équation

$$a\cos^2\theta + 2h\cos\theta\sin\theta + b\sin^2\theta = 0,$$

on y remplace $\rho\cos\theta$, $\rho\sin\theta$ par leurs valeurs x et y, on a, pour l'équation de ces deux droites,

$$ax^2 + 2hxy + by^2 = 0,$$

et l'on voit que chacune d'elles rencontre la courbe en un deuxième point, situé à une distance finie et donnée par l'équation

$$2(g\cos\theta + f\sin\theta)\rho + c = 0.$$

L'origine étant arbitraire, il s'ensuit que, par un point quelconque, on peut toujours mener deux droites rencontrant la courbe à l'infini. Dans les équations qu'on obtient en prenant successivement différents points pour origine, les constantes a, b, h ne changent pas (n° 134) : les directions des droites qui rencontrent la courbe à l'infini sont donc toujours données par la même équation

$$a\cos^2\theta + 2h\cos\theta\sin\theta + b\sin^2\theta = 0.$$

Donc, si deux droites réelles issues d'un même point rencontrent la courbe à l'infini, les parallèles menées à ces droites par un point quelconque rencontrent aussi la courbe à l'infini ([1]).

137. Une des questions les plus importantes qu'on puisse se poser relativement à la *forme* d'une courbe représentée par une équation est celle de savoir si cette courbe est limitée dans tous les sens, ou si elle s'étend à l'infini dans une certaine direction. Nous avons déjà vu qu'une équation du

---

([1]) Ce théorème est évident géométriquement, puisque deux parallèles peuvent être considérées comme passant par un même point situé à l'infini.

deuxième degré peut représenter une courbe limitée en tous sens, comme le cercle, ou bien un lieu s'étendant à l'infini, comme dans le cas où elle représente deux droites. Il est donc nécessaire de trouver un critérium qui permette de distinguer facilement à laquelle de ces classes appartient le lieu représenté par une équation donnée du deuxième degré.

Ce critérium peut se déduire facilement de ce que nous avons dit au numéro précédent; quand la courbe est limitée dans tous les sens, on ne peut, en effet, mener par l'origine *aucun* rayon vecteur réel ayant une valeur infinie; autrement dit on ne peut satisfaire à l'équation

$$a + 2h \tang \theta + b \tang^2 \theta = 0$$

par aucune valeur réelle de θ.

1° Quand on suppose $h^2 - ab < 0$, les racines de cette équation sont imaginaires, et il n'existe aucune droite réelle rencontrant la courbe à l'infini. La courbe, qui est alors *limitée dans tous les sens,* a reçu le nom d'*ellipse;* on verra, dans le Chapitre suivant, que sa forme est celle qui est indiquée par la *fig.* 48.

Fig. 48.

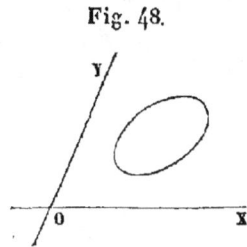

2° Lorsque $h^2 - ab > 0$, les racines de l'équation

$$a + 2h \tang \theta + b \tang^2 \theta = 0$$

sont réelles; par conséquent il y a deux valeurs de θ pour lesquelles le rayon vecteur mené de l'origine à la courbe devient infini. On peut donc, dans ce cas, mener par l'origine les deux droites réelles

$$ax^2 + 2hxy + by^2 = 0,$$

rencontrant la courbe à l'infini. Une pareille courbe s'appelle *hyperbole,* et sa forme, ainsi qu'on le montrera plus loin, est celle que reproduit la *fig.* 49.

Fig. 49.

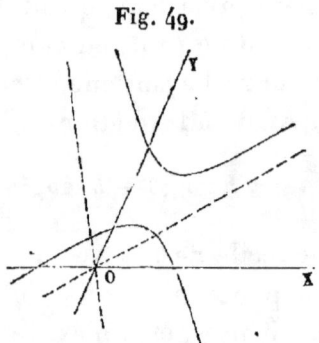

3° Enfin, quand $h^2 - ab = 0$, les racines de l'équation

$$a + 2h\tang\theta + b\tang^2\theta = 0$$

sont égales, et les deux directions, suivant lesquelles on peut mener des droites rencontrant la courbe à l'infini, coïncident. La courbe, qui porte alors le nom de *parabole,* a la forme indiquée par la *fig.* 50; les trois premiers termes de

Fig. 50.

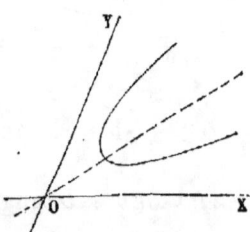

son équation forment un carré parfait, et cette propriété peut servir à la définir.

138. Bien qu'il soit plus commode de n'étudier complètement la forme de la courbe représentée par une équation du deuxième degré qu'après avoir simplifié cette équation, nous montrerons cependant ici comment, en partant du procédé exposé au n° 16, on peut vérifier les indications du numéro précédent.

En résolvant par rapport à y l'équation générale, on a

$$by = -(hx+f) \pm \sqrt{(h^2-ab)x^2 + 2(hf-bg)x + f^2 - bc};$$

et la quantité située sous le radical peut s'écrire

$$(h^2-ab)(x-\alpha)(x-\beta),$$

puisque, d'après la théorie des équations du deuxième degré, toute expression de la forme $x^2 + px + q$ peut toujours se remplacer par le produit $(x-\alpha)(x-\beta)$ de deux facteurs réels ou imaginaires.

Quand $h^2 - ab$ est négatif, cette quantité est négative, et par suite y est imaginaire, tant que les facteurs $x-\alpha, x-\beta$ sont à la fois positifs ou à la fois négatifs. On ne peut trouver des valeurs réelles pour y qu'en donnant à x des valeurs comprises entre α et β; la courbe est donc située tout entière dans l'espace limité par les droites $x=\alpha$, $x=\beta$ (n° 16, Ex. 3).

Lorsque $h^2 - ab$ est positif, c'est l'inverse qui a lieu. On ne peut trouver des valeurs réelles pour y qu'en prenant pour x des valeurs telles, que les facteurs $x-\alpha, x-\beta$ soient à la fois positifs ou à la fois négatifs. La courbe se compose alors de deux branches qui s'étendent à l'infini, l'une dans la région positive, l'autre dans la région négative, et qui sont séparées par l'intervalle compris entre les droites $x=\alpha$, $x=\beta$, intervalle dans lequel ne se trouve aucun point de la courbe.

Si $h^2 - ab$ est nul, la quantité située sous le radical est de l'une ou l'autre des formes $x-\alpha$, $\alpha-x$; dans le premier cas, la valeur de y est réelle quand x est plus grand que α; dans le deuxième, lorsque x est plus petit que α. La courbe se compose donc d'une seule branche s'étendant à l'infini à droite ou à gauche de la ligne $x=\alpha$, suivant la forme de la quantité qui se trouve sous le radical.

Lorsque les racines α et β deviennent imaginaires, la quantité sous le radical peut se mettre sous la forme

$$(h^2-ab)[(x-\gamma)^2+\delta^2],$$

et elle est constamment positive ou négative, suivant que h^2-ab est positif ou négatif. Quand h^2-ab est positif, toutes les parallèles à l'axe des y rencontrent la courbe, comme dans l'hyperbole de la *fig.* 49 ; mais un certain nombre de parallèles à l'axe des x ne la rencontrent pas. Lorsque h^2-ab est négatif, l'équation ne représente aucune ligne réelle.

Exercices.

1. *Construire, d'après le n° 16, les courbes suivantes et en déterminer l'espèce :*

$$3x^2+4xy+y^2-3x-2y+21=0;$$
$$5x^2+4xy+y^2-5x-2y-19=0;$$
$$4x^2+4xy+y^2-5x-2y-10=0.$$

Réponse. Hyperbole, ellipse, parabole.

2. Le cercle est un cas particulier de l'ellipse. L'équation générale représente un cercle lorsque $a=b$, $h=a\cos\omega$ (n° 81) ; mais alors

$$h^2-ab=-a^2\sin^2\omega;$$

donc

$$h^2-ab<0.$$

3. *Quelle est la courbe représentée par l'équation générale lorsque $h=0$?*

Une ellipse lorsque a et b sont de même signe, et une hyperbole lorsqu'ils sont de signes contraires.

4. *Quelle est la courbe représentée par l'équation générale quand $a = 0$, ou quand $b = 0$?*

Une parabole lorsqu'on a en même temps $h = 0$, une hyperbole dans les autres cas. La courbe rencontre à l'infini l'axe des x lorsque $a = 0$, et l'axe des y lorsque $b = 0$.

5. *Quelle est la courbe représentée par*

$$\frac{x^2}{a^2} - \frac{2xy}{ab} + \frac{y^2}{b^2} - \frac{2x}{a} - \frac{2y}{b} + 1 = 0?$$

Une parabole touchant les axes aux points $x = a, y = b$.

139. Lorsque, dans une équation du deuxième degré,

$$A x^2 + 2 B x + C = 0,$$

le coefficient B s'annule, les racines deviennent égales et de signes contraires. L'équation

$$(a \cos^2 \theta + 2 h \cos\theta \sin\theta + b \sin^2 \theta)\rho^2$$
$$+ 2(g \cos\theta + f \sin\theta)\rho + c = 0$$

aura donc ses racines égales lorsque les rayons vecteurs seront menés suivant la direction définie par la relation

$$g \cos\theta + f \sin\theta = 0.$$

Les points de la courbe qui correspondent à ces rayons de même longueur et de signes contraires sont situés à égale distance de l'origine et se trouvent dans des régions opposées par rapport à cette origine; la corde représentée par l'équation

$$gx + fy = 0$$

est donc divisée par l'origine en deux parties égales.

Par suite, *on peut, en général, mener par un point donné une corde qui soit divisée en ce point en deux parties égales*.

140. Il y a cependant un cas où il est possible de mener par un point plus d'une corde ayant ce point pour milieu. Si, dans l'équation générale, on a à la fois $g=0$, $f=0$, la quantité $g\cos\theta + f\sin\theta$ est nulle, quelle que soit la valeur de θ, et *toutes* les cordes menées par l'origine ont pour milieu cette origine, qui porte alors le nom de *centre* de la courbe.

On peut, en général, rendre nuls les coefficients g et h par une transformation de coordonnées. En égalant à zéro les valeurs de g et h (n° 134) relatives à la nouvelle origine (x',y'), on trouve, pour les conditions auxquelles doivent alors satisfaire les coordonnées de cette origine,

$$ax' + hy' + g = 0, \quad hx' + by' + f = 0.$$

Ces deux équations suffisent pour déterminer les valeurs de x' et de y', et, comme elles sont linéaires, elles ne peuvent être satisfaites que par une seule valeur de x et de y.

Donc, *les sections coniques ont en général un centre, et n'en ont qu'un.*

Les coordonnées du centre, déduites de ces équations, ont pour expression

$$x' = \frac{bg - hf}{h^2 - ab}, \quad y' = \frac{af - hg}{h^2 - ab}.$$

Dans l'ellipse et l'hyperbole, $h^2 - ab$ a une valeur finie (n° 137), tandis que, dans la parabole, $h^2 - ab = 0$, ce qui rend infinies les coordonnées du centre. Aussi l'ellipse et l'hyperbole sont-elles souvent désignées sous le nom de *courbes à centre*, tandis que la parabole est dite *dépourvue de centre*. A la rigueur, on doit considérer toutes les courbes du second degré comme ayant un centre; dans le cas de la parabole, ce centre est à l'infini.

141. *Trouver le lieu des milieux des cordes menées dans une courbe du deuxième degré parallèlement à une droite donnée.*

Nous avons vu (n° 139) qu'une corde est divisée en deux parties égales par l'origine lorsqu'on a

$$g\cos\theta + f\sin\theta = 0.$$

Transportons l'origine en un point quelconque (x', y'). Pour qu'une corde, parallèle à la précédente, soit divisée en deux parties égales par la nouvelle origine, il faut que l'on ait

$$g'\cos\theta + f'\sin\theta = 0,$$

ou, en se reportant au n° 134,

$$(ax' + hy' + g)\cos\theta + (hx' + by' + f)\sin\theta = 0.$$

Cette relation exprime la condition à laquelle doivent satisfaire les coordonnées de la nouvelle origine pour que cette origine coïncide avec le milieu de la corde faisant un angle θ avec l'axe des x. Les milieux des cordes parallèles sont donc situés sur la droite

$$(ax + hy + g)\cos\theta + (hx + by + f)\sin\theta = 0$$

qui est, par suite, le lieu cherché.

La droite qui passe par les milieux d'un système de cordes parallèles s'appelle le *diamètre* de ces cordes; les cordes sont les *ordonnées* de ce diamètre.

La forme de l'équation du diamètre montre (n° 40) que tous les diamètres passent par l'intersection des deux droites

$$ax + hy + g = 0, \quad hx + by + f = 0,$$

et comme ces droites sont celles dont l'intersection détermine le centre de la courbe (n° 140), *tous les diamètres passent par le centre de la courbe*.

En faisant alternativement $\theta = 0$ et $\theta = 90°$ dans l'équation du diamètre, on trouve

$$ax + hy + g = 0$$

240 CHAPITRE X.

pour l'équation du diamètre des cordes parallèles à l'axe des x, et
$$hx + by + f = 0$$
pour l'équation du diamètre des cordes parallèles à l'axe des y (¹).

Dans la parabole, on a
$$h^2 = ab, \quad \text{ou} \quad \frac{a}{h} = \frac{h}{b};$$
par suite, les droites $ax + hy + g = 0$ et $hx + by + f = 0$ sont parallèles; donc *tous les diamètres d'une parabole sont parallèles.* Cela est du reste évident, puisque tous les diamètres d'une section conique passent par le centre; dans la parabole, ce centre est à l'infini, et des parallèles peuvent être considérées comme se rencontrant à l'infini.

Ce qui précède permet, étant donné un arc de section conique, de déterminer son centre et son espèce. En menant, en effet, deux cordes parallèles et en joignant leurs milieux, on obtient un diamètre MM'(*fig.* 51, 52 et 53); on en

Fig. 51.　　　　　　　　Fig. 52.

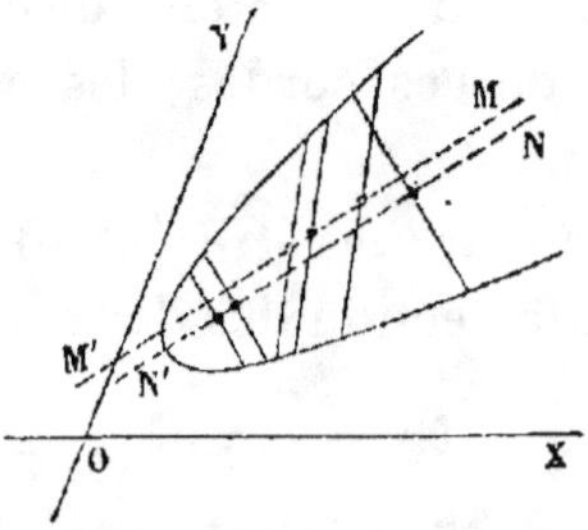

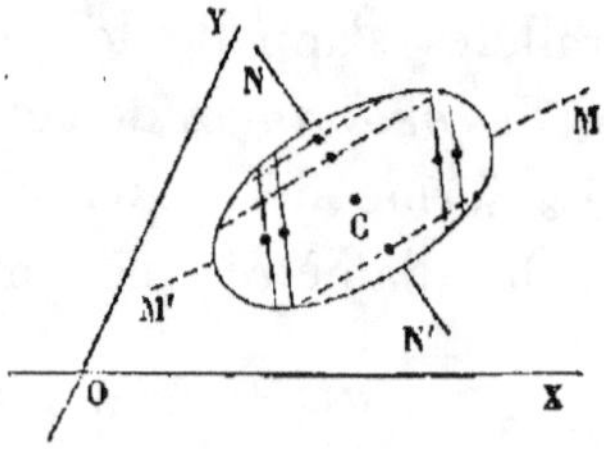

détermine de même un second NN'. Si ces diamètres sont

(¹) L'équation du n° 138, qu'on peut écrire $by = -(hx + f) \pm R$, se construit facilement en traçant d'abord la droite $hx + by + f$, et en prenant ensuite, de part et d'autre de cette ligne, et sur chacune de ses ordonnées MP, des longueurs PQ, PQ' égales à R. On voit ainsi que chaque ordonnée est divisée en deux parties égales par la droite $hx + by + f$.

parallèles (*fig*. 51), la courbe est une parabole; s'ils se coupent, leur point d'intersection est le centre de la courbe. Lorsque ce centre est du côté concave de l'arc (*fig*. 52), la courbe est une ellipse;

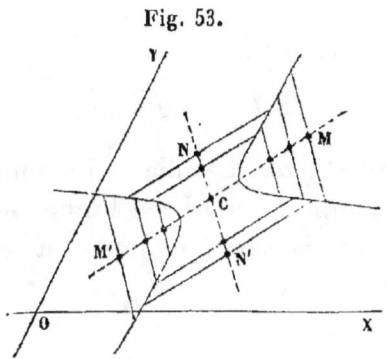

Fig. 53.

quand il est dans la partie convexe (*fig*. 53), c'est une hyperbole.

Les propositions étudiées dans la théorie du cercle (Chap. VI) suffisent pour donner une première idée sur la nature des diamètres dans les courbes du deuxième degré; mais il faut bien observer qu'en général les diamètres ne sont pas perpendiculaires à leurs ordonnées. Ainsi, dans la parabole, où la direction du diamètre est constante, et où celle des ordonnées est variable, l'angle compris entre un diamètre et ses ordonnées peut prendre *toutes les valeurs possibles*.

142. *La direction des diamètres d'une parabole est la même que celle de la droite passant par l'origine et rencontrant la courbe à l'infini.*

Les droites menées par l'origine et rencontrant à l'infini la courbe du deuxième degré ont pour équation (n° **136**)

$$ax^2 + 2hxy + by^2 = 0;$$

dans le cas de la parabole, cette équation devient, en y rem-

S. — *Géom. à deux dim.* 16

plaçant h par sa valeur $\sqrt{ab}$,
$$(x\sqrt{a} + y\sqrt{b})^2 = 0;$$
mais les diamètres (n° 141) sont parallèles à la droite
$$ax + hy = 0,$$
dont l'équation se réduit à
$$x\sqrt{a} + y\sqrt{b} = 0,$$
lorsqu'on y fait $h = \sqrt{ab}$. Les diamètres sont donc parallèles à la droite qui coupe la courbe à l'infini, et, par suite, ne peuvent rencontrer la parabole qu'en un seul point situé à une distance finie.

143. *Étant donnés deux diamètres d'une section conique, si l'un d'eux divise en deux parties égales les cordes parallèles à l'autre, réciproquement cet autre divise en deux parties égales les cordes parallèles au premier.*

Le diamètre des cordes, qui font un angle θ avec l'axe des x, a pour équation (n° 141)
$$(ax + hy + g) + (hx + by + f)\tang\theta = 0,$$
et, par suite (n° 21), fait avec ce même axe un angle θ', tel que
$$\tang\theta' = -\frac{a + h\tang\theta}{h + b\tang\theta},$$
ce qui donne
$$b\tang\theta\tang\theta' + h(\tang\theta + \tang\theta') + a = 0;$$
la symétrie de cette équation montre que le diamètre des cordes, qui font un angle θ' avec l'axe des x, fait un angle θ avec ce même axe.

Les diamètres, qui sont tels que l'un d'eux divise en deux

parties égales les cordes parallèles à l'autre, s'appellent *diamètres conjugués* (¹).

Quand le coefficient h de l'équation générale est égal à zéro, les axes sont parallèles à un système de diamètres conjugués. Dans ce cas, en effet, l'équation du diamètre des cordes parallèles à l'axe des x se réduit à $ax + g = 0$, et celle du diamètre des cordes parallèles aux y à $by + f = 0$; ces diamètres sont donc respectivement parallèles à l'axe des y et à l'axe des x.

144. Lorsque, dans l'équation générale, $c = 0$, l'origine est un point de la courbe (n° 81), et l'une des racines de l'équation du second degré

$$(a\cos^2\theta + 2h\cos\theta\sin\theta + b\sin^2\theta)\rho^2 + 2(g\cos\theta + f\sin\theta)\rho = 0$$

est égale à zéro. Lorsqu'on a en même temps

$$g\cos\theta + f\sin\theta = 0,$$

la deuxième racine devient nulle, et le rayon vecteur rencontre la courbe en deux points qui coïncident. La tangente à l'origine a donc pour équation

$$gx + fy = 0 \quad (^2).$$

L'équation de la tangente en un autre point quelconque de la courbe peut s'en déduire par une simple transformation de coordonnées; il suffit, après avoir rapporté la courbe à ce point pris pour origine, d'écrire l'équation de la tangente

---

(¹) Il est évident que, seules, les courbes à centre ont des diamètres conjugués, puisque dans la parabole tous les diamètres ont même direction.

(²) On prouverait de la même manière que, lorsqu'une équation de degré quelconque ne renferme pas de terme constant, l'origine est un point de la courbe qu'elle définit, et que les termes du premier degré représentent la tangente à l'origine.

comme il vient d'être dit, et de la transformer pour revenir aux axes primitifs.

En appliquant cette méthode à l'équation générale, on obtient pour la tangente au point (x', y')

$$ax'x + h(x'y + y'x) + by'y + g(x + x') + f(y + y') + c = 0,$$

équation que nous avons déjà trouvée par une autre méthode (n° 86).

Exercice.

Le point $(1, 1)$ *étant sur la courbe*

$$3x^2 - 4xy + 2y^2 + 7x - 5y - 3 = 0,$$

trouver, par une transformation de coordonnées, la tangente en ce point.

L'équation de cette tangente, par rapport aux nouveaux axes, est

$$9x - 5y = 0,$$

et, par rapport aux axes primitifs,

$$9(x - 1) = 5(y - 1).$$

145. Les points de contact des tangentes menées à une courbe du deuxième degré, par un point (x', y') pris en dehors de la courbe, se trouvent sur une droite dont l'équation a même forme que l'équation de la tangente (n° 89). Cette droite s'appelle la *polaire* du point (x', y'), et comme une droite rencontre toujours une conique en deux points, il s'ensuit que, *par un point* (x', y'), *on peut toujours mener, à une courbe du deuxième degré, deux tangentes réelles, coïncidentes ou imaginaires* ([1]).

([1]) Une courbe est dite de la $n^{\text{ième}}$ *classe* lorsqu'on peut lui mener par un point n tangentes. Une section conique est donc à la fois du deuxième degré et de la deuxième classe; mais, en général, dans les courbes de degré plus élevé, les indices du degré et de la classe ne sont pas les mêmes.

La polaire de l'origine (n° 89)

$$gx + fy + c = 0$$

est évidemment parallèle à la corde $gx + fy = 0$, dont le milieu se trouve à l'origine (n° 139); et, comme cette corde est une ordonnée du diamètre qui passe par l'origine, il en résulte que *la polaire d'un point quelconque est parallèle aux ordonnées du diamètre qui passe par ce point.* Ce théorème renferme, comme cas particulier, le suivant : *Les tangentes menées aux extrémités d'un diamètre sont parallèles aux ordonnées de ce diamètre,* théorème qui, dans le cas des courbes à centre, où les ordonnées d'un diamètre sont parallèles au diamètre conjugué, devient : *la polaire d'un point, par rapport à une conique à centre, est parallèle au diamètre conjugué de celui qui passe par ce point.*

146. Les principales propriétés des pôles des polaires ont déjà été démontrées dans les Chapitres précédents. Le théorème du n° 98 : lorsqu'un point A se trouve sur la polaire du point B, réciproquement le point B se trouve sur la polaire du point A, peut encore s'énoncer de la manière suivante :

Lorsqu'un point (A) *glisse le long d'une droite fixe* (la polaire du point B), *sa polaire pivote autour d'un point fixe* (B); et, inversement, *lorsqu'une droite* (la polaire du point A) *pivote autour d'un point fixe* (B), *son pôle* (A) *décrit une droite fixe* (la polaire de B).

Ou, en observant que les polaires de deux points quelconques, pris sur la polaire de A, se coupent en A :

L'intersection de deux droites est le pôle de la ligne qui joint les pôles de ces droites; et, inversement : *La droite qui joint deux points est la polaire de l'intersection des polaires de ces points.*

Nous avons vu (n° 100) que *les droites qui joignent deux à deux les points où deux sécantes issues d'un point* O *rencontrent une conique, se coupent sur la polaire du point* O. Dans le cas particulier où les deux sécantes coïncident, deux des droites de jonction deviennent tangentes à la courbe, et on a le théorème suivant : *Les tangentes* PR′, PR″ (*fig.* 54) *menées à une conique, aux points* R′ *et*

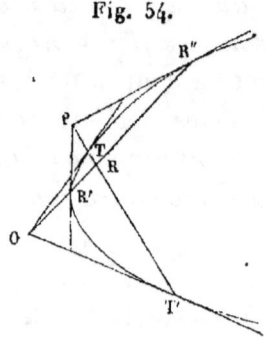

Fig. 54.

R″ *où elle est rencontrée par une sécante* OR *issue d'un point* O, *se coupent sur la polaire* PR *du point* O.

Ce théorème peut, du reste, se démontrer directement à l'aide du principe rappelé au commencement de ce numéro, en observant que la polaire R′R″ du point P passe par le point O, et par suite que le point P se trouve sur la polaire du point O.

Nous avons vu aussi (n° 103, Ex. 3) que si l'on prenait sur un rayon vecteur OR, mené par l'origine, la moyenne harmonique OR entre OR′ et OR″, le lieu des points R était la polaire de l'origine; donc, *toute droite menée par un point est divisée harmoniquement par le point, la courbe et la polaire de ce point*. Ce théorème a été aussi démontré au n° 91.

Il en résulte que si l'on mène par le point O une droite quelconque OR, et si l'on joint le pôle P de cette droite au point O, les lignes OP, OR forment un faisceau harmonique avec les tangentes OT, OT' issues du point O; en effet, OR étant la polaire de P, PTRT' est divisé harmoniquement, et les droites OP, OT, OR, OT' forment un faisceau harmonique.

Exercices.

1. Lorsqu'un quadrilatère ABCD (*fig*. 55) est inscrit dans une

Fig. 55.

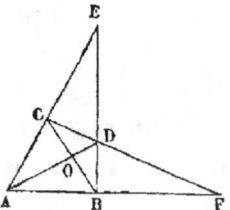

conique, un quelconque des points E, F, O est le pôle de la droite qui joint les deux autres.

Les lignes CD et AB, qui joignent les points d'intersection des droites EC et BD avec la conique, se coupent sur la polaire du point E, puisque EC et BD passent par le point E; il en est de même de AD et CB; donc la droite OF est la polaire du point E. On démontrerait de même que EO et EF sont respectivement les polaires des points F et O.

2. Par un point E pris en dehors d'une conique, lui mener une tangente au moyen de la règle seulement.

Mener par le point E deux droites quelconques EA, EB (*fig*. 55), compléter le quadrilatère comme sur la figure; la droite OF coupera la conique en deux points, qui seront les points de contact cherchés.

3. Dans tout quadrilatère ABCD (*fig*. 55) circonscrit à une conique, une diagonale est la polaire de l'intersection des deux autres.

Ce théorème peut se démontrer, comme celui de l'Exercice 1, au moyen des propriétés harmoniques du quadrilatère. On sait (n° 60, Ex. 1) que les droites EA, EO, EB, EF forment un faisceau harmonique; mais EA, EB étant, par hypothèse, tangentes à la conique, et EF passant par leur point d'intersection, EO (n° 146) passe par le pôle de EF; on verrait de même que FO passe par le pôle de EF : ce pôle est donc le point O.

147. L'équation des tangentes menées à une conique par un point (x', y') peut s'écrire (n° 92)

$$(ax'^2 + 2hx'y' + by'^2 + 2gx' + 2fy' + c)$$
$$\times (ax^2 + 2hxy + by^2 + 2gx + 2fy + c)$$
$$= [ax'x + h(x'y + y'x) + by'y$$
$$+ g(x' + x) + f(y' + y) + c]^2,$$

et il suffit d'y faire $x' = y' = 0$ pour en déduire l'équation des tangentes menées par l'origine; mais on peut aussi obtenir cette équation en suivant la marche indiquée au n° 83 (Ex. 4). Pour qu'un rayon vecteur mené par l'origine soit tangent à la conique, il faut que les deux valeurs de ρ données par l'équation

$$(a\cos^2\theta + 2h\cos\theta\sin\theta + b\sin^2\theta)\rho^2$$
$$+ 2(g\cos\theta + f\sin\theta)\rho + c = 0$$

soient égales, ce qui implique la condition

$$(a\cos^2\theta + 2h\cos\theta\sin\theta + b\sin^2\theta)c = (g\cos\theta + f\sin\theta)^2.$$

Multipliant par ρ^2, il vient, pour l'équation des tangentes menées par l'origine,

$$(ac - g^2)x^2 + 2(ch - gf)xy + (bc - f^2)y^2 = 0.$$

Les tangentes coïncident lorsque les racines de cette équation sont égales, c'est-à-dire lorsqu'on a

$$(ac - g^2)(bc - f^2) = (ch - gf)^2,$$

ou

$$c(abc + 2fgh - af^2 - bg^2 - ch^2) = 0.$$

Cette dernière condition est remplie lorsque $c = 0$, c'est-à-dire lorsque l'origine est un point de la courbe; donc, *tout point de la courbe peut être considéré comme l'intersection de deux tangentes qui coïncident,* de même que toute tangente peut être regardée comme une droite joignant deux points qui coïncident.

Cette condition est également remplie lorsque la relation

$$abc + 2fgh - af^2 - bg^2 - ch^2 = 0,$$

qui exprime (n° 76) que l'équation du second degré représente deux droites, est vérifiée. Pour expliquer comment il se fait que l'on retombe ici sur cette relation, il suffit de remarquer que, par tangente, on entend en général une droite rencontrant la courbe en deux points qui coïncident. Lorsque la courbe se réduit à deux droites, la seule ligne qu'on puisse mener de manière à la rencontrer en deux points qui coïncident est celle qui passe par leur point d'intersection, et puisqu'on peut toujours mener *deux* tangentes à une courbe du deuxième degré, les deux tangentes doivent dans ce cas coïncider avec la droite passant par (x', y') et par ce point d'intersection.

148. *Si par un point O on mène deux cordes rencontrant une conique aux points R', R'', S', S'', le rapport des rectangles $OR'.OR''$ et $OS'.OS''$ est constant, quelle que soit la position du point O, pourvu que les directions des cordes OR, OS soient constantes.*

De l'équation donnée pour déterminer les valeurs de ρ (n° 136) on déduit facilement

$$OR'.OR'' = \frac{c}{a\cos^2\theta + 2h\cos\theta\sin\theta + b\sin^2\theta},$$

θ étant l'angle que la corde OR' forme avec l'axe des x; on a de même, en désignant par θ' l'angle sous lequel la corde OS' rencontre cet axe,

$$OS'.OS'' = \frac{c}{a\cos^2\theta' + 2h\cos\theta'\sin\theta' + b\sin^2\theta'},$$

et par suite

$$\frac{OR'.OR''}{OS'.OS''} = \frac{a\cos^2\theta' + 2h\cos\theta'\sin\theta' + b\sin^2\theta'}{a\cos^2\theta + 2h\cos\theta\sin\theta + b\sin^2\theta}.$$

Ce rapport est constant, puisque a, b et h ne changent pas lorsqu'on déplace l'origine (n° 134), et que les angles θ et θ', qui définissent la direction des cordes, sont constants par hypothèse.

On peut encore présenter ce théorème sous la forme suivante :

Si, par deux points fixes O *et* O', *on mène deux cordes parallèles* OR, O'ρ *coupant respectivement la conique aux points* R', R'', ρ', ρ'', *le rapport des rectangles* OR'.OR'' *et* O'ρ'.O'ρ'' *est constant, et indépendant de la direction des cordes.*

En représentant par c' la valeur que prend le terme absolu de l'équation de la courbe lorsqu'on transporte l'origine au point O', ces rectangles ont en effet pour expressions :

$$\frac{c}{a\cos^2\theta + 2h\cos\theta\sin\theta + b\sin^2\theta},$$

$$\frac{c'}{a\cos^2\theta + 2h\cos\theta\sin\theta + b\sin^2\theta},$$

et leur rapport, qui est égal à $\dfrac{c}{c'}$, est indépendant de θ.

149. Le théorème du numéro précédent comporte quelques cas particuliers qu'il est utile d'énoncer.

1° Si le point O' est le centre de la courbe, on a O'ρ' = O'ρ", et le rectangle O'ρ'.O'ρ" n'est autre chose que le carré du demi-diamètre parallèle à OR'. Donc, *les rectangles construits sur les segments de deux cordes qui se coupent sont entre eux dans le même rapport que les carrés des diamètres parallèles à ces cordes.*

2° Lorsque OR est tangent à la courbe, on a OR' = OR"; le rectangle OR'.OR" se transforme en un carré qui a pour côté la longueur de la tangente, et, comme on peut mener par le point O deux tangentes à la conique, il en résulte que *les longueurs des tangentes issues d'un même point sont proportionnelles aux diamètres parallèles à ces tangentes.*

3° Supposons enfin que la ligne OO' soit un diamètre et que les cordes OR, O'ρ soient parallèles aux ordonnées de ce diamètre; on a alors OR' = OR", O'ρ' = O'ρ", et, en désignant par A et B les points où le diamètre OO' rencontre la courbe,

$$\frac{\overline{OR}^2}{AO.OB} = \frac{\overline{O'\rho}^2}{AO'.O'B}.$$

Donc, *les carrés des ordonnées d'un diamètre sont proportionnels aux rectangles des segments que ces ordonnées déterminent sur le diamètre.*

150. Il y a un cas dans lequel le théorème du n° 148 n'est plus applicable, c'est lorsque la ligne OS est parallèle à l'une des droites qui rencontrent la courbe à l'infini; le segment OS" devient alors infini, et la corde OS ne rencontre plus la conique, à une distance finie, qu'en un seul point. Cherchons à quelle condition le rapport $\dfrac{OS'}{OR'.OR"}$ peut être constant.

Prenons, pour simplifier, OS et OR pour axes des x et des y; l'axe des x étant parallèle à l'une des lignes qui rencontrent la courbe à l'infini, le coefficient a devient nul (n° 138, Ex. 4), et l'équation de la courbe prend la forme

$$2hxy + by^2 + 2gx + 2fy + c = 0.$$

En y faisant successivement $y = 0$, $x = 0$, on trouve, pour le segment déterminé sur l'axe des x, $OS' = -\dfrac{c}{2g}$, et pour le rectangle des segments faits sur l'axe des y, $OR'.OR'' = \dfrac{c}{b}$, ce qui donne

$$\frac{OS'}{OR'.OR''} = -\frac{b}{2g}.$$

Si l'on déplace les axes parallèlement à eux-mêmes, en prenant pour origine un point quelconque (x', y'), b ne change pas, g prend la valeur $hy' + g$ (n° 134), et l'on trouve pour l'expression générale du rapport précédent

$$-\frac{b}{2(hy' + g)}.$$

Quand la courbe est une parabole, on a $h = 0$, et ce rapport est constant; il en résulte que, *dans une parabole, le produit des segments formés par un diamètre quelconque* (n° 142) *sur une corde de direction donnée est dans un rapport constant avec le segment que cette corde détermine sur le diamètre.*

Lorsque la courbe est une hyperbole, le rapport ne peut être constant qu'à la condition que y' soit constant; donc, *dans une hyperbole, les segments déterminés par deux cordes parallèles, sur une droite rencontrant la courbe à l'infini, sont proportionnels aux rectangles construits sur les segments des cordes.*

*151. *Trouver la condition pour que la droite*

$$\lambda x + \mu y + \nu = 0$$

soit tangente à la conique représentée par l'équation générale.

En portant, dans l'équation générale, la valeur de y tirée de $\lambda x + \mu y + \nu = 0$, on a, pour déterminer les abscisses des points d'intersection de la droite avec la courbe,

$$(a\mu^2 - 2h\lambda\mu + b\lambda^2)x^2 + 2(g\mu^2 - h\mu\nu - f\mu\lambda + b\lambda\nu)x \\ + (c\mu^2 - 2f\mu\nu + b\nu^2) = 0,$$

et la droite sera tangente à la conique lorsque les racines de cette dernière équation seront égales, c'est-à-dire lorsqu'on aura

$$(a\mu^2 - 2h\lambda\mu + b\lambda^2)(c\mu^2 - 2f\mu\nu + b\nu^2) = (g\mu^2 - h\mu\nu - f\mu\lambda + b\lambda\nu)^2,$$

ou, en développant et divisant par μ^2,

$$(bc - f^2)\lambda^2 + (ca - g^2)\mu^2 + (ab - h^2)\nu^2 + 2(gh - af)\mu\nu \\ + 2(hf - bg)\nu\lambda + 2(fg - ch)\lambda\mu = 0.$$

Nous indiquerons plus loin d'autres méthodes pour obtenir cette relation, qu'on peut appeler l'*équation tangentielle de la courbe,* et à laquelle on donne souvent la forme

$$A\lambda^2 + B\mu^2 + C\nu^2 + 2F\mu\nu + 2G\nu\lambda + 2H\lambda\mu = 0,$$

en posant, pour abréger, $A = bc - f^2$, $B = ca - g^2$, ... Les coefficients A, B, C, 2F, 2G, 2H ne sont autre chose que les dérivées de la fonction

$$abc + 2fgh - af^2 - bg^2 - ch^2,$$

prises en y considérant successivement a, b, c, f, g, h comme variables. Cette fonction, qui devient nulle lorsque la conique se transforme en deux droites, s'appelle le *discriminant* de l'équation générale du deuxième degré; on la désigne ordinairement par la caractéristique Δ.

Exercices.

1. *Former l'équation de la conique qui détermine des segments* λ, λ', μ, μ' *sur les axes.*

L'équation de cette conique doit se réduire à l'une ou l'autre des équations

$$x^2 - (\lambda + \lambda')x + \lambda\lambda' = 0, \quad y^2 - (\mu + \mu')y + \mu\mu' = 0,$$

suivant qu'on y fait $y = 0$ ou $x = 0$; elle est donc de la forme

$$\mu\mu' x^2 + 2hxy + \lambda\lambda' y^2 - \mu\mu'(\lambda + \lambda')x - \lambda\lambda'(\mu + \mu')y + \lambda\lambda'\mu\mu' = 0,$$

et le coefficient h reste indéterminé, tant qu'on ne se donne une nouvelle condition. Quand la conique est une parabole

$$h = \pm \sqrt{\lambda\lambda'\mu\mu'};$$

on peut donc mener deux paraboles par les quatre points donnés.

2. *Les polaires d'un point fixe, par rapport à un système de coniques passant par quatre points donnés, passent par un point fixe.*

Prenons pour axes deux côtés opposés du quadrilatère formé par les quatre points; l'équation de l'Exercice 1 représentera l'une des coniques du système, et l'équation de la polaire du point (x', y') par rapport à cette conique renfermera l'indéterminée h au premier degré (n° 145); cette polaire passe donc par un point fixe.

3. *Trouver le lieu des centres des coniques passant par quatre points fixes.*

Le centre de la conique de l'Exercice 1 est donné par les équations

$$2\mu\mu' x + 2hy - \mu\mu'(\lambda + \lambda') = 0, \quad 2\lambda\lambda' y + 2hx - \lambda\lambda'(\mu + \mu') = 0,$$

et en éliminant h on trouve, pour l'équation du lieu,

$$2\mu\mu' x^2 - 2\lambda\lambda' y^2 - \mu\mu'(\lambda + \lambda')x + \lambda\lambda'(\mu + \mu')y = 0.$$

C'est une conique sur laquelle se trouvent les intersections des trois couples de droites passant par les quatre points donnés et par les milieux de ces droites.

Le lieu est une hyperbole lorsque λ, λ', ainsi que μ et μ', sont à la fois de même signe, ou à la fois de signes différents; dans le cas contraire, c'est une ellipse. Ainsi le lieu est une ellipse lorsque, les deux points situés sur un axe se trouvant d'un même côté de l'origine, les deux autres points qui appartiennent au deuxième axe sont l'un d'un côté, l'autre de l'autre côté de l'origine; autrement dit lorsque le quadrilatère formé par les quatre points a un angle rentrant. Ceci est du reste évident géométriquement : à un pareil quadrilatère, on ne peut pas circonscrire une conique de la forme d'une ellipse ou d'une parabole; on ne peut circonscrire qu'une hyperbole, et comme le centre d'une hyperbole n'est jamais à l'infini, le lieu de ce centre doit être une ellipse. Dans l'autre cas, il y a deux positions du centre à l'infini : ce sont celles qui correspondent aux deux paraboles que l'on peut faire passer par les quatre points donnés.

CHAPITRE XI.

DE L'ELLIPSE ET DE L'HYPERBOLE.

§ I. — Réduction de l'équation générale du deuxième degré.

152. Les équations qui servent de point de départ à l'étude des propriétés de l'ellipse et de l'hyperbole se simplifient notablement lorsqu'on prend le centre de la courbe pour origine des coordonnées. Dans cette hypothèse, les termes en x et en y disparaissent (n° 140) de l'équation générale du deuxième degré (n° 133), qui se réduit alors à

$$ax^2 + 2hxy + by^2 + c' = 0.$$

Pour exprimer c' en fonction des coefficients de l'équation primitive, il suffit de remplacer dans l'expression générale de c' donnée au n° 132

$$c' = ax'^2 + 2hx'y' + by'^2 + 2gx' + 2fy' + c,$$

ou dans l'expression équivalente

$$c' = (ax' + hy' + g)x' + (hx' + by' + f)y' + gx' + fy' + c,$$

les coordonnées x' et y' par les coordonnées du centre. Lorsqu'on effectue cette substitution, les deux premiers termes de la dernière expression s'annulent (n° 140) et la valeur de c' se réduit à

$$c' = g\frac{hf-bg}{ab-h^2} + f\frac{hg-af}{ab-h^2} + c$$
$$= \frac{abc + 2fgh - af^2 - bg^2 - ch^2}{ab-h^2} \quad (^1).$$

153. Quand le numérateur de cette dernière fraction devient nul, l'équation transformée prend la forme

$$ax^2 + 2hxy + by^2 = 0,$$

et représente (n° 73) deux droites qui sont réelles ou imaginaires, suivant que $ab - h^2$ est négatif ou positif. On retrouve ainsi la condition du n° 76

$$abc + 2fgh - af^2 - bg^2 - ch^2 = 0,$$

pour que l'équation du deuxième degré représente deux droites; cette condition doit, en effet, être remplie pour qu'en transportant l'origine au point d'intersection des droites le terme absolu devienne égal à zéro.

(^{1}) Lorsque f et g s'annulent, le discriminant (n° 151) se réduit à $c(ab - h^2)$, et il est facile de voir, d'après ce qui vient d'être dit, que la valeur du discriminant ne change pas lorsqu'on déplace les axes parallèlement à eux-mêmes. Ce théorème n'est, du reste, qu'un cas particulier d'un théorème beaucoup plus général dont il sera question plus loin (n° 371).

On peut voir de même que le résultat obtenu en substituant les coordonnées du centre (x', y') aux coordonnées courantes dans l'équation de la polaire d'un point (x'', y''), résultat qui a pour expression

$$(ax' + hy' + g)x'' + (hx' + by' + f)y'' + gx' + fy' + c$$

est identique à celui auquel on arriverait en faisant $x = x'$, $y = y'$ dans l'équation de la courbe; les deux premiers termes s'annulent en effet dans les deux cas.

S. — *Géom. à deux dim.*

Exercices.

1. *Rapporter la conique* $3x^2 + 4xy + y^2 - 5x - 6y - 3 = 0$ *à son centre* $\left(\dfrac{7}{2}, -4\right)$.

Réponse. $\qquad 12x^2 + 16xy + 4y^2 + 1 = 0.$

2. *Rapporter la courbe* $x^2 + 2xy - y^2 + 8x + 4y - 8 = 0$ *à son centre* $(-3, -1)$.

Réponse. $\qquad x^2 + 2xy - y^2 = 22.$

154. Nous avons vu (n° **136**) que, lorsque θ satisfait à la relation
$$a\cos^2\theta + 2h\cos\theta\sin\theta + b\sin^2\theta = 0,$$
le rayon vecteur correspondant rencontre la courbe à l'infini, et en un point situé à la distance finie de l'origine
$$\rho = -\frac{c}{g\cos\theta + f\sin\theta}.$$

Cette distance devient à son tour infinie, quand l'origine est au *centre* de la courbe, puisqu'on a alors $g = 0, f = 0$. On peut donc mener par le centre deux droites qui rencontrent la courbe *en deux points coïncidents* situés à l'infini, et qui, par suite, peuvent être considérées comme des tangentes ayant leurs points de contact à l'infini. Ces droites sont les *asymptotes* de la courbe : elles sont imaginaires dans l'ellipse et réelles dans l'hyperbole. On verra plus loin que les asymptotes, tout en ne rencontrant la courbe qu'à l'infini, vont en se rapprochant de la courbe à mesure qu'on s'éloigne de l'origine.

Les points de contact des tangentes réelles ou imaginaires menées par le centre étant situés à l'infini, la droite qui les joint est aussi tout entière à l'infini; donc, d'après la définition du pôle et de la polaire (n° 89), *le centre peut être considéré comme le pôle d'une droite située à l'infini*. On arrive à la même conclusion en remarquant que l'équation de la polaire de l'origine $gx + fy + c = 0$ se réduit à $c = 0$ lorsque le centre est pris pour origine, et représente alors (n° 67) une droite située à l'infini.

155. Lorsqu'on prend le centre pour origine, les coefficients g et f de l'équation générale s'évanouissent. Si, de plus, les axes forment un système de diamètres conjugués, le coefficient h s'annule également (n° 143), et l'équation prend la forme plus simple

$$ax^2 + by^2 + c = 0,$$

qui montre que toute corde parallèle à l'un des axes est divisée, par l'autre, en deux parties égales, puisqu'à une valeur quelconque de x ou de y correspondent pour y, ou pour x, deux valeurs égales et de signes contraires.

L'angle compris entre deux diamètres conjugués n'est généralement pas un angle droit, mais il existe toujours un système de diamètres conjugués rectangulaires. Pour le démontrer, rappelons-nous (n° 143) que les angles θ et θ', que font avec l'axe des x deux diamètres conjugués, sont assujettis à la relation

$$b \tang \theta \tang \theta' + h (\tang \theta + \tang \theta') + a = 0;$$

quand les diamètres sont perpendiculaires, $\tang \theta' = -\dfrac{1}{\tang \theta}$ (n° 25), et l'on a, pour déterminer l'angle θ, l'équation du deuxième degré

$$h \tang^2 \theta + (a - b) \tang \theta - h = 0.$$

En multipliant par ρ^2 et en remplaçant $\rho \cos \theta$, $\rho \sin \theta$ par x et y, on obtient l'équation

$$hx^2 - (a - b) xy - hy^2 = 0,$$

qui représente deux droites réelles perpendiculaires l'une sur l'autre (n° 74). Les courbes à centre ont donc deux diamètres conjugués à angle droit, et n'en ont que deux : ces diamètres s'appellent les *axes* de la courbe, et on donne le nom de *sommets* aux points où ils rencontrent la courbe.

Les axes, ainsi que le montre (n° 75) leur équation, sont dirigés suivant les bissectrices, intérieure et extérieure, de l'angle compris entre les droites réelles ou imaginaires

$$ax^2 + 2hxy + by^2 = 0,$$

autrement dit suivant les bissectrices des angles formés par les asymptotes ; et ils sont toujours réels (n° 75, Note), que les asymptotes soient réelles ou imaginaires, c'est-à-dire que la courbe soit une hyperbole ou une ellipse.

156. On peut arriver au théorème du numéro précédent par une transformation de coordonnées, en montrant qu'il est toujours possible de trouver un système d'axes rectangulaires tel, que l'équation de la courbe par rapport à ce système d'axes n'ait pas de terme en xy. Supposons les axes primitifs rectangulaires, et faisons-les tourner d'un angle θ autour de l'origine ; en remplaçant, dans l'équation primitive, x et y par $x\cos\theta - y\sin\theta$, et $x\sin\theta + y\cos\theta$ (n° 9), on obtient l'équation transformée

$$a(x\cos\theta - y\sin\theta)^2 + 2h(x\cos\theta - y\sin\theta)(x\sin\theta + y\cos\theta)$$
$$+ b(x\sin\theta + y\cos\theta)^2 + c = 0,$$

dans laquelle les coefficients a', b', h' des termes en x^2, en y^2 et en xy ont pour valeur

$$a' = a\cos^2\theta + 2h\cos\theta\sin\theta + b\sin^2\theta,$$
$$h' = b\sin\theta\cos\theta + h(\cos^2\theta - \sin^2\theta) - a\sin\theta\cos\theta,$$
$$b' = a\sin^2\theta - 2h\cos\theta\sin\theta + b\cos^2\theta.$$

Et si l'on fait $h' = 0$ pour déterminer l'angle θ que les axes de la courbe forment avec les axes de coordonnées, on retombe sur l'équation du n° 155, qui donne

$$\tang 2\theta = \frac{2h}{a-b}.$$

157. Le théorème suivant permet de simplifier les calculs numériques à exécuter pour ramener une équation du deuxième degré à la forme

$$ax^2 + by^2 + c = 0.$$

Lorsqu'on transforme une équation du deuxième degré, pour passer d'un système d'axes rectangulaires à un autre système d'axes rectangulaires, les quantités $a + b$ et $ab - h^2$ ne changent pas.

En ajoutant les valeurs de a' et b' obtenues au n° 156, on trouve immédiatement

$$a' + b' = a + b,$$

ce qui démontre la première partie du théorème.

Pour démontrer la seconde, observons qu'on peut écrire

$$2a' = a + b + 2h\sin 2\theta + (a-b)\cos 2\theta,$$
$$2b' = a + b - 2h\sin 2\theta - (a-b)\cos 2\theta;$$

ce qui donne

$$4a'b' = (a+b)^2 - [2h\sin 2\theta + (a-b)\cos 2\theta]^2;$$

et comme on a, d'autre part,

$$4h'^2 = [2h\cos 2\theta - (a-b)\sin 2\theta]^2,$$

il en résulte que

$$4(a'b' - h'^2) = (a+b)^2 - 4h^2 - (a-b)^2 = 4(ab - h^2).$$

Dans le cas particulier où il s'agit d'écrire l'équation rapportée aux *axes* de la courbe, on a à la fois

$$h' = 0, \quad a' + b' = a + b, \quad a'b' = ab - h^2;$$

ces relations font connaître la somme et le produit des coefficients inconnus a' et b', et fournissent, par suite, toutes les données nécessaires pour le calcul de ces coefficients.

Exercices.

1. *Trouver les axes de l'ellipse* $14x^2 - 4xy - 11y^2 = 60$, *et rapporter la courbe à ces axes.*

L'équation des axes est (n° 155)
$$4x^2 + 6xy - 4y^2 = 0,$$
ou
$$(2x - y)(x + 2y) = 0.$$
On a d'ailleurs
$$a' + b' = 25, \quad a'b' = 150,$$
d'où
$$a' = 10, \quad b' = 15;$$
l'équation transformée est donc
$$2x^2 + 3y^2 = 12.$$

2. *Rapporter l'hyperbole* $11x^2 + 84xy - 24y^2 = 156$ *à ses axes.*
On a
$$a' + b' = -13, \quad a'b' = -2028, \quad a' = 39, \quad b' = -52;$$
ce qui donne pour l'équation transformée
$$3x^2 - 4y^2 = 12.$$

3. *Rapporter la courbe* $ax^2 + 2hxy + by^2 = c$ *à ses axes.*
  Réponse.
$$(a + b - R)x^2 + (a + b + R)y^2 = 2c, \quad R^2 = 4h^2 + (a-b)^2.$$

*158. Lorsqu'on passe d'un système d'axes rectangulaires à un autre système d'axes rectangulaires, les quantités $a + b$,

DE L'ELLIPSE ET DE L'HYPERBOLE.

$ab - h^2$ ne changent pas. Cherchons ce qu'elles deviennent lorsque le second système d'axes est oblique. Conservons le même axe des x, et désignons par ω l'angle compris entre cet axe et le nouvel axe des y ; l'équation transformée s'obtient en remplaçant dans l'équation primitive (n° 9) x et y par $x + y \cos\omega$ et $y \sin\omega$, ce qui donne

$$a' = a, \qquad h' = a\cos\omega + h\sin\omega,$$
$$b' = a\cos^2\omega + 2h\cos\omega\sin\omega + b\sin^2\omega,$$

et, par suite,

$$\frac{a' + b' - 2h'\cos\omega}{\sin^2\omega} = a + b, \qquad \frac{a'b' - h'^2}{\sin^2\omega} = ab - h^2.$$

Donc, *si l'on transforme une équation du deuxième degré, pour passer d'un système d'axes à un autre, les quantités*

$$\frac{a + b - 2h\cos\omega}{\sin^2\omega}, \qquad \frac{ab - h^2}{\sin^2\omega}$$

ne changent pas.

Ce dernier théorème permet de rapporter facilement à ses *axes* une conique dont l'équation est donnée en coordonnées obliques, puisqu'il fait connaître la somme et le produit des nouveaux coefficients a et b en fonction des anciens.

Exercices.

1. *Rapporter à ses axes la courbe* $10x^2 + 6xy + 5y^2 = 10$, *en supposant* $\cos\omega = \dfrac{3}{5}$.

On a successivement

$$a + b = \frac{285}{16}, \quad ab = \frac{1025}{16}, \quad a = 5, \quad b = \frac{205}{16},$$

et, par suite,

$$16x^2 + 41y^2 = 32.$$

2. *Rapporter à ses axes la conique* $x^2 - 3xy + y^2 + 1 = 0$, *en supposant* $\omega = 60°$.

Réponse. $\qquad x^2 - 15y^2 = 3$.

3. *Rapporter à ses axes la conique* $ax^2 + 2hxy + by^2 = c$.

Réponse.

$$a + b - 2h\cos\omega - R)x^2 + (a + b - 2h\cos\omega + R)y^2 = 2c\sin^2\omega,$$
$$R^2 = [2h - (a+b)\cos\omega]^2 + (a-b)^2 \sin^2\omega.$$

*159. Les théorèmes des deux derniers numéros ont été démontrés, comme il suit, par M. Boole ([1]).

Supposons que nous ayons à passer d'un système d'axes faisant entre eux un angle ω à un autre système faisant un angle Ω, et qu'en effectuant les substitutions indiquées au n° 9, la quantité $ax^2 + 2hxy + by^2$ devienne

$$a'X^2 + 2h'XY + b'Y^2,$$

x et y étant les anciennes coordonnées, X et Y les nouvelles. En effectuant la même substitution dans $x^2 + 2xy\cos\omega + y^2$, il viendra

$$X^2 + 2XY\cos\Omega + Y^2,$$

puisque l'une et l'autre de ces deux dernières expressions représentent le carré de la distance d'un même point à l'origine. Nous aurons donc, λ étant une quantité quelconque,

$$ax^2 + 2hxy + by^2 + \lambda(x^2 + 2xy\cos\omega + y^2)$$
$$= a'X^2 + 2h'XY + b'Y^2 + \lambda(X^2 + 2XY\cos\omega + Y^2),$$

et si nous déterminons λ par la condition que le premier membre de cette équation soit un carré parfait, le second membre devra être aussi un carré parfait. Pour que le premier membre soit un carré parfait, il faut que l'on ait

$$(a+\lambda)(b+\lambda) = (h + \lambda\cos\omega)^2;$$

([1]) *Cambridge Math. Journ.*, III, p. 106; et nouvelle série, VI, p. 87.

autrement dit, il faut que λ soit une des racines de l'équation du second degré

$$\lambda^2 \sin^2\omega + (a+b - 2h\cos\omega)\lambda + ab - h^2 = 0.$$

On trouverait une équation de même forme pour déterminer la valeur de λ qui rend le second membre un carré parfait, et, puisque les deux membres deviennent des carrés parfaits pour la *même valeur* de λ, cette dernière équation doit être identique à la première. En égalant les coefficients des termes correspondants de ces deux équations, on retombe sur les conditions obtenues précédemment :

$$\frac{a+b-2h\cos\omega}{\sin^2\omega} = \frac{a'+b'-2h'\cos\Omega}{\sin^2\Omega}, \quad \frac{ab-h^2}{\sin^2\omega} = \frac{a'b'-h'^2}{\sin^2\Omega}.$$

Exercices.

1. *La somme des carrés des inverses des demi-diamètres qui se coupent à angle droit est constante.*

Soient α et β les longueurs de ces demi-diamètres; en faisant alternativement $x = 0$, $y = 0$ dans l'équation de la courbe, on a $a\alpha^2 = c$, $b\beta^2 = c$; on voit ainsi que le théorème qui vient d'être énoncé n'est que l'interprétation géométrique de la constance de la somme $a+b$.

2. *L'aire du triangle formé en joignant les extrémités de deux demi-diamètres conjugués est constante.*

L'équation de la courbe rapportée à deux diamètres conjugués est

$$\frac{x^2}{\alpha'^2} + \frac{y^2}{\beta'^2} = 1,$$

α' et β' étant les longueurs de ces demi-diamètres, et puisque $\dfrac{ab-h^2}{\sin^2\omega}$ est constant, $\alpha'\beta'\sin\omega$ est constant.

3. *La somme des carrés de deux demi-diamètres conjugués est constante.*

Puisque $\dfrac{a+b-2h\cos\omega}{\sin^2\omega}$ est constant, il en est de même de

$$\frac{1}{\sin^2\omega}\left(\frac{1}{\alpha'^2}+\frac{1}{\beta'^2}\right)=\frac{\alpha'^2+\beta'^2}{\alpha'^2\beta'^2\sin^2\omega};$$

d'ailleurs, $\alpha'\beta'\sin\omega$ est constant; donc $\alpha'^2+\beta'^2$ est constant.

160. Nous avons vu que l'équation d'une conique rapportée à ses axes est de la forme

$$A x^2 + B y^2 = C,$$

B étant positif dans le cas de l'ellipse et négatif dans le cas de l'hyperbole (n° 138, Ex. 3). Nous écrivons ici les coefficients avec des lettres majuscules, parce que nous allons avoir à employer les petites lettres a et b avec une signification nouvelle.

L'équation de l'ellipse peut s'écrire sous une forme plus commode, en mettant en évidence les segments que la courbe détermine sur ses axes. Soient $x = a$ et $y = b$ ces segments; en faisant $y = 0$ dans l'équation de l'ellipse, il vient $Aa^2 = C$, d'où $A = \dfrac{C}{a^2}$; on trouve de même, en y faisant $x = 0$, $B = \dfrac{C}{b^2}$. L'équation de l'ellipse peut donc se mettre sous la forme

$$\frac{x^2}{a^2}+\frac{y^2}{b^2}=1;$$

on peut prendre l'un quelconque des axes de la courbe pour axe des x; toutefois nous supposerons que ce dernier axe a été choisi de telle sorte que a soit plus grand que b.

L'équation de l'hyperbole, qui, ainsi que nous le savons, ne diffère de celle de l'ellipse que par le signe du coefficient de y^2, peut se mettre sous la forme correspondante

$$\frac{x^2}{a^2}-\frac{y^2}{b^2}=1.$$

Le segment que l'hyperbole détermine sur l'axe des x est évidemment $x = \pm a$; celui qu'elle détermine sur l'axe des y étant donné par l'équation $y^2 = -b^2$ est imaginaire; l'axe des y ne rencontre donc pas la courbe en des points réels.

Nous n'avons pas à nous occuper ici de la grandeur relative de a par rapport à b, puisque nous avons pris pour axe des x celui des axes qui rencontre la courbe en des points réels.

161. *Trouver l'équation polaire de l'ellipse, en prenant le centre pour pôle.*

Il suffit, pour cela, de remplacer dans l'équation précédente x par $\rho\cos\theta$, et y par $\rho\sin\theta$; on trouve ainsi l'équation

$$\frac{1}{\rho^2} = \frac{\cos^2\theta}{a^2} + \frac{\sin^2\theta}{b^2},$$

qui peut s'écrire sous l'une ou l'autre des formes équivalentes

$$\rho^2 = \frac{a^2 b^2}{a^2\sin^2\theta + b^2\cos^2\theta}$$
$$= \frac{a^2 b^2}{b^2 + (a^2-b^2)\sin^2\theta} = \frac{a^2 b^2}{a^2 - (a^2-b^2)\cos^2\theta}.$$

En posant, pour abréger,

$$c^2 = a^2 - b^2, \quad e^2 = \frac{a^2-b^2}{a^2};$$

et en divisant par a^2 les deux termes de la fraction trouvée en dernier lieu pour la valeur de ρ^2, on obtient l'équation polaire de l'ellipse sous sa forme la plus usitée

$$\rho^2 = \frac{b^2}{1 - e^2\cos^2\theta}.$$

La quantité e s'appelle l'*excentricité* de l'ellipse.

162. *Déterminer la forme de l'ellipse.*

La plus petite valeur que puisse avoir le dénominateur $b^2 + (a^2 - b^2)\sin^2\theta$ de l'expression de ρ^2 est celle qui correspond à $\theta = 0$; la plus grande valeur de ρ est donc égale au segment a que l'ellipse détermine sur l'axe des x. Le maximum de $b^2 + (a^2 - b^2)\sin^2\theta$ correspond à $\sin\theta = 1$ ou à $\theta = 90°$; le minimum de ρ est donc égal au segment b que la courbe détermine sur l'axe des y.

Il résulte de ce qui précède que le plus grand rayon vecteur qu'on puisse mener du centre à la courbe est dirigé suivant l'axe des x, et le plus petit suivant l'axe des y. En raison de cette propriété, on a donné à ces valeurs particulières du rayon vecteur les noms de *grand axe* et de *petit axe* de la courbe.

Il est d'ailleurs évident que ρ est d'autant plus grand que θ est plus petit, et, par suite, *un diamètre est d'autant plus grand que sa direction est plus voisine de celle du grand axe*. La forme de l'ellipse est donc celle qui est représentée sur la *fig.* 56.

Fig. 56.

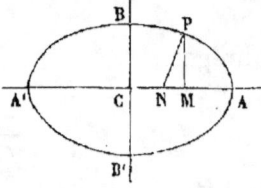

Les valeurs de ρ qui correspondent aux angles $\theta = \alpha$ et $\theta = -\alpha$ sont égales; donc *deux diamètres, qui font des angles égaux avec le même axe, sont égaux*. Ce théorème, dont il est facile de démontrer la réciproque, permet de déterminer géométriquement les axes d'une ellipse dont le centre est donné. En coupant la conique par un cercle concentrique, on obtient les extrémités de deux diamètres égaux, et il ne reste plus qu'à tracer ces diamètres, et à mener les bissectrices des angles qu'ils forment pour obtenir les axes cherchés.

163. On peut se faire une idée plus nette encore de la forme de l'ellipse en résolvant son équation par rapport à y et en comparant le résultat obtenu

$$y = \frac{b}{a}\sqrt{a^2 - x^2}$$

avec l'équation

$$y = \sqrt{a^2 - x^2},$$

qui représente un cercle, de rayon a, concentrique à l'ellipse. On voit ainsi que, pour passer du cercle à l'ellipse, il suffit de diminuer toutes les ordonnées du cercle dans le rapport de b à a, ce qui donne la construction suivante : *Pour décrire une ellipse ayant $a =$ CA et $b =$ CB pour axes (fig. 57), tracer un cercle sur le grand axe AA' comme*

Fig. 57.

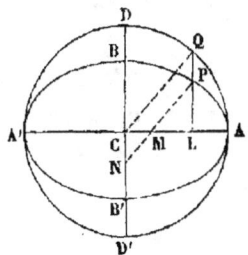

diamètre, et prendre sur chaque ordonnée LQ *un point* P *tel, que le rapport de* LP *à* LQ *soit constant et égal à* $b : a$; *le lieu des points* P *est l'ellipse demandée.*

Il résulte de ce mode de construction que le cercle décrit sur le grand axe comme diamètre est situé tout entier *en dehors* de la courbe. On pourrait de même construire l'ellipse en décrivant un cercle sur le petit axe comme diamètre, et en dilatant chaque abscisse dans le rapport de a à b; le cercle décrit sur le petit axe est donc situé tout entier *à l'intérieur* de l'ellipse.

L'équation du cercle n'est, du reste, que la forme particulière à laquelle se réduit l'équation de l'ellipse lorsqu'on y fait $b = a$.

164. *Trouver l'équation polaire de l'hyperbole, en prenant le centre pour pôle.*

En opérant comme au n° 161, on trouve

$$\rho^2 = \frac{a^2 b^2}{b^2 \cos^2\theta - a^2 \sin^2\theta}$$
$$= \frac{a^2 b^2}{b^2 - (a^2 + b^2)\sin^2\theta} = \frac{a^2 b^2}{(a^2 + b^2)\cos^2\theta - a^2}.$$

Ces expressions ne diffèrent de celles qui leur correspondent dans le cas de l'ellipse que par le signe de b^2; on peut donc employer pour l'hyperbole les abréviations

$$c^2 = a^2 + b^2, \quad e^2 = \frac{a^2 + b^2}{a^2},$$

et considérer e comme l'*excentricité* de l'hyperbole.

En divisant alors par a^2 les deux termes de l'expression trouvée en dernier lieu pour ρ^2, on obtient, pour l'équation polaire de l'hyperbole,

$$\rho^2 = \frac{b^2}{e^2 \cos^2\theta - 1},$$

et cette équation ne diffère de celle de l'ellipse que par le signe de b^2.

165. *Déterminer la forme de l'hyperbole.*

Les dénominations de *grand axe* et de *petit axe* n'étant

pas applicables à l'hyperbole (n° 160), nous donnerons à l'axe des x le nom d'*axe transverse*, et à l'axe des y le nom d'*axe conjugué* ou d'*axe non transverse*.

La plus petite valeur de ρ correspond à $\theta = 0$, puisque le dénominateur de ρ^2, $b^2 - (a^2 + b^2)\sin^2\theta$, atteint son maximum pour $\theta = 0$; *l'axe transverse est donc la ligne la plus courte qu'on puisse mener du centre à l'hyperbole*. L'angle θ augmentant, ρ croît jusqu'à ce que l'on ait

$$\sin\theta = \frac{b}{\sqrt{a^2 + b^2}}, \quad \text{ou} \quad \tang\theta = \frac{b}{a};$$

pour cette valeur particulière de θ, le dénominateur de ρ^2 devient nul et ρ est infini. L'angle θ continuant à croître, ρ^2 devient négatif et les diamètres cessent de rencontrer la courbe en des points réels jusqu'à ce que θ ait atteint la valeur θ_1, définie par la relation

$$\sin\theta_1 = \frac{b}{\sqrt{a^2 + b^2}}, \quad \text{ou} \quad \tang\theta_1 = -\frac{b}{a},$$

et pour laquelle ρ redevient infini; l'angle θ continuant à augmenter, ρ diminue et repasse par sa valeur minimum a pour $\theta = 180°$.

La forme de l'hyperbole est donc celle qui est représentée par un trait plein sur la *fig.* 58.

Fig. 58.

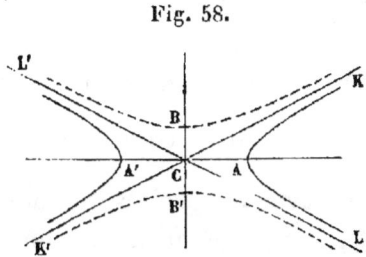

166. L'axe des y ne rencontre pas l'hyperbole en des points réels (n° 160), puisque ces points sont donnés par

l'équation
$$y^2 = -b^2;$$

on peut cependant prendre sur cet axe des segments $CB = CB' = b$, et donner à cette longueur b, qui joue un certain rôle dans l'étude des propriétés de l'hyperbole, le nom d'*axe de la courbe*. On peut, de même, représenter le diamètre défini par l'équation $\rho^2 = -R^2$, diamètre qui ne rencontre pas l'hyperbole en des points réels, en prenant sur la direction correspondante et à partir du centre une longueur $\pm R$, et donner à cette longueur R le nom de *diamètre de l'hyperbole*.

Le *lieu* des extrémités de ces diamètres fictifs, qui ne rencontrent pas la courbe, s'obtient en changeant le signe de ρ^2 dans l'équation de l'hyperbole, qui devient ainsi

$$\frac{1}{\rho^2} = \frac{\sin^2\theta}{b^2} - \frac{\cos^2\theta}{a^2},$$

ou

$$\frac{y^2}{b^2} - \frac{x^2}{a^2} = 1,$$

et représente une hyperbole rencontrant l'axe des y en des points réels, et l'axe des x en des points imaginaires. Cette courbe, tracée en pointillé sur la *fig.* 58, s'appelle *hyperbole conjuguée* de l'hyperbole donnée.

167. Les diamètres qui correspondent à l'angle θ, tel que $\tang\theta = \pm \dfrac{b}{a}$, rencontrent la courbe à l'infini (n° 165), et coïncident par suite avec les droites que nous avons appelées (n° 154) *asymptotes* de la courbe; ils sont représentés, sur la figure, par les lignes CK, CL, qui servent, évidemment, de lignes de démarcation entre les diamètres qui rencontrent la courbe en des points réels, et ceux qui la rencontrent en des

DE L'ELLIPSE ET DE L'HYPERBOLE.

points imaginaires. Il en résulte nécessairement que deux hyperboles conjuguées ont les mêmes asymptotes.

L'expression $\tang\theta = \pm \dfrac{b}{a}$ permet de tracer les asymptotes lorsqu'on connaît les axes en grandeur et en position : elle montre, en effet, que les asymptotes sont dirigées suivant les diagonales CK, CL (*fig.* 58) du rectangle formé en menant des parallèles aux axes par les extrémités A, A', B et B' de ces axes.

Les deux asymptotes étant également inclinées sur l'axe des x, l'angle qu'elles comprennent est égal à 2θ, autrement dit, au double de l'angle qui a pour sécante l'excentricité, puisque θ est défini par la relation $\tang\theta = \dfrac{b}{a}$ qui donne

$$\cos\theta = \frac{a}{\sqrt{a^2+b^2}} = \frac{1}{e};$$

il résulte de ce qui précède que *donner l'excentricité d'une hyperbole revient à donner l'angle formé par ses asymptotes.*

Exercice.

Trouver l'excentricité d'une conique définie par l'équation générale.

On peut (n° 74) chercher la tangente de l'angle compris entre les droites représentées par l'équation $ax^2 + 2hxy + by^2 = 0$, et en déduire la sécante de l'angle moitié ; on peut aussi calculer e à l'aide de la formule donnée à la fin du numéro 167 et en s'appuyant sur les résultats obtenus au numéro 157 (Ex. 3). En posant

$$R^2 = 4h^2 + (a-b)^2 = 4h^2 - 4ab + (a+b)^2,$$

on a

$$\frac{1}{\alpha^2} = \frac{a+b-R}{2c}, \quad \frac{1}{\beta^2} = \frac{a+b+R}{2c},$$

et, par suite,

$$\frac{1}{\beta^2} - \frac{1}{\alpha^2} = \frac{R}{c}, \quad \frac{\alpha^2 - \beta^2}{\alpha^2} = \frac{2R}{a+b+R}.$$

S. — *Géom. à deux dim.*

§ II. — Tangentes et diamètres conjugués.

168. Les équations de l'ellipse et de l'hyperbole ne différant que par le signe de b^2 (n° 160), ces courbes ont un certain nombre de propriétés communes qui peuvent se démontrer à la fois en considérant le signe de b^2 comme indéterminé. Dans les numéros suivants, nous attribuerons, en général, à b^2 le signe qui se rapporte à l'ellipse; on trouvera facilement les formules qui se rapportent à l'hyperbole, en changeant le signe de b^2 dans les résultats obtenus.

Trouver l'équation de la tangente menée à la courbe

$$\frac{x^2}{a^2} + \frac{y^2}{b^2} = 1$$

en un point (x', y').

On peut déduire cette équation de l'équation générale de la tangente (n° 86), ou l'obtenir directement, en partant de l'équation réduite de la courbe et en suivant la méthode indiquée au numéro 86.

L'équation de la corde, qui joint les deux points (x', y'), (x'', y'') de la courbe, peut s'écrire

$$\frac{(x-x')(x-x'')}{a^2} + \frac{(y-y')(y-y'')}{b^2} = \frac{x^2}{a^2} + \frac{y^2}{b^2} - 1,$$

ou bien

$$\frac{(x'+x'')x}{a^2} + \frac{(y'+y'')y}{b^2} = \frac{x'x''}{a^2} + \frac{y'y''}{b^2} + 1,$$

et, en y faisant $x' = x''$, $y' = y''$, on trouve pour l'équation de la tangente

$$\frac{xx'}{a^2} + \frac{yy'}{b^2} = 1.$$

L'emploi de cette méthode ne suppose aucune valeur particulière pour l'angle que font entre eux les axes de coordonnées. Lorsqu'on prend pour axes un système de diamètres conjugués, l'équation de la courbe, qui ne contient plus alors ni terme en xy (n° 143), ni terme en x ou en y (n° 140), peut se mettre sous la forme (n° 160)

$$\frac{x^2}{a'^2} + \frac{y^2}{b'^2} = 1,$$

en représentant par a' et b' les segments que la courbe détermine sur les axes, et l'on a encore pour l'équation de la tangente

$$\frac{xx'}{a'^2} + \frac{yy'}{b'^2} = 1.$$

169. L'équation de la polaire du point (x', y'), c'est-à-dire de la droite qui joint les points de contact des tangentes menées par (x', y'), est de même forme que celle de la tangente (n°^{os} 88, 89); elle peut donc s'écrire

$$\frac{xx'}{a^2} + \frac{yy'}{b^2} = 1, \quad \text{ou} \quad \frac{xx'}{a'^2} + \frac{yy'}{b'^2} = 1,$$

suivant qu'on prend pour axes de coordonnées les axes de la courbe ou un système de diamètres conjugués.

En particulier, l'équation de la polaire d'un point $(x', 0)$ de l'axe des x est $\frac{xx'}{a'^2} = 1$. Pour construire la polaire d'un point quelconque P, étant donné le centre C de la courbe, on peut donc procéder comme il suit : prendre sur le diamètre CP, qui passe par le point P, un point P' tel que le produit CP.CP' soit égal au carré a'^2 du demi-diamètre dirigé suivant CP, et mener par P' une parallèle au diamètre conjugué de CP. Le principe de cette construction fournit une démonstration nouvelle du théorème du numéro 145 : *La tangente* menée à *l'extrémité d'un diamètre est parallèle à son conjugué.*

Exercices.

1. *Trouver la condition pour que la droite* $\lambda x + \mu y = 1$ *soit tangente à la courbe* $\dfrac{x^2}{a^2} + \dfrac{y^2}{b^2} = 1$.

En comparant les équations $\lambda x + \mu y = 1$ et $\dfrac{xx'}{a^2} + \dfrac{yy'}{b^2} = 1$, on trouve
$$x' = \lambda a^2, \quad y' = \mu b^2 ;$$
d'où la condition cherchée
$$a^2 \lambda^2 + b^2 \mu^2 = 1.$$

2. *Former l'équation des tangentes menées à la courbe par* (x', y') (n° 92).

Réponse
$$\left(\dfrac{x'^2}{a^2} + \dfrac{y'^2}{b^2} - 1 \right) \left(\dfrac{x^2}{a^2} + \dfrac{y^2}{b^2} - 1 \right) = \left(\dfrac{xx'}{a^2} + \dfrac{yy'}{b^2} - 1 \right)^2.$$

3. *Trouver l'angle φ compris entre les tangentes menées à la courbe par le point* (x', y').

Lorsqu'une équation du deuxième degré représente deux droites, l'équation obtenue en égalant à zéro ses trois termes du deuxième degré est celle de deux droites menées par l'origine, parallèlement aux deux premières : l'angle φ ne dépend donc que des trois termes du deuxième degré de l'équation des tangentes. En développant à ce point de vue l'équation de l'Exercice 2, on obtient (n° 74)
$$\tang \varphi = \dfrac{2ab \sqrt{\dfrac{x'^2}{a^2} + \dfrac{y'^2}{b^2} - 1}}{x'^2 + y'^2 - a^2 - b^2}.$$

Quand la conique est rapportée à des axes rectangulaires quelconques, on peut calculer l'angle φ à l'aide de la relation
$$\tang \varphi = \dfrac{2 \sqrt{-S'\Delta}}{F},$$

DE L'ELLIPSE ET DE L'HYPERBOLE.

dans laquelle on a représenté par Δ le discriminant de l'équation de la courbe (n° 151); par S', ce que devient cette équation lorsqu'on y remplace les coordonnées courantes par x', y', et enfin par F la même expression qu'au numéro 383. Quand les coordonnées sont tri-linéaires, il faut multiplier le radical par la constante M du numéro 63. Cette expression de $\tang\varphi$ a été indiquée par M. Burnside.

4. *Trouver le lieu de l'intersection des tangentes qui se coupent à angle droit.*

En égalant à zéro le dénominateur de la valeur de $\tang\varphi$, on trouve
$$x^2 + y^2 = a^2 + b^2,$$
équation d'un cercle ayant même centre que l'ellipse.

Le lieu de l'intersection des tangentes qui se coupent sous un angle donné est en général une courbe du quatrième degré.

170. *Trouver l'équation, par rapport aux axes, du diamètre conjugué de celui qui passe par le point (x', y') de la courbe.*

Ce diamètre conjugué est parallèle (n° 169) à la tangente menée par le point (x', y'), et passe par l'origine; son équation est donc
$$\frac{x x'}{a^2} + \frac{y y'}{b^2} = 0.$$

En désignant par θ et θ' les angles que font avec l'axe des x le diamètre primitif et son conjugué, on a (n° 21), d'après les équations de ces diamètres,
$$\tang\theta = \frac{y'}{x'}, \quad \tang\theta' = -\frac{b^2 x'}{a^2 y'},$$
et, par suite,
$$\tang\theta \, \tang\theta' = -\frac{b^2}{a^2}.$$

Cette relation aurait pu se déduire de celle du numéro 143.

Dans le cas de l'hyperbole, elle devient (n° 168)

$$\tang\theta\,\tang\theta' = \frac{b^2}{a^2}.$$

171. Dans l'ellipse $\tang\theta\,\tang\theta'$ est négatif; autrement dit, $\tang\theta$ et $\tang\theta'$ sont toujours de signes contraires; quand l'un des angles θ, θ' est aigu, l'autre est nécessairement obtus, et comme le petit axe correspond à $\theta = 90°$, il en résulte que, *dans l'ellipse, un diamètre et son conjugué ne peuvent jamais être situés d'un même côté du petit axe.*

Dans l'hyperbole, au contraire, $\tang\theta\,\tang\theta'$ est positif, et les angles θ et θ' sont tous deux aigus ou tous deux obtus. Donc, *dans l'hyperbole, un diamètre se trouve toujours du même côté de l'axe non transverse que son conjugué.*

Quand $\tang\theta$ est plus petit que $\frac{b}{a}$, $\tang\theta'$ est plus grand; et comme (n° 167) le diamètre correspondant à l'angle dont la tangente est $\frac{b}{a}$ se confond avec l'asymptote, qui (n° 167) est la ligne de démarcation entre les diamètres qui rencontrent la courbe, et ceux qui ne la rencontrent pas, il s'ensuit que, *dans l'hyperbole, lorsqu'un diamètre rencontre la courb en des points réels, son conjugué ne la rencontre pas.* On reconnaît en même temps que chaque asymptote peut être considérée comme étant à elle-même son diamètre conjugué.

172. *Trouver les coordonnées x'', y'' de l'extrémité du diamètre conjugué de celui qui passe par le point (x', y') de la courbe.*

Il suffit pour cela de résoudre, par rapport à x et y, les équations de la courbe et du diamètre conjugué

$$\frac{x^2}{a^2} + \frac{y^2}{b^2} = 1, \quad \frac{xx'}{a^2} + \frac{yy'}{b^2} = 0;$$

en substituant successivement dans la première les valeurs de x et de y tirées de la seconde, on trouve sans difficulté

$$\frac{x''}{a} = \pm \frac{y'}{b}, \quad \frac{y''}{b} = \mp \frac{x'}{a}.$$

173. *Exprimer la longueur du diamètre a' et celle de son conjugué b' en fonction de l'abscisse x' de l'extrémité du premier.*

1° On a
$$a'^2 = x'^2 + y'^2,$$
et comme
$$y'^2 = \frac{b^2}{a^2}(a^2 - x'^2),$$
il vient
$$a'^2 = b^2 + \frac{a^2 - b^2}{a^2} x'^2 = b^2 + e^2 x'^2.$$

2° On trouverait de même
$$b'^2 = x''^2 + y''^2 = \frac{a^2}{b^2} y'^2 + \frac{b^2}{a^2} x'^2$$
$$= (a^2 - x'^2) + \frac{b^2}{a^2} x'^2;$$
et, par suite,
$$b'^2 = a^2 - e^2 x'^2.$$

En ajoutant les valeurs trouvées pour a'^2 et b'^2, on a
$$a'^2 + b'^2 = a^2 + b^2;$$
donc, *dans une ellipse, la somme des carrés de deux diamètres conjugués quelconques est constante* (n° 159, Ex. 3).

174. Dans l'hyperbole, il faut changer les signes de b^2 et de b'^2, ce qui donne
$$a'^2 - b'^2 = a^2 - b^2;$$

donc, *dans une hyperbole, la différence des carrés de deux diamètres conjugués quelconques est constante.*

Lorsque $a = b$, l'équation de l'hyperbole devient

$$x^2 - y^2 = a^2,$$

et l'hyperbole est dite *équilatère*.

Le théorème précédent montre que, *dans une hyperbole équilatère, tout diamètre est égal à son conjugué.*

Les asymptotes de l'hyperbole équilatère forment un angle droit, puisqu'elles sont données par l'équation

$$x^2 - y^2 = 0.$$

Aussi appelle-t-on souvent l'hyperbole équilatère : hyperbole *rectangulaire*.

La condition pour que l'équation générale du deuxième degré représente une hyperbole équilatère est $a = -b$; elle exprime en effet (n° 74) que les asymptotes

$$ax^2 + 2hxy + by^2 = 0$$

se coupent à angle droit; et il est facile de voir que, si l'hyperbole est *rectangulaire*, elle est, par cela même, *équilatère*. La tangente de la moitié de l'angle compris entre les asymptotes (n° 167) est en effet égal à $\dfrac{b}{a}$, et, dans le cas particulier de l'hyperbole rectangulaire, la moitié de cet angle est de 45°, ce qui donne

$$b = a.$$

175. *Trouver la distance p du centre à la tangente en x', y').*

La distance de l'origine à la droite

$$\frac{xx'}{a^2} + \frac{yy'}{b^2} = 1$$

a pour expression (n° 23)

$$\frac{1}{\sqrt{\dfrac{x'^2}{a^4}+\dfrac{y'^2}{b^4}}} = \frac{ab}{\sqrt{\dfrac{b^2 x'^2}{a^2}+\dfrac{a^2 y'^2}{b^2}}};$$

mais nous savons (n° 173) que

$$b'^2 = \frac{b^2 x'^2}{a^2} + \frac{a^2 y'^2}{b^2};$$

donc

$$p = \frac{ab}{b'}.$$

176. *Trouver l'angle φ compris entre deux diamètres conjugués.*

L'angle φ, compris entre deux diamètres CP, CP' (*fig.* 59),

Fig. 59.

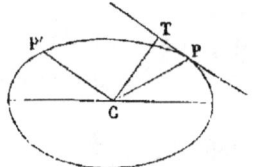

est égal à l'angle CPT compris entre l'un de ces diamètres CP et la tangente PT parallèle à l'autre CP'. Mais, CT étant la perpendiculaire abaissée du centre sur la tangente, on a

$$\sin \widehat{\mathrm{CPT}} = \frac{\mathrm{CT}}{\mathrm{CP}} = \frac{p}{a'};$$

et, par suite (n° 175),

$$\sin \varphi = \frac{ab}{a'b'}.$$

L'équation $a'b'\sin\varphi = ab$ montre que *dans une ellipse, ou dans une hyperbole, l'aire du triangle formé, en joi-*

gnant les extrémités de deux diamètres conjugués quelconques, est constante (n° 159, Ex. 2).

177. Le sinus de l'angle φ, compris entre deux diamètres conjugués d'une ellipse, est minimum quand le produit de ces diamètres est maximum, ce qui a lieu quand ces diamètres sont égaux, puisque la somme des carrés de deux diamètres conjugués quelconques est constante; l'angle aigu, compris entre les deux *diamètres conjugués égaux,* est donc le plus petit, et, par suite, l'angle obtus, le plus grand des angles que peuvent former deux diamètres conjugués.

La longueur des diamètres conjugués égaux s'obtient en faisant $a' = b'$ dans la relation $a'^2 + b'^2 = a^2 + b^2$, ce qui donne
$$a'^2 = \tfrac{1}{2}(a^2 + b^2),$$
et, par suite,
$$\sin\varphi = \frac{2ab}{a^2 + b^2}.$$

Quant à l'angle, que l'un ou l'autre de ces diamètres fait avec l'axe des x, il se déduit de l'équation
$$\tang\theta \tang\theta' = -\frac{b^2}{a^2},$$
en y faisant $\tang\theta = -\tang\theta'$, puisque ces diamètres sont également inclinés sur l'axe des x (n° 162). On trouve ainsi
$$\tang\theta = \frac{b}{a}.$$

Il en résulte que (n° 167), lorsqu'une ellipse et une hyperbole ont mêmes axes en grandeur et en position, les asymptotes de l'hyperbole coïncident avec les diamètres conjugués égaux de l'ellipse.

L'équation générale de l'ellipse, rapportée à deux diamètres conjugués (n° 168), devient $x^2 + y^2 = a'^2$ lorsqu'on y fait

DE L'ELLIPSE ET DE L'HYPERBOLE. 283

$a' = b'$, autrement dit lorsqu'on la rapporte aux diamètres conjugués égaux. Elle prend alors la même forme que l'équation du cercle $x^2 + y^2 = r^2$; mais les axes de coordonnées sont *obliques*.

178. *Exprimer la longueur de la perpendiculaire abaissée du centre sur une tangente en fonction des angles que cette perpendiculaire fait avec les axes.*

Soient (x', y') le point de contact de la tangente, p la longueur de la perpendiculaire, et α l'angle que cette perpendiculaire fait avec l'axe des x. Pour mettre l'équation

$$\frac{xx'}{a^2} + \frac{yy'}{b^2} = 1$$

sous la forme $x \cos\alpha + y \sin\alpha = p$ (n° 23), il suffit d'y faire

$$\frac{x'}{a^2} = \frac{\cos\alpha}{p}, \quad \frac{y'}{b^2} = \frac{\sin\alpha}{p};$$

et si l'on substitue, dans l'équation de la courbe, les valeurs de x' et de y' qu'on déduit de ces expressions, on trouve

$$p^2 = a^2 \cos^2\alpha + b^2 \sin^2\alpha \quad (^1).$$

L'équation de la tangente prend alors la forme

$$x \cos\alpha + y \sin\alpha - \sqrt{a^2 \cos^2\alpha + b^2 \sin^2\alpha} = 0,$$

et la distance du point (x', y') à la tangente a pour valeur (n° 34)

$$\sqrt{a^2 \cos^2\alpha + b^2 \sin^2\alpha} - x' \cos\alpha - y' \sin\alpha,$$

pourvu, toutefois, que l'on considère cette distance comme

(^{1}) On trouverait de même $p^2 = a'^2 \cos^2\alpha + b'^2 \cos^2\beta$, α et β étant les angles que la perpendiculaire fait avec les deux diamètres conjugués a' et b'.

positive lorsque le point (x', y') se trouve du même côté de la tangente que l'origine.

Exercice.

Trouver le lieu de l'intersection des tangentes qui se coupent à angle droit.

On obtient facilement l'équation de ce lieu en observant que le carré de la distance d'un point à l'intersection de deux droites qui se coupent à angle droit est égal à la somme des carrés des distances de ce point aux droites elles-mêmes.

Soient p, p' les distances des tangentes au centre de la conique; on a

$$p^2 = a^2 \cos^2 \alpha + b^2 \sin^2 \alpha, \quad p'^2 = a^2 \sin^2 \alpha + b^2 \cos^2 \alpha,$$

et, par suite,

$$p^2 + p'^2 = a^2 + b^2.$$

La distance du centre au point d'intersection des tangentes est constante, et le lieu cherché est un cercle (n° 169, Ex. 4).

179. On donne le nom de *cordes supplémentaires* aux cordes qui, partant d'un point quelconque de la conique, aboutissent aux extrémités d'un même diamètre.

Les diamètres parallèles à un système de cordes supplémentaires sont conjugués.

Considérons, en effet, le triangle ABD formé par les cordes AD, BD et le diamètre AB; la droite menée par les milieux de deux côtés étant parallèle au troisième, le diamètre de la corde AD est parallèle à BD, et celui de la corde BD est parallèle à AD. On peut démontrer analytiquement ce théorème en formant les équations des cordes AD et BD, et en montrant que le produit des tangentes des angles que font ces cordes avec l'axe des x est égal à $-\dfrac{b^2}{a^2}$.

Nous pouvons maintenant construire géométriquement deux diamètres conjugués faisant entre eux un angle donné.

En décrivant, en effet, sur un diamètre quelconque un segment capable de l'angle donné, et en joignant aux extrémités de ce diamètre les points où le cercle rencontre la conique, on aura deux cordes supplémentaires qui seront parallèles aux diamètres cherchés.

Exercices.

1. *Les tangentes menées aux extrémités d'un diamètre sont parallèles.*

Ces tangentes ont, en effet, pour équations
$$\frac{xx'}{a^2} + \frac{yy'}{b^2} = \pm 1.$$

Ce théorème peut aussi se déduire du numéro 146, en remarquant que le centre est le pôle de la droite située à l'infini (n° 154).

2. *Le produit des segments qu'une tangente quelconque, menée à une section conique à centre, détermine sur deux tangentes fixes et parallèles, à partir de leurs points de contact, est constant et égal au carré du demi-diamètre parallèle aux deux tangentes fixes.*

Prenons pour axes le diamètre b' parallèle aux tangentes fixes et son conjugué a'; les équations de la courbe et de la tangente variable sont
$$\frac{x^2}{a'^2} + \frac{y^2}{b'^2} = 1, \quad \frac{xx'}{a'^2} + \frac{yy'}{b'^2} = 1;$$

et, en faisant alternativement $x = a'$, $x = -a'$ dans la deuxième équation, on trouve pour les segments y déterminés sur les tangentes
$$y = \frac{b'^2}{y'}\left(1 \mp \frac{x'}{a'}\right).$$

Le produit de ces segments
$$\frac{b'^4}{y'^2}\left(1 - \frac{x'^2}{a'^2}\right)$$

se réduit à b'^2 lorsqu'on exprime que le point (x', y') est sur la conique.

3. *Le rectangle des segments de la tangente variable de l'Exercice 2 est égal au carré du demi-diamètre qui lui est parallèle.*

Le rapport entre le segment déterminé sur une des tangentes parallèles et le segment adjacent de la tangente variable est le même que celui des diamètres parallèles à ces tangentes (n° 149); le rapport du rectangle des segments des tangentes fixes au rectangle des segments de la tangente variable est donc égal à celui des carrés des diamètres respectivement parallèles à ces diverses tangentes : et comme le premier rectangle est égal au carré du demi-diamètre parallèle aux tangentes fixes, il s'ensuit que le second est égal au carré du demi-diamètre parallèle à la tangente variable.

4. *Le produit des segments déterminés sur une tangente par deux diamètres conjugués est égal au carré du demi-diamètre parallèle à la tangente.*

Prenons pour axes le diamètre parallèle à la tangente et son conjugué : en faisant $x = a'$ dans les équations (n° 170) de deux diamètres conjugués quelconques,

$$y = \frac{y'}{x'} x, \quad \frac{xx'}{a'^2} + \frac{yy'}{b'^2} = 0,$$

on obtient, pour les segments qu'ils déterminent sur la tangente,

$$y = \frac{y'}{x'} a', \quad y = -\frac{b'^2}{a'} \frac{x'}{y'},$$

et le rectangle de ces segments est évidemment égal à b'^2.

On pourrait, en suivant la même marche, donner une démonstration purement analytique du théorème de l'Exercice 3.

Il résulte de ce qui précède que les diamètres passant par les points d'intersection d'une tangente avec deux tangentes parallèles sont conjugués.

5. *Étant donnés, de grandeur et de position, deux diamètres conjugués Oa, Ob d'une conique à centre, déterminer les axes.*

La construction suivante est fondée sur le théorème de l'Exercice 4. Par l'extrémité a (*fig.* 60) d'un des diamètres, menons une parallèle AB à l'autre diamètre; cette parallèle est tangente à la conique. Sur Oa prenons un point P (dans le sens Oa pour l'ellipse, dans le sens aO pour l'hyperbole) tel, que $Oa.aP = \overline{Ob}^2$, et décrivons un cercle passant par OP, et ayant son centre C sur la droite

Fig. 60.

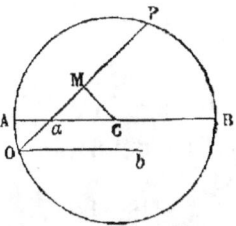

AB; les droites OA et OB sont les axes de la courbe. La relation

$$Aa.aB = Oa.aP = \overline{Ob}^2$$

montre, en effet, que les droites OA et OB sont des diamètres conjugués, et comme AB est un diamètre du cercle, l'angle AOB qu'elles comprennent est un angle droit.

6. *On donne deux diamètres; des extrémités de chacun d'eux on abaisse une ordonnée sur l'autre; démontrer que les deux triangles ainsi formés sont équivalents.*

7. *On donne deux diamètres; par les extrémités de chacun d'eux on mène une tangente jusqu'à l'autre; prouver que l'on forme ainsi deux triangles équivalents.*

§ III. — Normale.

180. On appelle *normale* à une courbe la perpendiculaire menée à la tangente par le point de contact.

Pour trouver l'équation de la normale à l'ellipse au point (x',y'), il suffit donc de former, d'après le numéro 32, l'équation de la perpendiculaire menée par (x',y') à la tangente

$$\frac{xx'}{a^2} + \frac{yy'}{b^2} = 1.$$

On trouve ainsi

$$\frac{x'}{a^2}(y-y') = \frac{y'}{b^2}(x-x'),$$

ou bien

$$\frac{a^2 x}{x'} - \frac{b^2 y}{y'} = c^2;$$

c^2 représentant, suivant l'usage (n° 161), la quantité $(a^2 - b^2)$.

Le segment CN (*fig.* 61), déterminé par la normale PN sur

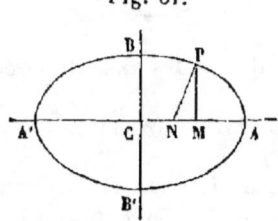

Fig. 61.

l'axe des x, s'obtient en faisant $y = 0$ dans l'équation précédente, ce qui donne

$$CN = \frac{c^2}{a^2} x' = e^2 x'.$$

On peut dès lors mener une normale à l'ellipse par un point N pris sur l'axe, puisque la valeur de CN suffit pour déterminer l'abscisse x' du point de la courbe par lequel passe cette normale.

Le cercle peut être considéré comme une ellipse dont l'excentricité est nulle, puisque $c^2 = a^2 - b^2$, et que, dans ce cas, $a^2 = b^2$; le segment CN est alors constamment nul : donc toutes les normales menées à un cercle passent par le centre.

181. Le segment MN, déterminé sur l'axe des x par la normale PN et l'ordonnée PM, porte le nom de *sous-normale*. D'après le numéro 180, cette sous-normale a pour expression

$$MN = x' - \frac{c^2}{a^2} x' = \frac{b^2}{a^2} x';$$

DE L'ELLIPSE ET DE L'HYPERBOLE.

la normale divise donc l'abscisse en deux segments dont le rapport est constant.

Le segment MT, que l'ordonnée PM et la tangente PT au point P déterminent sur l'axe des x est la *sous-tangente,* et cette sous-tangente a pour valeur

$$\mathrm{MT} = \frac{a^2}{x'} - x' = \frac{a^2 - x'^2}{x'},$$

puisqu'on a, d'après le numéro 169,

$$\mathrm{CT} = \frac{a^2}{x'}.$$

La longueur PN représente la longueur de la *normale;* elle est donnée par la relation

$$\overline{\mathrm{PN}}^2 = \overline{\mathrm{PM}}^2 + \overline{\mathrm{MN}}^2 = y'^2 + \frac{b^4}{a^4} x'^2 = \frac{b^2}{a^2} \left(\frac{a^2}{b^2} y'^2 + \frac{b^2}{a^2} x'^2 \right),$$

qui se réduit à

$$\mathrm{PN} = \frac{bb'}{a},$$

en désignant par b' le demi-diamètre conjugué de CP, et en observant que la quantité comprise entre parenthèses est égale à b'^2 (n° 173).

On trouve de même, pour la longueur PN obtenue en prolongeant la normale jusqu'à sa rencontre N' avec le petit axe.

$$\mathrm{PN'} = \frac{ab'}{b};$$

par suite, *le rectangle des segments* PN, PN', *que les axes déterminent sur la normale en un point* P, *est égal au carré du demi-diamètre conjugué de celui qui aboutit au point* P.

Nous avons vu (n° 175) que la distance p du centre à la tangente est donnée par la relation $p = \frac{ab}{b'}$; donc, *le produit*

S. — *Géom. à deux dim.* 19

de la normale par la distance du centre à la tangente est constant et égal au carré du demi-petit axe.

On peut encore exprimer la longueur de la normale en fonction de l'angle α que cette normale fait avec l'axe des x; on trouve ainsi

$$PN = \frac{b^2}{p} = \frac{b^2}{\sqrt{a^2\cos^2\alpha + b^2\sin^2\alpha}} = \frac{a(1-e^2)}{\sqrt{1-e^2\sin^2\alpha}}.$$

Exercices.

1. *Mener, par un point donné (x', y'), une normale à l'ellipse ou à l'hyperbole.*

Soit (α, β) le point de la courbe par où passe la normale; l'équation de la normale sera alors

$$a^2 x \alpha - b^2 y \beta = c^2 \alpha\beta,$$

et, puisqu'elle passe par (x', y'), on aura

$$a^2 x' \beta - b^2 y' \alpha = c^2 \alpha\beta.$$

Les points de la courbe dont les normales passent par (x', y') sont donc les points d'intersection de la courbe avec l'hyperbole

$$a^2 x' y - b^2 y' x = c^2 xy.$$

2. *Par un point donné d'une conique, on mène deux cordes rectangulaires quelconques; la droite qui joint leurs extrémités passe par un point fixe de la normale au point donné.*

Prenons pour axes la tangente et la normale au point donné. L'équation de la conique sera alors

$$ax^2 + 2hxy + by^2 + 2fy = 0,$$

car c doit être nul, puisque l'origine est un point de la courbe, et g est nul (n° 144), parce que l'axe des x, dont l'équation est $y = 0$, est tangent à la courbe. Soit

$$x^2 + 2pxy + qy^2 = 0$$

l'équation de deux droites menées par l'origine; multipliant cette

DE L'ELLIPSE ET DE L'HYPERBOLE.

équation par a, et la retranchant de celle de la courbe, il vient

$$2(h-ap)xy + (b-aq)y^2 + 2fy = 0.$$

Cette équation, qui est celle (n° 40) d'un lieu passant par les points d'intersection des deux cordes et de la conique, se décompose en deux :

$$y = 0, \quad 2(h-ap)x + (b-aq)y + 2f = 0;$$

la première représente l'axe des x qui est tangent à la courbe, et la seconde la droite qui joint les extrémités des deux cordes.

Le point où cette droite rencontre la normale, c'est-à-dire l'axe des y, est défini par la relation

$$y = \frac{2f}{aq-b};$$

mais si les droites menées par l'origine se coupent à angle droit, on a $q = -1$ (n° 74), et la longueur du segment y' déterminé sur la normale est constante, puisqu'on a alors

$$y = -\frac{2f}{a+b} \quad (^1).$$

Quand la courbe est une hyperbole équilatère, on a $a+b=0$, et la droite en question est constamment parallèle à la normale. Donc, si par un point d'une hyperbole équilatère on mène deux cordes formant un angle droit, la perpendiculaire abaissée de ce point sur la droite qui joint les extrémités des cordes est tangente à la courbe.

3. *Trouver les coordonnées de l'intersection des tangentes aux points* (x', y'), (x'', y'').

Les coordonnées x et y de l'intersection des droites

$$\frac{xx'}{a^2} + \frac{yy'}{b^2} = 1, \quad \frac{xx''}{a^2} + \frac{yy''}{b^2} = 1$$

(^{1}) Ce théorème est encore vrai si les droites sont menées de telle sorte que le produit des tangentes des angles qu'elles font avec la normale soit constant; car alors q est constant, et, par suite, le segment $\dfrac{2f}{aq-b}$ est constant.

sont
$$x = \frac{a^2(y'-y'')}{y'x''-y''x'}, \quad y = \frac{b^2(x'-x'')}{y''x'-y'x''}.$$

4. *Trouver les coordonnées x et y de l'intersection des normales menées aux points* $(x', y'), (x'' y'')$.

Réponse.
$$x = \frac{(a^2-b^2)x'x''X}{a^4}, \quad y = \frac{(b^2-a^2)y'y''Y}{b^4},$$

X et Y étant les coordonnées trouvées à l'Exercice précédent pour l'intersection des tangentes.

Les valeurs de X et Y peuvent d'ailleurs se mettre sous des formes très diverses; en combinant les équations
$$\frac{x'^2}{a^2} + \frac{y'^2}{b^2} = 1, \quad \frac{x''^2}{a^2} + \frac{y''^2}{b^2} = 1,$$
on trouve
$$x'^2 y''^2 - y'^2 x''^2 = b^2(x'^2 - x''^2) = -a^2(y'^2 - y''^2);$$
on a ainsi
$$X = \frac{x'y'' + y'x''}{y' + y''}, \quad Y = \frac{x'y'' + y'x''}{x' + x''}.$$

On peut encore écrire
$$X = \frac{x' + x''}{1 + \dfrac{x'x''}{a^2} + \dfrac{y'y''}{b^2}}, \quad Y = \frac{y' + y''}{1 + \dfrac{x'x''}{a^2} + \dfrac{y'y''}{b^2}}.$$

181 *a*. Étant donnés, dans une ellipse, deux diamètres conjugués, $CP = a'$ et $CQ = b'$ (*fig.* 61 *bis*), si l'on prend, sur la normale en P, $PD = PD' = CQ$, et si l'on mène les droites CD, CD', on a
$$CD = a - b, \quad CD' = a + b.$$

Le triangle PCD' donne, en effet, R étant le point où la normale rencontre le diamètre CQ,
$$\overline{CD'}^2 = \overline{CP}^2 + \overline{PD'}^2 + 2PD'.PR,$$

et comme on a, à la fois, d'après les numéros 173 et 175,

$$\overline{CP}^2 + \overline{PD'}^2 = a^2 + b^2, \quad 2\,PD'.PR = 2ab,$$

il vient
$$\overline{CD'}^2 = (a+b)^2.$$

Fig. 61 *bis*.

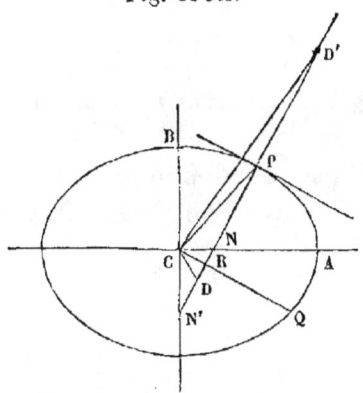

On trouverait de même
$$\overline{CD}^2 = (a-b)^2.$$

Le grand axe CA est dirigé suivant la bissectrice de l'angle DCD'; on a en effet

$$D'N = D'P + PN = b' + \frac{bb'}{a} = \frac{b'}{a}(a+b),$$

et de même
$$DN = \frac{b'}{a}(a-b).$$

Le point N divise donc la base du triangle DCD' en deux segments qui sont entre eux dans le même rapport que les côtés adjacents, et, par suite, appartient à la bissectrice intérieure de l'angle au sommet. On verrait de même que CN' est la bissectrice extérieure du même angle.

Les théorèmes précédents permettent de tracer les axes d'une ellipse, étant donnés deux diamètres conjugués,

CP et CQ, en grandeur et en direction. En menant par le point P une perpendiculaire PR à CQ, et en prenant sur cette perpendiculaire PD = PD′ = CQ, on pourra former l'angle D′CD, qui a pour bissectrices les axes de la courbe ; quant à la longueur des axes, elle s'obtiendra facilement en observant que leur somme est égale à CD′, et leur différence à CD.

§ IV. — Foyers et directrices.

182. Dans l'ellipse, on donne le nom de *foyers* aux deux points F, F′ (*fig.* 62), que l'on obtient en prenant sur le grand

Fig. 62.

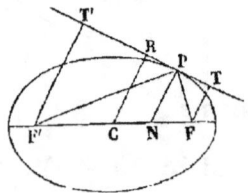

axe, de part et d'autre du centre C, des longueurs CF, CF′ égales à c, ou, ce qui revient au même, à $\sqrt{a^2 - b^2}$.

Dans l'hyperbole, les foyers sont les deux points de l'axe transverse situés à la distance c du centre, c étant égal à $\sqrt{a^2 + b^2}$.

Exprimer la distance d'un point de l'ellipse au foyer.

Le carré de la distance FP d'un point (x', y') au foyer F, dont les coordonnées sont $x = +c, y = 0$, a pour expression

$$\overline{\mathrm{FP}}^2 = (x' - c)^2 + y'^2 = x'^2 + y'^2 - 2cx' + c^2.$$

On a d'ailleurs (n° 173)

$$x'^2 + y'^2 = b^2 + e^2 x'^2 \quad \text{et} \quad b^2 + c^2 = a^2;$$

ce qui donne
$$\overline{FP}^2 = a^2 - 2cx' + e^2 x'^2,$$
et, comme $c = ae$, il vient en définitive
$$FP = a - ex'.$$

Nous ne prenons la racine carrée de $\overline{FP}^2$ qu'avec le signe $+$; la valeur $(ex'-a)$, obtenue en donnant à cette racine le signe $-$, est constamment négative, puisque x' est toujours plus petit que a, et e plus petit que 1; elle ne saurait donc convenir dans le cas actuel, où nous avons à considérer la grandeur absolue du rayon vecteur FP, et non sa direction.

Pour trouver la distance F'P du point (x',y') à l'autre foyer, il suffit de changer le signe de c dans les formules précédentes, ce qui donne
$$F'P = a + ex'.$$

En ajoutant les valeurs de FP et F'P, on trouve
$$FP + F'P = 2a,$$

d'où ce théorème : *Dans une ellipse, la somme des distances d'un point quelconque aux foyers est constante et égale au grand axe.*

183. Lorsqu'on applique la méthode précédente à l'hyperbole, on obtient la même valeur pour $\overline{FP}^2$, mais il faut attribuer le signe $-$ à la racine carrée; dans l'hyperbole, en effet, x' est toujours plus grand que a, e plus grand que 1, et, par suite, $a - ex'$ constamment négatif. On aura donc, dans le cas de l'hyperbole,
$$FP = ex' - a, \quad F'P = ex' + a,$$

et par conséquent
$$F'P - FP = 2a.$$

Dans une hyperbole, la différence des distances d'un point quelconque aux foyers est donc constante et égale à l'axe transverse.

Dans les deux courbes, le produit $\pm(a^2 - e^2 x^2)$ des distances d'un point quelconque aux foyers est égal au carré b'^2 du demi-diamètre conjugué de celui qui passe par ce point (n° 173).

184. On peut démontrer la réciproque des théorèmes précédents en cherchant le lieu décrit par le sommet d'un triangle, étant données la base $2c$ et la somme, ou la différence, $2a$ des deux autres côtés.

En prenant le milieu de la base pour origine, la base pour axe des x, et une perpendiculaire pour axe des y, on obtient pour l'équation du lieu
$$\sqrt{y^2 + (c+x)^2} \pm \sqrt{y^2 + (c-x)^2} = 2a,$$

ou, en réduisant,
$$\frac{x^2}{a^2} + \frac{y^2}{a^2 - c^2} = 1.$$

Quand on donne la *somme* des côtés, a est plus grand que c, puisque la somme des côtés est plus grande que la base, le coefficient de y^2 est positif et le lieu est une *ellipse*.

Si l'on donne la *différence*, a est plus petit que c, le coefficient de y^2 est négatif et le lieu est une *hyperbole*.

185. Les théorèmes précédents permettent de décrire d'un mouvement continu une ellipse ou une hyperbole.

En arrêtant les extrémités d'un fil à deux points fixes F et F', et en faisant mouvoir une pointe le long de ce fil, de manière qu'il soit constamment tendu, on obtient évidemment une ellipse dont les foyers sont F et F', et dont le grand axe est égal à la longueur du fil.

Pour décrire une hyperbole, fixons une règle en un point F, de manière qu'elle puisse tourner autour de ce point, et attachons un fil d'une part en F', de l'autre à un point R de la règle, en le faisant passer dans un anneau P (*fig.* 63); le

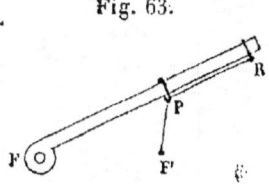

Fig. 63.

point P décrit une hyperbole lorsqu'on fait tourner la règle et glisser l'anneau en tendant le fil. En effet, F'P + PR étant constant; il en est de même de FP — F'P. Les points F et F' sont les foyers de l'hyperbole dont l'axe transverse est égal à la différence entre les longueurs du fil et de la règle.

186. La polaire d'un foyer prend le nom de *directrice* de la section conique. La directrice est donc (n° 189) perpendiculaire au grand axe et située à une distance $\pm \dfrac{a^2}{c}$ du centre.

Pour obtenir la distance d'un point quelconque (x', y') de la courbe à une directrice, il suffit donc de retrancher de $\dfrac{a^2}{c}$ l'abscisse x' de ce point, ce qui donne

$$\frac{a^2}{c} - x' = \frac{a}{c}(a - ex') = \frac{1}{e}(a - ex');$$

et, si l'on observe que la distance de ce même point au foyer correspondant est égale à $a - ex'$, on voit que *le rapport des distances d'un point quelconque de la courbe au foyer et à la directrice correspondante, est constant et égal à e.*

Réciproquement, on peut considérer une section conique comme le lieu des points tels, que leurs distances à un point fixe (foyer) soient dans un rapport constant (*fig.* 64) avec leurs

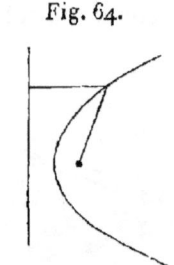

Fig. 64.

distances à une droite fixe (directrice). C'est même sur cette définition que plusieurs géomètres ont basé la théorie des sections coniques.

Prenons la droite fixe pour axe des x, et soient x', y' les coordonnées du point fixe, e le rapport constant; l'équation du lieu sera

$$(x-x')^2 + (y-y')^2 = e^2 y^2,$$

et représentera une ellipse, une hyperbole ou une parabole, suivant que e sera inférieur, supérieur ou égal à l'unité.

Exercice.

Lorsque la distance ρ d'un point quelconque (x, y) d'un lieu géométrique à un point fixe peut s'exprimer par une fonction rationnelle et linéaire des coordonnées x et y, le lieu est une section conique ayant le point fixe pour foyer [1].

Par hypothèse, la fonction de x et de y qui représente la distance ρ peut se mettre sous la forme

$$\rho = Ax + By + C,$$

---

[1] O'Brien, *Coordinate Geometry*, p. 85.

et, comme $Ax + By + C$ est proportionnel à la distance du point (x, y) à la droite $(Ax + By + C = 0)$, il en résulte que cette fonction exprime que la distance d'un point (x, y) de la courbe au point fixe est dans un rapport constant avec sa distance à une droite fixe.

187. *Trouver la distance* FT *du foyer* F *à une tangente* PT *(fig. 62).*

La distance du foyer $(+c, 0)$ à la tangente PT, dont l'équation est $\dfrac{xx'}{a^2} + \dfrac{yy'}{b^2} = 1$, a pour expression (n° 34)

$$FT = \dfrac{1 - \dfrac{cx'}{a^2}}{\sqrt{\dfrac{x'^2}{a^4} + \dfrac{y'^2}{b^4}}},$$

et, comme (n° 175)

$$\sqrt{\dfrac{x'^2}{a^4} + \dfrac{y'^2}{b^4}} = \dfrac{b'}{ab},$$

il vient

$$FT = \dfrac{b}{b'}(a - ex') = \dfrac{b}{b'} FP.$$

On trouverait de même

$$F'T' = \dfrac{b}{b'}(a + ex') = \dfrac{b}{b'} F'P,$$

ce qui donne

$$FT . F'T' = b^2,$$

puisque

$$a^2 - e^2 x'^2 = b'^2.$$

Le produit des distances des foyers à une tangente est donc constant et égal au carré du demi-petit axe.

Cette propriété est commune à l'ellipse et à l'hyperbole.

188. *La tangente* TT′ *fait des angles égaux avec les rayons vecteurs* PF, PF′, *qui vont du point de contact* P *aux deux foyers* F *et* F′ (*fig.* 62, 65).

Le triangle rectangle FTP donne pour le sinus de l'angle que le rayon vecteur FP fait avec la tangente TT′

$$\sin \text{FPT} = \frac{\text{FT}}{\text{FP}},$$

et par suite (n° 187)

$$\sin \text{FPT} = \frac{b}{b'}.$$

On trouverait de même, pour l'angle F′PT′ que l'autre rayon vecteur F′P fait avec la tangente PT′,

$$\sin \text{F}'\text{PT}' = \frac{b}{b'};$$

les deux angles FPT et F′PT′ sont donc égaux.

Cette propriété est vraie pour l'ellipse et l'hyperbole; mais, en examinant les *fig.* 62 et 65, on voit que la tangente à

Fig. 65.

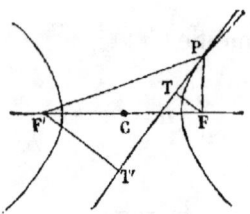

l'ellipse est la bissectrice *extérieure* de l'angle formé par les rayons vecteurs allant du point de contact aux foyers, tandis que la tangente à l'hyperbole en est la bissectrice *intérieure*.

Il en résulte que, *quand une ellipse et une hyperbole ont les mêmes foyers, autrement dit, sont confocales, elles se coupent à angle droit;* en l'un quelconque de leurs points d'intersection, la tangente à l'ellipse est, en effet, perpendiculaire à la tangente à l'hyperbole.

Exercices.

1. *Démontrer analytiquement qu'une ellipse et une hyperbole confocales, c'est-à-dire ayant les mêmes foyers, se coupent à angle droit.*

Les coordonnées x', y' de l'intersection des coniques

$$\frac{x^2}{a^2}+\frac{y^2}{b^2}=1, \quad \frac{x^2}{a'^2}+\frac{y^2}{b'^2}=1$$

satisfont à la relation

$$\frac{(a^2-a'^2)x'^2}{a^2 a'^2}+\frac{(b^2-b'^2)y'^2}{b^2 b'^2}=0,$$

obtenue en retranchant la deuxième équation de la première. Quand les coniques sont confocales, on a $a^2-a'^2=b^2-b'^2$, et cette relation devient

$$\frac{x'^2}{a^2 a'^2}+\frac{y'^2}{b^2 b'^2}=0;$$

elle exprime (n° 32) que les deux tangentes

$$\frac{xx'}{a^2}+\frac{yy'}{b^2}=1, \quad \frac{xx'}{a'^2}+\frac{yy'}{b'^2}+1$$

sont perpendiculaires.

2. *Trouver la longueur de la droite menée du centre à la tangente parallèlement à l'un des rayons vecteurs allant du point de contact aux foyers.*

Cette longueur s'obtient en divisant la distance $\frac{ab}{b'}$ du centre à la tangente par le sinus $\frac{b}{b'}$ de l'angle compris entre le rayon vecteur et la tangente; elle est donc égale à a.

3. *Vérifier que la normale, qui est la bissectrice de l'angle compris entre les rayons vecteurs focaux, divise la distance des*

foyers en deux segments proportionnels aux rayons vecteurs adjacents.

La distance de l'extrémité de la normale au centre est $e^2 x'$ (n° 180); les distances de ce même point aux foyers sont donc $c + e^2 x'$, $c - e^2 x'$, ou, ce qui revient au même, $e(a + ex')$, $e(a - ex')$.

4. *Mener une normale à l'ellipse par un point du petit axe.*

Le cercle passant par le point donné et par les deux foyers coupe l'ellipse en des points qui appartiennent aux normales cherchées.

189. On peut encore démontrer, comme corollaire des théorèmes du n° 187, que les tangentes PT, Pt (*fig.* 66)

Fig. 66.

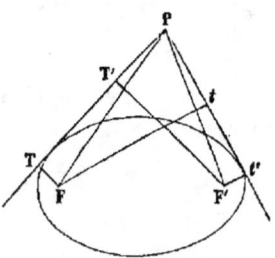

menées à une conique à centre par un point P sont également inclinées sur les droites PF, PF' qui joignent ce point aux foyers F et F'. En observant que le produit des distances FT, F'T' des foyers à une tangente PT est constant (n° 187), on a en effet

$$\mathrm{FT} \cdot \mathrm{F'T'} = \mathrm{F}t \cdot \mathrm{F}'t',$$

ou

$$\frac{\mathrm{FT}}{\mathrm{F}t} = \frac{\mathrm{F}'t'}{\mathrm{F'T'}},$$

et, comme les membres de cette dernière équation représentent, l'un le rapport des sinus des angles partiels TPF, FPt déterminés par la droite PF dans l'angle total TPt, l'autre le rapport des sinus des angles partiels t'PF', F'PT' déterminés par la droite PF′ dans ce même angle TPt, il en résulte que les angles TPF, t'PF′ sont égaux.

La tangente menée en P, à une section conique passant par ce point P et ayant F et F′ pour foyers, fait des angles égaux avec les rayons vecteurs FP, F′P (n° 188); d'après ce que nous venons de démontrer, cette tangente fait aussi des angles égaux avec les droites PT, Pt : donc *les tangentes* PT, Pt *menées à une conique, par un point* P *d'une conique confocale, sont également inclinées sur la tangente menée en* P *à cette deuxième conique.*

190. *Trouver le lieu des projections d'un foyer sur les tangentes.*

La longueur de la perpendiculaire, abaissée du foyer sur la tangente, peut s'exprimer en fonction des angles que cette perpendiculaire fait avec les axes, en faisant $x' = c, y' = 0$ dans la formule du numéro 178

$$p = \sqrt{a^2 \cos^2\alpha + b^2 \sin^2\alpha} - x'\cos\alpha - y'\sin\alpha;$$

on trouve ainsi, pour l'équation polaire du lieu,

$$\rho = \sqrt{a^2 \cos^2\alpha + b^2 \sin^2\alpha} - c\cos\alpha,$$

ou

$$\rho^2 + 2c\rho\cos\alpha + c^2\cos^2\alpha = a^2\cos^2\alpha + b^2\sin^2\alpha,$$

et par suite

$$\rho^2 + 2c\rho\cos\alpha = b^2.$$

C'est l'équation polaire d'un cercle (n° 95) ayant son centre sur l'axe des x à une distance $-c$ du foyer; ce cercle est donc concentrique à la conique; il est d'ailleurs facile de voir (n° 95) que son rayon est égal à a.

La projection d'un foyer sur une tangente à l'ellipse ou à l'hyperbole se trouve donc sur le cercle ayant pour diamètre le grand axe de l'ellipse, ou l'axe transverse de l'hyperbole.

Réciproquement, *si par un point* F (*fig.* 62) *on mène un rayon vecteur* FT *à un cercle, et une perpendiculaire* TP *à ce rayon vecteur* FT, *cette perpendiculaire* TP *est tangente à une section conique ayant* F *pour foyer, et qui est une ellipse ou une hyperbole, suivant que le point* F *se trouve à l'intérieur ou à l'extérieur du cercle.*

En se reportant au numéro 188 (Ex. 2), on voit que la ligne CT, dont la longueur est a, est parallèle au rayon vecteur F'P aboutissant au foyer.

191. *Trouver l'angle sous lequel est vue du foyer la tangente menée à une section conique à centre par le point* (x, y).

Soient (x', y') le point de contact; ρ et ρ' les rayons vecteurs menés par le foyer aux points $(x, y), (x', y')$; θ et θ' les angles que ces rayons vecteurs font avec l'axe; on aura, en prenant le centre pour origine,

$$\cos\theta = \frac{x+c}{\rho}, \quad \sin\theta = \frac{y}{\rho}, \quad \cos\theta' = \frac{x'+c}{\rho'}, \quad \sin\theta' = \frac{y'}{\rho'},$$

et par suite

$$\cos(\theta - \theta') = \frac{(x+c)(x'+c) + yy'}{\rho\rho'}.$$

En substituant, dans cette expression, la valeur de yy' tirée de l'équation de la tangente

$$\frac{xx'}{a^2} + \frac{yy'}{b^2} = 1,$$

il vient

$$\rho\rho' \cos(\theta - \theta') = xx' + cx + cx' + c^2 - \frac{b^2}{a^2}xx' + b^2$$
$$= e^2 xx' + cx + cx' + a^2 = (a + ex)(a + ex'),$$

et, comme $\rho' = a + ex'$, on a en définitive (¹)

$$\cos(\theta - \theta') = \frac{a + ex}{\rho}.$$

Cette valeur ne dépend que des coordonnées du point (x, y) et ne renferme pas les coordonnées du point de contact ; les deux tangentes menées par le point (x, y) sont donc vues du foyer sous des angles égaux. Par suite, *l'angle sous-tendu au foyer, par une corde quelconque, a pour bissectrice la droite menée du foyer au pôle de la corde.*

192. *La droite qui joint le foyer au pôle d'une corde focale quelconque est perpendiculaire à cette corde.*

Ce théorème peut se déduire du précédent en observant que cette corde, qui *passe par le foyer*, est vue du foyer sous un angle de 180°; on peut aussi le démontrer directement comme il suit :

La perpendiculaire abaissée d'un point (x', y') sur la polaire de ce point,

$$\frac{xx'}{a^2} + \frac{yy'}{b^2} = 1,$$

a pour équation (n° 180)

$$\frac{a^2 x}{x'} - \frac{b^2 y}{y'} = c^2.$$

Mais, quand (x', y') se trouve sur la directrice, on a $x' = \dfrac{a^2}{c}$, et l'équation de la polaire, ainsi que celle de la perpendiculaire, sont vérifiées par les coordonnées du foyer $x = c, y = 0$.

Lorsqu'une courbe est exprimée en coordonnées polaires, on donne le nom de *sous-tangente polaire* au segment que

---

(¹) O'Brien, *Coordinate Geometry*, p. 156.

S. — *Géom. à deux dim.*

la tangente et le pôle déterminent sur la perpendiculaire menée par le pôle au rayon vecteur; le théorème que nous venons de démontrer peut alors s'énoncer de la manière suivante :

Quand on prend le foyer d'une conique pour pôle, la directrice est le lieu des extrémités des sous-tangentes polaires.

Nous verrons plus loin (Chap. XII) que les théorèmes énoncés dans ce numéro et le précédent sont encore vrais dans le cas de la parabole.

Exercices.

1. *L'angle sous lequel est vu du foyer le segment intercepté par deux tangentes fixes, sur une tangente mobile, est constant.*

Cet angle est, en effet (n° 191), la moitié de l'angle sous-tendu au foyer par la corde de contact des deux tangentes fixes.

2. *Si une corde* PP' *coupe la directrice en* D *(fig. 67), la droite* FD *est la bissectrice extérieure de l'angle* PFP'.

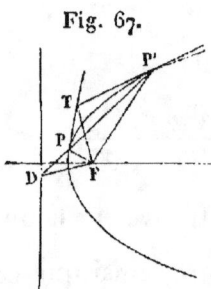

Fig. 67.

En effet, T étant le pôle de PP', FT est la bissectrice intérieure de l'angle PFP' (n° 191); mais D est le pôle de FT, puisqu'il se trouve à l'intersection de la polaire PP' de T, et de la directrice qui est la polaire de F; par suite, DF est perpendiculaire à FT : donc DF est la bissectrice extérieure de l'angle PFP'.

3. *Par un point quelconque pris sur une ordonnée fixe de l'axe, on mène une perpendiculaire à la polaire de ce point;*

DE L'ELLIPSE ET DE L'HYPERBOLE. 307

démontrer que cette perpendiculaire passe par un point fixe de l'axe.

Le segment déterminé sur l'axe par cette perpendiculaire a pour valeur $e^2 x'$ (n° 180); il est constant lorsque x' est lui-même constant.

Ce théorème et les suivants sont fondés sur l'analogie qui existe entre les équations de la tangente et de la polaire; ils m'ont été communiqués par le Rév. W.-D. Sadleir.

4. *Trouver les distances de la polaire du point (x', y') au centre et aux foyers.*

5. Sur une corde TT' (*fig.* 68) on abaisse des foyers F et F', du

Fig. 68.

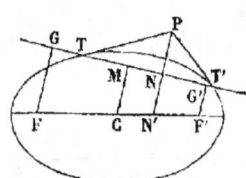

centre C de la conique et du pôle P de la corde, les perpendiculaires FG, F'G', CM, PN; prouver que $CM.PN' = b^2$. Ce théorème est analogue au suivant : *Le produit de la normale par la distance du centre à la tangente est constant* (n° 181).

6. Prouver que $PN'.NN' = \dfrac{b^2}{a^2}(a^2 - e^2 x'^2)$, x' étant l'abscisse du point P. Lorsque le point P est sur la courbe, cette expression donne pour la normale la valeur connue $\dfrac{bb'}{a}$ (n° 181).

7. Prouver que $FG.F'G' = CM.NN'$. Lorsque le point P est sur la courbe, cette expression devient $FG.F'G' = b^2$.

193. *Trouver l'équation polaire de l'ellipse ou de l'hyperbole en prenant le foyer pour pôle.*

La longueur du rayon vecteur mené du foyer à un point (x', y') de la courbe est (n° 182) $a - ex'$; d'ailleurs, θ étant l'angle que ce rayon vecteur forme avec l'axe, on a

$$x' = \rho \cos \theta + c;$$

l'équation cherchée est donc

$$\rho = a - e\rho\cos\theta - ec,$$

ou

$$\rho = \frac{a(1-e^2)}{1+e\cos\theta} = \frac{b^2}{a}\frac{1}{1+e\cos\theta}.$$

On donne le nom de *paramètre* au double de l'ordonnée du foyer; sa valeur, qu'on représente par p, se déduit de l'équation précédente en y faisant $\theta = 90°$, ce qui donne

$$\frac{p}{2} = \frac{b^2}{a} = a(1-e^2),$$

et, en la mettant en évidence dans l'équation de la courbe, cette équation prend la forme

$$\rho = \frac{p}{2}\frac{1}{1+e\cos\theta}.$$

Exercices.

1. *La moyenne harmonique des segments que le foyer détermine sur une corde focale est constante et égale au demi-paramètre.*

Les segments FP, FP′ déterminés par le foyer F sur la corde focale PP′ ne sont autre chose que les rayons vecteurs correspondant à θ et à $\theta + 180°$; on aura donc

$$FP = \frac{p}{2}\frac{1}{1+e\cos\theta}, \quad FP' = \frac{p}{2}\frac{1}{1-e\cos\theta},$$

et, par suite,

$$\frac{1}{FP} + \frac{1}{FP'} = \frac{4}{p}.$$

2. *Le produit des segments déterminés par le foyer sur une corde focale est dans un rapport constant avec la corde entière.*

Ce théorème n'est qu'une autre manière d'énoncer le précédent; mais on peut l'établir directement en calculant le produit $FP \cdot F'P'$ et la somme $FP + FP'$. On a ainsi

$$FP \cdot FP' = \frac{b^4}{a^2} \frac{1}{1 - e^2 \cos^2 \theta}, \quad FP + FP' = \frac{2b^2}{a} \frac{1}{1 - e^2 \cos^2 \theta},$$

ce qui donne

$$\frac{FP \cdot FP'}{FP + FP'} = \frac{1}{2} \frac{b^2}{a} = \frac{p}{4}.$$

3. *Toute corde focale est troisième proportionnelle à l'axe transverse et au diamètre parallèle à la corde.*

La longueur R du demi-diamètre qui fait avec l'axe transverse un angle θ est donnée par l'équation (n° 161)

$$R^2 = \frac{b^2}{1 - e^2 \cos^2 \theta},$$

et, en tenant compte de cette relation, l'expression donnée à l'Exercice précédent pour la longueur de la corde $FP + FP'$ se réduit à $\frac{2R^2}{a}$.

4. *La somme de deux cordes focales, menées parallèlement à deux diamètres conjugués, est constante.*

Cela résulte à la fois du théorème précédent et de ce que la somme des carrés de deux diamètres conjugués est constante (n° 173).

5. *La somme des inverses de deux cordes focales se coupant à angle droit est constante.*

194. L'ellipse rapportée à son sommet a pour équation

$$\frac{(x-a)^2}{a^2} + \frac{y^2}{b^2} = 1,$$

ou

$$y^2 = \frac{2b^2}{a} x - \frac{b^2}{a^2} x^2 = px - \frac{b^2}{a^2} x^2;$$

dans l'ellipse, le carré de l'ordonnée est donc *plus petit* que le produit du paramètre par l'abscisse.

On trouverait de même, pour l'hyperbole rapportée à son

sommet,
$$v^2 = px + \frac{b^2}{a^2} x^2;$$

dans l'hyperbole, le carré de l'ordonnée est donc *plus grand* que le rectangle construit sur le paramètre et sur l'abscisse.

Nous verrons plus loin que, dans la parabole, ces quantités sont *égales*.

C'est en raison de ces propriétés que les noms de *parabole*, d'*hyperbole* et d'*ellipse* ont été donnés autrefois aux courbes qui nous occupent ([1]).

*§ V. — Coniques confocales.

194 (a). La distance $2c$ des foyers d'une conique étant complètement déterminée par la différence $a^2 - b^2$ des carrés des axes (n° 182), deux coniques qui ont le même centre, et dont les axes sont dirigés suivant les mêmes droites, ont les mêmes foyers lorsque la différence des carrés des axes a la même valeur pour l'une et l'autre conique. L'équation générale des coniques confocales de l'ellipse, qui a pour demi-axes a et b, peut donc se mettre sous la forme

$$\frac{x^2}{a^2 \pm \lambda^2} + \frac{y^2}{b^2 \pm \lambda^2} = 1;$$

quand λ^2 est précédé du signe $+$, elle représente une ellipse; lorsque, au contraire, λ^2 est précédé du signe $-$, elle représente une ellipse, une hyperbole ou une courbe imaginaire, suivant que λ^2 est inférieur à b^2, compris entre b^2 et a^2, ou supérieur à a^2.

Pour $\lambda^2 = b^2$, cette équation se réduit à $y^2 = 0$; l'axe des x est donc la limite commune vers laquelle tendent les

---

([1]) *Voir* Pappus, *Math. Coll.*, liv. VII.

ellipses et les hyperboles confocales. Pour caractériser la manière dont les foyers se rattachent à cette limite, observons que par un point quelconque (x', y') on peut toujours mener deux coniques confocales avec une conique donnée, puisque la condition

$$\frac{x'^2}{a^2 - \lambda^2} + \frac{y'^2}{b^2 - \lambda^2} = 1$$

fournit, pour déterminer λ^2, une équation

$$\lambda^4 - \lambda^2 (a^2 + b^2 - x'^2 - y'^2) + a^2 b^2 - b^2 x'^2 - a^2 y'^2 = 0,$$

qui est du deuxième degré en λ^2. Lorsque $y' = 0$, cette équation se réduit à $(\lambda^2 - b^2)(\lambda^2 - a^2 + x'^2) = 0$; une de ses racines est égale à b^2, et il en est de même de l'autre si l'on a en même temps $x'^2 = a^2 - b^2$. Les foyers peuvent donc être considérés comme les points correspondant à la valeur particulière de λ^2, $\lambda^2 = b^2$.

En faisant successivement $\lambda^2 = a^2$, $\lambda^2 = b^2$ dans l'expression en λ^2 donnée ci-dessus, on obtient deux résultats de signes contraires, l'un positif $(a^2 - b^2) x'^2$, l'autre négatif $(b^2 - a^2) y'^2$; les quantités a^2 et b^2 comprennent donc une des racines de l'équation; quant à l'autre racine, elle est nécessairement inférieure à b^2, puisqu'on trouve un résultat positif en substituant à λ^2 l'infini négatif. Il s'ensuit que les deux coniques confocales qui passent en (x', y') sont de genres différents : l'une est une ellipse, l'autre une hyperbole. On arrive d'ailleurs à la même conclusion en observant que par un point P on peut toujours mener deux coniques ayant les points F et F' pour foyers, à savoir une ellipse qui a pour grand axe la somme des distances focales FP, F'P, et une hyperbole qui a pour axe transverse la différence des mêmes distances. Lorsqu'on représente par $2a'$ le grand axe de l'ellipse, et par $2a''$ l'axe transverse de l'hyperbole, les distances focales FP et F'P ont pour valeurs respectives $a' + a''$ et $a' - a''$.

194 (*b*). Les considérations qu'on vient d'exposer ont conduit quelques géomètres à faire usage d'un nouveau genre de coordonnées, et à définir la position d'un point P par les axes des coniques confocales avec une conique donnée, qui se coupent en ce point. Le procédé le plus simple pour exprimer les coordonnées ordinaires du point P en fonction de ces axes consiste à reprendre la solution du problème énoncé au numéro précédent, à mener par le point P une conique ayant pour foyers deux points donnés, et à choisir pour inconnues les axes de cette conique. La quantité c^2 étant connue, on peut remplacer b^2 par $a^2 - c^2$ dans l'équation de la conique, et, en exprimant que cette conique passe par (x', y'), on obtient la condition

$$\frac{x'^2}{a^2} + \frac{y'^2}{a^2 - c^2} = 1,$$

qui donne, pour déterminer a,

$$a^4 - a^2(x'^2 + y'^2 + c^2) + c^2 x'^2 = 0.$$

On trouverait de même, pour déterminer b,

$$b^4 - b^2(x'^2 + y'^2 - c^2) - c^2 y'^2 = 0.$$

Le produit des racines de l'équation en a^2 est égal à $c^2 x'^2$; il en résulte qu'on a, entre l'abscisse du point P et les axes transverses a' et a'', des coniques qui se coupent en P.

$$c^2 x'^2 = a'^2 a''^2;$$

on trouverait de même pour l'ordonnée du point P

$$c^2 y'^2 = - b'^2 b''^2,$$

et, comme le dernier produit est négatif, il s'ensuit que les quantités b'^2 et b''^2 doivent être de signes contraires; autrement dit, que l'une des coniques est une ellipse, tandis que l'autre est une hyperbole. En considérant b''^2 comme renfermant implicitement le signe —, on peut donc mettre les valeurs des coordonnées du point P sous la forme symétrique

$$x'^2 = \frac{a'^2 a''^2}{a^2 - b^2}, \quad y'^2 = \frac{b'^2 b''^2}{b^2 - a^2}.$$

194 (c). En écrivant que le coefficient du second terme de l'une ou l'autre des équations du numéro précédent est égal à la somme des racines de l'équation, on obtient pour le carré du rayon vecteur mené au point P par le centre C des coniques

$$x'^2 + y'^2 = a'^2 + a''^2 - c^2 = a'^2 + b''^2 = b'^2 + a''^2;$$

on arriverait, du reste, à la même expression en partant des valeurs trouvées pour x'^2 et y'^2, et en observant que l'on a simultanément

$$a'^2 a''^2 - b'^2 b''^2 = a'^2(a''^2 - b''^2) + b''^2(a'^2 - b'^2),$$
$$a'^2 - b'^2 = a''^2 - b''^2 = c^2;$$

dans l'ellipse, le carré du demi-diamètre conjugué de CP est donné (n° 173) par l'équation

$$\beta^2 = a'^2 + b'^2 - (a'^2 + b''^2),$$

et, par suite, est égal à

$$a'^2 - a''^2,$$

ou à

$$b'^2 - b''^2.$$

En désignant par p' la distance du centre C à la tangente menée à l'ellipse par le point P, on a $\beta p' = a'b'$ (n° 175), et par suite

$$p'^2 = \frac{a'^2 b'^2}{a'^2 - a''^2};$$

on a de même, en représentant par p'' la distance du centre C à la tangente menée à l'hyperbole par le point P,

$$p''^2 = \frac{a''^2 b''^2}{a''^2 - a'^2}.$$

Il n'est pas sans intérêt de remarquer la symétrie qui existe entre les valeurs de p'^2, p''^2 et les valeurs obtenues précédemment pour x'^2 et x''^2. Quand on prend pour axes de coordonnées les deux tangentes en P, p' et p'' représentent les coordonnées du centre C, et l'analogie entre les valeurs de p', p'' et celles de x', y' peut s'énoncer comme il suit : Par le point C on peut faire passer deux coniques confocales, ayant pour axes les tangentes en P et pour centre le point P; les demi-axes des coniques de ce nouveau système ont respectivement pour valeurs a' et a'', b' et b''; et les tangentes menées en C à ces nouvelles coniques sont dirigées suivant les axes des coniques de l'ancien système.

194 (*d*). Revenons maintenant à l'équation en λ^2 du n° 194 (*a*), et soient λ'^2, λ''^2 les racines de cette équation, on aura $\lambda'^2 \lambda''^2 = a^2 b^2 - b^2 x'^2 - a^2 y'^2$. Quand le point (x', y') est situé en dehors de l'ellipse $\dfrac{x^2}{a^2} + \dfrac{y^2}{b^2} = 1$, on a, en outre, $\lambda'^2 = a'^2 - a^2$, $\lambda''^2 = a''^2 - a^2$, et, si l'on observe que λ''^2 est essentiellement négatif, puisque l'axe transverse de l'une quelconque des hyperboles du système est plus petit que le grand axe de l'une quelconque des ellipses, il vient

$$\frac{x'^2}{a^2} + \frac{y'^2}{b^2} - 1 = \frac{(a'^2 - a^2)(a^2 - a''^2)}{a^2 b^2}.$$

L'angle φ compris entre les tangentes menées à l'ellipse primitive par le point extérieur P est alors défini par la relation (n° 169, Ex. 3)

$$\tang \varphi = \frac{2\sqrt{(a'^2 - a^2)(a^2 - a''^2)}}{(a'^2 - a^2) + (a''^2 - a^2)},$$

qui devient
$$\tan\tfrac{1}{2}\varphi = \sqrt{\frac{a^2 - a''^2}{a'^2 - a^2}},$$

en remarquant que, toutes les fois qu'on a $\tan\varphi = \frac{2\lambda\mu}{\lambda^2 + \mu^2}$, on peut écrire immédiatement $\tan\tfrac{1}{2}\varphi = \frac{\mu}{\lambda}$.

Nous avons vu (n° 189) que les tangentes PT, Pt menées à une ellipse par un point P d'une ellipse confocale sont également inclinées sur la tangente en P; ou, en d'autres termes, que cette tangente en P est la bissectrice de l'angle TPt. Si donc ψ désigne l'angle compris entre cette dernière tangente et PT, on a $\psi = 90° - \tfrac{1}{2}\varphi$, et par suite

$$\sin\psi = \sqrt{\frac{a'^2 - a^2}{a'^2 - a''^2}}, \quad \cos\psi = \sqrt{\frac{a^2 - a''^2}{a'^2 - a''^2}}.$$

Corollaire I. — On a constamment
$$a'^2 \cos^2\psi + a''^2 \sin^2\psi = a^2.$$

Corollaire II. — La distance des points obtenus en prenant sur les tangentes PT, Pt, et à partir du point P, des longueurs égales aux distances focales PF, PF', est égale à $2a$; en calculant en effet, d'après la formule connue
$$\tan^2\tfrac{1}{2}C = \frac{(s-a)(s-b)}{s(s-c)},$$

l'angle opposé au côté $2a$ dans le triangle qui a pour côtés $a' + a'', a' - a''$ [n° 194(a)] et $2a$, on trouve que cet angle est précisément égal à l'angle φ, compris entre les tangentes PT et Pt.

Corollaire III. — Par un point P, pris sur une ellipse donnée, on mène des tangentes à deux ellipses fixes et confocales avec la précédente; le rapport des sinus des angles ψ et ψ', que ces tangentes font avec la tangente en P, est constant quelle que soit la position du point P sur l'ellipse donnée. En désignant par a et A les demi-axes des ellipses intérieures, on a en effet pour ce rapport

$$\frac{\sin \psi}{\sin \psi'} = \sqrt{\frac{a'^2 - a^2}{a'^2 - A^2}}$$

et cette expression, qui est indépendante de a'', conserve la même valeur tant que le point P reste sur l'ellipse qui a a' pour demi-grand axe.

§ VI. — Asymptotes.

195. Les propriétés que nous avons étudiées jusqu'ici sont communes à l'ellipse et à l'hyperbole; il n'en est pas de même des suivantes, qui ne se rapportent qu'à l'hyperbole, parce qu'elles dépendent des asymptotes, qui, dans l'ellipse, sont imaginaires.

Quand on prend le centre pour origine, l'équation des asymptotes s'obtient (n° 136) en égalant à zéro l'ensemble des termes du deuxième degré de l'équation de la courbe. L'équation de l'hyperbole rapportée à deux diamètres conjugués étant

$$\frac{x^2}{a'^2} - \frac{y^2}{b'^2} = 1,$$

celle des asymptotes sera

$$\frac{x^2}{a'^2} - \frac{y^2}{b'^2} = 0,$$

ou

$$\frac{x}{a'} - \frac{y}{b'} = 0, \quad \frac{x}{a'} + \frac{y}{b'} = 0.$$

Il en résulte que les asymptotes sont parallèles aux diagonales du parallélogramme CATB (*fig.* 69) construit sur deux demi-diamètres conjugués quelconques, a' et b'. La diagonale CT, qui a pour équation $\dfrac{y}{x} = \dfrac{b'}{a'}$, coïncide, en effet, avec une asymptote, tandis que l'autre diagonale AB, dont l'équation est $\dfrac{x}{a'} + \dfrac{y}{b'} = 1$, est parallèle à l'autre asymptote (n° 167).

Fig. 69.

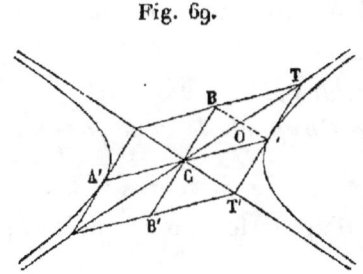

On peut donc tracer les asymptotes d'une hyperbole, étant donnés deux diamètres conjugués en grandeur et en position. On peut aussi, lorsqu'on connaît les asymptotes, déterminer le diamètre conjugué d'un diamètre donné CA; en menant par le point A une parallèle AOB à l'asymptote CT', et en prolongeant cette parallèle au delà de l'asymptote CT, de telle sorte que l'on ait BO = OA, on obtient le point B, qui est l'extrémité du diamètre CB conjugué de CA

196. *Les portions* AT, AT' (*fig.* 69) *d'une tangente, comprises entre l'hyperbole et ses asymptotes, sont égales et ont même longueur que le demi-diamètre parallèle à la tangente.*

Ce théorème n'est qu'un corollaire du précédent, puisque AT = b' = AT'; mais on peut le démontrer directement en prenant pour axes le diamètre qui passe par le point de contact et son conjugué; l'équation des asymptotes est alors

$$\dfrac{x^2}{a'^2} - \dfrac{y^2}{b'^2} = 0,$$

et donne pour $x = a'$

$$y = \pm b';$$

mais, la tangente en A étant parallèle au diamètre conjugué, cette valeur b' de l'ordonnée n'est autre chose que le segment déterminé par l'asymptote sur la tangente.

197. *Les portions* DE *et* FG (*fig.* 70) *d'une sécante* DG, *comprises entre l'hyperbole et ses asymptotes, sont égales.*

Prenons pour axes le diamètre CB, parallèle à DG, et son conjugué CA : d'après le numéro précédent, le segment DG

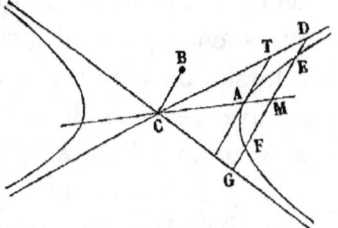

Fig. 70.

est divisé en deux parties égales par le diamètre CA, et, comme il en est de même de la corde EF, il en résulte que DE = FG.

On obtient facilement les longueurs de ces différentes lignes en partant de l'équation des asymptotes

$$\frac{x^2}{a'^2} - \frac{y^2}{b'^2} = 0,$$

qui donne

$$y \, (= DM = MG) = \pm \frac{b'}{a'} x,$$

et de l'équation de la courbe

$$\frac{x^2}{a'^2} - \frac{y^2}{b'^2} = 1,$$

d'où l'on tire

$$y(= \text{EM} = \text{FM}) = \pm b'\sqrt{\frac{x^2}{a'^2} - 1};$$

on trouve ainsi

$$\text{DE}(= \text{FG}) = b'\left(\frac{x}{a'} - \sqrt{\frac{x^2}{a'^2} - 1}\right)$$

et

$$\text{DF}(= \text{EG}) = b'\left(\frac{x}{a'} + \sqrt{\frac{x^2}{a'^2} - 1}\right).$$

198. Il résulte de ces équations que le rectangle DE.DF est constant et égal à b'^2, et, par suite, que DF est d'autant plus grand que DE est plus petit. Mais, à mesure que la droite DF s'éloigne du centre, sa longueur augmente, et en prenant x suffisamment grand, on peut rendre DF plus grand que toute quantité donnée. Donc :

Plus une sécante est éloignée du centre, plus la portion de cette sécante comprise entre l'asymptote et la courbe est petite; et, en augmentant la distance de la sécante au centre, on peut rendre cette portion plus petite que toute quantité donnée.

199. Si l'on prend les asymptotes pour axes, les coefficients g et h de l'équation générale, ainsi que les coefficients a et b disparaissent : les premiers, parce que le centre de la courbe est pris pour origine; les seconds, parce que les axes rencontrent la courbe à l'infini (n° 138, Ex. 4). L'équation de l'hyperbole est donc alors de la forme

$$xy = k^2,$$

et elle exprime que *l'aire du parallélogramme construit sur les coordonnées d'un point quelconque de la courbe est constante.*

L'équation de la corde passant par (x',y'), (x'',y'') peut alors s'écrire (n° 86)

$$(x-x')(y-y'') = xy - k^2,$$

ou

$$x'y + y''x = k^2 + x'y'',$$

et, en y faisant $x' = x''$, $y' = y''$, on a pour l'équation de la tangente en (x', y')

$$x'y + y'x = 2k^2,$$

qui devient, lorsqu'on remplace k^2 par $x'y'$,

$$\frac{x}{x'} + \frac{y}{y'} = 2.$$

Les segments qu'une tangente détermine sur les asymptotes ont ainsi pour valeur $2x'$, $2y'$; leur rectangle est égal à $4k^2$. Donc :

L'aire du triangle formé par une tangente et les asymptotes est constante et égale au double de l'aire du parallélogramme construit sur les coordonnées du point de contact.

Exercices.

1. *Les droites qui joignent un point quelconque (x''',y''') d'une hyperbole à deux points fixes (x',y'), (x'',y'') pris sur cette hyperbole déterminent sur une asymptote un segment de longueur constante.*

L'équation de la corde passant par (x',y') (x''',y''') peut s'écrire

$$x'''y + y'x = y'x''' + k^2;$$

en y faisant $y = 0$, on trouve, pour le segment qu'elle détermine sur l'axe des x à partir de l'origine, $x''' + x'$; on trouverait, de même, pour le segment déterminé par la deuxième droite, $x''' + x''$. La différence $x' - x''$ entre ces deux quantités est le segment cherché.

Sa valeur est indépendante de x''', c'est-à-dire de la position du point mobile.

2. *Trouver les coordonnées x et y de l'intersection des tangentes menées aux points (x', y'), (x'', y'').*

En résolvant par rapport à x et à y les équations des tangentes

$$x'y + y'x = 2k^2, \quad x''y + y''x = 2k^2,$$

on trouve

$$x = \frac{2k^2(x' - x'')}{x'y'' - y'x''};$$

et, en observant que

$$y' = \frac{k^2}{x'}, \quad y'' = \frac{k^2}{x''},$$

on a

$$x = \frac{2x'x''}{x' + x''}.$$

On trouverait de même

$$y = \frac{2y'y''}{y' + y''}.$$

200. *Exprimer la quantité k^2 en fonction des axes de la courbe.*

L'axe transverse étant dirigé suivant la bissectrice de l'angle formé par les asymptotes, on obtient les coordonnées du sommet en faisant $x = y$ dans l'équation $xy = k^2$, ce qui donne

$$x = y = k;$$

on a d'ailleurs, en désignant par θ l'angle compris entre l'axe et l'asymptote, et en observant que a est la base d'un triangle isoscèle qui a k pour autre côté et θ pour angle à la base.

$$a = 2k\cos\theta,$$

et comme on a, d'autre part (n° 165),

$$\cos\theta = \frac{a}{\sqrt{a^2 + b^2}},$$

S. — *Géom. à deux dim.*

on trouve en définitive

$$k = \frac{\sqrt{a^2+b^2}}{2}.$$

L'équation de l'hyperbole rapportée à ses asymptotes peut dès lors se mettre sous la forme

$$xy = \frac{a^2+b^2}{4}.$$

201. *La distance du foyer à une asymptote est égale au demi-axe conjugué b.*

Cette distance est égale à $c \sin\theta$, et, comme on a

$$c = \sqrt{a^2+b^2}, \quad \sin\theta = \frac{b}{\sqrt{a^2+b^2}},$$

il en résulte que

$$c \sin\theta = b.$$

Cette proposition n'est du reste qu'un cas particulier du théorème (n° 187) : *Le produit des distances des foyers à une tangente est constant et égal à* $-b^2$. L'asymptote peut, en effet, être considérée comme une tangente dont le point de contact est à l'infini (n° 154), et cette tangente passe évidemment à égale distance des deux foyers, puisqu'elle passe par le centre de la courbe.

202. *La distance d'un point de la courbe au foyer est égale à la distance de ce même point à la directrice, estimée parallèlement à une asymptote.*

En effet, la distance d'un point au foyer est égale à e fois la distance de ce point à la directrice (n° 186), et cette dernière distance est à la distance estimée parallèlement à l'asymptote dans le rapport de $\cos\theta$, c'est-à-dire de $\dfrac{1}{e}$ (n° 167) à 1.

On peut déduire de là un procédé pour décrire l'hyperbole d'un mouvement continu. Une règle ABR, coudée en B, glisse le long de la droite fixe DD' (*fig.* 71) en entraînant un fil

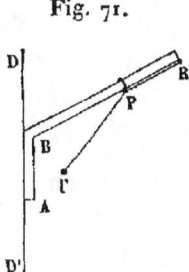

Fig. 71.

de longueur RB, dont les extrémités sont fixées en R et en F; un anneau P maintient le fil tendu en l'appliquant le long du côté BR de la règle. Dans ces conditions, le point P décrit une hyperbole ayant F pour foyer, DD' pour directrice, et dont l'asymptote est parallèle à BR, puisqu'on a toujours

$$PF = PB.$$

CHAPITRE XII.

DE LA PARABOLE.

§ I. — Réduction de l'équation générale.

203. L'équation du deuxième degré représente une parabole (n° 137), lorsque ses trois premiers termes forment un carré parfait, c'est-à-dire lorsqu'elle est de la forme

$$(\alpha x + \beta y)^2 + 2gx + 2fy + c = 0.$$

On ne peut alors la transformer (n° 140) de manière à faire disparaître à la fois les termes en x et en y, mais la forme même de l'équation indique le procédé à suivre pour la simplifier. Les quantités $\alpha x + \beta y$, $2gx + 2fy + c$ étant respectivement proportionnelles aux distances du point (x, y) aux droites

$$\alpha x + \beta y = 0, \quad 2gx + 2fy + c = 0,$$

l'équation de la parabole exprime que le carré de la distance d'un point de la courbe à la première de ces droites est dans un rapport constant avec la distance de ce point à la deuxième droite. On pourra donc, en prenant ces droites pour axes de coordonnées, réduire l'équation de la courbe à la forme $y^2 = px$, puisque les distances d'un point à deux axes quelconques sont proportionnelles aux coordonnées de ce point par rapport à ces axes.

La nouvelle origine est un point de la courbe, et, comme à

chaque valeur de x correspondent deux valeurs de y égales et de signes contraires, le nouvel axe des x est un diamètre dont les ordonnées sont parallèles au nouvel axe des y. Mais l'ordonnée menée à l'extrémité d'un diamètre est tangente à la courbe (n° 145); donc le nouvel axe des y est la tangente à l'origine. Il est dès lors facile de voir, en se reportant à l'équation primitive, que $\alpha x + \beta y$ est le diamètre passant par l'origine, et que $2gx + 2fy + c$ représente la tangente menée au point où ce diamètre rencontre la courbe.

L'équation d'une parabole rapportée à un diamètre et à la tangente menée par l'extrémité de ce diamètre est donc de la forme $y^2 = px$.

204. Les nouveaux axes auxquels nous avons été conduit dans le numéro précédent ne sont pas, en général, rectangulaires; mais il est toujours possible de ramener l'équation de la parabole à la forme $y^2 = px$, et d'avoir en même temps des axes rectangulaires. Pour le démontrer, introduisons dans l'équation générale de cette courbe une constante arbitraire k, et mettons-la sous la forme

$$(\alpha x + \beta y + k)^2 + 2(g - \alpha k)x + 2(f - \beta k)y + c - k^2 = 0.$$

De même qu'au numéro précédent,

$$\alpha x + \beta y + k = 0$$

représente un diamètre, et

$$2(g - \alpha k)x + 2(f - \beta k)y + c - k^2 = 0,$$

la tangente à l'extrémité de ce diamètre. En prenant ces droites pour axes, l'équation de la parabole devient $y^2 = px$, et l'on peut déterminer k par la condition que ces deux droites soient perpendiculaires. On a ainsi (n° 25)

$$\alpha(g - \alpha k) + \beta(f - \beta k) = 0,$$

ce qui donne
$$k = \frac{\alpha g + \beta f}{\alpha^2 + \beta^2}.$$

L'équation, qui fournit la valeur de k, étant du premier degré en k, il s'ensuit qu'il n'existe qu'un *seul diamètre* formant avec ses ordonnées un angle droit : ce diamètre a reçu le nom d'*axe* de la courbe.

205. On peut aussi ramener l'équation de la parabole à la forme $y^2 = px$ par une transformation de coordonnées. Lorsqu'il s'est agi (Chap. XI) de réduire l'équation générale du deuxième degré, nous avons déplacé les axes parallèlement à eux-mêmes, puis nous les avons fait tourner autour de la nouvelle origine, de manière à faire disparaître le terme en xy. Pour la parabole, nous effectuerons ces transformations dans l'ordre inverse, comme nous aurions, du reste, pu le faire pour l'ellipse et l'hyperbole; cette marche semble d'ailleurs d'autant plus convenable, qu'il est impossible, dans le cas actuel, de faire disparaître à la fois le terme en x et le terme en y, en déplaçant les axes parallèlement à eux-mêmes.

Prenons pour nouveaux axes la droite $\alpha x + \beta y$, sa perpendiculaire $\beta x - \alpha y$, et soient X et Y les nouvelles coordonnées. Ces coordonnées représentant les distances d'un point de la parabole aux nouveaux axes, on a (n° 34)
$$Y = \frac{\alpha x + \beta y}{\sqrt{\alpha^2 + \beta^2}}, \quad X = \frac{\beta x - \alpha y}{\sqrt{\alpha^2 + \beta^2}},$$

et si l'on fait, pour abréger, $\alpha^2 + \beta^2 = \gamma^2$, les formules de transformation se réduisent à
$$\gamma Y = \alpha x + \beta y, \quad \gamma X = \beta x - \alpha y;$$
d'où
$$\gamma x = \alpha Y + \beta X, \quad \gamma y = \beta Y - \alpha X.$$

DE LA PARABOLE.

En effectuant les substitutions, l'équation de la courbe devient
$$\gamma^2 Y^2 + 2(g\beta - f\alpha)X + 2(g\alpha + f\beta)Y + \gamma c = 0$$
et prend ainsi la forme
$$b'y^2 + 2g'x + 2f'y + c' = 0,$$
qui met en évidence la simplification obtenue, en faisant tourner les axes autour de l'origine. Si l'on transporte ensuite les axes parallèlement à eux-mêmes, en prenant un point quelconque (x', y') pour origine, cette équation devient
$$b'y^2 + 2g'x + 2(b'y' + f')y + b'y'^2 + 2g'x' + 2f'y' + c' = 0.$$
Le coefficient de x n'ayant pas changé, on ne peut chercher à le rendre nul; mais on peut déterminer x' et y' de telle sorte que le coefficient de y s'annule ainsi que le terme absolu, ce qui ramènera l'équation à la forme $y^2 = px$. On trouve ainsi
$$y' = -\frac{f'}{b'}, \quad x' = \frac{f'^2 - b'c'}{2g'b'};$$
et, par suite,
$$p = -\frac{2g'}{b'} = \frac{2(f\alpha - g\beta)}{(\alpha^2 + \beta^2)^{\frac{3}{2}}}.$$

Lorsque l'équation de la parabole est mise sous la forme $y^2 = px$, le coefficient p représente le *paramètre* du diamètre qui est pris pour axe des x; quand les axes sont rectangulaires, p est le *paramètre principal* (n° 194).

Exercices.

1. *Trouver le paramètre principal de la parabole*
$$9x^2 + 24xy + 16y^2 + 22x + 46y + 9 = 0.$$

En suivant le procédé du numéro 204, on trouve $k = 5$, ce qui donne pour l'équation de la parabole

$$(3x + 4y + 5)^2 = 2(4x - 3y + 8);$$

et en désignant par X et Y les distances d'un point de la courbe aux droites

$$3x + 4y + 5 \quad \text{et} \quad 4x - 3y + 8,$$

on a

$$5Y = 3x + 4y + 5, \quad 5X = 4x - 3y + 8;$$

et, par suite,

$$Y^2 = \frac{2}{5}X.$$

On peut aussi procéder comme au numéro 205. En prenant pour axes de coordonnées les droites $3x + 4y$, $4x - 3y$, on obtient l'équation

$$25Y^2 + 50Y - 10X + 9 = 0,$$

qui peut se ramener à

$$25(Y + 1)^2 = 10X + 16,$$

et en transportant les axes parallèlement à eux-mêmes au point $\left(-\frac{8}{5}, -1\right)$, on retombe sur l'équation

$$Y^2 = \frac{2}{5}X.$$

2. *Trouver le paramètre de la parabole*

$$\frac{x^2}{a^2} - \frac{2xy}{ab} + \frac{y^2}{b^2} - \frac{2x}{a} - \frac{2y}{b} + 1 = 0.$$

Réponse.
$$p = \frac{4a^2 b^2}{(a^2 + b^2)^{\frac{3}{2}}}.$$

On peut aussi déduire cette valeur de p des théorèmes suivants, que nous démontrerons plus loin :

Le foyer d'une parabole est la projection de l'intersection de deux tangentes, qui se coupent à angle droit sur leur corde de contact.

Le paramètre d'une conique s'obtient en divisant quatre fois le produit des segments d'une corde focale par la longueur de cette corde (n° 193, Ex. 1).

3. *On mène à une parabole, dont le paramètre est égal à* 4 *m, deux tangentes qui se coupent à angle droit; a et b représentent les longueurs de ces tangentes; démontrer que l'on a*

$$\frac{a^{\frac{2}{3}}}{b^{\frac{4}{3}}} + \frac{b^{\frac{2}{3}}}{a^{\frac{4}{3}}} = \frac{1}{m^{\frac{2}{3}}}.$$

206. Lorsqu'on a, dans l'équation primitive de la courbe, $g\beta = f\alpha$, le coefficient de x s'annule dans l'équation transformée du numéro 205 qui prend alors la forme

$$b'y^2 + 2f'y + c' = 0,$$

ou, en désignant par λ et μ ses racines,

$$b'(y - \lambda)(y - \mu) = 0,$$

et représente, par suite, deux droites réelles, coïncidentes ou imaginaires, et parallèles au nouvel axe des x.

Il est d'ailleurs facile de vérifier que la condition générale (n° 76), pour que l'équation représente deux droites, se trouve alors remplie. Cette condition se traduit en effet par la relation

$$c(ab - h^2) = af^2 - 2hfg + bg^2;$$

et, si l'on y remplace a, h, b respectivement par α^2, $\alpha\beta$, β^2, le premier membre s'annule et le second se réduit à $(f\alpha - g\beta)^2$. En mettant la relation

$$f\alpha = g\beta$$

sous l'une ou l'autre des formes

$$f\alpha^2 = g\alpha\beta, \quad f\alpha\beta = g\beta^2,$$

on voit que l'équation générale du deuxième degré représente deux droites parallèles, lorsque ses coefficients satisfont à la fois à la relation $ab - h^2 = 0$, et à l'une ou l'autre des conditions $af = hg$, $fh = bg$.

*207. Quand les axes primitifs sont obliques, on peut encore réduire l'équation de la parabole, comme au n° 205, en prenant pour nouveaux axes la droite $\alpha x + \beta y$ et sa perpendiculaire, dont l'équation est alors (n° 26)

$$(\beta - \alpha\cos\omega)x - (\alpha - \beta\cos\omega)y = 0.$$

En posant, pour abréger,

$$\gamma^2 = \alpha^2 + \beta^2 - 2\alpha\beta\cos\omega,$$

les formules de transformation deviennent (n° 34)

$$\gamma Y = (\alpha x + \beta y)\sin\omega, \quad \gamma X = (\beta - \alpha\cos\omega)x - (\alpha - \beta\cos\omega)y;$$

d'où

$$\gamma x \sin\omega = (\alpha - \beta\cos\omega)Y + \beta X \sin\omega,$$
$$\gamma y \sin\omega = (\beta - \alpha\cos\omega)Y - \alpha X \sin\omega,$$

et si l'on effectue les substitutions, l'équation de la parabole prend la forme

$$\gamma^3 Y^2 + 2\sin^2\omega(g\beta - f\alpha)X$$
$$+ 2\sin\omega[g(\alpha - \beta\cos\omega) + f(\beta - \alpha\cos\omega)]Y - \gamma c\sin^2\omega = 0.$$

En déplaçant ensuite les axes parallèlement à eux-mêmes comme au numéro 205, on trouve, pour la valeur du paramètre principal p,

$$p = -\frac{2g'}{b'} = \frac{2(f\alpha - g\beta)\sin^2\omega}{(\alpha^2 + \beta^2 - 2\alpha\beta\cos\omega)^{\frac{3}{2}}}.$$

Exercice.

Trouver le paramètre principal de la parabole

$$\frac{x^2}{a^2} - \frac{2xy}{ab} + \frac{y^2}{b^2} - \frac{2x}{a} - \frac{2y}{b} + 1 = 0.$$

DE LA PARABOLE.

Réponse. $p = \dfrac{4 a^2 b^2 \sin^2 \omega}{(a^2 + b^2 + 2ab \cos \omega)^{\frac{1}{2}}}.$

208. L'équation $y^2 = px$ permet de trouver facilement la forme de la parabole. Cette courbe est symétrique par rapport à l'axe des x, puisque à chaque valeur de x correspondent deux valeurs égales et de signes contraires pour y ; elle n'a d'ailleurs aucun point situé du côté des x négatifs, puisque, en donnant à x le signe —, y devient imaginaire ; et comme les valeurs de y croissent en même temps que les valeurs positives de x, elle a la forme indiquée par la *fig.* 72.

Fig. 72.

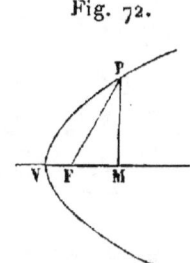

La parabole ressemble à l'hyperbole, en ce sens qu'elle a des branches infinies ; toutefois il y a une grande différence entre la nature des branches infinies de ces deux courbes : celles de l'hyperbole tendent, à la limite, à coïncider avec deux droites divergentes ; mais il n'en est pas de même de celles de la parabole. En cherchant, en effet, les deux points où la droite

$$x = ky + l$$

rencontre la parabole $y^2 = px$, on obtient l'équation du second degré

$$y^2 - pky - pl = 0,$$

dont les racines ne peuvent devenir infinies tant que k et l restent finis.

Il n'y a donc aucune droite, située à une distance finie, qui puisse rencontrer la parabole en deux points coïncidents et situés à l'infini. Le diamètre, $y = m$, qui rencontre la courbe à l'infini (n° 142), la rencontre aussi en un point $\left(\dfrac{m^2}{p}, o\right)$ dont l'abscisse croît en même temps que m, mais ne peut devenir infini tant que m reste fini.

209. Le théorème suivant permet de se faire une idée, peut-être encore plus nette, de la forme de la parabole. *Quand on fait croître indéfiniment le grand axe d'une ellipse, dont un sommet* V *et le foyer voisin* F (*fig.* 73)

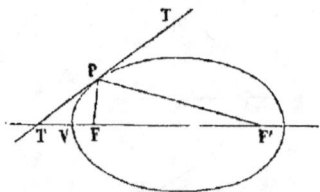

Fig. 73.

restent fixes, l'ellipse tend à se transformer en parabole.

Désignons par m la distance constante VF du sommet au foyer. On a (n° 182)
$$m = a - \sqrt{a^2 - b^2},$$
ce qui donne
$$b^2 = 2am - m^2,$$
et si l'on porte cette valeur de b^2 dans l'équation de l'ellipse rapportée à son sommet (n° 194)
$$y^2 = \frac{2b^2}{a}x - \frac{b^2}{a^2}x^2,$$
cette équation prend la forme
$$y^2 = \left(4m - \frac{2m^2}{a}\right)x - \left(\frac{2m}{a} - \frac{m^2}{a^2}\right)x^2;$$

quand a devient infini, tous les termes du deuxième membre disparaissent à l'exception du premier, et l'équation se réduit à

$$y^2 = 4mx.$$

La parabole peut donc être considérée comme la limite d'une ellipse ; on verrait de même qu'elle peut être considérée comme la limite d'une hyperbole.

On peut aussi considérer la parabole comme une ellipse dont l'excentricité e est égale à l'unité ; on a, en effet,

$$e^2 = 1 - \frac{b^2}{a^2};$$

et, en remplaçant b^2 par la valeur donnée ci-dessus, on voit que le deuxième membre de cette égalité se réduit à l'unité lorsque a devient infini, pourvu, toutefois, que la distance d'un sommet au foyer voisin reste finie.

§ II. — Tangente et normale.

210. L'équation de la corde, menée par les points (x', y'), (x'', y'') de la parabole $y^2 = px$, peut se mettre sous la forme (n° 86)

$$(y - y')(y - y'') = y^2 - px,$$

ou sous la suivante

$$(y' + y'')y = px + y'y'';$$

en y faisant $y'' = y'$, et en observant que y'^2 est égal à px', on obtient pour l'équation de la tangente en (x', y'),

$$2y'y = p(x + x').$$

Pour $y = 0$, cette équation donne $x = -x'$; la sous-tangente TM (*fig.* 74) est donc divisée en deux parties égales par le sommet V ; autrement dit, *la sous-tangente est le double de l'abscisse du point de contact*.

Cette propriété de la sous-tangente subsiste encore quand on prend, pour axes de coordonnées, un diamètre quelconque et la tangente à l'extrémité de ce diamètre. Ce changement de coordonnées n'apporte, en effet, aucune modification, ni à la forme de l'équation de la parabole (n° 203), ni à la forme des équations de la corde et de la tangente (n° 86).

Il résulte de ce qui précède que, pour mener une tangente en un point P de la parabole (*fig.* 74), il suffit de prendre sur

Fig. 74.

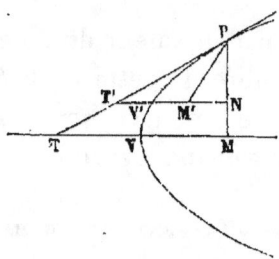

l'axe une longueur VT égale à VM, PM étant l'ordonnée du point P, et de joindre le point T ainsi obtenu au point P. Il en résulte encore que, pour trouver l'ordonnée PM' du point P par rapport à un diamètre quelconque T'M', il suffit, après avoir tracé la tangente en P, de prendre V'M' = V'T', et de joindre PM'.

211. L'équation de la polaire d'un point quelconque (x', y'), étant de même forme que celle de la tangente (n° 89), peut s'écrire

$$2y'y = p(x + x').$$

En y faisant $y = 0$, pour avoir le segment que cette polaire détermine sur l'axe des x, on trouve $x = -x'$. Donc *le segment* $(x' - x'')$, *que les polaires de deux points quel-*

conques interceptent sur l'axe, est égal au segment que déterminent sur ce même axe les perpendiculaires abaissées de ces points.

212. La normale PN (*fig.* 75) en (x', y') étant perpendi-

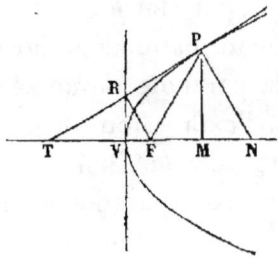

Fig. 75.

culaire à la tangente PT,
$$2yy' = p(x + x'),$$
a pour équation
$$p(y - y') + 2y'(x - x') = 0.$$

Le segment VN, que cette normale détermine sur l'axe des x, est donné par la relation
$$x(= \text{VN}) = x' + \tfrac{1}{2}p;$$

et, puisque VM $= x'$, on a, pour la longueur MN de la *sous-normale* (n° 181),
$$\text{MN} = \tfrac{1}{2}p.$$

Donc, *dans la parabole, la sous-normale est constante et égale au demi-paramètre.*

La longueur de la normale PN a pour expression

$$\text{PN} = \sqrt{\overline{\text{PM}}^2 + \overline{\text{MN}}^2} = \sqrt{y'^2 + \tfrac{1}{4}p^2} = \sqrt{p(x' + \tfrac{1}{4}p)} \quad \tfrac{1}{2}\sqrt{pp'}.$$

§ III. — Diamètres.

213. Nous avons démontré (n° 203) que l'équation de la parabole était toujours de la forme $y^2 = p'x$ quand on prenait, pour axes de coordonnées, un diamètre et la tangente à l'extrémité de ce diamètre. Nous reviendrons ici sur cette démonstration, pour faire voir comment on peut obtenir, à l'aide d'une transformation de coordonnées et en partant de l'équation de la parabole rapportée à son axe et à la tangente au sommet, l'expression du paramètre p' en fonction du paramètre principal p (n° 205).

Transportons les axes parallèlement à eux-mêmes en un point (x', y') de la courbe; puis, ce déplacement effectué, et sans rien changer à la position de l'axe des x, faisons tourner l'axe des y jusqu'à ce qu'il fasse un angle θ avec l'axe des x. Pour opérer la première transformation, nous n'avons qu'à remplacer, dans $y^2 = px$, x et y par $x + x'$ et $y + y'$, ce qui donne

$$y^2 + 2yy' = px;$$

pour effectuer la seconde, il suffit de remplacer dans la dernière équation x et y par $x + y\cos\theta$ et $y \sin\theta$ (n° 9). On a ainsi, pour la nouvelle équation de la parabole,

$$y^2 \sin^2\theta + 2y'y \sin\theta = px + py\cos\theta,$$

et cette équation ne peut se réduire à la forme $y^2 = px$ que si l'on a

$$2y'\sin\theta = p\cos\theta, \quad \text{ou} \quad \tan\theta = \frac{p}{2y'}.$$

L'angle θ, qui satisfait à cette condition, est précisément, comme on peut le voir en se reportant à l'équation (n° 210)

$$2y'y = p(x + x'),$$

l'angle que la tangente en (x', y') fait avec l'axe des x.

L'équation de la parabole rapportée à un diamètre et à la tangente à l'extrémité de ce diamètre, peut donc s'écrire

$$y^2 = \frac{p}{\sin^2 \theta} x,$$

et l'on a, pour le paramètre p' correspondant au diamètre qui passe par (x', y'),

$$p' = \frac{p}{\sin^2 \theta};$$

il en résulte que *le paramètre correspondant à un diamètre quelconque est inversement proportionnel au carré du sinus de l'angle que les ordonnées de ce diamètre font avec l'axe.*

On peut, en partant de l'équation $\tang \theta = \frac{p}{2y'}$, exprimer le paramètre d'un diamètre en fonction des coordonnées de l'extrémité de ce diamètre, car on a

$$\sin \theta = \frac{p}{\sqrt{p^2 + 4y'^2}} = \sqrt{\frac{p}{p + 4x'}};$$

et, par suite,

$$p' = p + 4x'.$$

§ IV. — Foyer et directrice.

214. Dans la parabole, on donne le nom de *foyer* au point situé sur l'axe de la courbe à une distance du sommet égale au quart du paramètre principal. Nous devons nous attendre, d'après le numéro **209**, à trouver une certaine analogie entre les propriétés de ce point et celles des foyers d'une ellipse; nous allons voir maintenant que cette analogie est complète, et qu'une parabole peut être considérée, à tous les points de vue, comme une ellipse ayant l'un de ses foyers à une distance finie, et l'autre à l'infini. Pour éviter les expressions fractionnaires, nous représenterons, dans les numéros suivants, $\frac{1}{4}p$ par m.

Trouver la distance d'un point de la courbe au foyer.

Le carré de la distance du foyer $(m, 0)$ au point (x', y') de la parabole a pour expression

$$(x'-m)^2 + y'^2 = x'^2 - 2mx' + m^2 + 4mx' = (x'+m)^2;$$

la distance de ce point au foyer est donc égale à $x'+m$.

On peut, dès lors, exprimer plus simplement le résultat obtenu au numéro 213 en disant : *le paramètre correspondant à un diamètre quelconque est égal à quatre fois la distance de l'extrémité de ce diamètre au foyer.*

215. Dans la parabole, comme dans l'ellipse et l'hyperbole, on donne à la polaire du foyer le nom de *directrice*.

La directrice (n° 211) est perpendiculaire à l'axe, qu'elle rencontre en un point symétrique du foyer par rapport au sommet, et comme la distance du foyer au sommet est égale à m, il en résulte que la distance d'un point quelconque (x', y') de la courbe à la directrice est égale à $x'+m$; et, par suite (n° 214), que les points de la parabole sont à égale distance du foyer et de la directrice.

Dans l'ellipse et l'hyperbole (n° 186), la distance d'un point au foyer et la distance de ce même point à la directrice sont dans le rapport constant de e à 1 ; il en est de même pour la parabole ; mais alors $e = 1$ (n° 209).

Le procédé indiqué au numéro 202 pour décrire l'hyperbole d'un mouvement continu peut s'appliquer à la parabole ; il suffit de prendre l'angle ABR égal à 90°.

216. *Le point de contact (x', y') d'une tangente et le point où cette tangente rencontre l'axe sont à égale distance du foyer.*

La distance du sommet au point où la tangente rencontre l'axe est, en effet, égale à x' (n° 210), ce qui donne $x' + m$ pour la distance de ce dernier point au foyer.

217. *La tangente est également inclinée sur l'axe et sur le rayon vecteur mené du foyer au point de contact.*

Ce théorème est évident, puisque, d'après le numéro précédent, la tangente, l'axe et le rayon vecteur forment un triangle isoscèle.

On peut aussi regarder ce théorème comme une simple extension de la propriété de l'ellipse (n° 188) relative à l'égalité des angles TPF, T'PF' (*fig.* 73, p. 332); quand l'un des foyers F' s'éloigne à l'infini, la droite PF' devient parallèle à l'axe, et les angles PTF et TPF sont égaux.

La tangente menée à l'extrémité de l'ordonnée passant par le foyer fait avec l'axe un angle de 45°.

218. *Trouver a distance du foyer à une tangente.*

La longueur de la perpendiculaire abaissée du point (m, o) sur la tangente
$$yy' = 2m(x + x')$$
a pour valeur
$$\frac{2m(x'+m)}{\sqrt{y'^2 + 4m^2}} = \frac{2m(x'+m)}{\sqrt{4mx' + 4m^2}} = \sqrt{m(x'+m)};$$
la distance FR (*fig.* 75, p. 335) du foyer F à la tangente TP est donc moyenne proportionnelle entre FV et FP.

Il résulte aussi de cette expression et du numéro 212 que FR est la moitié de la normale, comme on aurait pu le voir géométriquement en partant de l'égalité TF = FN.

219. *Exprimer la distance* FR *du foyer à une tangente en fonction de l'angle* a *que fait avec l'axe la perpendiculaire, suivant laquelle est mesurée cette distance.*

En se reportant au numéro 212, on a

$$\cos\alpha = \sin\mathrm{FTR} = \sqrt{\frac{m}{x'+m}},$$

et, par suite (n° 218),

$$\mathrm{FR} = \sqrt{m(x'+m)} = \frac{m}{\cos\alpha}.$$

On peut donc, *en prenant le foyer pour origine*, mettre l'équation de la tangente sous la forme

$$x\cos\alpha + y\sin\alpha + \frac{m}{\cos\alpha} = 0,$$

et, par suite, exprimer la distance d'un point quelconque à une tangente en fonction de l'angle que fait avec l'axe la perpendiculaire suivant laquelle est mesurée cette distance.

220. *Le lieu des projections du foyer sur les tangentes est la tangente au sommet.*

En prenant le foyer pour pôle, on a en effet, pour l'équation du lieu,

$$\rho = \frac{m}{\cos\alpha}, \quad \rho\cos\alpha = m,$$

et cette équation représente la tangente au sommet.

Réciproquement, si par un point F (*fig.* 75, p. 335) on mène un rayon vecteur FR à une droite VR, et une perpendiculaire RP au rayon vecteur, la ligne RP sera constamment tangente à la parabole ayant F pour foyer et V pour sommet.

Nous verrons plus loin comment on peut résoudre d'une manière générale les questions de ce genre, questions dans lesquelles on omet une des conditions nécessaires pour déterminer une ligne, et où l'on demande de trouver son *enve-*

loppe, c'est-à-dire la courbe à laquelle cette ligne reste constamment tangente.

221. *Trouver le lieu de l'intersection des tangentes qui se coupent à angle droit.*

L'équation d'une tangente quelconque peut s'écrire (n° 219)

$$x \cos^2\alpha + y \sin\alpha \cos\alpha + m = 0,$$

et il suffit d'y remplacer α par $90° + \alpha$ pour former l'équation de la tangente qui lui est perpendiculaire. On a ainsi

$$x \sin^2\alpha - y \sin\alpha \cos\alpha + m = 0,$$

et en éliminant α entre cette équation et la précédente, ce qui se fait par une simple addition, on obtient l'équation

$$x + 2m = 0,$$

qui représente le lieu cherché; cette équation est celle de la *directrice*, puisque la distance du foyer à la directrice est égale à $2m$.

222. *L'angle compris entre deux tangentes est la moitié de l'angle sous lequel on voit du foyer leur corde de contact.*

Le triangle PFT (*fig.* 75, p. 335) étant isocèle, l'angle PTF que la tangente fait avec l'axe des x est la moitié de l'angle PFN que le rayon vecteur allant du foyer au point de contact fait avec ce même axe. D'ailleurs l'angle compris entre les deux tangentes est égal à la différence des angles que ces tangentes font avec l'axe des x; et l'angle sous lequel est vue la corde de contact est égal à la différence des angles que font avec l'axe les rayons vecteurs menés du foyer aux points de contact.

Le théorème du numéro 221 peut être considéré comme

un corollaire du précédent; en effet, quand deux tangentes se coupent à angle droit, leur corde de contact est vue du foyer sous un angle de 180°, et, d'après la définition même de la directrice, les deux tangentes doivent alors se couper sur la directrice.

223. *La droite* FT *qui joint le foyer* F *à l'intersection* T *de deux tangentes divise en deux parties égales l'angle* PFP' *sous lequel on voit du foyer la corde des contacts* PP'.

Les équations de deux tangentes quelconques peuvent (n° 219) se mettre sous la forme

$$x \cos^2 \alpha + y \sin \alpha \cos \alpha + m = 0,$$
$$x \cos^2 \beta + y \sin \beta \cos \beta + m = 0;$$

et, en les retranchant l'une de l'autre, on trouve, pour l'équation de la droite FT qui joint le foyer à leur intersection,

$$x \sin(\alpha + \beta) - y \cos(\alpha + \beta) = 0;$$

cette droite fait donc un angle $\alpha + \beta$ avec l'axe des x, et il est facile de voir qu'elle est la bissectrice de l'angle PFP', en observant que α et β représentent les angles que les perpendiculaires abaissées du foyer sur les tangentes font avec l'axe des x, et, par suite, que les angles formés par les rayons vecteurs FP et FP' avec ce même axe sont respectivement égaux à 2α et 2β.

Ce théorème peut aussi se démontrer en calculant, comme au numéro 191, l'angle $\theta - \theta'$, sous lequel est vue du foyer la tangente menée à la parabole par un point (x, y). La relation, à laquelle on arrive pour déterminer cet angle,

$$\cos(\theta - \theta') = \frac{x + m}{\rho},$$

est indépendante des coordonnées du point de contact, et par conséquent se rapporte à l'une et à l'autre des tangentes qu'on peut mener à la parabole par le point (x,y) ([1]).

Corollaire I. — Dans le cas particulier où l'angle PFP' est égal à 180°, la corde de contact PP' passe par le foyer, les tangentes TP, TP' se coupent sur la directrice, et l'angle TFP est droit (n° 192). Ce corollaire peut se démontrer directement en formant les équations de la polaire d'un point $(-m, y')$ de la directrice, et de la droite qui joint ce point au foyer.

Ces équations peuvent s'écrire

$$y'y = 2m(x-m), \quad 2m(y-y') + y'(x+m) = 0,$$

et les droites qu'elles représentent sont perpendiculaires entre elles.

Corollaire II. — Quand une corde PP' coupe la directrice en D (*fig.* 76), la droite FD est la bissectrice extérieure de

Fig. 76.

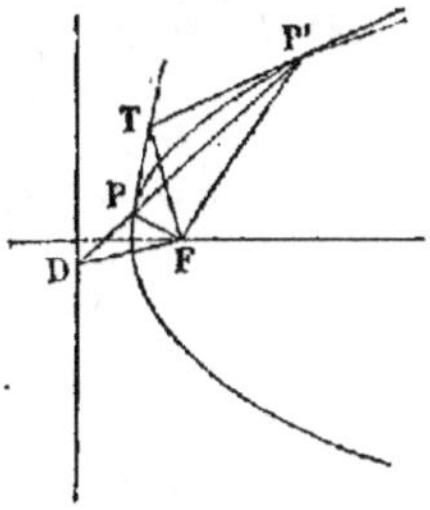

l'angle PFP'. Pour la démonstration de ce corollaire, *voir* n° 192, Ex. 2.

Corollaire III. — Le segment PQ (*fig.* 77), déterminé sur une tangente variable par deux tangentes fixes Rp, Rq, est vu du foyer sous un angle QFP égal au supplément de l'angle PQR

([1]) O. Brien, *Coordinate Geometry*, p. 156.

formé par les tangentes fixes; on a, en effet, en remarquant que l'angle QRT est la moitié de l'angle pFq (n° 222), et que

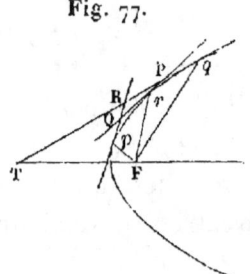

Fig. 77.

l'angle PFQ est de même la moitié de pFq (n° 223),

$$\widehat{PFQ} = \widehat{QRT} = 180° - \widehat{PRQ}.$$

Corollaire IV. — *Le cercle circonscrit au triangle formé par trois tangentes à la parabole passe par le foyer.*

Le cercle passant par P, Q, R (*fig.* 77) passe aussi par F, puisque l'angle PFQ est supplémentaire de l'angle PRQ.

224. *Équation polaire de la parabole, le foyer étant pris pour pôle.*

Soient ρ le rayon vecteur FP (*fig.* 78) mené du foyer au

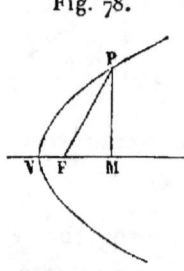

Fig. 78.

point P, et θ l'angle que ce rayon vecteur fait avec l'axe; on a, d'après le numéro **214**,

$$\rho = x + m,$$

et, par suite,

$$\rho = VM + m = FM + 2m = \rho\cos\theta + 2m;$$

ce qui donne, pour l'équation cherchée,

$$\rho = \frac{2m}{1 - \cos\theta}.$$

Cette équation peut, du reste, se déduire de celle du numéro 193, en y faisant $e = 1$ (n° 209); les propriétés étudiées dans les Exercices du numéro 193 subsistent donc pour la parabole.

L'équation précédente suppose que θ est mesuré par rapport à la direction FM; lorsqu'on mesure cet angle par rapport à la direction opposée FV, elle devient

$$\rho = \frac{2m}{1 + \cos\theta},$$

ou bien

$$\rho \cos^2 \tfrac{1}{2}\theta = m,$$

ou encore

$$\rho^{\frac{1}{2}} \cos \tfrac{1}{2}\theta = m^{\frac{1}{2}},$$

et rentre ainsi dans l'équation générale

$$\rho^n \cos n\theta = a^n,$$

dont nous étudierons ailleurs quelques propriétés.

CHAPITRE XIII.

THÉORÈMES ET PROBLÈMES SUR LES SECTIONS CONIQUES.

§ I. — Problèmes divers.

225. La marche à suivre pour résoudre analytiquement les problèmes qui se rapportent aux sections coniques ne diffère pas de celle que nous avons indiquée e traitant du cercle et de la ligne droite; elle ne saurait par suite présenter aucune difficulté au lecteur qui aura étudié avec soin les solutions développées dans les Chapitres III et VII. Nous nous bornerons donc à l'examen de quelques-uns des nombreux problèmes qui conduisent à des équations du second degré, et nous consacrerons la fin de ce Chapitre à l'exposé de certaines propriétés des sections coniques qui n'ont pu trouver place dans les Chapitres précédents.

Exercices.

1. *Par un point fixe* P (*fig.* 24, p. 66), *situé dans un angle donné* LOK, *on mène une droite quelconque* LK *sur laquelle on prend un point* Q *tel que* PL = QK; *trouver le lieu des points* Q.

2. *Deux règles de même longueur,* AB *et* BC (*fig.* 79), *sont reliées par un pivot en* B : *l'une des extrémités* A *est fixe, tandis que l'autre* C *glisse sur la droite* AC; *trouver le lieu décrit par un point quelconque* P *pris sur* BC.

3. *Dans un triangle, on donne la base et le produit des tangentes des moitiés des angles à la base; trouver le lieu du sommet.*

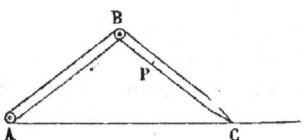

Cela revient à se donner la somme des côtés, ainsi qu'on peut s'en assurer en écrivant la valeur du produit des tangentes en fonction des côtés; le lieu est donc une ellipse ayant pour foyers les extrémités de la base.

4. *Dans un triangle, on donne la base et la somme des côtés; trouver le lieu du centre du cercle inscrit.*

Ce lieu s'obtient facilement, en partant de l'Exercice précédent et de l'Exercice 4 du numéro 49; c'est une ellipse qui a pour sommets les extrémités de la base donnée.

5. *On donne la base et la somme des côtés; trouver le lieu de l'intersection des médianes.*

6. *Trouver le lieu des centres des cercles qui déterminent des segments de longueurs données sur deux droites fixes.*

7. *Trouver le lieu des centres des cercles tangents à deux cercles, ou tangents à une droite et à un cercle.*

8. *Trouver le lieu des centres des cercles qui passent par un point fixe et déterminent un segment de longueur donnée sur une droite fixe.*

9. *Trouver le lieu des centres des cercles qui passent par un point donné P et déterminent sur une droite fixe un segment vu du point P sous un angle donné.*

10. *Deux des sommets d'un triangle de forme invariable glissent sur deux droites fixes; trouver le lieu décrit par le troisième sommet.*

11. *Un triangle ABC de forme variable est circonscrit à un*

348   CHAPITRE XIII.

cercle donné; l'angle C *est donné et le sommet* B *glisse sur une droite fixe; trouver le lieu décrit par le sommet* A.

Prenons pour pôle le centre O du cercle, et pour axe polaire la perpendiculaire abaissée sur la droite fixe. Soient $\rho, \theta, \rho', \theta'$ les coordonnées de A et de B; p la distance du point O à la droite fixe; r le rayon du cercle; α l'angle AOB.

Le triangle AOB, qui a pour hauteur r et pour angle au sommet $\alpha = 90° + \frac{1}{2}$ C, donne

$$r = \frac{\rho\rho' \sin\alpha}{\sqrt{\rho^2 + \rho'^2 - 2\rho\rho' \cos\alpha}},$$

et comme on a à la fois

$$\rho' \cos\theta' = p, \quad \theta + \theta' = \alpha,$$

il vient pour l'équation polaire du lieu

$$r^2 = \frac{p^2 \rho^2 \sin^2\alpha}{\rho^2 \cos^2(\alpha - \theta) + p^2 - 2p\rho \cos\alpha \cos(\alpha - \theta)};$$

cette équation représente une conique.

12. *Trouver le lieu des pôles, par rapport à une conique* A, *des tangentes à une autre conique* B.

Soient (α, β) un point du lieu, $\lambda x + \mu y + \nu$ sa polaire par rapport à la conique A. Les coefficients λ, μ et ν sont (n° 89) des fonctions du premier degré en α et β, et comme (n° 151) la condition pour que $\lambda x + \mu y + \nu$ touche la conique B est du second degré en λ, μ, ν, il en résulte que le lieu cherché est une conique.

13. *Dans une conique à centre, trouver le lieu de l'intersection de la perpendiculaire abaissée du foyer sur une tangente, avec le rayon vecteur allant du centre au point de contact.*

La directrice correspondante.

14. *Trouver le lieu de l'intersection de la perpendiculaire abaissée du centre sur une tangente, avec le rayon vecteur mené du foyer au point de contact.*

Un cercle.

THÉORÈMES ET PROBLÈMES SUR LES SECTIONS CONIQUES. 349

15. *Trouver le lieu de l'intersection des tangentes menées aux extrémités de deux diamètres conjugués.*

Réponse. $\dfrac{x^2}{a^2} + \dfrac{y^2}{b^2} = 2.$

Cette équation s'obtient facilement en ajoutant les équations des deux tangentes après les avoir élevées au carré, et en tenant compte des résultats obtenus au numéro 172.

16. *Partager un arc de cercle en trois parties égales.*

Les points de division sont sur une hyperbole (n° 49, Ex. 7).

17. *Trouver le lieu de l'intersection des diagonales des trapèzes construits sur une base fixe, et dans lesquels la longueur de l'autre base est donnée ainsi que la somme des deux côtés non parallèles.*

18. *Un parallélogramme est circonscrit à une ellipse; l'un de ses sommets glisse sur une directrice; prouver que le sommet opposé décrit l'autre directrice, et que les deux autres sommets restent sur un cercle ayant le grand axe de l'ellipse pour diamètre.*

226. Les problèmes suivants se rapportent aux propriétés focales des sections coniques.

Exercices.

1. *Dans une conique, la distance d'un point au foyer est égale au segment intercepté sur l'ordonnée de ce point par le grand axe et par la tangente menée au point dont l'ordonnée passe par le foyer.*

2. *Par un foyer on mène une droite faisant un angle donné avec une tangente quelconque; trouver le lieu de l'intersection de cette droite avec la tangente.*

3. *Trouver le lieu des pôles d'une droite fixe par rapport à une série de coniques confocales.*

Les coordonnées x et y du pôle de la droite

$$\frac{x}{m} + \frac{y}{n} = 1,$$

par rapport à la conique $\dfrac{x^2}{a^2} + \dfrac{y^2}{b} = 1,$ sont définies par les équations

$mx = a^2$, $ny = b^2$ (n° 169). Quand les foyers de la conique sont donnés, $a^2 - b^2 = c^2$ est connu : le lieu cherché a donc pour équation

$$mx - ny = c^2;$$

c'est une droite perpendiculaire à la droite donnée.

Lorsque la droite donnée touche une des coniques, son pôle, par rapport à cette conique, n'est autre chose que le point de contact; on a alors le théorème suivant : *Les tangentes menées à une conique* S *par les points* A *et* B, *où elle rencontre la tangente* AOB *menée à une conique confocale* S′ *par un point quelconque* O, *se coupent sur la normale correspondante à la tangente* AB.

4. *Trouver le lieu des points de contact des tangentes menées à un système d'ellipses confocales par un point du grand axe.*

Un cercle.

5. *Les droites, qui joignent chacun des foyers à la projection de l'autre foyer sur une tangente, passent par le milieu de la normale correspondante.*

6. *On prend le foyer pour pôle; démontrer que la corde, passant par les points dont les coordonnées angulaires sont* $\alpha + \beta, \alpha - \beta$, *a pour équation polaire*

$$\frac{p}{2\rho} = e\cos\theta + \sec\beta\cos(\theta - \alpha).$$

Cette équation a été indiquée par M. Frost ([1]); elle se déduit facilement de l'expression donnée au numéro 44 (Ex. 3).

7. *La tangente au point, dont la coordonnée angulaire est* α, *a pour équation*

$$\frac{p}{2\rho} = e\cos\theta + \cos(\theta - \alpha).$$

Cette relation a été indiquée par M. Davies ([2]).

([1]) *Cambridge and Dublin Math. Journal*, t. I, p. 68; — Walton, *Examples*, p. 375.

([2]) *Philosophical Magazine*, 1842, p. 192; — Walton, *Examples*, p. 368.

THÉORÈMES ET PROBLÈMES SUR LES SECTIONS CONIQUES. 351

8. *Par un point fixe* O, *on mène à une conique de foyer* F *une corde* PP'; *démontrer que le produit*

$$\operatorname{tang}\tfrac{1}{2}\text{PFO}.\operatorname{tang}\tfrac{1}{2}\text{P'FO}$$

est constant, quelle que soit la direction de la corde.

Ce théorème a été, croyons-nous, indiqué par M. Mac Cullagh; on peut le démontrer en partant de l'équation de l'Exercice 6 ([1]); mais on peut aussi le démontrer, ainsi que l'a fait M. Mac Cullagh, en s'appuyant sur de simples considérations géométriques.

Supposons que le point O soit pris sur PP' (*fig.* 76), et soit e' le rapport de FO à la distance du point O à la directrice. Les distances de P et de O à la directrice étant proportionnelles à PD et OD, on a

$$\frac{\text{FP}}{\text{PD}} : \frac{\text{FO}}{\text{OD}} = \frac{e}{e'},$$

ce qui donne

$$\frac{\sin\text{PDF}}{\sin\text{PFD}} : \frac{\sin\text{ODF}}{\sin\text{OFD}} = \frac{e}{e'},$$

ou, en se reportant au numéro 192,

$$\frac{\cos\text{OFT}}{\cos\text{PFT}} = \frac{e}{e'};$$

et comme (n° 191) les angles $\widehat{\text{PFT}}$ et $\widehat{\text{OFT}}$ sont respectivement égaux à la demi-somme et à la demi-différence de $\widehat{\text{PFO}}$ et de $\widehat{\text{P'FO}}$, il vient

$$\operatorname{tang}\tfrac{1}{2}\text{PFO}.\operatorname{tang}\tfrac{1}{2}\text{P'FO} = \frac{e-e'}{e+e'}.$$

Il est d'ailleurs évident que le produit de ces tangentes reste encore constant lorsque le point O, au lieu d'être fixe, se déplace sur une conique ayant même foyer et même directrice que la conique donnée.

9. *Former la condition pour que la corde, qui joint les deux points* (x', y') *et* (x'', y'') *de la courbe, passe par un foyer.*

On peut exprimer cette condition de bien des manières différentes; les expressions les plus usitées sont celles qu'on obtient en

---

[1] WALTON, *Examples*, p. 377.

écrivant que les droites, menées du foyer aux points (x', y'), (x'', y''). font avec l'axe des angles θ' et θ'' tels que $\theta'' = \theta' + 180°$. On trouve ainsi, en exprimant que $\sin\theta' = -\sin\theta''$,

$$\frac{y'}{a - ex'} + \frac{y''}{a - ex''} = 0, \quad a(y' + y'') = e(x'y'' + x''y'),$$

et, en observant que $\cos\theta' = -\cos\theta''$,

$$\frac{x' - c}{a - ex'} + \frac{x'' - c}{a - ex''} = 0, \quad 2ex'x'' - (a + ce)(x' + x'') + 2ac = 0.$$

10. *Par les extrémités d'une corde focale on mène des normales à une conique, et par l'intersection de ces normales on mène une parallèle au grand axe; démontrer que cette parallèle divise la corde en deux parties égales* ([1]).

La normale étant la bissectrice de l'angle formé par les rayons vecteurs qui partent des foyers, le point d'intersection des normales menées aux extrémités d'une corde focale coïncide avec le centre du cercle inscrit dans le triangle qui a pour côtés cette corde focale et les droites qui en joignent les extrémités au deuxième foyer, autrement dit, dans le triangle qui a pour sommets (x', y'), (x'', y''), $(-c, 0)$, et dont les côtés ont pour longueur

$$(a + ex''), \quad (a + ex'), \quad (2a - ex' - ex'').$$

Il est d'ailleurs facile de voir, en se reportant au numéro 7 (Ex. 6), que dans le triangle qui a pour sommets (x', y'), (x'', y''), (x''', y'''), et dont les côtés ont pour longueur a, b, c, les coordonnées x et y du centre du cercle inscrit sont

$$x = \frac{ax' + bx'' + cx'''}{a + b + c}, \quad y = \frac{ay' + by'' + cy'''}{a + b + c}.$$

On aura donc, pour l'ordonnée de l'intersection des normales,

$$y = \frac{(a + ex')y'' + (a + ex'')y'}{4a},$$

([1]) La démonstration que nous indiquons ici est due à M. Larrose (*Nouvelles Annales de Mathématiques* de Terquem et Gerono, 1re Série, t. XIX, p. 85).

THÉORÈMES ET PROBLÈMES SUR LES SECTIONS CONIQUES. 353

expression qui, en tenant compte de la première équation de l'Exercice précédent, se réduit à
$$y = \tfrac{1}{2}(y' + y'');$$
ce qui démontre le théorème.

On trouverait de même pour l'abscisse
$$x = \frac{(a + ex'')x' + (a + ex')x'' - (2a - ex' - ex'')c}{4a},$$
valeur qui se réduit à
$$x = \frac{(a + ec)(x' + x'') - 2ac}{2a},$$
eu égard à la deuxième équation de l'Exercice précédent.

On obtiendrait des expressions analogues pour les coordonnées de l'intersection des tangentes menées par les extrémités de la corde focale, puisque cette intersection est le centre de l'un des cercles exinscrits au triangle considéré plus haut : la droite, qui joint l'intersection des normales à l'intersection des tangentes, étant la bissectrice de l'angle du triangle opposé à la corde focale, passe évidemment par l'autre foyer.

11. *Trouver le lieu des intersections (x, y) des normales menées aux extrémités d'une corde focale.*

Soient α et β les coordonnées du milieu de cette corde ; on a, d'après l'Exercice précédent,
$$\alpha = \tfrac{1}{2}(x' + x'') = \frac{a^2(x + c)}{a^2 + c^2}, \quad \beta = \tfrac{1}{2}(y' + y'') = y,$$
et il suffit de substituer ces valeurs aux coordonnées courantes dans l'équation du lieu décrit par le point (α, β) pour obtenir le lieu des points (x, y).

Le lieu des milieux des cordes focales a pour équation polaire (n° 193)
$$\rho = \tfrac{1}{2}(\rho' - \rho'') = \frac{-b^2}{a} \cdot \frac{e \cos\theta}{1 - e^2 \cos^2\theta},$$
et, par suite, pour équation en coordonnées rectangulaires ayant le centre pour origine
$$b^2\alpha^2 + a^2\beta^2 = -b^2 c\alpha;$$

S. — *Geom. à deux dim.*

on a donc, pour l'équation du lieu cherché,

$$a^2 b^2 (x+c)^2 + (a^2+c^2)^2 y^2 = b^2 c (a^2+c^2)(x+c).$$

12. *Par un point* P (*fig.* 80), *on mène à une ellipse les tan-*

Fig. 80.

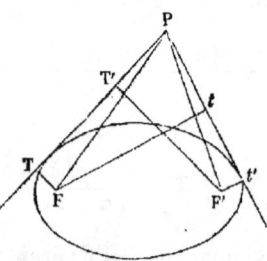

gentes PT, P*t* ; *démontrer que l'on a* [n° 194 (*d*)], *en désignant par* θ *l'angle compris entre les tangentes, et par* ρ, ρ' *les distances du point* P *aux foyers* F *et* F',

$$\cos\theta = \frac{\rho^2 + \rho'^2 - 4a^2}{2\rho\rho'}.$$

On a, en effet (n° 189),

$$\sin\widehat{\mathrm{TPF}}.\sin\widehat{t\mathrm{PF'}} = \frac{\mathrm{FT}.\mathrm{F'T'}}{\mathrm{PF}.\mathrm{PF'}} = \frac{b^2}{\rho\rho'};$$

et comme

$$\cos\widehat{\mathrm{FPF'}} - \cos\widehat{\mathrm{TP}t} = 2\sin\widehat{\mathrm{TPF}}.\sin\widehat{t\mathrm{PF'}},$$

il vient

$$2\rho\rho'\cos\widehat{\mathrm{FPF'}} = \rho^2 + \rho'^2 - 4c^2.$$

13. *Par un point quelconque* O *on mène deux droites qui passent par les foyers d'une ellipse donnée, ou qui touchent une conique confocale avec cette ellipse : ces droites coupent l'ellipse aux points* R, R', S, S' ; *démontrer que l'on a* (n° 234, Ex. 15)

$$\frac{1}{\mathrm{OR}} - \frac{1}{\mathrm{OR'}} = \frac{1}{\mathrm{OS}} - \frac{1}{\mathrm{OS'}}. \qquad (\text{M. Roberts.})$$

En se reportant à l'équation du second degré qui détermine (n° 136) les rayons vecteurs menés par un point quelconque à une courbe du second degré, on reconnaît que la différence des réciproques des racines est la même pour les deux directions θ qui correspondent à une même valeur de l'expression

$$(ac - g^2)\cos^2\theta + 2(ch - gf)\cos\theta\sin\theta + (bc - f^2)\sin^2\theta.$$

Cette quantité, qu'on peut écrire

$$A\cos^2\theta + 2H\cos\theta\sin\theta + B\sin^2\theta,$$

ne change pas si l'on prend pour θ l'une ou l'autre des valeurs qui correspondent aux directions des droites faisant le même angle avec les deux droites représentées par l'équation

$$Ax^2 + 2Hxy + By^2 = 0;$$

ces deux droites sont les tangentes menées à la courbe par le point O (n° 147), et l'on sait qu'elles sont également inclinées sur les droites qui joignent le point O aux foyers, ainsi que sur les tangentes menées par le point O à une conique confocale (n° 189).

Comme conséquence de ce qui précède, on peut encore ajouter que les cordes d'une conique, qui sont tangentes à une conique confocale, sont proportionnelles aux carrés des diamètres qui leur sont parallèles (n° 231, Ex. 15).

227. Les problèmes suivants sont relatifs à la parabole ; il est facile de distinguer ceux qui, dans le numéro précédent, peuvent aussi se rapporter à cette courbe.

Exercices.

1. *Trouver les coordonnées x et y de l'intersection des tangentes menées en (x', y'), (x'', y'') à la parabole $y^2 = px$.*

   Réponse. $\quad y = \dfrac{y' + y''}{2}, \quad x = \dfrac{y'y''}{p}.$

2. *Trouver le lieu de l'intersection de la perpendiculaire abaissée du foyer sur une tangente avec le rayon vecteur mené du sommet au point de contact.*

3. *Les hauteurs du triangle formé par trois tangentes se coupent sur la directrice* ([1]).

([1]) STEINER, *Annales de Gergonne*, t. XIX, p. 59; — WALTON, p. 119.

L'équation d'une de ces hauteurs peut s'écrire (n° 32)

$$\frac{y'y'''-y'y''}{p}\left(x-\frac{y''y'''}{p}\right)+\frac{y'''-y''}{2}\left(y-\frac{y''+y'''}{2}\right)=0,$$

ou, en divisant par $y''-y''$,

$$y'\left(x+\frac{p}{4}\right)-\frac{y'y''y'''}{p}+\frac{py}{2}-\frac{p(y'+y''+y''')}{4}=0.$$

La symétrie de cette équation montre que les trois hauteurs se coupent sur la directrice à une distance de l'axe des x :

$$y=\frac{2y'y''y'''}{p^2}+\frac{y'+y''+y'''}{2}.$$

4. *L'aire du triangle formé par trois tangentes est la moitié de l'aire du triangle qui a pour sommets les points de contact* ([1]).

En substituant les coordonnées des sommets de ces deux triangles dans l'expression du numéro 36, on trouve, pour l'aire du deuxième triangle,

$$\frac{1}{2p}(y'-y'')(y''-y''')(y'''-y'),$$

et la moitié seulement de cette quantité pour l'aire du premier.

5. *Trouver une expression du rayon du cercle circonscrit à un triangle inscrit dans une parabole.*

Le rayon R du cercle circonscrit au triangle ayant d, e, f pour côtés et Σ pour aire, a pour valeur $\frac{def}{4\Sigma}$; d'ailleurs si d est la longueur de la corde qui joint les points (x'',y''), (x''',y'''), et θ' l'angle que cette corde fait avec l'axe, on a évidemment $d\sin\theta'=y''-y'''$. On aura donc, en partant de l'expression de Σ donnée dans l'Exercice précédent,

$$R=\frac{p}{2\sin\theta'\sin\theta''\sin\theta'''}.$$

On peut aussi exprimer ce rayon en fonction des cordes focales c', c'', c''' menées parallèlement aux côtés du triangle, puisque la lon-

---

([1]) Gregory, *Cambridge Journal*, t. II, p. 16; — Walton, p. 137. *Voir* aussi Salmon, *Leçons d'Algèbre supérieure*, traduction française, n° 21, Ex. XII.

gueur de la corde focale c, faisant un angle θ avec l'axe, est égale à $\dfrac{p}{\sin^2\theta}$ (n° 193, Ex. 2). On a ainsi

$$R^2 = \frac{c'c''c'''}{4p},$$

et il résulte du numéro 212 que c', c'', c''' sont les paramètres des diamètres correspondant aux cordes qui forment le triangle.

6. *Trouver la valeur du rayon R du cercle circonscrit au triangle formé par trois tangentes à une parabole, en fonction des angles θ', θ'', θ''' que ces tangentes font avec l'axe.*

Réponse. $\qquad R = \dfrac{p}{8\sin\theta'\sin\theta''\sin\theta'''}.$

On a aussi

$$R^2 = \frac{p'p''p'''}{64p},$$

p', p'', p''' étant les paramètres des diamètres qui passent par les points de contact (n° 212).

7. *Trouver l'angle φ compris entre les deux tangentes menées par le point (x', y') à la parabole $y^2 = 4mx$.*

En procédant comme au numéro 92, on trouve, pour l'équation des tangentes menées par (x', y'),

$$(y'^2 - 4mx')(y^2 - 4mx) = [yy' - 2m(x + x')]^2,$$

et, par suite, pour l'équation des parallèles menées à ces tangentes par l'origine,

$$x'y^2 - y'xy + mx^2 = 0,$$

ce qui donne (n° 74), pour l'angle φ,

$$\tang\varphi = \frac{\sqrt{y'^2 - 4mx'}}{x' + m}.$$

8. *Trouver le lieu des sommets des angles φ dont les côtés sont tangents à la parabole.*

Réponse. $\qquad y^2 - 4mx = (x + m)^2 \tang^2\varphi.$

En mettant cette équation sous la forme

$$y^2 + (x - m)^2 = (x + m)^2 \sec^2\varphi,$$

on voit que l'hyperbole qu'elle représente (n° 186) a même foyer et même directrice que la parabole, et que son excentricité est égale à séc φ.

9. *Trouver le lieu des projections du foyer sur les normales.*

La longueur de la perpendiculaire abaissée du foyer (m, o) sur la normale $2m(y - y') + y'(x - x') = 0$ a pour valeur

$$\frac{y'(x' + m)}{\sqrt{y'^2 + 4m^2}} = \sqrt{x'(x' + m)},$$

et si l'on désigne par θ l'angle que cette perpendiculaire fait avec l'axe (n° 212), on a

$$\sin\theta = \sqrt{\frac{m}{x' + m}}, \quad \cos\theta = \sqrt{\frac{x'}{x' + m}};$$

on trouve ainsi, pour l'équation polaire du lieu,

$$\rho = \frac{m\cos\theta}{\sin^2\theta},$$

et pour l'équation en coordonnées rectangulaires $y^2 = mx$.

10. *Trouver les coordonnées x et y de l'intersection des normales menées aux points (x', y'), (x'', y'') de la courbe.*

Réponse.

$$x = 2m + \frac{y'^2 + y'y'' + y''^2}{4m}, \quad y = -\frac{y'y''(y' + y'')}{8m^2}.$$

On a aussi, en désignant par α et β l'intersection des tangentes correspondantes (Ex. 1),

$$x = 2m + \frac{\beta^2}{m} - \alpha, \quad y = -\frac{\alpha\beta}{m}.$$

11. *Trouver les points de la courbe dont les normales passent par un point donné (x', y').*

En éliminant x entre l'équation de la normale et celle de la courbe, on trouve, pour déterminer les ordonnées de ces points, l'équation

$$2y^3 + (p^2 - 2px')y = p^2 y',$$

dont les trois racines vérifient la relation

$$y_1 + y_2 + y_3 = 0;$$

THÉORÈMES ET PROBLÈMES SUR LES SECTIONS CONIQUES. 359

il en résulte que la corde déterminée par deux de ces points fait, avec l'axe de la parabole, le même angle que la droite qui joint le troisième au sommet.

12. *Trouver le lieu de l'intersection des normales menées aux extrémités des cordes qui passent par un point fixe (x', y').*

Soient α, β les coordonnées du pôle de l'une de ces cordes; on a $\beta y' = 2m(x' + \alpha)$, et en éliminant successivement α et β entre cette équation et celle de l'Exercice 10, on trouve, pour le lieu cherché, l'équation

$$2[2m(y-y') + y'(x-x')]^2$$
$$= (4mx' - y'^2)(y'y + 2x'x - 4mx' - 2x'^2),$$

qui représente une parabole dont l'axe est perpendiculaire à la polaire du point donné. Quand les cordes, au lieu de passer par un point fixe, sont parallèles à une droite fixe, le lieu se réduit à une ligne droite comme cela est, du reste, évident d'après l'Exercice 11.

13. *Trouver le lieu des intersections des normales qui se coupent à angle droit.*

On a, dans ce cas,

$$\alpha = -m, \qquad x = 3m + \frac{\beta^2}{m}, \qquad y = \beta, \qquad y^2 = m(x - 3m).$$

14. *Trouver le paramètre p d'une parabole connaissant les longueurs a et b de deux tangentes, et l'angle ω qu'elles font entre elles.*

Menons le diamètre correspondant à la corde de contact; le paramètre p' de ce diamètre est $p' = \dfrac{y^2}{x}$, et le paramètre principal est

$$p = \frac{y^2 \sin^2 \theta}{x} = \frac{\varpi^2 y^2}{4 x^3},$$

ϖ étant la distance de l'intersection des tangentes à la corde de contact. On a d'ailleurs

$$2\varpi y = ab \sin \omega \quad \text{et} \quad 16 x^2 = a^2 + b^2 + 2ab \cos \omega,$$

et, par suite,

$$\frac{4 a^2 b^2 \sin^2 \omega}{(a^2 + b^2 + 2ab \cos \omega)^{\frac{3}{2}}} \qquad (\text{n}^\circ\ 207).$$

15. *Démontrer, en partant de l'équation du cercle circonscrit au triangle formé par trois tangentes, que ce cercle passe par le foyer.*

Le cercle circonscrit à un triangle a pour équation (n° 124)

$$\beta\gamma \sin A + \gamma\alpha \sin B + \alpha\beta \sin C = 0,$$

et le terme absolu, qu'on obtient en remplaçant les abréviations α, ... par leurs valeurs développées $x\cos\alpha + y\sin\alpha - p$, ..., a pour expression

$$p'p'' \sin(\beta - \gamma) + p''p \sin(\gamma - \alpha) + pp' \sin(\alpha - \beta).$$

Lorsque α représente une tangente à une parabole, et que le foyer est pris pour origine, on a (n° 219) $p = \dfrac{m}{\cos\alpha}$, et le terme absolu, qui peut alors se mettre sous la forme

$$\frac{m^2}{\cos\alpha \cos\beta \cos\gamma} [\sin(\beta - \gamma)\cos\alpha + \sin(\gamma - \alpha)\cos\beta + \sin(\alpha - \beta)\cos\gamma],$$

est identiquement nul.

16. *Trouver le lieu de l'intersection des tangentes menées à la parabole, étant donné :* 1° *le produit des sinus;* 2° *le produit des tangentes;* 3° *la somme, ou* 4° *la différence des cotangentes des angles que ces tangentes font avec l'axe.*

1° Un cercle; 2° une droite; 3° une droite; 4° une parabole.

228. Indiquons encore quelques problèmes pour terminer ce paragraphe.

Exercices.

1. *L'hyperbole équilatère circonscrite à un triangle passe par l'intersection des hauteurs de ce triangle* ([1]).

Prenons pour axes un côté du triangle et la hauteur correspondante. L'équation d'une conique, rencontrant les axes en quatre points déterminés, peut s'écrire (n° 151, Ex. 1) :

$$\mu\mu' x^2 + 2hxy + \lambda\lambda' y^2 - \mu\mu'(\lambda + \lambda')x - \lambda\lambda'(\mu + \mu')y + \lambda\lambda'\mu\mu' = 0,$$

---

[1] Brianchon et Poncelet; — Gergonne, *Annales*, t. XI, p. 205; — Walton, p. 283.

et elle représente une hyperbole équilatère lorsque, les axes étant rectangulaires, on a $\lambda\lambda' = -\mu\mu'$ (n° 174). Dans le cas actuel, les trois segments λ, λ' et μ sont connus, et la condition $\lambda\lambda' = -\mu\mu'$ permet de déterminer le quatrième segment μ'; l'hyperbole rencontre donc la hauteur au point fixe $y = -\dfrac{\lambda\lambda'}{\mu}$, qui est l'intersection des trois hauteurs du triangle (n° 32, Ex. 7).

2. *Quel est le lieu des centres des hyperboles équilatères circonscrites à un triangle?*

Le cercle passant par les milieux des côtés (n° 151, Ex. 3).

3. *Trouver la condition pour que, par rapport à une conique donnée par l'équation générale, le pôle de l'axe des x soit sur l'axe des y, et réciproquement.*

Réponse. $\qquad hc = fg.$

4. *Trouver la condition pour que, dans une conique définie par l'équation générale* (n° 133), *l'une des asymptotes passe par l'origine.*

Réponse. $\qquad af^2 - 2fgh + bg^2 = 0.$

5. *Le cercle circonscrit à un triangle autopolaire, par rapport à une hyperbole équilatère* (n° 99), *passe par le centre de l'hyperbole* ([1]).

Quand la condition de l'Exercice 3 est remplie, l'équation du cercle, passant par l'origine et par le pôle de chacun des axes, peut s'écrire
$$h(x^2 + 2xy\cos\omega + y^2) + fx + gy = 0,$$
ou bien
$$x(hx + by + f) + y(ax + hy + g) - (a + b - 2h\cos\omega)xy = 0,$$
et cette équation est évidemment vérifiée par les coordonnées du centre de la courbe si l'on a
$$a + b = 2h\cos\omega,$$

([1]) Brianchon et Poncelet; — Gergonne, *Annales*, t. XI. p. 210; — Walton, p. 304.

c'est-à-dire quand la courbe directrice est une hyperbole équilatère (n°⁸ 74, 174).

Cette proposition n'est qu'un cas particulier du théorème suivant : *Quand deux triangles sont autopolaires par rapport à une même conique, leurs six sommets sont situés sur une même conique* (n° 375, Ex. 1).

6. *Tout cercle passant par le centre d'une hyperbole équilatère et par deux points quelconques passe aussi par l'intersection des parallèles menées par chacun de ces deux points à la polaire de l'autre.*

7. *Trouver le lieu des intersections des tangentes qui interceptent sur une droite fixe un segment de longueur constante.*

Prenons cette droite pour axe des x. Les racines de l'équation du second degré, obtenue en faisant $y = 0$ dans l'équation des tangentes menées par (x', y') à une conique quelconque (n° 92), représentent les segments comptés à partir de l'origine, que déterminent ces tangentes sur l'axe des x. En exprimant que la différence de ces racines est constante, on trouve l'équation du lieu, qui est en général du quatrième degré.

Quand la droite fixe est tangente à la conique, on a $g^2 = ac$; l'équation du lieu devient divisible par y^2, et se réduit au deuxième degré.

On trouverait de même le lieu des intersections des tangentes, qui déterminent sur une droite fixe et à partir d'un point donné, des segments dont la somme, le produit, etc., sont constants.

8. *Trouver le lieu des centres des coniques inscrites dans un quadrilatère.*

Prenons des axes quelconques, et soit $x\cos\alpha + y\sin\alpha - p = 0$ l'équation d'un des côtés du quadrilatère; soient, en outre, x et y les coordonnées du centre de l'une des coniques, et θ l'angle sous lequel l'axe des x rencontre le grand axe de cette conique. Dans ces conditions, l'angle compris entre ce grand axe et la perpendiculaire au côté du quadrilatère a pour valeur $\alpha - \theta$, et l'on a, d'après le numéro 178,

$$(x\cos\alpha + y\sin\alpha - p)^2 = a^2\cos^2(\alpha - \theta) + b^2\sin^2(\alpha - \theta),$$

ou, en développant et remplaçant, pour abréger (n° 53),

$$x\cos\alpha + y\sin\alpha - p$$

par α,

$$\alpha^2 = (a^2 \cos^2\theta + b^2 \sin^2\theta)\cos^2\alpha$$
$$+ 2(a^2 - b^2)\cos\theta\sin\theta\cos\alpha\sin\alpha + (a^2\sin^2\theta + b^2\cos^2\theta)\sin^2\alpha.$$

On obtient ainsi quatre équations, entre lesquelles on peut éliminer a^2, b^2, θ, ou plutôt les trois quantités

$$a^2\cos^2\theta + b^2\sin^2\theta, \quad (a^2-b^2)\cos\theta\sin\theta, \quad a^2\sin^2\theta + b^2\cos^2\theta.$$

Le lieu est donc donné par l'équation

$$\begin{vmatrix} \alpha^2 & \cos^2\alpha & \cos\alpha\sin\alpha & \sin^2\alpha \\ \beta^2 & \cos^2\beta & \cos\beta\sin\beta & \sin^2\beta \\ \gamma^2 & \cos^2\gamma & \cos\gamma\sin\gamma & \sin^2\gamma \\ \delta^2 & \cos^2\delta & \cos\delta\sin\delta & \sin^2\delta \end{vmatrix} = 0,$$

c'est-à-dire par

$$A\alpha^2 + B\beta^2 + C\gamma^2 + D\delta^2 = 0,$$

A, B, C et D étant des constantes. Cette équation, qui est en apparence du deuxième degré, est en réalité du premier. En effet, si, avant de développer le déterminant, on y remplace les quantités α, β, γ, δ par leurs expressions en x et y, on voit que les termes en x^2, qui appartiennent aux éléments de la première colonne, ont respectivement $\cos^2\alpha$, $\cos^2\beta$, $\cos^2\gamma$, $\cos^2\delta$, c'est-à-dire les éléments d'une autre colonne pour coefficients; et, par suite, que le terme en x^2 disparaît dans le développement. Il en est de même des termes en y^2 et en xy. Le lieu cherché est donc une ligne droite, et on peut le construire géométriquement, en observant que la polaire d'un point quelconque, par rapport à une des coniques, a pour équation

$$A\alpha\alpha' + B\beta\beta' + C\gamma\gamma' + D\delta\delta' = 0,$$

et, par conséquent, que la polaire de (α, β) passe par (γ, δ). D'ailleurs, quand une conique se réduit à une droite, par suite de l'évanouissement des termes du deuxième degré de son équation, la polaire d'un point quelconque est parallèle à cette droite, qui divise alors en deux parties égales la distance du point à sa polaire. Ce lieu cherché partage donc en deux parties égales les droites menées par les points (α, β) et (γ, δ), (α, γ) et (β, δ), (α, δ) et (β, γ), c'est-à-dire les diagonales du quadrilatère $\alpha\beta\gamma\delta$.

Réciproquement, si l'on se donne, sous une forme quelconque, les équations $\alpha = 0, \ldots$ de quatre droites, l'équation de la droite qui passe par les milieux des diagonales du quadrilatère qu'elles forment peut s'obtenir en déterminant les constantes de la relation

$$A\alpha^2 + B\beta^2 + C\gamma^2 + D\delta^2 = 0,$$

de telle sorte que cette équation représente une ligne droite.

La solution que nous venons de donner a été indiquée par M. P. Serret ([1]).

9. *Trouver le lieu des centres des coniques inscrites dans un triangle, et dont les axes a et b vérifient la relation $a^2 + b^2 = k^2$.*

Cette relation peut se mettre sous la forme

$$k^2 = (a^2 \cos^2\theta + b^2 \sin^2\theta) + (a^2 \sin^2\theta + b^2 \cos^2\theta)$$

et comme la première condition du problème fournit trois équations analogues à celles de l'Exercice précédent, on a, pour l'équation du lieu,

$$\begin{vmatrix} \alpha^2 & \cos^2\alpha & \cos\alpha\sin\alpha & \sin^2\alpha \\ \beta^2 & \cos^2\beta & \cos\beta\sin\beta & \sin^2\beta \\ \gamma^2 & \cos^2\gamma & \cos\gamma\sin\gamma & \sin^2\gamma \\ k^2 & 1 & 0 & 1 \end{vmatrix} = 0.$$

Cette équation, qu'on peut mettre sous la forme

$$A\alpha^2 + B\beta^2 + C\gamma^2 + D = 0,$$

représente un cercle, comme il est facile de le voir, en suivant la même marche que dans l'Exercice précédent, et en observant que, dans le développement du déterminant, le terme en xy disparaît et que les termes en x^2 et y^2 ont même coefficient. Mais quand un cercle a pour équation $A\alpha^2 + B\beta^2 + C\gamma^2 = 0$, son centre est le point de concours des hauteurs du triangle $\alpha\beta\gamma$; le lieu cherché, dont l'équation ne diffère de la précédente que par une constante, est donc (n° 81) un cercle ayant pour centre le point de concours des hauteurs du triangle circonscrit aux coniques.

Quand les coniques sont des hyperboles équilatères, k^2 est nul, et on voit que l'on peut inscrire deux hyperboles de cette espèce dans un quadrilatère donné. Les centres de ces hyperboles se trouvent

---

([1]) *Nouvelles Annales de Mathématiques*, 2ᵉ Série, t. IV, p. 145.

THÉORÈMES ET PROBLÈMES SUR LES SECTIONS CONIQUES. 365

à l'intersection de la droite joignant les milieux des diagonales, et de l'un quelconque des quatre cercles qui ont pour centres les points de concours des hauteurs de chacun des quatre triangles que l'on peut former avec les côtés du quadrilatère. Il en résulte que ces quatre cercles passent par deux points fixes, et, par suite (n° 109), que les quatre points de concours des hauteurs appartiennent à une même droite, perpendiculaire à la ligne qui joint les milieux des diagonales (n° 268, Ex. 2).

10. *Trouver le lieu de l'un ou de l'autre des foyers des coniques circonscrites à un quadrilatère.*

La distance ρ d'un des sommets (x', y') du quadrilatère à l'un des foyers a pour expression (n° 186)

$$\rho = Ax' + By' + C,$$

et, en éliminant A, B et C entre cette équation et les trois équations analogues fournies par les autres sommets, on obtient l'équation

$$\begin{vmatrix} \rho & x' & y' & 1 \\ \rho' & x'' & y'' & 1 \\ \rho'' & x''' & y''' & 1 \\ \rho''' & x^{\text{IV}} & y^{\text{IV}} & 1 \end{vmatrix} = 0,$$

qui peut se mettre sous la forme

$$l\rho + m\rho' + n\rho'' + p\rho''' = 0,$$

en développant le déterminant du premier membre. Il est d'ailleurs facile de voir, en examinant (n° 36) la signification géométrique des coefficients l, m, n et p, que cette équation n'est que l'expression du théorème de Möbius

$$OA.BCD + OC.ABD = OB.ACD + OD.ABC,$$

sur les distances OA, OB,..., du foyer O d'une conique aux sommets A, B, C, D d'un quadrilatère inscrit, et sur les aires BCD,... des triangles que l'on peut former avec ces sommets (n° 94). Il en résulte que

$$l + m + n + p = 0,$$

et que l'équation du lieu, que l'on obtient en substituant à ρ, ρ', ..., leurs valeurs $\sqrt{(x-x')^2 + (y-y')^2}$, ..., et en faisant disparaître les radicaux, est en réalité du sixième degré et non du huitième, comme on pourrait le croire. Pour faire disparaître les radicaux, en donnant à chaque radical le double signe, il suffit, en effet, de faire le produit des huit facteurs $l\rho \pm m\rho' \pm n\rho'' \pm p\rho'''$; le terme contenant x et y à la plus haute puissance s'obtiendra en multipliant $(x^2+y^2)^4$ par le produit des huit facteurs $l \pm m \pm n \pm p$, et il s'annulera, puisque ce produit sera lui-même nul en raison de la relation

$$l+m+n+p=0.$$

Lorsque les sommets du quadrilatère sont sur un cercle, le lieu se décompose en deux autres, qui sont respectivement du troisième degré, ainsi que l'ont fait voir MM. Sylvester et Burnside.

On a en effet, d'après le théorème de Feuerbach (n° 94),

$$l\rho^2 + m\rho'^2 + n\rho''^2 + p\rho'''^2 = 0;$$

ou, en observant que $l+m+n+p=0$,

$$(l+m)(l\rho^2 + m\rho'^2) = (n+p)(n\rho''^2 + p\rho'''^2),$$

et, si l'on retranche cette expression de la relation obtenue ci-dessus et mise sous la forme

$$(l\rho + m\rho')^2 = (n\rho'' + p\rho''')^2,$$

on obtient l'équation

$$lm(\rho - \rho')^2 = np(\rho'' + \rho''')^2,$$

qui se décompose évidemment en deux facteurs. En combinant chacun de ces facteurs avec la relation $l\rho + m\rho' + n\rho'' + p\rho''' = 0$, on arrive à un résultat de la forme $\lambda\rho + \mu\rho' + \nu\rho'' = 0$, où $\lambda + \mu + \nu = 0$, et qui représente une courbe du troisième degré.

§ II. — DE L'ANGLE EXCENTRIQUE ([1]).

229. L'emploi d'une *seule variable* au lieu de *deux coordonnées* x' et y', pour définir la position d'un point sur une courbe, est toujours avantageux lorsqu'il est possible; aussi, dans la discussion de certaines propriétés de l'ellipse, substi-

---

([1]) L'emploi de cet angle a été indiqué par M. O'Brien (*Cambridge, Mathematical Journal*, t. IV, p. 99).

THÉORÈMES ET PROBLÈMES SUR LES SECTIONS CONIQUES. 367

tucrons-nous aux coordonnées courantes x' et y' les expressions

$$x' = a\cos\varphi, \quad y' = b\sin\varphi,$$

analogues à celles dont nous avons fait usage dans le cas du cercle (n° 102). Ces substitutions sont évidemment compatibles avec l'équation

$$\left(\frac{x'}{a}\right)^2 + \left(\frac{y'}{b}\right)^2 = 1.$$

La signification géométrique de l'angle φ se rattache au mode de construction du numéro 163, qui consiste à tracer l'ellipse, en contractant, dans le rapport de a à b, toutes les ordonnées QL (*fig.* 81) du cercle décrit sur le grand axe AA' comme diamètre. L'angle φ, correspondant au point P de l'ellipse ayant même abscisse $x' = $ CL que le point Q du

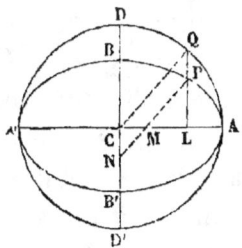

Fig. 81.

cercle, est précisément égal à l'angle QCL formé en joignant le centre C au point Q. On a, en effet,

$$\text{CL} = \text{CQ}\cos\text{QCL} = a\cos\text{QCL}, \quad \text{QL} = a\sin\text{QCL},$$

et, par suite,

$$x' = a\cos\text{QCL}, \quad y' = \frac{b}{a}\text{QL} = b\cos\text{QCL}.$$

230. Si l'on mène par le point P une parallèle PN au

rayon CQ, on a

$$PM : CQ :: PL : QL :: b : a,$$

ce qui donne $PM = b$, puisque $CQ = a$. $PM = b$; et comme $PN = a$, il en résulte que, *si l'on mène par le point* P *d'une ellipse une droite* PN, *de telle sorte que la longueur de cette droite, limitée au petit axe, soit égale à* a, *la portion de cette droite comprise entre le point* P *et le grand axe sera égale à* b.

En prolongeant l'ordonnée PQ jusqu'en Q', où elle rencontre le cercle une deuxième fois, on démontrerait de même que la parallèle PN' menée au rayon CQ' par le point P est divisée en ce point en deux segments de longueur constante a et b. Donc, si les extrémités M et N d'une droite MN de longueur constante glissent sur les côtés d'un angle droit, un point quelconque P de cette droite décrit une ellipse ayant pour axes MP et NP (n° 49, Ex. 12).

On a construit sur ce principe un *compas elliptique* qui permet de décrire une ellipse d'un mouvement continu. Cet instrument se compose de deux règles CA et CD, disposées à angle droit, et d'une règle mobile de longueur constante MN, dont les extrémités peuvent glisser le long des règles fixes : un crayon est adapté à la règle mobile. Quand on fait mouvoir cette règle, le crayon décrit une ellipse, à moins qu'il ne se trouve au milieu de MN, auquel cas, il décrit un cercle [1].

231. L'emploi de l'angle φ fournit un moyen très simple de construire géométriquement le diamètre conjugué d'un diamètre donné.

Si l'on observe qu'on a en général

$$\tang \theta = \frac{y'}{x'} = \frac{b}{a} \tang \varphi,$$

---

[1] O'Brien, *Coordinate Geometry*, p. 112.

la relation (n° 170)
$$\tang\theta\tang\theta' = -\frac{b^2}{a^2}$$
devient
$$\tang\varphi\tang\varphi' = -1,$$
et donne
$$\varphi - \varphi' = 90°.$$

Pour construire le diamètre conjugué P'C du diamètre CP (*fig.* 82), on peut donc procéder comme il suit : prolonger

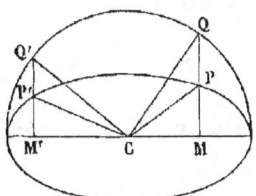

Fig. 82.

l'ordonnée PM du point P jusqu'à sa rencontre Q avec le cercle décrit sur le grand axe de l'ellipse comme diamètre ; joindre QC, et mener le rayon CQ' perpendiculaire à CQ ; l'ordonnée Q'M' coupera l'ellipse au point P', extrémité du diamètre cherché.

En partant de cette construction, on retrouve facilement les expressions données au numéro 172 pour les coordonnées x'' et y'' de P'. On a, en effet,
$$\cos\varphi' = \sin\varphi, \quad \sin\varphi' = -\cos\varphi,$$
par suite,
$$\frac{x''}{a} = \frac{y'}{b}, \quad \frac{y''}{b} = -\frac{x'}{a}.$$

et il résulte de ces valeurs que les triangles PCM, P'CM' sont équivalents.

S. — *Géom. à deux dim.*

Exercices.

1. *Exprimer les longueurs de deux diamètres conjugués en fonction de l'angle φ.*

Réponse. $a'^2 = a^2\cos^2\varphi + b^2\sin^2\varphi$, $\quad b'^2 = a^2\sin^2\varphi + b^2\cos^2\varphi$.

2. *Trouver l'équation d'une corde en fonction des coordonnées φ et φ' de ses extrémités* (n° 102).

Réponse.
$$\frac{x}{a}\cos\tfrac{1}{2}(\varphi+\varphi') + \frac{y}{b}\sin\tfrac{1}{2}(\varphi+\varphi') = \cos\tfrac{1}{2}(\varphi-\varphi').$$

3. *Trouver l'équation de la tangente en fonction de la coordonnée φ du point de contact.*

Réponse. $\quad \dfrac{x}{a}\cos\varphi + \dfrac{y}{b}\sin\varphi = 1.$

4. *Exprimer la longueur D de la corde qui joint les points α et β.*

On a successivement

$$D^2 = a^2(\cos\alpha - \cos\beta)^2 + b^2(\sin\alpha - \sin\beta)^2,$$
$$D = 2\sin\tfrac{1}{2}(\alpha-\beta)[a^2\sin^2\tfrac{1}{2}(\alpha+\beta) + b^2\cos^2\tfrac{1}{2}(\alpha+\beta)]^{\frac{1}{2}},$$

ou, en représentant par b' la longueur du demi-diamètre parallèle à la corde,

$$D = 2b'\sin\tfrac{1}{2}(\alpha-\beta);$$

cette dernière expression s'obtient en observant que la quantité qui se trouve entre parenthèses dans l'expression précédente représente le demi-diamètre conjugué de celui qui passe par le point $\tfrac{1}{2}(\alpha+\beta)$ (Ex. 1); et que la tangente menée au point $\tfrac{1}{2}(\alpha+\beta)$ est parallèle à la corde passant par les points α et β (Ex. 2 et 3).

5. *Trouver l'aire Σ du triangle formé par les trois points α, β, γ.*

On a, d'après le numéro 36,

$$2\Sigma = ab[\sin(\alpha-\beta) + \sin(\beta-\gamma) + \sin(\gamma-\alpha)]$$
$$= ab[2\sin\tfrac{1}{2}(\alpha-\beta)\cos\tfrac{1}{2}(\alpha-\beta) - 2\sin\tfrac{1}{2}(\alpha-\beta)\cos\tfrac{1}{2}(\alpha+\beta-2\gamma)]$$
$$= 4ab\sin\tfrac{1}{2}(\alpha-\beta)\sin\tfrac{1}{2}(\beta-\gamma)\sin\tfrac{1}{2}(\gamma-\alpha),$$

et enfin
$$\Sigma = 2ab \sin\tfrac{1}{2}(\alpha-\beta)\sin\tfrac{1}{2}(\beta-\gamma)\sin\tfrac{1}{2}(\gamma-\alpha).$$

6. *L'aire de tout triangle inscrit, dont les médianes ont pour point de concours le centre de la courbe, est constante.*

7. *Trouver le rayon* R *du cercle circonscrit au triangle formé par les trois points* α, β *et* γ.

Soient d, e, f les côtés et Σ l'air de ce triangle, on a
$$R = \frac{def}{4\Sigma} = \frac{b'b''b'''}{ab},$$
b', b'', b''' étant les demi-diamètres parallèles aux côtés du triangle : si l'on désigne par c', c'', c''' les cordes menées par le foyer parallèlement à ces côtés, on a aussi (n° 227, Ex. 5)
$$R^2 = \frac{c'c''c'''}{p} \quad (^1).$$

8. *Trouver l'équation du cercle circonscrit à ce triangle.*

Réponse.

$$x^2 + y^2 - \frac{2(a^2-b^2)x}{a}\cos\tfrac{1}{2}(\alpha+\beta)\cos\tfrac{1}{2}(\beta+\gamma)\cos\tfrac{1}{2}(\gamma+\alpha)$$
$$- \frac{2(b^2-a^2)y}{b}\sin\tfrac{1}{2}(\alpha+\beta)\sin\tfrac{1}{2}(\beta+\gamma)\sin\tfrac{1}{2}(\gamma+\alpha)$$
$$= \tfrac{1}{2}(a^2+b^2) - \tfrac{1}{2}(a^2-b^2)[\cos(\alpha+\beta)+\cos(\beta+\gamma)+\cos(\gamma+\alpha)].$$

9. *L'aire du triangle formé par trois tangentes est* (n° 39)
$$ab\,\tang\tfrac{1}{2}(\alpha-\beta)\,\tang\tfrac{1}{2}(\beta-\gamma)\,\tang\tfrac{1}{2}(\gamma-\alpha).$$

10. *L'aire du triangle formé par trois normales a pour expression*
$$\frac{c^4}{4ab}\,\tang\tfrac{1}{2}(\alpha-\beta)\,\tang(\beta-\gamma)\,\tang\tfrac{1}{2}(\gamma-\alpha)$$
$$\times [\sin(\beta+\gamma)+\sin(\gamma+\alpha)+\sin(\alpha+\beta)]^2.$$

---

[1] Mac Cullagh, *Dublin Exam. Papers*, 1836, p. 22.

Les trois normales se coupent donc en un même point lorsqu'on a

$$\sin(\beta+\gamma)+\sin(\gamma+\alpha)+\sin(\alpha+\beta)=0. \quad \text{(M. Burnside.)}$$

11. *On prolonge l'ordonnée* MP *d'un point quelconque* P *d'une ellipse jusqu'à sa rencontre* Q *avec le cercle décrit sur le grand axe comme diamètre, puis on joint le point* Q *au centre* C *du cercle, et le point* P *au foyer* F *de l'ellipse; trouver le lieu de l'intersection* O *du rayon vecteur* FP *avec le rayon* CQ.

Prenons le centre C du cercle pour origine, et soient x', y' les coordonnées du point P (*fig.* 83), x et y celles du point O, φ l'angle

Fig. 83.

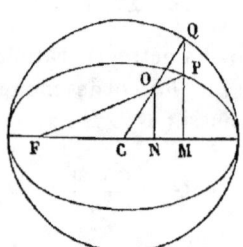

QCM. Les triangles semblables FON, FPM donnent

$$\frac{y}{x+c}=\frac{y'}{x'+c}=\frac{b\sin\varphi}{a(e+\cos\varphi)},$$

et en remplaçant, dans cette relation, x et y par $\rho\cos\varphi$ et $\rho\sin\varphi$, on obtient pour l'équation polaire du lieu

$$\frac{\rho}{c+\rho\cos\varphi}=\frac{b}{a(e+\cos\varphi)},$$

ou

$$\rho=\frac{bc}{c+(a-b)\cos\varphi}.$$

Le lieu cherché est donc une ellipse (n° 193) ayant C et F pour foyers.

12. *Trouver le lieu de l'intersection du rayon* CQ *avec la normale en* P.

La normale a pour équation (n° 180)

$$\frac{a^2 x}{x'}-\frac{b^2 y}{y'}=c^2,$$

ou, en observant que $x' = a\cos\varphi$ et que $y' = b\sin\varphi$,

$$\frac{ax}{\cos\varphi} - \frac{by}{\sin\varphi} = c^2;$$

et il suffit de remplacer dans cette dernière expression x et y par $\rho\cos\varphi$ et $\rho\sin\varphi$ pour obtenir l'équation du lieu,

$$(a-b)\rho = c^2 \quad \text{ou} \quad \rho = a+b;$$

c'est l'équation d'un cercle concentrique à l'ellipse et de rayon $a+b$.

13. *Démontrer que*

$$\tang\tfrac{1}{2}\text{PFC} = \sqrt{\frac{1-e}{1+e}}\,\tang\tfrac{1}{2}\varphi.$$

14. *Par le sommet d'une ellipse, on mène un rayon vecteur à un point (x', y') de la courbe, et par le centre une parallèle à ce rayon vecteur; trouver le lieu de l'intersection de cette parallèle avec la tangente en (x', y').*

La tangente de l'angle que le rayon vecteur fait avec l'axe étant égale à $\dfrac{y'}{x'+a}$, la parallèle menée par le centre a pour équation

$$\frac{y}{x} = \frac{y'}{x'+a} = \frac{b\sin\varphi}{a(1+\cos\varphi)} = \frac{b}{a}\cdot\frac{1-\cos\varphi}{\sin\varphi},$$

ou bien

$$\frac{y}{b}\sin\varphi + \frac{x}{a}\cos\varphi = \frac{x}{a}.$$

Le lieu de l'intersection de cette droite avec la tangente

$$\frac{y}{b}\sin\varphi + \frac{x}{a}\cos\varphi = 1$$

est évidemment $\dfrac{x}{a} = 1$, c'est-à-dire la tangente menée par le sommet opposé à celui d'où part le rayon vecteur.

On trouverait de la même manière le lieu de cette intersection lorsque le rayon vecteur est mené non plus par le sommet, mais par un point quelconque de la courbe; il suffit pour cela de remplacer, dans ce qui précède, a et b par a' et b'. Le lieu est alors la tangente menée par le point diamétralement opposé à celui par lequel passent les rayons vecteurs.

15. *Trouver la longueur de la corde d'une ellipse, menée tangentiellement à l'ellipse confocale, ayant $\sqrt{a^2 - h^2}$, $\sqrt{b^2 - h^2}$ pour demi-axes.*

La condition pour que la corde joignant les points α et β de la première ellipse soit tangente à l'ellipse confocale peut s'écrire (n° 169, Ex. 1)

$$\frac{a^2 - h^2}{a^2} \cos^2 \tfrac{1}{2}(\alpha + \beta) + \frac{b^2 - h^2}{b^2} \sin^2 \tfrac{1}{2}(\alpha + \beta) = \cos^2 \tfrac{1}{2}(\alpha - \beta),$$

ou

$$\sin^2 \tfrac{1}{2}(\alpha - \beta) = \frac{h^2}{a^2 b^2}[b^2 \cos^2 \tfrac{1}{2}(\alpha + \beta) + a^2 \sin^2 \tfrac{1}{2}(\alpha + \beta)],$$

et devient, en représentant par b' le demi-diamètre parallèle à la corde (Ex. 4),

$$\sin \tfrac{1}{2}(\alpha - \beta) = \frac{h}{ab} b'.$$

On en déduit, pour la longueur cherchée,

$$2 b' \sin \tfrac{1}{2}(\alpha - \beta) = \frac{2 h b'^2}{ab}. \qquad \text{(M. Burnside.)}$$

Ce résultat permet d'étendre aux cordes tangentes à des coniques confocales plusieurs théorèmes relatifs aux cordes menées par le foyer. Il fournit également une démonstration immédiate du théorème énoncé au numéro 226 (Ex. 13), en indiquant que les cordes $OR - OR'$, $OS - OS'$ sont entre elles dans le même rapport que les carrés des diamètres qui leur sont parallèles, et, par suite (n° 149), dans le même rapport que les rectangles $OR \cdot OR'$ et $OS \cdot OS'$.

232. La méthode que nous avons exposée dans les numéros précédents ne s'applique pas à l'hyperbole; cependant on peut poser, lorsqu'il s'agit de cette dernière courbe,

$$x' = a \sec\varphi, \quad y' = b \tang\varphi,$$

puisque

$$\left(\frac{x'}{a}\right)^2 - \left(\frac{y'}{b}\right)^2 = 1.$$

L'angle φ est l'angle QCM (*fig.* 84), sous lequel on voit

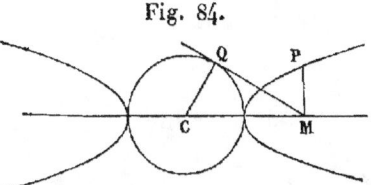

Fig. 84.

du centre C la tangente MQ menée par le pied M de l'ordonnée du point P, ou (x', y'), au cercle décrit sur l'axe transverse comme diamètre; on a, en effet,

$$CM = x' = CQ \sec QCM;$$

on a également $QM = a \tang \varphi$, et comme $PM = y' = b \tang \varphi$, il en résulte que la tangente menée, par le pied de l'ordonnée d'un point de l'hyperbole, au cercle décrit sur l'axe transverse comme diamètre, est dans un rapport constant avec cette ordonnée.

Pour représenter un point (x'', y'') de l'hyperbole conjuguée

$$\left(\frac{y}{b}\right)^2 - \left(\frac{x}{a}\right)^2 = 1,$$

on peut faire de même

$$y'' = b \sec \varphi', \quad x'' = a \tang \varphi'.$$

La relation à laquelle doivent satisfaire les angles φ et φ', pour que les points $(x', y'), (x'', y'')$ soient les extrémités (n° 166) de deux diamètres conjugués, s'obtient en exprimant, à l'aide de φ et de φ', les angles θ et θ' que les diamètres aboutissant en (x', y') et (x'', y'') font avec l'axe des x. On a successivement

$$\tang \theta = \frac{y'}{x'} = \frac{b}{a} \sin \varphi,$$

$$\tang \theta' = \frac{y''}{x''} = \frac{b}{a} \frac{1}{\sin \varphi'};$$

et, en portant ces valeurs dans la relation du n° 170,

$$\tang\theta \tang\theta' = \frac{b^2}{a^2},$$

elle devient

$$\sin\varphi = \sin\varphi',$$

ou plus simplement

$$\varphi = \varphi'.$$

(M. Turner.)

§ III. — De la similitude dans les sections coniques.

233. Deux figures sont *semblables et semblablement placées*, ou *homothétiques* (*fig.* 85), lorsque les rayons vec-

Fig. 85.

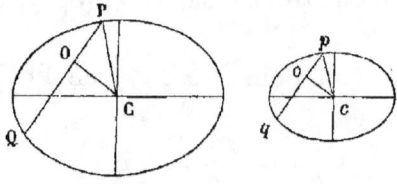

teurs OP, OQ, menés dans la première par un point O, sont dans un rapport constant avec les rayons vecteurs parallèles op, oq menés dans la seconde par un point o. Quand il existe deux points O et o jouissant de cette propriété, il y en a une infinité. Prenons, en effet, dans la première figure un point quelconque C, et joignons OC; dans la seconde figure, menons oc parallèle à OC, de telle sorte que le rapport oc : OC soit égal au rapport constant op : OP; les triangles POC, poc sont semblables; par suite, cp est parallèle à CP, et le rapport de cp à CP est égal au rapport constant op : OP. On prouverait de même que tout autre rayon vecteur passant par c est proportionnel au rayon vecteur parallèle mené par C.

Lorsque deux *coniques à centre* sont *homothétiques*, tous les diamètres de l'une sont proportionnels aux diamètres de l'autre, puisque les rectangles OP.OQ et *op.oq* sont proportionnels aux carrés des diamètres parallèles aux cordes PQ et *pq* (n° 149).

234. *Trouver la condition pour que deux coniques représentées par des équations générales soient homothétiques.*

Le carré d'un demi-diamètre quelconque de l'une des coniques s'obtient, ainsi qu'on peut le voir par une transformation de coordonnées (n° 152), en divisant une constante par la quantité

$$a\cos^2\theta + 2h\cos\theta\sin\theta + b\sin^2\theta,$$

où θ représente l'angle compris entre ce diamètre et l'axe des x; le carré du demi-diamètre qui lui est parallèle dans l'autre conique s'obtient de même, en divisant une constante par la quantité

$$a'\cos^2\theta + 2h'\cos\theta\sin\theta + b'\sin^2\theta.$$

Le rapport de ces diamètres ne peut donc être constant, ou indépendant de θ, que si l'on a

$$\frac{a}{a'} = \frac{h}{h'} = \frac{b}{b'}.$$

Il en résulte que *deux coniques sont homothétiques lorsque les coefficients des termes du deuxième degré de leurs équations sont égaux ou proportionnels.*

235. Les axes de deux coniques homothétiques sont parallèles, puisque le plus grand et le plus petit diamètre de l'une doivent être respectivement parallèles au plus grand et au plus petit diamètre de l'autre.

Quand un diamètre de l'une de ces coniques devient infini, il en est de même du diamètre parallèle de l'autre; ainsi *les asymptotes de deux hyperboles homothétiques sont parallèles*. Cela résulte aussi du théorème démontré au numéro précédent, puisque (n° 1) les directions des asymptotes sont déterminées par l'ensemble des termes du deuxième degré de l'équation de la courbe.

Les coniques semblables ont même excentricité, puisqu'on a évidemment

$$\frac{a^2 - b^2}{a^2} = \frac{m^2 a^2 - m^2 b^2}{m^2 a^2};$$

on peut donc considérer les coniques semblables et semblablement placées comme des coniques de même excentricité, ayant leurs axes parallèles.

Lorsque deux hyperboles ont leurs asymptotes parallèles, elles sont homothétiques. Elles ont, en effet, leurs axes parallèles, puisque les axes d'une hyperbole sont dirigés suivant les bissectrices des angles formés par les asymptotes (n° 155); et, de plus, elles ont même excentricité, puisque l'excentricité d'une hyperbole ne dépend que de l'angle compris entre ses asymptotes (n° 167).

236. Toutes les paraboles ayant même excentricité ($e = 1$), il suffit, pour que deux paraboles soient homothétiques, qu'elles aient leurs axes parallèles. On arrive, du reste, à la même conclusion en observant que l'équation d'une parabole rapportée à son sommet $y^2 = px$ peut se mettre sous la forme

$$\rho = \frac{p \cos \theta}{\sin^2 \theta},$$

et, par suite, que les rayons vecteurs ρ et ρ', correspondant à un même angle θ, et se rapportant à deux paraboles dont les axes sont parallèles, sont entre eux dans le rapport constant de p à p'.

Exercices.

1. *Par un point fixe* O *on mène des rayons vecteurs à une conique, et sur chaque rayon vecteur* OP *on prend une longueur* OQ *proportionnelle à* OP; *trouver le lieu des points* Q.

Il suffit de remplacer ρ par $m\rho$ dans l'équation de la conique pour obtenir l'équation du lieu, qui est une conique homothétique à la première.

Le point O s'appelle le *centre de similitude* des deux coniques : c'est évidemment (n° 115) le point d'intersection des tangentes communes aux deux coniques, puisque, les deux rayons vecteurs infiniment voisins OP, OP' menés à la première devenant égaux, il doit en être de même des deux rayons vecteurs correspondants OQ, OQ' menés à la seconde.

2. *Par le centre de similitude de deux coniques homothétiques, on mène deux rayons vecteurs; démontrer que les cordes qui joignent les extrémités de ces rayons vecteurs sont parallèles ou se rencontrent sur la corde d'intersection des deux coniques.*

Ce théorème se démontre comme celui du numéro 116.

3. *Les six centres de similitude de trois coniques homothétiques sont situés trois par trois sur une même droite* (*fig*. 44, p. 182).

4. *Les segments que deux coniques homothétiques et concentriques interceptent sur une sécante quelconque sont égaux.*

Toute corde menée dans la conique extérieure, tangentiellement à la conique intérieure, est divisée au point de contact en deux parties égales.

Ces théorèmes peuvent se démontrer comme ceux des numéros 196 et 197, qui n'en sont qu'un cas particulier. Les asymptotes d'une hyperbole peuvent, en effet, être considérées comme une conique semblable à l'hyperbole, puisqu'elles ont pour équation l'ensemble des termes du deuxième degré de l'équation de l'hyperbole.

5. *On donne deux ellipses homothétiques et concentriques; par un point quelconque* P *de l'ellipse intérieure, on mène à cette ellipse une tangente qui rencontre l'ellipse extérieure en* T *et* T',

démontrer que toute corde menée dans l'ellipse intérieure par le point P *est égale à la demi-somme des cordes de l'ellipse extérieure qui lui sont parallèles et qui passent par les points* T *et* T′.

237. Deux figures sont semblables, mais non semblablement placées, lorsque les rayons vecteurs proportionnels, au lieu d'être parallèles, font entre eux un angle constant θ, de telle sorte que, en faisant tourner l'une des deux figures de l'angle θ, on obtient deux figures homothétiques.

Trouver la condition pour que deux coniques représentées par des équations générales du second degré soient semblables, quoique non semblablement placées.

Pour trouver cette condition, il suffit de rapporter la première conique à un nouveau système d'axes faisant un angle θ avec le premier, et de voir si l'on peut trouver une valeur de θ qui rende les nouveaux coefficients a, h, b de cette équation proportionnels aux coefficients a', h', b' de la seconde, c'est-à-dire égaux à ma', mh', mb'.

Lorsque les axes primitifs sont rectangulaires et qu'on transforme les coordonnées, les quantités $a+b$, $ab-h^2$ ne changent pas (n° 157); on a alors

$$a + b = m(a' + b'),$$
$$ab - h^2 = m^2(a'b' - h'^2);$$

ce qui donne, pour la condition cherchée,

$$\frac{ab - h^2}{(a+b)^2} = \frac{a'b' - h'^2}{(a'+b')^2}.$$

En se basant sur le théorème du numéro 158, on trouverait de même, dans le cas des axes obliques,

$$\frac{ab - h^2}{(a + b - 2h\cos\omega)^2} = \frac{a'b' - h'^2}{(a' + b' - 2h'\cos\omega)^2}.$$

Cette condition exprime (n°ˢ 74, 154) que l'angle compris

THÉORÈMES ET PROBLÈMES SUR LES SECTIONS CONIQUES. 381

entre les asymptotes, réelles ou imaginaires, de chacune de ces coniques est le même pour l'une et l'autre conique.

§ IV. — DU CONTACT DES SECTIONS CONIQUES.

238. *Deux courbes de degré m et n se coupent en mn points*, puisque l'équation à une seule variable que l'on obtient en éliminant x ou y entre les équations de ces courbes est en général de degré mn. Cette équation est quelquefois d'un degré moindre, lorsque, dans l'élimination, un ou plusieurs des termes renfermant l'inconnue à ses plus hautes puissances viennent à disparaître; mais alors un ou plusieurs points d'intersection se trouvent à l'infini (n° 135), et, en tenant compte de ces points, ainsi que des points imaginaires, on peut toujours considérer les courbes comme se rencontrant en mn points. Il en résulte que *deux coniques se coupent toujours en quatre points*, et, comme on peut joindre quatre points 1, 2, 3, 4 par six droites 12, 34; 13, 24; 14, 23, il s'ensuit que *deux coniques ont toujours trois couples de cordes d'intersection*.

Nous examinerons d'abord le cas où plusieurs points d'intersection des deux coniques viennent à coïncider, et nous renverrons au Chapitre suivant l'étude des particularités que présentent les coniques qui ont des points d'intersection à l'infini.

239. Lorsque deux des points d'intersection coïncident, les coniques se touchent en ayant pour tangente commune la droite menée par ces deux points, et se rencontrent en deux autres points L, M [*fig.* 86 (*a*)], réels ou imaginaires, mais distincts du point de contact T. Les coniques ont alors un *contact du premier ordre*. Lorsque trois des points d'intersection coïncident en T, les coniques ont un *contact du second ordre* et sont dites *osculatrices;* elles ne peuvent alors se couper qu'en un seul autre point L [*fig*. 86 (*b*)]. Enfin, si leurs quatre points d'intersection coïncident en T, elles ont un *contact du troisième ordre* [*fig*. 86 (*c*)]; t,

Fig. 86.

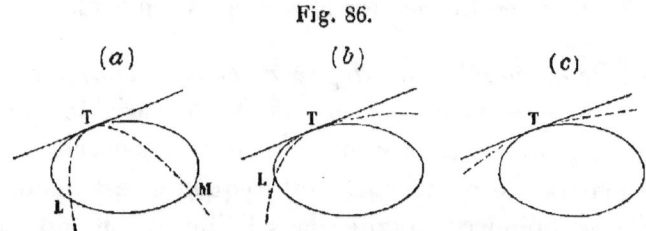

comme elles ne peuvent se couper qu'en quatre points, c'est là l'ordre de contact le plus élevé qu'elles puissent avoir.

Considérons, par exemple, les deux coniques

$$ax + 2hxy + by^2 + 2gx = 0,$$
$$a'x + 2h'xy + b'y^2 + 2g'x = 0;$$

ces coniques passent par l'origine, sont tangentes (n° 144) à l'axe des y, et l'équation

$$x[(ab' - a'b)x + 2(hb' - h'b)y + 2(gb' - g'b)] = 0$$

représente (n° 181, Ex. 2) la figure passant par leurs quatre points d'intersection. Le premier facteur correspond à la tangente commune, autrement dit à la droite déterminée par les deux points d'intersection qui coïncident; le second, à la droite LM menée par les deux autres points.

Lorsque $gb' = g'b$, la droite LM passe par l'origine, et les coniques ont un contact du second ordre. Quand on a, en outre, $hb' = h'b$, la droite LM, dont l'équation se réduit à $x = 0$, coïncide avec la tangente, et les coniques ont un contact du troisième ordre. Dans ce dernier cas, les équations des coniques peuvent se mettre sous la forme

$$ax^2 + 2hxy + by^2 + 2gx = 0, \quad a'x^2 + 2hxy + by^2 + 2gx = 0,$$

et ne diffèrent que par le coefficient de x^2.

240. Deux coniques ont un *double contact* lorsque leurs quatre points d'intersection coïncident deux à deux. La condition pour que les deux coniques du numéro précédent, qui passent par l'origine et sont tangentes à l'axe des y, se touchent en un deuxième point, s'obtiendra en exprimant que la droite LM leur est tangente, ou, plus simplement, que les droites joignant l'origine aux deux autres points d'intersection coïncident. En retranchant l'une de l'autre les équations des coniques, après les avoir multipliées respectivement par g et g', il vient, pour l'équation de ces deux droites,

$$(ag' - a'g)x^2 + 2(hg' - h'g)xy + (bg' - b'g)y^2 = 0,$$

et ces deux droites coïncident lorsqu'on a

$$(ag' - a'g)(bg' - b'g) = (hg' - h'g)^2.$$

241. Nous avons vu (n° 133) qu'une conique peut être assujettie à cinq conditions; on peut donc toujours tracer une conique tangente à une conique donnée et satisfaisant de plus à trois autres conditions; toutefois ces trois conditions se réduisent à deux quand le contact est du deuxième ordre, et à une seule s'il est du troisième. Ainsi, en particulier, on peut toujours construire une *parabole* ayant, à l'origine, un contact du troisième ordre, avec la conique

$$ax^2 + 2hxy + by^2 + 2gx = 0,$$

puisqu'il suffit, pour obtenir l'équation de cette parabole (n° 239), de remplacer dans cette dernière équation a par a', a' étant déterminé par la relation $a'b = h^2$.

Pour que l'équation du second degré représente un cercle, il faut qu'elle remplisse deux conditions; il n'est donc pas possible, en général, de construire un cercle ayant un contact du troisième ordre avec une conique donnée, autrement dit, on ne peut assujettir à passer par quatre points un cercle qui est complètement déterminé par trois points; mais il est facile de trouver l'équation du cercle passant par trois points consécutifs d'une conique, c'est-à-dire ayant avec elle un contact du deuxième ordre. En exprimant, en effet, que l'équation de la conique (n° 239)

$$ax^2 + 2hxy + by^2 + 2gx = 0,$$

et que l'équation du cercle (n° 84, Ex. 3)

$$x^2 + 2xy\cos\omega + y^2 - 2rx\sin\omega = 0,$$

qui lui est tangent à l'origine, satisfont à la condition $gb' = g'b$, trouvé au numéro 239, on obtient, pour déterminer le cercle ayant un contact de deuxième ordre avec la conique,

$$g = -rb\sin\omega,$$

et, par suite,

$$r = \frac{-g}{b\sin\omega}. \quad (^1).$$

On a donné à ce cercle le nom de *cercle osculateur* ou de *cercle de courbure;* son rayon r est le *rayon de courbure* de la conique au point T.

242. *Trouver le rayon de courbure en un point* P *d'une conique à centre.*

(¹) Dans les problèmes suivants, nous déterminerons la grandeur du rayon de courbure r, sans nous préoccuper de son signe, qui indique, d'après l'usage adopté, la direction suivant laquelle ce rayon doit être mesuré, et celle des équations

$$x^2 + 2xy\cos\omega + y^2 \mp 2rx\sin\omega = 0,$$

qu'il convient d'attribuer au cercle osculateur. On doit prendre le signe supérieur quand le centre est dans la direction positive de l'axe des x et le signe inférieur, dans le cas contraire. La formule du texte donne pour r une valeur positive ou négative, suivant que la conique est concave ou convexe vers les x positifs.

Soit
$$\frac{x^2}{a'^2} + \frac{y^2}{b'^2} = 1$$

l'équation de la conique rapportée au diamètre du point P et à son conjugué; pour appliquer les formules du numéro précédent, qui supposent la courbe tangente à l'axe des y, il faut transporter les axes parallèlement à eux-mêmes au point P, ce qui revient à remplacer x par $x + a'$ dans l'équation précédente. L'équation de la conique est alors

$$\frac{x^2}{a'^2} + \frac{y^2}{b'^2} + \frac{2x}{a'} = 0,$$

et on a pour le rayon cherché

$$r = \frac{b'^2}{a' \sin \omega},$$

ou, en observant que le dénominateur $a' \sin \omega$ représente la distance p du centre à la tangente,

$$r = \frac{b'^2}{p}, \quad \text{et} \quad r = \frac{b'^3}{ab} \quad (\text{n}° 175).$$

243. Si l'on représente par N (*fig.* 87) la longueur PN de

Fig. 87.

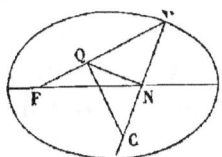

la normale en P, par ψ l'angle FPN compris entre la normale et le rayon vecteur FP issu du foyer, on a

$$N = \frac{bb'}{a} \quad (\text{n}° 181), \quad \cos \psi = \frac{b}{b'} \quad (\text{n}° 188),$$

et, par suite,
$$r = \frac{N}{\cos^2 \psi}.$$

On peut donc trouver le centre C et le rayon PC de courbure en élevant sur la normale PN, au point N où elle rencontre le grand axe, une perpendiculaire NQ qui coupe en Q le rayon vecteur FP issu du foyer; le centre de courbure C se trouve sur la perpendiculaire QC élevée en Q au rayon vecteur FP, et PC représente le rayon de courbure.

244. On peut encore construire le centre de courbure en s'appuyant sur la proposition suivante : *Les cordes d'intersection d'un cercle et d'une conique sont également inclinées sur le grand axe de la conique.* Cette proposition n'est du reste qu'une extension du théorème : *Dans un cercle, les rectangles construits sur les segments de deux cordes qui se coupent sont égaux;* il résulte, en effet, de cette égalité, que les diamètres de la conique, menés parallèlement aux cordes d'intersection, sont égaux (n° 149), et, par suite, que ces diamètres sont également inclinés sur le grand axe de la conique (n° 162). Dans le cas du cercle de courbure, la tangente en T (*fig.* 86 *b*) est une des cordes d'intersection, et la ligne TL est l'autre; il suffit donc, pour déterminer le point L, de mener par T une droite TL faisant avec l'axe le même angle que la tangente. Le cercle de courbure est ainsi déterminé par les points L et T et par la tangente en T.

Cette construction fait voir, en outre, que le cercle osculateur mené à l'un des sommets a un contact de troisième ordre avec la conique.

Exercices.

1. Former, en se servant de la notation de l'angle excentrique, la condition pour que les quatre points α, β, γ, δ d'une conique appartiennent à un même cercle ([1]).

([1]) JOACHIMSTAL, *Crelle*, t. XXXVI, p. 95.

THÉORÈMES ET PROBLÈMES SUR LES SECTIONS CONIQUES. 387

Les cordes $\alpha\beta$ et $\gamma\delta$ ont pour équations

$$\frac{x}{a}\cos\tfrac{1}{2}(\alpha+\beta)+\frac{y}{b}\sin\tfrac{1}{2}(\alpha+\beta)=\cos\tfrac{1}{2}(\alpha-\beta),$$

$$\frac{x}{a}\cos\tfrac{1}{2}(\gamma+\delta)+\frac{y}{b}\sin\tfrac{1}{2}(\gamma+\delta)=\cos\tfrac{1}{2}(\gamma-\delta),$$

et comme elles sont également inclinées sur l'axe de la conique, on a

$$\tang\tfrac{1}{2}(\alpha+\beta)+\tang\tfrac{1}{2}(\gamma+\delta)=0,$$

d'où

$$\alpha+\beta+\gamma+\delta=0, \quad \text{ou} \quad \alpha+\beta+\gamma+\delta=2m\varpi.$$

2. *Trouver les coordonnées δ, X et Y du point où le cercle osculateur en (x', y') rencontre de nouveau la conique.*

On a dans ce cas

$$\alpha=\beta=\gamma, \quad \delta=-3\alpha,$$

et, par suite,

$$X=\frac{4x'^3}{a^2}-3x', \quad Y=\frac{4y'^3}{b^2}-3y'.$$

3. *Quand les trois normales menées par les points α, β, γ concourent en un même point, la quatrième normale, menée à la courbe par ce dernier point, rencontre la courbe en un point δ, tel que*

$$\alpha+\beta+\gamma+\delta=(2m+1)\varpi.$$

4. *Trouver l'équation de la corde de courbure* TL *(fig. 86 b).*

Réponse. $\quad \dfrac{x}{a}\cos\alpha-\dfrac{y}{b}\sin\alpha=\cos 2\alpha.$

5. *Sur toute conique il existe trois points dont les cercles osculateurs passent par un point donné de la courbe; ces points appartiennent à un cercle qui passe par le point donné, et forment un triangle dont les médianes se coupent au centre de la conique* ([1]).

Soit δ le point donné. Pour déterminer le point de contact α du cercle osculateur qui rencontre la conique en δ, on aura, d'après

---

([1]) STEINER, *Crelle*, t. XXXII, p. 300; — JOACHIMSTAL, *Crelle*, t. XXVI, p. 95.

l'Exercice 2, $\alpha = -\dfrac{\delta}{3}$; et comme le sinus et le cosinus d'un angle δ ne changent pas lorsque cet angle augmente de 360°, on pourra aussi bien prendre $\alpha = -\dfrac{\delta}{3} + 120°$, $\alpha = -\dfrac{\delta}{3} + 240°$ que $\alpha = -\dfrac{\delta}{3}$; ces trois points et le point δ sont d'ailleurs (Ex. 1) sur un même cercle.

Les équations du troisième degré, qui servent (Ex. 2) à déterminer les coordonnées x' et y' des points de contact en fonction des coordonnées X et Y du point δ, n'ont pas de second terme; il en résulte que la somme des trois valeurs de x' est nulle, ainsi que celle des trois valeurs de y', et par suite (n° 7, Ex. 4), que l'origine se confond avec le point de concours des médianes du triangle formé par les trois points. Il est d'ailleurs facile de voir que, lorsque le point de concours des médianes d'un triangle inscrit dans une conique coïncide avec le centre de cette conique, les normales menées par les sommets du triangle sont les hauteurs du triangle, et par suite se coupent en un même point.

245. *Trouver le rayon de courbure de la parabole.*

L'équation de la parabole, rapportée à une tangente et au diamètre qui lui correspond, étant $y^2 = p'x$, on a (n° 241) pour le rayon de courbure

$$r = \frac{p'}{2\sin\theta},$$

θ représentant l'angle formé par les axes. L'expression trouvée plus haut $\dfrac{N}{\cos^2\psi}$ pour les coniques à centre s'applique également à la parabole, ainsi que la construction qui s'en déduit, puisqu'on a

$N = \tfrac{1}{2} p' \sin\theta$ (n°ˢ 212, 213), et $\psi = 90° - \theta$ (n° 217).

Exercices.

1. *Dans toutes les sections coniques, le rayon de courbure est égal au cube de la normale, divisé par le carré du demi-paramètre.*

THÉORÈMES ET PROBLÈMES SUR LES SECTIONS CONIQUES. 389

2. *Exprimer le rayon de courbure d'une ellipse en fonction de l'angle que la normale fait avec l'axe.*

3. *Trouver la longueur des cordes du cercle osculateur qui passent : 1° par le centre ; 2° par le foyer d'une conique à centre.*

Réponse. $\quad 1° \dfrac{2b'^2}{a'}; \quad 2° \dfrac{2b'^2}{a}.$

4. *La corde focale de courbure* (¹) *d'une conique est égale à la corde de la conique menée par le foyer parallèlement à la tangente au point d'osculation.*

5. *Dans la parabole, la corde focale de courbure est égale au paramètre du diamètre passant par le point d'osculation.*

246. *Trouver les coordonnées x et y du centre de courbure d'une conique à centre.*

L'ordonnée s'obtient évidemment en retranchant de l'ordonnée du point d'osculation (x', y') la projection du rayon de courbure sur l'axe des y, ou, ce qui revient au même, le produit du rayon de courbure $\dfrac{b'^2}{p}$ par $\dfrac{y'}{N}$, puisque le rapport de ce rayon à sa projection sur l'axe des y est le même que celui de la normale N à l'ordonnée y'. On a ainsi

$$y = y' - \frac{b'^2}{p} \frac{y'}{N},$$

et cette expression se réduit à

$$y = \frac{b^2 - a^2}{b^4} y'^3,$$

en observant que $\dfrac{b'^2}{p} \dfrac{y'}{N} = \dfrac{b'^2 y'}{b^2}$ et que $b'^2 = b^2 + \dfrac{c^2}{b^2} y'^2$.

On trouverait de même

$$x = \frac{a^2 - b^2}{a^4} x'^3.$$

(¹) C'est-à-dire la corde du cercle osculateur passant par le foyer et par le point d'osculation.

Nous serions arrivés au même résultat en partant de l'équation de l'Exercice 8 du numéro 231, et en y faisant $\alpha = \beta = \gamma$.

On peut encore trouver ces coordonnées en observant que le centre du cercle circonscrit à un triangle est le point de concours des perpendiculaires élevées sur les milieux des côtés. Le cercle osculateur est circonscrit au triangle formé par trois points consécutifs de la courbe; deux des côtés de ce triangle sont les tangentes consécutives, les perpendiculaires élevées en leurs milieux sont les normales correspondantes; il en résulte que *le centre de courbure d'une courbe est l'intersection de deux normales consécutives à cette courbe;* et en faisant, dans les équations du numéro 181 (Ex. 4), $x' = x'' = X, y' = y'' = Y$, on retombe sur les valeurs données ci-dessus.

247. *Trouver les coordonnées x et y du centre de courbure de la parabole.*

La projection $\dfrac{y'}{\sin^2 \theta}$ du rayon de courbure sur l'axe des y s'obtient, comme précédemment, en multipliant le rayon de courbure $\dfrac{N}{\sin^2 \theta}$ par $\dfrac{y'}{N}$, et, en retranchant cette projection de y', on trouve pour l'ordonnée du centre de courbure

$$y = -\frac{y'}{\tan^2 \theta} = -\frac{4y'^3}{p^2} \quad (\text{n}^\text{o}\ 212);$$

on a de même pour l'abscisse

$$x = x' + \frac{p}{2\sin^2 \theta} = x' + \frac{p + 4x'}{2} = 3x' + \tfrac{1}{2}p.$$

Ces coordonnées peuvent aussi se déduire des expressions données au numéro 227 (Ex. 10).

248. La *développée* d'une courbe est le lieu des centres de courbure de ses différents points. Pour trouver l'équation de cette développée, il suffit donc d'éliminer x' et y' entre l'expression des coordonnées du centre de courbure et l'équation de la courbe. On a ainsi, pour les coniques à centre,

$$\frac{x^{\frac{2}{3}}}{\left(\dfrac{c^2}{a}\right)^{\frac{2}{3}}} + \frac{y^{\frac{2}{3}}}{\left(\dfrac{c^2}{b}\right)^{\frac{2}{3}}} = 1,$$

et pour la parabole,

$$27py^2 = 16\left(x - \frac{1}{2}p\right)^3.$$

Cette dernière courbe porte le nom de *parabole semi-cubique*.

CHAPITRE XIV.

APPLICATION DE LA MÉTHODE DES NOTATIONS ABRÉGÉES
AUX SECTIONS CONIQUES.

---

249. L'équation $S = kS'$ (n° 40) représente une conique passant par les quatre points d'intersection, réels ou imaginaires, des deux coniques $S = 0$, $S' = 0$, et, comme on peut déterminer k de manière qu'elle soit vérifiée par les coordonnées d'un cinquième point, il s'ensuit qu'elle représente une conique passant par cinq points ([1]).

Il en est évidemment encore de même lorsque l'une ou l'autre des expressions S et S', ou toutes les deux, se décomposent en facteurs. Ainsi l'équation $S = k\alpha\beta$, étant vérifiée par les coordonnées des quatre points où les droites α, β rencontrent S, représente une conique passant par ces quatre points, ou, en d'autres termes, une conique ayant α et β pour cordes d'intersection avec S. Quand α, ou β, ne rencontre

---

([1]) L'équation la plus générale d'une conique assujettie à quatre conditions doit évidemment renfermer une indéterminée, puisqu'il faut cinq conditions pour déterminer une conique, et la valeur de cette indéterminée ne pourra être fixée que si l'on donne une cinquième condition. Pour la même raison, l'équation la plus générale d'une conique assujettie à trois conditions renfermera deux indéterminées. Revoir, à ce sujet, les équations d'une conique passant par trois points ou tangente à trois droites (n°⁵ 124 et 129).

Lorsque les quatre conditions auxquelles on assujettit une conique se traduisent par des équations où les coefficients de l'équation de la conique ne figurent qu'au premier degré, cette conique passe par quatre points fixes, puisqu'en éliminant tous ces coefficients, sauf un, on peut ramener son équation à la forme $S = kS'$.

pas S en des points réels, on doit encore considérer α comme une corde d'intersection ; l'intersection est imaginaire, mais la corde n'en possède pas moins, ainsi que nous avons pu le constater dans le cas du cercle, (n° 106), un certain nombre de propriétés importantes par rapport aux deux coniques. On verrait de même que $αγ = kβδ$ représente une conique circonscrite au quadrilatère $αβγδ$ (n° 122) ([1]).

Ces diverses conclusions ne supposent pas nécessairement que α représente, comme au numéro 53, une droite dont l'équation a été mise sous la forme $x\cos α + y\sin α = p$; elles s'étendent évidemment au cas où l'on représente par α l'équation du premier degré dans sa forme la plus générale.

250. La condition pour que $S - kS' = 0$ représente deux droites s'obtient en remplaçant $a, b, \ldots$ par $a + ka, b + kb$ dans la relation

$$abc + 2fgh - af^2 - bg^2 - ch^2 = 0,$$

ce qui donne une équation du troisième degré pour déterminer k. Il y a donc trois valeurs de k pour lesquelles $S - kS' = 0$ représente deux droites ; et si l'on désigne ces valeurs par k', k'', k''', on a, pour représenter les trois couples de cordes qui joignent les quatre points d'intersection de S et S' (n° 238), les trois équations

$$S - k'S' = 0, \quad S - k''S' = 0, \quad S - k'''S' = 0.$$

Exercices.

1. *Former l'équation d'une conique passant par les points où la conique S rencontre les axes de coordonnées.*

---

[1] Quand deux des trois couples de cordes qui joignent quatre points d'une conique S sont représentés, l'un par $αβ$, l'autre par $γδ$, il est indifférent de mettre l'équation générale des coniques passant par les quatre points sous l'une ou l'autre des formes $S - kαβ$, $S - kγδ$, $αβ - kγδ$, où k est indéterminé ; puisque, en vertu du principe général, l'équation de S est elle-même de la forme $αβ - kγδ$.

Ce sont les axes $x=0$, $y=0$ qui sont ici les cordes d'intersection; l'équation cherchée sera donc $S = kxy$, k étant une indéterminée (n° 151, Ex. 1).

2. *Trouver l'équation de la conique passant par les cinq points* $(1, 2), (3, 5), (-1, 4), (-3, -1), (-4, 3)$.

En formant les équations des côtés du quadrilatère qui a pour sommets les quatre premiers points, on voit qu'on peut mettre l'équation de la conique sous la forme

$$(3x - 2y + 1)(5x - 2y + 13) = k(x - 4y + 17)(3x - 4y + 5),$$

et en écrivant que cette équation est vérifiée par les coordonnées du cinquième point $(-4, 3)$, on trouve $k = -\dfrac{221}{19}$; ce qui donne, toutes réductions faites,

$$79x^2 - 320xy + 301y^2 + 1101x - 1665y + 1586 = 0.$$

251. Lorsqu'une des droites α, β est tangente à S, ou lorsque ces droites se coupent en un point de S, les deux coniques S et $S - k\alpha\beta$ sont tangentes, puisque deux de leurs points d'intersection coïncident. Ainsi, $T = 0$ étant l'équation de la tangente à S au point (x', y'),

$$S = T(lx + my + n)$$

sera l'équation la plus générale des coniques qui touchent S en (x', y') et si, à cette condition de contact, on ajoute trois autres conditions, on aura toutes les données nécessaires pour calculer l, m, n, et par suite, pour déterminer la conique.

Quand la droite $lx + my + n$ passe par (x', y'), trois des points d'intersection des coniques coïncident; l'équation la plus générale d'une conique osculatrice à S en (x', y') est donc $S = T(lx + my - lx' - my')$. Pour en déduire l'équation du *cercle osculateur*, il suffit d'exprimer que le terme en xy s'évanouit et que les coefficients de x^2 et de y^2 sont égaux : on a ainsi deux conditions pour déterminer l et m.

Lorsque la droite $lx + my + n$ coïncide avec T, l'équation de la seconde conique prend la forme $S = kT^2$ et les deux coniques ont quatre points consécutifs communs. L'équation $S = kT^2$ représente donc une conique ayant avec S un contact de troisième ordre (n° 239).

Exercices.

1. *Les axes de S sont parallèles à ceux de $S - kS'$, lorsqu'ils le sont à ceux de S'.*

Quand on prend pour axes coordonnés des parallèles aux axes de S, les équations $S = 0$ et $S' = 0$ n'ont pas de terme en xy, et il en est évidemment de même de $S - kS' = 0$. Lorsque S' est un cercle, les axes de $S - kS'$ sont parallèles aux axes de S. Dans le cas où $S - kS'$ représente deux droites, les axes de $S - kS'$ ne sont autre chose que les bissectrices intérieure et extérieure de l'angle formé par ces droites, et on retombe sur le théorème du numéro 244.

2. Quand les axes de coordonnées sont parallèles aux axes de S et de $S - k\alpha\beta$, les équations de α et β sont de la forme
$$lx + my + n = 0, \quad lx - my + n' = 0.$$

3. *Former l'équation du cercle osculateur à une conique à centre.*

Cette équation doit être de la forme
$$\frac{x^2}{a^2} + \frac{y^2}{b^2} - 1 = \left(\frac{xx'}{a^2} + \frac{yy'}{b^2} - 1\right)(lx + my - lx' - my'),$$
qui se réduit à
$$\lambda\left(\frac{x^2}{a^2} + \frac{y^2}{b^2} - 1\right) = \left(\frac{xx'}{a^2} + \frac{yy'}{b^2} - 1\right)\left(\frac{xx'}{a^2} - \frac{yy'}{b^2} - \frac{x'^2}{a^2} + \frac{y'^2}{b^2}\right),$$
lorsqu'on exprime que le terme en xy s'évanouit. Pour que les coefficients de x^2 et de y^2 soient égaux, il faut que l'on ait $\lambda = \dfrac{b'^2}{b^2 - a^2}$, ce qui donne, pour le cercle osculateur cherché,
$$x^2 + y^2 - \frac{2(a^2 - b^2)x'^2 x}{a^4} - \frac{2(b^2 - a^2)y'^2 y}{b^4} + a'^2 - 2b'^2 = 0.$$

4. *Trouver l'équation du cercle osculateur à une parabole.*

Réponse.

$$(p^2 + 4px')(y^2 - px) = [2yy' - p(x+x')](2yy' + px - 3px').$$

252. Nous avons vu que l'équation $S - k\alpha\beta = 0$ représente une conique passant par les quatre points P, Q, p, q (*fig.* 88), où α et β rencontrent S; il est d'ailleurs évident,

Fig. 88.

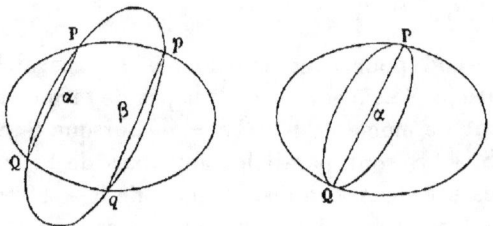

que les points P et p, Q et q sont d'autant plus voisins, que les droites α et β sont elles-mêmes plus voisines l'une de l'autre. Quand ces droites se confondent, les points P et p, Q et q coïncident, et la seconde conique touche la première en P et en Q. *L'équation* $S - k\alpha^2 = 0$ *représente donc une conique ayant avec S un double contact suivant la droite α*. Lorsque α ne rencontre pas S, α est imaginaire, mais représente toujours la corde de contact de S et de $S - k\alpha^2$. On verrait de même que $\alpha\gamma = k\beta^2$ représente une conique qui touche les droites α et γ, aux points où ces droites rencontrent β (n° 123).

L'équation d'une conique, ayant avec S un double contact aux points (x', y'), (x'', y''), peut encore se mettre sous la forme $S = k\text{TT}'$, en désignant par T et T' les équations des tangentes en ces points.

253. Lorsque la droite α est parallèle à une asymptote de S, elle est aussi parallèle à une asymptote de $S - k\alpha\beta$, et l'équation $S = k\alpha\beta$ représente un système de coniques passant par quatre points donnés, dont un à l'infini. Quand β est en outre parallèle à l'autre asymptote de S, l'équation $S = k\alpha\beta$ représente un système de coniques passant par deux des points à l'infini de la courbe S. On peut, du reste, reconnaître facilement les équations qui représentent des coniques ayant des points d'intersection à l'infini; il suffit, pour cela, de se rappeler que l'équation d'une droite à l'infini se réduit à une constante (n° 67), c'est-à-dire à $0.x + 0.y + C = 0$, et par suite, qu'on peut rendre à une équation l'homogénéité qui lui manque (n° 69), en y remplaçant un ou plusieurs facteurs constants par $0.x + 0.y + C$. Ainsi l'équation $xy = k^2$, qui est celle d'une conique rapportée à ses asymptotes (n° 199), n'est qu'un cas particulier de l'équation $\alpha\gamma = \beta^2$ qui représente une conique rapportée à deux tangentes et à leur corde de contact (n°^{os} 123, 252); en la mettant sous la forme $xy = (0.x + 0.y + k)^2$, on voit, en effet, que les droites x et y sont des tangentes qui ont leur corde de contact à l'infini (n° 154).

254. L'équation de la parabole $y^2 = px$ n'est elle-même qu'un cas particulier de l'équation générale $\alpha\gamma = \beta^2$; on peut, en effet, la mettre sous la forme $x(0.x + 0.y + p) = y^2$, qui montre que la courbe est tangente non seulement à la droite x au point où cette droite rencontre y, mais encore à la droite à l'infini p, au point où cette droite à l'infini rencontre y. On arriverait à la même conclusion en partant de l'équation générale de la parabole, qu'on peut écrire

$$(\alpha x + \beta y)^2 + (2gx + 2fy + c)(0.x + 0.y + 1) = 0,$$

et qui montre que la droite $2gx + 2fy + c$ et la droite à l'infini sont des tangentes ayant le diamètre $\alpha x + \beta y$ pour corde de contact. Il en résulte que *toute parabole a une tangente située tout entière à l'infini*. Il y a lieu de remarquer, du reste, que les deux points de la parabole situés à l'infini coïncident, puisque l'équation qui les détermine est un carré parfait (n° 137), et par suite que la droite à l'infini peut être considérée comme une tangente (n° 83).

Exercice.

L'équation générale

$$ax^2 + 2hxy + by^2 + 2gx + 2fy + c = 0$$

peut être regardée comme un cas particulier de l'équation

$$\alpha\gamma = k\beta\delta \quad (n° 122).$$

Les trois premiers termes représentent, en effet, deux droites α et γ qui passent par l'origine, et les trois derniers, la droite β située à l'infini, et la droite δ ou $2gx + 2fy + c$. Les lignes α et γ rencontrent donc la courbe à l'infini, et δ représente la droite passant par les points où α et γ rencontrent la courbe à une distance finie.

255. En se reportant encore au numéro 253, on peut voir que $S = k\beta$ représente un système de coniques passant par les deux points situés à une distance finie où β rencontre S, et par les deux points à l'infini où S est rencontrée par $0.x + 0.y + k$; et comme il est évident que les coefficients de x^2, de y^2 et de xy sont les mêmes dans $S = 0$ et dans $S - k\beta = 0$, il s'ensuit que ces équations sont celles de deux coniques semblables et semblablement placées (n° 234). Donc, *deux coniques homothétiques se coupent toujours en deux points à l'infini, et ne peuvent, par suite, se rencontrer qu'en deux points situés à une distance finie.*

On peut arriver géométriquement au même résultat en considérant successivement les trois genres de coniques :

1° *Hyperboles.* — Les asymptotes de deux hyperboles homothétiques sont parallèles (n° 285), ou, en d'autres termes, se coupent à l'infini; et comme chaque asymptote rencontre sa courbe à l'infini, il s'ensuit que le point à l'infini, où se rencontrent deux asymptotes parallèles, est un point commun aux deux hyperboles. Les points à l'infini, où se rencontrent les droites OY et oy, OX et ox (*fig.* 89),

Fig. 89.

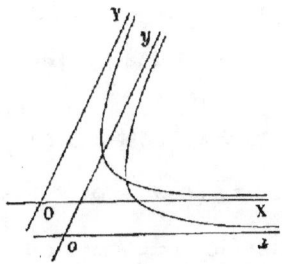

sont donc communs aux deux courbes ; on voit en outre, sur la *fig.* 89, un des points d'intersection situé à une distance finie ; l'autre se trouve sur les deuxièmes branches des hyperboles.

2° *Ellipses.* — Les ellipses ne diffèrent des hyperboles qu'en ce que les asymptotes sont imaginaires au lieu d'être réelles. Les directions des points à l'infini de deux ellipses semblables sont d'ailleurs déterminées par la même équation

$$ax^2 + 2hxy + by^2 = 0 \quad (\text{n}^\text{os}\ 136, 234),$$

et, bien que les racines de cette équation soient imaginaires, il n'en est pas moins vrai de dire que ces racines ont la même valeur pour l'une et l'autre ellipse, et, par suite, que ces ellipses peuvent être considérées comme se coupant en deux points imaginaires situés à l'infini. Cette manière de voir n'est, du reste, qu'une extension de ce que nous avons dit au numéro 249 sur les cordes imaginaires d'intersection des courbes S et S — $k\alpha\beta$, au cas où l'une des droites α, β passe à l'infini.

3° *Paraboles.* — Toutes les paraboles ont une tangente à l'infini (n° 254) ; la direction du point de contact, ne dépendant que des trois premiers termes de l'équation, est la même pour deux paraboles semblablement placées. Donc, *deux paraboles homothétiques se touchent à l'infini.*

Il résulte de ce qui précède que les deux points à l'infini, communs à deux coniques homothétiques, sont réels, imaginaires, ou coïncident, suivant que ces coniques sont des hyperboles, des ellipses ou des paraboles.

256. L'équation $S = k$, c'est-à-dire

$$S = k(0.x + 0.y + 1)^2,$$

est un cas particulier de $S = k\alpha^2$; elle représente par suite (n° 252) une conique ayant avec S un double contact suivant une droite à l'infini; et, comme $S - k$ ne diffère de S que par un terme constant, les coniques $S = 0$ et $S - k = 0$ sont non seulement homothétiques, puisque les trois premiers termes de leurs équations sont identiques, mais encore concentriques, puisque les coordonnées du centre d'une conique sont indépendantes de la constante c (n° 140). Donc, *deux coniques homothétiques et concentriques peuvent être considérées comme se touchant en deux points situés à l'infini.* Il y a lieu de remarquer, d'ailleurs, que les asymptotes de ces deux coniques non seulement sont parallèles, mais encore coïncident; et, par suite, que ces courbes passent par les deux mêmes points à l'infini et ont mêmes tangentes en ces points.

Lorsque les courbes S, $S - k^2$ sont des paraboles, elles ont même tangente à l'infini, et, par suite, ont un contact du troisième ordre à l'infini (n° 254); mais deux paraboles dont les équations ne diffèrent que par une constante sont égales, puisque les paraboles $y^2 = px$, $y^2 = p(x + n)$, qui sont évidemment égales, restent encore égales quand on déplace les axes de coordonnées. D'ailleurs (n° 205), l'expression du paramètre est indépendante du terme constant. Les paraboles S, $S - k^2$ sont donc égales, et l'on voit que *deux paraboles égales, et placées de manière que leurs axes coïncident, peuvent être considérées comme ayant un contact du troisième ordre à l'infini.*

257. Tous les cercles sont des courbes semblables, puisque leurs équations ne diffèrent que par les termes du premier degré; il en résulte que *tous les cercles passent par les deux mêmes points imaginaires situés à l'infini*(¹), et, par suite, que deux cercles ne peuvent se couper en plus de deux points situés à une distance finie; il en résulte, en outre, que *tous les cercles concentriques se touchent en deux points imaginaires à l'infini*, et, par conséquent, que deux cercles concentriques ne peuvent se rencontrer en aucun point situé à une distance finie. Nous verrons par la suite que les théorèmes relatifs aux cercles ne sont, le plus souvent, qu'un cas particulier des théorèmes qui se rapportent aux coniques passant par deux points fixes.

258. Considérons encore l'équation $l^2\alpha^2 + m^2\beta^2 = n^2\gamma^2$, qui représente une section conique ayant le triangle $\alpha\beta\gamma$ pour triangle autopolaire (n° 99); elle peut se mettre sous l'une ou l'autre des formes

$$n^2\gamma^2 - m^2\beta^2 = l^2\alpha^2; \quad n^2\gamma^2 - l^2\alpha^2 = m^2\beta^2; \quad l^2\alpha^2 + m^2\beta^2 = n^2\gamma^2.$$

La première montre que les droites $n\gamma + m\beta$, $n\gamma - m\beta$, qui se coupent en (β, γ), sont tangentes à la conique et ont α pour corde de contact; le point (β, γ) est donc le pôle de α. La deuxième fait voir de même que (γ, α) est le pôle de β, et par suite que (α, β) est le pôle de γ. Mais cette dernière conclusion peut aussi se tirer de la troisième forme, qui

---

(¹) On donne quelquefois à ces deux points le nom de *points cycliques* du plan. Voir Rouché et de Comberousse, *Traité de Géométrie*, Tome II, 5ᵉ édition, page 369.

S. — *Géom. à deux dim.*

exprime que les deux droites imaginaires $l\alpha \pm m\beta\sqrt{-1}$ sont tangentes à la conique et ont γ pour corde de contact : ces droites se coupent, en effet, en un point réel (α, β) qui est le pôle de γ, et qui est à l'intérieur de la conique, puisque les tangentes issues de ce point sont imaginaires.

On verrait, en suivant le même procédé, que l'équation

$$a\alpha^2 + 2h\alpha\beta + b\beta^2 = c\gamma^2$$

représente une conique par rapport à laquelle (α, β) est le pôle de γ, puisque son premier membre peut se décomposer en deux facteurs qui correspondent à des droites se coupant en (α, β).

Corollaire. — Quand $l^2\alpha^2 + m^2\beta^2 = n^2\gamma^2$ représente un cercle, le centre de ce cercle se trouve au point de concours des hauteurs du triangle $\alpha\beta\gamma$; on sait, en effet, que dans le cercle la perpendiculaire, abaissée d'un point quelconque sur sa polaire, passe par le centre.

259. Notons ici quelques théorèmes, qui ne sont que la traduction des équations précédentes, faite au moyen du principe énoncé au numéro 34.

L'équation $\alpha\gamma = k\beta^2$ fait voir que (n° 123) : *Le produit des distances d'un point quelconque d'une conique à deux tangentes fixes est dans un rapport constant avec le carré de la distance de ce même point à la corde de contact.*

L'équation $\alpha\gamma = k\beta\delta$ peut s'énoncer ainsi (n° 122) : *Le produit des distances d'un point quelconque d'une conique aux deux côtés opposés d'un quadrilatère inscrit est dans un rapport constant avec le produit des distances de ce même point aux deux autres côtés.*

De là résulte le théorème suivant : *Le rapport anharmonique du faisceau obtenu en joignant un point* O *quelconque d'une conique à quatre points fixes* A, B, C, D *de* cette conique est constant, quelle que soit la position du point O sur la conique.

On a, en effet, pour les distances du point O (*fig.* 90) aux côtés du quadrilatère ABCD,

$$\alpha = \frac{OA \cdot OB \sin AOB}{AB}, \quad \gamma = \frac{OC \cdot OD \sin COD}{CD}, \quad \ldots;$$

en portant ces valeurs dans l'équation $\alpha\gamma = k\beta\delta$, elle devient, toutes réductions faites,

$$\frac{\sin AOB \sin COD}{\sin BOC \sin AOD} = k \frac{AB \cdot CD}{BC \cdot AD},$$

et reproduit l'énoncé même du théorème, puisque le premier

Fig. 90.

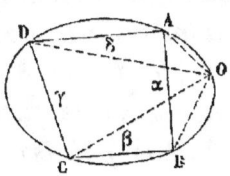

membre représente le rapport anharmonique du faisceau OA, OB, OC, OD, et que le second est constant.

Les conséquences de ce théorème sont si nombreuses et si importantes que nous consacrerons un Chapitre spécial à leur développement.

260. Lorsque $S = 0$ est l'équation d'un cercle, S représente (n° 90) le carré de la tangente menée au cercle par le point (x, y), et l'équation $S - k\alpha\beta = 0$, qui est celle d'une conique ayant α et β pour cordes d'intersection avec le cercle, exprime que : *Si le carré de la tangente, menée par un point à un cercle fixe, est dans un rapport constant avec le produit des distances du même point à deux droites fixes,* *ce point décrit une conique qui passe par les quatre points d'intersection des droites avec le cercle.*

Ce dernier théorème subsiste, quelles que soient la grandeur du cercle et la nature, réelle ou imaginaire, des points d'intersection des droites avec le cercle. Dans le cas où le cercle est infiniment petit, il peut s'énoncer de la manière suivante : *Le lieu décrit par un point tel que le carré de sa distance à un point fixe soit dans un rapport constant avec le produit de ses distances à deux droites fixes, est une section conique.* Les droites fixes doivent être alors considérées comme les cordes d'intersection imaginaire de la conique avec un cercle infiniment petit ayant le point fixe pour centre.

261. On peut tirer des déductions analogues de l'équation $S - k\alpha^2 = 0$, lorsque S représente un cercle. Ainsi donc : *Le lieu des points, dont les distances à une droite fixe sont dans un rapport constant avec les tangentes menées par ces mêmes points à un cercle fixe, est une conique qui touche le cercle aux deux points où il est rencontré par la droite;* et réciproquement : *Quand un cercle a un double contact avec une conique, la tangente menée au cercle par un point de la conique est dans un rapport constant avec la distance de ce point à la corde de contact.*

Dans le cas particulier où le cercle est infiniment petit, on retombe sur la propriété fondamentale du foyer et de la directrice; par suite : *Le foyer d'une conique peut être considéré comme un cercle infiniment petit touchant la conique en deux points imaginaires situés sur la directrice.*

262. En général : *Le résultat obtenu, en remplaçant dans l'équation d'une conique les coordonnées courantes par les coordonnées d'un point quelconque, est propor-*

tionnel au produit des segments de la corde menée par ce point, parallèlement à une direction donnée (¹).

En désignant par c' (n° 134) le résultat de la substitution indiquée, ce produit a, en effet, pour expression (n° 148)

$$\frac{c'}{a\cos^2\theta + 2h\cos\theta\sin\theta + b\sin^2\theta},$$

et il est proportionnel à c', tant que θ reste constant.

Exercices.

1. *Lorsque deux coniques ont un double contact, le carré de la perpendiculaire abaissée d'un point de la première sur la corde des contacts est dans un rapport constant avec le produit des segments déterminés par la seconde sur cette perpendiculaire.*

2. *Étant données deux coniques, on mène une droite quelconque qui rencontre les coniques aux points* P, Q, p, q ; *puis on prend sur cette droite un point* O, *tel que les produits* OP.OQ *et* Op.Oq *soient dans un rapport donné; trouver le lieu du point* O *quand la droite se déplace parallèlement à elle-même.*

Une conique passant par les points d'intersection des coniques données.

3. *Le diamètre du cercle circonscrit au triangle, formé par deux tangentes à une conique à centre et par leur corde de contact, est égal à* $\dfrac{b'b''}{p}$, b' *et* b'' *désignant les demi-diamètres parallèles aux tangentes, et* p *la distance du centre à la corde de contact.* (M. BURNSIDE.)

Nous supposerons, pour simplifier, qu'on ait multiplié l'équation de la conique par une constante telle, que le résultat de la substitution des coordonnées du centre soit égal à l'unité.

Soient t', t'' les longueurs des tangentes, S' le résultat de la substi-

---

(¹) Ce théorème s'applique aux courbes de degré quelconque.

tution des coordonnées de leur point d'intersection dans l'équation de la conique, et ϖ la distance du sommet du triangle à la corde de contact; on a, d'après le théorème énoncé ci-dessus,

$$t'^2 : b'^2 :: S' : 1, \quad t''^2 : b''^2 :: S' : 1,$$

et, d'après la remarque du numéro 152,

$$\varpi : p :: S' : 1;$$

il en résulte que

$$\frac{t' t''}{\varpi} = \frac{b' b''}{p},$$

et l'on sait, par la Géométrie élémentaire, que le premier membre de cette équation représente le diamètre du cercle circonscrit au triangle.

4. La valeur (n° 242) du rayon de courbure peut se déduire de l'expression précédente, en observant que le diamètre du cercle circonscrit devient égal au rayon de courbure quand les deux tangentes coïncident; mais on peut aussi la déduire du théorème ci-après, qui a été indiqué par M. Roberts.

Si l'on représente par n et n' les longueurs de deux normales qui se coupent, par p et p' les distances du centre de la conique aux tangentes correspondantes, et par b' le demi-diamètre parallèle à leur corde de contact, on a la relation

$$np + n'p' = 2b'^2.$$

Soient S' le résultat de la substitution des coordonnées du milieu de la corde de contact dans l'équation de la conique; ϖ, ϖ' les distances de ce point aux tangentes, et 2β la longueur de la corde; en suivant la même marche que dans l'Exercice précédent, on trouve

$$\beta^2 = b'^2 S', \quad \varpi = p S', \quad \varpi' = p' S';$$

et comme on a en même temps

$$n\varpi + n'\varpi' = 2\beta^2,$$

il en résulte que $np + n'p' = 2b'^2$.

263. *Lorsque deux coniques ont un double contact avec une troisième, leurs cordes de contact avec cette troisième*

conique et deux de leurs cordes d'intersection concourent en un même point et forment un faisceau harmonique.

Soit $S = 0$ l'équation de la troisième conique; les équations des deux autres coniques seront
$$S + L^2 = 0, \quad S + M^2 = 0;$$
en les retranchant membre à membre, on trouve
$$L^2 - M^2 = 0$$
pour l'équation de deux cordes d'intersection; ces cordes $L + M = 0$, $L - M = 0$ passent par l'intersection des cordes de contact L et M et forment avec elles un faisceau harmonique (n° 57).

Exercices.

1. *Les cordes de contact de deux coniques avec leurs tangentes communes passent par l'intersection de deux de leurs cordes communes.*

Ce théorème n'est qu'un cas particulier du précédent, dont il se déduit en supposant que la conique S se transforme en deux droites.

2. *Les diagonales de tout quadrilatère inscrit passent par le même point que les diagonales du quadrilatère circonscrit correspondant, et forment avec elles un faisceau harmonique.*

Ce théorème peut se déduire du précédent en y considérant S comme une conique, $S + L^2$, $S + M^2$ comme des couples de droites; on peut aussi le démontrer de la manière suivante. Soient t_1, t_2, t_3, t_4 les deux couples de tangentes, c_1 et c_2 les cordes de contact, c'est-à-dire les diagonales du quadrilatère inscrit correspondant. L'équation de S peut se mettre sous l'une ou l'autre des formes
$$t_1 t_2 - c_1^2 = 0, \quad t_3 t_4 - c_2^2 = 0,$$
qui ne peuvent différer que par un facteur constant λ. Les expressions $c_1^2 - \lambda c_2^2$, $t_1 t_2 - \lambda t_3 t_4$ sont donc identiques. La première $c_1^2 - \lambda c_2^2 = 0$ représente deux droites qui passent par l'intersection de c_1, c_2, en formant avec elles un faisceau harmonique; la deuxième

$t_1 t_2 - \lambda t_3 t_4 = 0$ est celle d'un lieu passant par les points (t_1, t_3), (t_2, t_4), (t_1, t_4), et (t_2, t_3) et montre par suite que ces droites joignent respectivement les sommets du quadrilatère circonscrit (t_1, t_3), (t_2, t_4), (t_1, t_4) et (t_2, t_3).

3. *Trouver les équations des diagonales du quadrilatère formé en menant des tangentes à une conique à centre par quatre points qui ont pour angles excentriques 2α, 2β, 2γ, 2δ.*

On a dans ce cas

$$t_1 = \frac{x}{a}\cos 2\alpha + \frac{y}{b}\sin 2\alpha - 1, \quad t_2 = \frac{x}{a}\cos 2\beta + \frac{y}{b}\sin 2\beta - 1,$$

$$c_1 = \frac{x}{a}\cos(\alpha+\beta) + \frac{y}{b}\sin(\alpha+\beta) - \cos(\alpha-\beta),$$

et, par suite,

$$t_1 t_2 - c_1^2 = -\sin^2(\alpha-\beta)\left(\frac{x^2}{a^2} + \frac{y^2}{b^2} - 1\right).$$

En appliquant la méthode de l'Exercice précédent, on trouve, pour les équations des diagonales,

$$\frac{c_1}{\sin(\alpha-\beta)} = \pm \frac{c_2}{\sin(\gamma-\delta)}.$$

264. *Lorsque trois coniques ont un double contact avec une quatrième, six de leurs cordes d'intersection passent trois à trois par le même point* et forment ainsi les côtés et les diagonales d'un quadrilatère complet.

Les équations des coniques étant alors

$$S + L^2 = 0, \quad S + M^2 = 0, \quad S + N^2 = 0,$$

celles de leurs cordes d'intersection seront, d'après le numéro précédent :

$$L - M = 0, \quad M - N = 0, \quad N - L = 0;$$
$$L + M = 0, \quad M + N = 0, \quad N - L = 0;$$
$$L + M = 0, \quad M - N = 0, \quad N + L = 0;$$
$$L - M = 0, \quad M + N = 0, \quad N + L = 0;$$

ces cordes passent donc trois à trois par un même point.

DES SECTIONS CONIQUES. NOTATIONS ABRÉGÉES. 409

On peut déduire de là, comme au numéro précédent, plusieurs théorèmes particuliers en supposant qu'une ou plusieurs des coniques se transforment en couples de droites.

Ainsi, par exemple, quand la conique S se transforme en un couple de droites, S représente deux tangentes communes à $S + M^2$ et à $S + N^2$; et si, en même temps, L représente une droite quelconque menée par l'intersection de ces tangentes, $S + L^2$ se transforme en un couple de droites, et représente deux droites passant par cette même intersection. Donc : *Si, par l'intersection des tangentes communes à deux coniques, on mène un couple de droites, les cordes que ces droites déterminent sur l'une et l'autre conique se coupent sur l'une des cordes communes aux deux coniques.* C'est l'extension du théorème donné au n° 116. De même : *Les tangentes menées aux points où ces droites rencontrent une conique se coupent sur l'une des cordes communes aux deux coniques.*

265. Lorsque les coniques $S + L^2$, $S + M^2$, $S + N^2$ se transforment toutes en couples de droites, elles forment un hexagone, qui est circonscrit à S, et qui a pour diagonales leurs cordes d'intersection ; le théorème du n° 264 devient alors le théorème de Brianchon : *Dans tout hexagone circonscrit à une conique, les trois diagonales qui unissent les sommets opposés se coupent en un même point.* Quand les côtés de l'hexagone sont numérotés dans l'ordre où ils se succèdent, ces diagonales sont celles qui joignent (1,2) à (4,5), (2,3) à (5,6) et (3,4) à (6,1). En changeant de toutes les manières possibles l'ordre des côtés, on peut former avec les six mêmes droites soixante hexagones différents : le théorème que l'on vient d'énoncer s'applique à tous ces hexagones.

On peut aussi démontrer le théorème de Brianchon en suivant la méthode indiquée au n° 263, Ex. 2, et en observant que l'équation de S peut se mettre sous l'une ou l'autre des formes

$$t_1 t_4 - c_1^2 = 0, \quad t_2 t_5 - c_2^2 = 0, \quad t_3 t_6 - c_3^2 = 0,$$

et que les équations $c_1 = c_2 = c_3$ représentent trois diagonales concourantes (¹).

266. *Lorsque trois coniques ont une corde commune, leurs trois autres cordes d'intersection se coupent en un même point.*

Soient $L = 0$ la corde commune, $S = 0$ l'équation de l'une quelconque des coniques; les équations des deux autres coniques peuvent se mettre sous la forme

$$S + LM = 0, \quad S + LN = 0,$$

et l'on a, pour leurs cordes d'intersection,

$$L(M - N) = 0;$$

ce qui démontre le théorème, puisque la droite $M - N$ passe par l'intersection des droites M et N.

Ce théorème n'est du reste (n° 257) qu'une extension du théorème démontré au n° 108 : *Les axes radicaux de trois cercles considérés deux à deux se coupent en un même point.* Les trois cercles ont, en effet, une corde commune, qui est la droite à l'infini, et les axes radicaux sont leurs trois autres cordes d'intersection.

(¹) M. Todhunter a fait observer, avec raison, qu'en l'absence de règle précise pour déterminer quelle est celle des diagonales de $t_1 t_4 t_2 t_5$ définie par $c_1 = + c_2$, la démonstration qui vient d'être donnée ne prouve qu'une chose, à savoir : que les droites joignant (1,2) à (4,5), et (2,3) à (5,6) se coupent, soit sur la droite (3, 4), (6, 1), soit sur la droite (1, 3), (4, 6). Mais, dans ce dernier cas, les triangles 123, 456 sont homologiques (n° 60, Ex. 3), et les points 14, 25, 36 sont en ligne droite; en supposant alors que cinq des côtés de l'hexagone soient fixes et tangents à une conique, le sixième côté, au lieu d'être tangent à la conique, passe par un point fixe.

On peut aussi regarder le théorème du n° 264 comme une extension du même théorème, et considérer trois coniques, qui ont un double contact avec une quatrième, comme trois coniques ayant quatre centres radicaux par chacun desquels passent trois de leurs cordes d'intersection.

Enfin on peut encore énoncer comme il suit le théorème démontré ci-dessus : *Les cordes suivant lesquelles toutes les coniques passant par quatre points donnés rencontrent une conique fixe, menée par deux de ces points, passent par un point fixe.*

Exercices.

1. *Par les points d'intersection* A *et* B *de deux coniques* (*fig.* 91), *on mène les droites* AP, BQ *qui rencontrent les coniques*

Fig. 91.

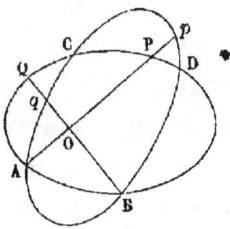

en P, *p*, Q, *q*; *les cordes* PQ, *pq se coupent sur la corde* CD *commune aux deux coniques.*

Les droites OA, OB peuvent en effet être considérées comme une troisième conique.

2. *Par le point de contact de deux coniques qui se touchent, on mène deux droites qui rencontrent les coniques en* P, *p*, Q, *q*; *les cordes* PQ, *pq se coupent sur la corde d'intersection des deux coniques.*

Ce théorème, qui est une conséquence du précédent, peut aussi être considéré comme un cas particulier du deuxième théorème du n° 264, puisque le point de contact de deux coniques qui se touchent peut être considéré comme le point d'intersection de deux tangentes communes.

267. L'équation des coniques circonscrites à un quadrilatère permet de démontrer facilement le théorème de Pascal : *Dans tout hexagone inscrit à une conique, les points de concours des trois couples de côtés opposés sont en ligne droite.*

Soient a, b, c, d, e, f les sommets de l'hexagone et $ab = 0$ l'équation de la droite joignant les points a et b. L'équation de la conique circonscrite à l'hexagone peut se mettre sous l'une ou l'autre des formes

$$ab.cd - bc.ad = 0, \quad de.fa - ef.ad = 0,$$

puisque cette conique est circonscrite à la fois au quadrilatère $abcd$, et au quadrilatère $defa$; et comme ces expressions sont nécessairement identiques, on a

$$ab.cd - de.fa = (bc - ef)ad.$$

Le premier membre de cette équation qui, en raison de sa forme, représente une figure circonscrite au quadrilatère formé par les droites ab, de, cd, af, peut donc se décomposer en deux facteurs, et représente, par suite, les diagonales de ce quadrilatère. D'ailleurs, la droite ad étant évidemment la diagonale qui joint les sommets a et d, $bc - ef$ ne peut être que la diagonale menée par les points (ab, de), (cd, af), et comme cette droite, d'après son équation même, passe par le point (bc, ef), il en résulte que les trois points (ab, de), (cd, af) et (bc, ef) sont en ligne droite.

268. On peut obtenir un certain nombre de théorèmes relatifs à six points d'une conique, en combinant ces six points de différentes manières. Ainsi, en considérant la conique comme circonscrite au quadrilatère $bcef$, on peut mettre son équation sous la forme

$$be.cf - bc.ef = 0;$$

et, en identifiant cette équation avec l'équation de la conique considérée comme circonscrite au quadrilatère $abcd$ (n° 267), on obtient la relation

$$ab.cd - be.cf = (ad - ef)bc,$$

qui montre que les trois points (ab, cf), (cd, be) et (ad, ef) sont situés sur une même droite $ad - ef = 0$.

On verrait de même, en identifiant cette équation avec celle de la conique considérée comme circonscrite au quadrilatère $defa$, que les trois points (de, cf), (fa, be), (ad, bc) appartiennent à une même droite $bc - ad = 0$. Quant aux trois droites

$$bc - ef = 0, \quad ef - ad = 0, \quad ad - bc = 0,$$

elles se coupent évidemment en un même point (n° 41). De là le théorème de Steiner : *Les trois lignes de Pascal, obtenues en prenant successivement les sommets de l'hexagone dans l'ordre abcdef, adcfeb, afcbed, passent par un même point* ([1]).

Exercices.

1. *Si l'on prend trois points a, b, c sur une droite, et trois points a', b', c' sur une autre, les intersections $(bc', b'c)$, $(ca', c'a)$, $(ab', a'b)$ sont en ligne droite.*

Ce théorème n'est qu'un cas particulier du théorème de Pascal; il subsiste encore lorsque, la droite $a'b'c'$ étant à l'infini, les lignes ba' et ca', cb' et ab', ac' et bc' sont respectivement parallèles à trois droites données.

2. *Quatre droites déterminent quatre triangles qu'on obtient en ne considérant successivement que trois d'entre elles; les points de concours des hauteurs de ces quatre triangles sont en ligne droite.*

En désignant par a, b, c, d les quatre droites données et par a', b', c', d' quatre droites perpendiculaires, on peut, en effet, appliquer

---

([1]) Pour de plus amples développements sur ce sujet, voir la Note I, placée à la fin de ce Volume.

le théorème précédent aux trois points d'intersection de a, b, c avec d, et aux trois points situés à l'infini sur a', b' et c' ([1]).

3. *Le théorème de Steiner :* « *Dans tout triangle circonscrit à une parabole, le point de rencontre des hauteurs se trouve sur la directrice,* » *est un cas particulier du théorème de Brianchon.*

Désignons, en effet, par a, b, c les trois tangentes, par a', b', c' les tangentes perpendiculaires, et par ∞ la ligne à l'infini, qui est aussi une tangente (n° 254). Les six droites a, b, c, c', ∞, a' étant des tangentes, les droites $(ab, c'\infty)$, $(bc, a'\infty)$, (cc', aa') concourent en un même point. Or les deux premières sont des hauteurs du triangle, et la dernière est la directrice sur laquelle se coupent les couples de tangentes perpendiculaires (n° 221). Cette démonstration est due à M. John C. Moore.

4. *On donne cinq tangentes à une conique : trouver le point de contact de l'une d'elles.*

Soit ABCDE le pentagone formé par les tangentes; les diagonales AC et BE se coupant en O, la droite DO passe par le point de contact de AB. Cette solution se déduit du théorème de Brianchon, en supposant que deux des côtés de l'hexagone deviennent infiniment voisins et en observant que le point de contact d'une tangente n'est autre chose que le point où elle est rencontrée par la tangente infiniment voisine (n° 147).

269. Le théorème de Pascal permet de déterminer autant de points qu'on le veut d'une conique dont on connaît cinq points A, B, C, D, E (*fig.* 92); il suffit pour cela de remar-

---

([1]) Cette démonstration m'a été communiquée à la fois par M. de Morgan et par M. Burnside. Le théorème lui-même peut se déduire du théorème de Steiner (n° 227, Ex. 3), puisque les quatre points de concours des hauteurs se trouvent sur la directrice de la parabole tangente aux quatre droites données. On en conclurait, en se basant sur le Corollaire IV du n° 123, que les cercles circonscrits aux quatre triangles passent par un même point, qui est le foyer de cette même parabole. Dans le cas de cinq droites, les foyers des cinq paraboles tangentes à quatre d'entre elles se trouvent sur un cercle (Auguste Miquel). *Voir* CATALAN, *Théorèmes et Problèmes de Géométrie élémentaire*, p. 93. *Voir* aussi le Traité de M. SALMON, *Higher Plane Curves*, n° 146.

quer que, F étant un sixième point de la courbe, les points d'intersection (AB, DE) ou O, (BC, EF) ou Q, (CD, AF) ou P sont en ligne droite. Dans le cas particulier où il s'agit de

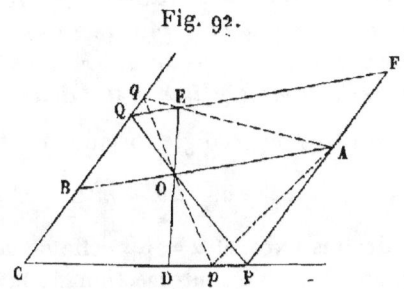

Fig. 92.

trouver le point F, où une droite quelconque AP, menée par un des points donnés, rencontre de nouveau la courbe, les points O et P sont connus, et il ne reste plus qu'à déterminer le point Q, ce qui se fait en prolongeant PO jusqu'à sa rencontre avec BC; quant au point F, il se trouve à l'intersection de QE avec AP. En d'autres termes, F *est le sommet du triangle FPQ dont les côtés passent par les points fixes* A, E, O, *et dont les deux autres sommets* P *et* Q *glissent le long de deux droites fixes* CD *et* CB (n° 47, Ex. 3). Ce corollaire du théorème de Pascal a été indiqué par Mac Laurin.

Exercices.

1. *Trouver le centre d'une conique dont on connaît cinq points.*

Menons à BC la parallèle AP (*fig.* 92), et déterminons, comme ci-dessus, le point F où AP rencontre la conique. La corde AF ainsi obtenue est parallèle à la corde BC, et la droite, qui joint les milieux de ces cordes, est un diamètre. Pour compléter la solution, il suffit évidemment de trouver un deuxième diamètre, ce qui se fait en déterminant la corde parallèle à l'un des autres côtés du pentagone ABCDE.

2. *Étant donnés cinq points d'une conique, mener la tangente en l'un de ces points.*

Dans cette hypothèse, le point F coïncide avec le point A, et QF prend la position qA; pA est donc la tangente cherchée.

3. *Étudier en coordonnées trilinéaires* (n° 62), *le mode de génération des sections coniques indiqué par Mac Laurin. Autrement dit : trouver le lieu décrit par le sommet d'un triangle dont les trois côtés pivotent autour de trois points fixes, tandis que les deux autres sommets glissent sur deux droites fixes.*

Soient α, β, γ les côtés du triangle formé par les points fixes,

$$l\alpha + m\beta + n\gamma = 0, \quad l'\alpha + m'\beta + n'\gamma = 0$$

les équations des droites fixes, et $\alpha = \mu\beta$ celle de la base. L'équation de la droite joignant (β, γ) à l'intersection de la base avec la première droite fixe peut s'écrire

$$(l\mu + m)\beta + n\gamma = 0;$$

on a de même pour la droite qui joint (α, γ) à l'intersection de la base avec la deuxième droite fixe

$$(l'\mu + m')\alpha + n'\mu\gamma = 0,$$

et, en éliminant μ entre ces deux équations, on trouve, pour le lieu cherché,

$$lm'\alpha\beta = (m\beta + n\gamma)(l'\alpha + n'\gamma).$$

C'est une conique passant par les points

$$(\beta, \gamma), \quad (\gamma, \alpha), \quad (\alpha, l\alpha + m\beta + n\gamma), \quad (\beta, l'\alpha + m'\beta + n'\gamma).$$

§ II. — Des équations rapportées a deux tangentes et a leur corde de contact.

270. Lorsqu'une conique est rapportée à deux tangentes L, M et à leur corde de contact R, son équation prend la forme $LM = R^2$ (n° 252), et l'on peut définir la position de l'un quelconque de ses points à l'aide d'une seule variable (n° 229). Soit, en effet, $\mu L = R$ l'équation de la droite joignant le point LR à un point quelconque de la courbe, que nous appellerons *le point* μ. En éliminant successivement L et R entre cette équation et l'équation de la conique, on obtient les équations $M = \mu R$, $\mu^2 L = M$ qui représentent les droites joignant le point μ à MR et à LM; on a ainsi trois équations en μ, et il suffit évidemment de deux quelconques de ces équations pour déterminer un point de la conique.

L'équation
$$\mu\mu' L - (\mu + \mu') R + M = 0,$$
qui est évidemment vérifiée par l'une ou l'autre des hypothèses
$$(\mu L = R, \; \mu R = M), \quad (\mu' L = R, \; \mu' R = M),$$
représente la corde joignant les deux points μ et μ' de la courbe. En écrivant que μ et μ' coïncident, on obtient l'équation
$$\mu^2 L - 2\mu R + M = 0,$$
qui renferme l'indéterminée μ au second degré, et qui représente la tangente en μ. Réciproquement, toute droite dont l'équation $\mu^2 L - 2\mu R + M = 0$ renferme une indéterminée μ *au second degré* enveloppe la conique $LM = R^2$.

271. *Trouver l'équation de la polaire d'un point quelconque* (L', M', R').

En substituant les coordonnées L', M', R' dans l'équation de l'une ou l'autre des tangentes menées par ce point, on obtient la relation
$$\mu^2 L' - 2\mu R' + M' = 0,$$
qui devient
$$ML' - 2RR' + LM' = 0,$$
en observant que l'on a au point de contact (n° 270)
$$\mu^2 = \frac{M}{L}, \quad \mu = \frac{R}{L};$$
et cette relation n'est autre chose que l'équation de la polaire

S. — *Geom. à deux dim.*

cherchée, puisqu'elle est vérifiée par les coordonnées du point de contact.

On démontrerait de même que, quand un point est défini par l'intersection de deux droites $aL = R$, $bR = M$, sa polaire a pour équation

$$abL - 2aR + M = 0.$$

272. Les diverses équations, auxquelles nous venons d'arriver, donnent lieu à plusieurs remarques qu'il n'est pas sans intérêt de signaler. En éliminant R entre les équations de deux tangentes

$$\mu^2 L - 2\mu R + M = 0, \quad \mu'^2 L - 2\mu' R + M = 0,$$

on obtient l'équation $\mu\mu' L = M$, qui représente la droite menée du point LM à l'intersection de ces deux tangentes. Il en résulte que les tangentes en μ et μ' se coupent sur la droite fixe $aL = M$, toutes les fois que le produit $\mu\mu'$ est égal à une constante a. Il est d'ailleurs facile de voir, en se reportant à l'équation de la corde (n° 270), que, si cette même condition est remplie, la corde joignant les points μ, μ' passe par le point fixe $(aL + M, R)$.

On peut remarquer en outre que les points $+\mu$ et $-\mu$ appartiennent à une même droite passant par le point LM, puisque la droite joignant un point quelconque μ au point LM a pour équation $\mu^2 L = M$.

Enfin, lorsque deux coniques $LM = R^2$, $LM = R'^2$ ont L et M pour tangentes communes, la droite qui joint le point $+\mu$ de la première de ces coniques à l'un des points $\pm\mu$ de la seconde, passe par l'intersection LM des tangentes communes, puisque l'équation $\mu^2 L = M$ est indépendante de R et de R'. On dit alors que le point $+\mu$ de l'une des coniques *correspond directement* au point $+\mu$, et *inversement* au point $-\mu$ de l'autre; on dit, de même, que la corde joignant deux points quelconques de l'une des coniques *correspond* à la corde menée par les points correspondants de l'autre conique.

Exercices.

1. *Les cordes correspondantes de deux coniques se coupent sur l'une des cordes d'intersection des deux coniques.*

Les coniques $LM - R^2$, $LM - R'^2$ ont $R^2 - R'^2$ pour cordes communes, et les cordes correspondantes

$$\mu\mu' L - (\mu + \mu') R + M = 0, \quad \mu\mu' L - (\mu + \mu') R' + M = 0,$$

se rencontrent évidemment sur $R - R'$, ou sur $R + R'$, suivant que μ et μ' sont de mêmes signes, ou de signes différents, dans les deux équations.

2. *Un triangle est circonscrit à une conique; deux de ses sommets glissent sur des droites fixes : trouver le lieu du troisième sommet.*

Prenons pour lignes de référence les deux tangentes menées à la conique par l'intersection des droites fixes et la corde de contact de ces tangentes; soient, en outre,

$$aL - M = 0, \quad bL - M = 0$$

les équations des droites fixes, et

$$LM - R^2 = 0$$

l'équation de la conique.

Nous avons vu (n° 272) que, lorsque deux tangentes se coupent sur $aL - M$, le produit des μ des points de contact est égal à a; il en résulte que, si μ est le point de contact d'un des côtés du triangle, $\dfrac{a}{\mu}$ et $\dfrac{b}{\mu}$ sont les points de contact des autres côtés, et par suite que ces côtés ont pour équations

$$\frac{a^2}{\mu^2} L - 2 \frac{a}{\mu} R + M = 0, \quad \frac{b^2}{\mu^2} L - 2 \frac{b}{\mu} R + M = 0.$$

En éliminant μ entre ces deux équations, on trouve, pour le lieu cherché,

$$LM = \frac{4ab}{(a+b)^2} R^2;$$

c'est une conique, ayant avec la conique donnée un double contact suivant la corde R ([1]).

3. *Un triangle est inscrit dans une conique, deux de ses côtés passent par deux points fixes : trouver l'enveloppe du troisième côté.*

Prenons pour R la droite menée par les points fixes, et soient $LM = R^2$ l'équation de la conique, $aL - M = 0$, $bL - M = 0$ les équations des droites qui joignent les points fixes à LM. On sait (n° 272) que le produit des μ des extrémités d'une corde passant par $(aL - M, R)$ est égal à a. Le sommet opposé au troisième côté du triangle étant pris pour μ, on aura pour les autres sommets $\dfrac{a}{\mu}$, $\dfrac{b}{\mu}$, et par suite, pour l'équation du troisième côté,

$$abL - (a+b)\mu R + \mu^2 M = 0;$$

ce côté est donc constamment tangent (n° 270) à la conique

$$LM = \frac{(a+b)^2}{4ab} R^2,$$

qui a un double contact avec la conique donnée, suivant la droite déterminée par les points fixes.

4. *Inscrire, dans une section conique, un triangle dont les côtés passent par trois points donnés.*

Prenons, comme dans l'Exercice précédent, pour R la droite joignant deux des points fixes, et pour μ le sommet du triangle qui se trouve à l'intersection des côtés passant par ces deux points. L'équation du côté opposé à μ peut s'écrire

$$abL - (a+b)\mu R + \mu^2 M = 0,$$

([1]) Le même raisonnement s'applique également au cas où, le point LM étant à l'intérieur de la conique, les tangentes L et M sont imaginaires. On peut aussi démontrer, par des procédés qui seront indiqués au paragraphe suivant, que, lorsque l'équation de la conique est donnée sous la forme $L^2 + M^2 = R^2$, le lieu est représenté par une équation de même forme, $L^2 + M^2 = k^2 R^2$.

et, en exprimant que ce côté passe par le troisième point fixe $cL - R = 0$, $dR - M = 0$, on obtient l'équation

$$ab - (a + b)\mu c + \mu^2 cd = 0,$$

qui suffit pour déterminer μ. Quant aux coordonnées de μ, elles satisfont évidemment à la relation

$$ab L - (a + b)cR + cdM = 0,$$

puisqu'on a, à la fois,

$$\mu L = R, \quad \mu^2 L = M.$$

La question admet donc deux solutions, qu'on obtient en prenant successivement pour le sommet μ du triangle les deux points où cette dernière droite rencontre la conique. Nous indiquerons plus loin (n° 297, Ex. 7) comment on peut construire géométriquement cette droite.

5. *La base d'un triangle touche une conique donnée; ses extrémités glissent sur deux tangentes fixes, et les deux autres côtés passent par deux points fixes : trouver le lieu du sommet.*

Soient L et M les deux tangentes fixes, $LM = R^2$ l'équation de la conique. Les coordonnées L, R, M du point d'intersection de la droite L avec une tangente $(\mu^2 L - 2\mu R + M)$ sont respectivement proportionnelles à 0, 1, 2μ; et l'équation de la droite qui joint ce point à un point fixe (L', R', M') peut s'écrire (n° 65)

$$LM' - L'M = 2\mu(LR' - L'R).$$

On aura de même, pour l'équation de la droite joignant le point fixe (L'', R'', M'') à l'intersection $(2, \mu, 0)$ de M avec la même tangente

$$2(RM'' - R''M) = \mu(LM'' - L''M);$$

et en éliminant μ, on trouve, pour le lieu du sommet, l'équation

$$(LM' - L'M)(LM'' - L''M) = 4(LR' - L'R)(RM'' - R''M),$$

qui représente une conique passant par les deux points donnés.

273. Lorsque l'angle φ est constant, la corde joignant les points $\mu.\tan\varphi$, $\mu.\cot\varphi$ enveloppe une conique ayant un double contact avec la conique donnée. L'équation de cette corde (n° 270)

$$\mu^2 L - \mu R(\tang\varphi + \cot\varphi) + M = 0$$

représente, en effet, la tangente en μ à la conique

$$LM \sin^2 2\varphi = R^2,$$

puisque l'on a

$$\tang\varphi + \cot\varphi = 2\cosec 2\varphi.$$

On prouverait de même que le lieu de l'intersection des tangentes en $\mu \tang\varphi$, $\mu \cot\varphi$ est la conique $LM = R^2 \sin^2 2\varphi$.

Exercice.

Dans l'Exercice 5 du n° 272, on remplace les deux tangentes fixes par une conique ayant un double contact avec la conique donnée et passant par les deux points fixes : trouver le lieu du sommet.

Soient

$$LM - R^2 = 0, \quad LM \sin^2 2\varphi - R^2 = 0$$

les équations des deux coniques, μ' et μ'' les points fixes. Toute droite qui touche la deuxième conique au point μ rencontre la première aux points $\mu \tang\varphi$, $\mu \cot\varphi$; on a donc pour les équations des deux côtés

$$\mu\mu' L \tang\varphi - (\mu' + \mu \tang\varphi)R + M = 0,$$
$$\mu\mu'' L \cot\varphi - (\mu'' + \mu \cot\varphi)R + M = 0,$$

et, en éliminant μ, on trouve pour l'équation du lieu

$$(M - \mu' R)(\mu'' L - R) = \tang^2\varphi (M - \mu'' R)(\mu' L - R).$$

274. *Le rapport anharmonique du faisceau obtenu en joignant un point quelconque μ d'une conique à quatre points fixes μ', μ'', μ''', μ^{IV} de cette conique est constant* (n° 259).

Les droites qui joignent les quatre points fixes μ', μ'',... de la conique au point variable μ ont pour équations

$$\mu'(\mu L - R) + (M - \mu R) = 0, \quad \mu'''(\mu L - R) + (M - \mu R) = 0,$$
$$\mu''(\mu L - R) + (M - \mu R) = 0, \quad \mu^{IV}(\mu L - R) + (M - \mu R) = 0,$$

et le rapport anharmonique

$$\frac{(\mu' - \mu'')(\mu''' - \mu^{IV})}{(\mu' - \mu''')(\mu'' - \mu^{IV})}$$

du faisceau qu'elles forment (n° 58) est indépendant de la position du point μ.

Nous appellerons, pour abréger, *rapport anharmonique de quatre points d'une conique* le rapport anharmonique du faisceau obtenu en joignant ces quatre points à un point quelconque de la courbe.

275. *Le rapport anharmonique des points suivant lesquels une tangente mobile est coupée par quatre tangentes fixes est constant.*

Supposons que les tangentes fixes soient celles des points μ', μ'', μ''', μ^{IV}, et que la tangente mobile soit celle du point μ. Le rapport anharmonique des quatre points de la tangente mobile est le même que celui du faisceau obtenu en joignant ces quatre points au point LM. Mais les droites de ce faisceau, ayant pour équations (n° 272)

$$\mu'\mu L - M = 0, \quad \mu''\mu L - M = 0, \quad \mu'''\mu L - M = 0, \quad \mu^{IV}\mu L - M = 0,$$

forment un système *homographique* (n° 59) avec celui du numéro précédent, et ont, par conséquent, même rapport anharmonique. Le rapport anharmonique des quatre points de la tangente mobile, ou plus simplement, *le rapport anharmonique des quatre tangentes* est donc égal au rapport anharmonique des quatre points de contact.

276. L'expression du rapport anharmonique de quatre points d'une conique $\mu', \mu'', \mu''', \mu^{\text{IV}}$ (n° 274) ne change pas lorsque tous ces points changent de signe ; donc (n° 272) *le rapport anharmonique de quatre des points* ($\mu', \mu'', \mu''', \mu^{\text{IV}}$) *déterminés sur une conique par quatre droites issues du point* LM *est égal au rapport anharmonique des quatre autres points* ($-\mu', -\mu'', -\mu''', -\mu^{\text{IV}}$) *déterminés par ces mêmes droites sur la conique.*

Pour la même raison, *le rapport anharmonique de quatre points d'une conique est égal au rapport anharmonique des quatre points correspondants d'une autre conique.* Enfin, si l'on observe que la valeur du rapport anharmonique (n° 274) ne change pas quand on y remplace μ par $\mu.\tan\varphi$, ou $\mu.\cot\varphi$, on obtient le théorème suivant qui a été indiqué par M. Townsend : *Lorsque deux coniques* S *et* S′ *ont un double contact, le rapport anharmonique de quatre des points déterminés sur* S *par quatre tangentes quelconques à* S′ *est égal au rapport anharmonique des quatre autres points déterminés par ces tangentes sur la même courbe* S, *ainsi qu'à celui des quatre points de contact sur* S′.

277. *Réciproquement, étant données une conique et trois de ses cordes* aa', bb', cc', *l'enveloppe d'une quatrième corde* dd', *telle que le rapport anharmonique de abcd soit égal au rapport anharmonique de* $a'b'c'd'$, *est une conique ayant un double contact avec la conique donnée.*

Soient, en effet, a, b, c, a', b', c' les valeurs de μ pour les six points fixes, μ et μ' les valeurs de μ aux extrémités de la corde mobile ; l'équation

$$\frac{(a-b)(c-\mu)}{(a-c)(b-\mu)} = \frac{(a'-b')(c'-\mu')}{(a'-c')(b'-\mu')},$$

qui exprime l'égalité des rapports anharmoniques, peut se mettre sous la forme

$$A\mu\mu' + B\mu + C\mu' + D = 0,$$

A, B, C et D étant des constantes, et en éliminant μ' entre cette équation et celle de la corde

$$\mu\mu'L - (\mu + \mu')R + M = 0,$$

il vient successivement

$$\mu(B\mu + D)L + R[\mu(A\mu + C) - (B\mu + D)] - M(A\mu + C) = 0,$$
$$\mu^2(BL + AR) + \mu[DL + (C - B)R - AM] - (DR + CM) = 0.$$

La corde mobile (n° 270) est donc constamment tangente à la conique

$$[DL + (C - B)R - AM]^2 + 4(BL + AR)(DR + CM) = 0,$$

et cette conique a un double contact avec la conique donnée $LM - R^2 = 0$, puisque son équation peut se mettre sous la forme

$$4(BC - AD)(LM - R^2) + [DL + (B + C)R + AM]^2 = 0.$$

Dans le cas particulier où $B = C$, la relation entre μ et μ' devient

$$A\mu\mu' + B(\mu + \mu') + D = 0;$$

elle exprime (n° 51) que la corde $\mu\mu'L - (\mu + \mu')R + M$ passe par un point fixe.

§ III. — Des équations rapportées aux côtés d'un triangle autopolaire.

278. Quand une conique est rapportée aux côtés d'un triangle autopolaire, son équation prend la forme (n° 258)

$$l^2\alpha^2 + m^2\beta^2 = n^2\gamma^2,$$

et on peut représenter un point de la courbe à l'aide d'une

seule variable φ. En posant $l\alpha = n\gamma \cos\varphi$, $m\beta = n\gamma \sin\varphi$, et en suivant la marche indiquée aux Numéros 102, 231, on a, pour la corde joignant les deux points φ et φ',

$$l\alpha \cos\tfrac{1}{2}(\varphi+\varphi') + m\beta \sin\tfrac{1}{2}(\varphi+\varphi') = n\gamma \cos\tfrac{1}{2}(\varphi-\varphi'),$$

et pour la tangente en φ,

$$l\alpha \cos\varphi + m\beta \sin\varphi = n\gamma.$$

Quand on représente, pour plus de symétrie, la conique par l'équation

$$a\alpha^2 + b\beta^2 + c\gamma^2 = 0,$$

on a pour la tangente en $(\alpha', \beta', \gamma')$

$$a\alpha\alpha' + b\beta\beta' + c\gamma\gamma' = 0,$$

et l'équation de la polaire d'un point quelconque $(\alpha', \beta', \gamma')$ est nécessairement de la même forme (n° 89). En comparant l'équation de la polaire avec l'équation de la droite

$$\lambda\alpha + \mu\beta + \nu\gamma = 0,$$

on voit que le pôle de cette dernière ligne a pour coordonnées $\dfrac{\lambda}{a}, \dfrac{\mu}{b}, \dfrac{\nu}{c}$; et, puisque le pôle d'une tangente est situé sur la courbe, la condition pour que la droite $\lambda\alpha + \mu\beta + \nu\gamma$ soit tangente à la conique peut s'écrire

$$\frac{\lambda^2}{a} + \frac{\mu^2}{b} + \frac{\nu^2}{c} = 0.$$

Lorsque cette condition est remplie, la conique est évidemment tangente aux quatre droites $\lambda\alpha \pm \mu\beta \pm \nu\gamma$, et les lignes de référence sont les diagonales du quadrilatère formé par ces droites (n° 146, Ex. 3). On verrait de même que la condition $a\alpha'^2 + b\beta'^2 + c\gamma'^2 = 0$ exprime que la conique passe par les quatre points $(\alpha', \pm\beta', \pm\gamma')$.

Exercices.

1. *Trouver le lieu du pôle d'une droite donnée* $\lambda\alpha + \mu\beta + \nu\gamma$ *par rapport aux coniques passant par quatre points fixes* $(\alpha', \pm\beta', \pm\gamma')$.

Réponse. $\quad \dfrac{\lambda\alpha'^2}{\alpha} + \dfrac{\mu\beta'^2}{\beta} + \dfrac{\nu\gamma'^2}{\gamma} = 0.$

2. *Trouver le lieu du pôle d'une droite donnée* $\lambda\alpha + \mu\beta + \nu\gamma = 0$ *par rapport aux coniques tangentes aux quatre droites fixes*

$$l\alpha \pm m\beta \pm n\gamma.$$

Réponse. $\quad \dfrac{l^2\alpha}{\lambda} + \dfrac{m^2\beta}{\mu} + \dfrac{n^2\gamma}{\nu} = 0.$

Le lieu des centres des coniques est donné par les mêmes formules, puisque le centre est le pôle de la droite à l'infini

$$\alpha\sin A + \beta\sin B + \gamma\sin C = 0.$$

3. *Former l'équation du cercle ayant le triangle de référence pour triangle autopolaire.*

Réponse. $\quad \alpha^2\sin 2A + \beta^2\sin 2B + \gamma^2\sin 2C = 0 \quad (128, \text{Ex. } 2).$

Il est facile de voir que le centre de ce cercle se trouve au point de concours des hauteurs du triangle, puisque le carré du rayon est égal au rectangle construit sur les segments que ce cercle détermine sur une quelconque des hauteurs, rectangle qui a le signe + lorsque le triangle a un angle obtus, et le signe − dans le cas contraire. Dans ce dernier cas, le cercle est imaginaire.

279. La détermination des propriétés des foyers est une des applications les plus remarquables de l'équation qui fait l'objet de ce paragraphe. L'équation d'une conique quelconque peut, en effet (n° 186), se mettre sous la forme

$$x^2 + y^2 = e^2\gamma^2,$$

en prenant pour lignes de référence une directrice γ et deux droites rectangulaires quelconques, $x=0$, $y=0$, se coupant au foyer qui correspond à γ.

Cette forme montre que le foyer (x,y) est le pôle de la directrice γ, et que la polaire d'un point quelconque de cette directrice est perpendiculaire à la droite qui joint ce point au foyer (n° 192). Elle fait voir, en outre, que les deux droites imaginaires $x^2+y^2=0$ sont des tangentes menées par le foyer, et puisque ces droites sont les mêmes, quel que soit γ, il en résulte que : *Toutes les coniques qui ont un même foyer ont deux tangentes imaginaires communes passant par ce foyer.* Donc : *Toutes les coniques confocales ont quatre tangentes imaginaires communes et peuvent être considérées comme inscrites dans le même quadrilatère.* Les tangentes imaginaires $(x^2+y^2=0)$ menées par le foyer se confondent avec les droites qui joignent ce foyer aux points cycliques, c'est-à-dire aux deux points imaginaires, et, à l'infini, communs à tous les cercles d'un même plan (n° 257). De là une conception générale des foyers : *Les tangentes menées à une conique par chacun des points cycliques forment un quadrilatère ayant deux sommets réels, qui sont les foyers de la conique, et deux sommets imaginaires, qui peuvent être considérés comme les foyers imaginaires de cette même conique.*

Exercice.

Déterminer les foyers de la conique représentée par l'équation générale.

Il suffit, pour cette détermination, d'exprimer que la droite

$$x - x' + (y - y')\sqrt{-1}$$

est tangente à la courbe. En remplaçant, dans la formule du n° 151, λ, μ et ν respectivement par 1, $\sqrt{-1}$, $-(x'+y'\sqrt{-1})$, et en égalant séparément à zéro l'ensemble des termes réels et l'ensemble

DES SECTIONS CONIQUES. NOTATIONS ABRÉGÉES.   429

des termes imaginaires, on voit que les foyers se trouvent à l'intersection des deux hyperboles équilatères

$$C(x^2 - y^2) + 2Fy - 2Gx + A - B = 0, \quad Cxy - Fx - Gy + H = 0,$$

qui sont concentriques à la conique donnée. En mettant ces équations sous la forme

$$(Cx - G)^2 - (Cy - F)^2 = G^2 - AC - F^2 + BC = \Delta(a - b),$$
$$(Cx - G)(Cy - F) = FG - CH = \Delta h,$$

on trouve, pour les coordonnées x, y du foyer,

$$(Cx - G)^2 = \tfrac{1}{2}\Delta(R + a - b), \quad (Cy - F^2) = \tfrac{1}{2}\Delta(R + b - a),$$

R et Δ ayant la signification indiquée précédemment (n° 151, n° 157, Ex. 3).

Lorsque la conique est une parabole, on a $C = 0$, les équations ci-dessus se réduisent au premier degré et il vient

$$(F^2 + G^2)x = FH + \tfrac{1}{2}(A - B)G, \quad (F^2 + G^2)y = GH + \tfrac{1}{2}(B - A)F.$$

280. Les tangentes menées par le point (γ, x) à la courbe $x^2 + y^2 = e^2\gamma^2$ ont évidemment pour équations

$$e\gamma + x = 0, \quad e\gamma - x = 0;$$

dans le cas de la parabole, où $e = 1$, elles sont dirigées suivant les bissectrices intérieure et extérieure de l'angle (x, γ). Donc : *Les tangentes menées à la parabole par un point quelconque de la directrice se coupent à angle droit.*

Dans le cas général, on peut poser $x = e\gamma\cos\varphi, y = e\gamma\sin\varphi$, ce qui donne

$$\frac{y}{x} = \tang\varphi;$$

autrement dit, φ est l'angle que le rayon vecteur issu du foyer fait avec l'axe des x. Cette remarque permet de trouver l'enveloppe d'une corde vue du foyer sous un angle constant; la corde passant par les deux points φ et φ' a, en effet, pour équation

$$x \cos\tfrac{1}{2}(\varphi + \varphi') + y \sin\tfrac{1}{2}(\varphi + \varphi') = e\gamma \cos\tfrac{1}{2}(\varphi - \varphi'),$$

et comme $\varphi - \varphi'$ est constant, elle est constamment tangente à la conique

$$x^2 + y^2 = e^2\gamma^2 \cos^2\tfrac{1}{2}(\varphi - \varphi'),$$

qui a même foyer et même directrice que la conique donnée.

281. L'équation de la droite qui joint le foyer à l'intersection de deux tangentes s'obtient en retranchant l'une de l'autre les équations

$$x \cos\varphi + y \sin\varphi - e\gamma = 0,$$
$$x \cos\varphi' + y \sin\varphi' - e\gamma = 0,$$

ce qui donne

$$x \sin\tfrac{1}{2}(\varphi + \varphi') - y \cos\tfrac{1}{2}(\varphi + \varphi') = 0;$$

cette droite, faisant un angle $\tfrac{1}{2}(\varphi + \varphi')$ avec l'axe des x, est par conséquent la bissectrice de l'angle formé par les rayons vecteurs allant du foyer aux points de contact φ et φ'.

La droite qui joint au foyer le point où la corde de contact rencontre la directrice a pour équation

$$x \cos\tfrac{1}{2}(\varphi + \varphi') + y \sin\tfrac{1}{2}(\varphi + \varphi') = 0;$$

elle est perpendiculaire à la précédente.

Trouver le lieu de l'intersection des tangentes dont la corde de contact est vue du foyer sous un angle donné 2δ.

En éliminant φ et φ' entre les équations des tangentes et la relation $2\delta = \varphi - \varphi'$ (n° 102, Ex. 2), on trouve, pour l'équation du lieu.

$$(x^2 + y^2) \cos^2\delta = e^2\gamma^2;$$

c'est l'équation d'une conique dont l'excentricité est égale à $\dfrac{e}{\cos\delta}$, et qui a même foyer et même directrice que la conique donnée.

Lorsque la courbe est une parabole, l'angle formé par les tangentes se trouve donné ; cet angle est, en effet, la moitié de l'angle $\varphi - \varphi'$ compris entre les droites $x\cos\varphi + y\sin\varphi$ et $x\cos\varphi' + y\sin\varphi'$, puisque la tangente $x\cos\varphi + y\sin\varphi - \gamma$ est la bissectrice de l'angle compris entre les droites

$$x\cos\varphi + y\sin\varphi \text{ et } \gamma.$$

L'angle compris entre deux tangentes à une parabole est donc la moitié de l'angle sous-tendu au foyer par leur corde de contact. Par suite : *Le lieu du sommet d'un angle de grandeur donnée, circonscrit à la parabole, est une hyperbole ayant même foyer et même directrice que la parabole et dont l'excentricité est égale à la sécante de l'angle donné*, ou, ce qui revient au même, *dont les asymptotes se coupent sous un angle égal au double de l'angle donné* (n° 167).

282. *Deux coniques quelconques admettent toujours un triangle autopolaire commun.*

Soient, en effet (n° 146, Ex. 1), A, B, C, D les points d'intersection des deux coniques ; E, F, O les points de concours des cordes opposées. Le triangle EFO est autopolaire par rapport à l'une et à l'autre des coniques, et si on désigne par α, β, γ les côtés de ce triangle, les équations des coniques peuvent se mettre sous la forme

$$a\alpha^2 + b\beta^2 + c\gamma^2 = 0, \quad a'\alpha^2 + b'\beta^2 + c'\gamma^2 = 0 \quad (^1).$$

(^{1}) Nous indiquerons plus loin les procédés analytiques à employer pour ramener à cette forme les équations des coniques.

Les droites α, β, γ, qui sont évidemment réelles quand les coniques se rencontrent en des points réels, sont encore réelles lorsque les coniques se coupent en quatre points imaginaires. On sait, en effet, que toute équation à coefficients réels, qui est vérifiée par les coordonnées du point $(x' + x''\sqrt{-1}, y' + y''\sqrt{-1})$, est également vérifiée par les coordonnées du point $(x' - x''\sqrt{-1}, y' - y''\sqrt{-1})$: on sait, en outre, que la droite qui joint ces points est réelle. Les quatre points imaginaires communs aux deux coniques forment donc deux couples de points $(x' \pm x''\sqrt{-1}, y' \pm y''\sqrt{-1})$ et $(x''' \pm x^{IV}\sqrt{-1}, y''' \pm y^{IV}\sqrt{-1})$, auxquels correspondent deux cordes communes réelles et quatre cordes imaginaires. Il est d'ailleurs facile de voir que les équations de ces dernières cordes sont de la forme $L \pm M\sqrt{-1}$, $L' \pm M'\sqrt{-1}$, et par suite que ces cordes se coupent en deux points réels LM, L'M'. Les points E, F, O sont donc tous réels.

Lorsque les coniques ont deux points communs réels et deux points communs imaginaires, la corde qui joint les deux points réels et celle qui joint les deux points imaginaires sont toutes deux réelles; les quatre autres cordes communes, qui passent chacune par un des points réels, ne peuvent avoir un deuxième point réel, et sont par suite imaginaires. Il en résulte que le triangle autopolaire EFO, commun aux deux coniques, n'a de réels qu'un sommet et le côté opposé à ce sommet.

Exercices.

1. *Un triangle est circonscrit à une conique* S; *deux de ses sommets glissent sur une autre conique* S'*: trouver le lieu décrit par le troisième sommet.*

Soient $x^2 + y^2 - z^2 = 0$, $ax^2 + by^2 - cz^2 = 0$, les équations de S et de S'. Les coordonnées de l'intersection des tangentes à S, en α et γ, sont (n° 102, Ex. 1) $\cos\frac{1}{2}(\alpha+\gamma)$, $\sin\frac{1}{2}(\alpha+\gamma)$, $\cos\frac{1}{2}(\alpha-\gamma)$, et, en exprimant que ces tangentes se coupent sur S', on a

$$a\cos^2\tfrac{1}{2}(\alpha+\gamma) + b\sin^2\tfrac{1}{2}(\alpha+\gamma) = c\cos^2\tfrac{1}{2}(\alpha-\gamma),$$

ou
$$(a+b-c) + (a-b-c)\cos\alpha\cos\gamma + (b-c-a)\sin\alpha\sin\gamma = 0.$$

On a de même
$$(a+b-c) + (a-b-c)\cos\beta\cos\gamma + (b-c-a)\sin\beta\sin\gamma = 0;$$

et, par suite,
$$(a+b-c)\cos\tfrac{1}{2}(\alpha+\beta) = (b+c-a)\cos\tfrac{1}{2}(\alpha-\beta)\cos\gamma,$$
$$(a+b-c)\sin\tfrac{1}{2}(\alpha+\beta) = (a+c-b)\cos\tfrac{1}{2}(\alpha-\beta)\sin\gamma;$$

ce qui donne, pour l'équation du lieu,

$$\frac{x^2}{(b+c-a)^2} + \frac{y^2}{(c+a-b)^2} = \frac{z^2}{(a+b-c)^2},$$

puisque le troisième sommet a pour coordonnées

$$\cos\tfrac{1}{2}(\alpha+\beta), \quad \sin\tfrac{1}{2}(\alpha+\beta), \quad \cos\tfrac{1}{2}(\alpha-\beta).$$

Cette solution est due à M. Burnside.

2. *Un triangle est inscrit dans une conique $x^2 + y^2 = z^2$; deux de ses côtés sont tangents à la conique $ax^2 + by^2 = cz^2$: trouver l'enveloppe du troisième côté.*

Réponse.

$$(ca+ab-bc)^2 x^2 + (ab+bc-ca)^2 y^2 = (bc+ca-ab)^2 z^2.$$

§ IV. — Des courbes enveloppes.

283. Lorsque l'équation d'une droite renferme une indéterminée μ à un degré quelconque, elle représente, en réalité, un système de droites qui correspondent chacune à une valeur particulière de μ, et qui sont toutes tangentes à une certaine courbe, qu'on appelle *courbe enveloppe* ou, plus simplement, *enveloppe* du système. Nous nous bornerons à montrer ici comment on peut obtenir l'enveloppe des droites $\mu^2 L - 2\mu R + M$ (n° 270); cet exemple suffira pour indiquer la marche à suivre dans le cas le plus général.

Les deux droites de ce système, qui correspondent aux deux valeurs de μ, μ et $\mu + k$, ont pour équations

$$\mu^2 L - 2\mu R + M = 0, \quad (\mu + k)^2 L - 2(\mu + k) R + M = 0,$$

et leur point d'intersection se trouve déterminé par l'équation de la première droite et par l'équation

$$2(\mu L - R) + k L = 0,$$

obtenue en divisant par k la différence entre les équations des deux droites.

La deuxième droite est d'autant plus voisine de la première que k est plus petit; lorsque k s'annule, les deux droites deviennent consécutives et leur point de rencontre est alors défini par les équations

$$\mu^2 L - 2\mu R + M = 0, \quad \mu L - R = 0,$$

ou, ce qui revient au même, par les suivantes :

$$\mu L - R = 0, \quad \mu R - M = 0;$$

ce point appartient à l'enveloppe, puisque ces deux droites sont tangentes à l'enveloppe, et que tout point d'une courbe peut être considéré comme l'intersection de deux tangentes consécutives à cette courbe (n° 147); il coïncide d'ailleurs avec le point où la droite $\mu^2 L - 2\mu R + M$ touche l'enveloppe. Il suffit donc, pour obtenir l'équation de l'enveloppe, d'éliminer μ entre les deux équations précédentes, ce qui donne $LM = R^2$.

On peut encore procéder de la même manière quand L, M et R cessent de représenter des droites; dans ce cas, $\mu^2 L - 2\mu R + M$ représente un système de courbes, et il

DES SECTIONS CONIQUES. NOTATIONS ABRÉGÉES.   435

est facile de voir que toutes ces courbes sont constamment tangentes à la courbe $LM = R^2$.

L'enveloppe de la droite $L\cos\varphi + M\sin\varphi - R$, où φ est indéterminé, peut s'obtenir directement comme celle de la droite $\mu^2 L - 2\mu R + M$; mais on peut aussi la déduire de l'enveloppe de cette dernière droite en posant

$$\tang\tfrac{1}{2}\varphi = \mu,$$

car on a alors

$$\cos\varphi = \frac{1-\mu^2}{1+\mu^2}, \quad \sin\varphi = \frac{2\mu}{1+\mu^2},$$

et l'équation proposée se ramène à la forme

$$\mu^2(L-R) + 2\mu M + (L-R) = 0,$$

où μ entre au second degré.

284. On peut encore procéder comme il suit : toute droite du système

$$\mu^2 L - 2\mu R + M$$

est évidemment tangente à une courbe de la *seconde classe* (n° 145); on ne peut, en effet, mener par un point donné que deux droites du système; ce sont celles qui correspondent aux valeurs de μ tirées de l'équation

$$\mu^2 L' - 2\mu R' + M' = 0,$$

où L', R' et M' représentent les résultats obtenus en remplaçant dans L, R et M les coordonnées courantes par les coordonnées du point donné. Pour que ce point se trouve à l'intersection de deux tangentes consécutives, il faut donc que ses coordonnées vérifient la relation $LM = R^2$ qui exprime que les deux valeurs de μ sont égales. Plus généralement, lorsqu'une indéterminée μ entre algébriquement au degré n

dans l'équation d'une droite, cette droite enveloppe une courbe de la $n^{ième}$ classe dont l'équation s'obtient en exprimant que l'équation en μ a des racines égales.

Exercices.

1. *Les sommets d'un triangle glissent sur trois droites fixes α, β, γ, tandis que deux de ses côtés passent par deux points fixes $(\alpha', \beta', \gamma'), (\alpha'', \beta'', \gamma'')$: trouver l'enveloppe du troisième côté.*

Soit $\alpha + \mu\beta = 0$ l'équation de la droite joignant (α, β) au sommet qui glisse sur γ; les équations des côtés passant par les points fixes sont alors

$$\gamma'(\alpha + \mu\beta) - \gamma(\alpha' + \mu\beta') = 0, \quad \gamma''(\alpha + \mu\beta) - \gamma(\alpha'' + \mu\beta'') = 0,$$

et on a, pour le troisième côté,

$$(\alpha' + \mu\beta')\gamma''\alpha + (\alpha'' + \mu\beta'')\mu\gamma'\beta - (\alpha' + \mu\beta')(\alpha'' + \mu\beta'')\gamma = 0,$$

puisque ce côté passe par l'intersection du premier avec α et du second avec β. Développant et ordonnant, suivant les puissances de μ, on trouve, pour l'équation de l'enveloppe,

$$(\alpha\beta'\gamma'' + \beta\gamma'\alpha'' - \gamma\alpha'\beta'' - \gamma\alpha''\beta')^2 = 4\alpha'\beta''(\alpha\gamma'' - \alpha''\gamma)(\beta\gamma' - \beta'\gamma).$$

On peut aussi résoudre ce problème, en ordonnant par rapport à α l'équation trouvée au n° 50, Ex. 3.

2. *Trouver l'enveloppe d'une droite telle que le produit de ses distances à deux points fixes soit constant et égal à b^2.*

Prenons pour axes, la droite qui joint les points fixes et la perpendiculaire élevée sur le milieu de cette droite; soient, en outre, $y = 0$, $x = \pm c$, les coordonnées de ces points, et $y - mx + n = 0$, la droite mobile; on aura, pour exprimer les conditions du problème,

$$(n + mc)(n - mc) = b^2(1 + m^2)$$

ou

$$n^2 = b^2 + b^2 m^2 + c^2 m^2;$$

et comme

$$n^2 = y^2 - 2mxy + m^2 x^2:$$

il vient
$$m^2(x^2 - b^2 - c^2) - 2mxy + y^2 - b^2 = 0;$$
ce qui donne, pour l'équation de l'enveloppe,
$$x^2 y^2 = (x^2 - b^2 - c^2)(y^2 - b^2)$$
ou bien
$$\frac{x^2}{b^2 + c^2} + \frac{y^2}{b^2} = 1.$$

3. *Trouver l'enveloppe d'une droite telle que la somme b^2 des carrés de ses distances à deux points fixes $(0, \pm c)$ soit constante.*

Réponse. $\qquad \dfrac{2x^2}{b^2 - 2c^2} + \dfrac{2y^2}{b^2} = 1.$

4. *Trouver l'enveloppe d'une droite telle que la différence des carrés de ses distances à deux points fixes soit constante.*

Une parabole.

5. *Par un point fixe O, on mène une droite OP qui rencontre en P une droite fixe AP : trouver l'enveloppe de la droite PQ faisant avec PO un angle OPQ constant $(= 90° - \beta)$.*

Soient OA et OQ les perpendiculaires abaissées du point O sur les droites AP et PQ, θ et β les angles AOP et POQ fai   par OP avec OA et OQ, on aura, en faisant OA $= p$,
$$OP = p \sec \theta, \quad OQ = p \sec \theta \cos \beta,$$
et, si l'on prend OA pour axe des x, O pour origine, il vient, pour l'équation de PQ,
$$x \cos(\theta + \beta) + y \sin(\theta + \beta) = p \sec \theta \cos \beta,$$
ou
$$x \cos(2\theta + \beta) + y \sin(2\theta + \beta) = 2p \cos \beta - x \cos \beta - y \sin \beta.$$
Cette équation étant de la forme
$$L \cos \varphi + M \sin \varphi = R,$$
on obtient, pour l'enveloppe cherchée, l'équation
$$x^2 + y^2 = (x \cos \beta + y \sin \beta - 2p \cos \beta)^2,$$

qui représente une parabole ayant le point O pour foyer.

6. *Trouver l'enveloppe de la ligne* $\dfrac{A}{\mu} + \dfrac{B}{\mu'} = 1$, *quand les indéterminées* μ *et* μ' *sont assujetties à la relation* $\mu + \mu' = C$.

En remplaçant μ' par $C - \mu$, et chassant les dénominateurs, on trouve, pour l'enveloppe, l'équation

$$A^2 + B^2 + C^2 - 2AB - 2AC - 2BC = 0,$$

qui peut se mettre sous la forme

$$\pm \sqrt{A} \pm \sqrt{B} \pm \sqrt{C} = 0.$$

Exemples : 1° *On donne, dans un triangle, un angle et la somme* c *des côtés qui le comprennent : trouver l'enveloppe du troisième côté.*

Ce côté a pour équation

$$\frac{x}{a} + \frac{y}{b} = 1;$$

et, comme $a + b = c$, on a pour l'enveloppe

$$x^2 + y^2 - 2xy - 2cx - 2cy + c^2 = 0;$$

c'est une parabole tangente aux côtés x et y du triangle.

2° *On donne de position deux diamètres conjugués d'une ellipse, et la somme* c^2 *de leurs carrés : trouver l'enveloppe de l'ellipse.*

Si, dans l'équation

$$\frac{x^2}{a'^2} + \frac{y^2}{b'^2} = 1,$$

on introduit la condition $a'^2 + b'^2 = c^2$, on trouve pour l'enveloppe

$$x \pm y \pm c = 0.$$

L'ellipse est donc tangente à quatre droites fixes.

285. *Lorsque les coefficients de l'équation d'une droite* $\lambda\alpha + \mu\beta + \nu\gamma$ *sont liés par une équation du second degré en* λ, μ *et* ν,

DES SECTIONS CONIQUES. NOTATIONS ABRÉGÉES. 439

$$A\lambda^2 + B\mu^2 + C\nu^2 + 2F\mu\nu + 2G\nu\lambda + 2H\lambda\mu = 0,$$

cette droite a pour enveloppe une conique.

En éliminant ν, entre cette dernière équation et l'équation de la droite, on trouve en effet

$$(A\gamma^2 - 2G\gamma\alpha + C\alpha^2)\lambda^2 + 2(H\gamma^2 - F\gamma\alpha - G\gamma\beta + C\alpha\beta)\lambda\mu \\ + (B\gamma^2 - 2F\gamma\beta + C\beta^2)\mu^2 = 0,$$

ce qui donne pour l'enveloppe

$$(A\gamma^2 - 2G\gamma\alpha + C\alpha^2)(B\gamma^2 - 2F\gamma\beta + C\beta^2) \\ = (H\gamma^2 - F\gamma\alpha - G\gamma\beta + C\alpha\beta)^2,$$

ou, en développant et divisant par γ^2,

$$(BC - F^2)\alpha^2 + (CA - G^2)\beta^2 + (AB - H^2)\gamma^2 \\ + 2(GH - AF)\beta\gamma + 2(HF - BG)\gamma\alpha + 2(FG - CH)\alpha\beta = 0.$$

On peut encore énoncer ce théorème de la manière suivante : *Toute équation tangentielle du second degré, en λ, μ et ν, représente une conique dont l'équation en coordonnées trilinéaires se déduit de l'équation tangentielle, de la même manière que celle-ci se déduit de l'équation en coordonnées trilinéaires.*

Nous avons vu, en effet (n° 151), que la condition pour que $\lambda\alpha + \mu\beta + \nu\gamma$ soit tangente à

$$a\alpha^2 + b\beta^2 + c\gamma^2 + 2f\beta\gamma + 2g\gamma\alpha + 2h\alpha\beta = 0$$

est exprimée par l'équation

$$(bc - f^2)\lambda^2 + (ca - g^2)\mu^2 + (ab - h^2)\nu^2 \\ + 2(gh - af)\mu\nu + 2(hf - bg)\nu\lambda + 2(fg - ch)\lambda\mu = 0,$$

qui n'est autre que l'équation tangentielle de la conique.

Réciproquement, la conique $a\alpha^2 + \ldots = 0$ est l'enveloppe de la droite dont les coefficients λ, μ, ν satisfont à la condition $A\lambda^2 + \ldots = 0$, puisqu'en remplaçant $A, B, \ldots$ par $bc - f^2, ca - g^2, \ldots$, dans l'équation

$$(BC - F^2)\alpha^2 + \ldots = 0$$

donnée plus haut, elle devient

$$(abc + 2fgh - af^2 - bg^2 - ch^2)$$
$$\times (a\alpha^2 + b\beta^2 + c\gamma^2 + 2f\beta\gamma + 2g\gamma\alpha + 2h\alpha\beta) = 0.$$

Exercices.

1. *Démontrer, comme cas particulier de ce qui précède, que les lignes qui satisfont aux conditions*

$$\frac{F}{\lambda} + \frac{G}{\mu} + \frac{H}{\nu} = 0, \quad \sqrt{F\lambda} + \sqrt{G\mu} + \sqrt{H\nu} = 0$$

ont respectivement pour enveloppes (nos 127, 130)

$$\sqrt{F\alpha} + \sqrt{G\beta} + \sqrt{H\gamma} = 0, \quad \frac{F}{\alpha} + \frac{G}{\beta} + \frac{H}{\gamma} = 0.$$

2. *Trouver la condition pour que la droite $\lambda\alpha + \mu\beta + \nu\gamma$ rencontre la conique représentée par l'équation générale en deux points réels.*

Cette droite rencontre la conique en des points réels ou imaginaires, suivant que la quantité $(bc - f^2)\lambda^2 + \ldots$ est négative ou positive. Lorsque cette quantité s'annule, la droite est tangente à la conique.

3. *A quelle condition les tangentes menées par le point $(\alpha', \beta', \gamma')$ sont-elles réelles ?*

Ces tangentes sont réelles quand la quantité $(BC - F^2)\alpha'^2 + \ldots$ est négative ; autrement dit, lorsque

$$abc + 2fgh + \ldots \quad \text{et} \quad a\alpha'^2 + b\beta'^2 + \ldots$$

sont de signes contraires. Les tangentes sont imaginaires, ou, ce qui revient au même, le point $(\alpha', \beta', \gamma')$ est à l'intérieur de la conique lorsque ces quantités sont de même signe.

286. On démontrerait, comme au n° 76, que la condition

$$ABC + 2FGH - AF^2 - BG^2 - CH^2 = 0$$

exprime que l'équation

$$A\lambda^2 + B\mu^2 + C\nu^2 + 2F\mu\nu + 2G\nu\lambda + 2H\lambda\mu = 0$$

peut se décomposer en deux facteurs et se mettre sous la forme

$$(\alpha'\lambda + \beta'\mu + \gamma'\nu)(\alpha''\lambda + \beta''\mu + \gamma''\nu) = 0.$$

Cette condition exprime donc (n° 51) que la droite

$$\lambda\alpha + \mu\beta + \nu\gamma$$

passe par l'un ou l'autre des deux points fixes, dont on obtient les équations (n° 70), en égalant séparément à zéro les deux facteurs suivant lesquels se décompose l'équation $A\lambda^2 + \ldots = 0$.

En remplaçant, comme au Numéro précédent, $A, B, \ldots$ par $bc - f^2$, $ca - g^2$, ..., on voit facilement que la quantité

$$ABC + 2FGH + \ldots$$

n'est autre chose que le carré de $abc + 2fgh + \ldots$.

Exercice.

Lorsqu'une conique passant par deux points donnés a un double contact avec une conique fixe, la corde de contact des deux coniques passe par un point fixe.

Soient $S = 0$ l'équation de la conique fixe, $S = (\lambda\alpha + \mu\beta + \nu\gamma)^2$ celle de l'autre conique; en remplaçant, dans cette dernière équation, les coordonnées courantes par les coordonnées des points donnés $(\alpha', \beta', \gamma')$, $(\alpha'', \beta'', \gamma'')$, on a

$$S' = (\lambda\alpha' + \mu\beta' + \nu\gamma')^2 \quad S'' = (\lambda\alpha'' + \mu\beta'' + \nu\gamma'')^2,$$

d'où

$$(\lambda\alpha' + \mu\beta' + \nu\gamma')\sqrt{S''} = \pm(\lambda\alpha'' + \mu\beta'' + \nu\gamma'')\sqrt{S'};$$

la corde de contact $\lambda\alpha + \mu\beta + \nu\gamma$ passe donc par l'un ou l'autre des deux points fixes définis par cette équation, puisque S' et S″ sont des constantes.

287. *Trouver l'équation générale des coniques ayant un double contact avec deux coniques données* S *et* S'.

En désignant par E et F les deux cordes de l'un des couples de cordes communes à S et S', on a

$$S - S' = EF,$$

et l'équation

$$\mu^2 E^2 - 2\mu(S + S') + F^2 = 0$$

représente un système de coniques doublement tangentes à S et S', puisqu'elle peut se mettre sous l'une ou l'autre des formes

$$(\mu E + F)^2 = 4\mu S, \quad (\mu E - F)^2 = 4\mu S'.$$

Les cordes de contact $\mu E + F$, $\mu E - F$, des coniques de ce système passent toutes, d'ailleurs, par le point de rencontre des cordes E et F, et forment avec ces cordes une série de faisceaux harmoniques (n° 57).

Les coniques S et S', admettant en général trois couples de cordes d'intersection, il existe *trois systèmes distincts* de coniques ayant un double contact avec deux coniques données. Toutefois, lorsque S' se transforme en un couple de droites, il n'y a plus que deux couples de cordes distinctes, et, par suite, deux systèmes de coniques; quand S et S' se transforment toutes deux en couples droites, il n'y a plus qu'un seul système.

Remarquons, en outre, que l'équation de l'un quelconque de ces systèmes est du deuxième degré en μ, et par conséquent, que l'on peut toujours faire passer par un point quelconque deux coniques de chacun de ces systèmes.

Exercice.

Trouver l'équation générale des coniques tangentes à quatre droites données.

Soient A, B, C, D les quatre côtés et E, F les diagonales du quadrilatère formé par les droites données; on a alors $AC - BD = EF$; ce qui donne pour l'équation cherchée

$$\mu^2 E^2 - 2\mu(AC + BD) + F^2 = 0.$$

Quand on représente par L, M et N les diagonales, les côtés ont pour équation $L \pm M \pm N = 0$, et l'équation des coniques prend la forme symétrique

$$\mu^2 L^2 - \mu(L^2 + M^2 - N^2) + M^2 = 0,$$

qui montre que ces courbes sont tangentes à

$$(L^2 + M^2 - N^2)^2 - 4L^2 M^2$$
$$= (L + M + N)(M + N - L)(L + N - M)(M + L - N).$$

On peut aussi mettre cette dernière équation sous la forme

$$N^2 = \frac{L^2}{\cos^2 \varphi} + \frac{M^2}{\sin^2 \varphi} \quad (\text{n}^\circ 278).$$

288. L'équation générale des coniques ayant un double contact avec *deux cercles* C et C' peut s'écrire

$$\mu^2 - 2\mu(C + C') + (C - C')^2 = 0,$$

et on en déduit pour les cordes de contact

$$C - C' + \mu = 0, \quad C - C' - \mu = 0;$$

ces cordes sont parallèles à l'axe radical des deux cercles, et situées à égale distance de cet axe.

En mettant l'équation des coniques sous la forme

$$\sqrt{C} \pm \sqrt{C'} = \sqrt{\mu},$$

on voit que : *Le lieu des points tels que la somme, ou la différence, des tangentes menées de ces points à deux cercles fixes, soit constante, est une conique ayant un double contact avec les deux cercles.*

En supposant les deux cercles infiniment petits, on retombe sur la propriété fondamentale des foyers (n⁰ˢ 182-183).

Quand μ est égal au carré du segment déterminé par les cercles sur une de leurs tangentes communes, l'équation représente un couple de tangentes communes.

Exercices.

1. *Trouver, d'après ce qui précède, les tangentes communes aux cercles proposés dans les Exercices des n⁰ˢ 113 et 114.*

1° $\sqrt{C} + \sqrt{C'} = 1, \quad \sqrt{C} + \sqrt{C'} = 2;$

2° $\sqrt{C} + \sqrt{C'} = 1, \quad \sqrt{C} + \sqrt{C'} = \sqrt{-79}.$

2. *On donne trois cercles* C, C' *et* C″ : L *et* L′ *sont les tangentes communes à* C′, C″; M *et* M′ *à* C″, C; N *et* N′ *à* C, C′; *si* L, M *et* N *passent par un même point*, L′, M′ *et* N′ *passent aussi par un même point* (¹).

Soient

$$\sqrt{C'} + \sqrt{C''} = t, \quad \sqrt{C''} + \sqrt{C} = t', \quad \sqrt{C} + \sqrt{C'} = t'',$$

(¹) Ce théorème fournit, ainsi que l'a montré Steiner, une solution du problème de Malfatti : *Inscrire dans un triangle trois cercles tels que chacun d'eux soit tangent aux deux autres et à deux des côtés du triangle*. En inscrivant un cercle, dans chacun des triangles formés par un des côtés du triangle donné et par les bissectrices des angles adjacents à ce côté, on obtient trois cercles, qui ont trois de leurs tangentes communes concourantes, et qui admettent, par suite, trois autres tangentes concourantes, ces trois dernières tangentes sont en même temps des tangentes communes aux cercles cherchés. M. Hart a donné une démonstration géométrique de cette solution dans le *Quarterly Journal of Mathematics*, T. I, p. 219. On peut d'ailleurs donner plus d'extension au problème de Malfatti, en substituant aux *trois cercles* de l'énoncé, *trois coniques ayant chacune un double contact avec une conique donnée;* ce nouveau problème se résout en s'appuyant sur le théorème de l'Exercice 3, ou sur son réciproque, et non plus sur la proposition de l'Exercice 2.

les équations des couples de tangentes communes. La condition pour que L, M et N passent par un même point est $t' \pm t = t''$; et il est évident que, lorsque cette condition est remplie, L', M' et N' passent aussi par un même point.

3. *Lorsque trois coniques ont un double contact avec une quatrième, les six points déterminés, sur ces trois coniques, par trois de leurs cordes communes, ne passant pas par un même point, appartiennent à une même conique. Dans le cas particulier où trois de ces points sont en ligne droite, il en est de même des trois autres.*

Soient $S - L^2 = 0$, $S - M^2 = 0$, $S - N^2 = 0$, les trois coniques, et $L + M = 0$, $M + N = 0$, $N + L = 0$, trois de leurs cordes communes, ne passant pas par un même point; l'équation

$$S + MN + NL + LM = (S - L^2) + (L + M)(L + N)$$

démontre le théorème.

§ V. — Équation générale du second degré.

289. L'équation d'une conique quelconque peut toujours se mettre sous la forme

$$a\alpha^2 + b\beta^2 + c\gamma^2 + 2f\beta\gamma + 2g\gamma\alpha + 2h\alpha\beta = 0.$$

Cette équation est en effet du deuxième degré, et, comme elle renferme cinq paramètres arbitraires, il est toujours possible de déterminer ces paramètres de manière que la courbe qu'elle représente passe par cinq points donnés, et coïncide, par suite, avec une conique donnée. Pour passer de cette équation, qui suppose les coordonnées trilinéaires, à l'équation en coordonnées cartésiennes, il suffit d'y remplacer α, β par x, y, et d'y faire $\gamma = 1$, ce qui revient à supposer la droite γ à l'infini (n°s 69-76).

En général, toute courbe de degré n peut se représenter par une fonction homogène du même degré en α, β et γ; il est facile de voir, en effet, que l'équation *complète* de degré n entre deux variables, et l'équation *homogène* de même degré entre trois variables ont le même nombre de termes, et, par suite, peuvent être assujetties au même nombre de conditions.

290. Nous avons vu (n° 66) que les coordonnées d'un point quelconque de la droite passant par les deux points $(\alpha', \beta', \gamma')$, $\alpha'', \beta'', \gamma''$) peuvent s'exprimer par

$$l\alpha' + m\alpha'', \quad l\beta' + m\beta'', \quad l\gamma' + m\gamma'';$$

on obtiendra donc les coordonnées des points où cette droite rencontre une courbe, en substituant, dans l'équation de la courbe, les valeurs ci-dessus aux coordonnées courantes α, β et γ, et en déterminant le rapport $\dfrac{l}{m}$ au moyen de la relation déduite de cette substitution (¹). Ainsi (n° 92), les points où cette droite rencontre une conique sont donnés par l'équation du second degré

$$l^2(a\alpha'^2 + b\beta'^2 + c\gamma'^2 + 2f\beta'\gamma' + 2g\gamma'\alpha' + 2h\alpha'\beta')$$
$$+ 2lm[a\alpha'\alpha'' + b\beta'\beta'' + c\gamma'\gamma''$$
$$+ f(\beta'\gamma'' + \beta''\gamma') + g(\gamma'\alpha'' + \gamma''\alpha') + h(\alpha'\beta'' + \alpha''\beta')]$$
$$+ m^2(a\alpha''^2 + b\beta''^2 + c\gamma''^2 + 2f\beta''\gamma'' + 2g\gamma''\alpha'' + 2h\alpha''\beta'') = 0,$$

que l'on peut écrire, pour abréger,

$$l^2 S' + 2lm P + m^2 S'' = 0.$$

Lorsque le point $(\alpha', \beta', \gamma')$ est sur la courbe, S' s'annule, et l'équation se réduit au premier degré. En la résolvant par rapport à $l:m$, on trouve

$$S''\alpha' - 2P\alpha'', \quad S''\beta' - 2P\beta'', \quad S''\gamma' - 2P\gamma''$$

pour les coordonnées du point où la droite, joignant un point quelconque $(\alpha', \beta', \gamma')$ de la courbe à $(\alpha'', \beta'', \gamma'')$, rencontre de nouveau la conique. Quand $P = 0$, elles se réduisent

---

(¹) Cette méthode est due à Joachimsthal.

DES SECTIONS CONIQUES. NOTATIONS ABRÉGÉES. 447

à α', β', γ'. Il en résulte que, si α'', β'' et γ'' satisfont à la relation

$$a\alpha\alpha' + b\beta\beta' + c\gamma\gamma'$$
$$+ f(\beta\gamma' + \beta'\gamma) + g(\gamma'\alpha + \gamma\alpha') + h(\alpha'\beta + \alpha\beta') = 0,$$

la droite joignant $(\alpha'', \beta'', \gamma'')$ à $(\alpha', \beta', \gamma')$ rencontre la courbe en deux points qui coïncident en $(\alpha', \beta', \gamma')$; autrement dit que $(\alpha'', \beta'', \gamma'')$ est situé sur la tangente en $(\alpha', \beta', \gamma')$. L'équation $P = 0$ représente donc la tangente en $(\alpha', \beta', \gamma')$.

291. La symétrie de cette équation en α, β, γ; α', β', γ' montre (n° 89) que, dans le cas où $(\alpha', \beta', \gamma')$ ne se trouve pas sur la courbe, elle représente la polaire de ce point. On peut d'ailleurs observer (n° 94) que l'équation $P = 0$ exprime que la droite joignant $(\alpha', \beta', \gamma')$ à $(\alpha'', \beta'', \gamma'')$ est divisée harmoniquement par la courbe.

L'équation de la polaire peut se mettre sous la forme

$$\alpha'(a\alpha + h\beta + g\gamma) + \beta'(h\alpha + b\beta + f\gamma) + \gamma'(g\alpha + f\beta + c\gamma) = 0$$

qui se ramène à

$$\alpha' S_1 + \beta' S_2 + \gamma' S_3 = 0,$$

en observant que les coefficients de α', β', γ' sont respectivement proportionnels aux dérivées de l'équation de la conique, prises successivement par rapport à α, β, γ, et en posant pour abréger

$$S_1 = \frac{dS}{d\alpha}, \quad S_2 = \frac{dS}{d\beta}, \quad S_3 = \frac{dS}{d\gamma}.$$

Lorsque β' et γ' sont nuls, l'équation de la polaire se réduit à $S_1 = 0$. *L'équation de la polaire de l'intersection de deux des lignes de référence s'obtient donc en prenant la dérivée de l'équation de la conique, par rapport à la troisième.*

L'équation de la polaire étant symétrique en α, β, γ et α', β', γ' peut encore se mettre sous la forme

$$\alpha S'_1 + \beta S'_2 + \gamma S'_3 = 0,$$

en désignant, suivant l'usage, par S'_1, ce que devient S_1 lorsqu'on y remplace α, β, γ par α', β', γ'.

292. Lorsqu'une conique se transforme en un couple de droites OP, OP', la polaire d'un point quelconque A passe par l'intersection O de ces droites.

La Géométrie nous apprend, en effet, que si l'on prend sur chacune des sécantes APP' issues du point A la moyenne harmonique AQ des segments AP, AP' déterminés par les droites OP, OP', le lieu des points Q est une droite qui passe par le point O, et qui est, par rapport à OP et OP', la conjuguée harmonique de la droite unissant le point A au point O. Les formules du Numéro précédent conduisent du reste au même résultat; d'après ces formules, la polaire de (α', β') par rapport aux droites $\alpha\beta = 0$ a pour équation $\beta'\alpha + \alpha'\beta = 0$, et on sait que cette équation représente (n° 57) la conjuguée harmonique, par rapport à α et β, de $\beta'\alpha - \alpha'\beta$, c'est-à-dire de la droite qui joint (α, β) au point donné (α', β').

Il résulte de ce qui précède, que les polaires des sommets (β, γ), (γ, α), (α, β) du triangle $\alpha\beta\gamma$ se coupent en un même point quand la conique se réduit à deux droites. Pour exprimer que l'équation générale représente un couple de droites, il suffit donc d'écrire que les équations de ces polaires,

$$a\alpha + h\beta + g\gamma = 0, \quad h\alpha + b\beta + f\gamma = 0, \quad g\alpha + f\beta + c\gamma = 0,$$

représentent trois droites concourantes, ou, ce qui revient au même (n° 38), d'éliminer α, β, γ, entre ces trois équations. On retrouve ainsi la condition bien connue (n°s 76, 147, 151, 153)

$$abc + 2fgh - af^2 - bg^2 - ch^2 = 0,$$

et on voit en outre que cette condition peut se mettre sous

forme de déterminant, et s'écrire

$$\begin{vmatrix} a & h & g \\ h & b & f \\ g & f & c \end{vmatrix} = 0.$$

Le premier membre de cette équation s'appelle *le discriminant* (¹) de l'équation de la conique. Nous le désignerons dorénavant par la lettre Δ.

293. *Trouver les coordonnées* α', β', γ' *du pôle d'une droite* $\lambda\alpha + \mu\beta + \nu\gamma$ *par rapport à une conique représentée par l'équation générale.*

On a, d'après le n° 291,

$$a\alpha' + h\beta' + g\gamma' = \lambda, \quad h\alpha' + b\beta' + f\gamma' = \mu, \quad g\alpha' + f\beta' + c\gamma' = \nu,$$

et, en résolvant ces équations par rapport à α', β', γ', il vient

$$\Delta\alpha' = \lambda(bc - f^2) + \mu(fg - ch) + \nu(hf - bg),$$
$$\Delta\beta' = \lambda(fg - ch) + \mu(ca - g^2) + \nu(gh - af),$$
$$\Delta\gamma' = \lambda(hf - bg) + \mu(gh - af) + \nu(ab - h^2);$$

les coordonnées du pôle sont donc respectivement proportionnelles à

$$A\lambda + H\mu + G\nu, \quad H\lambda + B\mu + F\nu, \quad G\lambda + F\mu + C\nu \text{ (²)}.$$

En exprimant que ces coordonnées vérifient l'équation

$$\lambda\alpha + \mu\beta + \nu\gamma = 0,$$

on obtient la condition pour que la droite $\lambda\alpha + \mu\beta + \nu\gamma$ touche la conique, puisque le pôle d'une tangente quelconque

---

(¹) *Voir* les *Leçons d'Algèbre supérieure*, par G. Salmon; huitième leçon de la traduction française. (Paris, Gauthier-Villars.)

(²) Les coefficients A, B, C,... sont employés ici avec la même signification qu'au n° 151; on peut aussi les considérer comme les *déterminants mineurs* obtenus en supprimant successivement, dans le déterminant (a, b, c) du numéro précédent, les lignes et les colonnes qui contiennent a, b, c.....

est situé sur cette tangente; on retombe ainsi sur l'équation du n° 285

$$A\lambda^2 + B\mu^2 + C\nu^2 + 2F\mu\nu + 2G\nu\lambda + 2H\lambda\mu = 0.$$

Quand on représente par Σ le premier membre de cette équation, les coordonnées du pôle, qui sont les dérivées partielles de Σ par rapport à λ, μ, ν, se trouvent représentées par $\Sigma_1, \Sigma_2, \Sigma_3$; la condition pour que la droite $\lambda\alpha + \mu\beta + \nu\gamma$ passe par le pôle de $\lambda'\alpha + \mu'\beta + \nu'\gamma$, ou, en d'autres termes, l'équation tangentielle du pôle de $\lambda'\alpha + \mu'\beta + \nu'\gamma$, prend alors la forme

$$\lambda\Sigma_1' + \mu\Sigma_2' + \nu\Sigma_3' = 0,$$

qui présente une analogie remarquable (n° 291) avec la forme de l'équation de la polaire de $(\alpha', \beta', \gamma')$

$$\alpha S_1' + \beta S_2' + \gamma S_3'.$$

Dans ce système de notations, la condition pour que les deux droites $\lambda\alpha + \mu\beta + \nu\gamma$, $\lambda'\alpha + \mu'\beta + \nu'\gamma$ soient conjuguées par rapport à la conique, autrement dit soient telles que le pôle de l'une soit situé sur l'autre, peut évidemment se mettre sous l'une ou l'autre des formes équivalentes

$$\lambda'\Sigma_1 + \mu'\Sigma_2 + \nu'\Sigma_3 = 0, \quad \lambda\Sigma_1' + \mu\Sigma_2' + \nu\Sigma_3' = 0.$$

Observons enfin que, d'après la manière même dont on a formé l'expression de Σ, Σ est le résultat de l'élimination de α', β', γ' et ρ entre les équations

$$a\alpha' + h\beta' + g\gamma' + \rho\lambda = 0, \quad h\alpha' + b\beta' + f\gamma' + \rho\mu = 0,$$
$$g\alpha' + f\beta' + c\gamma' + \rho\nu = 0, \quad \lambda\alpha' + \mu\beta' + \nu\gamma' = 0,$$

et, par suite, peut être représenté par le déterminant

$$\begin{vmatrix} a & h & g & \lambda \\ h & b & f & \mu \\ g & f & c & \nu \\ \lambda & \mu & \nu & 0 \end{vmatrix}.$$

On démontrerait de la même manière que la condition pour que les droites $\lambda\alpha + \mu\beta + \nu\gamma$, $\lambda'\alpha + \mu'\beta + \nu'\gamma$ se coupent sur la conique s'obtient en égalant à zéro le déterminant

$$\begin{vmatrix} a & h & g & \lambda & \lambda' \\ h & b & f & \mu & \mu' \\ g & f & c & \nu & \nu' \\ \lambda & \mu & \nu & 0 & 0 \\ \lambda' & \mu' & \nu' & 0 & 0 \end{vmatrix}.$$

Exercices.

1. *Trouver les coordonnées du pôle de* $\lambda\alpha + \mu\beta + \nu\gamma$ *par rapport à la conique* $\sqrt{l\alpha} + \sqrt{m\beta} + \sqrt{n\gamma}$.

L'équation tangentielle de cette conique, qui est tangente aux trois droites α, β, γ, peut s'écrire (n° 130)

$$l\mu\nu + m\nu\lambda + n\lambda\mu = 0,$$

et l'on a, pour les coordonnées du pôle,

$$\alpha' = m\nu + n\mu, \quad \beta' = n\lambda + l\nu, \quad \gamma' = l\mu + m\lambda.$$

2. *Trouver le lieu du pôle de* $\lambda\alpha + \mu\beta + \nu\gamma$ *par rapport à un système de coniques tangentes aux trois droites* α, β, γ *et satisfaisant, en outre, à une autre condition* (¹).

En résolvant par rapport à l, m, n les trois dernières équations de l'Exercice précédent, on voit facilement que l, m, n sont proportionnels à

$$\lambda(\mu\beta' + \nu\gamma' - \lambda\alpha'), \quad \mu(\nu\gamma' + \lambda\alpha' - \mu\beta'), \quad \nu(\lambda\alpha' + \mu\beta' - \nu\gamma'),$$

quand le pôle est pris par rapport à une conique inscrite dans le triangle $\alpha\beta\gamma$; pour obtenir l'équation du lieu, il suffit donc de porter ces valeurs dans la relation en l, m, n que l'on forme en exprimant que cette conique satisfait à la quatrième condition.

(¹) La solution que nous donnons ici a été indiquée par M. Hearn, *Researches on Conic Sections*.

Dans le cas particulier où λ, μ et ν représentent les côtés a, b et c du triangle de référence, on obtient ainsi le lieu du pôle de la droite située à l'infini $a\alpha + b\beta + c\gamma$, c'est-à-dire le lieu du centre de la conique.

Quand les coniques doivent, comme quatrième condition, être tangentes à la droite $A\alpha + B\beta + C\gamma$, on a (n° 130)

$$\frac{l}{A} + \frac{m}{B} + \frac{n}{C} = 0,$$

et le lieu du pôle de $\lambda\alpha + \mu\beta + \nu\gamma$ est la droite

$$\frac{\lambda(\mu\beta + \nu\gamma - \lambda\alpha)}{A} + \frac{\mu(\nu\gamma + \lambda\alpha - \mu\beta)}{B} + \frac{\nu(\lambda\alpha + \mu\beta - \nu\gamma)}{C} = 0.$$

Lorsque les coniques sont assujetties, comme quatrième condition, à passer par le point $(\alpha', \beta', \gamma')$, l, m, n doivent satisfaire à la relation

$$\sqrt{l\alpha'} + \sqrt{m\beta'} + \sqrt{n\gamma'} = 0,$$

et l'on a, pour le lieu du pôle de la droite $\lambda\alpha + \mu\beta + \nu\gamma$ par rapport aux coniques tangentes à α, β, γ et passant par $(\alpha', \beta', \gamma')$,

$$\sqrt{\lambda\alpha'(\mu\beta + \nu\gamma - \lambda\alpha)} + \sqrt{\mu\beta'(\nu\gamma + \lambda\alpha - \mu\beta)} + \sqrt{\nu\gamma'(\lambda\alpha + \mu\beta - \nu\gamma)} = 0;$$

c'est une conique tangente aux droites

$$\mu\beta + \nu\gamma - \lambda\alpha, \quad \nu\gamma + \lambda\alpha - \mu\beta, \quad \lambda\alpha + \mu\beta - \nu\gamma.$$

Dans le cas particulier où l'on cherche le lieu du centre, ces trois droites sont celles qui joignent les milieux des côtés du triangle formé par les droites α, β, γ.

3. *Trouver les coordonnées du pôle de $\lambda\alpha + \mu\beta + \nu\gamma$ par rapport à la conique $l\beta\gamma + m\gamma\alpha + n\alpha\beta$, circonscrite au triangle $\alpha\beta\gamma$.*

L'équation tangentielle de la conique est alors (n° 127)

$$l^2\lambda^2 + m^2\mu^2 + n^2\nu^2 - 2mn\mu\nu - 2nl\nu\lambda - 2lm\lambda\mu = 0,$$

et l'on a pour les coordonnées du pôle

$$\alpha' = l(l\lambda - m\mu - n\nu), \quad \beta' = m(m\mu - n\nu - l\lambda),$$
$$\gamma' = n(n\nu - l\lambda - m\mu),$$

DES SECTIONS CONIQUES. NOTATIONS ABRÉGÉES. 453

ce qui donne

$$m\gamma' + n\beta' = -2lmn\lambda, \quad n\alpha' + l\gamma' = -2lmn\mu,$$
$$l\beta' + m\alpha' = -2lmn\nu;$$

en opérant comme ci-dessus, on trouve que les valeurs de l, m et n sont respectivement proportionnelles à

$$\alpha'(\mu\beta' + \nu\gamma' - \lambda\alpha'), \quad \beta'(\nu\gamma' + \lambda\alpha' - \mu\beta'), \quad \gamma'(\lambda\alpha' + \mu\beta' - \nu\gamma').$$

La condition pour qu'une conique circonscrite à $\alpha\beta\gamma$ passe par un quatrième point $(\alpha', \beta', \gamma')$ étant donnée par

$$\frac{l}{\alpha'} + \frac{m}{\beta'} + \frac{n}{\gamma'} = 0,$$

le lieu du pôle de $\lambda\alpha + \mu\beta + \nu\gamma$, par rapport aux coniques passant par quatre points, a pour équation

$$\frac{\alpha}{\alpha'}(\mu\beta + \nu\gamma - \lambda\alpha) + \frac{\beta}{\beta'}(\nu\gamma + \lambda\alpha - \mu\beta) + \frac{\gamma}{\gamma'}(\lambda\alpha + \mu\beta - \nu\gamma) = 0;$$

quand la droite est à l'infini, ce lieu est une conique qui passe par les milieux des côtés des triangles que l'on peut former avec les quatre points.

La condition pour qu'une conique soit tangente à la droite $A\alpha + B\beta + C\gamma$ étant exprimée par

$$\sqrt{Al} + \sqrt{Bm} + \sqrt{Cn} = 0,$$

le lieu du pôle de $\lambda\alpha + \mu\beta + \nu\gamma$ par rapport aux coniques passant par trois points et tangentes à cette droite est donné par l'équation

$$\sqrt{A\alpha(\mu\beta + \nu\gamma - \lambda\alpha)} + \sqrt{B\beta(\nu\gamma + \lambda\alpha - \mu\beta)} + \sqrt{C\gamma(\lambda\alpha + \mu\beta - \nu\gamma)} = 0,$$

qui représente en général une courbe du quatrième degré.

294. Lorsqu'un point $(\alpha'', \beta'', \gamma'')$ appartient à la tangente menée à une courbe par le point fixe $(\alpha', \beta', \gamma')$, la droite joignant $(\alpha', \beta', \gamma')$, $(\alpha'', \beta'', \gamma'')$ rencontre la courbe en deux points qui coïncident, et l'équation en $l:m$ (n° 290), qui détermine les points d'intersection de cette droite avec la courbe, a ses racines égales.

Pour obtenir l'équation de toutes les tangentes qu'on peut mener à une courbe par $(\alpha', \beta', \gamma')$, il suffit donc de substituer, dans l'équation de la courbe, $l\alpha + m\alpha'$, $l\beta + m\beta'$, $l\gamma + n\gamma'$, à α, β, γ et d'écrire la condition pour que l'équation en $l:m$, qui résulte de cette substitution, ait ses racines égales. On trouve ainsi (n° 92) pour l'équation des tangentes menées à une conique par le point $(\alpha', \beta', \gamma')$,

$$(a\alpha^2 + b\beta^2 + \ldots)(a\alpha'^2 + b\beta'^2 + \ldots) = (a\alpha\alpha' + \ldots)^2,$$

ou, en employant les notations du n° 290,

$$SS' = P^2.$$

On peut encore mettre cette équation sous une autre forme en observant que la droite qui joint à $(\alpha', \beta', \gamma')$ un point quelconque $(\alpha'', \beta'', \gamma'')$ de l'une ou l'autre des tangentes menées par $(\alpha', \beta', \gamma')$ est nécessairement tangente à la courbe. Pour obtenir l'équation du couple de tangentes, il suffit donc de former la condition pour que la droite

$$\alpha(\beta'\gamma'' - \beta''\gamma') + \beta(\gamma'\alpha'' - \gamma''\alpha') + \gamma(\alpha'\beta'' - \alpha''\beta') = 0,$$

qui passe par ces deux points (n° 65), soit tangente à la courbe, et d'y considérer $\alpha'', \beta'', \gamma''$ comme coordonnées courantes; en d'autres termes, il suffit de remplacer λ, μ et ν par $\beta\gamma' - \beta'\gamma$, $\gamma\alpha' - \gamma'\alpha$, $\alpha\beta' - \alpha'\beta$, dans l'équation du n° 285,

$$A\lambda^2 + B\mu^2 + C\nu^2 + 2F\mu\nu + 2G\nu\lambda + 2H\lambda\mu = 0.$$

L'équation obtenue de cette manière ne diffère pas, au fond, de celle qui a été donnée plus haut; en se reportant aux valeurs de A, B, C, … (n° 285), il est facile de voir, en effet, qu'on a

$$(a\alpha^2 + b\beta^2 + \ldots)(a\alpha'^2 + b\beta'^2 + \ldots) - (a\alpha\alpha' + \ldots)^2$$
$$= A(\beta\gamma' - \beta'\gamma)^2 + \ldots.$$

Exercice.

Trouver le lieu des sommets des angles droits circonscrits à une conique définie par l'équation générale (n° 169, Ex. 4).

L'équation du couple des tangentes menées par un point quelconque (n° 147) peut se mettre sous la forme

$$A(y-y')^2 + B(x-x')^2 + C(xy'-yx')^2 - 2F(x-x')(xy'-yx')$$
$$+ 2G(y-y')(xy'-yx') - 2H(x-x')(y-y') = 0,$$

et représente deux droites perpendiculaires lorsque la somme des coefficients de x^2 et de y^2 est nulle. Le lieu cherché, qui a pour équation

$$C(x^2+y^2) - 2Gx - 2Fy + A + B = 0,$$

est le *cercle directeur* de la conique. Lorsque cette conique est une parabole, on a $C = 0$, et le lieu se réduit à la droite

$$Gx + Fy = \tfrac{1}{2}(A+B),$$

qui est la directrice de cette parabole.

295. Il résulte de ce qui précède que les couples de tangentes menés par $(\beta, \gamma), (\gamma, \alpha), (\alpha, \beta)$ ont respectivement pour équations

$$B\gamma^2 + C\beta^2 - 2F\beta\gamma = 0, \quad C\alpha^2 + A\gamma^2 - 2G\gamma\alpha = 0,$$
$$A\beta^2 + B\alpha^2 - 2H\alpha\beta = 0 \; (^1),$$

(^{1}) On peut arriver directement à ce résultat, en mettant successivement l'équation de la courbe sous la forme

$$(a\alpha + h\beta + g\gamma)^2 + (C\beta^2 + B\gamma^2 - 2F\beta\gamma) = 0$$

et sous les deux autres formes analogues.

et, par suite, que le produit kk' des coefficients k et k' qui caractérisent les équations $\beta - k\gamma = 0, \beta - k'\gamma = 0$ des tangentes d'un même couple, est égal à $\dfrac{B}{C}$, à $\dfrac{C}{A}$ ou à $\dfrac{A}{B}$, suivant que ces tangentes sont issues de (β, γ), de (γ, α) ou de (α, β). Et comme le produit de ces trois dernières quantités est égal à l'unité, il s'ensuit, étant donnée la signification du coefficient k (n° 54), que, dans tout hexagone circonscrit à une conique, on a la relation

$$\frac{\sin \text{EAB}.\sin \text{FAB}.\sin \text{FBC}.\sin \text{DBC}.\sin \text{DCA}.\sin \text{ECA}}{\sin \text{EAC}.\sin \text{FAC}.\sin \text{FBA}.\sin \text{DBA}.\sin \text{DCB}.\sin \text{ECB}} = 1,$$

où A, F, B, D, C, E représentent les sommets de l'hexagone, suivant l'ordre dans lequel ils se succèdent.

Lorsque les équations de trois couples de droites peuvent se mettre sous la forme

$$M^2 + N^2 + 2f'MN = 0, \quad N^2 + L^2 + 2g'NL = 0,$$
$$L^2 + M^2 + 2h'LM = 0,$$

les six droites qu'elles représentent sont tangentes à une même conique, puisque les équations trouvées plus haut pour les trois couples de tangentes se ramènent à cette forme quand on y remplace α par $L\sqrt{A}$, β par $M\sqrt{B}, \ldots$

296. Lorsqu'on veut former les équations des droites qui joignent un point $(\alpha', \beta', \gamma')$ à tous les points d'intersection de deux courbes, il suffit de remplacer, dans les équations de ces courbes, les coordonnées courantes α, β, γ par $l\alpha + m\alpha'$, $l\beta + m\beta'$, $l\gamma + m\gamma'$ et d'éliminer $l:m$ entre les équations ainsi obtenues. Un point quelconque de ces droites jouit en effet de cette propriété que la ligne qui le joint à $(\alpha', \beta', \gamma')$ rencontre les deux courbes en un même point; il en résulte que les équations en $l:m$, qui déterminent les points où l'une de ces droites rencontre l'une et l'autre courbe, ont une racine commune; et, par suite, que la relation obtenue en éliminant $l:m$ entre ces équations est vérifiée par les coordonnées de ces points.

Ainsi les deux droites qui joignent $(\alpha', \beta', \gamma')$ aux points où la droite L rencontre la conique S ont pour équation

$$L'^2 S - 2 L L' P + L^2 S' = 0,$$

L' et S' étant ce que deviennent L et S quand on y remplace α, β, γ par α', β', γ'; et cette équation se réduit à

$$L'S - 2LP = 0,$$

lorsque le point $(\alpha', \beta', \gamma')$ est sur la courbe.

Exercice.

Dans toute conique, les cordes qui sont vues sous un angle droit d'un point donné de la courbe passent par un point fixe (n° 181, Ex. 2).

Prenons des coordonnées rectangulaires et formons, comme ci-dessus, l'équation des droites qui joignent le point donné (x', y') aux intersections de la conique $ax^2 + by^2 + \ldots$ avec la droite $\lambda x + \mu y + \nu$. Pour que ces droites soient perpendiculaires, il faut que la somme des carrés des coefficients de x^2 et de y^2 soit nulle, ce qui donne

$$(\lambda x' + \mu y' + \nu)(a + b) = 2(a \lambda x' + b \mu y');$$

et comme λ, μ, ν n'entrent dans cette équation qu'au premier degré, la corde passe par un point fixe $\left(\dfrac{b-a}{b+a} x', \dfrac{a-b}{a+b} y' \right)$.

Quand le point donné se déplace sur la courbe, le point fixe décrit une conique. Lorsque l'angle sous lequel on voit la corde n'est pas droit, ou s'il est droit et que le point d'où l'on voit la corde ne soit pas sur la courbe, on trouve, pour le lieu, une expression qui renferme λ, μ et ν au second degré; la corde enveloppe alors une conique.

297. L'équation de la polaire d'un point ne renferme les coefficients de l'équation de la courbe qu'au premier degré; par cela même, toute indéterminée qui entre au premier degré dans l'équation d'une conique entre également au premier degré dans l'équation de la polaire d'un point. Ainsi, P et P′ représentant les polaires d'un point donné par rapport aux deux coniques S et S′, $P + kP'$ représente la polaire du même point par rapport à $S + kS'$, puisqu'on a identiquement

$$(a + ka')\alpha\alpha' + \ldots = a\alpha\alpha' + \ldots + k(a'\alpha\alpha' + \ldots).$$

Par suite : *Les polaires d'un point fixe quelconque, prises par rapport aux coniques circonscrites à un même quadrilatère, passent par un point fixe* (n° 151, Ex. 2).

De même, Q et Q′ étant les polaires d'un autre point par rapport à S et S′, $Q + kQ'$ sera la polaire de ce second point par rapport à $S + kS'$. *Les polaires de deux points fixes quelconques, prises par rapport à un système de coniques circonscrites à un même quadrilatère, forment donc deux faisceaux homographiques* (n° 59).

Le lieu des intersections des rayons correspondants $P + kP'$, $Q + kQ'$ *de deux faisceaux homographiques est une conique qui passe par les centres des faisceaux.* En éliminant k entre $P + kP'$ et $Q + kQ'$, on trouve, en effet, $PQ' = P'Q$. Dans le cas particulier qui nous occupe, l'intersection des deux rayons correspondants est le pôle par rapport à $S + kS'$ de la droite qui joint les deux points donnés. Donc : *Le lieu des pôles d'une droite donnée quelconque, pris par rapport aux coniques passant par quatre points fixes, est une conique* (n° 278, Ex. 2).

DES SECTIONS CONIQUES. NOTATIONS ABRÉGÉES.

Lorsqu'une indéterminée entre au second degré dans l'équation d'une conique, elle entre également au second degré dans l'équation de la polaire d'un point donné, et cette polaire enveloppe une conique. Ainsi la polaire d'un point fixe, par rapport à un système de coniques ayant un double contact avec deux coniques fixes, enveloppe une conique, puisque l'équation de chacun des systèmes de coniques indiquées au n° 287 renferme l'indéterminée μ au second degré.

Exercices.

1. *Un point glisse sur une droite fixe : trouver le lieu de l'intersection de ses polaires par rapport à deux coniques fixes.*

Soient $(\alpha', \beta', \gamma')$, $(\alpha'', \beta'', \gamma'')$ deux points quelconques de la droite fixe; P' et P'', Q' et Q'' leurs polaires prises successivement par rapport à l'une et à l'autre conique. Les coordonnées d'un troisième point quelconque de la droite seront $\lambda\alpha' + \mu\alpha''$, $\lambda\beta' + \mu\beta''$, $\lambda\gamma' + \mu\gamma''$, et les polaires de ce point, $\lambda P' + \mu P''$, $\lambda Q' + \mu Q''$, se coupent évidemment sur la conique $P'Q'' = P''Q'$.

2. *Le rapport anharmonique de quatre points en ligne droite est égal au rapport anharmonique de leurs quatre polaires.*

Le rapport anharmonique des quatre points

$$l\alpha' + m\alpha'', \quad l'\alpha' + m'\alpha'', \quad l''\alpha' + m''\alpha'', \quad l'''\alpha' + m'''\alpha''$$

est, en effet, le même que celui des quatre droites

$$lP' + mP'', \quad l'P' + m'P'', \quad l''P' + m''P'', \quad l'''P' + m'''P''.$$

3. *Former l'équation des tangentes menées à la conique S aux points où elle est coupée par la droite γ.*

La polaire d'un point quelconque (α', β') de γ a pour équation (n° 291)

$$\alpha'S_1 + \beta'S_2 = 0,$$

et, si l'on fait $\gamma = 0$ dans l'équation générale, on a, pour déterminer les points où γ rencontre la courbe,

$$a\alpha'^2 + 2h\alpha'\beta' + b\beta'^2 = 0.$$

Éliminant α' et β' entre ces deux équations, il vient, pour l'équation des deux tangentes,

$$a S_2^2 - 2h S_1 S_2 + b S_1^2 = 0.$$

Quand la droite γ s'éloigne à l'infini, cette équation prend la forme

$$a\left(\frac{dS}{dy}\right)^2 - 2h\frac{dS}{dx}\frac{dS}{dy} + b\left(\frac{dS}{dx}\right)^2 = 0,$$

et représente les asymptotes en coordonnées cartésiennes.

4. *Une conique est circonscrite à un triangle donné; l'une de ses asymptotes passe par un point fixe; démontrer que l'autre asymptote enveloppe une conique inscrite dans le même triangle.*

Prenons le triangle donné pour triangle de référence. Soient t_1, t_2 les asymptotes et $a\alpha + b\beta + c\gamma$ la ligne à l'infini; la conique aura pour équation

$$t_1 t_2 = (a\alpha + b\beta + c\gamma)^2;$$

et, comme elle passe par les points (β, γ), (γ, α), (α, β), cette équation ne devra contenir aucun terme en α^2, β^2, γ^2; si donc t_1 est représentée par $\lambda\alpha + \mu\beta + \nu\gamma$, t_2 le sera par $\frac{a^2}{\lambda}\alpha + \frac{b^2}{\mu}\beta + \frac{c^2}{\nu}\gamma$; et si t_2 passe par $(\alpha', \beta', \gamma')$, t_1 sera tangente (n° 285, Ex. 1) à la conique $a\sqrt{\alpha\alpha'} + b\sqrt{\beta\beta'} + c\sqrt{\gamma\gamma'} = 0$ inscrite dans le triangle. On prouverait de la même manière que, si l'une des cordes d'intersection d'une conique circonscrite à un triangle avec une autre conique définie par l'équation générale est représentée par $\lambda\alpha + \mu\beta + \nu\gamma = 0$, la corde opposée a pour équation

$$\frac{a}{\lambda}\alpha + \frac{b}{\mu}\beta + \frac{c}{\nu}\gamma = 0.$$

5. *Une conique a pour triangle autopolaire un triangle donné; l'une de ses cordes d'intersection avec une conique fixe*

définie par l'équation générale passe par un point fixe; démontrer que l'autre corde enveloppe une conique. (M. BURNSIDE.)

Quand on prend le triangle donné pour triangle de référence, les termes en $\alpha\beta$, $\beta\gamma$, $\gamma\alpha$ disparaissent de l'équation de la conique variable, et la corde d'intersection $\lambda\alpha + \mu\beta + \nu\gamma = 0$ de cette conique avec la conique fixe a nécessairement pour corde opposée

$$\lambda\alpha(\mu g + \nu h - \lambda f) + \mu\beta(\nu h + \lambda f - \mu g) + \nu\gamma(\lambda f + \mu g - \nu h) = 0.$$

6. *Étant donnés deux coniques* U *et* V *et deux points* A *et* A' *situés sur ces coniques, on mène les cordes* AB, A'B'; *trouver le lieu de l'intersection* C' *de ces cordes, quand leurs extrémités* B *et* B' *se déplacent de manière que la droite* BB' *pivote autour d'un point fixe* O. (M. WILLIAMSON.)

Soient α, β, γ les coordonnées du point C; α_1, β_1, γ_1; α_2, β_2, γ_2 celles de A et A'; soient en outre P la polaire de A par rapport à U, Q la polaire de A' par rapport à V. Les coordonnées du point B, où AC rencontre une deuxième fois la conique (n° 290), seront

$$U\alpha_1 - 2P\alpha, \quad U\beta_1 - 2P\beta, \quad U\gamma_1 - 2P\gamma;$$

les coordonnées du point B' seront de même $V\alpha_2 - 2Q\alpha, \ldots$; et, en exprimant que la droite BB' passe par le point O, point que nous supposerons à l'intersection de α et β, il vient, pour l'équation du lieu,

$$\frac{U\alpha_1 - 2P\alpha}{U\beta_1 - 2P\beta} = \frac{V\alpha_2 - 2Q\alpha}{V\beta_2 - 2Q\beta};$$

le lieu du point C est donc, en général, une courbe du quatrième ordre.

Lorsque les points A, A' et O sont en ligne droite, on peut prendre cette droite pour α, ce qui revient à faire $\alpha_1 = \alpha_2 = 0$; l'équation devient divisible par α, et le lieu est la courbe du troisième ordre

$$PV\beta_2 = QU\beta_1.$$

Enfin, quand les points A, A' et O sont situés sur une tangente commune à U et V, P et Q représentent la même droite, l'équation

précédente se réduit à
$$U = kV,$$

et le lieu est une conique passant par l'intersection des coniques U et V.

7. *Inscrire dans une conique, donnée par l'équation générale, un triangle dont les côtés passent respectivement par les trois points* (β, γ), (γ, α), (α, β).

La droite qui joint un point quelconque (α, β, γ) de la courbe à un autre point $(\alpha', \beta', \gamma')$ rencontre la courbe en un deuxième point (n° 290) dont les coordonnées sont $S'\alpha - 2P'\alpha'$, $S'\beta - 2P'\beta'$, $S'\gamma - 2P'\gamma'$. Lorsque $(\alpha', \beta', \gamma')$ se trouve à l'intersection des droites β et γ, on peut prendre $\alpha' = 1$, $\beta' = 0$, $\gamma' = 0$, ce qui donne $S' = \alpha$, $P' = S_1$, et le point où la droite qui joint (α, β, γ), (β, γ) rencontre la conique a pour coordonnées

$$a\alpha - 2S_1, \quad a\beta, \quad a\gamma;$$

on trouverait de même, pour les coordonnées du point où la droite unissant (α, β, γ) à (γ, α) rencontre la courbe,

$$b\alpha, \quad b\beta - 2S_2, \quad b\gamma.$$

Pour que la droite joignant les deux points dont on vient de trouver les coordonnées passe par (α, β), il faut que l'on ait

$$\frac{a\alpha - 2S_1}{a\beta} = \frac{b\alpha}{b\beta - 2S_2},$$

ou, en réduisant,
$$2S_1S_2 = a\alpha S_2 + b\beta S_1,$$

et cette condition, qui doit être vérifiée par le sommet du triangle opposé à (α, β), suffit pour déterminer le triangle. En adoptant les notations du n° 291, et en remplaçant, dans cette équation, $a\alpha$ par $S_1 - h\beta - g\gamma$, et $b\beta$ par $S_2 - h\alpha - f\gamma$, elle devient

$$h(\alpha S_1 + \beta S_2) + \gamma(fS_1 + gS_2) = 0,$$

et, comme (α, β, γ) appartient à la courbe $\alpha S_1 + \beta S_2 + \gamma S_3 = 0$, on a en définitive

$$\gamma(fS_1 + gS_2 - hS_3) = 0.$$

DES SECTIONS CONIQUES. NOTATIONS ABRÉGÉES. 463

Le facteur γ peut être supprimé comme n'ayant pas de signification géométrique; l'un quelconque des points où la droite γ rencontre la courbe satisfait, il est vrai, aux conditions analytiques exprimées plus haut, c'est-à-dire qu'en le joignant à (β, γ) et (γ, α) on détermine sur la courbe deux points en ligne droite avec (α, β), mais les droites qu'on obtient ainsi coïncident avec γ et ne sauraient former de triangle avec γ. Le sommet du triangle cherché se trouvera par conséquent à l'un des deux points d'intersection de la courbe avec la droite $f S_1 + g S_2 - h S_3$. Il est d'ailleurs facile de voir que l'expression

$$f S_1 = g S_2 = h S_3$$

représente les droites qui joignent les sommets correspondants des

Fig. 93.

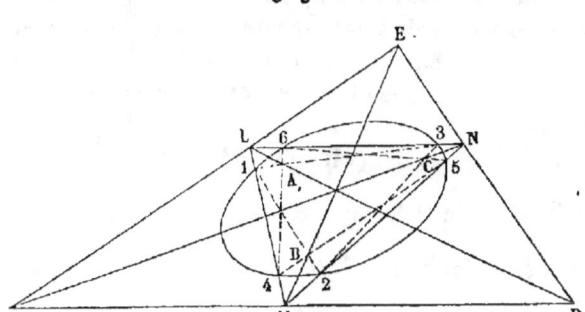

triangles $\alpha\beta\gamma$, $S_1 S_2 S_3$; la droite $f S_1 + g S_2 - h S_3 = 0$ (n° 60, Ex. 2) peut donc se construire de la manière suivante:

Former le triangle DEF (*fig.* 93) ayant pour côtés les polaires des points fixes A, B et C; les droites qui joignent les sommets correspondants des deux triangles DEF, ABC rencontrent le triangle polaire DEF en trois points L, M, N qui déterminent trois droites LM, MN et LN passant par les sommets du triangle cherché.

On peut arriver à cette solution par de simples considérations géométriques. Supposons, en effet, que nous ayons tracé les deux triangles 123, 456 inscrits dans la conique et passant par les points donnés A, B et C. En appliquant le théorème de Pascal à l'hexagone 123456, on voit que la droite BC passe par l'intersection de 16 et 34, et que ce dernier point est le pôle de AL (n° 146, Ex. 1). De même AL passe par le pôle de BC, et le point L est sur la polaire de A.

Lorsque les trois points fixes forment un triangle autopolaire, le problème est indéterminé et admet une infinité de solutions.

8. *Lorsque deux coniques ont un double contact, toute corde de l'une qui est tangente à l'autre est divisée harmoniquement par le point de contact et par le point où elle rencontre la corde de contact des deux coniques.*

Soient S et S + R² les deux coniques; $(\alpha', \beta', \gamma')$, $(\alpha'', \beta'', \gamma'')$ les extrémités de la corde que nous supposerons menée dans S. Les points où cette corde rencontre S + R² sont donnés par l'équation en $l:m$

$$(l\mathrm{R}' + m\mathrm{R}'')^2 - 2lm\mathrm{P} = 0,$$

obtenue en remplaçant, dans S + R², α, β, γ par $l\alpha' + m\alpha''$, ..., et en observant que α', β', γ'; $\alpha'', \beta'', \gamma''$ vérifient la relation S = 0.

Pour que cette corde soit tangente à S + R², il faut que le premier membre de cette équation soit un carré parfait, et par suite que l'on ait P = 2R'R''. Quand cette condition est remplie, l'équation se réduit à

$$(l\mathrm{R}' - m\mathrm{R}'')^2 = 0,$$

ce qui démontre le théorème.

9. *Former l'équation de la conique tangente aux cinq droites*

$$\alpha, \quad \beta, \quad \gamma, \quad \mathrm{A}\alpha + \mathrm{B}\beta + \mathrm{C}\gamma, \quad \mathrm{A}'\alpha + \mathrm{B}'\beta + \mathrm{C}'\gamma.$$

Réponse. $\quad \sqrt{l\alpha} + \sqrt{m\beta} + \sqrt{n\gamma} = 0,$

l, m et n étant déterminés par les conditions

$$\frac{l}{\mathrm{A}} + \frac{m}{\mathrm{B}} + \frac{n}{\mathrm{C}} = 0, \quad \frac{l}{\mathrm{A}'} + \frac{m}{\mathrm{B}'} + \frac{n}{\mathrm{C}'} = 0.$$

10. *Trouver l'équation de la conique tangente aux cinq droites*

$$\alpha, \quad \beta, \quad \gamma, \quad \alpha + \beta + \gamma, \quad 2\alpha + \beta - \gamma.$$

Dans ce cas,

$$l + m + n = 0, \quad \tfrac{1}{2}l + m - n = 0:$$

l'équation cherchée est donc

$$2\sqrt{-\alpha} + \sqrt{3\beta} + \sqrt{\gamma} = 0.$$

11. *Trouver l'équation de la conique touchant les droites* α, β, γ *en leurs milieux.*

Réponse. $\qquad \sqrt{a\alpha} + \sqrt{b\beta} + \sqrt{c\gamma} = 0.$

12. *Former la condition pour que* $\sqrt{l\alpha} + \sqrt{m\beta} + \sqrt{n\gamma} = 0$ *représente une parabole.*

Il suffit d'exprimer que la courbe est tangente à la droite située à l'infini (n° 254); on a ainsi

$$\frac{l}{a} + \frac{m}{b} + \frac{n}{c} = 0.$$

13. *Trouver le lieu des foyers des paraboles inscrites dans le triangle* $\alpha\beta\gamma.$

Soient en général α', β', γ' les coordonnées de l'un des foyers d'une conique inscrite dans le triangle $\alpha\beta\gamma$; les droites qui joignent ce foyer aux sommets du triangle ont pour équations

$$\beta'\alpha = \alpha'\beta, \quad \gamma'\beta = \beta'\gamma, \quad \alpha'\gamma = \gamma'\alpha;$$

les droites qui joignent l'autre foyer aux mêmes sommets, faisant avec les côtés du triangle les mêmes angles que les précédentes (n° 189), sont représentées (n° 55) par

$$\alpha'\alpha = \beta'\beta, \quad \beta'\beta = \gamma'\gamma, \quad \gamma'\gamma = \alpha\alpha,$$

et on a, pour les coordonnées $\alpha'', \beta'', \gamma''$ du deuxième foyer,

$$\frac{1}{\alpha'}, \quad \frac{1}{\beta'}, \quad \frac{1}{\gamma'}.$$

On peut donc écrire immédiatement l'équation du lieu décrit par un foyer, quand on connaît l'équation du lieu décrit par l'autre. Lorsque le second foyer est à l'infini, ses coordonnées vérifient la relation

$$\alpha'' \sin A + \beta'' \sin B + \gamma'' \sin C = 0,$$

et le premier foyer se trouve sur le cercle

$$\frac{\sin A}{\alpha'} + \frac{\sin B}{\beta'} + \frac{\sin C}{\gamma'} = 0.$$

Les coordonnées du foyer de la parabole situé à l'infini sont

$$\frac{l}{\sin^2 A}, \quad \frac{m}{\sin^2 B}, \quad \frac{n}{\sin^2 C},$$

S. — *Géom. à deux dim.*

puisque (Ex. 12) elles doivent satisfaire à la fois aux deux équations

$$\alpha \sin A + \beta \sin B + \gamma \sin C = 0, \quad \sqrt{l\alpha} + \sqrt{m\beta} + \sqrt{n\gamma} = 0;$$

on a donc, pour les coordonnées de l'autre foyer,

$$\frac{\sin^2 A}{l}, \quad \frac{\sin^2 B}{m}, \quad \frac{\sin^2 C}{n}.$$

14. *Former l'équation de la directrice de cette parabole.*

En appliquant le procédé indiqué au n° 291, on trouve, pour l'équation de la polaire du point dont on vient de donner les coordonnées,

$$l\alpha(\sin^2 B + \sin^2 C - \sin^2 A) + m\beta(\sin^2 C + \sin^2 A - \sin^2 B)$$
$$+ n\gamma(\sin^2 A + \sin^2 B - \sin^2 C) = 0,$$

ou

$$l\alpha \sin B \sin C \cos A + m\beta \sin C \sin A \cos B + n\gamma \sin A \sin B \cos C = 0,$$

et, en se reportant à la relation en l, m et n de l'Exercice 12,

$$l \sin B \sin C (\alpha \cos A - \gamma \cos C) + m \sin C \sin A (\beta \cos B - \gamma \cos C) = 0.$$

La directrice passe donc par le point de concours des hauteurs du triangle (n° 54, Ex. 3).

15. *Trouver le lieu des foyers des coniques tangentes à quatre droites données α, β, γ, δ.*

L'équation d'une droite quelconque pouvant toujours s'exprimer en fonction des équations de trois autres droites (n° 60), α, β, γ, δ satisfont nécessairement à une relation identique

$$a\alpha + b\beta + c\gamma + d\delta = 0,$$

et cette relation doit être vérifiée, non seulement par les coordonnées α', β', γ', δ' de l'un des foyers, mais encore par celles de l'autre, $\frac{1}{\alpha'}$, $\frac{1}{\beta'}$, $\frac{1}{\gamma'}$, $\frac{1}{\delta'}$.

Le lieu cherché est donc la courbe du troisième degré

$$\frac{a}{\alpha} + \frac{b}{\beta} + \frac{c}{\gamma} + \frac{d}{\delta} = 0.$$

CHAPITRE XV.

DU PRINCIPE DE DUALITÉ, ET DE LA MÉTHODE DES POLAIRES RÉCIPROQUES.

298. La méthode des notations abrégées, exposée au Chapitre précédent, s'applique aux équations en coordonnées tangentielles, comme aux équations en coordonnées trilinéaires. Quand les constantes λ, μ et ν vérifient la relation

$$(a\lambda + b\mu + c\nu)(a'\lambda + b'\mu + c'\nu)$$
$$= (a''\lambda + b''\mu + c''\nu)(a'''\lambda + b'''\mu + c'''\nu),$$

la droite qu'elles définissent enveloppe une section conique (n° 285) : il en résulte que la droite (n° 70) qui joint les deux points

$$a\lambda + b\mu + c\nu = 0, \quad a''\lambda + b''\mu + c''\nu = 0$$

est tangente à cette conique, puisque ses coordonnées λ, μ et ν satisfont à l'équation précédente.

Si donc α, β, γ et δ sont des équations de points, c'est-à-dire des fonctions du premier degré en λ, μ et ν, l'équation $\alpha\gamma = k\beta\delta$ représente, en coordonnées tangentielles, une conique tangente aux quatre droites $\alpha\beta$, $\beta\gamma$, $\gamma\delta$ et $\delta\alpha$. Plus généralement, quand $S = 0$ et $S' = 0$ sont les équations tangentielles de deux courbes quelconques, $S - kS' = 0$ représente, en coordonnées tangentielles, une courbe qui a pour tangentes toutes les tangentes communes à S et S', puisque toutes les valeurs de λ, μ et ν qui annulent à la fois S et S' annulent nécessairement $S - kS'$. Lorsque S est une conique, $S - k\alpha\beta = 0$ représente une conique qui a pour tangentes communes avec S les tangentes menées à S par les points α et β.

L'équation $\alpha\gamma = k\beta^2$ représente une conique passant par les points α et γ, et par rapport à laquelle β est le pôle de la droite $\alpha\gamma$; il est facile de voir, en effet, que les couples de tangentes menées à cette conique par les points α et γ coïncident respectivement avec les droites $\alpha\beta$, $\gamma\beta$. On verrait de même que S et $S - \alpha^2$ représentent deux coniques ayant un double contact, et que α est le pôle de la corde des contacts, puisque les tangentes menées par les extrémités de la corde commune à ces deux coniques se rencontrent en α.

Remarquons enfin qu'on peut opérer sur l'équation $\alpha\gamma = k^2\beta^2$ de la même manière que sur l'équation $LM = R^2$ du n° 270, et représenter un point quelconque de la courbe par l'équation

$$\mu^2\alpha + 2\mu k\beta + \gamma = 0.$$

puisque la tangente en ce point passe par les deux points

$$\mu\alpha + k\beta = 0, \quad \mu k\beta + \gamma = 0 \ (^1).$$

(¹) En d'autres termes, si, dans un système quelconque, x',y',z' et x'',y'',z'' sont les coordonnées de deux points d'une conique, x''',y''',z''' celles du pôle de la droite qui les joint, les coordonnées d'un point quelconque de la courbe peuvent se mettre sous la forme

$$\mu^2 x' + 2\mu k x''' + x'', \quad \mu^2 y' + 2\mu k y''' + y'', \quad \mu^2 z' + 2\mu k z''' + z'',$$

puisque la tangente en ce point détermine, sur les deux tangentes fixes, des segments qui sont dans les rapports $\mu : k, \mu k : 1$. Lorsque $k = 1$, la courbe est une parabole. L'espace nous manque pour développer ce principe, qui est d'un usage fréquent; le lecteur pourra en déduire la solution du problème suivant : *Trouver le lieu du point où une tangente, rencontrant deux tangentes fixes, est divisée dans un rapport donné.*

Exercices.

1. *Trouver le lieu des centres des coniques inscrites dans un quadrilatère.*

Soient $\Sigma = 0$, $\Sigma' = 0$ les équations tangentielles de deux de ces coniques ; l'équation tangentielle d'une autre conique quelconque du système sera $\Sigma + k\Sigma' = 0$ (n° 298), et on aura pour les coordonnées du centre de cette conique (n°s 140, 151)

$$\frac{G + kG'}{C + kC'}, \quad \frac{F + kF'}{C + kC'}.$$

La forme de ces expressions (n° 7) montre que ce centre est situé sur la droite qui joint les centres $\left(\dfrac{G}{C}, \dfrac{F}{C}\right)$, $\left(\dfrac{G'}{C'}, \dfrac{F'}{C'}\right)$ des deux premières coniques, et divise cette droite dans le rapport de C à kC'.

2. *Trouver le lieu des foyers des coniques inscrites dans un quadrilatère.*

En remplaçant, dans les équations (n° 279, Ex.) qui déterminent les foyers, A par $A + kA' \ldots$, et en éliminant k, on obtient, pour le lieu, l'équation

$$[C(x^2-y^2)+ 2Fy - 2Gx + A - B](C'xy - F'x - G'y + H')$$
$$= [C'(x^2-y^2)+ 2F'y - 2G'x + A' - B'](Cxy - Fx - Gy + H),$$

qui représente une courbe du troisième degré (n° 297, Ex. 15), puisque les termes du quatrième degré se détruisent réciproquement.

Quand Σ et Σ' sont des paraboles, $\Sigma + k\Sigma'$ représente un système de paraboles inscrites dans un même triangle ; on a alors $C = 0$, $C' = 0$, et le lieu des foyers se réduit à un cercle. Lorsque les coniques sont concentriques, et que le centre est pris pour origine, les coefficients F, F', G, G' s'annulent tous à la fois ; l'équation $\Sigma + k\Sigma'$ représente un système de coniques inscrites dans un parallélogramme, et le lieu des foyers est une hyperbole équilatère ([1]).

([1]) On démontrerait de la même manière que le lieu des foyers des coniques circonscrites à un quadrilatère, lieu qui est en général du sixième degré, se réduit au quatrième degré lorsque le quadrilatère est un parallélogramme.

3. *Les cercles directeurs des coniques tangentes à quatre droites fixes ont même axe radical.*

L'équation du cercle directeur (n° 294, Ex.) ne contient, en effet, les coefficients A, B, ... qu'au premier degré, et, par suite, prend la forme $S + kS' = 0$ lorsqu'on y remplace A par $A + kA'$....

Le théorème suivant n'est qu'un cas particulier de celui qui précède : *Les cercles décrits sur les trois diagonales d'un quadrilatère complet comme diamètres ont même axe radical.*

299. Nous voyons ainsi que chacune des équations du Chapitre précédent peut recevoir une double interprétation, suivant qu'on la considère comme une équation en coordonnées trilinéaires, ou comme une équation en coordonnées tangentielles (n° 70); et qu'en considérant celles de ces équations qui ont servi à établir un théorème comme des équations en coordonnées tangentielles, on obtient un nouveau théorème que l'on peut appeler le *réciproque* du premier. Comme exemple, reprenons le théorème du n° 266. Lorsque trois coniques $S, S + LM, S + LN$ passent par deux points fixes (S, L), les cordes $(M, N, M - N)$ qui joignent les autres points communs à ces coniques se coupent en un même point. Si nous considérons ces équations comme des équations en coordonnées tangentielles, L représente le point d'intersection des deux tangentes communes aux trois coniques, et les points $M, N, M - N$ sont les points de concours des tangentes communes à ces coniques prises deux à deux. On a donc le théorème réciproque : Lorsque trois coniques sont tangentes à deux droites fixes, les points de concours des tangentes communes aux coniques considérées deux à deux sont en ligne droite ([1]).

([1]) On peut simplifier l'énoncé de ce théorème et des théorèmes analogues, en donnant, comme l'a indiqué Chasles (*Sections coniques*, n° 345), le nom d'*ombilic* ou de *point ombilical* au point d'intersection de deux tangentes communes à deux coniques.

A chaque théorème *de position,* c'est-à-dire ne se rapportant ni à la grandeur des lignes, ni à la grandeur des angles, correspond ainsi un théorème réciproque, dont l'énoncé s'obtient en changeant, dans l'énoncé du premier, les mots *points* et *lignes* en *lignes* et *points;* et ces deux théorèmes se démontrent en interprétant de deux manières différentes les mêmes équations.

Nous donnerons, dans ce Chapitre, un aperçu des théories géométriques qui ont attiré l'attention des mathématiciens sur ce *principe de dualité* (¹).

300. Une courbe quelconque S étant donnée, si l'on prend les pôles de ses tangentes par rapport à une conique également donnée U, on obtient une nouvelle courbe s, à laquelle on a donné le nom de *courbe polaire* de S par rapport à U. La conique U, par rapport à laquelle on prend les pôles, est dite *conique auxiliaire.*

Nous avons déjà eu occasion d'examiner un problème relatif aux courbes polaires (n° 225, Ex. 12), et nous pouvons énoncer le théorème trouvé alors, en disant que la courbe polaire d'une conique, par rapport à une autre conique, est toujours une courbe du second degré.

Nous dirons, pour abréger, qu'un point *correspond* à une droite, lorsqu'il est le pôle de cette droite par rapport à U; et puisque, d'après la définition même de s, chaque point de s est le pôle, par rapport à U, d'une tangente à S, nous pourrons dire que chaque point de *s correspond* à une tangente à S.

(¹) La méthode des polaires réciproques est due à Poncelet, qui l'a exposée dans le IV° volume du *Journal de Crelle.* Plücker a présenté (*System der analytischen Geometrie,* 1835) le principe de dualité en se plaçant à un point de vue purement analytique, comme nous l'avons fait au commencement de ce Chapitre. Mais c'est Möbius qui a introduit (*Der Barycentrische Calcul,* 1827) l'usage des coordonnées tangentielles.

301. *Le point d'intersection de deux tangentes à S correspond à la droite qui joint les points de s correspondant à ces tangentes.*

Ce théorème résulte de ce que, par rapport à la conique U (n° 146), le point d'intersection de deux droites quelconques est le pôle de la ligne qui joint les pôles de ces droites.

Quand les deux tangentes à S sont infiniment voisines, les deux points correspondants de s sont infiniment voisins et la droite qui les joint est tangente à s; et comme toute tangente à une courbe S rencontre la tangente consécutive au point de contact, il s'ensuit que : *si une tangente à S correspond à un point a de s, le point de contact de cette tangente correspond à la tangente menée à s par le point a.*

On voit ainsi que la relation entre les courbes S et s est *réciproque*, autrement dit que S peut se déduire de s de la même manière que s a été déduit de S; de là le nom de *polaires réciproques* ou, plus simplement, de *réciproques* donné à ces courbes.

302. Nous pouvons maintenant, étant donné un théorème de position quelconque, concernant une courbe S, en déduire un autre théorème de position relatif à la courbe s. Ainsi, par exemple, si nous savons qu'un certain nombre de points liés a la figure S sont en ligne droite, nous pouvons en conclure que les droites correspondantes liées à la figure s se rencontrent en un même point (n° 146) et *inversement*. Quand un certain nombre de points liés à la figure S sont sur une conique, les droites correspondantes de la figure s sont tangentes à la courbe réciproque de cette conique par rapport à U; plus généralement, lorsque le *lieu* d'un point quelconque lié à S est une courbe S', l'*enveloppe* des droites correspondantes à ce point et liées à s est la courbe s', polaire réciproque de S'.

303. *Le degré de la polaire réciproque s d'une courbe* S *est égal à la classe* (n° 145) *de cette courbe.*

Le degré de *s* est égal, en effet, au nombre de points suivant lesquels une droite quelconque peut couper *s*, et, par suite, au nombre de tangentes qu'on peut mener à S par un point quelconque, puisque, à un nombre donné de points de *s* appartenant à une même droite, correspond un *même nombre* de tangentes à S passant par le point correspondant à cette droite. Lorsque S est une conique, on peut lui mener, par un point quelconque, deux tangentes, réelles ou imaginaires, et on ne peut lui en mener que deux (n° 145); il en résulte que toute droite rencontre *s* en deux points, réels ou imaginaires, et ne peut rencontrer *s* qu'en deux points : la polaire réciproque d'une conique est donc une courbe du second degré.

304. Nous aurons recours à des exemples pour montrer comment on peut, à l'aide de la méthode que nous venons d'indiquer, déduire un théorème d'un autre, dans le cas où S et *s* sont des coniques. On sait (n° 267) que, si, dans la conique S, on *inscrit* un hexagone ayant A, B, C, D, E, F pour *côtés*, les *points* de rencontre AD, BE, CF des côtés opposés *sont en ligne droite*. Il en résulte que, si, à la conique *s*, on *circonscrit* un hexagone dont les *sommets* sont a, b, c, d, e, f, les *droites ad, be, cf*, qui unissent les sommets opposés, *concourent en un même point* (n° 265). Le théorème de Pascal et le théorème de Brianchon sont donc réciproques; c'est, du reste, comme réciproque du premier que le second a été présenté tout d'abord.

On trouvera, dans ce numéro et dans les suivants, un certain nombre de théorèmes avec leurs réciproques en regard. En s'astreignant à écrire ces derniers avant d'en lire l'énoncé, le lecteur arrivera rapidement à se rendre maître de la méthode, qui se réduit en définitive à un échange de mots : point et ligne; inscrit et circonscrit; lieu et enveloppe, etc.

Les trois côtés d'un triangle de forme variable pivotent autour de trois points fixes, tandis que deux de ses sommets glissent sur deux droites données; le troisième sommet décrit une conique (n° 269).

Si les points par lesquels passent les côtés sont en ligne droite, le troisième sommet décrit une droite (n° 47, Ex. 2).

Dans quel autre cas le troisième sommet décrit-il une droite (n° 47, Ex. 3)?

Les sommets d'un triangle de forme variable glissent sur trois droites fixes, tandis que deux de ses côtés passent par deux points fixes; le troisième côté enveloppe une conique.

Si les droites sur lesquelles glissent les sommets sont concourantes, le troisième côté passe par un point fixe.

Dans quel autre cas le troisième côté du triangle passe-t-il par un point fixe (n° 50, Ex. 3)?

Lorsque deux coniques se touchent, leurs réciproques se touchent. Au point commun, et à la tangente commune aux deux coniques, correspondent, en effet, dans les réciproques, une tangente commune et un point commun, et ce dernier point n'est autre que le point de contact de la tangente commune, puisqu'il correspond à la tangente menée aux deux coniques par le point où elles se touchent. On verrait de même que : *Quand deux coniques ont un double contact, leurs réciproques ont un double contact.*

Quand deux des sommets d'un triangle circonscrit à une conique glissent sur deux droites fixes, le troisième sommet décrit une conique ayant un double contact avec la conique donnée (n° 272, Ex. 2).

Quand deux des côtés d'un triangle inscrit dans une conique passent par deux points fixes, le troisième côté enveloppe une conique ayant un double contact avec la conique donnée (n° 272, Ex. 3).

305. Nous avons démontré (n° 304) que, si deux points, P et P', de S (*fig.* 94, p. 478) correspondent aux tangentes

MÉTHODE DES POLAIRES RÉCIPROQUES.   475

pt, *p't'* à *s*, les tangentes en P et P' correspondent aux points de contact *p* et *p'*, et, par suite, que l'intersection Q de ces tangentes correspond à la corde de contact *pp'*. Il en résulte que : *A un point quelconque* Q *et à sa polaire* PP' *par rapport à* S, *correspondent une droite pp' et son pôle q par rapport à s.*

Lorsqu'une conique passant par deux points fixes est tangente à deux droites données, la ligne qui joint les points de contact de la conique avec les deux droites passe par l'un des points d'un couple fixe (n° 286, Ex.).

Les polaires d'un point fixe, par rapport à un système de coniques passant par quatre points donnés, concourent en un même point (n° 151, Ex. 2).

Le lieu des pôles d'une droite fixe, par rapport à un système de coniques passant par quatre points donnés, est une section conique (n° 278, Ex. 1).

Les droites qui joignent les sommets d'un triangle aux sommets opposés de son triangle polaire, pris par rapport à une conique, concourent en un même point (n° 99).

Inscrire dans une conique un triangle dont les côtés passent par trois points donnés (n° 297, Ex. 7).

Lorsqu'une conique tangente à deux droites fixes passe par deux points donnés, l'intersection des tangentes menées par ces points se trouve sur l'une des droites d'un couple fixe.

Les pôles d'une droite fixe, par rapport à un système de coniques inscrites dans un même quadrilatère, sont situés en ligne droite (n° 278, Ex. 3).

L'enveloppe des polaires d'un point fixe, par rapport à un système de coniques inscrites dans un quadrilatère, est une section conique.

Les points de rencontre des côtés d'un triangle avec les côtés opposés de son triangle polaire sont en ligne droite.

Circonscrire à une conique un triangle dont les sommets soient situés sur trois droites données.

306. Étant données deux coniques S et S' et leurs réciproques *s* et *s'*, aux quatre points A, B, C, D communs à S et S' correspondent les quatre tangentes *a*, *b*, *c*, *d* communes

à s et s'; et aux six cordes d'intersection de S avec S': AB, CD; AC, BD; AD, BC, correspondent les six points d'intersection des tangentes communes à s et s' : ab, cd; ac, bd; ad, bc (¹).

Lorsque trois coniques ont chacune un double contact avec une quatrième, ou sont tangentes à deux droites fixes, leurs six cordes d'intersection passent trois à trois par quatre points (n° 264).

En d'autres termes, trois coniques inscrites dans une quatrième, ou tangentes à deux droites, peuvent être considérées comme ayant quatre centres radicaux.

Si, par le point de contact de deux coniques qui se touchent, on mène une corde, les tangentes aux extrémités de cette corde se rencontrent sur la corde commune aux deux coniques.

Si, par l'un des points ombilicaux de deux coniques, on mène deux cordes quelconques, les droites qui joignent les extrémités de ces cordes se cou-

Lorsque trois coniques ont chacune un double contact avec une quatrième, ou passent par deux points fixes, leurs six ombilics sont, trois à trois, sur quatre droites.

Ou bien : trois coniques inscrites dans une quatrième peuvent être considérées comme ayant quatre axes de similitude. (Voir le théorème du n° 117, dont celui-ci n'est qu'une extension.)

Si, par un point quelconque, pris sur la tangente menée au point de contact de deux coniques qui se touchent, on mène une tangente à chacune de ces coniques, la droite qui joint leurs points de contact passe par l'intersection des tangentes communes aux deux coniques.

Si, par deux points quelconques d'une corde commune à deux coniques, on mène des tangentes à ces coniques, on obtient un quadrilatère dont

---

(¹) On donne habituellement le nom de *quadrangle* à la figure formée par quatre points et les six droites qui joignent ces points deux à deux, de même qu'on appelle *quadrilatère* la figure formée par quatre droites et par les six points suivant lesquels ces droites se coupent deux à deux. Ces **deux figures sont réciproques**.

pent sur l'une ou l'autre des cordes communes aux deux coniques (n° 272, Ex. 1).

Si A et B sont deux coniques inscrites dans la conique S, *les cordes de contact de* A *et de* B *avec* S *et les cordes d'intersection de* A *et de* B *concourent en un même point et forment un faisceau harmonique* (n° 263).

Si A, B et C sont trois coniques inscrites dans S, et si, en même temps, A et B sont tangentes à C, *les tangentes menées par les points de contact se coupent sur l'une des cordes communes à* A *et* B.

les diagonales passent par l'un ou l'autre des ombilics des deux coniques.

Si A et B sont deux coniques inscrites dans la conique S, *les points de concours des tangentes menées à leurs points de contact avec* S *et les ombilics de* A *et* B *sont situés sur une même droite qu'ils divisent harmoniquement.*

Si A, B et C sont trois coniques inscrites dans S, et si A et B sont tangentes à C, *la droite qui joint les points de contact passe par l'un des ombilics de* A *et* B.

307. Nous avons supposé, jusqu'ici, que la conique auxiliaire U était quelconque : dans ce qui va suivre, nous prendrons, pour nous conformer à un usage assez répandu, un cercle pour conique auxiliaire, et, à moins d'indication spéciale, nous entendrons par courbes polaires les courbes polaires prises *par rapport à un cercle*.

On sait (n° 88) que la polaire d'un point par rapport à un cercle est perpendiculaire à la droite qui joint ce point au centre du cercle, et que le produit des distances du centre au pôle et à la polaire est égal au carré du rayon. On peut donc définir comme il suit la courbe polaire d'une courbe donnée par rapport à un cercle :

Si d'un point O *donné (fig.* 94) *on abaisse une perpendiculaire* OT *sur une tangente* PT *à la courbe* S, *et si on prolonge cette perpendiculaire jusqu'en p, de telle sorte que le produit* OT.Op *soit constant et égal à* k^2, *la courbe* s, *lieu des points p, est la polaire réciproque de* S. Cela revient, évidemment, à dire que le point p est le pôle de PT par rapport à un cercle ayant O pour centre et k pour rayon : il en résulte (n° 304) que la tangente pt correspond au point de contact P, c'est-à-dire que OP est perpendiculaire à pt et que $OP.Ot = k^2$.

La *forme* de s, qui est en général la seule chose à considérer, ne dépend pas de la valeur particulière attribuée à k; sa *grandeur* est seule affectée par les variations de ce coefficient. A ce point de vue, on peut faire complètement abstrac-

Fig. 94.

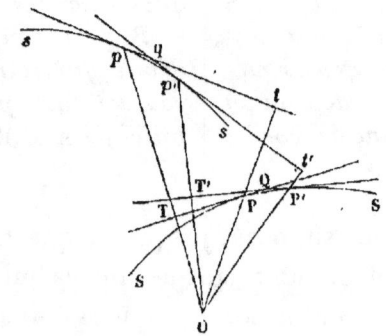

tion du cercle, et dire simplement que s est la réciproque de S *par rapport au point* O. Nous donnerons à ce point le nom d'*origine :*

De ce qui précède, on déduit sans peine les deux principes suivants :

La distance d'un point quelconque P *à l'origine est l'inverse de la distance de cette même origine à la droite* pt *correspondant au point* P.

L'angle TQT' *compris entre deux droites* TQ, T'Q *est égal à l'angle* pQp' *sous-tendu à l'origine par les points* p *et* p' *correspondant à ces droites.* Les droites Op et Op' sont, en effet, respectivement perpendiculaires à TQ et T'Q.

Ces deux principes permettent de transformer non seulement des théorèmes de position, mais encore des théorèmes concernant la grandeur des lignes, ou la grandeur des angles ; les applications que nous en ferons un peu plus loin montreront tous les avantages que l'on peut retirer de l'emploi du cercle comme conique auxiliaire.

308. *Trouver la polaire réciproque d'un cercle C par rapport à un autre cercle O.*

Ce problème revient à trouver le lieu du pôle p, par rapport au cercle O, d'une tangente PT au cercle C (*fig.* 95). Si MN

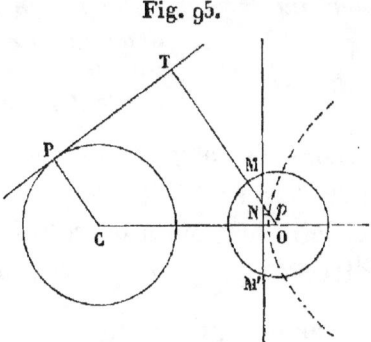

Fig. 95.

est la polaire de C par rapport à O, et PT la polaire de p, on a (n° 104)

$$\frac{OC}{CP} = \frac{Op}{pN},$$

et le premier rapport est constant, puisque ses deux termes sont constants ; les distances de p au point O et à la droite MN sont donc dans un rapport constant OC : CP ; il en résulte que le lieu du point p est une conique ayant O pour foyer, MN pour directrice correspondante et OC : CP pour excentricité. L'excentricité de cette conique est, par suite, supérieure, inférieure ou égale à l'unité, suivant que le point O est en dehors, en dedans du cercle ou sur le cercle. Donc : *La polaire réciproque d'un cercle est une section conique, qui a pour foyer l'origine, et pour directrice la droite correspondante au centre du cercle; cette conique est une ellipse, une hyperbole ou une parabole, suivant que l'origine est intérieure, extérieure au cercle ou située sur la circonférence de ce cercle.*

309. Les exemples suivants montrent comment on peut transformer un certain nombre de relations entre les angles à l'aide du dernier principe énoncé au n° 307.

Dans un cercle, les tangentes menées aux extrémités d'une corde sont également inclinées sur cette corde.	*La droite qui joint le foyer d'une conique à l'intersection de deux tangentes divise en deux parties égales l'angle sous lequel on voit du foyer la corde des contacts* (n° 191).

En effet, l'angle compris entre une tangente PQ (*fig.* 94) et la corde de contact PP′ est égal à l'angle sous lequel on voit du foyer la droite qui joint les points correspondants p et q : de même l'angle QP′P est égal à l'angle sous-tendu au même foyer par la droite $p'q$, et comme $\widehat{QPP'} = \widehat{QP'P}$, on a $\widehat{pOq} = \widehat{p'Oq}$.

Dans le cercle, la tangente est perpendiculaire au rayon qui passe par le point de contact.	*L'angle sous-tendu au foyer d'une conique par un point quelconque de la conique, et par l'intersection de la directrice avec la tangente en ce point, est un angle droit.*

Ce théorème se démontre comme le précédent, en se rappelant que la directrice de la conique correspond au centre du cercle.

La ligne qui joint le pôle d'une droite au centre d'un cercle est perpendiculaire à cette droite.	*L'angle sous-tendu au foyer d'une conique par un point quelconque de cette conique, et par l'intersection de la directrice avec la polaire de ce point, est un angle droit.*

Les tangentes menées à un cercle par un point quelconque sont également inclinées sur la droite qui joint ce point au centre du cercle.	La droite qui joint au foyer d'une conique l'intersection d'une corde quelconque avec la directrice est la bissectrice de l'angle formé par les rayons vecteurs menés du foyer aux extrémités de la corde.
Le lieu du sommet des angles de grandeur constante circonscrits à un cercle est un cercle concentrique au premier.	L'enveloppe des cordes d'une conique, qui sous-tendent au foyer un angle constant, est une autre conique ayant avec la première une directrice et un foyer communs.
Lorsque deux tangentes à un cercle se coupent sous un angle donné, leur corde de contact enveloppe un cercle concentrique.	Le lieu de l'intersection des tangentes dont la corde de contact est vue du foyer sous un angle donné est une conique ayant avec la première une directrice et un foyer communs.
Lorsque, par un point fixe, on mène des tangentes à une série de cercles concentriques, le lieu des points de contact est un cercle qui passe par le point fixe et par le centre des cercles.	Par les points où une droite fixe rencontre une série de coniques, ayant une directrice et un foyer communs, on mène des tangentes à ces coniques; l'enveloppe de ces tangentes est une conique tangente à la droite fixe ainsi qu'à la directrice commune, et ayant avec les coniques proposées un foyer commun.

Si l'on suppose, dans ce dernier énoncé, que la droite fixe est à l'infini, on a ce théorème : *L'enveloppe des asymptotes d'une série d'hyperboles ayant une directrice et un foyer communs est une parabole tangente à la directrice commune, et qui a pour foyer le foyer commun.*

Par un point quelconque d'une circonférence, on mène	Le lieu des sommets des angles droits circonscrits à une

deux cordes perpendiculaires; la droite qui joint leurs extrémités passe par le centre.	*parabole est la directrice.*

Nous disons une *parabole*, puisque le point par lequel on mène les cordes étant pris pour origine, la polaire du cercle est une parabole (n° 308).

L'enveloppe des cordes d'un cercle qui sont vues sous un angle constant d'un point fixe de la circonférence est un cercle concentrique.	*Le lieu des sommets des angles de grandeur constante circonscrits à la parabole est une conique ayant même foyer et même directrice.*
Le lieu des sommets des triangles ayant même base et même angle opposé à cette base est un cercle qui passe par les extrémités de la base.	*Étant donnés la position de deux côtés d'un triangle, et l'angle sous lequel le troisième côté est vu d'un point fixe, ce troisième côté enveloppe une conique qui a pour foyer le point fixe et qui est tangente aux deux côtés donnés.*
Le lieu des sommets des angles droits circonscrits à une ellipse ou à une hyperbole est un cercle.	*L'enveloppe des cordes d'une conique, qui sont vues sous un angle droit, d'un point fixe quelconque, est une conique qui a ce point fixe pour foyer.*

Les projections d'un point d'une circonférence de cercle sur les côtés d'un triangle inscrit quelconque sont en ligne droite (n° 125).

Si l'on prend le point de la circonférence pour origine, au triangle *inscrit* dans le *cercle* correspond un triangle *circonscrit* à une *parabole;* d'ailleurs, à un point donné sur une droite quelconque, correspond une droite qui passe par le point correspondant à la première, et qui est perpendiculaire au rayon vecteur joignant l'origine au point donné. Donc : *Les perpendiculaires menées, par les sommets d'un triangle circonscrit à une parabole, aux droites qui joi-*

gnent ces sommets au foyer, passent par un même point.
Il en résulte que le cercle, qui a pour diamètre le rayon
vecteur joignant ce point au foyer, passe par les sommets du
triangle circonscrit. Par suite : *Le lieu des foyers des paraboles inscrites dans un triangle est le cercle circonscrit à ce triangle* (n° 223, Cor. IV).

Le lieu des pieds des perpendiculaires abaissées d'un foyer sur les tangentes d'une ellipse ou d'une hyperbole est un cercle. Il en est de même du lieu des pieds des obliques également inclinées sur les tangentes.	*L'enveloppe des perpendiculaires menées, par tous les points d'un cercle, aux rayons vecteurs qui joignent ces points à un point fixe, est une conique ayant ce point fixe pour foyer. Il en est de même de l'enveloppe des obliques également inclinées sur les rayons vecteurs.*

310. Les théorèmes qui se rapportent à la grandeur des *lignes passant par l'origine* se transforment facilement, à l'aide du premier principe énoncé au n° 307. Comme exemple, transformons le théorème suivant : *Lorsqu'un point fixe est situé à l'intérieur d'un cercle, la somme de ses distances à deux tangentes parallèles quelconques est constante et égale au diamètre du cercle.* Le point fixe étant pris pour origine, à deux parallèles correspondent deux points situés sur une droite passant par l'origine; donc : *La somme des inverses des segments que le foyer d'une ellipse détermine sur les cordes focales est constante.*

Cette somme, ainsi que nous l'avons vu (n° 193, Ex. 1), est égale à quatre fois l'inverse du paramètre, et, comme elle ne dépend que du rayon du cercle réciproque et non de sa position, il en résulte que : *Les coniques réciproques de cercles égaux ont toutes le même paramètre, quelle que soit la position de ces cercles par rapport à l'origine.*

Le produit des segments déterminés par le cercle, sur les cordes menées par l'origine, est constant.	Le produit des distances d'un foyer d'une conique à deux tangentes parallèles quelconques est constant.

Donc : *La tangente menée par l'origine à un cercle quelconque est égale au demi-axe conjugué de l'hyperbole réciproque.*

Le théorème : *La somme des distances d'un point quelconque de l'ellipse aux foyers est constante*, peut s'énoncer de la manière suivante :

Dans toute conique, la somme des distances d'un foyer aux points de contact de deux tangentes parallèles quelconques est constante.	Dans un cercle, la somme des inverses des distances d'un point intérieur quelconque, aux deux tangentes dont la corde de contact passe par ce point, est constante.

311. Quand on a une équation homogène entre les distances PA, PB,... d'un point variable P à des droites fixes, il est toujours possible de la transformer de manière à en déduire une relation entre les distances ap, bp',... des points fixes a, b,... à une droite variable, ces points et cette droite correspondant respectivement aux droites fixes et au point variable P. Il suffit, pour cela, de diviser cette équation par une puissance convenablement choisie de la distance OP de l'origine O au point P, et de remplacer (n° 104), dans le résultat obtenu, les rapports $\frac{PA}{OP}$, ... par les rapports égaux $\frac{ap}{Oa}$, ...

Ainsi, par exemple, quand PA, PB, PC, PD représentent les distances d'un point quelconque P d'une conique aux côtés d'un quadrilatère inscrit, on a la relation (n° 259)

$$AP.PC = k.PB.PD;$$

divisant chacun des facteurs PA, ... par OP, et effectuant la substitution indiquée ci-dessus, il vient

$$\frac{ap}{Oa} \times \frac{cp''}{Oc} = k \frac{bp'}{Ob} \times \frac{dp'''}{Od},$$

expression dans laquelle les facteurs $Oa, Ob, \ldots$ sont constants. Donc : *Dans tout quadrilatère circonscrit à une conique, le produit des distances de deux sommets opposés à une tangente quelconque est dans un rapport constant avec le produit des distances des deux autres sommets à la même tangente.*

Le produit des distances d'un point quelconque d'une conique à deux tangentes fixes est dans un rapport constant avec le carré de sa distance à leur corde de contact (n° 259).	*Le produit des distances de deux points fixes d'une conique à une tangente variable est dans un rapport constant avec le carré de la distance de cette tangente à l'intersection des tangentes menées par les deux points fixes.*

Quand on prend pour origine un point de la corde de contact, le théorème réciproque est le suivant : *Le produit des segments, qu'une tangente variable détermine sur deux tangentes fixes et parallèles, est constant.*

Dans une conique, le produit des distances de deux points fixes (les foyers) à une tangente quelconque est constant.	*Le carré de la distance d'un point fixe à un point quelconque d'une conique est dans un rapport constant avec le produit des distances de ce dernier point à deux droites fixes.*

Une équation en coordonnées trilinéaires n'est autre chose qu'une relation homogène entre les distances α, β, γ de l'un des points d'un lieu quelconque à trois droites fixes; on peut donc lui appliquer le mode de transformation indiqué ci-dessus, et en déduire une relation entre les distances λ, μ, ν de trois points fixes à l'une quelconque des tangentes de la courbe réciproque du lieu donné, relation qui peut être considérée comme une espèce d'équation tangentielle de cette réciproque ([1]).

En partant de l'équation générale d'une conique en coordonnées trilinéaires, et en désignant par ρ, ρ', ρ'' les distances de l'origine (n° 308) aux sommets du nouveau triangle de référence, on obtient ainsi la relation

$$a\frac{\lambda^2}{\rho^2} + b\frac{\mu^2}{\rho'^2} + c\frac{\nu^2}{\rho''^2} + 2f\frac{\mu\nu}{\rho'\rho''} + 2g\frac{\nu\lambda}{\rho''\rho} + 2h\frac{\lambda\mu}{\rho\rho'} = 0,$$

qui définit la réciproque de cette conique. Et inversement, à la conique représentée par l'équation homogène du deuxième degré, entre les distances λ, μ et ν,

$$A\lambda^2 + B\mu^2 + \ldots = 0,$$

correspond une conique réciproque, qui a pour équation en coordonnées trilinéaires

$$A\frac{\alpha^2}{\alpha'^2} + B\frac{\beta^2}{\beta'^2} + C\frac{\gamma^2}{\gamma'^2} + 2F\frac{\beta\gamma}{\beta'\gamma'} + 2G\frac{\gamma\alpha}{\gamma'\alpha'} + 2H\frac{\alpha\beta}{\alpha'\beta'} = 0,$$

α', β', γ' représentant les coordonnées trilinéaires de l'origine.

Exercices.

1. *Quand un triangle est circonscrit à une conique, les distances ρ, ρ', ρ'' de ses sommets à une tangente quelconque et les angles θ, θ', θ'' sous lesquels ses côtés sont vus du foyer, vérifient la relation*

$$\frac{\rho}{\lambda}\sin\theta + \frac{\rho'}{\mu}\sin\theta' + \frac{\rho''}{\nu}\sin\theta'' = 0.$$

---

[1] *Voir* à la fin de ce volume la Note relative aux équations tangentielles.

Cette relation s'obtient en formant la réciproque de l'équation trilinéaire du cercle circonscrit au triangle. Lorsque le foyer coïncide avec le centre du cercle inscrit, on a

$$\theta = 90° + \tfrac{1}{2} A, \quad \rho \sin \tfrac{1}{2} A = r,$$

ce qui donne

$$\mu\nu \cot \tfrac{1}{2} A + \nu\lambda \cot \tfrac{1}{2} B + \lambda\mu \cot \tfrac{1}{2} C = 0$$

pour l'équation tangentielle du cercle inscrit, dans le système particulier de coordonnées indiqué ci-dessus.

En y remplaçant successivement deux des cotangentes par des tangentes, on obtient les équations des cercles exinscrits.

2. *Quand un triangle est inscrit dans une conique, les distances ρ, ρ', ρ'' de ses sommets à une tangente quelconque et les angles θ, θ', θ'', sous lesquels ses côtés sont vus du foyer, satisfont à la relation*

$$\sin \tfrac{1}{2}\theta \sqrt{\tfrac{\lambda}{\rho}} + \sin \tfrac{1}{2}\theta' \sqrt{\tfrac{\mu}{\rho'}} + \sin \tfrac{1}{2}\theta'' \sqrt{\tfrac{\nu}{\rho''}} = 0.$$

L'équation tangentielle du cercle circonscrit prend alors la forme

$$\sin A \sqrt{\lambda} + \sin B \sqrt{\mu} + \sin C \sqrt{\nu} = 0.$$

3. *Former l'équation trilinéaire d'une conique, étant donnés l'un de ses foyers et trois tangentes.*

Cette équation, qui peut s'écrire

$$\sin\theta \sqrt{\tfrac{\alpha}{\alpha'}} + \sin\theta' \sqrt{\tfrac{\beta}{\beta'}} + \sin\theta'' \sqrt{\tfrac{\gamma}{\gamma'}} = 0,$$

s'obtient en formant la réciproque de l'équation trouvée plus haut pour le cercle circonscrit.

4. *Former, en partant de l'Exercice 1, l'équation trilinéaire d'une conique, étant donnés l'un de ses foyers et trois points.*

Réponse. $\quad \dfrac{\alpha'}{\alpha} \tang \tfrac{1}{2}\theta + \dfrac{\beta'}{\beta} \tang \tfrac{1}{2}\theta' + \dfrac{\gamma'}{\gamma} \tang \tfrac{1}{2}\theta'' = 0.$

312. Les propositions relatives à la grandeur des lignes, qui peuvent se ramener à des théorèmes concernant des droites divisées harmoniquement ou anharmoniquement, se transforment aisément à l'aide du principe suivant : *A quatre points en ligne droite correspondent quatre droites concourantes, et le rapport anharmonique du faisceau formé par ces quatre droites est égal au rapport anharmonique des quatre points.*

Ce principe est évident, puisque les rayons du faisceau formé en joignant l'origine aux points donnés sont respectivement perpendiculaires aux droites qui correspondent à ces points. Comme application, nous indiquerons comment on peut déduire, des propriétés anharmoniques du cercle, les propriétés anharmoniques des coniques en général.

Le rapport anharmonique du faisceau formé en joignant un point quelconque d'une conique à quatre points fixes de cette conique est constant (n° 274).	*Le rapport anharmonique des quatre points suivant lesquels toute tangente à une conique est coupée par quatre tangentes fixes est constant* (n° 275).

Le premier de ces théorèmes est vrai pour le cercle, puisque, en raison de la propriété des angles inscrits, les angles du faisceau restent constants; donc le second est vrai pour toutes les coniques. Le second théorème est vrai pour le cercle, puisque l'angle sous lequel on voit du centre la portion d'une tangente mobile comprise entre deux tangentes fixes est constant; donc le premier est vrai pour toutes les coniques. En recherchant les angles qui, dans la figure réciproque, correspondent aux angles reconnus constants dans le cas du cercle, on constate facilement que les angles sous lesquels on voit du foyer les segments de la tangente variable sont constants, et qu'il en est de même des angles sous-tendus au foyer par les segments que le faisceau inscrit détermine sur la directrice.

313. Le rapport anharmonique de quatre points en ligne droite n'est pas la seule relation, concernant la grandeur des lignes, que l'on puisse transformer par la méthode des polaires réciproques. Toute relation de segments qui, par une substitution analogue à celle du n° 56, se réduit à une relation entre les sinus des angles que ces segments sous-tendent à un point fixe, subsiste, en effet, pour toutes les transversales suivant lesquelles on peut couper les droites qui joignent le point fixe aux extrémités des segments, et peut, en conséquence, donner lieu à un théorème réciproque, théorème que l'on obtient en prenant le point fixe pour origine.

Comme relation de cette espèce, on peut citer le théorème de Carnot [1] : *Lorsqu'une conique quelconque rencontre les côtés consécutifs* AB, BC, CA *d'un triangle* ABC, *en trois couples de points* (c, c'), (a, a'), (b, b'), *les segments que ces points déterminent sur les côtés du triangle satisfont à la relation*

$$\frac{Ac.Ac'.Ba.Ba'.Cb.Cb'}{Ab.Ab'.Bc.Bc'.Ca.Ca'} = 1.$$

En substituant à chacun des segments Ac la quantité égale $\dfrac{OA.Oc.\sin AOc}{p}$, cette relation se réduit, en effet, à une relation où ne figurent que les sinus des angles sous lesquels ces segments sont vus du point fixe O. Le théorème réciproque a été donné au n° 295.

314. Ajoutons encore ici quelques considérations générales sur les coniques réciproques, en étendant à toutes

---

[1] Ce théorème est une conséquence du théorème du n° 148.

les coniques le théorème du n° 308 : La courbe réciproque d'un cercle est une ellipse, une hyperbole ou une parabole, suivant que l'origine est située à l'intérieur, à l'extérieur du cercle ou sur la circonférence du cercle. Le point ou la droite qui correspondent à une droite et à un point donnés sont d'autant plus rapprochés de l'origine que cette droite ou ce point en sont eux-mêmes plus éloignés; à toute droite passant par l'origine, correspond un point à l'infini, et la droite correspondant à l'origine est elle-même tout entière à l'infini. Il en résulte qu'aux deux tangentes menées, par l'origine, à la courbe primitive, correspondent deux points à l'infini de la courbe réciproque; quand ces deux tangentes sont *réelles,* la réciproque a deux points *réels* à l'infini, c'est une hyperbole; lorsqu'elles sont *imaginaires,* la réciproque, qui a deux *points imaginaires* à l'infini, est une ellipse; enfin, quand l'origine est sur la courbe, ces deux tangentes *coïncident;* il en est de même des points à l'infini de la réciproque et cette réciproque est une parabole. Il est d'ailleurs évident que la droite à l'infini est tangente à la courbe réciproque, toutes les fois que l'origine est sur la courbe primitive, puisque la droite à l'infini correspond à l'origine; nous retrouvons ainsi le théorème du n° 254 : *Toute parabole a une tangente à l'infini.*

315. Aux points de contact des deux tangentes issues de l'origine correspondent les tangentes menées à la réciproque par les points situés à l'infini, autrement dit les asymptotes de la courbe réciproque; et comme l'excentricité d'une hyperbole ne dépend que de l'angle compris entre ses asymptotes, il s'ensuit que l'excentricité de l'hyperbole, réciproque d'une conique, dépend uniquement de l'angle compris entre les tangentes menées par l'origine à la courbe primitive.

L'intersection des asymptotes de la conique réciproque, ou, ce qui est la même chose, le centre de la réciproque, correspond à la corde de contact des tangentes menées par l'origine à la courbe primitive. Ce théorème comprend, comme cas particulier, la proposition établie au n° 308 : La directrice de la conique réciproque d'un cercle correspond au centre de ce cercle, puisque la conique réciproque a pour foyer l'origine et que la directrice est la polaire de l'origine.

Exercices.

1. *La réciproque d'une parabole par rapport à un point quelconque de la directrice est une hyperbole équilatère* (n° 211).

2. *Prouver que les théorèmes suivants sont réciproques :*

Les hauteurs de tout triangle circonscrit à une parabole se coupent sur la directrice.	*Les hauteurs de tout triangle inscrit dans une hyperbole équilatère se coupent sur l'hyperbole.*

3. *Déduire le théorème précédent du théorème de Pascal* (n° 268, Ex. 3).

4. *Les axes de la conique réciproque d'une conique donnée sont respectivement parallèles à la tangente et à la normale menées par l'origine, à la conique qui passe par cette origine, et a mêmes foyers que la conique primitive.*

C'est une conséquence (n° 189) de ce que les axes de la réciproque sont parallèles aux bissectrices extérieure et intérieure de l'angle que forment les tangentes menées par l'origine à la courbe primitive.

316. Étant donnés deux cercles, on peut toujours placer l'origine de telle sorte que les réciproques de ces deux cercles soient des coniques confocales. Les réciproques de ces cercles ont, en effet, un foyer commun qui est l'origine ; pour qu'elles en aient un autre, il suffit qu'elles aient le même centre, c'est-à-dire que la polaire de l'origine soit la même par rapport aux deux cercles ; il faut donc que cette origine coïncide avec un des points déterminés au n° 111. Donc : *Quand on prend* *un des points limites pour origine, à un système de cercles ayant même axe radical* (n° 109) *correspond comme réciproque un système de coniques confocales.*

On verrait de même que les réciproques de deux coniques sont concentriques lorsque l'origine est un des trois points E, F, O (n° 282) qui ont chacun la même polaire par rapport aux deux courbes primitives.

Deux coniques confocales se coupent à angle droit (n° 188).	*La tangente commune à deux cercles est vue sous un angle droit de chacun des points limites.*
Les couples de tangentes menés par un point quelconque à deux coniques confocales ont même bissectrice (n° 189).	*Les segments interceptés par deux cercles sur une sécante quelconque sont vus sous des angles égaux de chacun des points limites.*
Le lieu du pôle d'une droite fixe, par rapport à un système de coniques confocales, est une droite perpendiculaire à la droite fixe (n° 226, Ex. 3).	*La polaire d'un point fixe, par rapport à un système de cercles ayant même axe radical, passe par un point fixe, et ces deux points fixes sous-tendent un angle droit à chacun des points limites.*

317. La méthode des polaires réciproques fournit une solution assez simple du problème : *Décrire un cercle tangent à trois cercles donnés.* Le lieu du centre d'un cercle tangent à deux cercles donnés, (1) et (2), est évidemment une hyperbole, qui a pour foyers les centres des cercles fixes, puisque la différence des distances de ces deux derniers points au premier est une quantité constante. Il en résulte que la polaire de ce centre, par rapport à l'un des cercles donnés (1), enveloppe un cercle (*o*) qu'il est d'ailleurs facile de construire (n° 308); les polaires, par rapport à (1), des centres des cercles tangents à (1) et (3), enveloppent de même

un cercle (o'). Il suffit donc de déterminer le pôle, par rapport à (1), de la tangente commune à (o) et (o'), pour avoir le centre du cercle tangent aux trois cercles donnés.

318. *Trouver l'équation de la réciproque d'une conique par rapport au centre de cette conique.*

La longueur p de la perpendiculaire abaissée du centre sur une tangente est donnée par l'expression (n° 178)

$$p^2 = a^2 \cos^2 \theta + b^2 \sin^2 \theta,$$

où θ représente l'angle que cette perpendiculaire fait avec l'axe a. On en déduit, pour l'équation polaire de la réciproque,

$$\frac{k^4}{\rho^2} = a^2 \cos^2 \theta + b^2 \sin^2 \theta,$$

et, par suite, pour l'équation de cette même réciproque en coordonnées rectangulaires,

$$\frac{a^2 x^2}{k^4} + \frac{b^2 y^2}{k^4} = 1.$$

La réciproque est donc une conique qui a même centre que la conique primitive, et dont les axes sont les inverses des axes a et b de cette dernière conique.

319. *Trouver l'équation de la réciproque d'une conique par rapport à un point quelconque (x', y').*

La distance p du point (x', y') à une tangente étant (n° 178)

$$p = \frac{k^2}{\rho} = \sqrt{a^2 \cos^2 \theta + b^2 \sin^2 \theta} - x' \cos \theta - y' \sin \theta,$$

on a pour l'équation de la courbe réciproque

$$(xx' + yy' + k^2)^2 = a^2 x^2 + b^2 y^2.$$

320. *Étant donnée la réciproque d'une courbe par rapport à l'origine, trouver l'équation de la réciproque de cette même courbe par rapport à un point quelconque* (x', y').

Soit P la distance de l'origine à l'une des tangentes de la courbe primitive; la distance du point (x', y') à cette même tangente sera (n° 34)
$$P - x' \cos\theta - y' \sin\theta,$$
et, si l'on désigne par R le rayon vecteur du point correspondant de la réciproque donnée, on aura pour l'équation polaire de la réciproque, par rapport à (x', y'),
$$\frac{k^2}{\rho} = \frac{k^2}{R} - x' \cos\theta - y' \sin\theta.$$

On en déduit successivement
$$\frac{k^2}{R} = \frac{xx' + yy' + k^2}{\rho}, \quad \frac{R \cos\theta}{k^2} = \frac{\rho \cos\theta}{xx' + yy' + k^2};$$
il suffit donc, pour former l'équation cherchée, de remplacer x et y par
$$\frac{k^2 x}{xx' + yy' + k^2}, \quad \frac{k^2 y}{xx' + yy' + k^2},$$
dans l'équation donnée. Pour effectuer plus facilement la substitution, on peut mettre cette dernière équation sous la forme
$$u_n + u_{n-1} + u_{n-2} + \ldots = 0,$$
en désignant par u_n, u_{n-1}, ... l'ensemble des termes de degré n, de degré $n-1$, ...; il vient alors, pour l'équation de la réciproque, par rapport à (x', y'),
$$u_n + u_{n-1} \frac{xx' + yy' + k^2}{k^2} + u_{n-2} \left(\frac{xx' + yy' + k^2}{k^2}\right)^2 + \ldots = 0;$$

cette réciproque est donc une courbe de même degré que la réciproque donnée.

321. *Trouver, par rapport au cercle* $x^2 + y^2 - k^2 = 0$, *la réciproque de la conique définie par l'équation générale.*

La polaire, par rapport à l'auxiliaire, d'un point de la courbe réciproque est tangente à la courbe primitive; on obtiendra donc l'équation de la réciproque en écrivant que la polaire $xx' + yy' - k^2$, de (x', y'), est tangente à la conique donnée, ou, ce qui revient au même, en remplaçant, dans l'équation tangentielle (n° 151) de cette conique, λ, μ et ν par x', y', $-k^2$. On trouve ainsi pour la réciproque

$$A x^2 + 2 H xy + B y^2 - 2 G k^2 x - 2 F k^2 y + C k^2 = 0$$

et on peut déduire de cette équation les diverses propriétés démontrées antérieurement. Ainsi, par exemple, quand la conique donnée est une parabole, on a $ab - h^2 = 0$, C s'annule, et la réciproque passe par l'origine.

Lorsqu'on fait, pour plus de symétrie, $k^2 = -z^2$, ce qui revient à prendre la réciproque par rapport à la courbe $x^2 + y^2 + z^2 = 0$, l'équation de la polaire prend la forme $xx' + yy' + zz' = 0$, et l'équation de la réciproque s'obtient en remplaçant, dans l'équation tangentielle, λ, μ, ν par x, y, z. La condition pour que la droite $\lambda x + \mu y + \nu z$ soit tangente à une courbe peut donc être considérée comme l'équation de la réciproque de cette courbe par rapport à $x^2 + y^2 + z^2 = 0$.

L'équation tangentielle du $n^{\text{ième}}$ degré représente toujours une courbe de la $n^{\text{ième}}$ classe. Quand la droite $\lambda x + \mu y + \nu z$ passe par un point donné (x', y', z'), on a, en effet, $\lambda x' + \mu y' + \nu z' = 0$, et, si l'on élimine ν entre cette équation et l'équation tangentielle donnée, on obtient une équation de degré n pour déterminer le rapport $\lambda : \mu$; on peut donc mener n tangentes à la courbe par le point donné.

322. Nous terminerons ce Chapitre par quelques indications sur une classe de théorèmes qu'on peut transformer en prenant, comme auxiliaire, une *parabole* au lieu d'un *cercle*, et en s'appuyant sur le principe suivant (n° 214) : *Le segment déterminé, sur l'axe d'une parabole, par deux droites quelconques, est égal au segment qu'interceptent les perpendiculaires menées à cet axe par les pôles de ces droites* [1].

Les théorèmes auxquels on peut appliquer ce mode de transformation sont ceux dans lesquels on a à considérer des segments situés sur des droites parallèles. On en trouvera quelques exemples ci-après, mais, avant de s'y reporter, il y a lieu d'observer que, si l'on prend une parabole pour auxiliaire, les deux points à l'infini de la réciproque correspondent aux deux tangentes menées à la conique primitive parallèlement à l'axe de la parabole, et par suite que la réciproque est une hyperbole ou une ellipse, suivant que ces tangentes sont réelles ou imaginaires. Il est d'ailleurs évident que la réciproque est une parabole, lorsque l'axe de l'auxiliaire passe par un point à l'infini de la courbe primitive.

Comme exemple, transformons le théorème du n° 179 (Ex. 2) : *Dans une conique, le produit des segments qu'une tangente quelconque détermine sur deux tangentes fixes et parallèles est constant.* Aux points de contact des tangentes parallèles correspondent les asymptotes de l'hyperbole réciproque; aux intersections de ces tangentes avec la tangente variable correspondent des parallèles menées par un point

---

[1] Cette méthode de transformation a été indiquée par Chasles, *Correspondance mathématique de Quetelet* (T. V et VI, 1829). Voir aussi *Géométrie supérieure*, p. 407.

quelconque aux asymptotes. On a donc les deux théorèmes suivants :

Le produit des segments, que déterminent sur une droite fixe les asymptotes et les parallèles menées à ces asymptotes par un point quelconque de la courbe, est constant;

Le rectangle construit sur les parallèles menées aux asymptotes par un point quelconque de la courbe est constant.

Les cordes qui joignent deux points fixes de l'hyperbole à un point quelconque de cette courbe déterminent sur l'asymptote un segment de longueur constante (n° 199, Ex. 1).	Dans une parabole, les perpendiculaires menées à la tangente au sommet, par les intersections de deux tangentes fixes avec une tangente quelconque, déterminent, sur cette même tangente au sommet, un segment de longueur constante.

Les applications auxquelles se prête cette méthode de transformation sont assez limitées.

CHAPITRE XVI.

PROPRIÉTÉS HARMONIQUES ET ANHARMONIQUES DES SECTIONS CONIQUES (¹)

323. Les propriétés harmoniques et anharmoniques des sections coniques comportent de si fréquentes applications dans la théorie de ces courbes, que nous ne saurions considérer comme inutile de faire ressortir par des exemples le grand nombre de théorèmes particuliers qui sont implicitement renfermés dans l'énoncé général de ces propriétés, ou qu'on peut en déduire sans trop de difficulté.

Un des cas qui se présentent le plus souvent est celui où l'un des quatre points en ligne droite, dont on évalue le rapport anharmonique, s'éloigne à l'infini. Le rapport anhar-

---

(¹) La propriété fondamentale des faisceaux anharmoniques (n° 56) a été indiquée par Pappus (*Math. Coll.*, VII, 129), mais la dénomination de *rapport anharmonique* est due à Chasles (*Aperçu historique sur l'origine et le developpement des Méthodes en Géométrie*, 2° éd.; 1875). Möbius (*Der barycentrische Calcul*, 1827) avait appliqué à cette même relation le nom de *Doppelschnittsverhaltniss*, auquel il substitua plus tard celui de *Doppelverhaltniss* (*Double rapport*); cette dernière dénomination, adoptée par Steiner (*Systematische Entwickelung*, 1832), est encore assez fréquemment employée par les géomètres allemands.

Les principaux éléments du présent Chapitre ont été empruntés aux Notes de l'*Aperçu historique* de Chasles; le lecteur pourra se reporter, pour de plus amples détails, au *Traité de Géométrie supérieure* et au *Traité des Sections coniques* du même auteur.

monique de quatre points A, B, C, D, qui a pour expression générale (n° 56)

$$\frac{AB}{BC} : \frac{AD}{DC},$$

se réduit au simple rapport $-\frac{AB}{BC}$, lorsque le point D passe à l'infini, parce qu'alors AD devient égal à — DC. Quand la droite est divisée harmoniquement, le rapport anharmonique est égal à — 1, et si le point D s'éloigne à l'infini, AB devient égal à BC, autrement dit le point B divise la distance AC en deux parties égales.

324. Comme application de ce qui précède, nous examinerons d'abord le théorème du n° 146 : *Lorsqu'une sécante OR, issue d'un point fixe O, rencontre une conique en R', R" et la polaire du point fixe O en R, les points O, R', R, R" forment une division harmonique.*

I. Supposons le point R" à l'infini. La droite OR est alors divisée, par le point R', en deux parties égales. Donc : *Quand une droite est menée par un point fixe parallèlement à l'une des asymptotes d'une hyperbole, ou au diamètre d'une parabole, la portion de cette droite comprise entre le point fixe et la polaire de ce point est divisée par la courbe en deux parties égales* (n° 211).

II. Lorsque R s'éloigne à l'infini, R'R" est divisé au point O en deux parties égales; donc : *La corde menée par un point quelconque, parallèlement à la polaire de ce point, est divisée par ce point en deux parties égales.*

Quand la polaire du point O est à l'infini, elle rencontre à l'infini toutes les cordes qu'on peut mener par le point O. Il en résulte que toutes ces cordes sont divisées en O en deux parties égales, et, par suite, que le point O est le centre de la courbe : *Le centre d'une conique peut donc être considéré comme un point dont la polaire est à l'infini* (n° 154).

III. Enfin, lorsque le point fixe est à l'infini, toutes les droites qui passent par ce point sont parallèles et se trouvent divisées en deux parties égales par la polaire du point fixe. Donc : *Tout diamètre d'une conique peut être considéré comme la polaire du point à l'infini où les ordonnées de ce diamètre sont supposées concourir.*

On peut d'ailleurs arriver au même résultat en partant de l'équation de la polaire (n° 145)

$$(ax+hy+g)+(hx+by+f)\frac{y'}{x'}+\frac{gx+fy+c}{x'}=0$$

et en observant que cette équation se réduit à

$$m(ax+hy+g)+n(hx+by+f)=0$$

et représente le diamètre conjugué du diamètre $my=nx$ (n° 144), lorsque le point (x', y') s'éloigne à l'infini sur la droite $my=nx$; autrement dit, quand on a à la fois

$$\frac{y'}{x'}=\frac{n}{m}, \quad x'=\infty.$$

325. Nous avons également démontré, au n° 146, que : *Si l'on mène par un point fixe* O *une sécante quelconque* OR, *et si l'on joint le pôle* P *de cette sécante au point* O, *les droites* OP, OR *forment un faisceau harmonique avec les tangentes* OT, OT' *issues du point* O.

Lorsqu'une des droites OP, OR coïncide avec un diamètre, l'autre est parallèle à son conjugué, et puisque la polaire de l'un quelconque des points d'un diamètre est parallèle à son conjugué, il en résulte que le diamètre, passant par l'intersection de deux tangentes, divise en deux parties égales le segment déterminé par ces tangentes sur toute droite menée parallèlement à la polaire de leur intersection.

Quand le point fixe coïncide avec le centre de la courbe, les tangentes se confondent avec les asymptotes. Il en résulte que : *Le faisceau formé par les asymptotes et deux diamètres conjugués quelconques est un faisceau harmonique;* et que la portion de tangente comprise entre les asymptotes est divisée en deux parties égales par le point de contact (n° 196).

326. La propriété anharmonique des points d'une conique (n° 259) donne lieu à un très grand nombre de théorèmes particuliers. La position des quatre premiers points A, B, C, D étant arbitraire, un ou deux d'entre eux peuvent, en effet, se trouver à l'infini; le cinquième point O, qui est le centre du faisceau, peut être à l'infini; il peut aussi coïncider avec un des quatre premiers, comme dans le cas où l'un des rayons du faisceau est tangent à la courbe. Remarquons, d'ailleurs, que le rapport anharmonique d'un faisceau est égal au rapport anharmonique des quatre points suivant lesquels ce faisceau rencontre une transversale *quelconque*, et, par suite, qu'on peut réduire son expression au simple rapport de deux segments, en prenant une transversale parallèle à l'un des rayons du faisceau.

Les exemples suivants ont été disposés de manière à laisser au lecteur le soin de tirer lui-même les conséquences des principes que nous venons de rappeler. Nous nous sommes bornés le plus souvent à donner sommairement les conclusions, après avoir indiqué les points qui déterminaient les faisceaux à considérer, et la transversale suivant laquelle il convenait d'estimer le rapport anharmonique.

Dans ce qui va suivre, nous désignerons, pour abréger, par (O, ABCD) le rapport anharmonique du faisceau OA, OB,

OC, OD; et par $(abcd)$ le rapport anharmonique des quatre points a, b, c et d.

Exercices.

1. $(A, ABCD) = (B, ABCD)$.

Prenons pour transversale la droite CD (*fig.* 96), et soient T, T' et K les points où CD rencontre les tangentes en A et B et leur

Fig. 96.

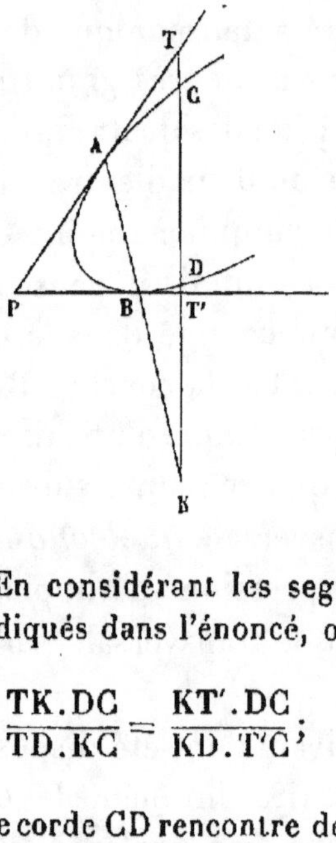

corde de contact AB. En considérant les segments déterminés sur CD par les faisceaux indiqués dans l'énoncé, on a

$$\frac{TK.DC}{TD.KC} = \frac{KT'.DC}{KD.T'C};$$

autrement dit, quand une corde CD rencontre deux tangentes en T, T' et leur corde de contact en K, on a la relation

$$KC.KT'.TD = KD.TK.T'C.$$

Il faut avoir soin de prendre les rayons des faisceaux *en suivant le même ordre* pour chacun des faisceaux; ainsi nous avons attribué à K le second rang dans le premier membre de l'équation, parce qu'il correspond au rayon OB du faisceau (OA, OB, OC, OD) pris comme type, tandis que, dans le deuxième membre, nous lui avons assigné le premier rang, parce qu'il correspond alors au rayon OA.

2. *Lorsque* T *et* T′ *coïncident, on a*

$$KC.TD = -KD.TC.$$

Donc : Toute corde menée par l'intersection de deux tangentes est divisée harmoniquement par la corde de contact.

3. *Quand* T′ *est à l'infini, la sécante* CD *est parallèle à* PT′, *et l'égalité des rapports se réduit à*

$$\overline{TK}^2 = TC.TD.$$

4. *Lorsqu'un des points* A, B, C, D *est à l'infini, le rapport anharmonique* (O, ABC∞) *est constant, et se réduit à* Ca : Cb, a *et b étant les points où la transversale* C∞ *rencontre les rayons* OA *et* OB.

Donc : Lorsqu'un point O décrit une hyperbole, les droites OA, OB, qui joignent ce point à deux points fixes A et B de l'hyperbole, déterminent, sur la parallèle menée à une asymptote par un troisième point fixe C, deux segments Ca et Cb dont le rapport est constant. Même théorème pour la parabole, en considérant les segments déterminés par OA et OB sur le diamètre du point C.

5. *Le rapport constant* (O, ABC∞) *se réduit à* ac : ab *en prenant pour transversale une droite quelconque* abc *parallèle à* C∞.

Il s'ensuit que : Dans l'hyperbole, les droites OA, OB, OC, qui joignent un point variable O à trois points fixes A, B, C, déterminent sur toute parallèle à une asymptote des segments ab, ac dont le rapport est constant. Même théorème pour la parabole en considérant les segments déterminés sur un diamètre quelconque par OA, OB et OC.

6. *Quand les droites* O′A, O′B *joignant* A *et* B *à un point quelconque* O′ *rencontrent* C∞ *en* a′ *et* b′, *on a* (Ex. 1)

$$\frac{ab}{a'b'} = \frac{aC}{a'C},$$

et, si le point C est à l'infini, auquel cas C∞ est une asymptote, le rapport ab : a'b' est égal à l'unité.

Donc : Lorsqu'un point décrit une hyperbole, les droites qui joignent ce point à deux points fixes interceptent, sur l'une ou l'autre asymptote, un segment de longueur constante (n° 199, Ex. 1).

7. (A, ABC∞) = (B, ABC∞).

Estimons les rapports suivant C∞, et soient a, b et K (*fig.* 97) les points où cette transversale rencontre les tangentes en A et B et

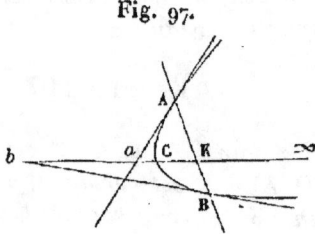

Fig. 97.

leur corde de contact; on aura, en se reportant à l'observation finale de l'Exercice 1,

$$\frac{Ca}{CK} = \frac{CK}{Cb}.$$

Il en résulte que : Dans l'hyperbole, le segment déterminé, sur toute parallèle à une asymptote, par la courbe et la corde de contact de deux tangentes est une moyenne proportionnelle entre les segments interceptés, sur cette même parallèle, par la courbe et les deux tangentes. Dans la parabole, il en est de même pour les segments déterminés sur un diamètre quelconque.

Réciproquement : Lorsqu'une droite ab (*fig.* 97), menée parallèlement à une droite donnée, rencontre les côtés d'un triangle en a, b, K, et que l'on prend sur cette droite un point C tel que $\overline{CK}^2 = Ca.Cb$, le lieu des points C est une parabole, si la droite donnée est la médiane correspondante à la base AB du triangle (n° 211) et, dans tous les autres cas, une hyperbole ayant une asymptote parallèle à ab.

8. Quand *deux des points fixes sont à l'infini*,

(∞.AB∞∞') = (∞'.AB∞∞'),

et les rayons ∞∞, ∞'∞' coïncident avec les asymptotes, tandis que la droite $\infty\infty'$ est tout entière à l'infini. Prenons pour transversale un diamètre quelconque OA, et soient a et a' (*fig.* 98) les points où ce diamètre rencontre les parallèles $B\infty$, $B\infty'$ menées aux asymptotes par le point B; on aura alors, en écrivant l'égalité des rapports anharmoniques,

$$\frac{OA}{Oa} = \frac{Oa'}{OA}.$$

Donc : Si, par un point d'une hyperbole, on mène des parallèles aux

Fig. 98.

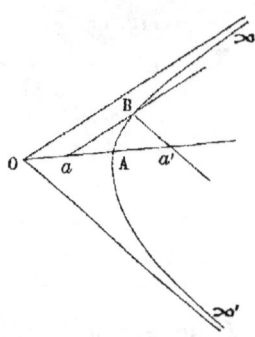

asymptotes, le produit des segments que ces parallèles déterminent sur un demi-diamètre quelconque, à partir du centre de la courbe, est égal au carré de ce demi-diamètre.

Réciproquement : Si, par un point fixe O, on mène une droite OA qui rencontre en a, a' deux droites fixes Ba, Ba', et si l'on prend sur cette droite un point A tel que $\overline{OA}^2 = Oa.Oa'$, le lieu du point A sera une hyperbole ayant pour centre le point fixe O, et pour asymptotes des parallèles aux droites fixes Ba, Ba'.

9. $(\infty, AB\infty\infty') = (\infty', AB\infty\infty')$.

En considérant les segments déterminés par ces faisceaux sur l'une et l'autre asymptote, et en tenant compte des observations de l'Exercice 1, on a

$$\frac{Oa}{Ob} = \frac{Ob'}{Oa'},$$

O étant le centre de la courbe. Donc : Le rectangle construit sur les parallèles menées aux asymptotes, par un point quelconque de la courbe, est constant.

327. Les exercices suivants se rapportent à la propriété anharmonique des tangentes d'une conique (n° 275).

Exercices.

1. Cette propriété se présente sous une forme très simple lorsque la conique est une parabole, puisque la parabole a toujours une de ses tangentes à l'infini (n° 254). Il en résulte que : Dans toute para-

Fig. 99.

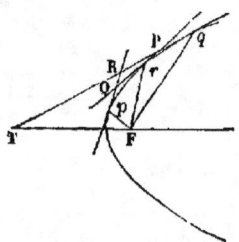

bole, le rapport AB : AC des segments déterminés par trois tangentes fixes sur une tangente variable est constant.

Si l'on fait coïncider successivement la tangente variable avec chacune des tangentes fixes TP, QP, QR (*fig.* 99), on obtient la relation

$$\frac{p\mathrm{Q}}{\mathrm{QR}} = \frac{\mathrm{RP}}{\mathrm{P}q} = \frac{\mathrm{Q}r}{r\mathrm{P}}.$$

2. Considérons le cas où deux des quatre tangentes fixes, à une

Fig. 100.

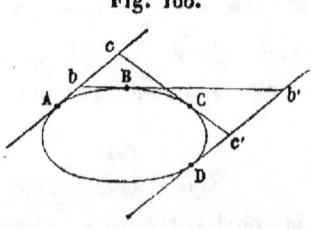

ellipse ou à une hyperbole, sont parallèles. En faisant coïncider la tangente variable successivement avec l'une et l'autre des tangentes parallèles, on obtient, pour la valeur du rapport anharmonique des quatre tangentes (*fig.* 100), les deux expressions $Ab:Ac$ et $Dc':Db'$. Le rectangle $Ab.Db'$ est donc constant (n° 179, Ex. 2).

On peut voir de même, en partant de la propriété anharmonique des points d'une conique, que les droites OA, AD, qui joignent un point quelconque O de la courbe aux deux points A et D, déterminent sur les tangentes parallèles deux points b et b', tels que le rectangle $Ab.Db'$ est constant.

328. Les propriétés anharmoniques des coniques permettent de résoudre assez facilement un certain nombre de problèmes.

Exercices.

1. *Trouver le lieu du sommet* V *d'un triangle dont les côtés pivotent autour de trois points fixes* A, B, C, *tandis que les deux autres sommets glissent sur deux droites fixes* Oa, Ob.

Supposons qu'on ait tracé (*fig.* 101) quatre triangles satisfaisant à ces conditions, et soient $aa'a''a'''$, $bb'b''b'''$ les diverses positions des

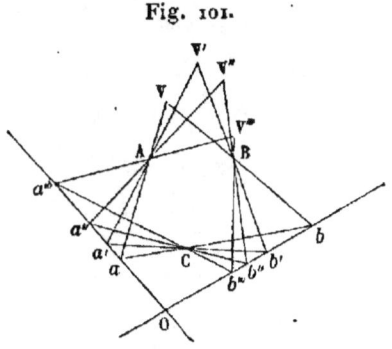

Fig. 101.

sommets qui glissent sur les droites fixes. Les deux faisceaux (C, $aa'a''a'''$), (C, $bb'b''b'''$) étant identiques, on a

$$(aa'a''a''') = (bb'b''b'''),$$

et, par suite,

$$(A, aa'a''a''') = (B, bb'b''b''''),$$

ou, ce qui revient au même,

$$(A, VV'V''V''') = (B, VV'V''V''');$$

les points A, B, V, V′, V″, V‴ appartiennent donc à une même conique.

Ce théorème (n° 269, Ex. 3) peut encore se démontrer de la manière suivante. Les faisceaux qui ont pour centres les points A et B, étant respectivement homographiques du faisceau issu du point C, sont homographiques entre eux ; le lieu des intersections de leurs rayons correspondants est donc une conique passant par A et B (n° 297). Les Exercices suivants peuvent, de même, être considérés comme des applications du principe énoncé au n° 297.

2. *Le lieu du sommet V est encore une conique lorsque le côté ab, au lieu de passer par un point fixe C, enveloppe une conique tangente à Oa et Ob.* (CHASLES.)

Dans cette hypothèse, les points déterminés sur les droites Oa et Ob satisfont, en effet, à la relation (n° 275)

$$(aa'a''a''') = (bb'b''b''').$$

3. *Deux angles de grandeur constante, α et β, tournent autour de leurs sommets P, Q (fig. 102), de manière que l'intersection A*

Fig. 102.

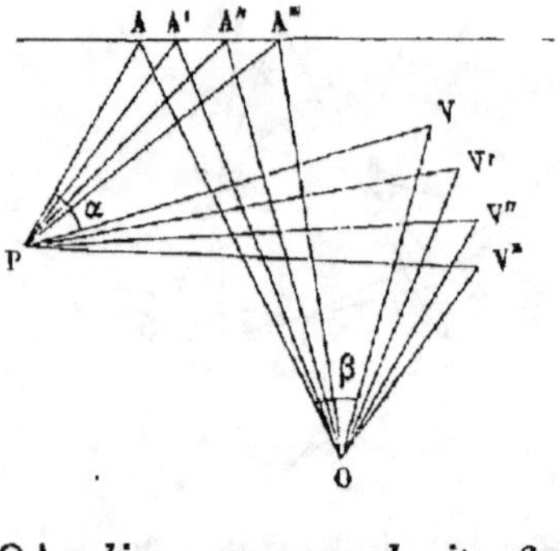

de leurs côtés PA, QA glisse sur une droite fixe AA′ : la courbe, lieu de l'intersection V de leurs deux autres côtés PV, QV, est une conique passant par les points fixes P et Q ([1]).

([1]) Ce théorème a été indiqué par Newton (*Enumeratio linearum tertii ordinis*) sous le titre de *Description organique des coniques*.

Figurons, comme ci-dessus, les deux angles dans quatre positions différentes. On a alors, d'après les données mêmes de la question,
$$(P, A A'A''A''') = (Q, A A'A''A'''),$$
et, en observant que les angles des deux faisceaux issus de P ou de Q sont égaux,
$$(P, A A'A''A''') = (P, V V'V''V'''),$$
$$(Q, A A'A''A''') = (P, V V'V''V''').$$

On en conclut
$$(P, V V'V''V''') = (Q, V V'V''V'''),$$
ce qui démontre le théorème.

4. *Le lieu de l'intersection V est encore une conique, lorsque le point A, au lieu de glisser sur une droite, décrit une conique quelconque passant par les points P et Q.* (CHASLES.)

En effet, on a toujours
$$(P, A A'A''A''') = (Q, A A'A''A''').$$

5. *Le lieu est encore une conique quand les angles α et β, au lieu d'être constants, interceptent des segments de longueur constante sur deux droites fixes.*

L'égalité
$$(P, A A'A''A''') = (P, V V'V''V''')$$
résulte alors de ce que les faisceaux déterminent des segments de même longueur sur une droite fixe.

Ainsi la courbe décrite par le sommet d'un triangle dont la base reste fixe est une conique lorsque les autres côtés interceptent sur une droite fixe un segment de longueur constante.

6. *Le lieu du sommet V de l'Exercice 1 est encore une conique, quand les extrémités de la droite ab glissent sur une conique passant par les points A, B.*

En prenant quatre positions du triangle, on a, en effet, d'après le premier théorème du n° 276,
$$(a a'a''a''') = (b b'b''b'''),$$

et, par suite,
$$(A, aa'a''a''') = (B, bb'b''b''').$$

7. *La base ab d'un triangle passe par l'intersection C des tangentes communes à deux sections coniques, et ses extrémités a, b glissent sur l'une et l'autre des coniques pendant que les deux autres côtés du triangle pivotent autour de deux points fixes A et B pris sur l'une et l'autre des coniques : le lieu du sommet est une conique passant par A et B.*

Ce théorème se démontre de la même manière que les théorèmes précédents, en s'appuyant sur la deuxième proposition du n° 276. Voici, du reste, une démonstration géométrique assez simple de cette proposition. Soient O, A, B, C, D les points de la deuxième conique qui correspondent aux points o, a, b, c, d de la première; les droites OA et oa se coupent en r sur l'une des cordes communes aux deux coniques (n° 272, Ex. 1); les droites OB et ob se coupent également sur cette même corde en r', ...; les faisceaux (O, ABCD), ($o, abcd$) ont donc même section rectiligne ($rr'r''r'''$) et, par suite, même rapport anharmonique.

8. *Même énoncé que pour l'Exercice 7, en supposant que la base, au lieu de passer par un point fixe, enveloppe une conique ayant un double contact avec les coniques données* (n° 276).

9. *Les n sommets* ($a, b, c, ...$) *d'un polygone glissent sur une conique, tandis que tous ses côtés moins un pivotent autour de* ($n-1$) *points fixes : démontrer que le côté restant enveloppe une conique ayant un double contact avec la conique donnée.*

En considérant le polygone dans quatre positions $abc...$, $a'b'c'...$, $a''b''c''...$, $a'''b'''c'''...$, on a la série d'égalités
$$(aa'a''a''') = (bb'b''b''') = (cc'c''c'''),$$
ce qui ramène le problème à celui qui est indiqué au n° 277 : Étant donnés trois couples de points $aa'a''$, $dd'd''$, trouver l'enveloppe de $a'''d'''$, de telle sorte que
$$(aa'a''a''') = (dd'd''d''').$$

10. *Inscrire dans une conique un polygone dont les côtés passent respectivement par des points fixes.*

Prenons arbitrairement un point a de la conique et construisons, en partant de ce point, un polygone dont les côtés passent respectivement par les points donnés : le point z, où le dernier côté de ce polygone rencontrera la conique, ne coïncidera pas en général avec le point a. Construisons de même trois autres polygones, en partant des points a', a'', a''', et soient z', z'', z''' les points où leurs derniers côtés rencontrent la conique; on aura, en se reportant à l'Exercice précédent,

$$(a a' a'' a''') = (z z' z'' z'''),$$

et, si le dernier polygone essayé satisfait à la question, a''' coïncidera avec z'''. La question proposée se réduit donc à celle-ci : Étant donnés trois couples de points, $a a' a''$, $z z' z''$, trouver un point K tel que

$$(\mathrm{K} a a' a'') = (\mathrm{K} z z' z'').$$

Si nous considérons a, z'', a', z, a'', z' comme les sommets d'un hexagone inscrit, et si nous supposons que ces sommets se succèdent

Fig. 103.

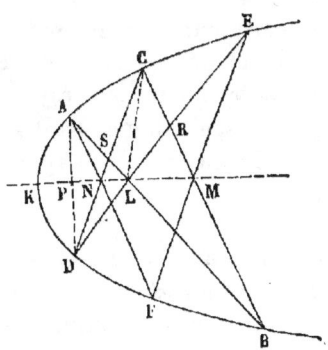

dans l'ordre que nous venons d'indiquer, de manière que a, a', a'' soient les sommets opposés à z, z', z'', le point K sera l'un des points où la droite passant par les intersections des côtés opposés rencontre la conique. Soient, en effet, A, C, E et D, F, B (*fig.* 103) les points a, a', a'' et z, z', z''; en prenant les sommets dans l'ordre ABCDEF, les côtés opposés se coupent respectivement en L, M, N et les faisceaux (D, KACE), (A, KDFB) ont même section rectiligne (KPNL)

On a donc

$$(KACE) = (KDFB),$$

ce qui justifie la construction (¹).

Il est d'ailleurs facile de voir (Ex. 9) que K est l'un des points de contact d'une conique tangente aux droites az, $a'z'$, $a''z''$, et doublement tangente à la conique donnée. La solution précédente peut donc s'appliquer au problème : *Décrire une conique ayant un double contact avec une conique donnée et tangente à trois droites données.*

11. *Démontrer le théorème de Pascal* (n° 267) *en s'appuyant sur la propriété anharmonique des points d'une conique.*

On a, en raison de cette propriété (*fig.* 103),

$$(E, CDFB) = (A, CDFB),$$

et, si l'on compare les segments que ces faisceaux déterminent respectivement sur BC et sur DC,

$$(CRMB) = (CDNS).$$

Il en résulte que les faisceaux formés en joignant le point L à chacun des points de BC et de DC ont trois rayons communs CL, DE, AB, et, par suite, que les quatrièmes rayons NL, LM de ces faisceaux ne forment qu'une seule ligne droite. On démontrerait de même le théorème de Brianchon, en s'appuyant sur la propriété anharmonique des tangentes.

12. *Trouver l'enveloppe des cordes* CE *déterminées, dans les coniques circonscrites à un quadrilatère* ADFB, *par deux droites fixes* DC, DE *passant par l'un des sommets* D *de ce quadrilatère.*

(¹) Cette construction du polygone inscrit à une conique a été indiquée par Poncelet (*Traité des Propriétés projectives*, n° 559). La démonstration donnée dans le texte est due à M. Townsend; elle permet de voir que la construction de Poncelet s'applique également à la solution du problème suivant : *Inscrire dans une conique un polygone dont chaque côté soit tangent à une conique ayant un double contact avec la conique donnée.* Toutes les coniques touchées par les côtés du polygone peuvent être différentes.

PROPRIÉTÉS HARMONIQUES ET ANHARMONIQUES. 513

Les sommets du triangle CEM (*fig.* 103) glissent sur les droites fixes DC, DE, NL, et deux de ses côtés passent par des points fixes B, F; le troisième côté CE enveloppe donc une conique tangente aux droites fixes DC, DE. Cette description d'une conique est réciproque de la description indiquée par Mac Laurin. (Ex. 1).

13. *Les cordes* CF *déterminées, dans les coniques circonscrites à un quadrilatère* ABDE, *par deux droites fixes* AF, DC *passant respectivement par deux des sommets* A, D *du quadrilatère, passent par un point fixe.*

Deux des côtés du triangle CFM (*fig.* 103) passent par les points fixes B et E, les sommets glissent sur les droites fixes AF, CD, NL, qui concourent en un même point : donc CF passe par un point fixe (n° 304).

On trouvera dans le Chapitre suivant l'énoncé des propositions bien connues (n° 355, Ex. 3 et 4), qui ont conduit à ces deux derniers théorèmes.

14. *Dans une conique, le rapport anharmonique de quatre diamètres quelconques est égal au rapport anharmonique de leurs conjugués.*

Ce théorème est un cas particulier du théorème du n° 297, Ex. 2 : Le rapport anharmonique de quatre points en ligne droite est égal au rapport anharmonique de leurs polaires. Mais on peut le démontrer directement, en observant que le rapport anharmonique de quatre cordes issues d'un même point de la courbe est égal au rapport anharmonique des cordes supplémentaires (n° 179).

15. *Trouver le lieu des centres des coniques circonscrites à un quadrilatère donné* (n° 151, Ex. 3).

Menons, dans l'une quelconque des coniques du système, les diamètres qui ont pour cordes les côtés du quadrilatère : le rapport anharmonique de ces diamètres est connu, puisqu'il est égal à celui de leurs conjugués, c'est-à-dire au rapport anharmonique du faisceau dont les rayons sont parallèles aux côtés du quadrilatère. Donc le lieu est une conique passant par le milieu des côtés du quadrilatère. Dans le cas où la conique se réduit à deux droites, les intersections des diagonales, ainsi que les points de concours des côtés opposés,

S. — *Géom. à deux dim.* 33

sont des points du lieu : ces points appartiennent donc à une conique qui passe par les milieux des côtés et des diagonales.

329. Nous laisserons au lecteur le soin de former et de démontrer directement, au moyen de la propriété anharmonique des tangentes à une conique, les théorèmes réciproques des théorèmes que nous venons d'énoncer; ils sont presque tous renfermés dans la proposition suivante :

Les droites qui joignent les points correspondants, ou homologues, de deux divisions homographiques a, b, c, d, ..., a', b', c', d', ... de bases ([1]) *différentes enveloppent une conique.* Il résulte, en effet, de la propriété anharmonique des tangentes, que la conique, tangente aux deux bases et aux trois droites aa', bb', cc', est également tangente à la droite dd' ([2]).

Ce théorème est le réciproque du théorème énoncé au n° 297; on peut d'ailleurs le démontrer directement en considérant les équations du n° 297 comme des équations tangentielles. Quand P, P'; Q, Q' représentent, en coordonnées

---

([1]) On appelle *base d'une division* la ligne droite sur laquelle sont situés les points qui forment une *division*.

([2]) Il résulte, en outre, du n° précédent (Ex. 1) que le lieu des intersections des droites Pd, P'd', qui joignent les points de ces deux divisions à deux points fixes P et P', est une conique passant par ces points fixes. Quand deux systèmes de points a, b, c, d, ..., a', b', c', d', ..., situés sur une même conique sont homographiques, c'est-à-dire tels qu'on ait toujours $(abcd) = (a'b'c'd')$, l'enveloppe de dd' est une conique ayant un double contact avec la conique donnée (n° 277); de même le lieu des intersections des droites Pd, P'd', menées à ces deux systèmes par deux points fixes P et P' *de la conique,* est une conique passant par P et P'. Lorsque deux coniques S et S' ont un double contact avec une troisième S", les tangentes à S" déterminent dans S et dans S' des systèmes homographiques $abcd...$ et $a'b'c'd'...$, tels que $(abcd) = (a'b'c'd')$ (n° 276); mais on ne peut pas dire que, réciproquement, les droites qui joignent les points homologues de deux systèmes homographiques appartenant à deux *coniques différentes* enveloppent nécessairement une conique.

PROPRIÉTÉS HARMONIQUES ET ANHARMONIQUES. 515

tangentielles, deux couples de points homologues, $P + \lambda P'$, $Q + \lambda Q'$ représentent un troisième couple de points homologues, et la droite qui joint ces deux derniers points est évidemment tangente à la courbe définie par l'équation tangentielle du second ordre $PQ' = P'Q$.

Exercice.

Par un point fixe P, *on mène une transversale* PA′ *qui rencontre en* A, A′ *deux droites fixes* OA, OA′; *on prend sur ces droites, à partir de* A *et de* A′, *des segments* Aa, A′a' *de longueur donnée : trouver l'enveloppe de* aa'.

En donnant à la transversale les quatre positions PA, PB, PC, PD, on a évidemment

$(ABCD) = (A'B'C'D')$, $(ABCD) = (abcd)$, $(A'B'C'D') = (a'b'c'd')$;

la droite aa' enveloppe donc une conique tangente à OA et OA′.

330. Lorsqu'on a reconnu, en suivant la méthode exposée ci-dessus, qu'une droite mobile enveloppe une section conique, il convient d'examiner si, dans l'une de ses positions, cette droite ne se trouve pas tout entière à l'infini, puisque, s'il en est ainsi, l'enveloppe est une parabole (n° 254). Dans l'Exercice précédent, en particulier, la droite aa' ne peut être à l'infini que si la transversale AA′ peut elle-même être à l'infini, autrement dit, que si le point P est à l'infini ; pour que l'enveloppe soit une parabole, il faut donc que les transversales, au lieu de passer par un point fixe, soient menées parallèlement à une droite donnée.

On peut, de même, reconnaître assez souvent la nature du lieu décrit par un point mobile, en étudiant quelques positions particulières de ce point (n° 328, Ex. 15).

331. *Étant donnée une division sur une droite, on peut toujours former, sur une autre droite, une division homographique telle qu'à trois points* a, b, c *de la première*

correspondent, dans la seconde, trois points a', b', c', pris arbitrairement.

Pour que l'on puisse trouver, sur la deuxième droite, un point x' correspondant à un quatrième point x, choisi arbitrairement sur la première, il faut que l'on ait (n° 66)

$$(abcx) = (a'b'c'x'),$$

ou, en désignant, d'une manière générale, par a, b, c, ... les distances des points a, b, c, ... d'une division, à un point quelconque de la base de cette division, pris pour origine,

$$\frac{(a-b)(c-x)}{(a-c)(b-x)} = \frac{(a'-b')(c'-x')}{(a'-c')(b'-x')}.$$

Cette condition, qui peut s'écrire (n° 277)

$$A xx' + B x + C x' + D = 0 \quad (^1),$$

est du premier degré, par rapport à chacune des distances x et x'; elle fournit donc toujours une valeur pour x' et elle n'en fournit qu'une seule.

(^{1}) On peut encore démontrer ce théorème en partant de l'équation à trois termes à l'aide de laquelle Chasles exprime l'égalité du rapport anharmonique des deux divisions $abcx$, $a'b'c'x'$; les points a, b, c, a', b', c' étant considérés comme fixes, les rapports des segments $ax:bx$, $c'x':b'x'$ vérifient l'équation linéaire

$$\lambda \frac{ax}{bx} + \mu \frac{c'x'}{b'x'} + 1 = 0,$$

et si l'on représente, comme ci-dessus, par a, b, ..., les distances des points a, b, ..., à l'origine, cette équation devient

$$\lambda \frac{a-x}{b-x} + \mu \frac{c'-x'}{b'-x'} + 1 = 0,$$

et se réduit à une expression de la forme

$$A xx' + B x + C x' + D = 0.$$

Lorsque cette condition est remplie, la droite qui joint les points x, x' enveloppe une conique qui est tangente aux bases des deux divisions : Quand $A = 0$, x' devient infini en même temps que x et la conique est une parabole.

Réciproquement : *Deux divisions sont homographiques si à un point x de l'une correspond toujours un point x' de l'autre, et s'il ne lui en correspond qu'un seul.*

L'équation
$$A xx' + B x + C x' + D = 0,$$
qui est du premier degré en x, ou en x', est en effet l'expression la plus générale de la loi de correspondance indiquée dans l'énoncé. Lorsqu'elle est vérifiée, le rapport anharmonique de quatre points quelconques de la première division est égal au rapport anharmonique des quatre points homologues de la seconde, puisque le rapport $\dfrac{(x-y)(z-w)}{(x-z)(y-w)}$ ne change pas lorsqu'on y remplace $x, y, \ldots$, par $-\dfrac{Bx+D}{Ax+C}$, $-\dfrac{By+D}{Ay+D}$, $\ldots$

332. *Trouver la condition pour que les deux couples de points* (A, B), (A', B'), *situés sur une même droite, et dont les distances* (α, β), (α', β') *à une origine commune vérifient respectivement les équations*
$$ax^2 + 2hx + b = 0, \quad a'x^2 + 2h'x + b' = 0,$$
forment une division harmonique.

En exprimant la condition (n° 323)
$$\frac{AA'}{A'B} : \frac{AB'}{B'B} = -1$$

en fonction des distances α, β; α', β', on a

$$\frac{\alpha - \alpha'}{\alpha' - \beta} = -\frac{\alpha - \beta'}{\beta' - \beta},$$

ou, en développant,

$$(\alpha + \beta)(\alpha' + \beta') = 2\alpha\beta + 2\alpha'\beta',$$

et comme on a d'ailleurs

$$\alpha + \beta = -\frac{2h}{a}, \quad \alpha\beta = \frac{b}{a}, \quad \alpha' + \beta' = -\frac{2h'}{a'}, \quad \alpha'\beta' = \frac{b'}{a'};$$

il vient pour la condition cherchée

$$ab' + a'b - 2hh' = 0 \,(^1).$$

On démontrerait de même que les *deux couples de droites*

$$a\alpha^2 + 2h\alpha\beta + b\beta^2 = 0, \quad a'\alpha^2 + 2h'\alpha\beta + b'\beta^2 = 0$$

forment un *faisceau harmonique*, lorsque les coefficients a, b, h; a', b', h' vérifient la relation

$$ab' + a'b - 2hh' = 0.$$

333. Tout couple de points $ax^2 + 2hx + b = 0$, formant une division harmonique avec l'un et l'autre des couples $a'x^2 + 2h'x + b' = 0$, $a''x^2 + 2h''x + b'' = 0$, forme une division harmonique avec tous les couples de points compris dans l'équation

$$(a'x^2 + 2h'x + b') + \lambda(a''x^2 + 2h''x + b'') = 0.$$

(^{1}) On démontre de la même manière que le rapport anharmonique de ces quatre points est déterminé lorsque le rapport

$$\frac{(ab' + a'b - 2hh')^2}{(ab - h^2)(a'b' - h'^2)}$$

est donné.

En effet, la condition

$$a(b' + \lambda b'') + b(a' + \lambda a'') - 2h(h' + \lambda h'') = 0$$

est remplie lorsqu'on a séparément

$$ab' + ba' - 2hh' = 0, \quad ab'' + ba'' - 2hh'' = 0.$$

334. *Trouver le lieu d'un point tel que les couples de tangentes menées de ce point à deux coniques données forment un faisceau harmonique.*

La solution suivante est basée sur la propriété évidente des rayons d'un faisceau harmonique, de déterminer, sur l'une quelconque des lignes de référence, une division harmonique. Supposons les coniques définies par l'équation générale en coordonnées trilinéaires, et mettons sous la deuxième forme indiquée au n° 294 l'équation du couple de tangentes menées à chacune des coniques par le point $(\alpha', \beta', \gamma')$. En faisant $\gamma = 0$ dans l'équation du premier couple, on a, pour déterminer les points où les tangentes de ce couple rencontrent la droite γ,

$$(C\beta'^2 + B\gamma'^2 - 2F\beta'\gamma')\alpha^2 - 2(C\alpha'\beta' - F\alpha'\gamma' - G\beta'\gamma' + H\gamma'^2)\alpha\beta$$
$$+ (C\alpha'^2 + A\gamma'^2 - 2G\alpha'\gamma')\beta^2 = 0.$$

On trouverait une relation analogue pour déterminer les points où cette même droite γ rencontre le couple de tangentes, menées à la deuxième conique par $(\alpha', \beta', \gamma')$; et, si l'on exprime (n° 332) que les deux couples de points forment une division harmonique, on obtient pour la condition à laquelle doit satisfaire le point $(\alpha', \beta', \gamma')$

$$(C\beta^2 + B\gamma^2 - 2F\beta\gamma)(C'\alpha^2 + A'\gamma^2 - 2G'\alpha\gamma)$$
$$+ (C\alpha^2 + A\gamma^2 - 2G\alpha\gamma)(C'\beta^2 + B'\gamma^2 - 2F'\beta\gamma)$$
$$= 2(C\alpha\beta - F\alpha\gamma - G\beta\gamma + H\gamma^2)(C'\alpha\beta - F'\alpha\gamma - G'\beta\gamma + H'\gamma^2).$$

Développant et divisant par γ^2, il vient pour l'équation du lieu

$$(BC' + B'C - 2FF')\alpha^2 + (CA' + C'A - 2GG')\beta^2$$
$$+ (AB' + A'B - 2HH')\gamma^2 + 2(GH' + G'H - AF' - A'F)\beta\gamma$$
$$+ 2(HF' + H'F - BG' - B'G)\gamma\alpha$$
$$+ 2(FG' + F'G - CH' - C'H)\alpha\beta = 0;$$

c'est l'équation d'une conique qui jouit, ainsi que nous le verrons plus loin (n° 378), de propriétés importantes par rapport aux deux coniques données.

Quand les couples de tangentes doivent former un faisceau de rapport anharmonique donné, le lieu est une courbe du quatrième degré qui a pour équation

$$\mathbf{F}^2 = k\mathrm{SS}',$$

S, S' et **F** représentant respectivement les deux coniques données et la conique dont nous venons de trouver l'équation.

335. *Former la condition pour que la droite*

$$\lambda\alpha + \mu\beta + \nu\gamma = 0$$

soit divisée harmoniquement par deux coniques données.

Supposons les coniques définies, comme au n° 334; en éliminant γ entre l'équation de la droite et l'équation de l'une des coniques, il vient, pour déterminer leurs points d'intersection,

$$(a\nu^2 + c\lambda^2 - 2g\lambda\nu)\alpha^2 - 2(c\lambda\mu - f\lambda\nu - g\mu\nu + h\nu^2)\alpha\beta$$
$$+ (b\nu^2 + c\mu^2 - 2f\mu\nu)\beta^2 = 0;$$

et si l'on exprime (n° 332) que ces points forment une division harmonique avec les points correspondants de l'autre conique, on trouve

$$(bc' + b'c - 2ff')\lambda^2 + (ca' + c'a - 2gg')\mu^2$$
$$+ (ab' + a'b - 2hh')\nu^2$$
$$+ 2(gh' + g'h - af' - a'f)\mu\nu + 2(hf' + h'f - bg' - b'g)\nu\lambda$$
$$+ 2(fg' + f'g - ch' - c'h)\lambda\mu = 0.$$

Il faut donc que la droite enveloppe une conique ([1]).

336. **Deux divisions** a, b, c, ..; a', b', c', ... *de même base* sont homographiques (n° 331) lorsque les distances x, x' de deux points correspondants, à une même origine prise arbitrairement, satisfont à une relation de la forme

$$A xx' + B x + C x' + D = 0.$$

Cette équation n'étant pas symétrique en x et x', un point n'aura pas, en général, pour correspondant le même point, suivant qu'on le considérera comme appartenant à l'une ou à l'autre division. Ainsi, au point situé à la distance x de l'origine, correspondent respectivement les points situés aux distances $-\dfrac{Bx+D}{Ax+C}$, $-\dfrac{Cx+D}{Ax+B}$, suivant qu'on considère ce point x comme appartenant à la première ou à la seconde division.

---

[1] Il est facile de voir, en opérant comme ci-dessus, que, si

$$\lambda^2 U + 2\lambda\mu P + \mu^2 U', \quad \lambda^2 V + 2\lambda\mu Q + \mu^2 V'$$

représentent les résultats obtenus en remplaçant, dans l'équation de deux coniques U et V, α par $\lambda\alpha + \mu\alpha'$, ..., $UV' + U'V - 2PQ$ représente les deux droites qu'on peut mener par $(\alpha', \beta', \gamma')$, de manière qu'elles soient divisées harmoniquement par les coniques. On peut voir, en outre (n° 296), que le système des quatre droites, joignant (α',β',γ') aux intersections des coniques, a pour équation

$$(UV' + U'V - 2PQ)^2 = 4(UU' - P^2)(VV' - Q^2),$$

$UU' - P^2$, $VV' - Q^2$ représentant les couples de tangentes menées aux coniques par $(\alpha', \beta', \gamma')$.

Deux divisions homographiques de même base forment *une involution* lorsqu'on peut trouver sur cette base un point qui, considéré successivement comme appartenant à l'une ou à l'autre division, ait toujours pour homologue le même point. Pour qu'il en soit ainsi, il faut et il suffit évidemment que l'équation précédente ne change pas lorsqu'on y permute x et x'; autrement dit, il faut que $B = C$. La relation entre les distances de l'origine à deux points homologues peut alors se mettre sous la forme

$$A x x' + H(x + x') + B = 0,$$

et, si l'équation

$$a x^2 + 2 h x + b = 0$$

représente un couple de points correspondants, on a nécessairement

$$A b + B a - 2 H h = 0.$$

337. Il résulte de ce que nous venons de dire qu'*une involution* se compose d'un certain nombre de couples de points $a, a'; b, b', \ldots$, en ligne droite, tels que le rapport anharmonique de quatre quelconques de ces points soit égal au rapport anharmonique des quatre points correspondants. En exprimant l'égalité de ces rapports, on peut arriver à diverses relations entre les distances mutuelles de ces points. Ainsi, de

$$(abca') = (a'b'c'a)$$

on tire

$$\frac{ab.ca'}{aa'.bc} = \frac{a'b'.c'a}{a'a.b'c'};$$

ce qui donne

$$ab.ca'.b'c' = -a'b'.c'a.bc.$$

Le développement de semblables relations ne présente aucune difficulté.

PROPRIÉTÉS HARMONIQUES ET ANHARMONIQUES.   523

338. L'équation

$$A xx' + H(x + x') + B = 0,$$

entre les distances x et x' de l'origine à deux points correspondants, peut se simplifier par un choix convenable de l'origine. En reportant, en effet, l'origine au point $x = \alpha$, cette équation devient

$$A(x+\alpha)(x'+\alpha) + H(x + x' + 2\alpha) + B = 0,$$

ou

$$A xx' + (H + A\alpha)(x + x') + A\alpha^2 + 2H\alpha + B = 0,$$

et se réduit à

$$xx' = k^2,$$

lorsqu'on y fait $H + A\alpha = 0$.

Le point α déterminé par cette dernière condition a reçu le nom de *point central* de l'involution, et l'équation $xx' = k^2$ montre que : *Le produit des distances du point central à deux points correspondants quelconques est constant.*

339. Le point qui correspond à un point quelconque x, étant situé en général à la distance $-\dfrac{Hx + B}{Ax + H}$ de l'origine, passe à l'infini, lorsque $Ax + H = 0$; donc : *Le point central est le point dont le correspondant est à l'infini.*

On arrive à la même conclusion en partant de la relation

$$(abcc') = (a'b'c'c),$$

c'est-à-dire de

$$\frac{ac \cdot bc'}{ac' \cdot bc} = \frac{a'c' \cdot b'c}{a'c \cdot b'c'};$$

lorsque le point c' est à l'infini on a $bc' = ac'$, $a'c' = b'c'$, et cette relation se réduit à

$$ac \cdot a'c = bc \cdot b'c.$$

exprimant ainsi que le produit des distances d'un point c à deux points homologues est constant lorsque ce point c correspond à l'infini.

La relation entre les distances du point central à deux points correspondants peut évidemment se présenter sous l'une ou l'autre des formes

$$ca.ca' = +k^2, \quad ca.ca' = -k^2;$$

dans le premier cas, le point central reste constamment en dehors des points qui se correspondent; dans le second, il reste toujours compris entre ces points.

340. Dans une involution, on donne le nom de *point double* ([1]) à tout point qui coïncide avec son correspondant. Toute involution a évidemment deux points doubles, f et f', qui sont situés à égale distance cf, et de part et d'autre du point central c. On a, en effet, en prenant ce dernier point pour origine,

$$\overline{cf}^2 = \pm k^2.$$

Lorsque k^2 a le signe $+$, c'est-à-dire lorsque le point central reste constamment en dehors des points qui se correspondent, les points doubles sont réels; dans le cas contraire ils sont imaginaires.

En faisant $x = x'$ dans l'équation générale (n° 336), qui relie les distances des points correspondants à une origine quelconque, on trouve, pour déterminer les distances des points doubles à cette origine,

$$A x^2 + 2 H x + B = 0.$$

([1]) Nous avons adopté la dénomination proposée par Chasles (*Géométrie supérieure,* n° 198) et usitée en France. M. Salmon donne à ces points le nom de *foyers*.

341. Lorsqu'un couple de points correspondants est défini par l'équation
$$ax^2 + 2hx + b = 0,$$
on a nécessairement (n° 336)
$$Ab + Ba - 2Hh = 0.$$

Donc (n° 332) : *Tout couple de points correspondants forme avec les points doubles une division harmonique.*

Ce théorème peut aussi se déduire de l'égalité
$$(aff'a') = (a'ff'a),$$
qui donne
$$\frac{af \cdot a'f'}{aa' \cdot ff'} = \frac{a'f \cdot af'}{a'a \cdot ff'},$$
ou
$$\frac{af}{af'} = -\frac{a'f}{a'f'}.$$

Les points a, a' divisent donc, intérieurement et extérieurement, la distance ff' des points doubles en deux parties qui sont respectivement dans le même rapport.

Corollaire. — Lorsqu'un des points doubles f est à l'infini, l'autre point double f' est le milieu de tous les segments aa', bb', ... compris entre deux points homologues, et la distance ab de deux points quelconques est égale à la distance $a'b'$ des points correspondants.

342. *Deux couples de points homologues suffisent pour déterminer une involution.* En prenant arbitrairement deux couples de points
$$ax^2 + 2hx + b = 0, \quad a'x^2 + 2h'x + b' = 0,$$
on peut, en effet, toujours déterminer A, B, H à l'aide des équations (n° 336)
$$Ab + Ba - 2Hh = 0, \quad Ab' + Ba' - 2Hh' = 0.$$

Il est d'ailleurs facile de voir (n° 333) que tout couple de points, formant une involution avec les deux couples ci-dessus, peut être représenté par une équation de la forme

$$(ax^2 + 2hx + b) + \lambda(a'x^2 + 2h'x + b') = 0,$$

puisque les valeurs de A, B, H, qui vérifient les deux équations précédentes, satisfont évidemment à la relation

$$A(b + \lambda b') + B(a + \lambda a') - 2H(h + \lambda h') = 0 \quad (^1).$$

Dans le cas actuel, A, B, H sont proportionnels à

$$2(ah' - a'h), \quad 2(hb' - h'b), \quad (ab' - a'b);$$

les points doubles de l'involution déterminée par les deux couples de points $ax^2 + \ldots$, $a'x^2 + \ldots$ sont donc représentés par l'équation

$$(ah' - a'h)x^2 + (ab' - a'b)x + (hb' - h'b) = 0.$$

On peut mettre cette équation sous une autre forme. En introduisant une nouvelle variable y dans les équations des couples de points, pour les rendre homogènes, et en posant

$$U = ax^2 + 2hxy + by^2, \quad V = a'x^2 + 2h'xy + b'y^2,$$

il vient, en effet, pour déterminer les points doubles,

$$\frac{dU}{dx}\frac{dV}{dy} - \frac{dU}{dy}\frac{dV}{dx} = 0.$$

Les points doubles de l'involution déterminée par les deux

(^{1}) La condition pour que trois couples de points $ax^2 + 2hx + b = 0$, $a'x^2 + 2h'x + b' = 0$, $a''x^2 + 2h''x + b'' = 0$ forment une involution, s'obtient évidemment en égalant à zéro le déterminant

$$\begin{vmatrix} a & h & b \\ a' & h' & b' \\ a'' & h'' & b'' \end{vmatrix}$$

couples de points a, a'; b, b' peuvent aussi se déduire de l'égalité
$$(afba') = (a'fb'a),$$
qui donne
$$\frac{af.ba'}{a'f.ba} = \frac{a'f.b'a}{af.b'a'},$$
d'où
$$\overline{af}^2 : \overline{a'f}^2 :: ab.ab' : a'b.a'b';$$

le point f est alors déterminé par la condition de diviser intérieurement, ou extérieurement, la distance aa' dans un rapport donné.

343. Les relations segmentaires auxquelles peuvent donner lieu six points en involution rentrent dans la catégorie des relations étudiées au n° 313; il est d'ailleurs évident que les sinus des angles formés en joignant six points en involution à un point fixe ont entre eux les mêmes relations que les segments déterminés par ces six points. Donc :

Le faisceau formé en joignant à un point fixe six points en involution détermine sur une transversale quelconque six points en involution.

La figure réciproque de six points en involution est un faisceau en involution.

La plupart des équations obtenues précédemment peuvent s'appliquer aux droites issues d'un même point. Ainsi : un couple de droites $\alpha - \mu\beta$, $\alpha - \mu'\beta$ appartient à un faisceau en involution lorsqu'on a
$$A\mu\mu' + H(\mu + \mu') + B = 0;$$
et les deux couples de droites
$$U = a\alpha^2 + 2h\alpha\beta + b\beta^2, \quad V = a'\alpha^2 + 2h'\alpha\beta + b'\beta^2$$
déterminent un faisceau en involution qui a pour *rayons*

doubles les droites

$$(ah' - a'h)\alpha^2 + (ab' - a'b)\alpha\beta + (hb' - h'b)\beta^2 = 0,$$

ou

$$\frac{dU}{d\alpha}\frac{dV}{d\beta} - \frac{dU}{d\beta}\frac{dV}{d\alpha} = 0.$$

344. *Les coniques qui passent par quatre points fixes déterminent sur une transversale quelconque une série de points en involution.*

Prenons la transversale pour axe des x, et soient S et S' deux des coniques considérées; en faisant $y = 0$ dans les

Fig. 104.

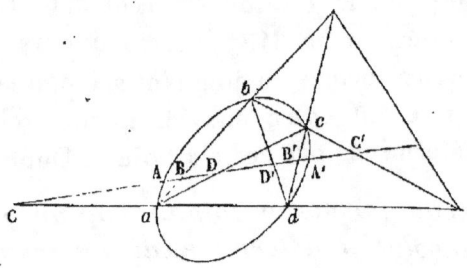

équations de ces coniques, on a, pour déterminer les points où elles coupent la transversale,

$$ax^2 + 2gx + c = 0, \quad a'x^2 + 2g'x + c' = 0,$$

et ces points forment une involution (n° 342) avec les points

$$ax^2 + 2gx + c + \lambda(a'x^2 + 2g'x + c') = 0$$

suivant lesquels une troisième conique quelconque $S + \lambda S'$ du système rencontre la même transversale. On peut aussi démontrer ce théorème par de simples considérations géométriques. La propriété anharmonique des points d'une conique donne, en effet, en désignant par a, b, c, d les quatre points fixes (*fig.* 104) et par A, A' les points où la transversale AA′ rencontre une des coniques,

$$(a, \mathrm{A}db\mathrm{A}') = (c, \mathrm{A}db\mathrm{A}');$$

et en se reportant aux sections faites dans les faisceaux par AA′, il vient

$$(\mathrm{ACBA}') = (\mathrm{AB'C'A'}) = (\mathrm{A'C'B'A}).$$

Les points A, A′ appartiennent donc à l'involution déterminée par les points B, B′, C, C′, où la transversale rencontre les côtés du quadrilatère formé par les points fixes.

Le théorème réciproque peut s'énoncer comme il suit :

Les tangentes menées d'un même point aux coniques tangentes à quatre droites fixes forment un faisceau en involution.

345. Les diagonales ac, bd peuvent être considérées comme une conique passant par les quatre points fixes. Le théorème : *toute transversale, menée dans le plan d'un quadrilatère, rencontre ses côtés et ses diagonales en six points* B, B′; C, C′; D, D′ *qui sont en involution*, n'est donc qu'un cas particulier du précédent. Ce théorème permet de construire facilement le point C′ correspondant à un point C quelconque dans l'involution déterminée par les points BB′, DD′. Il suffit pour cela, après avoir pris un point quelconque a, de construire un triangle bcd de telle sorte que ses sommets soient sur les droites $a\mathrm{B}$, $a\mathrm{D}$, $a\mathrm{C}$, et que deux de ses côtés passent par B′ et D′; son troisième côté passera par C′. En prenant le point a à l'infini, les droites $a\mathrm{B}$, $a\mathrm{D}$, $a\mathrm{C}$ sont parallèles, ce qui simplifie la construction.

Pour obtenir le point central de l'involution, il n'y a qu'à supposer le point C à l'infini, ce qui donne la construction suivante : Mener par B, D, et suivant une direction quelconque, deux parallèles Bb, Dc; mener de même par B′,

D′ deux autres parallèles D′b, B′c; la droite bc, qui joint les intersections de ces deux couples de parallèles, passe par le point cherché.

Exercices.

1. *Lorsque trois coniques sont circonscrites à un même quadrilatère, toute tangente commune à deux d'entre elles est divisée harmoniquement par la troisième.*

Les points de contact de cette tangente sont, en effet, les points doubles de l'involution.

2. *Par l'intersection des cordes communes à deux coniques on mène une tangente à l'une de ces coniques; démontrer que cette tangente est divisée harmoniquement par l'autre conique.*

Le point D (*fig.* 104) coïncide alors avec le point D′ et devient un point double.

3. *Lorsque deux coniques ont un double contact, ou un contact du troisième ordre, toute corde de l'une, qui est tangente à l'autre, est divisée harmoniquement par le point de contact et par le point où elle rencontre la corde de contact des deux coniques.*

Dans ce cas, en effet, les cordes communes coïncident, et le point où la transversale rencontre la corde de contact est un point double.

4. *Décrire une conique passant par quatre points $a, b, c, d,$ et tangente à une droite donnée* CC′.

Le point de contact, qui est un des points doubles de l'involution BB′, CC′, ..., peut se déterminer d'après les indications du n° 342. Le problème admet donc deux solutions.

5. *Lorsqu'une parallèle à une asymptote rencontre en* C *la conique circonscrite à un quadrilatère, et en a, b, c, d les côtés de ce quadrilatère, on a la relation*

$$C a . C c = C b . C d.$$

Le point C est, en effet, le point central de l'involution.

6. *Résoudre les problèmes du* n° 326, *en se basant sur la théorie de l'involution.*

Dans l'Exercice 1, K est un point double; dans l'Exercice 2, T est également un point double; dans l'Exercice 3, T est le point central; .....

7. *Les portions d'une sécante comprises entre l'hyperbole et ses asymptotes sont égales.*

Dans ce cas un des points doubles est à l'infini (n° 341, Cor.).

346. *Les coniques qui admettent un triangle autopolaire commun* $\alpha\beta\gamma$ *déterminent, sur toute transversale menée par un des sommets* $\alpha\beta$ *de ce triangle, un système de points en involution.*

Les points où la transversale $\alpha = k\beta$ rencontre la conique $a\alpha^2 + b\beta^2 + c\gamma^2 = 0$, sont, en effet, donnés par

$$(ak^2 + b)\beta^2 + c\gamma^2 = 0,$$

et forment, par suite (n° 57), une division harmonique avec les points où cette même transversale rencontre β et γ. Dans le cas particulier où les coniques sont inscrites dans un même quadrilatère, elles déterminent une involution sur toute transversale menée par l'une des intersections des diagonales de ce quadrilatère (n° 146, Ex. 3); les points où la transversale rencontre les diagonales sont les points doubles de l'involution, et ceux où elle rencontre les côtés opposés du quadrilatère sont des points correspondants.

Exercices.

1. *Deux coniques* U *et* V *touchent leurs tangentes communes* A, B, C, D *aux points* a, b, c, d, a', b', c', d'; *par* a, b, c, *on mène une conique* S *qui touche* D *en* d'; *démontrer que la corde d'intersection de* S *avec* V, *opposée à* D, *passe par les intersections de* A, B *et* C, *avec* bc, ca *et* ab.

Soient α, β les points où V rencontre ab; il résulte de ce qui précède que a, b et α, β appartiennent à l'involution dans laquelle les points où ab rencontre C et D sont des points correspondants, puisque ab passe par l'intersection des diagonales de ABCD (n° 263, Ex. 2). D'ailleurs (n° 345), les cordes communes à S et à V coupent ab en des points qui font partie de cette même involution considérée comme définie par les points a, b et α, β où S et V rencontrent ab. Si donc D est une des cordes communes à S et à V, l'autre corde passe par l'intersection de C avec ab.

2. *Dans un triangle, on inscrit une ellipse qui touche les côtés* A, B, C *en leurs milieux* a, b, c, *et un cercle qui touche ces mêmes côtés en* a', b', c'; *démontrer que, si la quatrième tangente commune* D *au cercle et à l'ellipse touche le cercle en* d', d' *est le point de contact du cercle inscrit avec le cercle mené par les milieux* a, b, c *des côtés.*

D'après l'Exercice 1, une conique menée par a, b, c touche le cercle inscrit en d' lorsqu'elle passe par les points de rencontre de ce cercle avec la droite qui joint les intersections respectives de A, B et C avec bc, ca et ab. Dans le cas actuel, cette droite est à l'infini: la conique menée par a, b, c tangentiellement au cercle inscrit est donc un cercle. Cette démonstration du théorème de Feuerbach (n° 131, Ex.) considéré comme un cas particulier du précédent est due à M. W.-R. Hamilton.

On peut construire le point d' et la droite D sans tracer l'ellipse, en observant que les droites ab, cd, $a'b'$, $c'd'$ et celles qui joignent AD, BC; AC, BD passent par un même point, puisque les diagonales d'un quadrilatère inscrit et celles du quadrilatère circonscrit correspondant se coupent en un même point; et par suite que les droites $a'α$, $b'β$, $c'γ$ se coupent en d'; α, β, γ étant les sommets du triangle déterminé par les intersections de bc et $b'c'$, ca et $c'a'$, ab et $a'b'$.

En d'autres termes, les triangles αβγ et abc, αβγ et $a'b'c'$, sont homologiques et ont respectivement les points d et d' pour centres d'homologie; quant aux triangles αβγ et ABC, ils sont homologiques et ont la droite D pour axe d'homologie.

CHAPITRE XVII.

MÉTHODE DES PROJECTIONS (¹)

§ I. — Projection conique.

347. La méthode des projections, dont nous allons donner un exposé succinct, permet de déduire d'un théorème donné et restreint le théorème général auquel il se rattache et dont il n'est qu'un cas particulier. Sa supériorité comme instrument de recherche ne saurait échapper au lecteur, qui a pu voir déjà tout le parti qu'on pouvait tirer de l'étude des théorèmes particuliers renfermés dans un énoncé général.

On appelle *projection conique* ou *centrale* d'une figure la section faite par un plan quelconque, dans le *cône* obtenu en joignant tous les points A, ... de la figure à un point fixe O, pris arbitrairement dans l'espace et considéré comme *centre de projection*. Le point O a reçu le nom de *sommet;* le plan de la section, celui de *plan de projection;* les droites OA, ... sont les *lignes projetantes*.

(¹) La méthode des projections a été imaginée par Poncelet, qui l'a exposée dans son *Traité des propriétés projectives des figures*, publié en 1822 et réédité en 1865 (2 vol. in-4; Paris, Gauthier-Villars). Cet ouvrage peut être considéré comme le point de départ de la Géométrie moderne; on y trouve développés les principes suivants : Les théorèmes relatifs à des points à l'infini peuvent s'étendre à des points situés à une distance finie sur une droite; les théorèmes se rapportant à des systèmes de cercles s'appliquent à des coniques ayant deux points communs; enfin, les théorèmes relatifs à des points et à des droites imaginaires peuvent s'étendre à des droites et à des points réels.

Tout point se projette suivant un point.

Le point a où la droite qui joint un point quelconque A au sommet O rencontre le plan de projection est, en effet, la projection du point A.

Toute droite se projette suivant une droite.

En joignant, en effet, tous les points d'une droite au sommet, on forme un plan qui rencontre le plan de projection suivant une droite.

Lors donc qu'un certain nombre de points d'une figure se trouvent en ligne droite, les points qui leur correspondent dans la projection sont aussi en ligne droite; et lorsque plusieurs droites passent par un même point, leurs projections passent aussi par un même point.

348. *Toute courbe plane se projette suivant une courbe de même degré.*

Lorsqu'une courbe donnée rencontre une droite en un certain nombre de points A, B, C, D, ..., sa projection coupe la projection de la droite suivant le *même nombre* de points $a, b, c, d, \ldots$: la courbe et sa projection sont donc de même degré, puisque, géométriquement, le degré d'une courbe se détermine par le nombre de points suivant lesquels elle peut être rencontrée par une droite. Quand AB coupe la courbe en des points réels et imaginaires, ab rencontre la projection suivant le même nombre de points réels et le même nombre de point imaginaires.

De même, lorsque deux courbes planes quelconques se coupent, leurs projections se coupent suivant le même nombre de points; et tout point, réel ou imaginaire, commun à ces deux dernières courbes peut être considéré comme la projection de l'un des points d'intersection des deux premières, ou inversement.

La projection de la tangente à une courbe est tangente à la projection de cette courbe.

Toute corde AB d'une courbe se projette, en effet, suivant la droite *ab* qui joint les points *a*, *b* correspondants à A et B dans la projection; quand A et B coïncident, *a* et *b* se confondent et *ab* devient tangente.

Plus généralement, lorsque deux courbes se touchent en un certain nombre de points, leurs projections se touchent suivant le même nombre de points.

349. Lorsque le plan mené par le sommet du cône parallèlement au plan de projection rencontre suivant la droite AB le plan de la figure primitive, tout faisceau de droites ayant son sommet sur AB se projette suivant un système de droites parallèles. L'intersection de deux droites quelconques, se croisant sur AB, se projette, en effet, à l'infini, puisque toutes les droites menées par le sommet aux divers points de AB rencontrent le plan de projection à l'infini.

Réciproquement : *Tout système de droites parallèles se projette suivant un faisceau de droites ayant son sommet sur la droite* DF, *suivant laquelle le plan de projection rencontre le plan mené par le sommet, parallèlement au plan de la figure primitive.*

Les droites parallèles peuvent donc être considérées comme passant par un même point à l'infini, puisque leurs projections sur un plan passent par un même point qui est, en général, situé à une distance finie. De plus, *tous les points à l'infini d'un plan quelconque peuvent être considérés comme appartenant à une même droite,* puisque la projection du point d'intersection des droites parallèles doit se trouver quelque part, sur la droite DF du plan de projection.

350. Nous voyons ainsi que toutes les propriétés descriptives d'une figure, c'est-à-dire se rapportant exclusivement à la position relative des points ou des lignes, et ne concernant ni la grandeur des lignes, ni la grandeur des angles, subsistent pour toutes les figures suivant lesquelles on peut la projeter. Comme exemple de ce genre de propriétés, on peut citer le théorème suivant : les tangentes menées à un cercle par les extrémités des cordes issues d'un point fixe se coupent sur une droite fixe. Nous pourrons donc, par la méthode des projections, étendre à toutes les sections coniques les propriétés des pôles et polaires dans le cercle, lorsque nous aurons démontré qu'un cercle est la projection d'une conique. Le théorème de Pascal et celui de Brianchon sont aussi relatifs à des propriétés du même genre; en les démontrant dans le cas du cercle, on prouvera, par cela même, qu'ils s'appliquent à toutes les courbes du deuxième degré.

351. Les propriétés d'une figure qui subsistent pour toutes les projections de cette figure portent le nom de *propriétés projectives*. En dehors des propriétés descriptives dont nous avons parlé au numéro précédent, il y a un certain nombre de propriétés métriques, c'est-à-dire relatives à la grandeur des lignes, qui sont projectives. Ainsi, par exemple, le rapport anharmonique (ABCD) de quatre points en ligne droite est le même que le rapport anharmonique (*abcd*) des quatre points suivant lesquels ils se projettent, puisque ces rapports ont l'un et l'autre pour mesure le rapport anharmonique du faisceau (O, ABCD) formé par les lignes projetantes.

En général, toute équation

$$AB.CD.EF + k.AC.BE.DF + l.AD.CE.BF + \ldots = 0$$

entre les distances mutuelles d'un certain nombre de points en ligne droite A, B, C, D, ... exprime une propriété projective lorsque chacun de ses termes renferme le même nombre de points, quel que soit d'ailleurs l'ordre dans lequel ils y figurent.

En remplaçant (n° 311), en effet, AB, ... par

$$\frac{OA.OB.\sin AOB}{OP}, \ldots$$

on obtient une équation dont tous les termes ont pour facteur commun $\dfrac{OA.OB.OC.OD.OE.OF}{\overline{OP}^3}$, et qui, par suite, se réduit à une relation entre les sinus des angles sous-tendus au point O par les segments AB, CD, ... Il n'est pas même nécessaire que les points A, B, C, D, E, F soient en ligne droite, autrement dit, que la distance OP soit la même pour les divers segments AB, CD, ..., pour que l'équation ci-dessus exprime une propriété projective; il suffit qu'ils soient disposés de telle sorte, qu'après la substitution indiquée, chacun des termes de l'équation contienne au dénominateur le même produit $OP.OP'.OP''$, ...

Comme exemple de cette classe de propriétés, on peut citer le théorème suivant : Les droites menées d'un même point O aux sommets d'un triangle ABC rencontrent les côtés opposés en des points a, b, c qui satisfont à la relation $Ab.Bc.Ca = Ac.Ba.Cb$. Il suffit dès lors de le démontrer pour une projection quelconque du triangle. Si l'on suppose que le point C se projette à l'infini, AC, BC, Cc deviennent parallèles, et la relation précédente se réduit à l'équation

$$Ab.Bc = Ac.Ba,$$

qu'il est facile de vérifier en construisant la figure.

352. Il résulte de ce qui précède que, pour démontrer une propriété projective, il suffit de prouver qu'elle a lieu pour la figure *la plus simple*, suivant laquelle on peut projeter la figure donnée.

Supposons, par exemple, qu'il s'agisse de trouver les propriétés harmoniques du quadrilatère complet ABCD. Les côtés opposés se coupant en E, F, les diagonales en G, joignons tous les points de la figure à un point O de l'espace et prenons pour plan de projection un plan parallèle à OEF. La ligne EF se projettera à l'infini, et nous aurons un nouveau quadrilatère dont les côtés ab et cd, ad et bc seront respectivement parallèles, puisqu'ils se rencontrent en des points e et f situés à l'infini. On voit donc que *tout quadrilatère peut être projeté suivant un parallélogramme;* et comme les diagonales d'un parallélogramme se coupent mutuellement en deux parties égales, la diagonale ac est divisée harmoniquement en a, g, c et au point où elle rencontre la ligne à l'infini ef. Donc la diagonale AB est divisée harmoniquement en A, G, C et au point où elle rencontre EF.

Exercice.

Quand les points d'intersection des côtés AB *et* A'B', BC *et* B'C', CA *et* C'A' *de deux triangles* ABC, A'B'C' *sont en ligne droite, les droites* AA', BB', CC' *passent par un même point.*

En choisissant le plan de projection de telle sorte que la droite suivant laquelle se coupent les côtés des deux triangles passe à l'infini, on obtient deux triangles abc, $a'b'c'$ dont les côtés sont respectivement parallèles, et le théorème devient évident, puisque aa' et bb' divisent cc' dans le même rapport.

353. Afin de ne pas interrompre l'exposé des applications de la méthode des projections, nous renverrons à un autre paragraphe la démonstration des principes suivants :

Toute conique peut être considérée comme la projection d'un cercle.

On peut toujours, en choisissant convenablement le sommet et le plan de projection, projeter une conique de telle sorte que cette conique se projette suivant un cercle, et qu'une droite donnée de son plan passe à l'infini.

Ces principes étant admis, on en déduit les propositions suivantes :

On peut projeter une conique suivant un cercle de telle sorte qu'un point donné de son plan se projette au centre du cercle. Il suffit, en effet, de faire la projection de telle manière que la polaire du point donné se projette à l'infini (n° 154).

Quand deux coniques sont situées dans un même plan, on peut les projeter suivant deux cercles. Il suffit de projeter l'une d'elles suivant un cercle, de telle façon qu'une des cordes d'intersection des deux coniques se projette à l'infini ; la projection de la seconde conique, passant alors (n° 257) par les points cycliques du plan de projection, est nécessairement un cercle.

Lorsque deux coniques ont un double contact, on peut les projeter suivant deux cercles concentriques. Il suffit de projeter une des coniques suivant un cercle de telle sorte que la corde de contact des deux coniques se projette à l'infini (n° 257).

354. Les exercices suivants montrent comment on peut déduire les propriétés des sections coniques, soit des propriétés du cercle, soit de certaines propriétés plus simples des coniques elles-mêmes.

Exercices.

1. Toute sécante menée à une conique par un point fixe est divisée harmoniquement par la conique et par la polaire de ce point.

Ce théorème et son réciproque sont relatifs à des propriétés projectives (n° 351); ils sont vrais pour le cercle, ils sont donc vrais pour les coniques. Par suite, toutes les propriétés du cercle qui découlent des propriétés des pôles et polaires subsistent pour les sections coniques.

2. Les propriétés anharmoniques des points et des tangentes à une conique sont des propriétés projectives, qui, ayant été démontrées dans le cas du cercle (n° 312), sont, par cela même, démontrées pour toutes les coniques. Il en résulte que toute propriété du cercle, qui peut être considérée comme une conséquence des propriétés anharmoniques de ses points, ou de ses tangentes, s'étend immédiatement à toutes les sections coniques.

3. Le théorème de Carnot (n° 343) : lorsqu'une conique rencontre les côtés d'un triangle ABC en c, c', b, b', a, a', on a la relation

$$Ab.Ab'.Bc.Bc'.Ca.Ca' = Ac.Ac'.Ba.Ba'.Cb.Cb',$$

est une propriété projective qu'il suffit de prouver dans le cas du cercle. Mais alors elle est évidente, puisque $Ab.Ab' = Ac.Ac'$, ...

Il résulte de cette démonstration même que le théorème est vrai pour un polygone quelconque.

4. *Déduire du théorème de Carnot les différents théorèmes du* n° 148.

Il suffit, pour cela, de supposer le point C à l'infini; car on a alors

$$\frac{Ab.Ab'}{Ac.Ac'} = -\frac{Ba.Ba'}{Bc.Bc'},$$

les lignes Ab et Ba étant parallèles.

5. *Toute corde d'un cercle, tangente à un cercle concentrique, a pour milieu le point de contact.*

Quand deux coniques ont un double contact, toute tangente à l'une est divisée harmoniquement par l'autre et par la corde de contact (n° 345, Ex. 3).

La corde de contact des deux coniques n'est autre chose que la projection de la droite à l'infini suivant laquelle se touchent les deux cercles. Le théorème donné au n° 236, Ex. 4, est un cas particulier du précédent.

6. *Étant donnés trois cercles concentriques, toute tangente à l'un est divisée par les deux autres en quatre points dont le rapport anharmonique est constant.*

Étant données trois coniques ayant un double contact suivant la même droite, toute tangente à l'une est divisée par les deux autres en quatre points dont le rapport anharmonique est constant.

Le premier théorème est évident, puisque les segments déterminés sur la tangente sont constants; le second peut être considéré comme une extension de la propriété anharmonique des tangentes à une conique (n° 275). Le théorème du n° 276, relatif aux rapports anharmoniques dans les coniques ayant un double contact, peut aussi s'obtenir immédiatement en projetant les coniques suivant des cercles concentriques.

7. Nous avons déjà dit qu'il suffisait de démontrer le théorème de Pascal pour le cas du cercle; mais on peut simplifier encore la figure, en s'appuyant sur le n° 353, et en supposant que la droite qui joint l'intersection de (AB, DE) à celle de (BC, EF) se projette à l'infini. Il suffit alors de démontrer que, si les côtés AB et DE, BC et EF, d'un hexagone inscrit dans un cercle sont respectivement parallèles, il en est de même des autres côtés CD et AF, démonstration qui ne demande que des considérations très élémentaires.

8. *Un triangle est inscrit dans une conique, deux de ses côtés passent par deux points fixes : trouver l'enveloppe du troisième* (n° 272, Ex. 3).

En projetant la conique suivant un cercle, de manière que la droite qui joint les deux points fixes s'éloigne tout entière à l'infini, on ramène ce problème au suivant : un triangle est inscrit dans un cercle, deux de ses côtés sont parallèles à deux droites fixes : trouver l'enveloppe du troisième côté. Cette enveloppe est un cercle concentrique, puisque l'angle du triangle, opposé à ce troisième côté, reste constant : donc, dans le cas général, l'enveloppe est une conique ayant, avec la conique donnée, un double contact suivant la droite qui joint les points fixes.

9. *Rechercher les propriétés projectives du quadrilatère inscrit dans une conique.*

Projetons la conique suivant un cercle et le quadrilatère suivant un parallélogramme (n° 352). On sait que les diagonales de tout parallélogramme inscrit dans un cercle se croisent au centre du cercle : donc, dans tout quadrilatère inscrit dans une conique, l'intersection des diagonales est le pôle de la droite qui joint les intersections des côtés opposés. On sait, en outre, que les diagonales du quadrilatère obtenu en menant des tangentes au cercle par les sommets du parallélogramme inscrit, passent aussi par le centre, et divisent en deux parties égales les angles formés par les diagonales du parallélogramme inscrit : donc les diagonales de tout quadrilatère inscrit dans une conique concourent au même point que les diagonales du quadrilatère circonscrit correspondant, et forment avec elles un faisceau harmonique.

10. *Le lieu des centres des coniques circonscrites à un quadrilatère est une conique passant par les milieux des côtés de ce quadrilatère* (n° 328, Ex. 15).

Le lieu des pôles d'une droite fixe, par rapport aux coniques circonscrites à un quadrilatère donné, est une conique qui rencontre chacun des côtés du quadrilatère en un point formant une division harmonique avec les extrémités de ce côté, et avec le point où il est coupé par la droite fixe.

11. *Le lieu des points qui divisent, dans un rapport donné, les cordes menées dans un cercle parallèlement à une droite fixe est une ellipse ayant un double contact avec le cercle* (n° 163).

Si, par un point fixe O, *on mène une sécante rencontrant une conique en* A *et* B, *et qu'on prenne sur cette sécante un point* P *tel que* (OABP) *soit constant, le lieu du point* P *est une conique ayant un double contact avec la conique donnée.*

355. On peut transformer par projection plusieurs propriétés des foyers, en s'appuyant sur la définition du n° 279, définition que nous rappelons ici : Lorsque le point F est le foyer d'une conique, les droites FA, FB, qui le joignent aux points cycliques A et B, sont tangentes à la conique.

Exercices.

1. *Le lieu des centres des cercles qui touchent deux cercles donnés est une hyperbole qui a pour foyers les centres de ces deux cercles.*

Étant données deux coniques S et S' passant par les points A et B, le lieu des pôles de AB par rapport aux coniques tangentes à S et S', et passant par A et B, est une conique tangente aux quatre droites CA, CB, C'A, C'B : C et C' étant les pôles de AB par rapport à S et S'.

Le deuxième théorème se déduit du premier en remplaçant dans l'énoncé *cercle* par *conique passant par deux points fixes* A, B (n° 257), et *centre* par *pôle de la droite* AB (n° 154).

2. *Le lieu des pôles d'une droite fixe, par rapport aux coniques ayant un foyer commun et passant par deux points donnés sur cette droite, est une ligne droite* (n° 191).

Le lieu des pôles d'une droite fixe, par rapport aux coniques tangentes à deux droites données et passant par deux points déterminés de la droite fixe, est une ligne droite

3. *Le lieu du deuxième foyer des coniques, ayant deux tangentes communes et un foyer commun, est une ligne droite* (n° 189).

Le lieu de l'intersection des tangentes menées aux coniques inscrites dans un quadrilatère, par deux points pris sur deux des côtés de ce quadrilatère, est une ligne droite.

4. *Le cercle circonscrit à tout triangle formé par trois tangentes à la parabole passe par le foyer* (n° 223, Cor. IV).

Quand deux triangles sont circonscrits à une conique, leurs six sommets sont situés sur une même conique ([1]).

([1]) Voici une démonstration directe et assez simple de ce théorème. Soient $a, b, c; a', b', c'$ les côtés de ces deux triangles. Les tangentes b, c; b', c' déterminent sur les côtés a, a' deux divisions homographique

Le triangle FAB formé en joignant le foyer F aux points cycliques A et B est, en effet, un second triangle circonscrit à la parabole.

5. *Le lieu des centres des cercles passant par un point fixe et tangents à une droite donnée est une parabole qui a le point fixe pour foyer.*

Le lieu des points de concours des tangentes menées, par deux des sommets d'un triangle donné, à toutes les coniques circonscrites à ce triangle et touchant une droite fixe, est une conique inscrite dans ce triangle.

6. *Le lieu des centres des coniques inscrites dans un même quadrilatère est une droite passant par les milieux des diagonales.*

Le lieu des pôles d'une droite fixe, par rapport aux coniques inscrites dans un même quadrilatère, est une droite qui rencontre chacune des diagonales en un point qui est le conjugué harmonique du point où la droite fixe rencontre cette même diagonale.

Il résulte de la définition même des foyers que, si deux coniques ont un foyer commun, ce foyer, qui est l'intersection de deux tangentes communes, jouit des propriétés énoncées à la fin du n° 264. De plus, deux coniques ayant même foyer et même directrice peuvent être considérées comme ayant un double contact, et peuvent être projetées suivant deux cercles concentriques.

356. Les angles de même ouverture ne se projetant pas, en général, suivant des angles égaux, il y a lieu de rechercher à quelles propriétés correspondent, en projection, les relations angulaires d'une figure donnée ([1]). C'est ce que

---

(n° 275); il en résulte que les faisceaux obtenus en joignant les sommets bc, $b'c'$ aux deux divisions sont homographiques, et par suite (n° 274) que le sommet bc appartient à la même conique que les cinq autres sommets des deux triangles.

([1]) La solution générale du problème de la transformation des relations angulaires est due à M. Laguerre. (*Nouvelles Annales*, 1853.) V.

MÉTHODE DES PROJECTIONS.

nous allons faire, en examinant d'abord le cas où les relations qu'il s'agit de transformer se rapportent à des angles droits.

Soient $x = 0, y = 0$ les équations de deux droites se coupant à angle droit; la direction des points cycliques se trouve alors définie par l'équation $x^2 + y^2 = 0$, ou, ce qui revient au même, par la suivante,

$$(x + y\sqrt{-1})(x - y\sqrt{-1}) = 0,$$

et les quatre droites $x, y, x + y\sqrt{-1}, x - y\sqrt{-1}$ forment un faisceau harmonique (n° 57). Il en résulte que : *Tout couple de droites passant par les points* C *et* D *se projette suivant deux droites rectangulaires, lorsque ces points* C *et* D *forment une division harmonique avec les points réels ou imaginaires* A *et* B, *et que cette division peut être transformée, par projection réelle ou imaginaire, de telle sorte que les points correspondant à* A *et* B *se confondent avec les points cycliques.* Et réciproquement : *A tout angle droit d'une figure correspond, en projection, un angle dont les côtés forment un faisceau harmonique avec les droites qui joignent la projection du sommet aux projections des points cycliques.*

Exercices.

1. *Dans le cercle, la tangente est perpendiculaire au rayon du point de contact.*

Dans toute conique, une corde quelconque est divisée harmoniquement par une tangente quelconque, et par la droite qui joint le point de contact de cette tangente au pôle de la corde (n° 146).

S. — *Géom. à deux dim.*

En considérant la corde de la conique comme la projection de la droite à l'infini située dans le plan du cercle, les points où la corde rencontre la conique sont les projections des points cycliques, et le pôle de la corde est la projection du centre du cercle.

2. *La droite qui joint le foyer d'une conique au pôle d'une corde focale quelconque est perpendiculaire à cette corde* (n° 192).

Dans une conique, toute transversale issue d'un point fixe forme avec les tangentes issues du même point, et avec la droite joignant ce point au pôle de la transversale, un faisceau harmonique (n° 146).

La première de ces propriétés n'est évidemment qu'un cas particulier de la seconde, puisque les tangentes menées par le foyer sont les droites qui joignent ce foyer aux points cycliques.

3. *Déterminer, en partant de l'Exercice 6 du numéro précédent, le lieu des pôles d'une droite fixe par rapport à un système de coniques confocales.*

Ces coniques, ayant mêmes foyers, sont inscrites dans un même quadrilatère (n° 279) qui a pour sommets les deux foyers et les deux points cycliques. Il en résulte que le point, qui forme une division harmonique avec les foyers, et avec le point où la droite fixe rencontre la ligne des foyers (n° 355, Ex. 6), est un point du lieu; et que le lieu, qui est une droite, est perpendiculaire à la droite fixe (n° 356), puisqu'il doit déterminer, concurremment avec cette droite fixe, une division harmonique sur la droite menée par les deux points cycliques.

4. *Deux coniques confocales se coupent à angle droit.*

Lorsque deux coniques sont inscrites dans le même quadrilatère, les tangentes en un de leurs points d'intersection divisent harmoniquement chacune des diagonales de ce quadrilatère.

Ce théorème est un cas particulier du théorème réciproque de l'Exercice 1 du n° 345.

5. *Le lieu des sommets des angles droits circonscrits à une conique à centre est un cercle.*

Le lieu des sommets des angles circonscrits à une conique fixe, et dont les côtés divisent harmoniquement une droite de longueur donnée AB, *est une conique passant par les points* A *et* B.

Ce dernier théorème peut encore (n° 146) s'énoncer de la manière suivante : *Le lieu d'un point* O, *tel que la droite menée de ce point au pôle de* OA *passe par le point* B, *est une conique passant par les points* A *et* B. On peut du reste le démontrer directement en donnant à OA quatre positions successives, et observant (n° 297, Ex. 2) que le rapport anharmonique des quatre droites AO est égal au rapport anharmonique des quatre droites correspondantes BO.

6. *Le lieu des sommets des angles droits circonscrits à une parabole est la directrice.*

Si, dans l'Exercice précédent, la droite AB *est tangente à la conique fixe, le lieu des points* O *est une droite qui passe par les points de contact des tangentes issues des points* A *et* B.

7. *Le cercle circonscrit à un triangle autopolaire par rapport à une hyperbole équilatère passe par le centre de l'hyperbole* (n° 228, Ex. 4).

Les six sommets de deux triangles autopolaires, par rapport à une conique donnée, sont situés sur une même conique.

Les asymptotes d'une hyperbole équilatère étant perpendiculaires, la droite à l'infini rencontre la courbe en deux points qui forment une division harmonique avec les points cycliques A et B. Et comme le centre C est le pôle de AB, le triangle CAB est autopolaire par rapport à l'hyperbole équilatère. D'où le théorème réciproque : *Les six côtés de deux triangles autopolaires, par rapport à une conique donnée, touchent une même conique.*

8. *Par un point quelconque d'une conique, on mène deux*

Un faisceau harmonique a son sommet sur une conique,

cordes se coupant à angle droit; la droite qui joint leurs extrémités passe par un point fixe (n° 181, Ex. 2).	*deux de ses rayons sont fixes : la droite qui joint les points où les autres rayons rencontrent la conique passe par un poids fixe.*

Autrement dit : *Étant donnés une conique et deux de ses points a, c, si l'on prend sur cette même conique deux autres points b, d, tels que le rapport (abcd) soit un rapport harmonique, la corde bd passe par un point fixe, et ce point se trouve à l'intersection des tangentes en a et c.*

Ce théorème peut se démontrer directement. Soit, en effet, K l'intersection de ac avec bd; la tangente en a rencontre bd en un point qui forme avec b, d et K une division harmonique, puisque $(a, abcd)$ est un faisceau harmonique; il en est de même de la tangente en c : donc bd passe par l'intersection des tangentes en a et en c. Comme cas particulier, on a le théorème suivant : *Par un point fixe d'une conique, on mène deux cordes également inclinées sur une droite fixe; la droite qui joint les extrémités de ces cordes passe par un point fixe.*

357. *Les couples de droites menées par un point fixe, de telle sorte que les deux droites de chaque couple soient également inclinées sur une droite fixe, déterminent, sur la droite à l'infini, une involution dans laquelle les points cycliques sont des points homologues.*

Ces couples de droites, ayant tous même bissectrice intérieure et partant même bissectrice extérieure, forment un faisceau en involution qui a pour rayons doubles ces bissectrices, et qui admet comme rayons homologues les droites joignant le point fixe aux points cycliques, puisque ces droites forment un faisceau harmonique avec les côtés de tout angle droit ayant son sommet au point fixe (n° 356) et que les rayons doubles se coupent à angle droit.

9. *Les tangentes menées par un point quelconque à un sys-*	*Les tangentes menées, par un point quelconque, à un système*

tème de coniques confocales sont également inclinées sur deux droites fixes (n° 189).

de coniques inscrites dans le même quadrilatère déterminent, sur chacune des diagonales de ce quadrilatère, une involution à laquelle les extrémités de cette diagonale appartiennent comme points homologues (n° 344).

358. *Deux droites issues d'un point fixe, et comprenant un angle constant, forment avec les droites qui joignent ce point aux points cycliques, un faisceau dont le rapport anharmonique est constant.*

Soient $x = 0$, $y = 0$ les équations de deux droites se coupant sous l'angle θ; les droites, qui joignent le point fixe aux points cycliques, sont alors données par

$$x^2 + y^2 + 2xy \cos\theta = 0,$$

et il est facile de voir (n° 57), en décomposant cette équation en deux facteurs (n° 73), que le rapport anharmonique des quatre droites issues de l'origine est constant lorsque θ est constant.

Exercices.

1. *Démontrer l'égalité des angles inscrits dans un même segment de circonférence comme conséquence de la propriété anharmonique de quatre points d'un cercle.*

Il suffit, d'après ce qui précède, de supposer que deux de ces points sont à l'infini.

2. *Les cordes d'une conique qui sont vues du foyer sous un angle de grandeur constante, enveloppent une conique ayant*

Par un point quelconque O, on mène à une conique deux tangentes en T et T'; puis on prend sur la conique deux

même foyer et même directrice que la conique donnée.

3. Le lieu des sommets des angles constants circonscrits à la parabole est une hyperbole ayant même foyer et même directrice.

4. Par le foyer d'une conique, on mène à chacune des tangentes une oblique qui la rencontre sous un angle donné ; le lieu des intersections des obliques et des tangentes est un cercle.

points A et B tels que (O, ATBT') soit constant : l'enveloppe de BA est une conique qui touche en T et T' la conique donnée.

Le lieu des sommets des angles circonscrits à une conique, et dont les côtés divisent, suivant un rapport anharmonique donné, une tangente AB à cette conique, est une conique qui touche la conique donnée aux points où elle est touchée par les tangentes passant en A et B.

On mène à une conique une tangente quelconque, qui rencontre en T, T' deux tangentes fixes, et en M une droite fixe ; puis on prend sur cette tangente un point P, tel que (PTMT') soit constant ; le lieu des points P est une conique qui passe par les points d'intersection des tangentes fixes avec la droite fixe.

Le théorème qui suit n'est qu'un cas particulier du précédent : *Le lieu du point où le segment déterminé sur une tangente variable par deux tangentes fixes est divisé dans un rapport constant est une hyperbole dont les asymptotes sont parallèles aux tangentes fixes.*

5. Le sommet P d'un angle de grandeur constante TPO glisse sur un cercle, tandis que l'un de ses côtés OP passe par un point fixe O, le deuxième

On donne le rapport anharmonique d'un faisceau ; trois de ses rayons pivotent autour de trois points fixes A, B, C, tandis que son sommet glisse

MÉTHODE DES PROJECTIONS.   551

côté TP *enveloppe une conique qui a le point* O *pour foyer.*	*sur une conique passant par* A *et* B; *l'enveloppe du quatrième rayon est une conique tangente aux droites* CA, CB.

Et comme cas particulier : *Par un point quelconque* P *d'une conique on mène, à deux de ses points fixes* A *et* B, *deux cordes qui déterminent sur une droite fixe un segment variable; l'enveloppe de la droite* PM, *divisant ce segment dans un rapport donné, est une conique tangente aux parallèles menées par* A *et* B *à la droite fixe.*

6. *Le sommet* P *d'un angle de grandeur constante* TPO *glisse sur une droite fixe, tandis que l'un de ses côtés passe par un point fixe* O; *l'autre côté enveloppe une parabole ayant le point* O *pour foyer.*	*On donne le rapport anharmonique d'un faisceau, trois de ses rayons passent par trois points fixes, tandis que son sommet glisse sur une droite fixe; le quatrième rayon enveloppe une conique, qui est inscrite dans le triangle formé par les points fixes.*

359. Dans les numéros qui précèdent, nous avons exposé la méthode de transformation géométrique qui permet de déduire les propriétés d'une figure des propriétés d'une autre figure correspondant à la première, non plus, comme au Chapitre XV, de telle sorte que les points de l'une répondent aux tangentes de l'autre, mais bien de telle manière que les points et les tangentes de l'une correspondent respectivement aux points et aux tangentes de l'autre. On peut arriver au même résultat par des procédés purement analytiques. Une même équation en coordonnées trilinéaires représente, en effet, des courbes différentes, mais de même degré, suivant qu'on la considère comme se rapportant à tel ou tel triangle de référence ([1]), au triangle qui a pour côtés a, b, c, par exemple,

---

([1]) Il est facile de voir que, pour rapporter au premier triangle la courbe

ou bien au triangle qui a pour côtés a', b', c' ; on pourra donc établir les propriétés correspondantes de deux courbes, en soumettant les mêmes équations à deux interprétations différentes.

Dans ce dernier mode de transformation, une droite correspond toujours à une droite, sauf dans le cas où il s'agit de l'équation $a\alpha + b\beta + c\gamma = 0$ qui représente une droite située à l'infini par rapport au premier triangle et une droite située à une distance finie par rapport au second; ou bien de l'équation $a'\alpha + b'\beta + c'\lambda = 0$ qui représente une droite à l'infini relativement au second triangle et une droite située à une distance finie relativement au premier. Mais l'étude même des coordonnées trilinéaires montre facilement comment il est possible de généraliser les théorèmes où il est question de droites à l'infini (n° 278, Ex. 2). Rappelons ici que, pour obtenir le lieu des centres des coniques inscrites ou circonscrites à un quadrilatère, il nous a suffi de chercher le lieu du pôle de la droite à l'infini $a\alpha + b\beta + c\gamma$, et que le même procédé peut servir à trouver le lieu du pôle d'une droite quelconque $\lambda\alpha + \mu\beta + \nu\gamma$ par rapport à des coniques assujetties aux mêmes conditions que les précédentes.

Nous avons vu (n° 59) que le rapport anharmonique d'un faisceau $P - kP'$, $P - lP'$, ... ne dépend que des constantes $k, l, \ldots$, et, par suite, reste constant alors même que les droites représentées par P et P' viennent à changer. Il en résulte

---

obtenue en interprétant l'équation par rapport au second triangle, il suffit de remplacer dans l'équation donnée α, β et γ par

$$l\alpha + m\beta + n\gamma, \quad l'\alpha + m'\beta + n'\gamma, \quad l''\alpha + m''\beta + n''\gamma;$$

$l\alpha + m\beta + n\gamma, \ldots$ représentant les droites correspondant à $\alpha, \ldots$. On trouvera de plus amples renseignements au sujet de cette méthode de transformation dans la deuxième Partie de la *Géométrie analytique* de M. Salmon (*Courbes planes*, Chap. VIII de l'édition française publiée par M. Chemin. Paris, Gauthier-Villars, 1884).

que, dans le mode de transformation indiqué en dernier lieu, à tout faisceau de quatre droites correspond un autre faisceau de quatre droites qui a même rapport anharmonique; et que, à toute division de quatre points correspond une autre division de quatre points qui a même rapport anharmonique.

Une équation $S = 0$, qui représente un cercle dans le premier système, ne représente pas, en général, un cercle dans le second. Mais, puisque l'équation d'un cercle quelconque du premier peut se mettre sous la forme

$$S + (a\alpha + b\beta + c\gamma)(\lambda\alpha + \mu\beta + \nu\gamma) = 0,$$

toutes les courbes du second système correspondant à des cercles du premier passent par les deux points communs à S et à $a\alpha + b\beta + c\gamma$.

360. Nous sommes ainsi conduit, par une voie purement analytique, à un principe de la plus haute importance, le *principe de continuité*, dont Poncelet a donné de si remarquables applications dans son *Traité des propriétés projectives*. Ce principe, en vertu duquel les propriétés relatives à une figure dont les lignes et les points sont réels subsistent lorsqu'une partie de ces points ou de ces lignes devient imaginaire, se démontre, du reste, plus facilement par l'analyse que par la Géométrie. Les procédés analytiques ne tiennent, en effet, aucun compte de la distinction si importante, en Géométrie, du réel et de l'imaginaire; ainsi, en particulier, dans les démonstrations que nous avons données, au Chapitre XIV, de certaines propriétés du système de coniques représentées par des équations de la forme $S = k\alpha\beta$, $S = k\alpha^2$, nous n'avons pas eu à nous préoccuper de savoir si les points d'intersection de α et β avec S étaient réels ou imaginaires. De toute propriété d'un système de cercles on peut bien déduire, par une projection réelle, une propriété d'un système de coniques passant par deux points imaginaires; mais il est évidemment impossible, en partant de l'équation générale, de démontrer cette dernière propriété sans la démontrer en même temps pour les coniques passant par deux points réels.

La méthode de transformation analytique, indiquée au numéro précédent, ne cesse pas de s'appliquer, lorsqu'à des points réels d'une figure on fait correspondre des points imaginaires de l'autre. Ainsi, par exemple, $\alpha^2 + \beta^2 = \gamma^2$ représente une courbe qui coupe la ligne γ en des points imaginaires; mais, si l'on remplace α, β par $P \pm Q\sqrt{-1}$, et γ par R (P, Q, R désignant des droites), on obtient une nouvelle courbe qui est coupée en des points réels par la droite R correspondant à γ.

Remarquons enfin que les applications de la méthode des projections se présentent d'une manière bien différente suivant que l'on considère cette méthode comme une méthode géométrique ou comme une méthode analytique. Dans le premier cas, on ne démontre un théorème général que par induction, en quelque sorte, et après avoir établi le théorème particulier auquel il se rattache, et qui concerne soit le cercle, soit certain agencement simple de la figure. Dans le second, au contraire, on démontre immédiatement le théorème général, et on en déduit ensuite les théorèmes particuliers, parce qu'à l'aide de l'analyse il est aussi facile de démontrer un théorème général qu'un théorème particulier.

§ II. — DES SECTIONS PLANES DU CÔNE.

361. *Les sections faites dans un cône par des plans parallèles sont semblables.*

Considérons en particulier deux de ces sections, et soit a le point où la droite joignant le sommet O du cône à un point fixe quelconque A, pris dans le plan de la première section, rencontre le plan de la seconde; soient en outre $b, c, \ldots$, les points de la deuxième section correspondant aux points B, C, ... de la première. Les rayons vecteurs AB et ab, AC et ac, ... sont respectivement parallèles, et comme on a, eu égard à la similitude des triangles OAB et Oab, OAC et Oac,...,

$$OA : Oa :: AB : ab :: AC : ac :: \ldots,$$

ces rayons vecteurs sont proportionnels. Les sections BC ..., bc ... sont donc semblables (n° 231).

Corollaire. — La section faite dans un cône à base circulaire par un plan quelconque, parallèle à la base, est un cercle. Ce corollaire qui est la conséquence évidente du théorème ci-dessus, peut se démontrer directement en prenant pour point fixe A le centre de la base.

362. *La section d'un cône à base circulaire est une ellipse, une hyperbole ou une parabole.*

Un cône à base circulaire est *droit* ou *oblique* suivant que la droite menée du sommet au centre de la base, est ou n'est pas, perpendiculaire à cette base. Quand le cône est droit, cette droite est l'*axe du cône*.

Nous examinerons d'abord la nature des sections faites dans un cône droit.

Prenons pour plan de la figure le plan OAB conduit par l'axe OC du cône (*fig.* 105) perpendiculairement au plan de la section MSsN. Ce plan coupe le cône suivant les droites OA et OB, le plan sécant suivant MN, et la base ASB du cône suivant AB; il est d'ailleurs perpendiculaire à la base ASB et, par suite, à l'intersection RS de cette base avec le plan de la section.

556   CHAPITRE XVII.

1° Considérons d'abord le cas où la droite MN rencontre les génératrices OA et OB, comme il est indiqué dans la *fig.* 105, c'est-à-dire d'un même côté du sommet O.

On a alors, en observant que RS est, dans le cercle de base, l'ordonnée du diamètre AB,

$$\overline{RS}^2 = AR.RB;$$

on a, de même, dans le plan asb, mené parallèlement à la

Fig. 105.

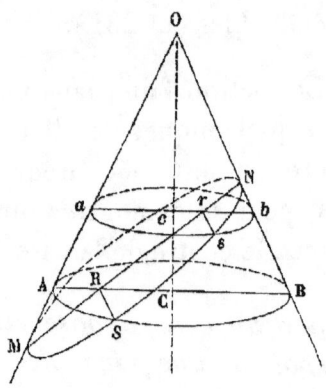

base par un point quelconque s de la section MSsN,

$$\overline{rs}^2 = ar.rb,$$

et, comme on a, eu égard à la similitude des triangles ARM et arM, BRN et brN,

$$AR.RB : MR.RN :: ar.rb : Mr.rN,$$

il vient en définitive

$$\overline{RS}^2 : \overline{rs}^2 :: MR.RN : Mr.rN.$$

Les carrés des ordonnées rs de la section sont donc proportionnels aux rectangles des segments que ces ordonnées déterminent sur MN. Il en résulte que cette section est une *ellipse* (n° 149), qui a pour grand axe MN, et dont le petit axe $2b$ est donné par la proportion

$$4b^2 : \overline{MN}^2 :: \overline{RS}^2 : MR.RN.$$

2° La droite MN rencontre les deux droites OA, OB de part et d'autre du sommet (*fig.* 106). En suivant la même

Fig. 106.

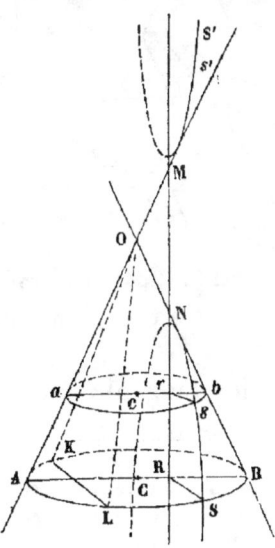

marche que dans le cas précédent, on trouve que les carrés des ordonnées *rs* sont proportionnels aux rectangles $Mr.rN$ des segments que ces ordonnées déterminent sur le *prolongement* de la droite MN. Il est dès lors facile de voir que la section est une *hyperbole* qui se compose des deux branches opposées $NsS, Ms'S'$.

3° La droite MN est parallèle à la génératrice OA (*fig.* 107). Dans ce cas :

$$AR = ar, \quad RB : rb :: RN : rN,$$

et comme
$$\overline{rs}^2 = ar \cdot rb, \quad \overline{RS}^2 = AR \cdot RB,$$
on a
$$\overline{rs}^2 : rN :: \overline{RS}^2 : RN;$$

Fig. 107.

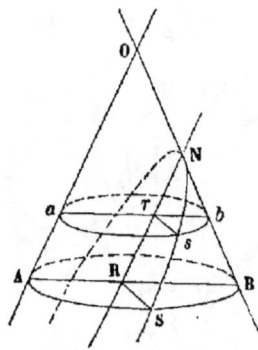

Autrement dit : les carrés des ordonnées sont proportionnels aux abscisses ; la section est donc une *parabole* ([1]).

363. Les projections des tangentes au cercle en A et B

([1]) Les premiers géomètres qui s'occupèrent des sections coniques limitèrent leurs recherches aux sections obtenues en coupant un cône droit par un plan perpendiculaire à l'une de ses génératrices, c'est-à-dire aux cas où la droite MN était perpendiculaire à OB. Ils furent ainsi conduits à classer les sections coniques en sections d'un cône rectangle, sections d'un cône acutangle ou sections d'un cône obtusangle, et, d'après Eutochius ([1]), le commentateur d'Apollonius, ils leur donnèrent les noms de parabole, d'ellipse ou d'hyperbole, suivant que l'angle du cône était égal, inférieur ou supérieur à un angle droit. Ce fut Apollonius qui montra, le premier, que les trois sections pouvaient être obtenues dans un seul cône, et qui, suivant Pappus, leur donna le nom de *parabole*, d'*ellipse* et d'*hyperbole*, en se basant sur les raisons indiquées au n° 194. L'autorité d'Eutochius, qui vivait plus de cent ans après Pappus, n'est pas très grande ; cependant le nom de *parabole* était déjà employé par Archimède, qui écrivait avant Apollonius.

([1]) Le passage d'Eutochius est rapporté en entier par M. Walton : *Examples*, p. 428.

MÉTHODE DES PROJECTIONS. 559

sont évidemment tangentes en M et N à la section conique (n° 348). Dans le cas de la parabole, le point M et sa tangente s'éloignent à l'infini : *La parabole a donc une tangente située tout entière à l'infini* (n°⁸ 254, 314).

364. Supposons maintenant que le cône soit oblique. Prenons pour plan de la figure le plan mené, perpendiculairement à la base AQSB (*fig.* 108), par la droite joignant le

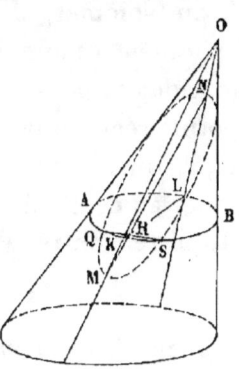

Fig. 108

centre de cette base au sommet O; et soient QS l'intersection de la base AQSB avec le plan de la section QMSN, LK le diamètre du cercle correspondant à la corde QS, et enfin MN la droite suivant laquelle le plan LOK, conduit par ce diamètre LK et par le sommet O du cône, coupe le plan sécant. On a, dans le cercle AQSB,

$$\overline{RS}^2 = LR \cdot RK;$$

on a de même, dans le cercle *aqsb* mené, parallèlement à la base, par un point quelconque *s* de la section ([1]),

$$\overline{rs}^2 = lr \cdot rk,$$

([1]) Ce cercle n'a pas été représenté, afin de ne pas compliquer la figure.

et la similitude des triangles KRM, $k r$M, LRN, lrN situés dans le plan LOK prouve, comme dans le cas où le cône est droit, que le rapport $\overline{RS}^2 : \overline{rs}^2$ des carrés des ordonnées de la section est le même que celui des rectangles des segments que ces ordonnées déterminent sur la droite MN. La section faite dans un cône oblique à base circulaire est donc une conique, dans laquelle MN est le diamètre correspondant à QS; et cette conique est une ellipse, une hyperbole ou une parabole, suivant que MN rencontre les génératrices OL et OK d'un même côté du sommet, de part et d'autre du sommet, ou se trouve parallèle à l'une de ces génératrices.

Dans ce qui précède, nous avons supposé que QS rencontrait le cercle en des points réels; quand cette dernière condition n'est pas remplie, il suffit évidemment, pour démontrer le théorème, de substituer au cercle AB un autre cercle A'B' qui lui soit parallèle et qui rencontre la section en des points réels.

365. 1° *Lorsqu'un plan sécant rencontre la base d'un cône circulaire suivant une droite* QS, *les diamètres conjugués à* QS, *dans le cercle et dans la section, se coupent sur* QS (¹).

Quand la droite qs rencontre le cercle en deux points réels, le théorème est évident, puisque les deux diamètres considérés passent alors par le milieu r de qs (*fig.* 109). Reste à examiner le cas où les intersections de qs et du cercle cessent d'être réelles. Le diamètre df, qui divise en deux parties égales les cordes menées parallèlement à QS dans le cercle dqf, se projette suivant un diamètre DF divisant en

---

(¹) D'après le principe de continuité, ce théorème et le suivant sont évidents; nous en donnons néanmoins une démonstration formelle en raison de leur importance.

deux parties égales les cordes menées parallèlement à qs dans toute section parallèle au plan du cercle dqf (n° 361). Le lieu des milieux des cordes du cône, parallèles à qs, est donc un plan Odf. Il en résulte que le diamètre conjugué de QS, dans une section quelconque, est l'intersection du plan Odf avec le plan de cette section, et par suite, que ce

Fig. 109.

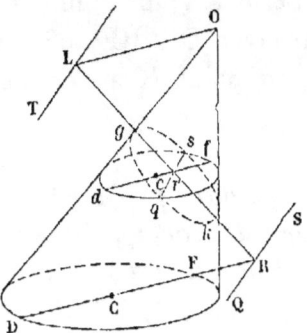

diamètre passe par le point R, trace de la droite QS sur le plan Odf.

2° *Les rectangles* $Rg.Rk$ *et* $RD.RF$ *des segments* Rg, Rk, RD, RF (*fig.* 109), *déterminés par* QS *sur les diamètres conjugués à* QS *dans le cercle et dans la section, sont entre eux dans le même rapport que les carrés des diamètres menés dans la section, parallèlement à* QS *et suivant la direction conjuguée de* QS.

Lorsque qs rencontre le cercle en des points réels, le théorème est évident, puisque $\overline{rs}^2 = dr.rf$. Pour le démontrer, dans le cas où QS ne rencontre pas le cercle, remarquons que les droites gk, df, DF sont situées dans un même plan passant par le sommet du cône, et, par suite, que les points D, d, g, appartiennent à une même génératrice. Il en résulte

S. — *Géom. à deux dim.*

que les triangles gdr, gDR; rfk, RFk sont respectivement semblables, ce qui donne (n° 364)

$$dr.rf : \text{DR}.\text{RF} :: gr.rk : g\text{R}.\text{R}k;$$

et que (n° 149) les rectangles DR.RF et gR.Rk sont entre eux dans le rapport énoncé ci-dessus, puisqu'ils sont entre eux dans le même rapport que les rectangles $dr.rf$, $gr.rk$ et que le rectangle $dr.rf$ est égal à $sr.rq$.

Ce théorème permet, étant données la section $gskq$ et la droite QS, de trouver DR.RF, c'est-à-dire le carré de la tangente menée du point R au cercle dont le plan passe par QS.

366. *On peut toujours projeter une conique $gskq$ suivant un cercle, de telle sorte qu'une droite* TL, *située dans son plan et ne la coupant pas, se projette à l'infini.*

Il suffit, pour démontrer ce théorème, de faire voir qu'on peut toujours trouver le sommet O d'un cône, ayant pour base la conique donnée et dont les sections parallèles au plan OTL (*fig.* 109) soient des cercles; car alors ces sections satisfont à la question. D'après le théorème précédent, la distance OL du sommet cherché O à l'intersection L de TL avec le diamètre conjugué gk est connue puisque, le plan OTL rencontrant le cône suivant un cercle infiniment petit, le rapport $\overline{\text{OL}}^2 : \text{L}g.\text{L}k$ est le même que celui des carrés des diamètres menés dans la section suivant Lk et parallèlement à TL. La droite OL est d'ailleurs située dans un plan perpendiculaire à TL, puisqu'elle est parallèle au diamètre du cercle perpendiculaire à TL. Le point O n'est, par suite, assujetti à aucune autre condition que celle de se trouver sur une certaine circonférence, située dans un plan mené par le point L perpendiculairement à TL.

MÉTHODE DES PROJECTIONS. 563

367. *Lorsqu'une sphère* AFBD *inscrite dans un cône droit* AOB *est tangente au plan d'une section* MPN, *le point de contact* F *est un foyer de cette section, et l'intersection du plan de la section avec le plan de contact* ADB *de la sphère et du cône est la directrice correspondante.*

Inscrivons, entre le plan de la section et le sommet O du cône, une deuxième sphère $adb\mathrm{F}'$ (*fig.* 110) qui a pour plan

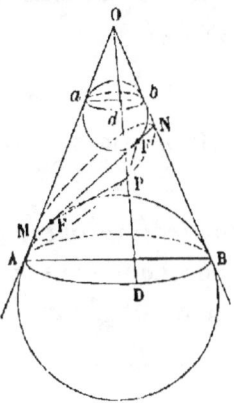

Fig. 110.

de contact avec le cône, le plan adb, et pour point de contact avec la section, le point F'. Joignons un point quelconque P de la section au sommet O, et soient D, d les points où la droite PO rencontre les plans de contact; les tangentes menées à la sphère par un point quelconque étant égales, on a
$$\mathrm{PD} = \mathrm{PF}, \quad \mathrm{P}d = \mathrm{PF'},$$
et, par suite,
$$\mathrm{PF} + \mathrm{PF'} = \mathrm{PD} + \mathrm{P}d = \mathrm{D}d = \text{constante}.$$

Les points F et F' sont donc les foyers de la section MPN.

Le point R, où FF' rencontre le prolongement de AB, appartient à la directrice, c'est-à-dire à la polaire de F, puisque, d'après une propriété du cercle, les points N, F, M, R forment une division harmonique.

Nous laissons au lecteur le soin de démontrer que le paramètre de la section MPN est constant, lorsque la distance de son plan au sommet est constante.

Corollaire. — Le lieu des sommets de tous les cônes droits sur lesquels on peut placer une ellipse donnée est une hyperbole passant par les foyers de l'ellipse. La différence MO — NO est, en effet, constante, puisqu'elle est égale à la différence MF' — NF' ([1]).

§ III. — Projections orthogonales.

368. On appelle *projection orthogonale* d'un point sur un plan le pied de la perpendiculaire abaissée de ce point sur ce plan. La projection d'une figure quelconque est le lieu

---

([1]) M. Mulcahy a montré comment on pouvait, en partant de ce principe, déduire les propriétés des angles sous-tendus des propriétés des petits cercles de la sphère. Comme exemple de la marche à suivre, transformons le théorème suivant : Si, par un point P de la sphère, on mène un grand cercle coupant un petit cercle en deux points A et B, le produit $\tang\frac{1}{2}AP . \tang\frac{1}{2}BP$ est constant. En coupant par un plan quelconque le cône qui a ce petit cercle pour base et le centre de la sphère pour sommet, on voit que : Si, par un point p pris dans le plan d'une conique quelconque, on mène une sécante qui rencontre la conique en a et b, le produit des tangentes des moitiés des angles sous lesquels ap et bp sont vus du sommet du cône est constant. Cette propriété du sommet d'un cône droit, étant indépendante de la position du plan sécant, subsiste nécessairement lorsque ce sommet vient à coïncider (n° 367) avec le foyer de la conique; on retombe ainsi sur la relation connue

$$\tang\tfrac{1}{2} afp . \tang\tfrac{1}{2} bfp = \text{const.} \quad (\text{n° 225, Ex. 8}).$$

des projections de ses divers points; et il est facile de voir que la projection d'une droite est une droite, que des droites parallèles se projettent suivant des droites parallèles, etc.

La projection orthogonale d'une figure n'est autre chose, du reste, que la *section droite du cylindre* ayant cette figure pour directrice.

La projection orthogonale MM′ *d'une droite* PQ *est égale au produit de la longueur de cette droite* PQ *par le cosinus de l'angle compris entre cette droite et sa projection* ([1]).

On a, en effet (*fig.* 3),

$$\text{MM}' = \text{PQ}.\cos\widehat{\text{PQS}}.$$

Corollaire. — *Toute droite parallèle au plan de projection se projette en vraie grandeur.*

L'aire de la projection orthogonale d'une figure plane quelconque est égale à l'aire de cette figure multipliée par le cosinus de l'angle compris entre le plan de la figure et le plan de projection.

Prenons pour ordonnées de la figure, et pour ordonnées de la projection, des perpendiculaires à l'intersection du plan de la figure avec le plan de projection; et soit θ l'angle compris entre ces deux plans. Chaque ordonnée de la projection est à l'ordonnée correspondante de la figure dans le rapport de cos θ à 1, et on sait (n° 394) que les aires de deux figures, dont les ordonnées sont proportionnelles, sont précisément entre elles dans le même rapport que ces ordonnées.

([1]) Ou, ce qui revient au même, de l'angle que cette droite forme avec le plan de projection.

Le cercle peut être considéré comme la projection orthogonale d'une ellipse.

Prenons pour plan de projection le plan conduit suivant une parallèle au petit axe de l'ellipse et faisant avec le plan de l'ellipse un angle dont le cosinus est égal à $\frac{b}{a}$; les droites parallèles au petit axe se projettent en vraie grandeur, celles parallèles au grand axe sont diminuées dans le rapport de b à a; la projection de l'ellipse est donc (n° 163) un cercle de rayon b.

369. Appliquons les principes précédents à la solution du problème du n° 231 (Ex. 7) : Trouver le rayon R du cercle circonscrit à un triangle inscrit dans une conique.

Soient α, β, γ les côtés du triangle inscrit, et A son aire; on a, d'après un théorème connu de Géométrie élémentaire,

$$R = \frac{\alpha\beta\gamma}{4A}.$$

On a de même, en désignant par b le rayon du cercle suivant lequel se projette l'ellipse, et par α', β', γ', A' les projections des côtés et de l'aire du triangle inscrit,

$$b = \frac{\alpha'\beta'\gamma'}{4A'}.$$

On a aussi, en observant que les projections de deux droites parallèles sont proportionnelles aux longueurs de ces droites, et en représentant par b', b'', b''' les diamètres conjugués parallèles à α, β, γ,

$$\alpha':\alpha :: b:b', \quad \beta':\beta :: b:b'', \quad \gamma':\gamma :: b:b''';$$

et comme les aires A et A′ sont liées par la proportion (n° 368)

$$A' : A :: b : a,$$

il vient en définitive

$$\frac{\alpha'\beta'\gamma'}{4A'} : \frac{\alpha\beta\gamma}{4A} :: ab^2 : b'b''b''',$$

ce qui donne

$$R = \frac{b'b''b'''}{ab} \quad (^1).$$

(^{1}) Cette démonstration du théorème de Mac-Cullagh est due au Dr Graves.

CHAPITRE XVIII.

INVARIANTS ET COVARIANTS DES SYSTÈMES DE CONIQUES.

---

370. Nous avons démontré (n° 250) que lorsque S et S' représentent deux coniques, il y a trois valeurs de k pour lesquelles $k\mathrm{S} + \mathrm{S}'$ représente un couple de droites. Ces valeurs de k sont les racines d'une équation du troisième degré, que l'on obtient en formant le discriminant de $k\mathrm{S} + \mathrm{S}'$, et qui peut se mettre sous la forme

$$\Delta k^3 + \Theta k^2 + \Theta' k + \Delta' = 0,$$

Δ, Δ' étant les discriminants de S et S', et Θ, Θ' deux fonctions particulières dont nous allons donner le développement.

Soient

$$\mathrm{S} = ax^2 + by^2 + cz^2 + 2fyz + 2gzx + 2hxy,$$
$$\mathrm{S}' = a'x^2 + b'y^2 + c'z^2 + 2f'yz + 2g'zx + 2h'xy;$$

on a alors (n° 292)

$$\Delta = abc + 2fgh - af^2 - bg^2 - ch^2,$$
$$\Delta' = a'b'c' + 2f'g'h' - a'f'^2 - b'g'^2 - c'h'^2.$$

Pour former le discriminant de $k\mathrm{S} + \mathrm{S}'$, nous n'avons qu'à remplacer, dans $\Delta = 0$, a, b, ... par $ka + a'$, $kb + b'$, ...; effectuant les calculs on trouve pour Θ

$$\Theta = (bc - f^2)a' + (ca - g^2)b' + (ab - h^2)c'$$
$$+ 2(gh - af)f' + 2(hf - bg)g' + 2(fg - ch)h',$$

ou, en employant la notation du n° 151,

$$\Theta = Aa' + Bb' + Cc' + 2Ff' + 2Gg' + 2Hh',$$

ou enfin, d'après le théorème de Taylor,

$$\Theta = a'\frac{d\Delta}{da} + b'\frac{d\Delta}{db} + c'\frac{d\Delta}{dc} + f'\frac{d\Delta}{df} + g'\frac{d\Delta}{dg} + h'\frac{d\Delta}{dh}.$$

Quant à la valeur de Θ', il suffit évidemment pour l'obtenir de permuter les accents dans l'expression de Θ, ce qui donne

$$\Theta' = A'a + B'b + C'c + 2F'f + 2G'g + 2H'h.$$

En éliminant k entre l'équation du troisième degré et $kS + S' = 0$, on obtient l'équation

$$\Delta S'^3 - \Theta S'^2 S + \Theta' S' S^2 - \Delta' S^3 = 0,$$

qui est évidemment du sixième degré, et qui représente les trois couples de droites déterminés par les quatre points d'intersection des deux coniques (n° 238).

Exercice.

Trouver le lieu de l'intersection des normales menées à une conique par les extrémités d'une corde qui pivote autour d'un point fixe (α, β).

Soit $S = \dfrac{x^2}{a^2} + \dfrac{y^2}{b^2} - 1 = 0$ l'équation de la conique ; les points dont les normales se coupent en un point donné (x', y') sont les points d'intersection de S avec l'hyperbole $S' = 2(c^2 xy + b^2 y'x - a^2 x'y) = 0$ (n° 181, Ex. 1). Pour obtenir l'équation du lieu, il suffit donc de former l'équation des six cordes joignant les pieds des normales menées par (x', y'), et d'exprimer que cette équation est vérifiée par α, β.

Dans le cas actuel on a,

$$\Delta = -\frac{1}{a^2 b^2}, \quad \Theta = 0, \quad \Theta' = -(a^2 x'^2 + b^2 y'^2 - c^4),$$

$$\Delta' = -2 a^2 b^2 c^2 x' y',$$

et en portant ces valeurs dans l'équation $\Delta S'^3 \ldots = 0$, il vient pour l'équation du lieu

$$\frac{8}{a^2 b^2}(a^2 \beta x - b^2 \alpha y - c^2 \alpha \beta)^3$$
$$+ 2(a^2 x^2 + b^2 y^2 - c^4)(a^2 \beta x - b^2 \alpha y - c^2 \alpha \beta)\left(\frac{\alpha^2}{a^2} + \frac{\beta^2}{b^2} - 1\right)^2$$
$$+ 2 a^2 b^2 c^2 xy \left(\frac{\alpha^2}{a^2} + \frac{\beta^2}{b^2} - 1\right)^3 = 0.$$

Cette équation représente une courbe du troisième degré. Lorsque le point donné est sur l'un des axes, ce qu'on exprime en faisant $\alpha = 0$ dans l'équation précédente, cette courbe se réduit au deuxième degré et l'axe fait partie du lieu, comme on peut du reste le voir géométriquement. Cette courbe est encore une conique, lorsque le point fixe est à l'infini, c'est-à-dire lorsqu'on demande le lieu de l'intersection des normales menées aux extrémités des cordes parallèles à une droite donnée.

371. Lorsque par suite d'une transformation de coordonnées, S et S' deviennent $\overline{S}$ et $\overline{S'}$, $k S + S'$ devient évidemment $k\overline{S} + \overline{S'}$, et le coefficient k reste invariable. Il en résulte que les valeurs de k pour lesquelles $kS + S'$ représente un couple de droites restent les mêmes quels que soient les axes de coordonnées auxquels S et S' sont rapportés ; et, par suite, que le rapport entre deux quelconques des coefficients de l'équation du troisième degré en k (n° 370) reste constant, quelle que soit la transformation que l'on ait fait subir aux coordonnées ([1]).

([1]) Il est facile de voir, en effectuant les calculs de transformation, que si dans S et S' on remplace x, y, z par

$$lx + my + nz, \quad l'x + m'y + n'z, \quad l''x + m''y + n''z,$$

INVARIANTS ET COVARIANTS DES SYSTÈMES DE CONIQUES.

Les quantités Δ, Θ, Θ', Δ' s'appellent, pour cette raison, les *invariants* du système des deux coniques S et S'. Si donc, après avoir ramené à leurs formes les plus simples les équations de deux coniques S et S', on arrive à une relation homogène entre Δ, Θ, Θ', Δ', on peut affirmer que la même relation subsiste, quelle que soit la position des axes de coordonnées. Il est dès lors possible d'exprimer, en fonction de ces quatre quantités, la condition nécessaire pour que les deux coniques soient assujetties à une relation indépendante du choix des axes.

Les exercices suivants se rapportent au calcul des invariants Δ, Θ, Θ', Δ' pour les formes les plus usitées de S et de S'.

Exercices.

1. *Former les invariants de deux coniques rapportées à leur triangle autopolaire commun.*

On a, dans ce cas,

$$S = ax^2 + by^2 + cz^2, \quad S' = a'x^2 + b'y^2 + c'z^2,$$

et, si l'on remplace x, y, z par $x\sqrt{a'}$, $y\sqrt{b'}$, $z\sqrt{c'}$ pour ramener S' à la forme $x^2 + y^2 + z^2$, il vient

$$\Delta = abc, \quad \Theta = bc + ca + ab, \quad \Theta' = a + b + c, \quad \Delta' = 1.$$

L'équation $S + kS' = 0$ représente donc deux droites pour les valeurs de k données par

$$k^3 + k^2(a+b+c) + k(bc+ca+ab) + abc = 0,$$

c'est-à-dire lorsque k est égal à l'une des trois quantités $-a$, $-b$, $-c$.

---

les quantités Δ, Θ, Θ', Δ', relatives aux nouveaux axes, se déduisent des quantités correspondantes relatives aux anciens, en les multipliant respectivement par le carré du déterminant

$$\begin{vmatrix} l & m & n \\ l' & m' & n' \\ l'' & m'' & n'' \end{vmatrix}.$$

2. *Former les invariants de la conique* $S' = x^2 + y^2 + z^2$ *de l'Exercice précédent, et de la conique* S *définie par l'équation générale.*

Réponse.
$$\Theta = (bc - f^2) + (ca - g^2) + (ab - h^2) = A + B + C;$$
$$\Theta' = a + b + c.$$

3. *Même calcul pour les deux cercles* $S = x^2 + y^2 - r^2$, $S' = (x - \alpha)^2 + (y - \beta)^2 - r'^2$.

Réponse. $\Delta = -r^2$, $\Theta = \alpha^2 + \beta^2 - 2r^2 - r'^2$,
$$\Theta' = \alpha^2 + \beta^2 - r^2 - 2r'^2, \quad \Delta' = -r'^2.$$

L'équation du troisième degré en k (n° 370) peut alors s'écrire
$$r^2 + (2r^2 + r'^2 - D^2)k + (r^2 + 2r'^2 - D^2)k^2 + r'^2 k^3 = 0,$$

D représentant la distance des centres des cercles; et, comme $S - S'$ représente deux droites, l'une à distance finie, l'autre à l'infini, il s'ensuit que -1 est une des racines de l'équation, et, par suite, que le premier membre de cette équation est divisible par $k+1$. Effectuant la division, il vient pour déterminer les deux autres valeurs de k,
$$r^2 + (r^2 + r'^2 - D^2)k + r'^2 k^2 = 0.$$

4. *Former les invariants de la conique* $S = \dfrac{x^2}{a^2} + \dfrac{x^2}{b^2} - 1$ *et du cercle* $S' = (x - \alpha)^2 + (y - \beta)^2 - r^2$.

Réponse.
$$\Delta = -\frac{1}{a^2 b^2}, \quad \Theta = \frac{1}{a^2 b^2}(\alpha^2 + \beta^2 - a^2 - b^2 - r^2),$$
$$\Theta' = \frac{\alpha^2}{a^2} + \frac{\beta^2}{b^2} - 1 - r^2 \left(\frac{1}{a^2} + \frac{1}{b^2} \right), \quad \Delta' = -r^2.$$

5. *Former les invariants de la parabole* $S = y^2 - 4mx$, *et du cercle* S' *de l'Exercice 4.*

Réponse.
$$\Delta = -4m^2, \quad \Theta = -4m(\alpha + m), \quad \Theta' = \beta^2 - 4m\alpha - r^2, \quad \Delta' = -r^2.$$

372. *Trouver la condition pour que deux coniques* S *et* S' *se touchent.*

Soient, en général, A, B, C, D les quatre points d'intersection de deux coniques; lorsque les points A et B coïncident, il en est de même des deux couples de cordes AC, BD; AD, BC, et l'équation du troisième degré

$$\Delta k^3 + \Theta k^2 + \Theta' k + \Delta' = 0$$

admet deux racines égales; on a donc, pour exprimer que les deux coniques se touchent, la relation

$$(\Theta\Theta' - 9\Delta\Delta')^2 = 4(\Theta^2 - 3\Delta\Theta')(\Theta'^2 - 3\Delta'\Theta),$$

ou, ce qui revient au même,

$$\Theta^2\Theta'^2 + 18\Theta\Theta'\Delta\Delta' - 27\Delta^2\Delta'^2 - 4\Delta\Theta'^3 - 4\Delta'\Theta^3 = 0.$$

On démontre, dans la théorie générale des équations, que le premier membre de cette dernière équation est proportionnel au produit des carrés des différences des racines de l'équation en k; l'équation en k a donc toutes ses racines réelles quand il est positif; elle n'en a qu'une seule s'il est négatif. Dans ce dernier cas (n° 282), S et S' se coupent en deux points réels et en deux points imaginaires; tandis que dans le premier, S et S' se coupent en quatre points réels, ou en quatre points imaginaires (¹).

(¹) Pour distinguer le cas où les quatre points d'intersection sont réels de celui où ces quatre points sont imaginaires, on peut avoir recours au criterium ci-après, indiqué par M. Kemmer (*Giessen* 1878).

Les lettres D, L, M, N représentent les fonctions suivantes, où Φ a la signification indiquée au n° 377,

$$D = \Theta^2\Theta'^2 + 18\Delta\Delta'\Theta\Theta' - 27\Delta\Delta'^2 - 4\Delta\Theta'^3 - 4\Delta'\Theta^3$$
$$L = 2(\Theta'^2 - 3\Delta'\Theta)\Sigma - (\Theta\Theta' - 9\Delta\Delta')\Phi + 2(\Theta^2 - 3\Delta\Theta')\Sigma'$$

Quand les trois points A, B, C coïncident, les trois couples de cordes d'intersection se confondent et le premier membre de l'équation en k devient un cube parfait. La condition pour que les deux coniques S et S′ soient osculatrices peut donc s'écrire $\dfrac{3\Delta}{\Theta} = \dfrac{\Theta}{\Theta'} = \dfrac{\Theta'}{3\Delta'}$.

Nous indiquerons plus loin (n° 378 a) comment on peut former la condition pour que S et S′ aient un double contact.

Exercices.

1. *Former, d'après ce qui précède, la condition pour que deux cercles se touchent.*

La condition pour que l'équation réduite

$$r^2 + (r^2 + r'^2 - D^2)k + r'^2 k^2 = 0$$

(n° 371, Ex. 3) ait ses racines égales est $r^2 + r'^2 - D^2 = \pm 2rr'$; on retrouve ainsi la solution bien connue $D = r \pm r'$.

2. Quand les équations des coniques sont des équations à trois termes, on obtient assez rapidement la condition pour que deux coniques se touchent, en identifiant les équations des tangentes menées en un point quelconque à chacune de ces coniques (n°s 127, 130, 278).

Dans le cas particulier des deux coniques

$$fyz + gxz + hxy = 0, \quad \sqrt{lx} + \sqrt{my} + \sqrt{nz} = 0,$$

on trouve ainsi la condition

$$\sqrt[3]{fl} + \sqrt[3]{gm} + \sqrt[3]{hn} = 0;$$

$M = \frac{1}{4}[L^2 - (\Phi^2 - 4\Sigma\Sigma')D]$
$N = D[\Delta''^2 \Sigma' - \Delta'\Theta'\Phi\Sigma^2 + (\Theta'^2 - 2\Delta'\Theta)\Sigma^2\Sigma'$
$\qquad + \Delta'\Theta\Sigma\Phi^2 + (\Theta^2 - 2\Delta\Theta')\Sigma\Sigma'^2 - \Delta\Delta'\Phi^3$
$\qquad + \Delta\Theta'\Phi^2\Sigma' - \Delta\Theta\Phi\Sigma'^2 + \Delta^2\Sigma'^3 - (\Theta\Theta' - 3\Delta\Delta')\Sigma\Sigma'\Phi]$,

les quatre points sont réels si l'on a à la fois $D > 0$, $M > 0$, $L < 0$, $N < 0$.

on trouve de même pour les coniques

$$\sqrt{lx} + \sqrt{my} + \sqrt{nz} = 0, \quad ax^2 + by^2 + cz^2 = 0:$$

$$\sqrt[3]{\frac{l^2}{a}} + \sqrt[3]{\frac{m^2}{b}} + \sqrt[3]{\frac{n^2}{c}} = 0;$$

et de même encore pour les coniques

$$ax^2 + by^2 + cz^2 = 0, \quad fyz + gxz + hxy = 0:$$
$$\sqrt[3]{af^2} + \sqrt[3]{bg^2} + \sqrt[3]{ch^2} = 0.$$

3. *Trouver le lieu décrit par le centre d'un cercle de rayon constant qui roule sur une conique donnée.*

Il suffit de remplacer, dans l'équation $\Theta^2 \Theta'^2 + \ldots = 0$ du présent numéro, $\Delta, \Theta, \Theta', \Delta'$ par les valeurs trouvées au n° 371, Ex. 4 et 5, et de considérer α et β comme les coordonnées courantes. Le lieu, qui est en général du huitième degré, se réduit au sixième dans le cas de la parabole. Il est du reste le même que celui qu'on obtiendrait en prenant sur toutes les normales à la conique et à partir de la conique une longueur égale au rayon r du cercle. On l'appelle quelquefois *courbe parallèle* à la conique, et il a même développée que cette conique.

La courbe parallèle à l'ellipse $\dfrac{x^2}{a^2} + \dfrac{y^2}{b^2} = 1$ a pour équation

$$\begin{aligned}
& c^4 r^8 - 2 c^2 r^6 [c^2(a^2+b^2) + (a^2-2b^2)x^2 + (2a^2-b^2)y^2] \\
& + r^4 [c^4(a^4 + 4a^2b^2 + b^4) - 2c^2(a^4 - a^2b^2 + 3b^4)x^2 \\
& \quad + 2c^2(3a^4 - a^2b^2 + b^4)y^2 + (a^4 - 6a^2b^2 + 6b^4)x^4 \\
& \quad + (6a^4 - 6a^2b^2 + b^4)y^4 + (6a^4 - 10a^2b^2 + 6b^4)x^2y^2] \\
& + r^2 [-2a^2b^2c^4(a^2+b^2) + 2c^2b^2x^2(3a^4 - a^2b^2 + b^4) \\
& \quad - 2c^2a^2y^2(a^4 - a^2b^2 + 3b^4) - b^2x^4(6a^4 - 10a^2b^2 + 6b^4) \\
& \quad - a^2y^4(6a^4 - 10a^2b^2 + 6b^4) \\
& \quad + x^2y^2(4a^6 - 6a^4b^2 - 6a^2b^4 + 4b^6) + 2b^2(a^2 - 2b^2)x^6 \\
& \quad - 2(a^4 - a^2b^2 + 3b^4)x^4y^2 - 2(3a^4 - a^2b^2 + b^4)x^2y^4 \\
& \quad \qquad\qquad + 2a^2(b^2 - 2a^2)y^6] \\
& + [b^2x^2 + a^2y^2 - a^2b^2]^2 [(x-c)^2 + y^2][(x+c)^2 + y^2] = 0,
\end{aligned}$$

et la courbe parallèle à la parabole $y^2 = 4mx$ est donnée par

$$r^6 - (3y^2 + x^2 + 8mx - 8m^2)r^4$$
$$+ [3y^4 + y^2(2x^2 - 2mx + 20m^2) + 8mx^3 + 8m^2x^2 - 32m^3x + 16m^4]r^2$$
$$- (y^2 - 4mx)^2[y^2 + (x-m)^2] = 0.$$

On peut aussi considérer ces équations comme servant à déterminer la distance d'un point quelconque à une conique donnée, cette distance étant mesurée suivant la normale. Ainsi, le lieu des points tels que la somme des carrés de leurs distances à une conique donnée soit constante est une conique.

La condition pour que l'équation en r^2 ait des racines égales s'obtient en égalant à zéro le produit des carrés des axes par le cube de l'équation de la développée.

En faisant $r = 0$, on voit que les foyers peuvent être considérés comme des points dont la distance normale à la conique est nulle; ce qu'on peut expliquer, en se rappelant que la distance de l'origine à un point quelconque de l'une ou de l'autre des droites $x^2 + y^2 = 0$ est nulle.

4. *Former l'équation de la développée de l'ellipse.*

Les deux normales, qu'on peut mener à la conique par un point quelconque de la développée étant infiniment voisines, nous trouverons l'équation du lieu en exprimant que les deux coniques S et S' de l'Exercice du n° 370 se touchent. L'équation en k, $\Delta k^3 + \Theta' k + \Delta' = 0$, n'ayant pas alors de deuxième terme, la condition pour qu'elle ait deux racines égales se réduit à $27\Delta\Delta'^2 + 4\Theta'^3 = 0$, ce qui donne pour l'équation de la développée (n° 248)

$$(a^2x^2 + b^2y^2 - c^4)^3 + 27a^2b^2c^4x^2y^2 = 0.$$

5. *Trouver l'équation de la développée de la parabole.*

On a, dans le cas de la parabole,

$$S = y^2 - 4mx, \quad S' = 2xy + 2(2m - x')y - 4my'$$
$$\Delta = -4m^2, \quad \Theta = 0, \quad \Theta' = -4m(2m - x), \quad \Delta' = 4my;$$

l'équation de la développée peut donc s'écrire

$$27my^2 = 4(x - 2m)^3.$$

Il y a lieu d'observer que les intersections de S et S' comprennent non seulement les pieds des *trois* normales qu'on peut mener à la parabole par un point quelconque, mais encore un point situé à l'infini sur l'axe des y. Les six cordes d'intersection de S et S' se composent donc des trois cordes qui joignent les pieds des normales, et des trois droites menées parallèlement à l'axe par les pieds de ces mêmes normales. La méthode indiquée au n° 370, pour trouver le lieu de l'intersection des normales, n'est donc pas la plus simple pour résoudre le problème dans le cas de la parabole; l'équation qu'elle fournit n'est autre que celle donnée au n° 227, Ex. 12, multipliée par le facteur

$$4m(2my + y'x - 2my') - y'^2.$$

373. Lorsque S' représente deux droites, on a $\Delta' = 0$. Pour savoir ce que signifient alors Θ et Θ', on peut supposer que ces droites sont $x = 0$ et $y = 0$, puisque, en vertu du principe énoncé plus haut, les propriétés des invariants sont indépendantes de la position des lignes de référence. Le discriminant de $S + 2kxy$, qui s'obtient en remplaçant h par $h + k$ dans Δ, est égal à $\Delta + 2k(fg - ch) - ck^2$; le coefficient de k^2 s'évanouit pour $c = 0$, c'est-à-dire lorsque le point (x, y) se trouve sur la conique S; le coefficient de k s'annule lorsque $fg = ch$, autrement dit (n° 228, Ex. 3) lorsque les lignes x et y sont conjuguées par rapport à S. Donc : *Lorsque S' représente deux droites, ou, ce qui revient au même, lorsque Δ' est nul, la condition $\Theta' = 0$ exprime que l'intersection des deux droites se trouve sur S, et la condition $\Theta = 0$, que les deux droites sont conjuguées* (n° 293) *par rapport à S.*

L'équation
$$\Theta^2 = 4\Delta\Theta',$$

qui est vérifiée lorsque $\Delta + \Theta k + \Theta' k^2$ est un carré parfait, exprime (n° 372) qu'une des droites représentées par S' est tangente à S. On peut, du reste, le voir facilement sur l'exemple précédent, où l'on a

$$\Theta^2 - 4\Delta\Theta' = (bc - f^2)(ca - g^2).$$

Exercices.

1. *Étant données cinq coniques* S_1, S_2, ..., *il est toujours possible d'une infinité de manières de déterminer les constantes* l_1, l_2, ... *de telle sorte que l'expression*

$$l_1 S_1 + l_2 S_2 + l_3 S_3 + l_4 S_4 + l_5 S_5$$

soit ou un carré parfait L^2, *ou un produit* MN *de deux facteurs linéaires* M *et* N; *démontrer que les droites* L *enveloppent une conique fixe* V, *et que les droites* M *et* N *sont conjuguées par rapport à* V.

On peut déterminer V de telle sorte que les invariants Θ correspondant à V et à chacune des cinq coniques données soient nuls, puisque pour exprimer ces conditions on obtient cinq équations de la forme

$$A a_1 + B b_1 + C c_1 + 2 F f_1 + 2 G g_1 + 2 H h_1 = 0,$$

qui suffisent évidemment pour faire connaître les rapports mutuels des coefficients A, B,... de l'équation tangentielle de V. On a ainsi

$$A a_1 + \ldots = 0, \quad A a_2 + \ldots = 0, \quad \ldots, \quad A a_5 + \ldots = 0,$$

et, par suite,

$$A(l_1 a_1 + l_2 a_2 + l_3 a_3 + l_4 a_4 + l_5 a_5) + \ldots = 0,$$

autrement dit, l'invariant Θ de V et de chacune des coniques du système

$$l_1 S_1 + l_2 S_2 + l_3 S_3 + l_4 S_4 + l_5 S_5 = 0$$

est nul; ce qui démontre le théorème. Lorsque la droite M est donnée, N passe par un point fixe qui est le pôle de M par rapport à V.

2. *Lorsque six droites* x, y, z, v, u, w *sont tangentes à une conique, les carrés* x^2, y^2, ... *vérifient la relation linéaire*

$$l_1 x^2 + l_2 y^2 + l_3 z^2 + l_4 u^2 + l_5 v^2 + l_6 w^2 = 0.$$

Ce théorème est un cas particulier du théorème de l'Exercice précédent, mais on peut le démontrer directement comme il suit. La condition pour que les six droites $\lambda x + \mu y + \nu z$, $\lambda' x + \mu' y + \nu' z$, ..

soient tangentes à une même conique, s'obtient en éliminant les coefficients A, B, C, ... des équations $A\lambda^2 + ... = 0$, $A\lambda'^2 + ... = 0,...$ (n° 151), autrement dit, en égalant à zéro le déterminant

$$\begin{vmatrix} \lambda_1^2 & \mu_1^2 & \nu_1^2 & \mu_1\nu_1 & \nu_1\lambda_1 & \lambda_1\mu_1 \\ \lambda_2^2 & \mu_2^2 & \nu_2^2 & \mu_2\nu_2 & \nu_2\lambda_2 & \lambda_2\mu_2 \\ \lambda_3^2 & \mu_3^2 & \nu_3^2 & \mu_3\nu_3 & \nu_3\lambda_3 & \lambda_3\mu_3 \\ \lambda_4^2 & \mu_4^2 & \nu_4^2 & \mu_4\nu_4 & \nu_4\lambda_4 & \lambda_4\mu_4 \\ \lambda_5^2 & \mu_5^2 & \nu_5^2 & \mu_5\nu_5 & \nu_5\lambda_5 & \lambda_5\mu_5 \\ \lambda_6^2 & \mu_6^2 & \nu_6^2 & \mu_6\nu_6 & \nu_6\lambda_6 & \lambda_6\mu_6 \end{vmatrix};$$

ce qui exprime aussi que les carrés $(\lambda x + \mu y + \nu z)^2$, ... vérifient une relation linéaire.

3. Lorsqu'on se donne seulement quatre coniques S_1, S_2, S_3, S_4, et que l'on cherche à déterminer une conique V, comme dans l'Exercice 1, de telle sorte que les invariants Θ soient nuls, on n'obtient que quatre conditions, et un des coefficients A, B, ... de l'équation tangentielle de V reste indéterminé; mais il est facile de voir, en exprimant les autres coefficients en fonctions de ce dernier, que l'équation tangentielle de V peut se mettre sous la forme $\Sigma + k\Sigma' = 0$, et par suite que V est une conique tangente à quatre droites fixes. Nous démontrerons directement, plus tard, qu'on peut trouver quatre systèmes de constantes telles que l'expression $l_1 S_1 + l_2 S_2 + l_3 S_3 + l_4 S_4$ soit un carré parfait.

On peut voir, en outre, en prenant pour M la droite de l'infini, que lorsque M est une droite donnée, le problème de déterminer les constantes l_1, l_2, ... de telle sorte que l'expression $l_1 S_1 + ...$ soit de la forme MN, admet une solution et n'en admet qu'une seule : le théorème de l'Exercice 1 montre alors que N est le lieu du pôle de M par rapport à V. Comparer à ce résultat celui de l'Exercice 8 du n° 228.

374. *Trouver l'équation du couple des tangentes menées à S aux points où cette conique est coupée par la droite* $\lambda x + \mu y + \nu z$. — L'équation d'une conique quelconque, doublement tangente à S aux points où S rencontre $\lambda x + \mu y + \nu z$, peut se mettre sous la forme $kS + (\lambda x + \mu y + \nu z)^2 = 0$; tout se réduit donc à déterminer k de telle sorte que cette

équation représente deux droites. Dans le cas actuel, on a à fois $\Delta' = 0$, $\Theta' = 0$; deux des racines de l'équation en k sont nulles, et si l'on pose

$$\Sigma = A\lambda^2 + B\mu^2 + C\nu^2 + 2F\mu\nu + 2G\nu\lambda + 2H\lambda\mu,$$

il vient, pour déterminer la troisième, $k\Delta + \Sigma = 0$. L'équation du couple de tangentes est donc

$$\Sigma S = \Delta(\lambda x + \mu y + \nu z)^2.$$

Quand la droite $\lambda x + \mu y + \nu z$ est tangente à S, le couple de tangentes se confond nécessairement avec cette droite, et il ne peut en être ainsi que si l'on a $\Sigma = 0$: cette dernière équation exprime donc, ainsi que nous l'avons déjà démontré (n° 151), que la droite $\lambda x + \mu y + \nu z$ est constamment tangente à la conique S.

La détermination de l'équation des asymptotes d'une conique, définie par l'équation générale en coordonnées trilinéaires, peut être considérée comme un cas particulier du problème précédent.

375. Examinons maintenant quelle peut être, en général, l'interprétation géométrique de l'équation $\Theta = 0$. Si l'on prend pour triangle de référence un triangle autopolaire quelconque par rapport à S, l'équation de S prend la forme $ax^2 + by^2 + cz^2$ (n° 258), et l'on a à la fois $f = 0$, $g = 0$, $h = 0$. Quant à la valeur de Θ (n° 370), elle se réduit à $bca' + cab' + abc'$ et devient nulle si l'on a $a' = 0$, $b' = 0$, $c' = 0$, c'est-à-dire si l'équation S' rapportée au même triangle est de la forme $f'yz + g'zx + h'xy$. Donc : *L'invariant Θ devient nul toutes les fois qu'un triangle quelconque inscrit dans S' est autopolaire par rapport à S.*

En prenant pour triangle de référence un triangle autopolaire quelconque par rapport à S', on a $f' = 0$, $g' = 0$, $h' = 0$, et la valeur de Θ, qui est alors

$$(bc - f^2)a' + (ca - g^2)b' + (ab - h^2)c',$$

ne peut devenir nulle que si l'on a $bc = f^2$, $ca = g^2$, $ab = h^2$. Mais la relation $bc = f^2$ exprime que la droite x est tangente à S; donc : *L'invariant* Θ *s'annule encore quand tout triangle circonscrit à* S *est autopolaire par rapport à* S'.

On démontrerait de la même manière que : *La condition* $\Theta' = 0$ *exprime qu'il est possible, soit d'inscrire dans* S *un triangle autopolaire par rapport à* S', *soit de circonscrire à* S' *un triangle autopolaire par rapport à* S. Quand l'une de ces constructions est possible, l'autre l'est également.

Deux coniques liées entre elles par la condition $\Theta = 0$ possèdent encore d'autres propriétés. Appelons *pôle d'un triangle*, par rapport à une conique, le point de concours des droites qui joignent les sommets de ce triangle aux sommets correspondants de son triangle polaire (n° 99) par rapport à cette conique; et *axe du triangle* la droite qui passe par les intersections des côtés correspondants des mêmes triangles.

Lorsque $\Theta = 0$, *le pôle, par rapport à* S, *de tout triangle inscrit dans* S' *se trouve sur* S'; *et l'axe, par rapport à* S', *de tout triangle circonscrit à* S *est tangent à* S. En effet, en éliminant successivement x, y, z entre les équations

$$ax + hy + gz = 0,$$
$$hx + by + fz = 0,$$
$$gx + fy + cz = 0,$$

on trouve

$$(gh - af)x = (hf - bg)y = (fg - ch)z$$

pour les équations des droites qui joignent les sommets du triangle xyz aux sommets correspondants de son triangle polaire par rapport à S. Ces équations peuvent se mettre sous la forme $Fx = Gy = Hz$, ce qui donne $\dfrac{1}{F}, \dfrac{1}{G}, \dfrac{1}{H}$, pour les coordonnées du pôle du triangle; en substituant ces valeurs dans S', et en observant que les coefficients a', b', c' de S' sont nuls, on obtient l'équation

$$2Ff' + 2Gg' + 2Hh' = 0,$$

c'est-à-dire $\Theta = 0$.

On démontrerait de la même manière la seconde partie du théorème.

Exercices.

1. *Lorsque deux triangles sont autopolaires par rapport à une conique* S', *leurs six sommets sont sur une conique, et leurs six côtés sont tangents à une autre conique* (n° 356, Ex. 7).

Faisons passer une conique par les trois sommets du premier triangle, et par deux des sommets du second que nous prendrons pour triangle de référence, xyz. Cette conique étant circonscrite au premier triangle, on a $\theta' = 0$, c'est-à-dire $a + b + c = 0$ (n° 371, Ex. 2); et comme elle passe par deux des sommets de xyz, on a $a = 0$, $b = 0$, et par suite $c = 0$; elle passe donc par le troisième sommet du deuxième triangle. La deuxième partie du théorème se démontre de la même manière.

2. *Le carré de la tangente menée du centre d'une conique au cercle circonscrit à un triangle autopolaire quelconque est constant et égal à* $a^2 + b^2$. (M. Faure.)

Ce théorème n'est que l'interprétation géométrique de la condition $\Theta = 0$, appliquée à la valeur $\alpha^2 + \beta^2 - r^2 - a^2 - b^2$ trouvée pour Θ au n° 371, Ex. 4. Il peut encore s'énoncer de la manière suivante : *Tout cercle circonscrit à un triangle autopolaire coupe orthogonalement le cercle, lieu des sommets des angles droits circonscrits à la conique.* En effet, le carré du rayon de ce dernier cercle est égal à $a^2 + b^2$.

3. *Le centre du cercle inscrit dans un triangle autopolaire, par rapport à une hyperbole équilatère, est situé sur l'hyperbole.*

Il suffit pour le démontrer de faire $b^2 = -a^2$ dans la condition $\Theta' = 0$, Θ' ayant la valeur donnée au n° 371, Ex. 4.

4. *Le lieu du point de concours des hauteurs des triangles circonscrits à une conique et tels que le rectangle construit sur les segments d'une des hauteurs soit constant et égal à* M, *est le cercle* $x^2 + y^2 = a^2 + b^2 + M$.

La condition pour qu'un triangle autopolaire par rapport à un cercle soit circonscrit à S s'obtient en égalant à zéro la valeur de Θ trouvée au n° 371, Ex. 4. D'ailleurs, lorsqu'un triangle est autopolaire par rapport à un cercle, le centre du cercle est le point de concours des hauteurs du triangle (n° 278, Ex. 3) et le carré du rayon est égal au rectangle construit sur les segments d'une des hauteurs, pris avec le signe $+$ si le triangle est obtusangle, et avec le signe $-$ s'il est acutangle. En faisant dans l'équation précédente $M = 0$, on retombe sur le lieu décrit par le sommet des angles droits circonscrits.

5. *Le lieu de l'intersection des hauteurs des triangles inscrits dans une conique* S, *et tels que le rectangle construit sur les segments d'une des hauteurs soit constant et égal à* M, *est une conique* $S = M\left(\dfrac{1}{a^2} + \dfrac{1}{b^2}\right)$ *semblable et concentrique à* S. (Dr HART.)

Ce théorème se démontre comme le précédent, en partant de la relation $\Theta' = 0$.

6. *Trouver le lieu de l'intersection des hauteurs d'un triangle inscrit dans une conique et circonscrit à une autre.* (M. BURNSIDE.)

Prenons pour origine le centre de la dernière conique et égalons les valeurs de M trouvées aux Exercices 4 et 5; si a' et b' sont les axes de la conique S circonscrite au triangle, on a pour l'équation du lieu

$$x^2 + y^2 - a^2 - b^2 = \frac{a'^2 b'^2}{a'^2 + b'^2} S;$$

c'est l'équation d'une conique dont les axes sont parallèles à ceux de S; lorsque S est un cercle, le lieu est un cercle.

7. *Le centre du cercle circonscrit à tout triangle autopolaire par rapport à une parabole se trouve sur la directrice.*

Ce théorème et le suivant se démontrent en égalant à zéro la valeur trouvée pour Θ au n° 371, Ex. 5.

8. *Le point de concours des hauteurs de tout triangle circonscrit à une parabole se trouve sur la directrice.*

9. *Le lieu des centres des cercles inscrits dans un triangle autopolaire par rapport à une parabole, et dont le rayon est donné, est une parabole de même paramètre.*

376. Lorsque deux coniques sont prises arbitrairement, il n'est généralement pas possible d'inscrire dans l'une d'elles un triangle qui soit en même temps circonscrit à l'autre; mais on peut en trouver une infinité dès que les coefficients des équations de ces coniques satisfont à une certaine relation que nous allons déterminer. Supposons qu'un pareil triangle soit tracé, et prenons-le pour triangle de référence; les équations des coniques peuvent alors se ramener aux formes suivantes :

$$S = x^2 + y^2 + z^2 - 2yz - 2xz - 2xy = 0,$$
$$S' = 2fyz + 2gzx + 2hxy = 0,$$

et en calculant les invariants, il vient

$$\Delta = -4, \Theta = 4(f+g+h), \Theta' = -(f+g+h)^2, \Delta' = 2fgh,$$

ce qui donne pour la condition cherchée

$$\Theta^2 = 4\Delta\Theta' \; (^1).$$

(^{1}) Cette condition a été indiquée pour la première fois par M. Cayley (*Philosophical Magazine*, T. VI, p. 99), qui l'a déduite de la théorie des fonctions elliptiques. M. Cayley a démontré aussi, par le même procédé, que, si la racine carrée de $k^3\Delta + k^2\Theta + k\Theta' + \Delta'$, développée suivant les puissances de k, était de la forme $A + Bk + Ck^2 + \ldots$, les conditions pour

Cette relation est (n° 371) complètement indépendante du choix des axes de coordonnées; il en résulte que les équations de deux coniques ne peuvent être ramenées au type indiqué ci-dessus que si elle est vérifiée par les coefficients de ces équations, quelle que soit d'ailleurs la forme sous laquelle celles-ci se présentent. Réciproquement, et ainsi qu'on peut le voir en procédant comme au n° 375, Ex. 1, quand deux des sommets d'un triangle circonscrit à S se trouvent sur S', il en est de même du troisième, si l'on a $\Theta^2 = 4\Delta\Theta'$.

Exercices.

1. *Trouver la condition à laquelle doivent satisfaire deux cercles, pour qu'on puisse tracer un triangle qui soit inscrit dans l'un et circonscrit à l'autre.*

Si l'on pose $D^2 - r^2 - r'^2 = G$, on a pour la condition cherchée (n° 371, Ex. 3)

$$(G - r^2)^2 + 4r^2(G - r'^2) = 0 \quad \text{ou} \quad (G + r^2)^2 = 4r^2r'^2;$$

et, par suite, $D^2 = r'^2 \pm 2rr'$: c'est la formule donnée par Euler pour exprimer la distance du centre du cercle circonscrit à un triangle au centre de l'un des cercles inscrits.

2. *Trouver le lieu des centres des cercles passant par les sommets d'un triangle circonscrit à une conique, ou tangents aux*

---

qu'on puisse tracer un polygone de n côtés inscrit dans U et circonscrit à V étaient respectivement dans le cas de $n = 3, 5, 7, \ldots$,

$$C = 0, \quad \begin{vmatrix} C & D \\ D & E \end{vmatrix} = 0, \quad \begin{vmatrix} C & D & E \\ D & E & F \\ E & F & G \end{vmatrix} = 0, \ldots;$$

et dans le cas de $n = 4, 6, 8, \ldots$,

$$D = 0, \quad \begin{vmatrix} D & E \\ E & F \end{vmatrix} = 0, \quad \begin{vmatrix} D & E & F \\ E & F & G \\ F & G & H \end{vmatrix} = 0, \ldots.$$

côtés d'un triangle inscrit dans une conique, et dont le rayon est donné.

Ces lieux sont en général du quatrième degré. Lorsque la conique est une parabole, le lieu du centre du cercle circonscrit se réduit à un cercle ayant le foyer pour centre.

3. *Trouver la condition pour qu'on puisse inscrire dans* S' *un triangle dont les côtés soient respectivement tangents à* $S + lS'$, $S + mS'$, $S + nS'$.

Si l'on pose

$$S = x^2 + y^2 + z^2 - 2(1+lf)yz - 2(1+mg)zx - 2(1+nh)xy,$$
$$S' = 2fyz + 2gzx + 2hxy,$$

les coniques $S + lS'$, $S + mS'$, $S + nS'$ sont respectivement tangentes aux droites x, y, z, et on a

$$\Delta = -(2 + lf + mg + nh)^2 - lmnfgh,$$
$$\Theta = 2(f+g+h)(2+lf+mg+nh) + 2fgh(mn+nl+lm),$$
$$\Theta' = -(f+g+h)^2 - 2(l+m+n)fgh, \quad \Delta' = 2fgh;$$

d'où l'on tire, pour la condition cherchée,

$$[\Theta - \Delta'(mn+nl+lm)]^2 = 4(\Delta + lmn\Delta')[\Theta' + \Delta'(l+m+n)].$$

377. *Former la condition pour que la droite* $\lambda x + \mu y + \nu z$ *passe par un des quatre points d'intersection de* S *et* S'.

Ce problème revient, en d'autres termes, à trouver l'équation tangentielle du système des quatre points communs à S et S', ou bien encore, l'équation tangentielle de l'enveloppe des coniques du système $S + kS'$, puisque ces coniques passent par les quatre points communs à S et S'.

L'équation tangentielle de l'une quelconque des coniques du système $S + kS'$ s'obtient évidemment en remplaçant dans l'équation tangentielle de S

$$\Sigma = (bc-f^2)\lambda^2 + (ca-g^2)\mu^2 + (ab-h^2)\nu^2$$
$$+ 2(gh-af)\mu\nu + 2(hf-bg)\nu\lambda + 2(fg-ch)\lambda\mu = 0,$$

$a, b, \ldots$ par $a + ka', b + kb', \ldots$, ce qui donne

$$\Sigma + k\Phi + k^2 \Sigma' = 0,$$

Σ' représentant l'équation tangentielle de S', et Φ la fonction,

$$\begin{aligned}\Phi =\ & (bc' + b'c - 2ff')\lambda^2 + (ca' + c'a - 2gg')\mu^2 \\ & + (ab' + a'b - 2hh')\nu^2 + 2(gh' + g'h - af' - a'f)\mu\nu \\ & + 2(hf' + h'f - bg' - b'g)\nu\lambda + 2(fg' + f'g - ch' - c'h)\lambda\mu\end{aligned}$$

On en déduit (n°ˢ 283, 298) pour l'équation tangentielle de l'enveloppe des coniques $S + kS'$,

$$\Phi^2 = 4\Sigma\Sigma',$$

et cette équation n'est autre chose que la condition cherchée.

On arriverait au même résultat en observant que, par quatre points donnés, on peut, en général, faire passer deux coniques tangentes à une droite donnée(n° 345, Ex. 4); et que, dans le cas où cette droite passe par l'un des quatre points donnés, les deux coniques se confondent en une seule qui touche la droite donnée en ce point. La relation $\Phi^2 = 4\Sigma\Sigma'$ exprime, en effet, que les deux coniques du système $S + kS'$, qu'on peut mener tangentiellement à $\lambda x + \mu y + \nu z$, coïncident, et par suite que $\lambda x + \mu y + \nu z$ passe par l'un des quatre points communs à S et S'.

Il y a lieu de remarquer que l'équation $\Phi = 0$ n'est autre chose que la condition obtenue au n° 335, pour exprimer que la droite $\lambda x + \mu y + \nu z$ est divisée harmoniquement par les deux coniques.

378. *Former l'équation des quatre tangentes communes aux deux coniques* S *et* S'.

Ce problème est le réciproque du problème du numéro précédent et on peut le résoudre de la même manière. L'équation tangentielle d'une conique quelconque inscrite dans le quadrilatère formé par ces quatre tangentes, peut en effet (n° 298) se mettre sous la forme $\Sigma + k\Sigma'$, Σ et Σ' étant les équations tangentielles des deux coniques, et tout se réduit à trouver l'équation de l'enveloppe des coniques du système $\Sigma + k\Sigma'$.

L'équation trilinéaire, qui correspond à $\Sigma + k\Sigma'$ est, d'après le n° 285,
$$\Delta S + k F + k^2 \Delta' S' = 0,$$
F représentant la fonction

$$F = (BC' + B'C - 2FF')x^2 + (CA' + C'A - 2GG')y^2$$
$$+ (AB' + A'B - 2HH')z^2 + 2(GH' + G'H - AF' - A'F)yz$$
$$+ 2(HF' + H'F - BG' - B'G)zx$$
$$+ 2(FG' + F'G - CH' - C'H)xy,$$

où les lettres A, B, ... ont la signification indiquée au n° 151.

On a donc (n° 283) pour l'enveloppe des coniques du système $\Sigma + k\Sigma'$,
$$F^2 = 4\Delta\Delta' SS',$$
et cette équation n'est autre que l'équation cherchée.

D'après sa forme (n° 253), l'équation $F^2 = 4\Delta\Delta' SS'$ représente un lieu tangent à S et S', la courbe F passant par les points de contact. Par suite : *Les huit points de contact de deux coniques avec leurs tangentes communes sont sur une autre conique* F. Réciproquement : *Les huit tangentes menées aux points d'intersection de deux coniques enveloppent une autre conique* Φ.

L'équation $F = 0$ est celle que nous avons obtenue au n° 334, pour le lieu des points tels que les tangentes menées par un de ces points aux deux coniques forment un faisceau harmonique ([1]).

([1]) M. Salmon est le premier qui ait fait remarquer l'importance de cette conique dans la théorie du système de deux courbes du deuxième degré.

Lorsque S' se réduit à deux droites, F représente les deux tangentes menées à S par l'intersection de ces droites.

Exercice.

Trouver l'équation des quatre tangentes communes aux deux coniques

$$ax^2 + by^2 + cz^2 = 0, \quad a'x^2 + b'y^2 + c'z^2 = 0$$

On a ici
$$A = bc, \quad B = ca, \quad C = ab,$$
et, par suite,
$$F = aa'(bc' + b'c)x^2 + bb'(ca' + c'a)y^2 + cc'(ab' + a'b)z^2,$$
ce qui donne pour l'équation cherchée
$$[aa'(bc' + b'c)x^2 + bb'(ca' + c'a)y^2 + cc'(ab' + a'b)z^2]^2$$
$$= 4\,abc\,a'b'c'(ax^2 + by^2 + cz^2)(a'x^2 + b'y^2 + c'z^2).$$

Cette équation se ramène facilement au produit des quatre facteurs
$$x\sqrt{aa'(bc')} \pm y\sqrt{bb'(ca')} \pm z\sqrt{cc'(ab')} = 0.$$

378 a. Quand S et S' se touchent en un point p, F est tangent à S et à S' en ce même point p, puisque F passe par les points de contact de S et S' avec leurs tangentes communes. Il en résulte que si S et S' se touchent en deux points distincts, p et q, F a un double contact avec S et S' suivant pq, et par suite (n° 252) que F est de la forme $lS + mS'$ toutes les fois que S et S' ont un double contact [1].

On obtiendra donc les conditions nécessaires pour que deux coniques aient un double contact, en égalant à zéro

---

[1] Ces propositions résultent aussi de ce qu'en formant la fonction F des deux coniques $cz^2 + 2hxy$, $c'x^2 + 2h'xy$, on obtient une expression $2cc'hh'z^2 + 2hh'(ch' + c'h)$ qui est de la même forme que les équations des coniques.

chacun des déterminants compris dans l'expression

$$\left\lVert \begin{matrix} a & b & c & f & g \\ a' & b' & c' & f' & g' & h' \\ \mathrm{a} & \mathrm{b} & \mathrm{c} & \mathrm{fl} & \mathrm{g} & \mathrm{h} \end{matrix} \right\rVert$$

où l'on a désigné par a, b, c, ... les coefficients de la fonction F (n° 334) supposée ramenée à la forme

$$\mathrm{a}\,x^2 + \mathrm{b}\,y^2 + \mathrm{c}\,z^2 + 2\,\mathrm{f}\,yz + 2\,\mathrm{g}\,zx + 2\,\mathrm{h}\,xy.$$

On peut encore démontrer, comme il suit, que les fonctions F, S et S' sont assujetties à une relation linéaire toutes les fois que S et S' ont un double contact. Quand S et S' se touchent en deux points distincts, il y a une valeur de k pour laquelle $k\mathrm{S} + \mathrm{S}'$ représente deux droites qui coïncident, et cette valeur de k est une racine double de l'équation

$$k^3\Delta + k^2\Theta + k\Theta' + \Delta' = 0,$$

ou, ce qui revient au même, une racine commune à cette équation et à l'équation

$$3k\Delta + 2k\Theta + \Theta' = 0$$

obtenue en égalant à zéro sa dérivée. D'ailleurs, la courbe réciproque de deux droites qui coïncident se réduisant à un point, on a

$$k^2\Sigma + k\Phi + \Sigma' = 0,$$

et, si l'on élimine k entre cette équation et les précédentes, on obtient la relation identique

$$\left| \begin{matrix} \Sigma & \Phi & \Sigma' \\ 3\Delta & 2\Theta & \Theta' \\ \Theta & 2\Theta' & 3\Delta' \end{matrix} \right| = 0,$$

qui doit être vérifiée par Σ, Φ et Σ', et qui implique nécessairement, entre S, F et S', la relation

$$\begin{vmatrix} S & F & S' \\ 3\Delta & 2\Delta\Theta' & \Theta \\ \Theta' & 2\Delta'\Theta & 3\Delta' \end{vmatrix} = 0,$$

puisque les réciproques de deux coniques qui ont un double contact ont elles-mêmes un double contact (n° 304).

379. Nous avons suffisamment indiqué, au commencement de ce Chapitre, ce qu'il fallait entendre par *invariants*; les deux derniers numéros vont nous permettre de préciser la signification du mot *covariant*. Lorsqu'en partant des équations d'une courbe ou d'un système de courbes, on a formé celle d'un lieu $U = 0$, dont la relation avec les courbes données est indépendante des axes auxquels elles sont rapportées, on dit que U est un *covariant* du système donné. Pour écrire l'équation de ce lieu par rapport à de nouveaux axes, on peut suivre deux méthodes : 1° transformer directement l'équation $U = 0$; 2° transformer d'abord les équations des courbes du système et déduire de ces équations transformées l'équation du lieu en suivant la même règle que pour déduire $U = 0$ des équations primitives. Ces deux méthodes conduisent évidemment au même résultat. Ainsi, en substituant

$$lx + my + nz, \quad l'x + m'y + n'z, \quad l''x + m''y + n''z$$

à x, y, z dans les équations des deux coniques S et S', pour les rapporter à un nouveau triangle de référence, et en partant des coefficients de ces équations transformées pour former l'équation $F^2 = 4\Delta\Delta'SS'$ (n° 378), on obtient, à un facteur constant près, le même résultat qu'en transformant directement et suivant la même substitution l'équation $F^2 = 4\Delta\Delta'SS'$, établie d'après les équations primitives de S et de S' puisque cette équation représente dans l'un et l'autre cas les quatre tangentes communes à S et S'.

C'est cette propriété qui sert de base à la définition analytique des covariants, définition que nous reproduisons ici :
Une fonction **F**, déduite d'une ou de plusieurs fonction données S, d'après une règle quelconque, est un covariant, lorsqu'en transformant les variables de toutes les fonctions suivant une même substitution linéaire, la fonction F transformée ne diffère que par un facteur constant de la fonction **F** que l'on obtiendrait en appliquant la même règle aux fonctions S transformées.

Les invariants et les covariants d'un système de courbes ont cela de commun que leur signification géométrique est indépendante des axes auxquels sont rapportées ces courbes ; mais ils diffèrent en ce que les invariants ne sont fonctions que des coefficients, tandis que les covariants sont fonctions des coefficients et des variables.

380. Il est encore un autre cas dans lequel on peut prévoir le résultat d'une transformation par substitution linéaire. Supposons que nous ayons à former la condition pour que la droite $\lambda x + \mu y + \nu z$ soit tangente à une courbe, ou, plus généralement, pour qu'elle soit liée à une courbe ou à un système de courbes par une relation indépendante des axes auxquels ces courbes sont rapportées ; il est évident que, si nous transformons les équations des courbes pour les rapporter à de nouveaux axes de coordonnées, la condition se formera au moyen des équations transformées, en suivant la même règle que pour la déduire des équations primitives. Mais l'expression de cette condition, par rapport aux nouveaux axes, peut aussi s'obtenir par une transformation directe de son expression primitive.

Soit

$$\lambda(lx + my + nz) + \mu(l'x + m'y + n'z) + \nu(l''x + m''y + n''z)$$
$$= \lambda'x + \mu'y + \nu'z$$

ce que devient $\lambda x + \mu y + \nu z$ dans la transformation des courbes, on aura

$$\lambda' = l\lambda + l'\mu + l''\nu, \quad \mu' = m\lambda + m'\mu + m''\nu,$$
$$\nu' = n\lambda + n'\mu + n''\nu;$$

par suite

$$\lambda = L\lambda' + L'\mu' + L''\nu', \quad \mu = M\lambda' + M'\mu' + M''\nu'$$
$$\nu = N\lambda' + N'\mu' + N''\nu',$$

et en introduisant ces valeurs dans la condition obtenue primitivement en fonction de λ, μ et ν, on trouvera en fonction de λ', μ', ν' une expression de cette condition qui ne pourra différer que par un facteur constant de celle qu'on obtiendrait en partant des équations transformées des courbes. Les fonctions que nous venons de considérer s'appellent des *contrevariants*. Les contrevariants ont cela de commun avec les covariants, qu'un contrevariant quelconque, comme, par exemple, l'équation tangentielle d'une conique $(bc - f^2)\lambda^2 + \ldots = 0$, peut être, comme un covariant, transformé, par une substitution linéaire, en une équation de même forme $(b'c' - f'^2)\lambda'^2 + \ldots = 0$, composée avec les coefficients de l'équation trilinéaire transformée de la conique. Mais ils diffèrent en ce que λ, μ et ν ne doivent pas être transformés en suivant la même règle que pour x, y, z, c'est-à-dire remplaçant λ par $l\lambda + m\mu + n\nu$, mais bien d'après la règle indiquée ci-dessus.

La condition $\Phi = 0$ trouvée au n° 377 est évidemment un contrevariant du système des coniques S et S'.

381. Il est facile de voir que l'équation trilinéaire d'une conique covariante de S et S' peut s'exprimer en fonction de S, S' et F, tandis que son équation tangentielle peut s'exprimer en fonction de Σ, Σ', Φ.

S. — *Géom. à deux dim.*

Exercices.

1. *Exprimer, en fonction de* S, S' *et* F, *l'équation de la conique réciproque de* S *par rapport à* S'.

Les invariants et les covariants étant, d'après leur nature même, indépendants du choix des lignes de référence, nous pouvons supposer les deux coniques S et S' rapportées à leur triangle autopolaire commun. On a alors

$$S = ax^2 + by^2 + cz^2, \quad S' = x^2 + y^2 + z^2,$$

ce qui donne

$$F = a(b+c)x^2 + b(c+a)y^2 + c(a+b)z^2,$$

et si l'on observe que la relation $bc\lambda^2 + ca\mu^2 + ab\nu^2 = 0$ exprime que la droite $\lambda x + \mu y + \nu z$ est tangente à S, il vient, pour le lieu du pôle de cette droite par rapport à S',

$$bcx^2 + cay^2 + abz^2 = 0,$$

ou bien

$$(bc + ca + ab)(x^2 + y^2 + z^2) = F,$$

c'est-à-dire (n° 371, Ex. 1)

$$\theta S' = F.$$

On trouverait de même, pour l'équation de la polaire réciproque de S' par rapport à S,

$$\theta' S = F.$$

2. *Exprimer, en fonction de* S, S' *et* F, *la conique enveloppée par les droites que divisent harmoniquement* S *et* S'.

Cette conique $\Phi = 0$ a pour équation tangentielle

$$(b+c)\lambda^2 + (c+a)\mu^2 + (a+b)\nu^2 = 0,$$

et, par suite, pour équation trilinéaire

$$(c+a)(a+b)x^2 + (a+b)(b+c)y^2 + (c+a)(b+c)z^2 = 0$$

ou

$$(bc + ca + ab)(x^2 + y^2 + z^2) + (a+b+c)(ax^2 + by^2 + cz^2) = F,$$

c'est-à-dire
$$\Theta S' + \Theta' S - F = 0.$$

3. *Former la condition pour que* F *représente deux droites.*

En égalant à zéro le discriminant de F, il vient
$$abc(b+c)(c+a)(a+b) = 0,$$
ou
$$abc[(a+b+c)(bc+ca+ab) - abc] = 0,$$
ce qui donne pour la condition cherchée
$$\Delta\Delta'(\Theta\Theta' - \Delta\Delta') = 0.$$

La relation $\Theta\Theta' = \Delta\Delta'$ exprime aussi que Φ peut se ramener à un produit de deux facteurs. On peut voir, en outre, que cette relation se vérifie lorsque S et S' représentent deux cercles se coupant à angle droit; dans ce cas, en effet, toute droite menée par l'un des centres est divisée harmoniquement par les deux cercles, et le lieu des points d'où l'on peut mener aux deux courbes des tangentes formant un faisceau harmonique se réduit à deux droites. Il en est encore de même lorsqu'on a, entre la distance D des centres et les rayons r et r', la relation $D^2 = 2(r^2 + r'^2)$.

4. *Réduire les équations de deux coniques à la forme*
$$x^2 + y^2 + z^2 = 0, \quad ax^2 + by^2 + cz^2 = 0.$$

Les paramètres a, b, c sont les racines de l'équation (n° 371, Ex. 1)
$$\Delta k^3 - \Theta k^2 + \Theta' k - \Delta' = 0,$$
et en portant leurs valeurs dans les équations
$$x^2 + y^2 + z^2 = S, \quad ax^2 + by^2 + cz^2 = S',$$
$$a(b+c)x^2 + b(c+a)y^2 + c(a+b)z^2 = F,$$

on a toutes les données nécessaires pour exprimer x^2, y^2 et z^2 au moyen des fonctions connues S, S' et F.

A la rigueur, il faudrait au préalable diviser les deux équations données par la racine cubique de Δ, puisqu'on veut ramener ces équations à une forme dans laquelle le discriminant de S est égal à l'unité, mais il est facile de voir qu'on arrive au même résultat, en ne modifiant pas S et S′, et en divisant F par Δ, après avoir calculé ce covariant d'après les coefficients des équations données.

5. *Réduire à la forme indiquée ci-dessus*
$$3x^2 - 6xy + 9y^2 - 2x + 4y = 0, \quad 5x^2 - 14xy + 8y^2 - 6x - 2 = 0.$$

Les coefficients A, B, C, ... des équations tangentielles sont alors
$$(-4, -1, 18, -3, 3, -2); \quad (-16, -19, -9, 21, 24, -14),$$
et l'on a
$$\Delta = -9, \quad \Theta = -54, \quad \Theta' = -99, \quad \Delta' = -54,$$
ce qui donne
$$a = 1, \quad b = 2, \quad c = 3;$$
et, par suite,
$$F = -9(23x^2 - 50xy + 44y^2 - 18x + 12y - 4).$$

On aura donc, en désignant les coordonnées nouvelles par de grandes lettres,
$$X^2 + Y^2 + Z^2 = 3x^2 - 6xy + 9y^2 - 2x + 4y,$$
$$X^2 + 2Y^2 + 3Z^2 = 5x^2 - 14xy + 8y^2 - 6x - 2,$$
$$5X^2 + 8Y^2 + 9Z^2 = 23x^2 - 50xy + 44y^2 - 18x + 12y - 4,$$
et, si l'on effectue les combinaisons
$$6S + S' - F, \quad F - 3S - 2S', \quad 2S + 3S' - F,$$
il vient successivement
$$X^2 = (3y+1)^2, \quad Y^2 = (2x-y)^2, \quad Z^2 = -(x+y+1)^2.$$

6. *Former l'équation des tangentes menées à S par les points où cette courbe rencontre S′.*

Réponse. $\quad (\Theta S - \Delta S')^2 = 4\Delta S(\Theta' S - F).$

7. *Un triangle est circonscrit à une conique U, deux de ses sommets glissent sur deux droites fixes* $\lambda x + \mu y + \nu z$, $\lambda' x + \mu' y + \nu' z$; *trouver le lieu du troisième sommet.*

Lorsque la conique et les droites (n° 272, Ex. 2) sont définies

respectivement par les équations
$$z^2 - xy = 0, \quad ax - y = 0, \quad bx - y = 0,$$
le lieu est représenté par
$$(a+b)^2(z^2 - xy) = (a-b)^2 z^2.$$

Pour passer du cas particulier du n° 272 au cas le plus général, il suffit de remarquer que le deuxième membre de cette équation est égal au carré de la polaire P de l'intersection des deux droites par rapport à la conique donnée et que la relation $a+b=0$, qui exprime que les droites sont conjuguées par rapport à la même conique, a pour expression générale (n° 373) $\Theta = 0$.

On aura donc pour l'équation générale du lieu
$$\Theta^2 U + \Delta P^2 = 0,$$
et, dans les conditions de l'énoncé, il faudra faire
$$P = (ax + hy + gz)(\mu\nu' - \mu'\nu) + (hx + by + fz)(\nu\lambda' - \nu'\lambda)$$
$$+ (gx + fy + cz)(\lambda\mu' - \lambda'\mu) = 0;$$
$$\Theta = A\lambda\lambda' + B\mu\mu' + C\nu\nu'$$
$$+ F(\mu\nu' + \mu'\nu) + G(\nu\lambda' + \nu'\lambda) + H(\lambda\mu' + \lambda'\mu) = 0.$$

8. *Un triangle est inscrit dans une conique* S, *deux de ses côtés sont tangents à* S'; *trouver l'enveloppe du troisième côté.*

Prenons pour lignes de référence les côtés du triangle considéré comme fixe, dans l'une de ses positions, et soient
$$S = 2(fyz + gzx + hxy) = 0,$$
$$S' = x^2 + y^2 + z^2 - 2yz - 2zx - 2xy - 2hkxy = 0,$$
les équations des deux coniques, x et y étant les côtés tangents à S'. La conique $kS + S'$ est évidemment tangente au côté z; de plus, elle est *fixe*. En effet, les invariants
$$\Delta = 2fgh, \quad \Theta = -(f+g+h)^2 - 2fghk,$$
$$\Theta' = 2(f+g+h)(2+hk), \quad \Delta' = -(2+hk)^2$$
vérifient la relation
$$\Theta'^2 - 4\Theta\Delta = 4\Delta\Delta' k,$$
et l'équation $kS + S' = 0$ prend la forme
$$(\Theta'^2 - 4\Theta\Delta)S + 4\Delta\Delta' S' = 0,$$

qui représente une conique fixe tangente au troisième côté du triangle. Lorsque $\Theta'^2 = 4\Theta\Delta$, le troisième côté enveloppe la conique S'.

9. *Les trois côtés d'un triangle sont tangents à une conique* U, *deux de ses sommets glissent sur une conique* V; *trouver le lieu du troisième sommet.*

La solution de ce problème peut se ramener aux trois opérations suivantes : former l'équation du couple des tangentes menées à U par le troisième sommet (x', y', z'); trouver l'équation des droites qui joignent les points où ces tangentes rencontrent V; enfin, exprimer que l'une de ces droites, qui doit être le côté du triangle opposé au troisième sommet, est tangente à V. (Nous avons légèrement modifié la notation habituelle, afin de pouvoir représenter par U' et V' les résultats de la substitution de x', y', z' à x, y, z, dans U et V.)

L'équation des tangentes peut se mettre sous la forme

$$UU' - P^2 = 0,$$

P représentant la polaire de (x', y', z') par rapport à U.

L'équation des cordes d'intersection de ces tangentes avec V s'obtient en exprimant que $UU' - P^2 + \lambda V$ se réduit à deux droites, autrement dit, en égalant à zéro le discriminant de cette équation; on trouve ainsi, pour déterminer λ,

$$\lambda^2 \Delta' + \lambda F' + \Delta U'V' = 0.$$

Pour exprimer qu'une de ces cordes d'intersection est tangente à U, il suffit de former (n° 372) le discriminant de $\mu U + (UU' - P^2 + \lambda V)$, et d'écrire que l'équation en μ

$$\mu^2 \Delta + \mu(2 U'\Delta + \lambda \Theta) + U'^2 \Delta + \lambda(\Theta U' + \Delta V') + \lambda^2 \Theta' = 0,$$

obtenue en égalant ce discriminant à zéro, a ses racines égales, ce qui donne

$$\lambda(4\Delta\Theta' - \Theta^2) + 4\Delta^2 V' = 0.$$

Éliminant λ entre cette équation et l'équation obtenue plus haut, il vient pour le lieu cherché

$$16\Delta^3\Delta'V - 4\Delta(4\Delta\Theta' - \Theta^2)F + U(4\Delta\Theta' - \Theta^2)^2 = 0,$$

équation qui se réduit à V = 0, lorsqu'on a $4\Delta\Theta' = \Theta^2$ [1].

---

[1] M. Cayley a publié dans le *Quarterly Journal of Mathematics*, T. I, p. 344, une étude sur le lieu décrit par le sommet d'un triangle circonscrit

10. *La base d'un triangle enveloppe la conique* $a\mathrm{U} + b\mathrm{V}$, *tandis que ses extrémités glissent sur* V, *et que ses deux autres côtés roulent sur* U; *trouver le lieu décrit par le troisième sommet.*

En suivant la même marche que dans l'exemple précédent, on voit que le lieu cherché est l'une ou l'autre des coniques inscrites dans le quadrilatère formé par les quatre tangentes communes à U et à V, et définies par l'équation

$$\Delta\Delta'\lambda^2 \mathrm{V} + \lambda\mu \mathrm{F} + \mu^2 \mathrm{U} = 0,$$

dont les constantes λ et μ vérifient la relation

$$a(\alpha b - \beta a)\lambda^2 + a(4\Delta a + 2\Theta b)\lambda\mu - b^2\mu^2 = 0,$$

où l'on a fait

$$\alpha = 4\Delta\Delta', \quad \beta = \Theta^2 - 4\Delta\Theta'.$$

11. *Les n côtés d'un polygone roulent sur* U, *tandis que* $n-1$ *de ses sommets glissent sur* V; *trouver le lieu du sommet libre.*

Ce problème se ramène au précédent, car la droite qui passe par les deux sommets adjacents au sommet libre est tangente à une conique du système $a\mathrm{U} + b\mathrm{V}$. Soient λ', μ'; λ'', μ''; λ''', μ''' les valeurs de λ et μ correspondant aux polygones de $n-1$, de n, et de $n+1$ côtés; on a

$$\lambda''' = \mu'\mu''^2, \quad \mu''' = \Delta'\lambda'\lambda''(\alpha\mu'' - \Delta'\beta\lambda'),$$

et ces relations suffisent pour calculer de proche en proche les valeurs de λ et μ relatives à un polygone d'un nombre quelconque de côtés, étant donné que l'on a respectivement $\lambda' = \alpha$, $\mu' = \Delta'\beta$, et $\lambda'' = \beta^2$, $\mu'' = \alpha(4\Delta\alpha + 2\beta\Theta)$, pour le triangle et pour le quadrilatère ([1]).

12. *Les polaires des milieux des côtés d'un triangle, prises par rapport à une conique inscrite, forment un triangle dont l'aire est constante* (M. Faure).

à une conique S, et dont les deux autres sommets glissent sur des courbes données. Lorsque ces courbes sont toutes deux des coniques, le lieu est du huitième degré, et touche S aux points où il est rencontré par les polaires, prises par rapport à S, des intersections des deux coniques.

([1]) Voir *Philosophical Magazine*, T. XIII, p. 337.

On peut démontrer ce théorème en s'appuyant sur les théorèmes suivants, dus à M. Walter.

L'aire du triangle qui a pour côtés les polaires de trois points quelconques P, Q, R, prises par rapport à une ellipse est égale à

$$\frac{a^2 b^2 (PQR)^2}{4(POQ)(QOR)(ROP)},$$

(QOR) représentant l'aire du triangle qui a pour sommets les points Q, R, et le centre O de l'ellipse.

Quand P, Q, R sont les milieux des côtés d'un triangle circonscrit, on a, en désignant par α, β, γ les angles excentriques correspondant aux points de contact, $(QOR) = \frac{1}{4} ab \tang \frac{1}{2}(\beta - \gamma)$.

13. *On joint par des droites chacun des sommets du triangle de référence aux points où le côté opposé rencontre une conique; trouver la condition pour que ces droites passent trois à trois par un même point.*

Réponse. $abc - 2fgh - af^2 - bg^2 - ch^2 = 0$.

382. La théorie des invariants et des covariants permet de trouver assez facilement les formules qui correspondent, en coordonnées trilinéaires, aux formules que l'on rencontre le plus habituellement en coordonnées cartésiennes.

La condition pour qu'une droite quelconque $\lambda x + \mu y + \nu$ passe par un des points cycliques, ou, ce qui revient au même, soit parallèle à l'une des droites $x \pm y \sqrt{-1}$, peut évidemment se mettre sous la forme $\lambda^2 + \mu^2 = 0$, et cette équation doit être considérée comme l'équation tangentielle des points cycliques. On peut donc former le discriminant de $\Sigma + k(\lambda^2 + \mu^2)$, Σ représentant l'équation tangentielle d'une conique; et, si l'on compare ce discriminant, qui se réduit à

$$\Delta^2 + k\Delta(a+b) + k^2(ab - h^2),$$

au discriminant de $\Sigma + k\Sigma'$, qui a pour expression générale

$$\Delta^3 + k\Delta\Theta' + k^2\Delta'\Theta + k^3\Delta'^2,$$

on reconnaît sans peine que, dans un système quelconque de coordonnées, une conique est une hyperbole équilatère ou une parabole, suivant que l'on a $\Theta' = 0$ ou $\Theta = 0$, Θ et Θ' étant les invariants du système formé par cette conique et par les points cycliques. Pour que la conique passe par un des points cycliques, il faut que l'on ait

$$(a+b)^2 = 4(ab - h^2) \quad \text{ou} \quad (a-b)^2 + 4h^2 = 0$$

et cette condition ne peut être remplie par des valeurs réelles que si la conique passe à la fois par ces deux points, car alors $a = b$, $h = 0$.

La relation $\lambda^2 + \mu^2 = 0$ ([1]) exprime (n° 34) que la distance d'un point quelconque à une droite quelconque passant par un des points cycliques est toujours infinie. La relation équivalente, en coordonnées trilinéaires, s'obtiendra donc en égalant à zéro le dénominateur de la fraction qui représente la distance d'un point à une droite (n° 61); ce qui donne pour l'équation tangentielle des points cycliques, dans sa forme la plus générale,

$$\lambda^2 + \mu^2 + \nu^2 - 2\mu\nu \cos A - 2\nu\lambda \cos B - 2\lambda\mu \cos C = 0.$$

Pour obtenir les conditions qui correspondent, en coordonnées trilinéaires, aux conditions $a + b = 0$, ..., il suffit donc de reprendre le calcul des invariants Θ, Θ' en substituant à Σ' l'équation que nous venons de trouver. On a ainsi pour la relation $\Theta' = 0$, qui exprime que la conique est une hyper-

---

. ([1]) Cette condition exprime aussi (n° 25) que toute droite passant par un des points cycliques est perpendiculaire à elle-même. On peut, en partant de là, expliquer la présence, dans les équations de certains lieux, de facteurs en apparence étrangers; comme, par exemple, celle du facteur $(x - \alpha)^2 + (y - \beta)^2$ dans l'équation du lieu des projections d'un foyer (α, β) sur les tangentes. La perpendiculaire abaissée du foyer sur l'une ou l'autre des tangentes issues du foyer coïncidant avec cette tangente, la tangente doit nécessairement faire partie du lieu.

bole équilatère,

$$a + b + c - 2f\cos A - 2g\cos B - 2h\cos C = 0;$$

et pour la condition $\Theta = 0$, qui exprime que la conique est une parabole,

$$A\sin^2 A + B\sin^2 B + C\sin^2 C$$
$$+ 2F\sin B \sin C + 2G\sin C \sin A + 2H\sin A \sin B = 0.$$

Quant à l'équation $\Theta'^2 = 4\Theta$, qui exprime que la conique passe par un des points cycliques, on peut la ramener de diverses manières à une somme de carrés.

383. Quand le système de deux coniques pour lequel on forme le covariant **F** se réduit à une conique et à un couple de points, **F** représente le lieu des centres des faisceaux harmoniques qui ont pour rayons les tangentes à la conique et les droites aboutissant aux points du couple ; lorsque ces points se confondent avec les points cycliques, **F** représente le lieu des sommets des angles droits circonscrits à la conique. Il suffira donc, pour obtenir l'équation de ce lieu en coordonnées cartésiennes, de former le covariant **F**, en supposant $\Sigma' = \lambda^2 + \mu^2$, ou, ce qui revient au même, de faire $A' = B' = 1$ et $C' = D' = F' = G' = H' = 0$ dans l'expression générale de **F** (n° 378). On retrouve ainsi l'équation du n° 294 (Ex.)

$$C(x^2 + y^2) - 2Gx - 2Fy + A + B = 0.$$

Quand la conique est une parabole, on a $C = 0$, et le lieu se réduit à la directrice, dont l'équation prend la forme

$$2(Gx + Fy) = A + B.$$

On trouve de même pour l'équation trilinéaire correspondante

$$(B + C + 2F\cos A)x^2$$
$$+ (C + A + 2G\cos B)y^2$$

$$+ (A + B + 2H\cos C)z^2$$
$$+ 2(A\cos A - F - G\cos C - H\cos B)yz$$
$$+ 2(B\cos B - G - H\cos A - F\cos C)zx$$
$$+ 2(C\cos C - H - F\cos B - G\cos A)xy = 0,$$

et l'on peut voir, comme au n° 128, que cette équation représente un cercle, en la mettant sous la forme

$$(x\sin A + y\sin B + z\sin C)$$
$$\times \left(\frac{B+C+2F\cos A}{\sin A} x + \frac{C+A+2G\cos B}{\sin B} y + \frac{A+B+2H\cos C}{\sin C} z \right)$$
$$= \frac{\Theta}{\sin A \sin B \sin C} (yz\sin A + zx\sin B + xy\sin C). \quad (^1)$$

Si l'on y fait $\Theta = 0$, ce qui exprime que la conique (n° 382) est une parabole, on obtient l'équation de la directrice.

384. L'équation $\Sigma + k\Sigma' = 0$ représente en général une conique inscrite dans le quadrilatère formé par les quatre tangentes communes à Σ et Σ'; lorsque, par suite d'une valeur particulière de k, $\Sigma + k\Sigma'$ se réduit à un couple de points, ces points coïncident avec deux des sommets opposés du quadrilatère. Dans le cas où Σ' représente les points cycliques, et $\Sigma + k\Sigma'$, un couple de points, ces derniers points sont les foyers de Σ (n° 279). Pour trouver les foyers d'une conique définie par une équation numérique en coordonnées cartésiennes, il suffit donc de déterminer les valeurs de k qui satisfont à l'équation du second degré

$$(ab - h^2)k^2 + \Delta(a+b)k + \Delta^2 = 0$$

(¹) On peut encore, ainsi que M. Cathcart l'a indiqué, mettre cette équation sous la forme

$$\Theta' S - (L^2 + M^2 + N^2 - 2MN\cos A - 2NL\cos B - 2LM\cos C),$$

en posant

$$L = ax + hy + gz, \quad M = hx + by + fz, \quad N = gx + fy + cz.$$

exprimant que le lieu représente deux points; en portant l'une ou l'autre de ces valeurs dans l'expression $\Sigma + k(\lambda^2 + \mu^2)$, elle se décompose en deux facteurs

$$(\lambda x' + \mu y' + \nu z')(\lambda x'' + \mu y'' + \nu z''),$$

qui donnent pour les coordonnées des foyers $\dfrac{x'}{z'}$, $\dfrac{y'}{z'}$; $\dfrac{x''}{z''}$, $\dfrac{y''}{z''}$. L'une des valeurs de k correspond aux foyers réels, l'autre aux foyers imaginaires. Le procédé que nous venons d'employer est évidemment applicable aux coordonnées trilinéaires.

On peut aussi procéder comme il suit.

L'équation $\Sigma + k(\lambda^2 + \mu^2) = 0$ représente généralement en coordonnées tangentielles une conique confocale de la conique Σ; en formant (n° 285) l'équation correspondante en coordonnées cartésiennes, on trouve, pour l'équation générale des coniques confocales à S,

$$\Delta S + k[C(x^2 + y^2) - 2Gx - 2Fy + A + B] + k^2 = 0,$$

et, par suite, pour les tangentes communes à ces coniques,

$$[C(x^2 + y^2) - 2Gx - 2Fy + A + B]^2 = 4\Delta S;$$

il suffira donc de décomposer cette équation en deux facteurs

$$[(x - \alpha)^2 + (y - \beta)^2][(x - \alpha')^2 + (y - \beta')^2]$$

pour obtenir les coordonnées α, β; α', β' des foyers de S.

Exercices.

1. *Trouver les foyers de la conique*

$$2x^2 - 2xy + 2y^2 - 2x - 8y + 11 = 0.$$

L'équation du second degré en k est alors $3k^2 + 4k\Delta + \Delta^2 = 0$, d'où l'on tire $k' = -\Delta$, $k'' = -\dfrac{1}{3}\Delta$; d'ailleurs $\Delta = -9$. En partant de la valeur $k'' = 3$, on trouve

$$6\lambda^2 + 21\mu^2 + 3\nu^2 + 18\mu\nu + 12\nu\lambda + 30\lambda\mu + 2(\lambda^2 + \mu^2)$$
$$= 3(\lambda + 2\mu + \nu)(3\lambda + 4\mu + \nu),$$

ce qui donne $(1, 2)$, $(3, 1)$ pour les foyers. La valeur $k' = 9$ correspond aux foyers imaginaires $\left(2 \pm \sqrt{-1},\ 3 \mp \sqrt{-1}\right)$.

2. *Trouver les coordonnées du foyer d'une parabole définie par une équation en coordonnées cartésiennes.*

L'équation du second degré en k se réduit au premier, et l'expression

$$(a+b)[A\lambda^2 + B\mu^2 + 2F\mu\nu + 2G\nu\lambda + 2H\lambda\mu] - \Delta(\lambda^2 + \mu^2)$$

peut se décomposer en deux facteurs, qui sont

$$(a+b)(2G\lambda + 2F\mu), \qquad \frac{(a+b)A - \Delta}{2(a+b)G}\lambda + \frac{(a+b)B - \Delta}{2(a+b)F}\mu + \nu.$$

Le premier donne le foyer situé à l'infini et montre que l'axe de la courbe est parallèle à $Fx - Gy$. L'autre foyer a pour coordonnées les coefficients de λ et μ dans le second facteur.

3. *Trouver les coordonnées du foyer d'une parabole définie par une équation en coordonnées trilinéaires.*

Ces foyers sont représentés par l'équation

$$\theta'\Sigma = \Delta(\lambda^2 + \mu^2 + \nu^2 - 2\mu\nu\cos A - 2\nu\lambda\cos B - 2\lambda\mu\cos C).$$

Les coordonnées du foyer situé à l'infini sont connues (n° 293), puisque ce foyer est le pôle de la droite à l'infini; on a donc, pour les coordonnées de l'autre foyer,

$$\frac{\theta'A - \Delta}{A\sin A + H\sin B + G\sin C}, \quad \frac{\theta'B - \Delta}{H\sin A + B\sin B + F\sin C},$$
$$\frac{\theta'C - \Delta}{G\sin A + F\sin B + C\sin C}.$$

385. La condition (n° 61) pour que deux droites soient perpendiculaires entre elles

$$\lambda\lambda' + \mu\mu' + \nu\nu' - (\mu\nu' + \mu'\nu)\cos A - (\nu\lambda' + \nu'\lambda)\cos B$$
$$- (\lambda\mu' + \lambda'\mu)\cos C = 0$$

exprime en même temps (n° 293) que ces droites sont conjuguées par rapport à la conique

$$\lambda^2 + \mu^2 + \nu^2 - 2\mu\nu \cos A - 2\nu\lambda \cos B - 2\lambda\mu \cos C = 0.$$

La relation qui existe entre deux perpendiculaires n'est donc qu'un cas particulier de la relation que vérifient deux droites conjuguées par rapport à une conique fixe. Ainsi le théorème : *Les trois hauteurs d'un triangle se coupent en un même point,* n'est qu'un cas particulier du suivant : *Les droites qui joignent les sommets correspondants de deux triangles polaires par rapport à une conique se coupent en un même point.*

En Géométrie sphérique (¹), les points cycliques sont remplacés par une conique imaginaire fixe; tous les cercles tracés sur la sphère peuvent être considérés comme des coniques ayant un double contact avec une conique fixe, le centre du cercle étant le pôle de la corde de contact; deux lignes sont perpendiculaires lorsque chacune d'elles passe par le pôle de l'autre par rapport à cette conique; ... Il en résulte que les théorèmes, que la méthode des projections nous a permis de généraliser en faisant correspondre les points cycliques à deux points quelconques, peuvent recevoir une extension plus grande encore, en substituant une conique aux points cycliques. Toutefois il ne faut pas perdre de vue que les théorèmes auxquels on arrive de cette manière ne sont, en quelque sorte, que des théorèmes entrevus, et ne sauraient être considérés comme des théorèmes démontrés. C'est par une induction de cette nature, et en partant du théorème : *Le point de concours des hauteurs d'un triangle inscrit dans une hyperbole équilatère appartient à l'hyperbole,* que nous avons été conduit aux propriétés des coniques

---

(¹) Voir la *Géométrie à trois dimensions* de M. G. Salmon, Chap. IX.

assujetties à la relation $\Theta = 0$; aussi avons-nous cru devoir démontrer directement ces propriétés à la fin du n° 375.

Nous avons démontré précédemment (n° 306) qu'il y avait un certain nombre de théorèmes sur les systèmes de cercles, auxquels on pouvait faire correspondre des théorèmes concernant les systèmes de coniques ayant un double contact avec une conique fixe. Nous allons faire connaître maintenant les principales recherches analytiques auxquelles ont donné lieu ces systèmes de coniques.

386. *Former la condition pour que la droite* $\lambda x + \mu y + \nu z$ *soit tangente à la conique* $S + (\lambda' x + \mu' y + \nu' z)^2$.

Pour former cette condition, il suffit de remplacer, dans Σ, les constantes $a, b, c, \ldots$ par $a + \lambda'^2$, $b + \mu'^2$, ..., ce qui donne
$$\Sigma + [a(\mu\nu' - \mu'\nu)^2 + \ldots] = 0;$$
la quantité entre parenthèses indiquant le résultat de la substitution de $\mu\nu' - \mu'\nu$, $\nu\lambda' - \nu'\lambda$, $\lambda\mu' - \lambda'\mu$ à x, y, z dans S. Cette équation peut se mettre sous une autre forme : nous avons, en effet (n° 294), démontré l'identité
$$(ax^2 + by^2 + \ldots)(ax'^2 + by'^2 + \ldots) - (axx' + byy' + \ldots)^2$$
$$= A(yz' - y'z)^2 + \ldots;$$
et, en effectuant dans S une substitution analogue à celle que nous avons faite dans Σ, on obtient la relation
$$(A\lambda^2 + B\mu^2 + \ldots)(A\lambda'^2 + B\mu'^2 + \ldots) - (A\lambda\lambda' + \ldots)^2$$
$$= \Delta[a(\mu\nu' - \mu'\nu)^2 + \ldots],$$
dans laquelle $(A\lambda\lambda' + \ldots)$ est le premier membre de l'équation
$$A\lambda\lambda' + B\mu\mu' + C\nu\nu'$$
$$+ F(\mu\nu' + \mu'\nu) + G(\nu\lambda' + \nu'\lambda) + H(\lambda\mu' + \lambda'\mu) = 0,$$
qui exprime que les droites $\lambda x + \mu y + \nu z$, $\lambda' x + \mu' y + \nu' z$

sont conjuguées. En posant alors

$$\Sigma' = A\lambda'^2 + B\mu'^2 + \ldots, \quad \Pi = A\lambda\lambda' + B\mu\mu' + \ldots,$$

et remplaçant, dans l'expression $\Sigma + [\, a(\mu\nu' - \mu'\nu)^2 + \ldots]$ $= 0$, $(a\mu\nu' - \mu'\nu^2 + \ldots)$ par la valeur que nous venons de trouver, il vient pour la condition cherchée

$$(\Delta + \Sigma')\Sigma - \Pi^2 = 0.$$

Cette équation, où l'on peut (n° 321) considérer λ, μ et ν comme les coordonnées d'un point de la conique réciproque de $S + (\lambda' x + \mu' y + \nu' z)^2$, fournit une démonstration analytique du théorème du n° 304 : *Le système réciproque de deux coniques ayant un double contact se compose de deux coniques ayant également un double contact.*

On peut enfin mettre cette condition sous une forme plus commode pour quelques applications, en définissant les droites $\lambda x + \mu y + \nu z, \ldots$ non plus par les coefficients λ, μ, ν, ... mais bien par les coordonnées de leurs pôles par rapport à S, et en écrivant que la droite P′ est tangente à la conique $S + P''^2$, P′ et P″ représentant respectivement les polaires de (x', y', z') et de (x'', y'', z'') par rapport à S.

Lorsque le point (x', y', z') est situé sur la conique S, la polaire de (x', y', z') est évidemment tangente à S, et le résultat obtenu, en substituant les coefficients S_1, S_2, S_3 des termes en x, y, z de l'équation de la polaire (n° 291) aux coefficients de λ, μ, ν dans Σ, est égal à $\Delta S'$ (n° 285); d'ailleurs, quand deux points sont conjugués, leurs polaires par rapport à S sont conjuguées, et le résultat obtenu en substituant comme ci-dessus S_1, S_2, S_3 à λ, μ, ν dans la fonction Π, est égal à ΔR, R désignant le résultat de la substitution des coordonnées de l'un des points (x', y', z'), (x'', y'', z'') dans l'équation de la polaire de l'autre. La condition pour que P′ soit une tangente de $S + P''^2$ peut donc s'écrire

$$(1 + S'')S' = R^2.$$

INVARIANTS ET COVARIANTS DES SYSTÈMES DE CONIQUES.

387. *Former la condition pour que les deux coniques*

$$S + (\lambda' x + \mu' y + \nu' z)^2, \quad S + (\lambda'' x + \mu'' y + \nu'' z)^2$$

soient tangentes l'une à l'autre.

Ces coniques se touchent lorsqu'une de leurs cordes communes

$$(\lambda' x + \mu' y + \nu' z) \pm (\lambda'' x + \mu'' y + \nu'' z)$$

est tangente à l'une des coniques; on obtiendra donc la condition cherchée en remplaçant, dans la condition trouvée précédemment, λ par $\lambda' \pm \lambda''$; il vient ainsi

$$(\Delta + \Sigma')(\Sigma' \pm 2\Pi + \Sigma'') = (\Sigma' \pm \Pi)^2,$$

qui peut se mettre sous la forme plus symétrique

$$(\Delta + \Sigma')(\Delta + \Sigma'') = (\Delta \pm \Pi)^2.$$

On trouverait de même que les deux coniques $S + P'^2$, $S + P''^2$ se touchent quand on a la relation

$$(1 + S')(1 + S'') = (1 \pm R)^2.$$

Exercices.

1. *Décrire une conique* $S + P^2$ *qui ait un double contact avec* S, *et qui soit tangente à trois coniques données* $S + P'^2$, $S + P''^2$, $S + P'''^2$, *ayant elles-mêmes un double contact avec* S.

Soient x, y, z les coordonnées du pôle de la corde de contact de S avec la conique cherchée $S + P^2$; on aura les équations

$$(1 + S)(1 + S') = (1 + P')^2, \quad (1 + S)(1 + S'') = (1 + P'')^2,$$
$$(1 + S)(1 + S''') = (1 + P''')^2,$$

dans lesquelles S', S'', S''' sont des constantes connues, tandis que $S, P', \ldots$ renferment les coordonnées x, y, z du point cherché. Si l'on pose

$$1 + S = k^2, \quad 1 + S' = k'^2, \quad \ldots,$$

il vient

$$kk' = 1 + P', \quad kk'' = 1 + P'', \quad kk''' = 1 + P''',$$

S. — *Géom. à deux dim.*

et en observant que P', P'', P''', k', k'', k''' comportent le double signe, on voit que le problème, eu égard à la combinaison de ces signes, admet trente-deux solutions. Les équations précédentes donnent

$$k(k' - k'') = P' - P'', \quad k(k'' - k''') = P'' - P''',$$

et, en éliminant k, on obtient l'équation

$$P'(k'' - k''') + P''(k''' - k') + P'''(k' - k'') = 0,$$

qui est celle d'une droite sur laquelle doit se trouver le pôle par rapport à S de la corde de contact de la conique cherchée. Elle est évidemment vérifiée par le point $P' = P'' = P'''$ qui est un des *centres radicaux* (n° 306) des coniques $S + P'^2$, $S + P''^2$, $S + P'''^2$.

Cette équation est aussi vérifiée par le point $\dfrac{P'}{k'} = \dfrac{P''}{k''} = \dfrac{P'''}{k'''}$ dont nous allons chercher la signification géométrique. D'après le n° 386, les équations tangentielles des coniques $S + P'^2$, $S + P''^2$ sont respectivement

$$(1 + S')\Sigma = \Delta(\lambda x' + \mu y' + \nu z')^2, \quad (1 + S'')\Sigma = \Delta(\lambda x'' + \mu y'' + \nu z'')^2,$$

et l'équation

$$\frac{\lambda x' + \mu y' + \nu z'}{k'} \pm \frac{\lambda x'' + \mu y'' + \nu z''}{k''} = 0$$

représente les points d'intersection des tangentes communes à $S + P'^2$ et à $S + P''^2$; ces points, dont les coordonnées sont $\dfrac{x'}{k'} + \dfrac{x''}{k''}, \ldots$, ont pour polaires, par rapport à S, $\dfrac{P'}{k'} \pm \dfrac{P''}{k''}$. Donc $\dfrac{P'}{k'} = \dfrac{P''}{k''} = \dfrac{P'''}{k'''}$ représente le pôle par rapport à S de l'un des axes de similitude (n° 306) des trois coniques données.

Par conséquent *le pôle de la corde de contact cherchée se trouve sur l'une des droites qui joignent un des quatre centres radicaux au pôle, par rapport à S, d'un des quatre axes de similitude.* Ce théorème n'est du reste qu'une extension du théorème énoncé à la fin du n° 118.

Pour compléter la solution, nous chercherons les coordonnées du point de contact de $S + P^2$ avec $S + P'^2$. Soient $\dfrac{x}{k} - \dfrac{x'}{k'}, \ldots$, les coordonnées de ce point, qui est un centre de similitude des deux coniques; en remplaçant x par $x + \dfrac{k}{k'} x'$, dans $kk' = 1 + \mathrm{P}', \ldots$ et désignant par R et R' ce que devient l'équation de la polaire de (x', y', z') lorsqu'on substitue x'', y'', z''; x''', y''', z''' aux coordonnées courantes, on a

$$kk' = 1 + \mathrm{P}' + \frac{k}{k'}\mathrm{S}', \quad kk'' = 1 + \mathrm{P}'' + \frac{k}{k'}\mathrm{R}, \quad kk''' = 1 + \mathrm{P}''' + \frac{k}{k'}\mathrm{R}';$$

par suite

$$k(k' - k'') = \mathrm{P}' - \mathrm{P}'' + \frac{k}{k'}(\mathrm{S}' - \mathrm{R}),$$

$$k(k' - k''') = \mathrm{P}' - \mathrm{P}''' + \frac{k}{k'}(\mathrm{S}' - \mathrm{R}'),$$

d'où, en éliminant k,

$$\mathrm{P}'\left[k'' - \frac{\mathrm{R}}{k'} - \left(k''' - \frac{\mathrm{R}'}{k'}\right)\right] + \mathrm{P}''\left[k''' - \frac{\mathrm{R}'}{k'} - \left(k' - \frac{\mathrm{S}'}{k'}\right)\right]$$
$$+ \mathrm{P}'''\left[k' - \frac{\mathrm{S}'}{k'} - \left(k'' - \frac{\mathrm{R}}{k'}\right)\right] = 0.$$

Cette équation représente une droite sur laquelle doit se trouver le point de contact cherché. Cette droite joint évidemment un des centres radicaux au point défini par les équations que l'on obtient en exprimant que P', P'', P''' sont respectivement proportionnels à $k' - \dfrac{\mathrm{S}'}{k'}$, $k'' - \dfrac{\mathrm{R}}{k'}$, $k''' - \dfrac{\mathrm{R}'}{k'}$, ou bien à 1, $k'k'' - \mathrm{R}$, $k'k''' - \mathrm{R}'$. Et comme les polaires par rapport à $\mathrm{S} + \mathrm{P}'^2$ des trois centres de similitude des coniques $\mathrm{S} + \mathrm{P}'^2$, $\mathrm{S} + \mathrm{P}''^2$, $\mathrm{S} + \mathrm{P}'''^2$ ont pour équations

$$(k'k'' - \mathrm{R})\mathrm{P}' = \mathrm{P}'', \quad (k'k''' - \mathrm{R}')\mathrm{P}' = \mathrm{P}''', \quad \ldots,$$

la droite cherchée s'obtiendra en joignant l'un des quatre centres radicaux au pôle, par rapport à $\mathrm{S} + \mathrm{P}'^2$, d'un des quatre axes de similitude. Cette construction pourrait aussi, d'après le procédé indiqué au n° 121, se déduire géométriquement des théorèmes du n° 306. Les seize droites qu'on peut mener de cette manière rencontrent $\mathrm{S} + \mathrm{P}'^2$ en trente-deux points, qui sont les points de contact des coniques satisfaisant aux conditions du problème [1].

---

[1] La solution que nous venons de donner ne diffère pas au fond de celle qui a été indiquée par M. Cayley (*Crelle*, t. XXXIX).

M. Casey (*Proceedings of the Royal Irish Academy*, 1866) a présenté

2. *Les quatre coniques qu'on peut mener par trois points fixes de telle sorte qu'elles aient un double contact avec une conique donnée* S, *sont tangentes à quatre coniques qui ont aussi un double contact avec* S ([1]).

Soit

$$S = x^2 + y^2 + z^2 - 2yz\cos A - 2zx\cos B - 2xy\cos C;$$

les quatre coniques passant par les trois points fixes ont pour équation

$$S - (x \pm y \pm z)^2 = 0$$

et sont tangentes à la conique

$$S - [x\cos(B-C) + y\cos(C-A) + z\cos(A-B)]^2 = 0$$

ainsi qu'aux trois coniques obtenues en changeant successivement dans cette équation les signes de A, B et C.

3. *Les quatre coniques qu'on peut mener tangentiellement à trois droites fixes* x, y, z, *de telle sorte qu'elles aient un double*

---

une autre solution en se basant sur des considérations de Géométrie sphérique, et en montrant par la méthode indiquée au n° 121 (*a*) que les sinus des moitiés des tangentes communes à quatre cercles tracés sur la sphère. et tangents à un cinquième cercle, vérifient la même relation que les tangentes communes à quatre cercles tracés sur un plan et tangents à un cinquième. Il en résulte que, si les équations

$$S - L^2 = 0, \quad S - M^2 = 0, \quad S - N^2 = 0$$

représentent trois cercles tracés sur une sphère (G. SALMON, *Geometry of three dimensions*, Chap. IX), les cercles qui leur sont tangents doivent vérifier la relation

$$\sqrt{\lambda\left(S^{\frac{1}{2}} - L\right)} + \sqrt{\mu\left(S^{\frac{1}{2}} - M\right)} + \sqrt{\nu\left(S^{\frac{1}{2}} - N\right)} = 0,$$

et cette relation fournit évidemment une solution du problème posé à l'exercice I.

M. Salmon a donné de cette relation une démonstration directe que l'on trouvera à la fin du volume.

([1]) Cette extension du théorème de Feuerbach (131, Ex.) peut recevoir une extension plus grande encore. Voir *Quarterly Journal of Mathematics*, t. VI, p. 67.

INVARIANTS ET COVARIANTS DES SYSTÈMES DE CONIQUES. 613

contact avec S, *sont tangentes à quatre coniques qui ont aussi un double contact avec* S.

Si l'on pose $M = \frac{1}{2}(A + B + C)$, les quatre premières coniques sont données par l'équation

$$S - [x\sin(M-A) + y\sin(M-B) + z\sin(M-C)]^2 = 0$$

et par les équations qu'on en tire en y changeant successivement les signes de A, B et C. Les quatre autres coniques sont représentées par l'équation

$$S - \left[x\frac{\sin\frac{1}{2}B \sin\frac{1}{2}C}{\sin\frac{1}{2}A} + y\frac{\sin\frac{1}{2}C \sin\frac{1}{2}A}{\sin\frac{1}{2}B} + z\frac{\sin\frac{1}{2}A \sin\frac{1}{2}B}{\sin\frac{1}{2}C} \right]^2 = 0$$

et par les équations qu'on en déduit en y changeant le signe de x et augmentant de 180° les angles B et C, ...

4. *Former la condition pour que les trois coniques* U, V, W *aient un double contact avec la même conique.*

Cette condition s'obtient en éliminant λ, μ et ν entre l'équation

$$\Delta\lambda^3 - \Theta\lambda^2\mu + \Theta'\lambda\mu^2 - \Delta'\mu^3 = 0$$

et les deux équations correspondantes qui expriment que les coniques $\mu V - \nu W$, $\nu W - \lambda U$ se réduisent à deux droites.

388. Nous terminerons ce Chapitre par quelques indications sur la théorie des invariants et des covariants des systèmes de trois coniques, théorie dont l'étude complète nécessite la connaissance des propriétés des courbes du troisième degré.

Le lieu du point dont les polaires, par rapport à trois coniques données U, V *et* W, *concourent en un même point, est une courbe du troisième degré, qu'on appelle le* Jacobien *des trois coniques.*

En éliminant x, y, z entre les équations des trois polaires

$$U_1 x + U_2 y + U_3 z = 0, \quad V_1 x + V_2 y + V_3 z = 0,$$
$$W_1 x + W_2 y + W_3 z = 0,$$

on obtient, en effet, pour l'équation du lieu,

$$U_1(V_2W_3 - V_3W_2) + U_2(V_3W_1 - V_1W_3) + U_3(V_1W_2 - V_2W_1) = 0.$$

Il est d'ailleurs évident que si les polaires d'un point quelconque, prises par rapport à U, V, W, se coupent en un même point, il en est de même des polaires prises par rapport à toutes les coniques du système $lU + mV + nW$.

Lorsque les polaires, par rapport à toutes ces coniques, d'un point A du Jacobien passent par le point B, la droite AB est divisée harmoniquement par toutes les coniques, et, par suite, la polaire de B passe par le point A. Le point B appartient donc au Jacobien, et on dit qu'il *correspond* au point A.

La droite AB est évidemment coupée en involution par toutes les coniques, et les points A et B sont les points doubles de cette involution; il résulte de là que, si une conique du système est tangente à AB, ce ne peut être qu'en un des points A et B; et que, si une conique se réduit à un couple de droites se coupant sur AB, l'intersection de ces droites ne peut se trouver qu'en A ou B, à moins que la droite AB ne fasse elle-même partie du couple.

On peut, du reste, démontrer directement que, lorsque $lU + mV + nW$ représente deux droites, ces droites se coupent sur le Jacobien. Leur intersection (n° 292) vérifie, en effet, les trois équations

$$lU_1 + mV_1 + nW_1 = 0, \quad lU_2 + mV_2 + nW_2 = 0,$$
$$lU_3 + mV_3 + nW_3 = 0,$$

et en éliminant l, m et n, on retombe sur l'équation même du Jacobien.

La droite AB, qui joint deux points correspondants du Jacobien, rencontre cette courbe en un troisième point, et il résulte de ce que nous venons de dire que la droite AB appartient au couple de droites issues de ce point, et compris dans le système $lU + mV + nW$.

L'équation générale du Jacobien, qu'on désigne habituellement par la lettre J, peut s'écrire de la manière suivante :

$$(agh)x^3 + (bhf)y^3 + (cfg)z^3$$
$$-[(abg)+(ahf)]x^2y - [(cah)+(afg)]x^2z$$
$$-[(abf)+(bgh)]y^2x - [(bch)+(bfg)]y^2z$$
$$-[(caf)+(cgh)]z^2x - [(bcg)+(chf)]z^2y$$
$$-[(abc)+2(fgh)]xyz = 0,$$

en représentant, pour abréger, par (abc) le déterminant des neuf coefficients a, b, c, a', b', c', a'', b'', c''.

Le Jacobien est un covariant qui est du même degré par rapport aux coefficients et par rapport aux variables.

Exercices.

1. *Faire passer par quatre points une conique qui soit tangente à une conique donnée* W.

Supposons les quatre points définis par l'intersection des deux coniques U et V. Le problème admet six solutions, puisqu'en remplaçant $a, \ldots$ par $a + ka', \ldots$ dans la condition (n° 372) qui exprime que U et W se touchent, on obtient une équation du sixième degré en k. Le Jacobien de U, V et W coupe d'ailleurs W aux six points de contact cherchés, puisque la polaire du point de contact, par rapport à V, étant aussi sa polaire par rapport à une conique du système $\lambda U + \mu V$, passe nécessairement par l'intersection de ses polaires prises par rapport à U et à V.

2. *Lorsque trois coniques ont un triangle autopolaire commun, leur Jacobien se réduit à trois droites.*

Il est facile de vérifier, en effet, que les trois coniques

$$ax^2 + by^2 + cz^2 = 0, \quad a'x^2 + b'y^2 + c'z^2 = 0, \quad a''x^2 + b''y^2 + c''z^2 = 0,$$

ont pour Jacobien $xyz = 0$.

3. *Lorsque trois coniques ont deux points communs, leur Jacobien se réduit à une droite et à une conique passant par ces deux points.*

Il est géométriquement évident qu'un point quelconque de la droite menée par les deux points satisfait aux conditions du problème; le théorème peut d'ailleurs se vérifier facilement par l'analyse. Dans le cas où les coniques sont des cercles, le Jacobien n'est autre chose que le cercle qui les coupe orthogonalement.

4. *Le Jacobien se réduit encore à une droite et à une conique lorsqu'une des fonctions S est un carré parfait* L^2.

En effet, L est un facteur du lieu : On peut donc mener quatre coniques qui soient à la fois tangentes à une conique donnée S' aux deux points (S', L), et tangentes à S'', l'intersection du lieu avec S'' déterminant les points de contact.

Lorsque les trois coniques sont : une conique, un cercle et le carré de la droite à l'infini, le Jacobien passe par les pieds des normales qu'on peut mener à la conique par le centre du cercle.

5. *Le Jacobien de* Π (n° 386), Σ *et* (n° 383)

$$\Omega = \lambda^2 + \mu^2 + \nu^2 - 2\mu\nu \cos A - 2\nu\lambda \cos B - 2\lambda\mu \cos C$$

est une parabole qui touche, à la fois, la droite $\lambda'x + \mu'y + \nu'z$, *les normales menées à la conique aux points où elle est coupée par cette droite, et les axes de la conique.*

388 (*a*). La notion du Jacobien va nous permettre de compléter la théorie de deux coniques. Nous avons vu qu'un système de deux coniques S et S' a quatre invariants Δ, Θ, Θ', Δ' et un covariant F, mais ce système admet en outre un covariant cubique ou covariant du troisième degré. Le triangle autopolaire commun à S et S' est, en effet, autopolaire par rapport à F (n° 381, Ex. 1); et il résulte de là que le Jacobien de S, S' et F, qui est un covariant cubique, représente les trois côtés de ce triangle autopolaire (n° 388, Ex. 2); il résulte, en outre, du n° 378 (*a*) que J est identiquement nul lorsque S et S' ont un double contact.

Pour trouver l'équation des côtés du triangle autopolaire commun à deux coniques S et S', nous n'avons donc qu'à former le Jacobien J de S, S' et F; cette méthode diffère assez notablement de la méthode indiquée au n° 381 (Ex. 4); en comparant les résultats fournis par les deux méthodes on obtient l'identité suivante(¹) :

$$J^2 = F^3 - F^2(\Theta S' + \Theta' S) + F(\Delta'\Theta S^2 + \Delta\Theta' S'^2)$$
$$+ F(\Theta\Theta' - 3\Delta\Delta')SS' - \Delta'^2\Delta S^3 - \Delta\Delta'^2 S'^3$$
$$+ \Delta'(2\Delta\Theta' - \Theta^2)S^2 S' + \Delta(2\Delta'\Theta - \Theta'^2)SS'^2.$$

Nous voyons ainsi qu'un système de deux coniques admet, indépendamment des quatre invariants, quatre covariants S, S', F, J, et que toutes ces fonctions sont reliées entre elles par l'équation que nous venons d'écrire. On verrait de même que ce système admet quatre contrevariants Σ, Σ', Φ, Γ, et que le dernier de ces contrevariants, qui représente en coordonnées tangentielles les trois sommets du triangle autopolaire commun, est lié à Σ, Σ', Φ et aux invariants par une relation analogue à celle qui relie J à S, S', F et à ces mêmes invariants.

Exercices.

1. *Écrire les douze formes relatives aux coniques*
$$x^2 + y^2 + z^2 = 0, \quad ax^2 + by^2 + cz^2 = 0.$$

Réponse.

$$\Delta = 1, \quad \Theta = a + b + c, \quad \Theta' = bc + ca + ab, \quad \Delta' = abc,$$
$$S = x^2 + y^2 + z^2, \quad S' = ax^2 + by^2 + cz^2,$$
$$F = a(b+c)x^2 + b(c+a)y^2 + c(a+b)z^2,$$
$$J = (b-c)(c-a)(a-b)xyz,$$
$$\Sigma = \lambda^2 + \mu^2 + \nu^2, \quad \Sigma' = bc\lambda^2 + ca\mu^2 + ab\nu^2,$$
$$\Phi = (b+c)\lambda^2 + (c+a)\mu^2 + (a+b)\nu^2,$$
$$\Gamma = (b-c)(c-a)(a-b)\lambda\mu\nu.$$

(¹) M. Cathcart a fait remarquer que cette identité n'est qu'un cas particulier de la relation

$$4\Delta\Delta'\Delta'' U V W + F_1 F_2 F_3 - \Delta U F_1 - \Delta' V F_2 - \Delta'' W F_3 = I^2$$

à laquelle sont assujettis les invariants des trois coniques, et où I = 0 représente (n° 388 c) le lieu des points tels que les tangentes menées par l'un d'eux aux trois coniques forment un faisceau en involution.

2. *Trouver une expression de l'aire du triangle autopolaire commun à deux coniques.*

Le carré de cette aire est donné par (n° 372)

$$M^2 \sin^2 A \sin^2 B \sin^2 C \frac{\Theta^2 \Theta'^2 + 18 \Delta \Delta' \Theta \Theta' - 27 \Delta^2 \Delta'^2 - 4 \Delta \Theta'^2 - 4 \Delta' \Theta^2}{\Gamma'^2},$$

où M représente l'aire du triangle de référence, et Γ', le résultat de la substitution, dans Γ, des coordonnées sin A, sin B, sin C de la droite à l'infini aux coordonnées courantes λ, μ, ν. Il est d'ailleurs évident que cette expression doit contenir au numérateur la condition de contact (n° 372), et au dénominateur la quantité Γ', puisque l'aire cherchée devient nulle quand les coniques se touchent, et infinie lorsque l'un quelconque des sommets du triangle passe à l'infini.

388 (*b*). Nous avons déjà indiqué ce qu'il fallait entendre par covariants et par contrevariants. Les covariants sont des fonctions en x, y, z qui s'annulent lorsqu'on y substitue les coordonnées des points d'un lieu ayant quelque relation permanente avec la courbe ou les courbes primitives; les contrevariants sont des fonctions qui, étant égalées à zéro, expriment les relations auxquelles doivent satisfaire les coordonnées tangentielles λ, μ, ν d'une droite, pour que cette droite jouisse, par rapport à la courbe, ou aux courbes primitives, de propriétés indépendantes du triangle de référence. A ces deux espèces de fonctions, il convient d'ajouter les fonctions qui contiennent les deux séries de variables x, y, z; λ, μ, ν; et auxquelles on a donné le nom de *covariants-mixtes*.

Les covariants mixtes du système de deux coniques S et S' peuvent aussi être considérés comme les covariants du système formé par les deux coniques et la droite $\lambda x + \mu y + \nu z$. En formant le Jacobien de ce système, ce qui revient à déterminer le lieu des points dont les polaires par rapport à S et S' se coupent sur $\lambda x + \mu y + \nu z$, on obtient, en effet, un covariant mixte N qui a pour expression générale

$$\begin{vmatrix} \lambda & \mu & \nu \\ S_1 & S_2 & S_3 \\ S'_1 & S'_2 & S'_3 \end{vmatrix}$$

et se réduit à

$$\lambda(b-c)yz + \mu(c-a)zx + \nu(a-b)xy$$

quand S et S' sont données sous la forme canonique ([1]).

A la fonction N correspond évidemment une fonction réciproque N', que l'on obtient en opérant de la même manière sur Σ et Σ', et dont l'expression, pour la forme canonique, se réduit à

$$a\mu\nu(b-c)x + b\nu\lambda(c-a)y + c\lambda\mu(a-b)z;$$

en égalant cette fonction à zéro, on obtient l'équation de la droite joignant les pôles de $\lambda x + \mu y + \nu z$ par rapport à S et à S'.

Étant donnée une droite quelconque $\lambda x + \mu y + \nu z$, on peut prendre son pôle par rapport à S, puis déterminer la polaire de ce pôle, par rapport à S'; on obtient ainsi une *ligne associée* K qui est définie par

$$a\lambda x + b\mu y + c\nu z$$

dans le cas de la forme canonique. On obtient de même une autre ligne associée K', ou

$$bc\lambda x + ca\mu y + ab\nu z,$$

en prenant le pôle de $\lambda x + \mu y + \nu z$ par rapport à S', puis la polaire de ce pôle par rapport à S.

([1]) La forme canonique est la forme la plus simple à laquelle une fonction puisse être ramenée sans perdre de sa généralité. Dans le cas particulier des fonctions ternaires du deuxième degré, la forme canonique est $ax^2 + by^2 + cz^2$, ou plus simplement $x^2 + y^2 + z^2$. Voir l'*Algèbre supérieure* de Salmon; Édition française, XIIe leçon.

Gordan a démontré (¹) qu'un système de deux coniques admet, en tout, huit covariants mixtes, et que tous les autres *concomitants* (²) du système pouvaient s'exprimer en fonction de ces covariants et des formes énumérées précédemment (n° 388 *a*, Ex. 1).

Aux quatre covariants mixtes indiqués ci-dessus on peut ajouter le Jacobien de K, S et $\lambda x + \mu y + \nu z$ dont l'expression, pour la forme canonique, se réduit à

$$\mu\nu(b-c)x + \nu\lambda(c-a)y + \lambda\mu(a-b)z,$$

ainsi que le Jacobien de K', S' et $\lambda x + \mu y + \nu z$

$$\mu\nu a^2(b-c)x + \nu\lambda b^2(c-a)y + \lambda\mu c^2(a-b)z;$$

et, en y joignant les deux formes réciproques

$$\lambda ayz(b-c) + \mu bzx(c-a) + \nu cxy(a-b),$$
$$\lambda bc(b-c)yz + \mu ca(c-a)zx + \nu ab(a-b)xy,$$

on a tous les éléments nécessaires pour caractériser le système de deux coniques.

Revenons maintenant à la théorie du système de trois coniques.

388 (*c*). *Trouver la condition pour que la droite $\lambda x + \mu y + \nu z$ soit divisée en involution par trois coniques.*

En se reportant au n° 335 et à la Note du n° 342, on voit que la condition cherchée s'obtient en égalant à zéro le déter-

---

(¹) *Voir* CLEBSCH, *Leçons sur la Géométrie*, recueillies et complétées par DE LINDEMANN; t. I, p. 361 de l'Édition française publiée par A. Benoist, 1879-1883; Paris, Gauthier-Villars.

(²) On désigne, sous le nom générique de *concomitants* l'ensemble de toutes les fonctions dont les relations avec la fonction, ou les fonctions primitives S, S', ne sont pas altérées par une transformation de coordonnées.

minant

$$\begin{vmatrix} c\lambda^2 - 2g\nu\lambda + a\nu^2 & c\mu^2 - 2f\mu\nu + b\nu^2 & c\lambda\mu - f\nu\lambda - g\nu\mu + h\nu^2 \\ c'\lambda^2 - 2g'\nu\lambda + a'\nu^2 & c'\mu^2 - 2f'\mu\nu + b'\nu^2 & c'\lambda\mu - f'\nu\lambda - g'\nu\mu + h'\nu^2 \\ c''\lambda^2 - 2g''\nu\lambda + a''\nu^2 & c''\mu^2 - 2f''\mu\nu + b''\nu^2 & c''\lambda\mu - f''\nu\lambda - g''\nu\mu + h''\nu^2 \end{vmatrix}$$

ce qui donne

$$\lambda^3(bcf) + \mu^3(cag) + \nu^3(abh) + \lambda^2\mu[(chf)-(bcg)]$$
$$+ \lambda^2\nu[2(bfg)-(bch)] + \mu^2\lambda[2(cgh)-(caf)]$$
$$+ \mu^2\nu[2(afg)-(cah)] + \nu^2\lambda[2(bgh)-(abf)]$$
$$+ \nu^2\mu[2(ahf)-(abg)] + \lambda\mu\nu[(abc)-4(fgh)] = 0.$$

On peut aussi mettre cette condition sous la forme

$$\begin{vmatrix} a & b & c & 2f & 2g & 2h \\ a' & b' & c' & 2f' & 2g' & 2h' \\ a'' & b'' & c'' & 2f'' & 2g'' & 2h'' \\ \lambda & 0 & 0 & 0 & \nu & \mu \\ 0 & \mu & 0 & \nu & 0 & \lambda \\ 0 & 0 & \nu & \mu & \lambda & 0 \end{vmatrix} = 0,$$

et, sous cette nouvelle forme, on voit immédiatement que toute droite divisée en involution par les trois coniques U, V et W, est divisée en involution par trois coniques quelconques du système $l\mathrm{U} + m\mathrm{V} + n\mathrm{W}$. L'équation du lieu des points tels que les tangentes menées par l'un d'eux aux trois coniques forment un faisceau en involution, se déduit de l'équation qui précède en y remplaçant λ, μ, ν par x, y, z et $a, b, c, \ldots$ par les coefficients A, B, C, ... de l'équation tangentielle.

389. Lorsqu'on forme le discriminant de $l\mathrm{U} + m\mathrm{V} + n\mathrm{W}$, on obtient une fonction en l, m, n, qui peut s'écrire

$$l^3\Delta + l^2m\,\Theta_{112} + l^2n\,\Theta_{113} + lmn\,\Theta_{123} + \ldots,$$

et dont les coefficients $\Theta_{112}, \ldots$ sont les invariants du système de coniques. Tous ces invariants appartiennent à la catégorie de ceux que nous avons étudiés précédemment, sauf un, qui est dans ce développement le coefficient de lmn, et qui se déduit du discriminant Δ d'une conique U en y remplaçant chaque terme $abc, \ldots$ par six nouveaux termes tels que

$$ab'c'' + ab''c' + a'b''c + a'bc'' + a''bc' + a''b'c.$$

Ce système de trois coniques admet encore un autre invariant T, qu'on obtient aisément à l'aide du principe suivant ([1]): *Étant donnés un covariant et un contrevariant de même degré, on peut, en substituant dans l'un des symboles différentiels et opérant ensuite sur l'autre, obtenir un invariant.* On a ainsi, en partant du Jacobien et du contrevariant trouvé au numéro précédent,

$$\begin{aligned}T = {}&(abc)^2 + 4(abf)(acf) + 4(bcg)(bag) + 4(cah)(cbh)\\&+ 8(afg)(bfg) + 8(afh)(cfh) + 8(cgh)(bgh)\\&- 8(agh)(bcf) - 8(bhf)(cag) - 8(cfg)(abh)\\&+ 4(abc)(fgh) - 8(fgh)^2.\end{aligned}$$

Cet invariant a été indiqué par M. Sylvester, qui l'a obtenu d'ailleurs par un procédé différent de celui que nous venons d'employer.

389 (a). On peut simplifier l'étude de certaines propriétés des systèmes de trois coniques, en rapportant chacune de ces courbes à quatre droites x, y, z, w et en mettant leurs équations sous la forme

$$\mathrm{U} = ax^2 + by^2 + cz^2 + dw^2, \quad \mathrm{V} = a'x^2 + b'y^2 + c'z^2 + d'w^2,$$
$$\mathrm{W} = a''x^2 + b''y^2 + c''z^2 + d''w^2,$$

à laquelle il est toujours possible de les ramener d'une infinité de manières. Chacune de ces équations renferme, en effet, trois constantes indépendantes, et chaque droite est définie

---

([1]) *Voir* la traduction française de l'*Algèbre supérieure* de Salmon, p. 108

par deux constantes; la forme ci-dessus contient donc dix-sept constantes, tandis que la forme employée habituellement pour U, V, W n'en renferme que trois fois cinq, ou quinze. D'ailleurs, les équations de quatre droites vérifient toujours une relation de la forme $w = \lambda x + \mu y + \nu z$, que, pour plus de symétrie, on peut écrire de la manière suivante :

$$x + y + z + w = 0,$$

en supposant les constantes λ, μ et ν contenues implicitement dans x, y et z.

Comme application, nous résoudrons le problème suivant :

Former la condition pour que les trois coniques U, V, W *passent par un même point.*

Si l'on résout, par rapport à x^2, y^2, z^2, w^2, les équations

$$U = 0, \quad V = 0, \quad W = 0,$$

et si l'on représente par A, B, C, D les quatre déterminants (bcd), (dca), (dab), (bac), on voit que x^2, y^2, z^2, w^2 sont respectivement proportionnels à A, B, C et D, et, en substituant dans l'équation $x + y + z + w = 0$, il vient, pour la condition cherchée,

$$\sqrt{A} + \sqrt{B} + \sqrt{C} + \sqrt{D} = 0,$$

ou, en faisant disparaître les radicaux,

$$(A^2 + B^2 + C^2 + D^2 - 2AB - 2BC - 2CA - 2AD - 2BD - 2CD)^2 = 64\,ABCD.$$

Le premier membre de cette équation est le carré de l'invariant T obtenu précédemment; le second membre ABCD est un invariant, que nous désignerons par la lettre M, et qui se réduit à zéro dès que l'on peut trouver des valeurs de l, m, n telles que $lU + mV + nW$ se réduise à un carré parfait. Ce dernier invariant peut d'ailleurs s'obtenir directement en observant que, si l'équation d'une conique est un carré parfait, sa réciproque est identiquement nulle. La réciproque de $l S + m S' + n S''$ peut évidemment s'écrire (n° 377)

$$l^2 \Sigma_1 + m^2 \Sigma' + n^2 \Sigma'' + mn \Phi_{23} + nl \Phi_{31} + lm \Phi_{12},$$

et, si l'on égale séparément à zéro chacun de ses coefficients, en vue d'éliminer les six quantités l^2, m^2, ... considérées comme des inconnues indépendantes, il vient

$$\begin{vmatrix} A & B & C & F & G & H \\ A' & B' & C' & F' & G' & H' \\ A'' & B'' & C'' & F'' & G'' & H'' \\ A_{23} & B_{23} & C_{23} & F_{23} & G_{23} & H_{23} \\ A_{31} & B_{31} & C_{31} & F_{31} & G_{31} & H_{31} \\ A_{12} & B_{12} & C_{12} & F_{12} & G_{12} & H_{12} \end{vmatrix} = 0,$$

où A_{12}, ... représentent les coefficients du développement de Φ_{12}, ... (n° 377). Ce déterminant est du quatrième degré par rapport aux coefficients a, b, ... de chaque conique : les coefficients de la première conique figurent, en effet, au second degré dans la première ligne, au premier degré dans la cinquième et dans la sixième ; ceux de la deuxième conique.... Il en résulte qu'on peut rendre $S + l U + m V + n W$ un carré parfait de quatre manières (n° 373, Ex. 3), puisqu'en égalant à zéro l'invariant M relatif à $S + l U, V, W$, on obtient une équation du quatrième degré pour déterminer l.

389 (*b*). Lorsqu'on forme le discriminant du système réciproque $l \Sigma + m \Sigma'$ de deux coniques, on n'obtient pas de nouvel invariant puisque ce discriminant a pour expression

$$l^3 \Delta^2 + l^2 m \Delta \Theta + l m^2 \Delta' \Theta' + m^3 \Theta'^2 ;$$

mais, quand on forme le discriminant du système réciproque $l \Sigma + m \Sigma' + n \Sigma''$ de trois coniques, on trouve un invariant

$$\overline{\Theta} = A_1 (B_2 C_3 + B_3 C_2 - 2 F_2 F_3) + \ldots$$

qui est le coefficient de lmn dans le développement du discriminant et correspond ainsi au coefficient Θ_{123} du n° 389. Cet invariant est du deuxième degré par rapport aux coefficients de chaque conique; on ne peut pas l'exprimer en fonction des invariants Δ, Θ_{123}, ..., mais on peut, ainsi que l'a montré M. Burnside, le rattacher à ces invariants par l'intermédiaire de l'invariant T du n° 389.

Supposons que les équations de deux des coniques aient été ramenées à la forme canonique, et soient

$$x^2 + y^2 + z^2 = 0, \quad lx^2 + my^2 + nz^2 = 0,$$
$$ax^2 + by^2 + cz^2 + 2fyz + 2gzx + 2hxy = 0,$$

les équations des trois coniques. Le résultant de ces équations exprime la condition nécessaire pour que les trois coniques passent par un même point; pour le former, on peut résoudre les deux premières, ce qui donne

$$x^2 = m - n = \alpha, \quad y^2 = n - l = \beta, \quad z^2 = l - m = \gamma,$$

et substituer les valeurs ainsi trouvées dans la troisième : on a ainsi, après avoir fait disparaître les radicaux,

$$[a^2\alpha^2 + b^2\beta^2 + c^2\gamma^2 - 2bc\beta\gamma - 2ca\gamma\alpha - 2ab\alpha\beta - 4(A\beta\gamma + B\gamma\alpha + C\alpha\beta)]^2$$
$$= 64\alpha\beta\gamma(Fgh\alpha + Ghf\beta + Hfg\gamma).$$

Le premier membre de cette équation est égal au carré de l'invariant que nous avons désigné par la lettre T (n° 389), et si l'on y remplace α, β, γ par leurs valeurs $m - n$, $n - l$, $l - m$, il vient :

$$\begin{aligned}T =\ &[l(b+c) + m(c+a) + n(a+b)]^2 \\&- 4(a+b+c)(amn + bnl + clm) \\&- 4(Al^2 + Bm^2 + Cn^2) \\&- 4(A+B+C)(mn + nl + lm) \\&+ 8[Al(m+n) + Bm(n+l) + Cn(l+m)],\end{aligned}$$

ou, en remarquant que tous les termes de cette expression

S. — *Géom. à deux dim.*

sont des invariants fondamentaux du système, à l'exception du terme $A l^2 + B m^2 + C n^2$ qui est égal à $\Theta_{211}\Theta_{233} - \overline{\Theta}$,

$$T = \Theta_{123}^2 - 4(\Theta_{122}\Theta_{133} + \Theta_{211}\Theta_{233} + \Theta_{311}\Theta_{322}) + 12\overline{\Theta}.$$

On peut considérer le discriminant de $lS + mS' + nS''$ comme une forme cubique ternaire en l, m, n, et former ses invariants S et T en s'aidant de la théorie des courbes du troisième degré. D'après les calculs de M. Burnside, la forme S a pour expression $T^2 - 48M$, et la forme T, $8T(72M - T^2)$, ce qui permet d'exprimer $T^2 - 48M$ et $T(72M - T^2)$ en fonction des dix invariants fondamentaux que l'on rencontre dans le discriminant de $lS + mS' + nS''$. En résumé, et bien qu'il ne soit pas possible d'établir des relations linéaires entre M, T, Θ et ces dix invariants, on peut toujours former deux équations reliant implicitement M et T à ces invariants; il est d'ailleurs évident qu'il suffit d'éliminer M ou T entre ces deux équations pour exprimer T ou M en fonction des dix invariants fondamentaux.

389 (c). En général, trois coniques quelconques peuvent être considérées comme les polaires ([1]) de trois points relativement à une même courbe du troisième degré, ou cubique; autrement dit, leurs équations peuvent se ramener à la forme

$$\alpha(x^2 - 2yz) + \beta(y^2 - 2zx) + \gamma^2(z^2 - 2xy) = 0.$$

Si l'on emploie pour les équations des coniques la forme indiquée au numéro précédent, l'équation de la cubique dont elles se déduisent pourra s'écrire

$$\frac{x^3}{A} + \frac{y^3}{B} + \frac{z^3}{C} + \frac{v^3}{D} = 0,$$

([1]) La *polaire* d'un point quelconque (x', y', z'), par rapport à une courbe V n'est autre chose que le lieu $x'V_1 + y'V_2 + z'V_3$ qui passe par les points de contact des tangentes menées à V par (x', y', z'). Quand V est une courbe de degré n, la polaire est de degré $(n-1)$.

et l'on voit que si l'invariant M s'annule, ce qui ne peut arriver que lorsqu'une des expressions A, B, C, D est nulle, il y a exception, et que les coniques ne peuvent être considérées comme déduites de la même cubique. Dans le cas général, on peut obtenir l'équation de la cubique en formant le Hessien (¹) du Jacobien des trois coniques, et en retranchant du résultat le produit du Jacobien par le double de l'invariant T.

En opérant sur le contrevariant du troisième degré successivement avec chacune des coniques, ou sur le Jacobien avec leurs réciproques, on obtient les contrevariants et les covariants linéaires qui représentent géométriquement, soit les points dont les coniques données sont les coniques polaires, soit les polaires de ces mêmes points par rapport à la cubique.

(¹) *Voir* la traduction française de l'*Algèbre supérieure* de M. Salmon, p. 96.

CHAPITRE XIX.

MÉTHODE DES INFINIMENT PETITS.

390. Les problèmes qui se rattachent au tracé des tangentes, ainsi qu'à la quadrature et à la rectification des courbes peuvent se résoudre par deux méthodes différentes : par l'analyse ou par la Géométrie. Nous renverrons le lecteur aux ouvrages spéciaux pour l'emploi de l'analyse et nous consacrerons ce Chapitre à l'exposé de la méthode géométrique, afin de donner une idée des procédés employés par les géomètres avant la découverte de l'analyse. Ces procédés, en dehors de l'intérêt historique qui s'y rattache, peuvent du reste, dans certains cas, conduire au résultat plus simplement et plus rapidement que l'analyse : c'est ainsi, par exemple, qu'ils ont conduit au beau théorème du n° 400, théorème qui n'avait pas même été entrevu par ceux qui ont appliqué le calcul intégral à la rectification des sections coniques.

Lorsqu'un polygone est *inscrit* dans une courbe quelconque et qu'on fait croître le nombre de ses côtés, l'aire ainsi que le périmètre du polygone vont évidemment en se rapprochant de l'aire et du périmètre de la courbe, tandis que chacun de ses côtés tend vers la tangente menée à la courbe par l'un des points où il la rencontre. A la limite, quand le nombre des côtés devient *infini,* le polygone se confond avec la courbe, et la tangente en un point quelconque de la courbe coïncide avec la droite qui joint ce point à un deuxième point infiniment voisin. De même, lorsqu'un polygone est *circonscrit* à une courbe, et qu'on fait croître le nombre de ses côtés, l'aire ainsi que le périmètre du polygone se rapprochent de l'aire et du périmètre de la courbe, tandis que le point d'intersection de deux de ses côtés consécutifs tend à se confondre avec le point de contact de l'un de ces côtés.

Il résulte de là que, pour déterminer l'aire ou le périmètre d'une courbe quelconque, on peut substituer à cette courbe un polygone inscrit ou circonscrit d'un nombre infini de côtés ; il en résulte également qu'on peut considérer toute tangente à une courbe comme une droite passant par deux points infiniment voisins de la courbe, et tout point d'une courbe comme l'intersection de deux tangentes infiniment voisines.

391. I. *Déterminer la direction de la tangente en un point quelconque* A *du cercle.*

Dans le triangle isoscèle AOB (*fig.* 111), formé en joi-

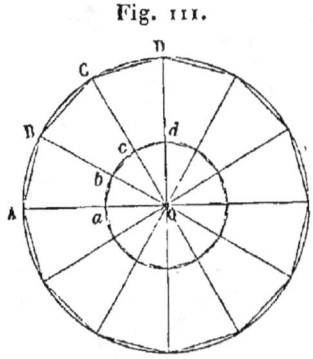

Fig. 111.

gnant les extrémités de deux rayons quelconques OA et OB, l'angle à la base BAO a pour complément la moitié de l'angle au sommet BOA ; et comme ce dernier angle diminue à mesure que les points A et B se rapprochent, il s'ensuit que la différence entre BAO et un angle droit peut devenir plus petite que toute grandeur donnée. L'angle BAO que la tangente fait avec le rayon est donc égal à un angle droit.

Le principe que nous venons de démontrer est d'un emploi fréquent; on l'énonce ordinairement comme il suit : *Deux droites infiniment voisines, de même longueur, et issues du même point, sont perpendiculaires à la droite qui joint leurs extrémités.*

II. *Le rapport de deux circonférences quelconques est égal au rapport de leurs rayons.*

Inscrivons dans la première circonférence un polygone régulier quelconque ABCD... (*fig.* 111), et dans la seconde, un polygone régulier *abcd*... d'un même nombre de côtés. Les périmètres de ces deux polygones sont entre eux dans le même rapport que les côtés AB, *ab*, et par suite dans le même rapport que les rayons OA, O*a*; et, comme cette propriété subsiste quelque grand que soit le nombre des côtés, il en résulte que les circonférences sont entre elles dans le même rapport que leurs rayons.

III. *L'aire d'un cercle quelconque a pour mesure le produit de la circonférence par la moitié du rayon.*

L'aire d'un triangle quelconque OAB (*fig.* 111) ayant pour mesure le produit de sa base AB par la moitié de la distance de cette base au centre O, l'aire de tout polygone régulier inscrit est égale au produit de la somme de ses côtés par la moitié de la distance de l'un quelconque de ces côtés au centre; mais, à mesure que le nombre des côtés du polygone augmente, son périmètre tend à devenir égal à la circonférence, et la distance de ses côtés au centre tend à devenir égale au rayon, puisque la différence entre ce périmètre et la circonférence peut devenir plus petite que toute quantité donnée, et qu'il en est de même de la différence entre la distance des côtés au centre et le rayon; le cercle a donc pour mesure le produit de la circonférence par la moitié du rayon.

392. I. *Déterminer la direction de la tangente en un point quelconque de l'ellipse.* Prenons sur l'ellipse deux

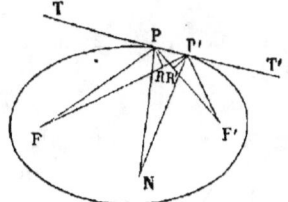

Fig. 112.

points P, P' infiniment voisins (*fig.* 112) et joignons ces points aux foyers F et F'; on a, par définition,

$$FP + PF' = FP' + P'F',$$

et, si l'on porte sur les rayons vecteurs FP', $F'P$ les longueurs FR, $F'R'$ respectivement égales à FP', $F'P'$, il vient

$$P'R = PR'.$$

Les deux triangles PRP', $PR'P'$, qui sont rectangles en R et R' (n° 391, I) et qui ont même hypoténuse PP', sont donc égaux comme ayant un côté de l'angle droit égal.

Il en résulte que les angles $PP'F$, $P'PF'$ sont égaux, et par suite que l'on a à la limite

$$\widehat{TPF} = \widehat{P'PF'},$$

puisque la différence PFP' entre les deux angles TPF, $PP'F$ peut devenir plus petite que toute quantité donnée. La tangente fait donc des angles égaux avec les rayons vecteurs menés du foyer au point de contact.

II. *Déterminer la direction de la tangente en un point quelconque de l'hyperbole.*

En répétant sur l'hyperbole une construction analogue à celle que nous venons de faire pour l'ellipse, on a (*fig.* 113)

$$F'P' - F'P = FP' - FP, \quad P'R = P'R',$$

ce qui entraîne l'égalité des angles PP'F et PP'F'. La tan-

Fig. 113.

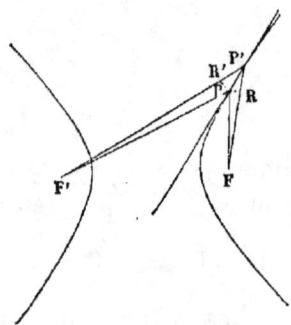

gente à l'hyperbole est donc la bissectrice intérieure de l'angle FPF' formé par les rayons vecteurs joignant les foyers au point de contact.

III. *Déterminer la direction de la tangente en un point quelconque de la parabole.*

Soient P, P' (*fig.* 114) deux points infiniment voisins; joignons ces points au foyer F; abaissons de ces mêmes points des perpendiculaires PN, P'N' sur la directrice DN, et portons sur N'P', FP' des longueurs N'S, FR respectivement égales à NP, FP. On aura

$$FP = PN, \quad FP' = P'N', \quad P'R = P'S,$$

et par suite
$$\widehat{N'P'P} = \widehat{PP'F}.$$

La tangente est donc la bissectrice de l'angle FPN.

393. I. *Trouver l'aire du segment parabolique* FVP *compris entre la courbe, son axe* VF, *et un rayon vecteur quelconque* FP.

Le triangle FPR (*fig.* 114) est la moitié du rectangle PSNN', puisque PS = PR (n° 392, III), et que PN = FP. La somme

Fig. 114.

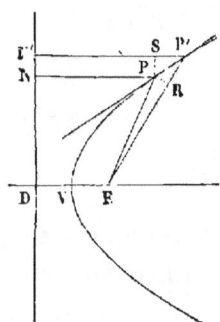

des triangles PFR, ... que l'on obtient en prenant sur l'arc PV une série de points P', P'', ... est donc égale à la moitié de la somme des rectangles PN' correspondants, et, comme la somme de ces triangles et la somme de ces rectangles tendent respectivement vers les aires FPV et NPDV à mesure que les points P, P', P'', ... se rapprochent, il en résulte que le segment parabolique FVP est la moitié de l'aire NPDV, et par suite le tiers du quadrilatère NPFD.

II. *Trouver l'aire du segment déterminé dans une parabole par une corde quelconque.*

Soit V'M (*fig.* 115) le diamètre correspondant à cette corde PM; soit, en outre, T le point où la tangente en P rencontre ce diamètre. Par les points T, V', M, M', menons des parallèles à la corde, et par les points P, P', des parallèles au diamètre. Les parallélogrammes PR', PM' sont équivalents puisque TP' divise en deux parties égales les parallélogrammes MR, M'R'; d'ailleurs, V' étant le milieu de TM (n° 210), le parallélogramme PN' est la moitié du parallélogramme PR'.

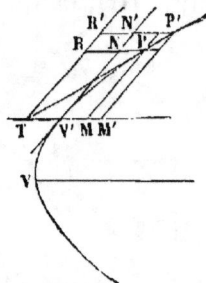

Fig. 115.

Il résulte de là que la somme des parallélogrammes PM' que l'on peut former en prenant sur l'arc PV' une série de points P', P'', P''', ... est égale au double de la somme des parallélogrammes PN' correspondants, et par suite, que l'aire V'PM est double de l'aire V'PN. L'aire du segment parabolique PMV' est donc les deux tiers de l'aire du parallélogramme PMV'N.

394. I. *L'aire de l'ellipse est égale à l'aire du cercle qui a pour rayon une moyenne proportionnelle entre les demi-axes de l'ellipse.*

Sur le grand axe AA' de l'ellipse comme diamètre (*fig.* 116), décrivons un cercle ADA', et menons une série de parallèles dbm, $d'b'm'$, ... au petit axe BC.

Les aires des quadrilatères $mbb'm'$, $mdd'm'$ sont entre

elles dans le rapport de b à a, puisqu'on a (n° 165)

$$mb : md :: m'b' : m'd' :: b : a;$$

et comme on peut répéter le même raisonnement sur tous les quadrilatères analogues qui se correspondent dans l'ellipse et dans le cercle, le polygone A'Bbb'A inscrit dans l'ellipse est au polygone A'Ddd'A inscrit dans le cercle, dans le même rapport de b à a. Cette propriété subsistant quel que

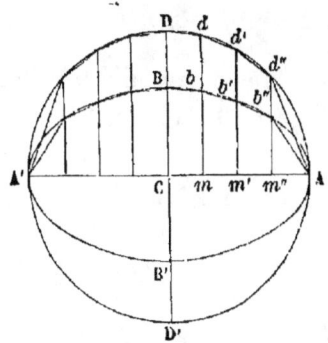

Fig. 116.

soit le nombre des côtés de ces polygones, l'aire de l'ellipse est à celle du cercle dans le rapport de b à a: et comme l'aire du cercle est égale à ϖa^2, celle de l'ellipse a pour valeur ϖab.

Corollaire. — On démontrerait de la même manière que, si deux figures sont telles que les ordonnées de l'une soient dans un rapport constant avec les ordonnées de l'autre, les aires de ces figures sont entre elles dans le même rapport.

II. *Tout diamètre d'une conique divise l'aire de la conique en deux parties équivalentes.*

Tout diamètre, divisant ses ordonnées en deux parties égales, divise, par cela même, en deux parties équivalentes l'aire du trapèze formé en joignant les extrémités de deux ordonnées quelconques; il divise donc l'aire de la courbe en deux parties équivalentes, puisque la différence entre cette aire et la somme des trapèzes que déterminent une suite d'ordonnées peut devenir plus petite que toute quantité donnée.

395. I. *Dans l'hyperbole, l'aire du secteur* PCQ, *déterminé par les droites qui joignent deux points quelconques* P *et* Q *de la courbe au centre* C, *est équivalente à l'aire du segment* PQLK *obtenu en menant par ces points des parallèles* PK, QL *à une asymptote.*

Ce théorème résulte de ce que, d'après la génération même de la courbe, les triangles PKC, QLC (*fig.* 117) sont équivalents.

Fig. 117.

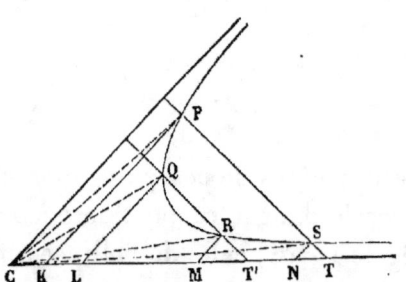

II. *Deux segments quelconques* PQLK, RSNM *sont équivalents lorsqu'on a la proportion* PK : QL :: RM : SN.

Cette proportion exprime que les deux droites QR et PS sont parallèles; on a, en effet (n° 199),

$$PK : QL :: CL : CK,$$

et, en observant (n° 197) que CL = MT', et que CK = NT,

$$RM : SN :: MT' : NT.$$

Il est dès lors facile de voir que les secteurs PCQ, RCS sont

MÉTHODE DES INFINIMENT PETITS. 637

équivalents, puisque le diamètre des cordes PS et QR divise en deux parties équivalentes l'aire hyperbolique PQRS, ainsi que les triangles PCS et QCR.

Lorsque les points Q et R coïncident, l'aire PKNS est divisée en deux parties équivalentes par l'ordonnée QL qui est alors moyenne géométrique entre les ordonnées PK, SN des extrémités de l'arc PQS.

Il résulte en outre de ce qui précède que, dans toute suite d'ordonnées formant une progression géométrique, l'aire comprise entre deux ordonnées consécutives est constante.

396. *Lorsque deux coniques sont semblables, semblablement placées et concentriques, toute tangente à la conique intérieure détermine dans la conique extérieure un segment dont l'aire est constante.*

Soient AB, A'B' (*fig.* 118) deux tangentes quelconques,

Fig. 118.

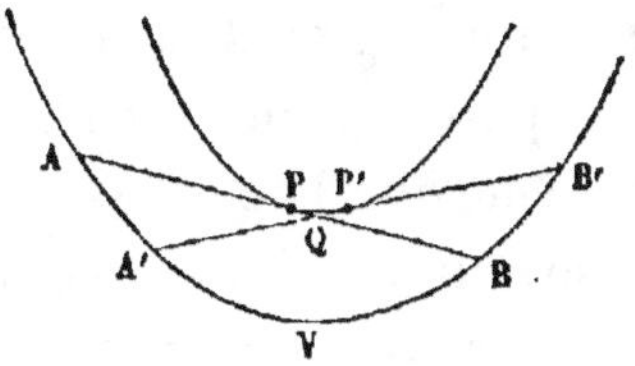

P, P' leurs points de contact. Ces deux tangentes se coupant en Q, l'angle AQA' est égal à l'angle BQB', et les côtés AQ, A'Q diffèrent d'autant moins des côtés BQ, B'Q que le point Q est plus voisin du point P, puisque (n° 236, Ex. 4) toute tangente AB à la courbe intérieure est divisée en deux parties égales par son point de contact P. Il en résulte que, dans le cas particulier où les tangentes sont infiniment voisines, ce triangle AQA' est égal au triangle BQB', et le segment AVB au segment A'VB'. L'aire du segment AVB, ne variant pas lorsqu'on passe d'une tangente quelconque à la tangente consécutive, est donc constante.

Corollaire. — On prouverait de la même manière que, lorsque la tangente à une courbe détermine sur une autre courbe un segment dont l'aire est constante, elle est divisée en deux parties égales au point de contact, et réciproquement que, si elle est divisée en deux parties égales au point de contact, elle détermine un segment d'aire constante.

On peut, en s'appuyant sur ce qui précède, mener par un point donné une corde qui détermine dans une conique fixe un segment d'aire *minimum*. Pour déterminer un segment d'aire *donnée*, il suffit en effet de mener par le point donné une tangente à une conique qui soit homothétique et concentrique à la conique fixe, et dont la distance à cette dernière conique soit d'autant plus grande que l'aire donnée est elle-même plus grande. Pour que l'aire soit minimum, il faut donc que la conique auxiliaire passe par le point donné, et, comme ce point coïncide alors avec le milieu de la tangente, il s'ensuit que la corde menée par un point quelconque détermine dans une conique un segment d'aire minimum lorsqu'elle est divisée en ce point en deux parties égales.

On démontrerait de même que la corde menée par un point donné de manière à déterminer dans une courbe quelconque un segment d'aire maximum ou minimum est divisée en ce point en deux parties égales. On démontrerait de même encore les deux théorèmes suivants, dus à feu le professeur Mac-Cullagh.

I. *Lorsqu'une tangente* AB *à une courbe détermine sur une deuxième courbe un arc constant, elle est divisée au point de contact* P *de telle sorte que le rapport* AP : PB *est l'inverse du rapport* AO : OB *des tangentes menées en* A *et* B *à la deuxième courbe.*

II. *Si la tangente* AB *est de longueur constante, et si la perpendiculaire, abaissée sur* AB *de l'intersection des tangentes en* A *et* B, *rencontre* AB *en* M, *on a* AP = MB.

397. *Trouver le rayon de courbure en un point quelconque de l'ellipse.*

Le centre du cercle circonscrit à un triangle quelconque coïncidant avec le point de concours des perpendiculaires élevées sur les milieux des côtés du triangle, le centre de courbure, ou, ce qui revient au même, le centre du cercle passant par trois points consécutifs de la courbe, se trouve à l'intersection de deux normales consécutives.

Lorsque deux triangles quelconques FPF′, FP′F′ (*fig.* 112) ont une base commune et qu'on mène les bissectrices PN, P′N des angles opposés à cette base, on a la relation

$$2\widehat{PNP'} = \widehat{PFP'} + \widehat{PF'P'}.$$

Dans le cas particulier où ces bissectrices sont deux normales consécutives, on peut, en considérant PP′ comme un arc de cercle ayant son centre en N, prendre le rapport $\dfrac{PP'}{PN}$ pour mesure de l'angle PNP′, puisque la longueur d'un arc de cercle est proportionnelle à la fois à l'angle au centre correspondant et au rayon (n° 391). On peut de même, en portant sur FP′, F′P des longueurs FR, F′R′ respectivement égales à FP, F′P′, prendre les rapports $\dfrac{PR}{FP}$, $\dfrac{P'R'}{F'P'}$ pour mesure des angles PFP′, PF′P′.

La relation précédente devient alors

$$\frac{2\,PP'}{PN} = \frac{PR}{FP} + \frac{P'R'}{F'P'},$$

et se réduit à

$$\frac{2}{R\sin\theta} = \frac{1}{\rho} + \frac{1}{\rho'},$$

en observant que
$$PR = P'R' = PP' \sin PP'F,$$

et en représentant par θ l'angle $PP'F$, et par R, ρ et ρ' les longueurs PN, FP, F'P.

On voit ainsi que : *La corde focale de courbure* (n° 245, Ex. 4) *est égale au double de la moyenne harmonique des rayons vecteurs qui joignent les foyers au point de contact.* Et, en remplaçant respectivement $\sin\theta$, $\rho + \rho'$ et $\rho\rho'$ par $\dfrac{b}{b'}$, $2a$ et b'^2, on retombe sur l'expression connue

$$R = \frac{b'^3}{ab}.$$

Le rayon de courbure de l'hyperbole ou de la parabole peut se déterminer de la même manière; dans le cas de la parabole, ρ' devient infini, et la formule précédente se réduit à

$$\frac{2}{R\sin\theta} = \frac{1}{\rho}.$$

On peut encore déterminer la corde focale de courbure comme l'a indiqué M. Townsend.

Par le point P, et par les points Q, R, où une parallèle

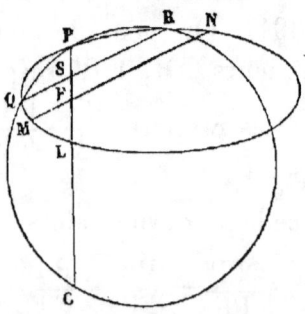

Fig. 119.

quelconque QR (*fig.* 119) à la tangente en P rencontre la conique, faisons passer un cercle PQR. Soit C le point où ce cercle rencontre la corde focale menée dans la conique par le point P; soit, en outre, MN la corde focale menée parallèlement à la tangente en P. On a, dans le cercle,

$$PS.SC = QS.SR,$$

et, comme on a, dans la conique (n° 193, Ex. 2),

$$PS.SL : QS.SR :: PL : MN,$$

il en résulte que

$$SC : SL :: MN : PL.$$

Cette relation subsiste quel que soit le cercle; dans le cas particulier du cercle de courbure, S et P coïncident, et elle se réduit à

$$PC : PL :: MN : PL.$$

La corde focale de courbure est donc égale à la corde focale menée dans la conique parallèlement à la tangente (n° 245, Ex. 4).

398. Dans le cas particulier d'une conique à centre C on peut encore trouver le rayon de courbure comme il suit.

Fig. 120.

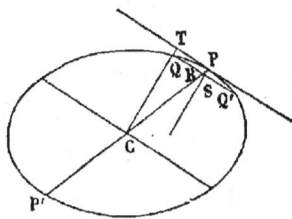

Prenons sur la conique un point Q (*fig.* 120) infiniment voisin du point P; menons une parallèle QR à la tangente TP, Soient S, R les points où cette parallèle rencontre la normale PS et le diamètre PP'. Dans le cercle passant par P et tangent à TP en P, $\overline{PQ}^2$ est égal au produit de PS par le diamètre, puisque QS est perpendiculaire à ce diamètre ; on aura donc pour le rayon de courbure $R = \dfrac{\overline{PQ}^2}{2\,PS}$, et à la limite on pourra substituer QR à PQ puisque QR reste constamment parallèle à la tangente et que PQ tend à coïncider avec cette tangente. Cela posé, on a (n° 148) en représentant par a', b' le diamètre CP et son conjugué

$$b'^2 : a'^2 :: \overline{QR}^2 : PR \cdot RP',$$

ou, si l'on observe que PR tend vers $2a'$,

$$\overline{QR}^2 = \frac{2\,b'^2 \cdot PR}{a'};$$

on en déduit

$$R = \frac{b'^2}{a'} \frac{PR}{PS},$$

et comme, en raison de la similitude des triangles RPS, PCT où CT est parallèle à la normale,

$$\frac{PR}{PS} = \frac{CP}{CT} = \frac{a'}{p},$$

il vient, en définitive,

$$R = \frac{b'^2}{p}.$$

Nous laissons au lecteur le soin de démontrer le théorème suivant : *Lorsque deux coniques confocales* S *et* S' *se coupent en* A, *le centre de courbure de* S *au point* A *est le pôle, par rapport à* S', *de la tangente menée à la conique* S *par le point* A.

398 (*a*). Le diamètre du cercle circonscrit au triangle formé par deux tangentes à une courbe, et par leur corde de contact, se confond évidemment avec la droite qui joint le point d'intersection des tangentes au point de rencontre des

normales correspondantes. On en conclut, en passant à la limite, que le diamètre du cercle circonscrit au triangle formé par deux tangentes *consécutives* et par leur corde de contact est égal au rayon de courbure, ou, ce qui revient au même, que le rayon de ce cercle est la moitié du rayon de courbure (n° 262, Ex. 4).

399. *Quand on mène deux tangentes* TP, TQ *à une ellipse par un point* T *d'une ellipse confocale, l'excès de la somme de ces tangentes sur l'arc qu'elles interceptent est constant* ([1]).

Si l'on prend un point T' (*fig.* 121) infiniment voisin du

Fig. 121.

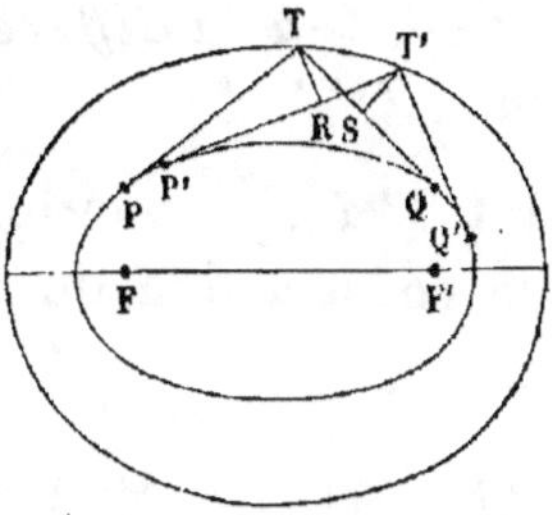

premier, et que l'on mène les tangentes T'P', T'Q' ainsi que les perpendiculaires TR et T'S à PT' et TQ (n° 348) on a, en considérant P'R comme le prolongement de PP',

$$PT = PR = PP' + P'R;$$

on a de même

$$Q'T' = QQ' + QS.$$

Et comme (n° 194) les angles TT'R, T'TS sont égaux, il vient

$$TS = T'R,$$

([1]) Ce beau théorème a été découvert par le Dr Graves, qui l'a énoncé dans sa traduction des Mémoires de Chasles sur les cônes et les coniques sphériques.

et, par suite,
$$PT + TQ' = PT' + T'Q',$$
ce qui donne

$$(PT + TQ) - (P'T' + T'Q') = PP' - QQ' = PQ - P'Q'.$$

Corollaire. — Ce théorème est encore vrai pour deux courbes quelconques, lorsque ces courbes sont telles que les tangentes TP, TQ menées à la courbe intérieure par un point quelconque T de la courbe extérieure sont également inclinées sur la tangente TT' menée en T à la courbe extérieure.

400. *Quand on mène deux tangentes* TP, TQ *à une ellipse par un point* T *d'une hyperbole confocale, la différence des arcs* PK *et* QK *est égale à la différence* TP − TQ *des longueurs des tangentes* ([1]).

En prenant un point T' (*fig.* 122) infiniment voisin du point T et répétant la construction du numéro précédent, on arrive aux relations

$$(T'P' - P'K) - (TP - PK) = T'R,$$
$$(T'Q' - Q'K) - (TQ - QK) = T'S.$$

Mais T'R = T'S, puisque (n° 189) TT' est la bissectrice de l'angle RT'S. Donc la différence entre l'excès de TP sur PK et l'excès de TQ sur QK est constante, et comme, dans le cas particulier où T coïncide avec K, ces deux excès, et par suite leur différence, s'évanouissent, il s'ensuit qu'on a, dans tous les cas,

$$TP - PK = TQ - QK.$$

([1]) Cette extension du théorème précédent a été donnée par Mac-Cullagh (*Dublin, Exam. Papers*, 1841, p. 41; 1842, p. 68 et p. 83). Chasles y est arrivé de son côté (*Comptes rendus des séances de l'Académie des Sciences*, octobre 1843, t. XVII, p. 838).

Corollaire. — *On peut diviser un quadrant elliptique en deux arcs tels que la différence entre ces arcs soit égale à la différence des demi-axes.* Il suffit, en effet, de couper le quadrant par une hyperbole confocale à l'ellipse donnée,

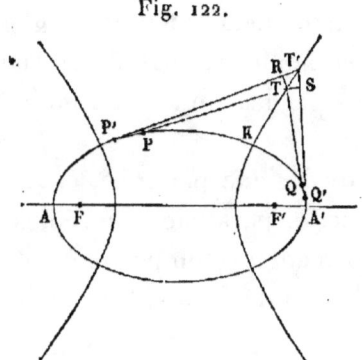

Fig. 122.

et passant par l'intersection des tangentes menées à l'ellipse parallèlement aux axes. Les coordonnées des points d'intersection ont, du reste, pour coordonnées

$$x^2 = \frac{a^3}{a+b}, \quad y^2 = \frac{b^3}{a+b}.$$

Ce corollaire est connu sous le nom de *Théorème de Fagnano.*

401. *Si tous les sommets, moins un, d'un polygone circonscrit à une conique glissent sur des coniques confocales, le sommet libre décrit une conique confocale.*

Lorsque le sommet T d'un angle PTQ (*fig.* 121) circonscrit à une conique se meut sur une conique confocale, et qu'on représente par α et β les angles TPT′, TQT′ compris entre les deux positions consécutives de chacun des côtés, on a, en désignant par a et b les diamètres parallèles à TP et TQ, $a\alpha = b\beta$. Cette relation résulte, en effet, des égalités (n° 399)

$$TR = T'S, \quad TR = TP.\alpha, \quad T'S = T'Q'.\beta,$$

et de ce que (n° 149) TP et TQ sont proportionnels aux diamètres qui leur sont parallèles.

Réciproquement, quand on a $a\alpha = b\beta$, le point T se meut sur une conique confocale. En reprenant en sens inverse les équations qui précèdent, on arrive, en effet, à l'égalité TR = T'S qui montre que TT' fait des angles égaux avec TP, TQ, et, par suite, coïncide avec la tangente menée à la conique confocale qui passe par le point T. Le point T se trouve donc sur cette conique.

Cela posé, si l'on désigne par a, b, c, ..., n les diamètres de la conique inscrite, parallèles aux côtés du polygone, et par α, β, γ, ..., ν les angles compris entre les deux positions consécutives de chacun des côtés, les relations

$$a\alpha = b\beta, \quad b\beta = c\gamma, \quad ..., \quad m\mu = n\nu$$

expriment que tous les sommets, moins un, glissent sur des coniques confocales, et l'équation qui en résulte

$$a\alpha = n\nu$$

montre que le dernier sommet glisse aussi sur une conique confocale ([1]).

([1]) Cette démonstration a été donnée par le Dr Hart (*Cambridge and Dublin Math. Journ.*, t. IV, p. 193).

NOTES.

SUR LE THÉORÈME DE PASCAL.

(Page 412, n° 267.)

Ce fut Steiner qui appela (¹) l'attention des géomètres sur les propriétés de la figure obtenue en joignant de toutes les manières possibles six points d'une conique; Plücker (²) rectifia et développa les propositions de Steiner, mais la théorie complète de la figure ne fut reprise que plusieurs années après par M. Cayley (³), et surtout par M. Kirkman (⁴) qui l'enrichit de nombreux théorèmes. Depuis, elle a fait l'objet des recherches d'un grand nombre de géomètres parmi lesquels il convient de citer MM. Salmon, Cayley, Hesse, Grossmann, V. Staudt, Baur, Veronese et Cremona.

Dans la présente Note, nous essaierons de résumer les résultats obtenus, en commençant par les théorèmes de M. Kirkman. La plupart de ces théorèmes se déduisent des principes les plus élémentaires de la théorie des combinaisons, et des propositions suivantes ainsi que de leurs réciproques :

Quand deux triangles ont leurs sommets situés deux à deux sur trois droites concourantes en un même point, ou *centre d'homologie,* leurs côtés se rencontrent deux à deux, en trois points situés sur une ligne droite, qui est l'*axe d'homologie* (n° 60, Ex. 3).

Lorsque, dans un système de trois triangles, les côtés de deux triangles quelconques se rencontrent deux à deux en trois points

---

(¹) *Annales de Gergonne,* t. XVIII, 1827-28, p. 339.
(²) *Journal de Crelle,* t. V, 1830, p. 274.
(³) *Journal de Crelle,* t. XXXI, 1846, p. 216, et t. XXXIV, 1847, p. 272.
(⁴) *Cambridge and Dublin Mathematical Journal,* t. V, 1850, p. 185.

situés en ligne droite, les centres d'homologie du premier et du second triangle, du second et du troisième, du troisième et du premier appartiennent à une même ligne droite.

Soient *six points a, b, c, d, e, f* d'une conique, que nous appellerons les *points* P. On peut joindre ces six points deux à deux par quinze droites *ab, ac, ad*, ..., que nous nommerons les *droites* C; chacune de ces droites, *ab* par exemple, rencontre les quatorze autres; quatre au point *a*, quatre au point *b*, par conséquent six en des points (*ab, cd*), ... distincts des points P et que nous appellerons les points *p*. Il y a *quarante-cinq points p*, puisque chaque ligne C en contient six, et qu'il passe deux lignes C par chacun d'eux.

Si l'on prend les côtés de l'hexagone formé par les six points, dans l'ordre *a b c d e f*, le théorème de Pascal exprime que les trois points *p* : (*ab, de*), (*cd, fa*), (*bc, ef*) sont situés sur une même droite, à laquelle nous donnerons le nom de *droite de Pascal*, ou plus simplement de *Pascal abcdef*, et que nous désignerons en général par la notation

$$\left\{ \begin{array}{c} ab.cd.e \\ de.fa.bc \end{array} \right\}$$

pour indiquer les points par lesquels elle passe.

Par chaque point *p*, on peut mener quatre Pascals. Ainsi le point (*ab, de*) appartient aux quatre Pascals *abcdef, abfdec, abcedf, abfedc*. On trouvera, par conséquent, le nombre des Pascals, en multipliant par 4 le nombre des points *p*, et en divisant le produit par 3, puisqu'il y a trois points *p* sur chaque Pascal. Il y a donc *soixante Pascals*. On aurait pu obtenir ce résultat plus directement, en calculant le nombre des permutations circulaires possibles des six lettres *a, b, c, d, e, f*.

Considérons maintenant les triangles (1), (2), (3) qui ont pour côtés

(1)   *ab.cd.ef*,
(2)   *de.fa.bc*,
(3)   *ef.be.ad*.

Les intersections des côtés correspondants de (1) et (2) sont situées sur le même Pascal; les droites qui joignent les sommets homologues concourent donc en un même point. Ces droites ne sont autres que les trois Pascals

$$\begin{Bmatrix} ab.de.cf \\ cd.fa.be \end{Bmatrix}, \quad \begin{Bmatrix} cd.fa.be \\ ef.bc.ad \end{Bmatrix}, \quad \begin{Bmatrix} ef.bc.ad \\ ab.de.cf \end{Bmatrix},$$

et nous avons ainsi le théorème de Steiner énoncé au n° 268. Le point de concours de ces trois Pascals, que nous appellerons le *point g*, ou *point de Steiner*, se trouve d'ailleurs défini par la notation

$$\begin{Bmatrix} ab.de.cf \\ cd.fa.be \\ ef.bc.ad \end{Bmatrix}$$

qui montre que, sur chaque Pascal, il n'y a qu'un seul point *g*, puisqu'étant donné le Pascal

$$\begin{Bmatrix} ab.de.cf \\ cd.fa.be \end{Bmatrix},$$

on obtient un point *g*, en ajoutant à chacune des colonnes verticales, un troisième terme formé avec les deux lettres qui n'entrent point dans les deux premiers. Et, comme il passe trois Pascals par chaque point *g*, il y a en tout *vingt points g*.

Les droites qui joignent les sommets correspondants des triangles (2) et (3) se confondent avec celles qui joignent les sommets correspondants des triangles (1) et (2), et concourent en un même point; on en conclut, en se reportant au théorème réciproque de la deuxième proposition rappelée plus haut, que les *axes d'homologie* de ces trois triangles considérés deux à deux se coupent en un même point

$$\begin{Bmatrix} ab.cd.ef \\ de.fa.bc \\ cf.be.ad \end{Bmatrix}$$

qui est un point *g*. Steiner a d'ailleurs fait voir que ce point *g*, et celui dont nous avons donné l'expression plus haut, sont conjugués harmoniques par rapport à la conique, de telle sorte que les vingt points *g* se groupent en dix couples de points ([1]). Quant aux Pascals qui passent par ces deux points *g*, ils correspondent respectivement aux hexagones *abcfed, afcdeb, adcbef*; *abcdef, afcbed, adcfeb*,

---

([1]) Pour la démonstration de ce théorème, *voir* Staudt, *Journal de Crelle*, t. LXII, 1863, p. 142.

dans lesquels les sommets de rang impair conservent la même position relative.

Passons maintenant à l'examen des trois triangles

$$
\begin{array}{cccc}
(1) & ab & cd & ef \\
(4) & \left\{ \begin{array}{c} ab.ce.df \\ de.bf.ac \end{array} \right\}, & \left\{ \begin{array}{c} cd.bf.ae \\ af.ce.bd \end{array} \right\}, & \left\{ \begin{array}{c} ef.bd.ac \\ bc.ae.df \end{array} \right\}, \\
(5) & \left\{ \begin{array}{c} ab.ce.df \\ cf.bd.ae \end{array} \right\}, & \left\{ \begin{array}{c} cd.bf.ae \\ be.ac.df \end{array} \right\}, & \left\{ \begin{array}{c} ef.bd.ac \\ ad.ce.bf \end{array} \right\}.
\end{array}
$$

Les côtés de (1) et (4) se coupent, deux à deux, en trois points qui appartiennent au même Pascal; il en résulte que les droites qui joignent les sommets correspondants, et qui sont les trois Pascals

$$
\left\{ \begin{array}{c} ab.ce.df \\ cd.bf.ae \end{array} \right\}, \quad \left\{ \begin{array}{c} cd.bf.ae \\ ef.ac.bd \end{array} \right\}, \quad \left\{ \begin{array}{c} ef.ac.bd \\ ad.df.ce \end{array} \right\},
$$

concourent en un même point

$$
\left\{ \begin{array}{c} ab.ce.df \\ cd.bf.ae \\ ef.ac.bd \end{array} \right\},
$$

que nous appellerons un *point h*.

La notation d'un point h diffère de celle d'un point g en ce qu'elle ne renferme qu'une seule colonne verticale comprenant les six lettres sans omission ni répétition. Sur chaque Pascal

$$
\left\{ \begin{array}{c} ab.cd.ef \\ de.af.bc \end{array} \right\}
$$

se trouvent les trois points h

$$
\left\{ \begin{array}{c} \overline{ab}.cd.ef \\ de.af.bc \\ cf.bd.ae \end{array} \right\}, \quad \left\{ \begin{array}{c} ab.\overline{cd}.ef \\ de.af.bc \\ ac.be.df \end{array} \right\}, \quad \left\{ \begin{array}{c} ab.cd.\overline{ef} \\ de.af.bc \\ bf.ce.ad \end{array} \right\},
$$

dans la notation desquels on a fait ressortir par le signe — les colonnes renfermant les six lettres.

On a ainsi le théorème de Steiner, étendu par M. Kirkman : *Les Pascals se coupent trois à trois, non seulement aux vingt points g de Steiner, mais encore en soixante autres points h.* On peut d'ailleurs remarquer que la démonstration du n° 268 s applique aussi bien au théorème de M. Kirkman qu'au théorème de Steiner.

Les droites qui joignent les sommets correspondants des triangles (1) et (5) se confondent avec celles qui joignent les sommets correspondants des triangles (1) et (4); les côtés homologues de (1) et (5) se rencontrent donc sur une même droite, et cette droite est évidemment un Pascal. Les côtés de (4) et (5) se coupent de même aux trois points h

$$\left\{ \begin{array}{l} \overline{ab}.ce.df \\ de.bf.ac \\ cf.ae.bd \end{array} \right\}, \quad \left\{ \begin{array}{l} ae.\overline{cd}.bf \\ bd.af.ce \\ ac.be.df \end{array} \right\}, \quad \left\{ \begin{array}{l} ac.bd.\overline{ef} \\ df.ae.bc \\ ce.bf.ad \end{array} \right\},$$

qui sont en ligne droite. De plus les axes d'homologie de (4) et (5), de (1) et (4), de (1) et (5) concourent en un même point, qui est le point g

$$\left\{ \begin{array}{l} ab.cd.ef \\ de.af.bc \\ cf.be.ad \end{array} \right\},$$

et dont l'expression s'obtient en combinant les colonnes verticales complètes des trois points h.

On a ainsi le théorème : *Il y a vingt lignes* G, *qui contiennent chacune un point g et trois points h* ([1]).

On peut démontrer de la même manière que *les vingt lignes* G *passent, quatre à quatre, par quinze points i*. Les quatre droites G, correspondant aux quatre points g, qui dans le système de notation adopté ont une colonne verticale commune, passent, en effet, par le même point.

En partant des trois Pascals

$$\left\{ \begin{array}{l} ab.ce.df \\ de.bf.ac \end{array} \right\}, \quad \left\{ \begin{array}{l} de.bf.ac \\ cf.ae.bd \end{array} \right\}, \quad \left\{ \begin{array}{l} cf.ae.bd \\ ab.df.ce \end{array} \right\},$$

qui passent par un même point h, et en prenant sur chacun d'eux un point p, on peut former un triangle (6) qui a pour sommets les points $(df.ac)$, $(af.ae)$, $(bd.ce)$, et par suite pour côtés, les droites

(6) $\quad \left\{ \begin{array}{l} ac.bf.de \\ df.ae.cb \end{array} \right\}, \quad \left\{ \begin{array}{l} bf.ce.ad \\ ae.bd.cf \end{array} \right\}, \quad \left\{ \begin{array}{l} bd.ac.ef \\ ce.df.ab \end{array} \right\}.$

([1]) L'existence des lignes G a été signalée à la fois par M. Cayley et par M. Salmon. La démonstration donnée dans le texte est celle de M. Cayley.

On peut, de même, en prenant sur chacun de ces Pascals un deuxième point h, ce qui revient à ajouter à l'expression de chaque Pascal la ligne af, cd, be, former un triangle (7) qui a pour côtés

$$(7) \quad \left\{ \begin{array}{l} ac.bf.de \\ be.cd.af \end{array} \right\}, \quad \left\{ \begin{array}{l} cf.ae.bd \\ be.cd.af \end{array} \right\}, \quad \left\{ \begin{array}{l} df.ab.ce \\ be.cd.af \end{array} \right\}.$$

Les côtés homologues de ces triangles se coupent, deux à deux, en trois points qui s'alignent nécessairement sur une même droite, et qui sont les trois points g

$$\left\{ \begin{array}{l} be.cd.af \\ ac.bf.de \\ df.ae.bc \end{array} \right\}, \quad \left\{ \begin{array}{l} be.cd.af \\ cf.ae.bd \\ ad.bf.ce \end{array} \right\}, \quad \left\{ \begin{array}{l} be.cd.af \\ df.ab.ce \\ ac.ef.bd \end{array} \right\};$$

à ces points, il convient, comme l'a indiqué M. Salmon, d'en ajouter un quatrième, le point g

$$\left\{ \begin{array}{l} be.cd.af \\ cf.ab.de \\ ad.ef.bc \end{array} \right\},$$

qui, en raison de la symétrie des notations, appartient évidemment à la droite déterminée par les trois autres. Ces quatre points g sont du reste les seuls dans l'expression desquels on puisse faire figurer la ligne $be.cd.af$. Et comme on peut former quinze produits de la forme $be.cd.af$, il en résulte que : *Les vingt points g sont situés quatre à quatre sur quinze droites* I.

Les théorèmes que nous venons de démontrer sont assujettis, ainsi que l'a fait remarquer Hesse ([1]), à une certaine loi de réciprocité. Ainsi il y a *soixante points h* de Kirkman auxquels correspondent *soixante droites* H de Pascal. Par chacun des *vingt* points g de Steiner passent *trois Pascals* H et *une ligne* G; à chacune des *vingt droites* G appartiennent *trois points h* de Kirkman et *un point g* de Steiner. Les *vingt lignes* G passent, quatre à quatre, par *quinze points i*, et les *vingt points g* sont situés, quatre à quatre, sur *quinze droites* I.

([1]) *Journal de Crelle*, t. LXVIII, 1868, p. 293.

Les considérations suivantes permettent, à la fois, de démontrer quelques-uns des théorèmes précédents, et de reconnaître le point h qui correspond au Pascal obtenu en prenant les sommets dans un ordre déterminé $abcdef$. Les côtés des deux triangles inscrits ace, bdf sont tangents à une même conique (n° 335, Ex. 4), et le théorème de Brianchon s'applique à l'hexagone qui a pour côtés ce, df, ae, bf, ac, bd. Si l'on prend les côtés dans ce dernier ordre, les diagonales de l'hexagone sont les trois Pascals concourant au point h

$$\begin{cases} ce.bf.\overline{ad} \\ df.ac.be \\ ae.bd.cf \end{cases};$$

et, puisqu'on peut effectuer une permutation circulaire sur les côtés df, bf, bd, sans modifier l'ordre des autres côtés, il résulte du théorème réciproque de Steiner, que les trois points de Brianchon qui correspondent aux hexagones déterminés par cette permutation appartiennent à une même droite : par suite, qu'il y a trois points h sur une ligne G. En partant du même hexagone circonscrit ce, df, ae, ..., on voit, en outre, que les droites qui joignent respectivement les points a et $(bc.df)$, d et $(ac.ef)$ se coupent sur le Pascal $abcdef$, et que chaque Pascal contient six intersections analogues.

On peut encore, comme l'a indiqué M. Cayley ([1]), démontrer les principales propriétés de la figure de Steiner, en la considérant comme la projection des intersections de six plans.

Dans les recherches dont il a publié récemment les résultats, M. Veronese ([2]) a pris pour point de départ les principes suivants :

I. Étant données trois droites se coupant en un même point, et trois points sur chaque droite, ces derniers points forment 27 triangles qui peuvent se diviser en 36 séries de trois triangles homologiques deux à deux, et dont les axes d'homologie passent trois à trois par 36 points situés quatre à quatre sur 27 droites.

II. Lorsque quatre triangles $a_1b_1c_1$, $a_2b_2c_2$, ... sont homologiques, ou en perspective, le premier avec le second, le second avec

---

([1]) *Quarterly Journal*, t. IX, p. 348.
([2]) *Nuovi Teoremi sull'Hexagrammum mysticum* dans les *Memorie della Reale Academia dei Lincei*, 1877.

le troisième, le troisième avec le quatrième, le quatrième avec le premier, et que les quatre centres d'homologie sont situés en ligne droite, les quatre axes d'homologie concourent en un même point.

III. Si quatre quadrangles $a_1 b_1 c_1 d_1$, $a_2 b_2 c_2 d_2$, ... sont homologiques deux à deux comme ci-dessus, et de telle sorte que les sommets désignés par la même lettre soient les sommets homologues, les quatre centres d'homologie correspondant aux triangles bcd, cda, dab, abc sont en ligne droite. Dans le cas particulier où les quatre quadrangles ont même centre d'homologie, on a le théorème suivant : Lorsqu'on dispose trois quadrangles en perspective $a_1 b_1 c_1 d_1$, $a_2 b_2 c_2 d_2$, $a_3 b_3 c_3 d_3$, sur quatre droites se coupant en un même point, on obtient quatre séries de trois triangles homologiques $a_1 b_1 c_1$, ... et les quatre axes d'homologie correspondant à chacune de ces séries passent par un même point, tandis que les quatre centres d'homologie s'alignent sur une même droite.

IV. Lorsque deux triangles $a_1 b_1 c_1$, $a_2 b_2 c_2$ sont homologiques, et que l'on prend les intersections de $b_1 c_2, b_2 c_1$; $c_1 a_2, c_2 a_1$; $a_2 b_1$, $a_1 b_2$; on forme un nouveau triangle qui est en perspective avec chacun des deux autres, et les trois centres d'homologie de ces triangles considérés deux à deux sont situés sur une même droite.

Il serait trop long d'énoncer ici tous les théorèmes que M. Veronese a déduits de ces principes : nous nous contenterons de dire que l'un des résultats les plus importants de ses recherches a été de montrer que les 60 Pascals peuvent se diviser en 6 groupes, et que les 10 points Kirkman, correspondant à chacun de ces groupes, s'alignent trois à trois sur les Pascals du groupe qui passent eux-mêmes, trois à trois, par les points Kirkman. Ajoutons cependant que le point Kirkman qui correspond au Pascal déterminé par 6 lignes G n'est autre que le point de concours des Pascals se rapportant aux trois hexagones que l'on peut construire avec les 9 autres lignes G

Enfin, tout dernièrement, M. Cremona ([1]) a donné, des théorèmes de M. Veronese, une démonstration fort élégante, en se plaçant à un point de vue tout à fait différent, et en rattachant la théorie de la figure de Steiner à la théorie des surfaces du troisième degré. On sait, en effet ([2]), que, lorsqu'une pareille surface a un point nodal,

---

([1]) *Teoremi stereometrici*, dans les *Atti della Reale Academia dei Lincei*, Roma, 1877.

([2]) G. Salmon, *Geometry of three dimensions*, n° 536.

on peut y tracer : 1° six droites qui passent par le point nodal, et qui sont en même temps sur un cône du deuxième degré; 2° quinze autres droites qui sont disposées, une à une, dans chacun des plans déterminés par deux des droites précédentes. En projetant cette figure, on obtient toutes les propriétés de l'hexagone complet.

Nous indiquerons, pour terminer, un certain nombre de formules qui trouvent leur application dans la discussion analytique des propriétés de l'hexagone inscrit dans la conique $LM - R^2$. Désignons par a, b, c, d, e, f les valeurs du paramètre μ (n° 270) correspondant aux six sommets de l'hexagone, et par (ab), la fonction $abL - (a+b)R + M$ qui, égalée à zéro, représente la corde joignant les deux sommets a et b. La quantité $(ab)(cd) - (ad)(bc)$ est alors égale au produit de $LM - R^2$ par le facteur $(a-c)(b-d)$, et si l'on compare, comme au n° 267, les fonctions $(ab)(cd) - (ad)(bc)$, $(af)(de) - (ad)(ef)$, on obtient pour l'équation du Pascal $abcdef$

$$(a-c)(b-d)(ef) = (a-e)(f-d)(bc).$$

Il est d'ailleurs facile de voir qu'on peut mettre cette équation sous l'une ou l'autre des formes équivalentes :

$$(a-e)(b-f)(cd) = (c-e)(b-d)(af),$$
$$(c-a)(b-f)(de) = (c-e)(d-f)(ab).$$

Quant aux trois autres Pascals, $abcdfe$, $acbdef$, $acbdfe$, qui passent par le point $(bc)(ef)$, ils ont pour équations :

$$(a-c)(b-d)(ef) = (a-f)(e-d)(bc),$$
$$(a-b)(c-d)(ef) = (a-e)(f-d)(bc),$$
$$(a-b)(c-d)(ef) = (a-f)(e-d)(bc).$$

Les trois Pascals,

$$(a-c)(b-d)(ef) = (a-e)(f-d)(bc) = (b-f)(c-e)(ad)$$

se coupent évidemment en un même point, qui est un point g de Steiner, tandis que les trois suivants

$$(a-c)(b-d)(ef) = (a-e)(f-d)(bc) = (b-e)(c-f)(ad)$$

se rencontrent en un point h de Kirkman.

M. Cathcart a obtenu, de son côté, l'équation des droites de Pascal sous forme de déterminant. La relation à laquelle sont assujettis les points correspondants de deux systèmes homographiques peut, en effet (n° 331), se mettre sous la forme

$$A\alpha\alpha' + B\alpha + C\alpha' + D = 0,$$

et, si on élimine A, B, C, D, on obtient l'équation

$$\begin{vmatrix} \alpha\alpha' & \alpha & \alpha' & 1 \\ \beta\beta' & \beta & \beta' & 1 \\ \gamma\gamma' & \gamma & \gamma' & 1 \\ \delta\delta' & \delta & \delta' & 1 \end{vmatrix} = 0 \, (^1),$$

qui relie les quatre points α, β, γ, δ du premier système aux quatre points correspondants α', β', γ', δ' du second, et qu'il suffit de résoudre, après y avoir fait $\delta = \delta'$, pour obtenir les points doubles. On sait d'ailleurs (n° 328, Ex. 10), que le Pascal LMN passe par les points doubles K, K' des deux systèmes homographiques déterminés sur la conique par les sommets alternés ACE, DFB de l'hexagone; et comme M, R, L sont respectivement proportionnels à δ^2, δ, 1 lorsque δ est le paramètre du point K, l'équation du Pascal *abcdef* peut se mettre sous la forme

$$\begin{vmatrix} M & R & R & L \\ ad & a & d & 1 \\ be & b & e & 1 \\ cf & c & f & 1 \end{vmatrix} = 0.$$

DES SYSTÈMES DE COORDONNÉES TANGENTIELLES.

(Page 486, n° 311.)

Dans le cours de cet Ouvrage, nous avons habituellement considéré comme coordonnées tangentielles d'une droite $l\alpha + m\beta + n\gamma$, les constantes l, m et n de l'équation de cette droite (n° 70), et comme équation tangentielle d'une courbe, la relation à laquelle doivent satisfaire ces constantes pour que la droite soit tangente à cette

---

(^{1}) *Voir*, au sujet de ce déterminant, CAYLEY, *Phil. Trans.* 1858, p. 436.

courbe. Ce système de coordonnées tangentielles, auquel on peut du reste ramener tous les autres, nous a paru lié d'une façon plus intime aux théories qui font l'objet de ce Traité. Nous donnerons dans cette Note quelques indications complémentaires sur ce système, et nous exposerons sommairement les principes de quelques autres systèmes de coordonnées tangentielles.

L'équation tangentielle d'un cercle de rayon r et dont le centre est en $(\alpha', \beta', \gamma')$ peut s'écrire (n° 132, Ex. 6)

$$(l\alpha' + m\beta' + n\gamma')^2 = r^2(l^2 + m^2 + n^2 - 2mn\cos A - 2nl\cos B - 2lm\cos C),$$

et il est facile de voir qu'en égalant à zéro son deuxième membre, on obtient une équation qui peut se décomposer en deux facteurs, et qui, par suite, représente deux points. On sait d'ailleurs (n° 61) que le polynome $(l^2 + m^2 + \ldots)$ a été formé en faisant la somme des carrés des coefficients $l\cos\alpha + m\cos\beta + n\cos\gamma$, $l\sin\alpha + m\sin\beta + n\cos\gamma$, de x et y dans l'équation $ax + by + c = 0$ qui correspond, en coordonnées cartésiennes, à l'équation trilinéaire $l\alpha + m\beta + n\gamma$; on sait, en outre, que la relation $a^2 + b^2 = 0$ exprime que la droite $ax + by + c$ est parallèle à l'une ou à l'autre des droites $x + y\sqrt{-1} = 0$. Ces deux points sont donc les points cycliques (n° 257).

Ce résultat peut du reste se déduire directement de l'équation tangentielle du cercle. En représentant en effet par ω et ω' les deux facteurs dont le produit est égal à $(l^2 + m^2 + \ldots)$, et par α le centre du cercle, cette équation prend la forme $\alpha^2 = r^2\omega\omega'$, qui montre que ω et ω' sont les points de contact des tangentes menées au cercle par α.

On verrait, de même, que l'équation tangentielle d'une conique dont les foyers sont donnés, équation que l'on obtient en exprimant que le produit des distances d'une tangente quelconque aux foyers est constante, peut se mettre sous la forme

$$(l\alpha' + m\beta' + n\gamma')(l\alpha'' + m\beta'' + n\gamma'') = b^2\omega\omega',$$

qui montre que la conique est tangente aux droites joignant les points ω, ω' aux foyers (n° 279).

Le résultat obtenu en substituant les coordonnées tangentielles d'une droite dans l'équation d'un point est proportionnel à la distance de la droite à ce point (n° 61); et en interprétant, d'après

S. — *Géom. à deux dim.*

ce principe, les équations tangentielles $\alpha\beta = k\gamma\delta$, $\alpha\gamma = k\beta^2$, on retombe sur les théorèmes démontrés comme réciproques au n° 311. De même, le résultat obtenu en substituant aux coordonnées courantes de l'équation du cercle les coordonnées tangentielles d'une droite, est proportionnel au carré du segment que le cercle intercepte sur la droite; si donc Σ et Σ' représentent deux cercles, l'équation $\Sigma = k^2 \Sigma'$ exprime que l'enveloppe d'une droite, sur laquelle deux cercles donnés déterminent des segments qui sont dans un rapport constant, est une conique qui a pour tangentes les tangentes communes aux deux cercles.

Remarquons enfin qu'un système de deux points ne peut pas être représenté par une équation trilinéaire, pas plus qu'un couple de droites ne peut être représenté par une équation tangentielle. Lorsqu'on se donne une équation tangentielle représentant deux points, et que l'on forme, comme au n° 285, l'équation trilinéaire correspondante, on obtient pour résultat le carré de l'équation de la droite qui joint ces deux points, mais toute trace des points eux-mêmes a disparu. De même, quand on se donne l'équation trilinéaire d'un couple de droites passant par le point $(\alpha', \beta', \gamma')$, et que l'on forme l'équation tangentielle correspondante, on obtient l'expression $(l\alpha' + m\beta' + n\gamma')^2 = 0$ qui représente deux points coïncidants; en réalité, toute droite rencontrant une courbe en deux points qui coïncident, peut être considérée analytiquement comme une tangente, et dans le cas particulier où une conique dégénère en un couple de droites, toute droite qui passe par le sommet du couple peut être considérée comme tangente au système.

On peut présenter la méthode des coordonnées tangentielles sous une forme qui ne suppose aucune connaissance préalable des systèmes de coordonnées cartésiennes ou trilinéaires. On peut, en effet, définir la position d'une droite par les distances de cette droite à trois points fixes (n° 311), exactement comme on définit, en coordonnées trilinéaires, la position d'un point par les distances de ce point à trois droites fixes. Cela posé, il est facile de voir, en suivant la même marche qu'au n° 7, que si l'on désigne par λ et μ les distances d'une droite à deux points fixes A et B, la distance de cette même droite au point F qui divise AB dans le rapport de m à l a pour expression $\dfrac{l\lambda + m\mu}{l + m}$; et par suite, que la relation $l\lambda + m\mu = 0$, qui exprime que la droite passe en F, peut être considérée comme l'équation de ce point. Ainsi, en particulier, $\lambda + \mu = 0$ représente le milieu de AB, et $\lambda - \mu = 0$, le point situé à l'infini sur AB.

On démontrerait de même que l'équation $l\lambda + m\mu + n\nu = 0$ (n° 7, Ex. 6) représente le point O (*fig*. 39, p. 99) obtenu soit en divisant dans le rapport $m + n : l$ la droite AD qui coupe BC dans le rapport $n : m$, soit en divisant dans le rapport $n + l : n$ la droite BE qui partage AC dans le rapport $n : l$, soit enfin en divisant dans le rapport $l + m : n$ la droite CF qui coupe BA dans le rapport $l : m$. Et comme le rapport des aires des triangles AOB et AOC est le même que celui de BD à DC, l'équation du point O peut se mettre sous la forme

$$\text{BOC}.\lambda + \text{COA}.\mu + \text{AOB}.\nu = 0,$$

qui devient en remplaçant l'aire de chaque triangle BOC par sa valeur $\rho'\rho'' \sin\theta$ (n° 311),

$$\frac{\lambda \sin\theta}{\rho} + \frac{\mu \sin\theta'}{\rho'} + \frac{\nu \sin\theta''}{\rho''} = 0.$$

Les coordonnées λ, μ, ν de la droite de l'infini sont égales puisque tous les points situés à distance finie peuvent être considérés comme également distants de cette droite; il en résulte que le point $l\lambda + m\mu + n\nu$ passe à l'infini, quand on a $l + m + n = 0$: et, plus généralement, qu'une courbe a pour tangente la droite de l'infini toutes les fois que la somme des coefficients de son équation est égale à zéro. On verrait, de même, que les intersections des médianes, des bissectrices et des hauteurs du triangle de référence ont respectivement pour équations

$$\lambda + \mu + \nu = 0, \quad \lambda \sin A + \mu \sin B + \nu \sin C = 0,$$
$$\lambda \tang A + \mu \tang B + \nu \tang C = 0.$$

Nous ne nous étendrons pas davantage sur ce genre de coordonnées, parce qu'en définitive, ces coordonnées ne diffèrent que par un facteur constant de celles dont nous avons fait précédemment usage. On sait, en effet, que la distance d'un point quelconque $(\alpha', \beta', \gamma')$ à la droite $l\alpha + m\beta + n\gamma$ a pour valeur (n° 61)

$$\frac{l\alpha' + m\beta' + n\gamma'}{\sqrt{l^2 + m^2 + n^2 - 2mn\cos A - 2nl\cos B - 2lm\cos C}},$$

et, comme le dénominateur de cette expression est indépendant de la position du point $(\alpha', \beta', \gamma')$, les distances λ, μ et ν des sommets du triangle de référence à cette droite sont respectivement proportionnelles à lp, mp', np''; p, p', p'' représentant les distances de ces mêmes sommets aux côtés opposés du triangle. On peut donc facilement transformer les équations tangentielles que nous avons employées jusqu'ici, et qui sont homogènes en l, m, n, en de nouvelles équations où ne figurent plus, comme variables, que les distances λ, μ et ν. Il est d'ailleurs évident, d'après ce que nous venons de dire, que les valeurs de λ, μ et ν vérifient la relation

$$\frac{\lambda^2}{p^2} + \frac{\mu^2}{p'^2} + \frac{\nu^2}{p''^2} - 2\frac{\mu\nu}{p'p''}\cos A - 2\frac{\nu\lambda}{p''p}\cos B - 2\frac{\lambda\mu}{pp'}\cos C = 1.$$

Quant à la marche à suivre pour déduire de l'équation trilinéaire d'une courbe quelconque l'équation en coordonnées tangentielles de la courbe réciproque, nous l'avons indiquée précédemment (n° 311).

Au système de coordonnées tangentielles, défini par trois points de référence, se rattachent deux autres systèmes de coordonnées, qui en paraissent indépendants de prime abord : ce sont ceux qu'on obtient en supposant qu'un ou deux des points de référence s'éloignent à l'infini.

Supposons qu'un des points de référence C (*fig.* 123) s'éloigne à l'infini; ν et p'' deviennent à la fois infinis; mais leur rapport reste

Fig. 123.

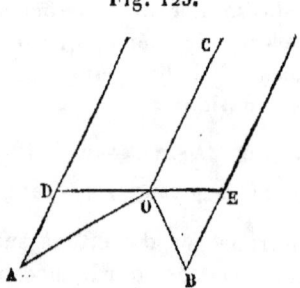

fini et égal à $\sin$COE, DOE étant une droite quelconque menée par le point O. L'équation du point prend alors la forme

$$\frac{\sin\theta}{\rho}\frac{\lambda}{\sin\text{COE}} + \frac{\sin\theta'}{\rho'}\frac{\mu}{\sin\text{COE}} + \sin\theta'' = 0.$$

Lorsque le point O est donné, cette équation ne contient que les deux variables $\lambda : \sin\text{COE}$, $\mu : \sin\text{COE}$, qui, en raison de l'égalité

$\sin \text{COE} = \sin \text{ODA}$, peuvent être remplacées par AD et BE. En d'autres termes, si l'on prend pour coordonnées les segments AD et BE déterminés par une droite variable DE sur deux parallèles fixes AD et BE, toute équation, linéaire en λ et μ, $a\lambda + b\mu + c = 0$ représente un point, et peut être considérée comme la forme prise par l'équation homogène $a\lambda + b\mu + c\nu = 0$, lorsque le point $\nu = 0$ s'éloigne à l'infini.

Voici un exemple de l'emploi de ce genre de coordonnées. On sait, d'après la théorie des sections coniques, que l'équation générale du second degré peut se ramener à une équation de la forme $\alpha\beta = k^2$, dans laquelle α et β représentent certaines fonctions linéaires des coordonnées : et ce résultat analytique est complétement indépendant de l'interprétation géométrique que l'on peut donner des équations. On en conclut que, dans le système de coordonnées dont nous venons de parler, l'équation générale des courbes de la seconde classe peut se ramener à la même forme $\alpha\beta = k^2$; et, comme cette dernière équation représente alors une courbe, à laquelle appartiennent les points α et β, et qui a pour tangentes, en ces points, les parallèles joignant α et β au point k situé à l'infini, on retombe ainsi

Fig. 124.

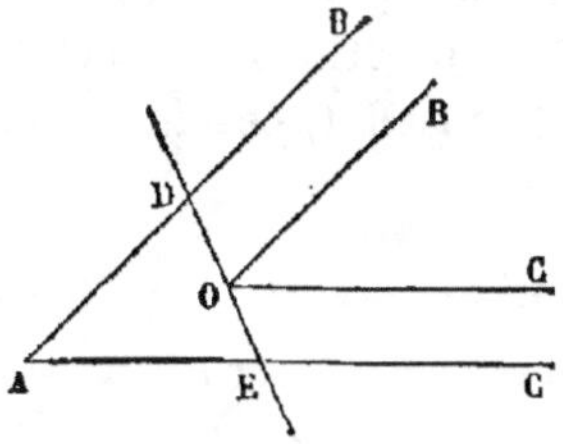

sur le théorème bien connu : *Dans une conique, toute tangente variable détermine sur deux tangentes fixes et parallèles des segments dont le produit est constant.*

Considérons enfin le cas où deux des points de référence s'éloignent à l'infini. L'équation du point devient alors (*fig.* 124)

$$\frac{\lambda \sin \theta}{\rho} + \sin \theta' \sin \text{BOD} + \sin \theta'' \sin \text{COE} = 0,$$

ou, comme il est facile de le voir,

$$\frac{\sin \theta}{\rho} + \frac{1}{\text{AD}} \sin \theta' + \frac{1}{\text{AE}} \sin \theta'' = 0.$$

Lorsque le point O est donné, cette équation ne renferme comme variables que les segments AD et AE. Si donc on prend, pour coordonnées d'une droite, les *inverses* des segments qu'elle détermine sur les axes, toute équation linéaire entre ces coordonnées représente un point, et toute équation du degré n, une courbe de la $n^{\text{ième}}$ classe.

Il est d'ailleurs évident que l'équation tangentielle obtenue de cette manière est de la même forme que celle que nous avons employée jusqu'ici, et qui a pour coordonnées soit les coefficients l, m de l'équation en coordonnées cartésiennes $lx + my = 1$, soit les rapports mutuels des coefficients de l'équation analogue $lx + my + n = 0$.

EXPRESSION DES COORDONNÉES D'UN POINT D'UNE CONIQUE A L'AIDE D'UN SEUL PARAMÈTRE.

Nous avons vu (n° 270) que les coordonnées d'un point d'une conique peuvent se présenter comme des fonctions du deuxième degré d'une troisième variable, ou paramètre. Nous allons montrer que réciproquement tout point dont les coordonnées sont reliées à un paramètre par des fonctions de cette espèce appartient à une conique. En mettant, en effet, ces fonctions sous leur forme la plus générale, on a

$$x = a\lambda^2 + 2h\lambda\mu + b\mu^2, \quad y = a'\lambda^2 + 2h'\lambda\mu + b'\mu^2,$$
$$z = a''\lambda^2 + 2h''\lambda\mu + b''\mu^2,$$

et, si l'on résout ces équations par rapport à λ^2, $2\lambda\mu$, μ^2, il vient

$$\Delta\lambda^2 = Ax + A'y + A''z, \quad 2\Delta\lambda\mu = Hx + H'y + H''z,$$
$$\Delta\mu^2 = Bx + B'y + B''z,$$

où Δ, A, H, B, ... représentent respectivement le déterminant $(ah'b'')$ et les mineurs de ce déterminant. Le point (x, y, z) appartient donc à la conique

$$(Hx + H'y + H''z)^2 = 4(Ax + A'y + A''z)(Bx + B'y + B''z).$$

Pour déterminer les paramètres $\lambda : \mu$ correspondant aux points où une droite quelconque $\alpha x + \beta y + \gamma z$ rencontre cette conique, il suffit évidemment de remplacer, dans l'équation de la droite, les coordonnées x, y, z par leurs expressions en λ et μ; on obtient ainsi l'équation

$$(a\alpha + a'\beta + a''\gamma)\lambda^2 + 2(h\alpha + h'\beta + h''\gamma)\lambda\mu$$
$$+ (b\alpha + b'\beta + b''\gamma)\mu^2 = 0,$$

qui est du deuxième degré en $\lambda : \mu$.

La condition pour que la droite $\alpha x + \beta y + \gamma z$ soit tangente à la conique s'obtient d'ailleurs en écrivant que le premier membre de cette dernière équation est un carré parfait, ce qui donne

$$(a\alpha + a'\beta + a''\gamma)(b\alpha + b'\beta + b''\gamma) = (h\alpha + h'\beta + h''\gamma)^2,$$

et cette condition peut être considérée comme l'équation de la conique réciproque (nᵒˢ 151, 324). Quand elle est remplie, on peut poser

$$a\alpha + a'\beta + a''\gamma = l^2, \quad h\alpha + h'\beta + h''\gamma = lm, \quad b\alpha + b'\beta + b''\gamma = m^2,$$

et on a, par suite,

$$\Delta\alpha = A l^2 + H lm + B m^2, \quad \Delta\beta = A'l^2 + H'lm + B'm^2,$$
$$\Delta\gamma = A''l^2 + H''lm + B''m^2.$$

Les coordonnées d'un point de la conique réciproque peuvent donc, ainsi que les coordonnées d'un point de la courbe primitive, être considérées comme des fonctions du second degré d'un certain paramètre, et les constantes des fonctions relatives à la réciproque ne sont autres que les mineurs du déterminant formé avec les constantes qui se rapportent à la courbe primitive.

On peut encore trouver l'équation de la conique, à laquelle appartient le point (x, y, z), en considérant cette conique comme l'enveloppe d'une droite variable. L'équation de la droite joignant deux points (x', y', z'), (x'', y'', z'') de la conique s'obtient, en effet, en remplaçant dans l'équation $(xy'z'') = 0$ du nᵒ 132 (a), les coordonnées de chacun des points (x', y', z'), (x'', y'', z'') par leurs expressions en fonction du paramètre de ce point; et, si l'on exprime que les deux points sont infiniment voisins, il vient pour l'équation de la tangente en un point quelconque $\lambda : \mu$

$$\begin{vmatrix} x & y & z \\ a\lambda + h\mu & a'\lambda + h'\mu & a''\lambda + h''\mu \\ h\lambda + b\mu & h'\lambda + b'\mu & h''\lambda + b''\mu \end{vmatrix} = 0,$$

ou en développant

$$(Ax + A'y + A''z)\lambda^2 + (Hx + H'y + H''z)\lambda\mu$$
$$+ (Bx + B'y + B''z)\mu^2 = 0.$$

Cette équation, linéaire en x, y, z, contient le paramètre $\lambda:\mu$ au second degré, et en lui appliquant la méthode indiquée au n° 283 pour la détermination des courbes enveloppes, on retombe sur la même équation que ci-dessus.

Lorsqu'on développe l'équation de la droite joignant deux points de la courbe, on trouve une expression de la forme

$$X\lambda\lambda' + Y(\lambda\mu' + \lambda'\mu) + Z\mu\mu' = 0,$$

mais on peut mettre en évidence la forme de cette équation sans avoir recours aux pénibles calculs d'un développement. Les coordonnées de l'un et l'autre point vérifient, en effet, les équations

$$x = a\lambda^2 + 2h\lambda\mu + b\mu^2, \quad \ldots$$

et comme on a, en raison de l'équation du second degré en $\lambda:\mu$,

$$\mu'\mu''\lambda^2 - (\lambda'\mu'' + \lambda''\mu')\lambda\mu + \lambda'\lambda''\mu^2 = 0$$

il vient, en éliminant λ^2, $\lambda\mu$ et μ^2,

$$\begin{vmatrix} 0 & \mu'\mu'' & -(\lambda'\mu'' + \lambda''\mu') & \lambda'\lambda'' \\ x & a & 2h & b \\ y & a' & 2h' & b' \\ z & a'' & 2h'' & b'' \end{vmatrix} = 0.$$

Lorsque les paramètres $\lambda:\mu$ de n points d'une conique, n étant quelconque, vérifient une équation algébrique homogène de degré n, on peut, ainsi que l'a fait voir M. Burnside ([1]), interpréter géométriquement les invariants et les covariants de la forme binaire de $n^{\text{ième}}$ ordre qui constitue le premier membre de cette équation. Considérons d'abord la forme quadratique qui représente géométriquement un système de deux points sur la conique : elle n'admet pas d'autre invariant que son discriminant, et lorsque ce discriminant se réduit à zéro, les deux points coïncident ; il n'y a, du reste, pas d'autre question à se poser sur la situation relative de ces deux

---

([1]) *Higher Algebra*, n° 190.

points. Dans le cas de deux formes quadratiques, définissant deux couples de points, la réduction à zéro de l'invariant exprime que les droites passant par l'un et l'autre couple de points sont conjuguées, et le Jacobien représente les points où la polaire de l'intersection de ces deux droites rencontre la conique.

Passons maintenant à l'équation homogène du troisième degré : soient a, b, c les trois points qu'elle représente, et ABC le triangle formé par les tangentes en ces trois points. Les deux triangles abc, ABC sont homologiques, et, en égalant à zéro le Hessien de la forme cubique, on obtient une équation qui a pour racines les paramètres des points où l'axe d'homologie de ces deux triangles coupe la conique ; quant au covariant cubique, il représente les points où les droites Aa, Bb, Cc rencontrent la conique pour la deuxième fois. Enfin, quand les paramètres de quatre points, a, b, c, d, vérifient une équation du quatrième degré, le covariant du sixième degré de la forme biquadratique fait connaître les points où la conique est rencontrée par les côtés du triangle qui a pour sommets (ab, cd), (ac, bd) et (ad, bc).

ÉQUATION D'UNE CONIQUE AYANT UN DOUBLE CONTACT AVEC UNE CONIQUE FIXE, ET TANGENTE A TROIS AUTRES CONIQUES.

(Page 612.)

On peut obtenir cette équation en suivant une marche analogue à celle indiquée au nº 132 (e), Ex. 4. Soient S la conique

$$x^2 + y^2 + z^2 = 0,$$

et L, M les droites

$$lx + my + nz = 0, \quad l'x + m'y + n'z = 0.$$

La condition pour que les deux coniques $S - L^2$, $S - M^2$ se touchent peut s'écrire (nº 387)

$$(1 - S')(1 - S'') = (1 - R)^2,$$

en posant

$$S' = l^2 + m^2 + n^2, \quad S'' = l'^2 + m'^2 + n'^2, \quad R = ll' + mm' + nn'.$$

Si l'on effectue, d'après les règles connues, le produit des deux expressions

$$\begin{vmatrix} 1 & 0 & 0 & 0 & 0 \\ 1 & l & m & n & \sqrt{1-S'} \\ 1 & l' & m' & n' & \sqrt{1-S''} \\ 1 & l'' & m'' & n'' & \sqrt{1-S'''} \\ 1 & l''' & m''' & n''' & \sqrt{1-S^{IV}} \\ 1 & l^{IV} & m^{IV} & n^{IV} & \sqrt{1-S^{V}} \end{vmatrix} \times \begin{vmatrix} 0 & 0 & 0 & 0 & 1 \\ -1 & l & m & n & \sqrt{1-S'} \\ -1 & l' & m' & n' & \sqrt{1-S''} \\ -1 & l'' & m'' & n'' & \sqrt{1-S'''} \\ -1 & l''' & m''' & n''' & \sqrt{1-S^{IV}} \\ -1 & l^{IV} & m^{IV} & n^{IV} & \sqrt{1-S^{V}} \end{vmatrix},$$

et si l'on désigne, pour abréger, par (12) la quantité

$$\sqrt{(1-S')(1-S'')}-(1-R),$$

on obtient le déterminant

$$\begin{vmatrix} 0 & 1 & 1 & 1 & 1 & 1 \\ \sqrt{1-S'} & 0 & (12) & (13) & (14) & (15) \\ \sqrt{1-S''} & (12) & 0 & (23) & (24) & (25) \\ \sqrt{1-S'''} & (13) & (23) & 0 & (34) & (35) \\ \sqrt{1-S^{IV}} & (14) & (24) & (34) & 0 & (45) \\ \sqrt{1-S^{V}} & (15) & (25) & (35) & (45) & 0 \end{vmatrix},$$

qui doit être nul, puisque les facteurs contiennent six lignes horizontales et seulement cinq colonnes. L'équation qu'on obtient ainsi est vérifiée par les invariants des cinq coniques qui ont un double contact avec S. Lorsque la conique (5) est tangente aux quatre autres, les expressions (15), (25), ... s'annulent, et les invariants des quatre coniques qui, ayant avec S un double contact, sont tangentes à une cinquième conique, satisfont à la relation

$$\begin{vmatrix} 0 & (12) & (13) & (14) \\ (12) & 0 & (23) & (24) \\ (13) & (23) & 0 & (34) \\ (14) & (24) & (34) & 0 \end{vmatrix} = 0,$$

qui devient, après développement,

$$\sqrt{(12)(34)} \pm \sqrt{(13)(24)} \pm \sqrt{(14)(23)} = 0.$$

On peut déduire de cette relation, l'équation de la conique tangente à trois autres coniques, en opérant comme il suit. Lorsque le discriminant d'une conique s'annule, S devient égal à 1, et la condition pour que cette conique soit tangente à l'une quelconque des autres coniques se réduit à R = 1 ; il en résulte que, si un point (α, β, γ) appartient à la conique $S - L^2$, ce qui revient à dire que ses coordonnées α, β, γ vérifient la relation $x^2 + y^2 + z^2 - (lx + my + nz)^2 = 0$, l'équation

$$x^2 + y^2 + z^2 - \left\{\frac{\alpha x + \beta y + \gamma z}{\sqrt{\alpha^2 + \beta^2 + \gamma^2}}\right\}^2 = 0$$

représente une conique, dont le discriminant est nul, et qui touche $S - L^2$. Par suite, étant données les trois coniques $S - L^2$, $S - M^2$, $S - N^2$, si l'on prend un point quelconque (α, β, γ) sur la conique qui leur est tangente, et que l'on considère comme quatrième conique celle dont nous venons d'écrire l'équation, les quantités (14), (24), (34) ont respectivement pour valeurs $1 - \dfrac{L}{\sqrt{S}}$, $1 - \dfrac{M}{\sqrt{S}}$, $1 - \dfrac{N}{\sqrt{S}}$, et les coordonnées d'un point quelconque de la conique tangente aux trois autres satisfont à la relation

$$\sqrt{(23)(\sqrt{S} - L)} \pm \sqrt{(31)(\sqrt{S} - M)} \pm \sqrt{(12)(\sqrt{S} - N)} = 0.$$

SUR LE TRACÉ D'UNE CONIQUE ASSUJETTIE A CINQ CONDITIONS.

Nous avons vu (n° 133) que cinq conditions suffisent pour déterminer une courbe du second degré; on peut donc, en général, tracer une conique lorsqu'on en connaît m points et n tangentes, $m + n$ étant égal à 5. Nous ne pensons pas qu'il y ait grande utilité à traiter séparément les cas où parmi ces données s'en trouvent quelques-unes à l'infini, d'autant plus qu'il suffit presque toujours, pour construire la conique, de modifier légèrement la construction indiquée pour le cas général. Ainsi, par exemple, pour tracer une conique, étant donnés quatre points et une parallèle à une asymptote, ou, ce qui est la même chose, étant donnés quatre points à distance finie et un point situé à l'infini sur une droite donnée, il suffit évidemment de supposer, dans la construction indiquée au n° 269, que le point E est à l'infini, et que les droites DE, QE sont parallèles à la droite donnée ; ce qui n'entraîne pas une modification bien grande dans le tracé primitif.

On a souvent à déterminer une conique par des conditions autres que celles de passer par des points ou de toucher certaines droites. *Une parallèle à une asymptote* équivaut à une condition, puisque la recherche d'une conique assujettie à remplir cette condition et à passer en outre par quatre points donnés est un problème déterminé. *Une asymptote* vaut deux conditions, puisque c'est se donner une tangente et son point de contact, point qui est à l'infini sur l'asymptote. *Dire que la conique est une parabole* équivaut à une condition, puisque cela revient à donner une tangente qui est la droite à l'infini. *Savoir que la courbe est un cercle* représente deux conditions, puisque tous les cercles passent par les deux mêmes points imaginaires situés à l'infini (n° 257). *Un foyer* vaut deux conditions puisque les droites qui joignent ce foyer aux points cycliques sont tangentes à la conique (n° 279); la méthode des polaires réciproques permet de voir d'ailleurs qu'un foyer et trois autres conditions suffisent pour déterminer une conique : en prenant le foyer pour origine, et formant la figure réciproque des trois autres données (n° 307), on ramène, en effet, la construction de la conique au tracé d'un cercle assujetti à trois conditions, problème qu'il est facile de résoudre par la Géométrie élémentaire; rien n'empêche, du reste, une fois le tracé effectué, de revenir à la conique par la transformation inverse. Nous laissons au lecteur le soin de déterminer, par ce procédé, les directrices des quatre coniques définies par un foyer et trois points.

Une droite et son pôle par rapport à la conique valent deux conditions. Soient, en effet, P le pôle de R'R" (*fig.* 54, p. 246) et T un point de la courbe; on aura un nouveau point T' de la courbe en construisant le conjugué harmonique T' de T par rapport à O, R ; on sait d'ailleurs que si OT est une tangente, OT' en est une autre. Si donc on se donne, outre une droite et son pôle, trois points ou trois tangentes, on peut trouver immédiatement trois autres points, ou trois autres tangentes, et tracer la courbe.

Le *centre* équivaut à deux conditions, puisque le centre est le pôle de la droite à l'infini. Connaître *un point du plan et un point de sa polaire* ne représente qu'une seule condition. *Savoir que la courbe est une hyperbole équilatère* équivaut à deux conditions, car cela revient à dire que chacun des points cycliques se trouve sur la polaire de l'autre par rapport à la conique. Donner *un triangle autopolaire* équivaut à trois conditions.

NOTES.   669

1° *Construire une conique connaissant cinq points.* Nous avons montré (n° 269) comment on peut, sans autre instrument que la règle, déterminer autant de points de la courbe qu'on le désire : on peut également trouver la polaire d'un point quelconque par rapport à la courbe (n° 146), ou le pôle d'une droite donnée, et par suite le centre.

2° *Cinq tangentes.* On peut transformer, par voie réciproque, la construction du n° 269, ou ramener ce problème au précédent d'après les indications de l'Exercice 4 du n° 268.

3° *Quatre points et une tangente.* Nous avons indiqué précédemment (n° 345, Ex. 4) comment on peut résoudre ce problème, qui admet deux solutions, et qui, par suite, exige plus que l'emploi de la règle. On peut encore le résoudre comme il suit :

Soient AB, a, a', b, b' la tangente et les quatre points donnés; on a, d'après le théorème de Carnot (n° 313)

$$A c . A c' . B a . B a' . C b . C b' = A b . A b' . B c . B c' . C a . C a',$$

et comme les points c et c' coïncident, cette relation suffit pour déterminer le rapport $\overline{Ac}^2 : \overline{Bc}^2$. On peut aussi ramener ce problème à l'un des problèmes suivants, en observant qu'à l'aide des quatre points donnés (n° 282) on peut immédiatement trouver les polaires de trois points, et qu'une fois ces polaires tracées, on peut en partant de la tangente donnée obtenir trois nouvelles tangentes; de telle sorte qu'on connait en réalité quatre points et quatre tangentes.

4° *Quatre tangentes et un point.* Ce problème peut se ramener au précédent, en formant la figure réciproque des données; mais on peut aussi le résoudre directement en remarquant que les quatre tangentes permettent de tracer immédiatement les polaires de trois points du plan de la conique (n° 146, Ex. 3).

5° *Trois points et deux tangentes.* Le théorème suivant est un cas particulier de celui du n° 344 : Les deux points où une droite rencontre une conique et ceux où elle coupe deux de ses tangentes appartiennent à une involution qui a pour point double l'intersection de cette droite avec la corde de contact. Si donc la ligne qui joint deux des points donnés a et b est coupée par les deux tangentes en A et B, la corde de contact de ces tangentes passe par l'un ou l'autre des points fixes F et F', qui sont les points doubles du système $(a.b.A.B)$ (n° 286, Ex.). De même la corde de contact passe par l'un ou l'autre des points fixes G, G' situés sur la droite qui joint les points donnés a et c. La corde de contact coïncide donc avec l'une ou l'autre des droites FG, FG′, F′G, F′G′, et le problème admet quatre solutions.

6° *Deux points et trois tangentes.* Le triangle formé par les trois cordes de contact a ses sommets situés chacun sur une des tangentes, et comme, d'après le théorème énoncé plus haut, chacun de ses côtés passe par un point fixe de la droite qui joint les deux points fixes, on peut construire le triangle.

La construction d'une conique, étant donnés deux de ses points, ou deux de ses tangentes, n'est qu'un cas particulier de la construction d'une conique assujettie à avoir un double contact avec une conique donnée. Le tracé d'une conique doublement tangente à une conique donnée et tangente à trois droites, ou passant par trois points, a été indiqué aux n°s 328 et 387. Nous avons résolu au n° 286 le problème de trouver une conique ayant un double contact avec deux coniques données et passant par un point, ou tangente à une droite; et au n° 387 celui de tracer une conique ayant un double contact avec une conique donnée, et qui touche en même temps trois autres coniques ayant, elles aussi, un double contact avec la première.

DES SYSTÈMES DE CONIQUES ASSUJETTIES A QUATRE CONDITIONS.

Les propriétés des systèmes de courbes assujetties à un nombre de conditions inférieur d'une unité à celui qui est nécessaire pour les déterminer, ont été étudiées par MM. de Jonquières, Chasles, Zeuthen et Cayley [1]; nous nous bornerons dans cette Note à présenter quelques-unes des applications de la théorie des caractéristiques de Chasles aux systèmes de coniques.

Lorsque dans un système de coniques satisfaisant à quatre conditions, il y a μ coniques qui passent par un point donné, et ν qui touchent une droite donnée, on dit que μ et ν sont les *caractéristiques* du système. Ainsi les caractéristiques d'un système de coniques passant par quatre points sont $\mu = 1$ et $\nu = 2$, parce qu'en ajoutant

---

[1] Pour l'indication détaillée des sources originales *voir* Cayley, *Philosophical Transactions*, 1867, p. 75); *voir* aussi Painvin, *Bulletin des Sciences mathématiques*, t. III, p. 155.

aux conditions primitives un cinquième point on ne peut construire qu'une seule conique, tandis qu'en y ajoutant une tangente on peut en construire deux. De même, les caractéristiques des systèmes définis par trois points et une tangente, deux points et deux tangentes, un point et trois tangentes, quatre tangentes, sont respectivement ($\mu = 2$, $\nu = 4$), $(4, 4)$, $(4, 2)$, $(2, 1)$.

On peut déterminer *à priori* l'ordre et la classe d'un certain nombre de lieux associés à ces systèmes en se basant uniquement sur les définitions que nous avons données de l'ordre et de la classe : une courbe est du $n^{\text{ième}}$ ordre lorsqu'elle rencontre une droite quelconque en n points, réels ou imaginaires; une courbe est de la $n^{\text{ième}}$ classe lorsque par un point arbitraire on peut lui mener n tangentes, réelles ou imaginaires. Ainsi le lieu du pôle d'une droite donnée par rapport à un système dont les caractéristiques sont μ et ν est une courbe de l'ordre ν. Si l'on examine, en effet, en combien de points ce lieu peut couper la droite donnée, on voit qu'il ne peut la rencontrer qu'autant que cette droite contient son pôle, c'est-à-dire qu'autant que cette droite est tangente à l'une des coniques du système : et comme, par hypothèse, ce contact ne peut se produire que dans ν cas, le lieu est du degré ν. Ce résultat est en parfaite concordance avec les résultats que nous avons obtenus dans quelques cas particuliers, comme la recherche du lieu des centres des coniques passant par quatre points, ou tangentes à quatre droites, etc.

Examinons maintenant comment on peut déterminer l'ordre du lieu des foyers des coniques du système (μ, ν). En généralisant la question conformément à la conception des foyers exposée au n° 374, on voit que ce problème n'est qu'un cas particulier du suivant : Étant donnés deux points A et B, trouver le degré du lieu décrit par l'intersection des tangentes menées à chacune des coniques du système par A et B. Ce lieu ne peut rencontrer la droite AB, autrement dit ne peut avoir un de ses points T sur AB, qu'autant que AB touche en T une conique du système; il est d'ailleurs facile de voir que, si cette condition est remplie, la tangente AT rencontre en T la tangente BT, et en B la deuxième tangente menée par B; de même la tangente BT rencontre en A la deuxième tangente menée par le point A. Il résulte de là que, à toutes les coniques qui touchent AB, correspondent sur AB trois points du lieu, et, par suite, que ce lieu est de l'ordre 3ν, et passe par A et B qui sont des points multiples de l'ordre ν. Le lieu des foyers des coniques tangentes à quatre droites est donc une cubique, qui passe par les points cycliques.

Lorsque la condition que la droite AB soit tangente aux coniques est une des conditions du système, toute transversale menée par A rencontre le lieu en ν points distincts de A, et, comme A lui-même est un point multiple de l'ordre ν, le lieu se réduit alors à l'ordre 2ν. C'est le degré du lieu des foyers des paraboles assujetties à trois conditions.

Dans la théorie des caractéristiques, on a fréquemment recours au principe suivant : Lorsque deux points A et A′, situés sur une même droite, se correspondent de telle sorte qu'à une position quelconque de A correspondent m positions de A′, et qu'à une position quelconque de A′ correspondent n positions de A, il y a $m+n$ cas dans lesquels A et A′ coïncident. Ce théorème se démontre, comme ceux des n⁰ˢ 336 et 340 : Si l'on prend, en effet, pour axe des x la droite sur laquelle A et A′ tracent une division, les abscisses x et x' de A et A′ sont assujetties à une certaine relation qui est par hypothèse du $m^{\text{ième}}$ degré en x, et du $n^{\text{ième}}$ en x', et qui devient, par suite, du degré $m+n$ lorsqu'on y fait $x=x'$.

Comme application de ce principe, cherchons l'ordre du lieu des points tels que chacun d'eux ait la même polaire, par rapport à une conique fixe, et par rapport à l'une des coniques du système. Pour savoir le nombre des points du lieu qui peuvent se trouver sur une droite donnée il suffit de prendre sur cette droite deux points A et A′ tels, que la polaire de A par rapport à la conique fixe coïncide avec la polaire de A′ par rapport à l'une des coniques du système, et de voir dans combien de cas A et A′ coïncident. Lorsque A est fixe, sa polaire par rapport à la conique fixe est donnée et le lieu des pôles de cette polaire par rapport aux coniques du système est, d'après le premier théorème énoncé dans la présente Note, de l'ordre ν; on peut donc assigner, sur la droite donnée, ν positions au point A′. Examinons maintenant à combien de positions de A correspond une position déterminée de A′. D'après le théorème réciproque du théorème que nous venons de rappeler, les polaires de A′, par rapport aux coniques du système, enveloppent une courbe de la classe μ, courbe à laquelle on peut, en conséquence, mener μ tangentes par le pôle de la droite AA′ dans la conique fixe. Il en résulte que, à toute position de A′ correspondent μ positions de A, et par suite, qu'il y a μ+ν cas dans lesquels A et A′ coïncident. Le lieu cherché est donc de l'ordre μ+ν.

Ce qui précède permet de déterminer immédiatement quel est, dans un système donné, le nombre des coniques qui touchent une conique fixe, puisque chaque point de contact a la même polaire par rapport à la conique fixe, et par rapport à l'une des coniques du système. Ce point de contact se trouve donc à l'intersection de la conique fixe avec le lieu trouvé précédemment, lieu qui la rencontre évidemment en $2(\mu+\nu)$ points. On obtient ainsi le nombre de coniques qui, touchant une conique fixe, sont assujetties à quatre conditions : quatre points, trois points et une tangente, deux points et deux tangentes, etc. Ces nombres, qui sont respectivement 6, 12, 16, 12, 6, permettent de calculer les caractéristiques des systèmes de coniques qui touchent une conique et satisfont à trois autres conditions : trois points, deux points et une tangente, etc. : ces caractéristiques ont pour valeurs respectives (6, 12), (12, 16), (16, 12), (12, 6).

De même, les coniques de ces différents systèmes qui touchent une deuxième conique fixe sont au nombre de 36, 56, 56, 36, ce qui donne (36, 56), (56, 56), (56, 36), pour les caractéristiques respectives des systèmes dont les courbes touchent deux coniques fixes et satisfont en outre à deux conditions : deux points, un point et une tangente, deux tangentes.

Les coniques de ces différents systèmes qui touchent une troisième conique fixe sont au nombre de 184, 224, 184 : on a ainsi (184, 224), (224, 184) pour les caractéristiques des systèmes définis par trois coniques et un point, trois coniques et une tangente.

Enfin, le nombre des coniques de ces derniers systèmes, qui touchent une quatrième conique est pour chacun d'eux de 816; il résulte de là qu'on peut mener 3264 coniques touchant à la fois cinq coniques données.

Nous renverrons pour de plus amples détails aux Mémoires déjà cités, et nous nous contenterons d'ajouter ici que $2\nu - \mu$ coniques du système se réduisent à un couple de droites et $2\mu - \nu$ à un couple de points.

FIN.

S. — *Geom. à deux dim.*

TABLE ANALYTIQUE.

Aires. — Aire d'un polygone en fonction des coordonnées de ses sommets, p. 50, 217.

Aire d'un triangle étant données les équations de ses côtés, p. 52, 217.

Aire d'un triangle inscrit, circonscrit, à une conique, p. 356, 371.

Aire d'un triangle formé par trois normales, p. 372.

L'aire du triangle formé en joignant les extrémités de deux diamètres conjugués quelconques est *constante*, p. 265, 281.

L'aire comprise entre une tangente quelconque et les asymptotes est *constante*, p. 320.

L'aire du triangle formé par les polaires des milieux des côtés d'un triangle fixe par rapport à une conique inscrite est *constante*, p. 599.

Étant donnés deux diamètres, si de l'extrémité de l'un on abaisse une ordonnée sur l'autre on forme deux triangles *équivalents*, p. 287.

Détermination des aires par la méthode des infiniment petits, p. 633.

Aire *constante* déterminée dans une conique par la tangente à une conique homothétique, p. 637.

Les cordes qui interceptent une *aire constante* dans une courbe sont divisées en deux parties égales par leur enveloppe, p. 638.

Aire du triangle autopolaire commun à deux coniques, p. 618.

Angles. — Angle compris entre deux droites définies en coordonnées cartésiennes, p. 34, 35.

Angle de deux droites en coordonnées trilinéaires, p. 103.

Angle de deux droites représentées par une seule équation, p. 117.

Angle de deux tangentes à une conique, p. 276, 315, 354, 357, 455.

Angle de deux diamètres conjugués, p. 281.

Angle des asymptotes p. 273.

Angle compris entre une tangente et un rayon vecteur focal, p. 300.

Angle sous lequel la tangente menée par un point est vue du foyer, p. 304, 342.

Angles sous-tendus aux points limites d'un système de cercles, p. 492.

Théorèmes sur les angles qui ont leurs sommets au foyer. Démonstration basée sur la méthode des polaires réciproques, p. 480.
Démonstration par la géométrie sphérique, p. 564.
Théorèmes sur la projection des angles, p. 544, 549.

Angle excentrique. — Théorie de l'angle excentrique, p. 366.
Expression de l'angle excentrique en fonction de l'angle focal correspondant, p. 373.
Relation entre les angles excentriques de quatre points situés sur une circonférence, p. 386.

Apollonius, p. 558.

Arcs. — Rapport suivant lequel les cordes qui interceptent des arcs de longueur constante sont divisées par leur enveloppe, p. 638.
Théorèmes sur les arcs des coniques, p. 643.

Asymptotes. — Les asymptotes sont des tangentes menées par le centre et dont le point de contact est à l'infini, p. 258.
Une asymptote est à elle-même son diamètre conjugué, p. 278.
Les asymptotes sont les diagonales du parallélogramme construit sur deux diamètres conjugués, p. 316.
Équation générale des asymptotes, p. 460.
Les asymptotes et deux diamètres conjugués quelconques forment un faisceau harmonique, p. 501.
La portion de tangente limitée aux asymptotes a pour milieu le point de contact, p. 317.
Les segments déterminés sur une corde par la courbe et les asymptotes sont égaux, p. 318, 531.
La longueur du segment déterminé sur l'asymptote par la corde qui joint un point quelconque de la courbe à deux points fixes est constant, p. 320, 497, 504.
Rapport des segments déterminés sur une corde par une parallèle à une asymptote, p. 504.
Segments déterminés par une parallèle à une asymptote sur deux tangentes et leur corde de contact, p. 504.
La distance d'un point à sa polaire, estimée parallèlement à une asymptote, est divisée par la courbe en deux parties égales, p. 499.
L'aire du parallélogramme formé en menant des parallèles aux asymptotes par un point quelconque de la courbe est constante, p. 319, 496, 505.
Segments déterminés sur un diamètre par une parallèle à une asymptote, p. 505.

Axes. — Axes d'une conique; leur équation, p. 260.
Longueurs de ces axes; leur détermination, p. 262.
Construction géométrique des axes d'une conique, p. 268.

Tracé des axes lorsqu'on connaît deux diamètres conjugués, p. 286, 292.
Axes d'une courbe réciproque, p. 491.
Axe de la parabole, p. 326.
Axes de similitude, p. 182, 378, 476.
Axe radical, p. 167, 211.
Axe d'homologie, p. 101.

Bissectrices. — Équation des bissectrices des angles formés par deux droites, p. 118.

Bobillier. — Équations des coniques inscrite et circonscrite à un triangle, p. 201.

Boole (M.). — Invariants des coefficients de l'équation d'une conique, p. 264.

Brianchon. — Théorème sur l'hexagone circonscrit, p. 409, 473, 653.

Burnside (M.). — Théorèmes et démonstrations qui lui sont dus, p. 134, 372, 374, 405, 414, 433, 461, 583.

Carnot. — Théorèmes sur les transversales, p. 489, 540, 669.

Casey (M.). — Ses théorèmes, p. 189, 212, 225, 611.

Cathcart. — Propositions diverses, p. 216, 221.

Cayley (M.). — Théorèmes qui lui sont dus, p. 223, 584, 598, 611, 647, 651, 670.

Centres. — Centre des distances proportionnelles, p. 84.
Centre d'homologie, p. 100.
Centre radical, p. 168, 476.
Centre de similitude, p. 177, 378, 418.
Les cordes qui joignent les extrémités des rayons vecteurs menés par le centre de similitude se coupent sur l'axe radical, p. 180, 378, 419.
Centre d'une conique; ses coordonnées, p. 238.
Le centre est le pôle de la droite à l'infini, p. 259, 500
Sa détermination, lorsqu'on a cinq points de la conique, p. 415.
Centre de courbure, p. 389, 642.

Cercle. — Équation du cercle, p. 23, 126, 146.
Équation tangentielle du cercle, p. 201, 208, 215, 486, 657.
Équation trilinéaire, p. 203.
Tous les cercles passent par les deux mêmes points imaginaires situés à l'infini, p. 401, 553.
Équation et centre du cercle circonscrit à un triangle, p. 6, 144, 198, 218, 486.
Équation du cercle inscrit dans un triangle, p. 205, 486.

Équation du cercle ayant pour triangle autopolaire le triangle de référence, p. 427.

Équation du cercle passant par les milieux des côtés d'un triangle (*voir* Feuerbach), p. 145, 205.

Tout cercle qui coupe deux cercles fixes sous des angles constants est tangent à deux cercles fixes, p. 174.

Cercle tangent à trois cercles donnés, p. 185, 191, 492.

Cercle coupant orthogonalement trois cercles donnés, p. 172, 218, 616.

Cercle rencontrant trois cercles fixes sous un angle donné, p. 220.

Les cercles qui rencontrent trois cercles donnés sous le même angle ont même axe radical, p. 183, 221.

Le cercle circonscrit à un triangle formé par trois tangentes à la parabole passe par le foyer, p. 344, 360, 465, 483, 543.

Cercle circonscrit au triangle formé par deux tangentes à une conique et par leur corde de contact, p. 405, 642.

Cercle circonscrit à un triangle inscrit dans une conique, p. 371, 566.

Cercle inscrit ou circonscrit à un triangle autopolaire, p. 582.

Les cercles circonscrits aux triangles formés par quatre droites passent par un même point, p. 413.

Étant données cinq droites, les foyers des paraboles tangentes à quatre 'entre elles sont situés sur un même cercle, p. 414.

Détermination des tangentes, de l'aire et de la circonférence du cercle par les infiniment petits, p. 629.

Cercle directeur, p. 455, 602.

Les cercles directeurs des coniques inscrites dans un même quadrilatère ont même axe radical, p. 470.

Cercle osculateur, p. 384, 395.

Il existe sur une conique trois points dont les cercles osculateurs passent par un même point de la courbe, p. 387.

Chasles, p. 496, 498, 509, 516, 644, 670.

Classe d'une courbe, p. 244.

Concomitants, p. 620.

Conditions : — Pour que trois points soient en ligne droite, p. 39.

Pour que trois droites soient concourantes, p. 51, 55.

Pour que quatre droites concourantes forment un faisceau harmonique, p. 95.

Pour que deux droites soient perpendiculaires, p. 35, 101, 605.

Pour qu'une droite passe par un point fixe, p. 85.

Pour que l'équation du second degré représente : 1° deux droites, p. 120, 249, 253, 257, 449; — 2° un cercle, p. 127, 203, 602; — 3° une parabole, p. 234, 465, 602; — 4° une hyperbole équilatère, p. 280, 602.

Pour qu'une équation d'un degré quelconque représente des droites p. 124.

Pour que deux cercles soient concentriques, p. 129.

Pour que quatre points appartiennent à une même circonférence, p. 146, 223.

Pour que le segment déterminé par un cercle sur une droite soit vu sous un angle droit d'un point donné, p. 151.

Pour que deux cercles se coupent à angle droit, p. 172, 595.

Pour que quatre cercles aient même cercle orthogonal, p. 220.

Pour qu'une droite touche une conique, p. 136, 252, 450, 580.

Pour que deux coniques soient semblables et semblablement placées, p. 376.

Pour que deux coniques soient semblables, p. 379.

Pour que deux coniques se touchent, p. 573, 609.

Pour qu'un point soit situé en dehors d'une conique, p. 440.

Pour que deux droites soient conjuguées par rapport à une conique, p. 451.

Pour que deux couples de points soient conjugués harmoniques, p. 518.

Pour que quatre points d'une conique appartiennent à un cercle, p. 387.

Pour qu'une droite soit divisée harmoniquement par deux coniques, p. 519.

Pour qu'une droite soit coupée en involution par trois coniques, p. 620.

Pour que trois couples de droites touchent la même conique, p. 456.

Pour que trois couples de points forment une involution, p. 526.

Pour qu'un triangle puisse être inscrit dans une conique et circonscrit à une autre conique, p. 584.

Pour que deux droites se coupent sur une conique, p. 391.

Pour qu'un triangle autopolaire par rapport à une conique puisse être inscrit ou circonscrit à une autre conique, p. 580.

Pour que trois coniques soient doublement tangentes à une même conique, p. 613.

Pour que trois coniques passent par un même point, p. 623.

Pour que les droites qui joignent les sommets d'un triangle aux points où une conique rencontre les côtés forment deux systèmes de droites concourantes, p. 600.

Cône (Sections du), p. 554.

Coniques. — 1° Coniques confocales. Elles se coupent a angle droit, p. 301, 492, 546.

Elles peuvent être considérées comme inscrites dans un même quadrilatère, p. 428.

Équation la plus générale des coniques confocales, p. 604.

Les tangentes menées à une conique (2) par un point d'une conique (1) confocale sont également inclinées sur la tangente à (1), p. 303.

Le pôle, par rapport à une conique (2) de la tangente à une conique confocale (1), est sur la normale à (1), p. 349.

Emploi des coniques confocales pour trouver les axes des courbes réciproques, p. 491.

Emploi de ces coniques pour trouver le centre de courbure, p. 642.

Longueur de l'arc intercepté sur une conique par deux tangentes se couant sur une conique confocale, p. 644.

Propriétés des coniques confocales démontrées par la méthode des polaires réciproques, p. 491.

2° Coniques semblables et semblablement placées, p. 375.

Conditions pour que deux coniques soient semblables, p. 379.

Les coniques homothétiques ont deux points communs situés à l'infini, p. 398.

Toute tangente à une conique détermine une aire constante dans une conique homothétique et concentrique, p. 637.

Contact des sections coniques, p. 380.

Continuité (Principe de), p. 553.

Contrevariants p. 593.

Coordonnées. — Coordonnées cartésiennes, p. 1, 110
Coordonnées trilinéaires, p. 103.
Coordonnées tangentielles, p. 111, 657.
Coordonnées polaires, p. 15.

Cordes. — Dans une conique la droite qui joint le foyer au pôle d'une corde focale est perpendiculaire à cette corde, p. 305, 545.

Les cordes, qui sont tangentes à une conique confocale, sont proportionnelles aux carrés des diamètres qui leur sont parallèles, p. 355, 374.

Cordes d'intersection de deux coniques; leur équation, p. 569.
Cordes supplémentaires, p. 284.

Courbes parallèles, p. 575.

Courbure. — Rayon de courbure, sa longueur et sa construction, p. 384, 639.

Équation du cercle de courbure, p. 395.
Centre de courbure : ses coordonnées, p. 389.

Covariants, p. 591.

Covariants mixtes, p. 618.

Critériums. — Pour reconnaître si trois droites sont concourantes, p. 55.
Pour voir si un point est à l'intérieur ou à l'extérieur d'une conique, p. 440.

Pour reconnaître lorsque deux coniques se coupent en deux points réels et en deux points imaginaires, p. 573.

Descartes, p. 1.

Déterminants, p. 216.

Développées des coniques, p. 391, 576.

Diagonales d'un quadrilatère. — Leurs milieux sont en ligne droite, p. 42, 106, 364.
Les cercles décrits sur ces diagonales comme diamètres ont même axe radical, p. 470.

Diamètres conjugués, p. 243.
Relation entre les longueurs de deux diamètres conjugués, p. 265, 279.
L'aire du parallélogramme construit sur deux diamètres conjugués est constante, 265, 281.
Deux diamètres conjugués forment avec les asymptotes un faisceau harmonique, p. 501.
Tout diamètre est la polaire du point à l'infini où concourent ses ordonnées, p. 500.
Construire deux diamètres conjugués qui se coupent sous un angle donné, p. 284.
Tracer le diamètre conjugué d'un diamètre donné, p. 368.

Directrice, p. 297, 338.
Équation de la directrice de la parabole, p. 455, 602.
La directrice est le lieu des sommets des angles droits circonscrits à la parabole, p. 341, 455, 602.
La directrice passe par le point de concours des hauteurs de tout triangle circonscrit à la parabole, p. 355, 414, 466, 491, 584.

Discriminants, p. 449.
Leur formation, p. 120, 249, 253, 257.

Distance de deux points, p. 4, 17, 223.
Les distances de deux points au centre d'un cercle sont proportionnelles aux distances de ces points à leurs polaires, p. 157.
Dans quel cas la distance de deux points est une fonction rationnelle des coordonnées, p. 298.
Relation entre les distances mutuelles de quatre points : 1° pris sur un plan, p. 224; 2° pris sur un cercle, p. 223.

Distance d'un point à une droite, p. 45, 102.

Distance du centre et des foyers à une tangente, p. 280, 299, 339.

Division harmonique, p. 95, 514.

Ce qu'elle devient lorsqu'un des points s'éloigne à l'infini, p. 499.
Propriétés harmoniques du quadrilatère, p. 98, 541.
Propriétés des pôles et polaires, p. 143, 246, 499, 502, 539.
Faisceau harmonique formé : 1° par deux tangentes et deux droites conjuguées, p. 247, 500.
2° Par les asymptotes et deux diamètres conjugués, p. 501.
3° Par les diagonales des quadrilatères inscrit et circonscrit, p. 407.
4° Par les cordes de contact et les cordes communes de deux coniques ayant un double contact avec une troisième, p. 406.
Propriétés harmoniques déduites par projection de théorèmes sur les angles droits, p. 545.
Condition analytique pour que quatre droites forment un faisceau harmonique, p. 518.
Condition pour qu'une droite soit divisée harmoniquement par deux coniques, p. 520.
Lieu des points tels, que les tangentes menées par l'un d'eux à deux coniques forment un faisceau harmonique, p. 519.

Double contact, p. 382, 396, 590.
Équation d'une conique ayant un double contact avec deux autres, p. 442.
Lorsque deux coniques ont un double contact, toute tangente à l'une est divisée harmoniquement par l'autre et par la corde de contact, p. 530, 540.
Propriétés de deux coniques ayant un double contact avec une troisième, p. 406, 477.
Propriétés de trois coniques ayant un double contact avec une quatrième, p. 408, 444, 476.
Équation tangentielle d'une conique ayant un double contact avec une conique donnée, p. 607.
Condition pour que deux coniques ayant un double contact avec une troisième se touchent, p. 609.
Décrire une conique tangente à trois coniques, la conique cherchée et les coniques données ayant toutes un double contact avec une conique fixe, p. 609, 612, 665.

Droites conjuguées, p. 450.

Dualité (Principe de), p. 467.

Ellipse. — Origine de cette dénomination, p. 310, 558.
Tracé mécanique de la courbe, p. 296, 368.
Aire de l'ellipse, p. 634.

Enveloppes. — D'une droite : 1° dont l'équation renferme une indéterminée au deuxième degré, p. 434.
2° Telle que la somme de ses distances à plusieurs points fixes soit constante, p. 160.

3° Telle que le produit, la somme ou la différence des carrés de ses distances à deux points fixes soit constante, p. 436, 437.

Du troisième côté d'un triangle : 1° étant donnés l'angle opposé et la somme des autres côtés, p. 438.

2° Dont les sommets glissent sur trois droites, et dont les deux autres côtés passent par des points fixes, p. 436.

3° Inscrit dans une conique, et dont les deux autres côtés tournent autour de deux points fixes, p. 420, 474, 540.

4° Ce troisième côté étant vu sous un angle constant d'un point fixe et les autres côtés étant donnés de position, p. 482.

De la polaire d'un point fixe par rapport à une conique assujettie à quatre conditions, p. 458, 475.

De la polaire des centres des cercles tangents à deux cercles donnés, p. 492.

Des cordes d'une coniques vues d'un point donné sous un angle constant, p. 429.

Des perpendiculaires élevées aux extrémités des rayons vecteurs menés par un point fixe quelconque à une droite donnée, p. 340.

De l'une des asymptotes des hyperboles : 1° ayant une directrice et un foyer communs, p. 481; — 2° définies par trois points et l'autre asymptote, p. 460.

De la droite qui joint les points correspondants de deux divisions homographiques : 1° prises sur deux droites différentes, p. 514; — 2° prises sur une conique, p. 425, 514.

Du côté libre d'un polygone inscrit dans une conique, et dont les autres côtés passent par des points fixes, p. 420, 510.

Du troisième côté d'un triangle inscrit dans une conique, et dont les deux autres côtés enveloppent une conique, p. 597.

Du rayon d'un faisceau anharmonique donné, dans différentes conditions, p. 551.

D'une ellipse pour laquelle on donne la position de deux diamètres conjugués et la somme de leurs carrés, p. 438.

Équations. — Les équations en coordonnées cartésiennes ne sont qu'un cas particulier des équations trilinéaires, p. 111.

Ce que représente une équation lorsqu'on y remplace les coordonnées courantes par les coordonnées d'un point; cas de la ligne droite, du cercle, des coniques, p. 47, 141, 212, 404.

Problème analogue pour les équations tangentielles, p. 657.

Équations cartésiennes ou trilinéaires.

Des bissectrices des angles que forment deux droites, p. 118.

De l'axe radical de deux cercles, p. 166, 213.

Des tangentes communes à deux cercles, p. 175, 178, 444.

Du cercle : 1° passant par trois points, p. 145, 217; — 2° coupant orthogonalement trois cercle donnés, p. 172, 218; — 3° tangent à trois cercles,

p. 191, 666; — 4° inscrit ou circonscrit à un triangle, p. 198, 210, 487; — 5° ayant le triangle de référence pour triangle autopolaire, p. 427.

De la tangente à un cercle ou à une conique, p. 135, 244, 447.

De la polaire par rapport à un cercle ou à une conique, p. 139, 245, 447.

Du couple de tangentes menées à une conique : 1° par un point, p. 143, 248, 455; — 2° par les points où elle rencontre une droite, p. 459.

Des asymptotes d'une conique, p. 460, 580.

Des cordes d'intersection de deux coniques, p. 569.

Du cercle osculateur d'une conique, p. 395.

D'une conique : 1° passant par cinq points, p. 394; — 2° tangente à cinq droites, p. 464; — 3° ayant un double contact avec deux coniques données, p. 442, — 4° ayant un double contact avec une conique donnée et en touchant trois autres, p. 609.

D'une conique passant par trois points, ou tangente à trois droites : 1° dont le centre est donné, p. 451; — 2° dont l'un des foyers est donné, p. 486.

De la conique réciproque d'une conique donnée, p. 493, 594, 608.

De la directrice et du cercle directeur, p. 455, 602.

Des droites qui joignent à un point les points d'intersection de deux courbes, p. 456, 521.

Des quatre tangentes menées à une conique par les points où elle est coupée par une autre conique, p. 596.

De la courbe parallèle à une conique, p. 575.

De la développée d'une conique, p. 391, 576.

Du Jacobien de trois coniques, p. 613.

Équations tangentielles.

Des cercles inscrit et circonscrit, p. 202, 208, 487.

D'une conique en général, p. 253, 439.

Du cercle en général, p. 215.

Des points imaginaires et à l'infini du cercle, p. 601.

Des coniques confocales, p. 604, 657.

Des points communs à deux coniques, p. 587.

Équations en coordonnées polaires, p. 59, 146, 161, 267, 270, 307, 344.

Équations homogènes à deux variables; leur signification, p. 113.

Euler. — Expression de la distance du centre du cercle inscrit au centre du cercle circonscrit, p. 585.

Excentricité. — Excentricité d'une conique définie par l'équation générale, p. 273.

Elle ne dépend que de l'angle compris entre les asymptotes, p. 273.

Fagnano. — Théorèmes sur les arcs de coniques, p. 645.

Faisceaux harmoniques (*voir* division harmonique).

Faure (Théorèmes de M.), p. 582, 599.

Feuerbach. — Relation entre quatre points pris sur un cercle, p. 146, 366.
Théorèmes sur les cercles tangents à quatre droites, p. 211, 532, 612.

Foyers, de 204 à 316; de 349 à 355.
Le foyer est un cercle infiniment petit ayant un double contact avec la conique, p. 404.
Les foyers se trouvent à l'intersection des tangentes menées par deux points fixes et imaginaires situés à l'infini, p. 428.
Un foyer équivaut à deux conditions, p. 668.
Coordonnées du foyer : 1° étant données trois tangentes, 465; — 2° lorsque la conique est définie par l'équation générale, p. 428.
Foyer et directrice, p. 297, 404.
Théorèmes relatifs aux angles qui ont leur sommet au foyer, p. 480, 564.
Démonstration, par projection, des propriétés des foyers, p. 542.
Relation entre les inverses des segments des deux cordes qui joignent un point quelconque aux foyers, p. 354.
La droite qui joint l'intersection des normales à l'intersection des tangentes menées aux extrémités d'une corde focale passe par l'autre foyer, p. 352.
Lieu du foyer des paraboles inscrites dans un triangle, p. 344, 360, 465, 483, 543.
Lieu du foyer des coniques : 1° inscrites dans un quadrilatère, 466, 469; — 2° circonscrites à un quadrilatère, p. 365, 487; — 3° étant donnés un point et trois tangentes, p. 487 (Ex. 3).
Détermination des foyers de la section d'un cône droit, p. 563.

Gaultier de Tours, p. 167.

Gergonne. — Tracé d'un cercle tangent à trois cercles donnés, p. 185.

Gordan. — Sur le nombre des concomitants de deux fonctions ternaires du deuxième degré, p. 620.

Graves (Théorèmes du D^r), p. 566, 643.

Hamilton. — Démonstration du théorème de Feuerbach, p. 532

Hart (Théorèmes et démonstrations du D^r), p. 207, 210, 212, 444, 646.

Harvey. — Théorème relatif à quatre cercles, p. 220.

Hearn (M.). — Déterminer le lieu des centres des coniques assujetties à quatre conditions, p. 451.

Hermes (M.). — Équation d'une conique circonscrite à un triangle, p. 201.

Hesse, p. 652.

Hexagone (*voir* Brianchon et Pascal). — Relation entre les angles d'un hexagone circonscrit, p. 456, 489.

Homographie. — Systèmes homographiques, p. 97, 108.
Divisions homographiques, p. 515.
Critérium pour les reconnaître, et méthode pour les former, p. 516.
Lieu de l'intersection des droites correspondantes, p. 458.
Enveloppe de la droite qui joint des points correspondants, p. 514, 516.
Faisceaux homographiques, p. 518.

Homologie, p. 100, 647.

Homothétie, p. 375.

Hyperbole. — Origine de cette dénomination, p. 310, 558.
Aire de la courbe, p. 636.
Hyperboles conjuguées, p. 272.
Hyperbole équilatère; condition générale pour qu'une hyperbole soit équilatère, p. 280, 602.
L'hyperbole équilatère circonscrite à un triangle passe par le point de concours des hauteurs, p. 360, 491.
Le cercle circonscrit à un triangle autopolaire passe par le centre de la courbe, p. 361, 547.

Imaginaires. — Droites et points imaginaires, p. 116, 130.
Équation tangentielle des points imaginaires et à l'infini du cercle, p. 601.
Les droites menées par ces points sont à elles-mêmes leurs perpendiculaires, p. 601.

Infini (Droite de l'); son équation, p. 110.
La parabole a pour tangente la droite de l'infini, p. 397, 490, 559.
Le centre d'une conique est le pôle de la droite à l'infini, p. 259, 500.

Invariants, p. 263, 570.

Inversion des courbes, p. 192.

Involution, p. 521.

Jacobien de trois coniques, p. 613 à 627.

Joachimsthal. — Relation entre les angles excentriques de quatre points situés sur un cercle, p. 386.
Méthode pour trouver les points d'intersection d'une droite et d'une courbe, p. 446.

Jonquières (M. de), p. 670.

Kemmer, p. 573.

Kirkman (M.). — Théorèmes sur l'hexagone, p. 647.

Lieux géométriques. — Du sommet d'un triangle, étant donné le côté opposé et : 1° une relation entre les longueurs des autres côtés, p. 63, 78, 79, 296; — 2° une relation entre les angles, p. 64, 79, 148, 347; — 3° les segments déterminés par les autres côtés sur une droite fixe, p. 509; — 4° le rapport des segments que ces côtés déterminent sur une parallèle à la base, p. 68.

Du troisième sommet d'un triangle donné, dont les autres sommets glissent sur deux droites fixes, p. 347.

Du troisième sommet d'un triangle dont les angles sont donnés et dans lequel le premier sommet est fixe, tandis que le second glisse sur un lieu donné, p. 86.

Du troisième sommet d'un triangle dont les côtés pivotent autour de points fixes, tandis que les deux autres sommets glissent sur des droites fixes, p. 69, 71, 416, 474, 507.

Généralisation de cet énoncé, p. 508.

Du troisième sommet d'un triangle dont les côtés enveloppent une conique, tandis que les deux autres sommets glissent sur des droites fixes, p. 419, 541, 596.

Généralisation, p. 598.

Du sommet commun à un certain nombre de triangles, étant données la somme des aires de ces triangles, ainsi que la longueur et la direction de la base de chacun d'eux, p. 66.

Du sommet d'un cône droit ayant pour section une conique donnée, p. 544.

Du point qui divise dans un rapport donné : 1° les cordes menées dans un cercle parallèlement à une direction donnée, p. 269; — 2° une droite mobile sous certaines conditions et limitée à deux droites fixes, p. 65, 67, 79; — 3° la portion de tangente variable comprise entre deux tangentes fixes à une conique, p. 469, 550.

Du point tel, que les tangentes menées de ce point à deux cercles soient dans un rapport donné, ou bien aient une somme donnée, p. 168, 443.

Du point pris suivant une loi déterminée sur des rayons vecteurs issus d'un point fixe, p. 88.

Du point tel, que la somme des carrés de ses distances à des points donnés soit constante, p. 149.

D'un point tel, que le carré de la tangente menée à un cercle par ce point soit dans un rapport constant avec le produit de ses distances à deux droites fixes, p. 403.

Des points déterminant une division anharmonique donnée sur les cordes menées par un point fixe à une conique, p. 542.

Du point pris sur la hauteur d'un triangle à une distance de la base égale à cette base, étant données cette base et la somme des deux autres côtés, p. 64.

D'un point tel, que la surface du triangle formé par ses projections sur les trois côtés d'un triangle donné soit constante, p. 199.

Du point o d'une transversale, de direction donnée, rencontrant un triangle, de telle sorte qu'on ait $\overline{oc}^2 = oa.ob$, p. 504.

Des points par où passent les cordes qui sont vues sous un angle droit des divers points d'une conique, p. 457.

D'un point tel, que les tangentes menées de ce point à deux coniques forment un faisceau harmonique, p. 519.

Du point dont les polaires par rapport à trois coniques fixes sont concourantes, p. 613.

Des centres des rectangles inscrits dans un triangle, p. 72.

Des milieux des cordes : 1° menées dans une conique parallèlement à une direction donnée, p. 238 ; — 2° menées dans un cercle par un point fixe, p. 162.

De l'intersection P de la bissectrice PC de l'angle C d'un triangle, avec la perpendiculaire BP élevée au côté CB, lorsqu'on connaît le côté BC et la somme des autres côtés, p. 87.

De l'intersection de la perpendiculaire abaissée du centre, ou du foyer, sur la tangente, avec le rayon vecteur mené par le centre, ou par le foyer, p. 348.

De l'intersection du rayon vecteur issu du foyer avec la droite menée par le centre et rencontrant l'axe sous un angle égal à l'angle excentrique, p. 372.

De l'intersection des perpendiculaires menées aux côtés d'un triangle par les extrémités de la base, étant donnés l'angle au sommet et une autre condition, p. 67.

Du point de concours des hauteurs d'un triangle : 1° étant donnés un côté et l'angle opposé, p. 148 ; — 2° inscrit dans une conique et circonscrit à une autre, p. 583.

De l'intersection de la normale en un point, avec le diamètre coupant l'axe sous un angle égal à l'angle excentrique, p. 373.

De l'intersection des droites correspondantes de deux faisceaux homographiques, p. 458.

De l'intersection des polaires par rapport à deux coniques d'un point qui glisse sur une droite, p. 459.

De l'intersection des tangentes à une parabole qui se coupent sous un angle donné, p. 357, 431, 482.

De l'intersection des tangentes à une conique : 1° qui se coupent à angle droit, 277, 284, 455, 602 ; — 2° menées aux extrémité de deux diamètres conjugués, p. 349 ; — 3° dont la corde de contact est vue du foyer sous un angle constant, p. 481 ; — 4° qui déterminent sur la droite joignant deux points fixes une division harmonique, p. 547.

De l'intersection des tangentes interceptant sur une tangente fixe un segment de longueur constante, p. 362.

De l'intersection des tangentes menées par deux points fixes : 1° aux coniques passant par ces points et assujetties à deux autres conditions,

p. 543; — 2° aux coniques inscrites dans un quadrilatère dont deux côtés passent par ces points fixes, p. 543.

De l'intersection des normales menées aux extrémités : 1° d une corde focale, p. 352; — 2° des cordes passant par un point fixe, p. 359, 569.

Des projections du foyer : 1° sur les tangentes, p. 303, 340, 601; — 2° sur les normales à la parabole, p. 358.

Des projections du centre d'un cercle sur les cordes de ce cercle, qui sont vues du centre sous un angle droit, p. 153.

Des extrémités des sous-tangentes polaires d'une parabole, le foyer étant pris pour origine, p. 306.

Des centres des cercles : 1° qui déterminent des segments de longueur donnée sur deux droites fixes, p. 347; — 2° inscrits dans un triangle, étant donnés un côté et la somme des deux autres, p. 347; — 3° qui coupent trois cercles sous des angles égaux, p. 183; — 4° circonscrits à un triangle, deux des côtés du triangle étant donnés de position et leurs longueurs vérifiant une relation donnée, p. 151; — 5° qui touchent deux cercles donnés, p. 492, 543.

Des centres (pôles de la droite à l'infini) des coniques : 1° circonscrites à un quadrilatère, p. 254, 427, 453, 458, 475, 513, 542; — 2° inscrites dans un quadrilatère, p. 362, 427, 451, 469, 475, 544, 579; — 3° définies par trois tangentes et la somme des carrés des axes, p. 364; — 4° assujetties à quatre conditions, p. 451, 671.

Des pôles d'une droite fixe par rapport à un système de coniques confocales, p. 349, 356.

Des pôles, par rapport à une conique, des tangentes à une autre conique, p. 348, 471.

Des foyers des paraboles inscrites dans un triangle, p. 344, 360, 465, 483, 543.

Des foyers des coniques : 1° inscrites dans un quadrilatère, p. 466, 469; — 2° circonscrites à un quadrilatère, p. 365, 671; — 3° étant donnés un point et trois tangentes, p. 487; — 4° assujetties à quatre conditions, p. 670.

Des sommets du triangle autopolaire commun à une conique fixe et à chacune des coniques d'un système défini par quatre conditions, p. 672.

Laguerre (M.). — Transformation des relations angulaires, p. 544.

Mac Cullagh (Démonstration et théorèmes de), p. 351, 371, 566, 638, 644.

Mac Laurin (Génération des coniques d'après), p. 415, 416, 419, 507.

Malfatti (Problème de), p. 444.

Médianes. — Les médianes d'un triangles se coupent en un même point, p. 55, 92.

Miquel (M.). — Sur les cinq paraboles inscrites dans les quadrilatères formés par cinq droites, p. 414.

S. — *Geom. à deux dim.*

Mœbius, p. 365, 471, 498.

Moore (M.). — Démonstration d'un théorème de Steiner à l'aide du théorème de Brianchon, p. 414.

Moyenne harmonique, p. 162.

Mulcahy (M.). — Sur les angles qui ont leur sommet au foyer, p. 564.

Newton. — Description organique des coniques, p. 408.

Normale, p. 287, 336, 569.
Sous-normale, p. 288.
La sous-normale dans la parabole est constante, p. 336.

Nombre : — De termes dans l'équation générale de degré n, p. 124.
De conditions pour déterminer une conique, p. 226.
De points d'intersection de deux courbes, p. 380.
De solutions du problème : Tracer une conique tangente à cinq coniques données, p. 673.
De concomitants de deux fonctions ternaires du deuxième degré, p. 620.

O'Brien, p. 366.

Ombilics, p. 470.

Pappus, p. 310, 498, 558.

Parabole. — Origine de cette dénomination, p. 310, 558.
La parabole a une tangente située tout entière à l'infini, p. 397, 490, 659.
Coordonnées du foyer, p. 429, 465, 605.
Équation de la directrice, p. 455, 602.
Parabole tangente à quatre droites, p. 465.

Paramètre. — Expression des coordonnées d'un point d'une conique à l'aide d'un seul paramètre, p. 366, 417, 425, 662.

Paramètre d'une conique, p. 308, 327, 337.
Le paramètre est double de l'ordonnée du foyer, p. 308.
Les coniques réciproques de cercles égaux ont même paramètre, p. 483.

Pascal (Hexagone de), p. 412, 473, 512, 541, 647.

Perpendiculaires. — Équation et longueur de la perpendiculaire abaissée d'un point sur une droite, p. 42, 102.
Condition pour que deux droites soient perpendiculaires, p. 101.
Extension donnée à cette condition, p. 545, 605.

Plucker, p. 471, 647.

Point fixe (Les lignes suivantes passent par un). — La droite representée par une équation dont les coefficients vérifient une relation linéaire, p. 84.

Le côté d'un triangle, étant donnés l'angle opposé et la somme des inverses des autres côtés, p. 81.

Le troisième côté d'un triangle dont les deux autres côtés passent par des points fixes, tandis que les sommets glissent sur trois droites concourantes, p. 81.

Toute droite telle que la somme de ses distances à plusieurs points fixes soit nulle, p. 83.

La polaire d'un point fixe, par rapport aux cercles ayant même axe radical, p. 170.

La polaire d'un point fixe, par rapport aux coniques passant par quatre points, p. 254, 458, 475.

Les cordes d'intersection d'un cercle fixe avec des cercles passant par deux points donnés, p. 169.

Les cordes déterminées dans les coniques circonscrites à un quadrilatère par deux droites fixes passant par deux des sommets du quadrilatère, p. 513.

La corde de contact de deux coniques doublement tangentes lorsque, la première étant fixe, la seconde passe par deux points fixes, p. 441.

Les cordes qui sous-tendent un angle droit à un point fixe de la conique, p. 290, 457.

La droite qui joint les extrémités de deux cordes aboutissant à un point donné de la conique : 1° lorsque ces cordes font, avec la normale en ce point, deux angles tels, que le produit de leurs tangentes soit constant, p. 291; — 2° lorsque ces cordes sont également inclinées sur une droite fixe, p. 548.

La perpendiculaire abaissée d'un point sur sa polaire lorsque ce point glisse sur une perpendiculaire à l'axe, p. 306.

Point central d'une involution, p. 523.

Points cycliques, p. 401.

Points doubles d'une involution, p. 524.

Points limites d'un système de cercles, p. 171, 492.

Pôles et Polaires. — Leurs propriétés, p. 154, 245.
Équation de la polaire, p. 138, 245, 447.
Coordonnées du pôle d'une droite donnée, p. 449.
Un point et sa polaire équivalent à deux conditions, p. 668.

Polaires réciproques, p. 472.

Poncelet, p. 171, 471, 512, 533

Projections, p. 533, 564.

Quadrilatère. — Les milieux des diagonales sont en ligne droite, p. 42, 106, 364.

Les cercles décrits sur les diagonales comme diamètre ont même axe radical, p. 470.

Propriétés harmoniques, p. 98, 538.

Quadrilatère inscrit dans une conique, p. 247, 541.

Les côtés et les diagonales d'un quadrilatère inscrit dans une conique déterminent sur une transversale quelconque six points en involution, p. 529.

Les diagonales des quadrilatères inscrit et circonscrit correspondants forment un faisceau harmonique, p. 407.

Rapport anharmonique. — Démonstration du théorème fondamental, p. 94.

Ce que devient le rapport anharmonique lorsqu'un point s'éloigne à l'infini, p. 498.

Rapport anharmonique de quatre droites dont les équations sont données, p. 95, 517.

Rapport anharmonique : 1° de quatre points d'une conique, p. 403, 423, 488, 540; — 2° de quatre tangentes, p. 423, 488; — 3° de trois tangentes a une parabole, p. 506.

Développements sur les propriétés correspondantes, p. 502.

Leur démonstration par la projection des angles, p. 545, 549.

Dans quels cas le rapport anharmonique de quatre points d'une conique est égal au rapport anharmonique de quatre autres points : 1° de la même conique, p. 424; — 2° d'une deuxième conique, p. 424, 514.

Le rapport anharmonique : 1° de quatre points est égal au rapport anharmonique de leurs polaires, p. 469; — 2° de quatre diamètres est égal au rapport anharmonique de leurs conjugués, p. 513.

Le rapport anharmonique des segments déterminés par deux coniques sur la tangente à une troisième conique est constant, lorsque les trois coniques ont un double contact suivant la même droite, p. 541.

Rapport harmonique, p. 95.

Rayon de courbure, p. 384, 639.

Rayon du cercle circonscrit au triangle inscrit dans une conique, p. 356, 371, 567.

Sadleir (Théorèmes de M.), p. 306.

Segments. — Les portions d'une sécante comprises entre l'hyperbole et ses asymptotes sont égales, p. 318, 531.

Le segment que déterminent les asymptotes sur les droites qui joignent deux points fixes de la courbe à un quelconque de ses points est constant, p. 320, 497.

Deux droites quelconques déterminent sur l'axe d'une parabole un segment de même grandeur que les perpendiculaires menées à cet axe par les pôles de ces droites, p. 334, 496.

Relation entre les segments déterminés par une tangente variable sur deux tangentes fixes et parallèles, p. 285, 485, 506, 661.

Serret (M. P.). — Lieu du centre des coniques inscrites dans un quadrilatère, p. 362.

Similitude, p. 375.
Centre de similitude, p. 177, 376, 476.
Axes de similitude, p. 182, 378, 476.

Steiner. — Théorème sur le triangle circonscrit à la parabole, p. 355, 414, 466, 491, 584.
Des points dont le cercle osculateur passe par un point donné, p. 387.
Théorèmes sur l'hexagone de Pascal, p. 412, 647.
Solution du problème de Malfatti, p. 444.

Systèmes de cercles ayant même axe radical, p. 169.
De cercles coupant à angle droit une série de cercles, p. 173, 220, 595, 616.

Tangentes. — Définition générale, p. 131.
Équation de la tangente, p. 135, 244, 367.
Tangente au cercle; sa longueur, p. 141.
Construction géométrique de la tangente à une conique, p. 247.
Détermination des points de contact d'une conique avec les cinq tangentes qui la définissent, p. 414.
Relation entre les segments que détermine une tangente variable : 1° sur deux tangentes fixes et parallèles, p. 285, 485; — 2° sur deux diamètres conjugués, p. 286.
Division déterminée sur une tangente variable par trois tangentes fixes à la parabole, p. 506.
Tangentes communes : 1° à deux cercles, 175, 178, 444; — 2° à deux coniques, p. 587.
Leurs huit points de contact appartiennent à une même conique, p. 588.
Sous-tangente, p. 289.
Dans la parabole, la sous-tangente est double de l'abscisse, p. 333.
Sous-tangente polaire, p. 305.

Théorèmes réciproques, p. 112, 467, 496, 608.

Townsend (Théorèmes et démonstration de M.), p. 424, 512, 640.

Tracer une conique d'un mouvement continu, p. 296, 324, 338, 368.

Transformation des coordonnées, p. 9, 16, 261, 570.

Transversales. — Relation entre les segments que détermine une transversale sur les côtés d'un triangle, p. 58.
Théorème de Carnot, p. 489, 540, 669.
Involution déterminée sur une transversale par un système de coniques, p. 528.

Triangle autopolaire. — Définition, p. 155.
Équation du cercle ayant le triangle de référence pour triangle autopolaire, p. 427.
Équation d'une conique rapportée à un triangle autopolaire, p. 401, 425.
Le cercle circonscrit à un triangle autopolaire, par rapport à une hyperbole équilatère, passe par le centre de l'hyperbole, p. 361.
Les sommets de deux triangles autopolaires appartiennent à une même conique, p. 547, 582.
Leurs six côtés sont tangents à une autre conique, p. 547.
Deux coniques admettent toujours un triangle autopolaire commun, p. 431.
Détermination de ce triangle, p. 595, 616.

Triangle polaire; définition et propriétés, p. 154, 155.

Triangles construits sur quatre droites. Propriétés, p. 365, 413.

Triangles homologiques, p. 100.

Triangles inscrits ou circonscrits. — Les six sommets de deux triangles circonscrits à une conique sont situés sur une conique, p. 543.
Triangle inscrit dans une conique et dont les côtés passent par trois points donnés, p. 462.
Le point de concours des hauteurs d'un triangle circonscrit à une parabole se trouve sur la directrice, p. 584.
Triangle inscrit dans une conique et circonscrit à une autre, p. 584.

Veronese, p. 653.

Walker, p. 600.

Zeuthen, p. 670.

FIN DE LA TABLE ANALYTIQUE.

OUVRAGES DE G. SALMON.

Traité d'Algèbre supérieure. 2ᵉ édition française, publiée d'après la 4ᵉ édition anglaise, par *O. Chemin*. In-8; 1890.............. 10 fr.

Traité de Géométrie analytique à deux dimensions (Sections coniques); traduit de l'anglais par H. Resal et Vaucheret. 3ᵉ édition française conforme à la 2ᵉ, publiée d'après la 6ᵉ édition anglaise, par Vaucheret, ancien élève de l'École Polytechnique, Lieutenant-Colonel d'Artillerie, Professeur à l'École supérieure de Guerre. In-8, avec 124 figures; 1897.. 12 fr.

Traité de Géométrie analytique (*Courbes planes*), destiné à faire suite au *Traité des Sections coniques*. Traduit de l'anglais sur la 3ᵉ édition, par O. Chemin, Ingénieur des Ponts et Chaussées, et augmenté d'une *Étude sur les points singuliers des courbes algébriques planes;* par *G. Halphen*. In-8, avec figures; 1884..................... 12 fr.

Traité de Géométrie analytique à trois dimensions. Traduit de l'anglais sur la 4ᵉ édition, par O. Chemin, Ingénieur des Ponts et Chaussées.

  Iʳᵉ Partie : *Lignes et surfaces du premier et du second ordre.* In-8, avec figures; 1882..................................... 7 fr.

  IIᵉ Partie : *Théorie des surfaces. Courbes gauches et surfaces développables. Famille de surfaces.* In-8, avec figures; 1891.... 6 fr.

  IIIᵉ Partie : *Surfaces dérivées des quadriques. Surfaces du troisième et du quatrième degré. Théorie générale des surfaces,* avec figures; 1892.. 7 fr. 50 c.

LIBRAIRIE GAUTHIER-VILLARS ET FILS

QUAI DES GRANDS-AUGUSTINS, [illegible], A PARIS

DARBOUX (Gaston), Membre de l'Institut [illegible] Sciences. — **Leçons sur la théorie générale des surfaces et les applications géométriques du Calcul infinitésimal.** [illegible] avec figures, se vendant séparément :

Ire PARTIE. — *Généralités. Coordonnées curvilignes. Surfaces minima.* [illegible]

IIe PARTIE. — *Les congruences et les équations linéaires aux dérivées partielles. Des lignes tracées sur les surfaces.* [illegible]

IIIe PARTIE. — *Lignes géodésiques et courbure géodésique. Paramètres différentiels. Déformation des surfaces.* [illegible]

IVe PARTIE. — *Déformation infiniment petite et représentation sphérique.* [illegible] 1896.

MANNHEIM (A.), Professeur à l'École Polytechnique. [illegible] — **Cours de Géométrie descriptive** [illegible] [illegible] 1886.

MANNHEIM (le Colonel A.). [illegible] **Principes et développements de Géométrie cinématique.** [illegible] 186 figures. [illegible]

[illegible]

[illegible]

www.ingramcontent.com/pod-product-compliance
Lightning Source LLC
Chambersburg PA
CBHW071708300426
44115CB00010B/1350